Bauelemente der Physikalischen Technik

Ein Leitfaden zur Entwicklung von Forschungsapparaturen

Max Pollermann

Zweite verbesserte und erweiterte Auflage

Springer-Verlag Berlin · Heidelberg · New York 1972

Dr. rer. nat. Max Pollermann
Leiter des Zentralinstituts für Reaktorexperimente
der Kernforschungsanlage Jülich GmbH
apl. Professor der TH Aachen

Unter Mitwirkung von wissenschaftlichen Mitarbeitern
des Zentralinstituts für Reaktorexperimente
und der staatlichen Ingenieurschule Jülich
unter der Leitung von Dr. Heinrich Mußmann

Mit etwa 1500 Abbildungen
und zahlreichen Leitblättern und Tabellen

ISBN-13: 978-3-642-65285-1 e-ISBN-13: 978-3-642-65284-4
DOI: 10.1007/978-3-642-65284-4

Softcover reprint of the Hardcover 1st edition 1955

Vorwort

Der Wissenschaftler, der erfolgreich arbeiten will, muß sich auf ein enges Fachgebiet spezialisieren. Der Ingenieur, der eine Forschungsapparatur entwickeln soll, muß im Gegensatz dazu alle Bereiche der Technik einsetzen können: Technologie, Maschinenbau, Vakuumtechnik, Strömungs- und Wärmetechnik, Tieftemperaturtechnik, Elektrotechnik, Elektronik, Optik, Strahlentechnik. Er muß außerdem die Forderungen des Experimentators begreifen, d. h. die Sprache des Wissenschaftlers verstehen.

Dieser Sachlage entsprechend hat die Deutsche Physikalische Gesellschaft die Ausbildung von Ingenieuren der ,,Physikalischen Technik" angeregt. Im Jahre 1961 hat die Deutsche Kommission für Ingenieurausbildung die Einrichtung entsprechender Abteilungen an Ingenieurschulen empfohlen, von denen inzwischen 8 diese Fachrichtung pflegen.

Die erste Auflage dieses Buches wandte sich in erster Linie an den Experimentalphysiker, der seine Forschungsapparatur entwickeln muß. Die neue Auflage wendet sich nun auch an den Ingenieur, der mit dieser Aufgabe betraut wird. Damit gerät das Buch zugleich in den Bereich der Großforschung, der Kerntechnik und der Verfahrenstechnik, in dem sich der Ingenieur der Physikalischen Technik häufig zum Projektingenieur entwickelt.

Bei der Abfassung der zweiten Auflage erfreute sich der Verfasser günstiger Umstände.

1. Die Kernforschungsanlage Jülich bot eine Fülle von Beispielen für die Anwendungen der physikalischen Technik in Kerntechnik, Physik, Chemie und Lebenswissenschaften.

2. Reaktorexperimente verlangen den Einsatz aller Bereiche der physikalischen Technik. Diese sind deshalb auch alle in dem vom Verfasser geleiteten Institut vertreten. So kam es, daß es kaum einen Abschnitt gibt, bei dem nicht ein Fachmann Pate gestanden hätte. Viele Mitarbeiter des Institutes schrieben Beiträge, Projektingenieure lieferten interessante Anwendungsbeispiele.

3. Die staatliche Ingenieurschule Jülich bildet Ingenieure der Fachrichtung ,,Physikalische Technik" aus. Das gab die Möglichkeit, Fragen der Ausbildung zu diskutieren.

Diese Umstände wirkten sich sehr stark auf die neue Auflage aus. Aus der 1. Auflage konnten nur wenige Kapitel der konventionellen Technik ohne große Änderungen übernommen werden. Die meisten mußten völlig umgearbeitet oder neu geschrieben werden. Zwei neue Kapitel wurden hinzugefügt. Ähnlich ging es mit den Abbildungen. Um die trotz vieler Streichungen stark vergrößerte Zahl unterbringen zu können, wurden sie, soweit als möglich, zu Leitblättern (L) zusammengefaßt. Damit wurde zugleich die Übersichtlichkeit erhöht, und es ließ sich auch die Darstellung im Text verdichten. Andere Leitblätter übermitteln Sinnbilder für die schematische Darstellung von Apparaturen, Formeln und Rechenverfahren. Als Einheiten wurden neben den durch das Bundesgesetz vom 2. Juli 1969 vorgeschriebenen Internationalen Einheiten (SI) vereinzelt diejenigen bis zum 31. Dezember 1977 zugelassenen Einheiten verwendet, die in der Praxis noch mehrere Jahre gebraucht werden. Um sie jederzeit rasch auf die neuen Einheiten umrechnen zu können, bringt der Anhang eine Umrechnungstabelle.

Dem weitgestreckten Rahmen des Buches entsprechend kann es natürlich weder die einschlägigen Lehrbücher der einzelnen technischen Bereiche ersetzen, noch eine vollständige Übersicht geben. Andererseits erschien es dem Verfasser wichtig, bei möglichst vielen Beispielen bis zu den konstruktiven Einzelheiten vorzudringen, einen Einblick in die für verschiedene Techniken typischen Bauarten zu geben und ihre Verflechtung im einzelnen Projekt aufzuzeigen. Für die zitierte Literatur gilt das gleiche. Sie erfaßt neben Monographien und Einzelzitaten vor allem Beispiele aus den Zeitschriften „Review of Scientific Instruments" (amerikanisch), „Instruments and experimental techniques" (russisch in amerikanischer Übersetzung) und „Kerntechnik".

Dem Verfasser wurde bei seiner Arbeit mannigfache Unterstützung zuteil. Besonderen Dank schuldet er Herrn Dr. H. Mussmann, dem Leiter der Ingenieurschule Jülich und mehreren Dozenten für Beiträge, kritische Durchsicht der Manuskripte und Verbesserungsvorschläge. Dank schuldet der Verfasser auch Kollegen der Kernforschungsanlage Jülich, vor allem den Herren Dr. K. Beyerle (vorm. Inst. f. wissenschaftl. Apparatewesen), Dr. H. Beske (Zentrallab. chem. Analyse), Dr. Th. Bohn und Dr. P. Komarek (Inst. f. techn. Physik), Dr. E. Hintz (Inst. f. Plasmaphysik), Dr. W. Schmatz (Inst. f. Festkörperforschung). Zu danken hat er ferner zahlreichen Mitarbeitern des Zentralinstituts für Reaktorexperimente: für kritische Stellungnahme Dipl.-Phys. B. Hasenclever, Dipl.-Ing. W. Lehrheuer, Dr. W. Schneider, für fruchtbare Diskussionen Ing. H. Otzen und für Beiträge, deren Verfasser im Text zitiert sind. Die Zeichenarbeiten wurden unter Ing. H. Otzen von Lehrlingen durchgeführt, das Literaturverzeichnis von Ing. F. Krüger bearbeitet. Die Zusammenstellung des Manuskriptes einschließlich aller Unterlagen besorgte Frl. A. Stotzem.

Jülich, im Frühjahr 1972 **M. Pollermann**

Inhaltsverzeichnis

1. Aufgabe und Entwicklung einer Forschungsapparatur

1.1. Funktionen und Organe einer Forschungsapparatur

Jedes wissenschaftliche Experiment ist ein Versuch unter reinen Bedingungen [1]. Das bedeutet, daß Beziehungen zwischen bestimmten Parametern untersucht und dabei die Wirkungen aller anderen Parameter ausgeschaltet werden.

Für eine solche Untersuchung braucht man eine Apparatur, die folgende Funktionen ausübt: Sie muß, beobachtbar und steuerbar, bestimmte Zustände und Vorgänge erzeugen. Dies geschieht mit Hilfe von verschiedenen Stoff-, Energie- und Signalflüssen, die wir in Anlehnung an MAXWELL [1] als Agenzien bezeichnen.

Zur Durchführung eines Experiments muß die Apparatur diese Agenzien *erzeugen*, *speichern* und *übertragen*. Sie muß durch *isolierende* oder abschirmende Organe verhindern, daß diese Agenzien aus Speichern und Übertragungskanälen entweichen und daß störende Agenzien eindringen. Zur Beobachtung oder Messung der zu untersuchenden Effekte müssen bestimmte Parameter während des Versuches *konstant* gehalten, andere in bestimmter Weise *verändert* werden können. Schließlich müssen alle Größen, die an diesen Effekten beteiligt sind, *gemessen* werden, d. h. mittels Signalen in einer analogen oder digitalen Anzeige abgebildet werden. Dazu müssen geeignete Signale erzeugt, *umgeformt* oder *verstärkt* werden.

Diese Funktionen werden bei einer Apparatur von bestimmten Organen übernommen. Wir nennen sie je nach Ausbildungsgrad Geräte oder Bauelemente.

Sie lassen sich nach ihrer Funktion einteilen. Wir bezeichnen erzeugende Organe als Generatoren* (G), speichernde als Akkumulatoren (A), übertragende als Conduktoren (C)*, isolierende oder abschirmende als Isolatoren (I), konstant haltende als Regulatoren (R)*, verändernde als Variatoren (V), umwandelnde als Transformatoren (T), verstärkende als Multiplikatoren (M) und messende oder anzeigende als Detektoren (D). Organe, die als Träger oder Halterungen fungieren, nennen wir Statoren (S).

Eine weitere Unterteilung der Organe ergibt sich aus dem Agens, d. h. der Stoff-, Energie- oder Signalform, der sie dienen. So unter-

* Die mit Stern gekennzeichneten Funktionen wurden schon von MAXWELL [1] aufgestellt.

scheiden wir mechanische (M), akustische (A), hydraulische (H), pneumatische (P), chemische (C), thermische (T), elektrische (E), elektronische (V), optische (O) und radiologische (R) Geräte.

Mit dieser Aufteilung der Geräte und Bauelemente ergeben sich 100 Klassen (Tab. 1.1), in die man praktisch alle in Apparaturen auftretenden Organe einordnen kann.

Tabelle 1.1. *Klassifizierung der Apparateteile, Geräte und Bauelemente*

Kennzeichnung des Agens		Funktionsbezeichnung: Generator G	Akkumulator A	Conduktor C	Isolator I	Regulator R	Variator V	Transformator T	Multiplikator M	Detektor D	Stator S	Kennziffer des Agens
mechanisch	M	MG	MA	MC	MI	MR	MV	MT	MM	MD	MS	0
akustisch	A	AG	AA	AC	AI	AR	AV	AT	AM	AD	AS	1
hydraulisch	H	HG	HA	HC	HI	HR	HV	HT	HM	HD	HS	2
pneumatisch	P	PG	PA	PC	PI	PR	PV	PT	PM	PD	PS	3
chemisch	C	CG	CA	CC	CI	CR	CV	CT	CM	CD	CS	4
thermisch	T	TG	TA	TC	TI	TR	TV	TT	TM	TD	TS	5
elektrisch	E	EG	EA	EC	EI	ER	EV	ET	EM	ED	ES	6
elektronisch	V[1])	VG	VA	VC	VI	VR	VV	VT	VM	VD	VS	7
optisch	O	OG	OA	OC	OI	OR	OV	OT	OM	OD	OS	8
radiologisch	R	RG	RA	RC	RI	RR	RV	RT	RM	RD	RS	9
Kennziffer der Funktion		0	1	2	3	4	5	6	7	8	9	

Viele Organe einer Apparatur sind nun ihrerseits wieder aus Geräten und Bauelementen zusammengesetzt, die sich durch bestimmte Funktionen kennzeichnen und ebenfalls in Tab. 1.1 einordnen lassen. Zum Beispiel enthält ein Neutronengenerator RG eines bestimmten Typs eine Ionenquelle RG, einen Van-de-Graaff-Hochspannungsgenerator EG, eine Vakuumanlage PG usw. Die Ionenquelle RG erfordert ihrerseits wieder eine Spannungsquelle EG und einen Gasspeicher PA. Der Hochspannungsgenerator EG und die Vakuumanlage PG enthalten Antriebsmotoren MG. Dazu kommen jeweils Organe zur Kraftübertragung, Steuerung, Anzeige usw.

[1]) aus „Valvo“

In diesem Sinne unterteilen wir nun die Aggregate einer Apparatur immer weiter, bis wir schließlich zu Bestandteilen kommen, die mindestens noch eine der in Tab. 1.1 angegebenen Funktionen erfüllen. Wir bezeichnen sie als Bauelemente.

Zur Darstellung der Geräte und Bauelemente einer Apparatur benutzen wir die in Abb. 1 zusammengestellten Zeichen.

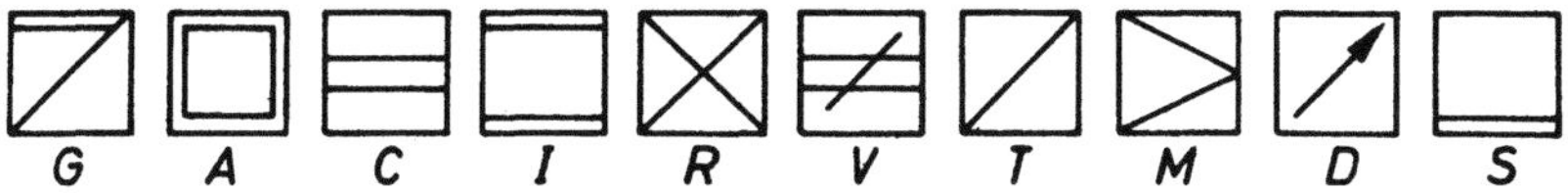

1 Darstellung der Funktion eines Bauelementes

Die Zuordnung von Bauelementen zu den in Tab. 1.1. aufgestellten Klassen ist nicht immer eindeutig. Zum Beispiel läßt sich eine mechanische Durchführung ins Vakuum als Bauelement zur Kraftübertragung MC oder als Dichtungselement PI auffassen. In einem solchen Fall ist es zweckmäßig, für die Zuordnung diejenige Funktion zu wählen, die den höchsten konstruktiven Aufwand erfordert, in unserem Fall also die Dichtungsfunktion. Auf der anderen Seite ist häufig eine weitere Unterteilung innerhalb der einzelnen Klassen erwünscht. Dies gilt insbesondere für die Meßgeräte. Hier unterteilt man zunächst nach den Parametern, die mit den Geräten gemessen werden, bei den pneumatischen Meßgeräten PD also z. B. nach Druck, Durchfluß, Gasdichte usw., dann nach dem Arbeitsprinzip z. B. bei Druckmeßgeräten nach Flüssigkeitsmanometern, Bourdonmanometer, Membranmanometer usw. und schließlich nach Anwendungsbereichen z. B. Betriebsmeßgerät, Präzisionsinstrument, Nullinstrument.

1.2. Die Struktur einer Forschungsapparatur

Jede Forschungsapparatur enthält einen Kern, in dem der zu untersuchende Prozeß abläuft. Dies ist zum Beispiel ein Reaktionsgefäß, in dem verschiedene Substanzen aufeinander einwirken, eine Bestrahlungskammer, ein Target oder eine Streukammer, in der Strahlung mit Materie in Wechselwirkung tritt.

Dieser Kern weist mehrere Eingänge und Ausgänge auf. Wir unterscheiden drei Arten:

1. Eingänge, durch die Stoff- oder Energieflüsse in den Kern einströmen oder im Kern bestimmte Zustände oder Vorgänge erzeugt werden.

2. Ausgänge, durch die Reaktionsprodukte ausströmen oder Versuchsparameter übermittelt werden.

3. Eingänge, durch die der Experimentator in den Prozeß eingreifen kann.

An den Ein- und Ausgängen sitzen Versorgungs-, Beobachtungs- und Stellgeräte, so daß die Apparatur im Prinzip einen Aufbau nach Abb. 2 zeigt.

Die einzelnen Geräte der Forschungsapparatur zeigen einen ähnlichen Aufbau. Auch bei ihnen können wir einen Kern und Ein- und Ausgänge unterscheiden. Sie sind bei einem Gerät mit entsprechenden Bauelementen besetzt.

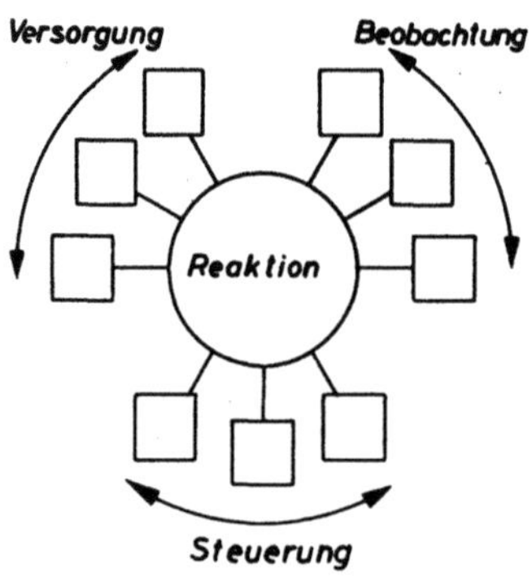

2 Prinzip einer Apparatur

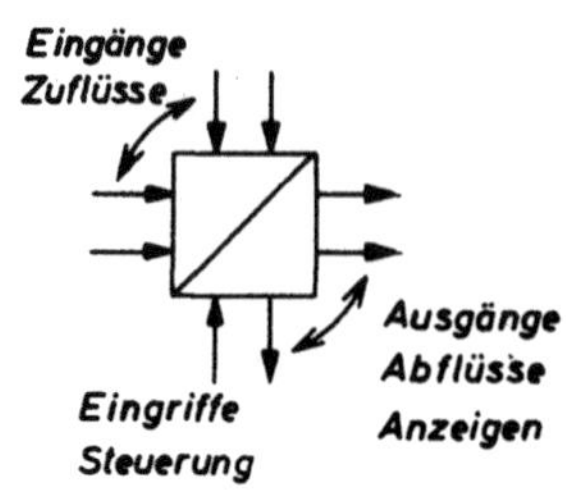

3 Orientierung eines Bausteins

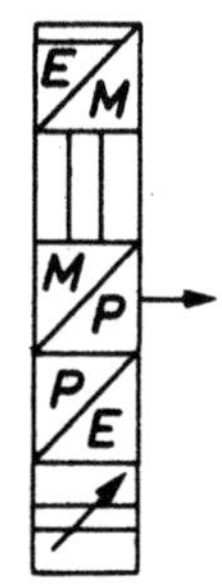

4 Pumpe mit Motor und Druckanzeige

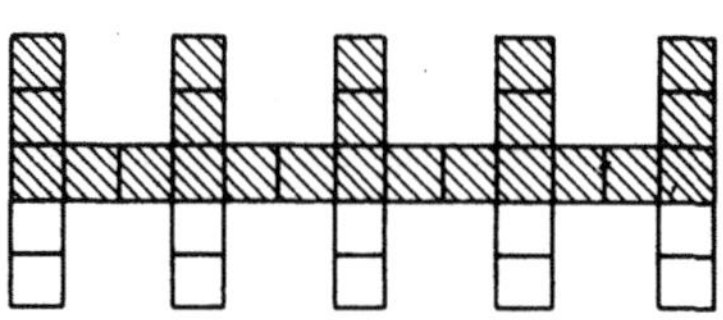
5 Kettenstruktur einer Apparatur (Strahlsystem)

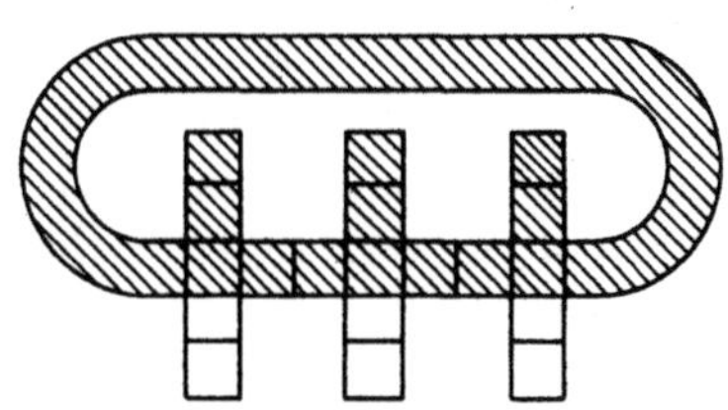
6 Schleifenstruktur einer Apparatur (Kreislauf)

Man kann diesem Aufbau entsprechend jedes Gerät schematisch darstellen, indem man die Zeichen (Abb. 1) wie Dominosteine zusammenfügt. Dabei ist es zweckmäßig, jeden Baustein nach Abb. 3 zu orientieren. Das bedeutet, daß alle Zuflüsse von links oder von oben in ein Element einströmen, alle Abflüsse nach rechts oder nach unten austreten. Eingriffe sollen stets von unten her erfolgen.

Bei dieser Anordnung erscheint ein Gerät in der Form Abb. 4 und das Schema einer Apparatur erhält im einfachsten Fall die in Abb. 5 dargestellte Struktur. Die Geräte erscheinen als Glieder einer Kette, die einen Stoff- oder Energiefluß von links nach rechts überträgt. Jedes

Glied ist von oben her an eine Versorgung angeschlossen, die durch Einrichtungen und Anschlüsse des Laboratoriums gegeben ist. Es liefert eine Anzeige nach unten und kann von unten her gesteuert werden. Komplizierte Geräte umfassen mehrere Glieder. Bei einem Strahlengang ist die Kette offen (Abb. 5). Bei Stoffflüssen ist die Kette häufig zu einer Schleife geschlossen (Abb. 6). Mehrere Schleifen können verkettet sein. Ketten oder Schleifen sind häufig vermascht. In allen Fällen läßt sich jedoch die Orientierung der Ein- und Ausgänge beibehalten.

Bei dieser Orientierung ergibt sich, daß alle Energie- und Stoffströme, die am Versuchsprozeß mitwirken, im oberen Teil der Kettenglieder und im Kettenzug verlaufen. Innerhalb dieses schraffierten Teils lassen sich Systeme mit verschiedenen Strukturen unterscheiden.

Die Systeme, die aus optischen und strahlentechnischen Bauelementen aufgebaut sind, zeigen eine geometrisch bestimmte Ausrichtung. Wir fassen sie unter der Bezeichnung *Strahlsystem* zusammen.

Die Systeme, die aus pneumatischen, hydraulischen, chemischen, thermischen und elektrischen Bauelementen aufgebaut sind, dienen Stoff- oder Energieflüssen, die bestimmte Leitungsquerschnitte erfordern, im übrigen aber flexibel ausgebildet werden können. Sie werden häufig als geschlossene Schleifen ausgebildet. Wir fassen sie unter der Bezeichnung *Kreislaufsysteme* zusammen.

Strahlsystem und Kreislaufsystem bilden im wesentlichen den Teil der Apparatur, in dem die zu untersuchenden Prozesse ablaufen.

Die Steuerung und Beobachtung dieser Prozesse übernehmen meist elektrische Bauelemente. (In speziellen Fällen werden sie durch hydraulische, pneumatische oder optische Bauelemente ergänzt.) Wir fassen sie unter der Bezeichnung *Instrumentierung* zusammen. Sie entspricht in ihrer Funktion einem Nachrichtensystem.

Nach dem Vorschlag von Gerecke [2] läßt sich eine aus diesen Systemen aufgebaute Apparatur in 3 abstrakte „Räume" aufgliedern: den physikalischen Raum, den Informationsraum und den Signalraum.

Im „physikalischen Raum" steht die Kette der Geräte, die den physikalischen Prozeß erzeugen, der Gegenstand der Untersuchung ist. Es sind im wesentlichen das Strahlsystem und das Kreislaufsystem. Dazu gehört ferner die Versorgung dieser Geräte mit Energie oder Stoff.

Im „Informationsraum" werden Informationen verarbeitet und gespeichert, z. B. im Gehirn des Experimentators oder in einem Computer.

Der „Signalraum" übermittelt Signale aus dem physikalischen Raum in den Informationsraum, wo sie in Form von Anzeigen oder Registrierungen aufgenommen werden und aus dem Informationsraum in den physikalischen Raum, wo sie über Stellglieder nach den aus dem Informationsraum kommenden Befehlen in den physikalischen Prozeß eingreifen. Für diese Aufgabe müssen die Signale so verarbeitet werden, daß zwischen den Informationen und den sie darstellenden Signalen stets eine eindeutige Beziehung (Code) bestehen bleibt.

Abb. 7 zeigt die Aufgliederung einer ,,klassischen Versuchsanordnung" nach diesem Schema. Der Informationsraum wird hier gebildet durch den Experimentator, der über Anzeigegeräte Nachrichten aus dem physikalischen Raum ,,gewinnt" und sie durch handschriftliche Eintragungen in das Protokollbuch ,,speichert". Mit Hilfe von Handstellern greift er in den physikalischen Raum ein und steuert oder regelt den Ablauf des Prozesses.

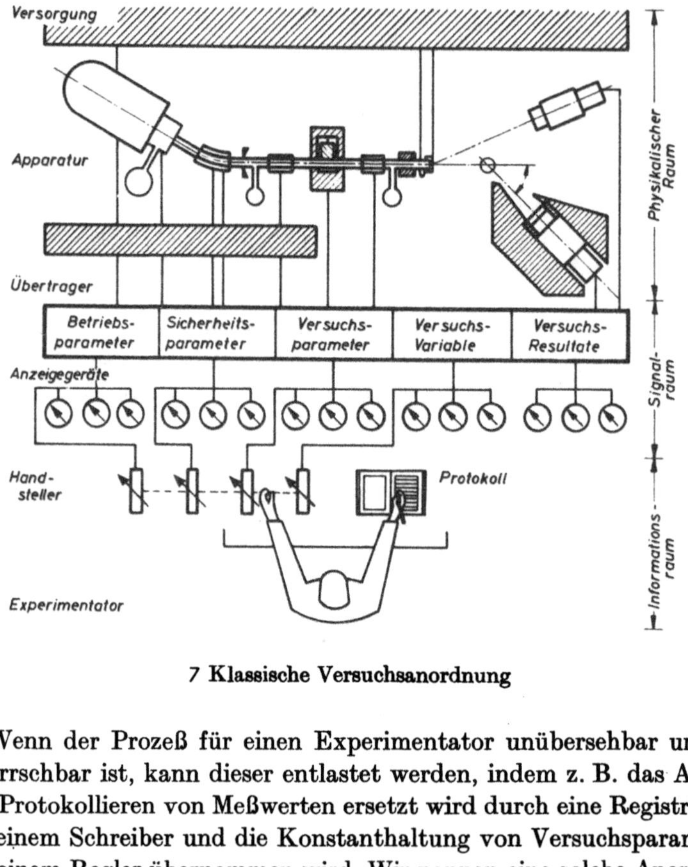

7 **Klassische Versuchsanordnung**

Wenn der Prozeß für einen Experimentator unübersehbar und unbeherrschbar ist, kann dieser entlastet werden, indem z. B. das Ablesen und Protokollieren von Meßwerten ersetzt wird durch eine Registrierung mit einem Schreiber und die Konstanthaltung von Versuchsparametern von einem Regler übernommen wird. Wir nennen eine solche Anordnung eine ,,halbautomatische Versuchsanordnung".

Der Experimentator läßt sich völlig ersetzen durch einen Computer, der nicht nur während des ganzen Versuchs mißt, steuert und regelt, sondern außerdem den Versuchsablauf optimiert, d. h. so steuert, daß mit einem Minimum von Zeit oder Versuchskosten ein Maximum an Information gewonnen wird. Wir nennen eine solche Anordnung eine „automatisierte Versuchsanordnung".

Bei allen diesen Typen von Versuchsanordnungen läßt sich die Aufgliederung in „drei Räume" eindeutig durchführen. Sie gewinnt eine um so höhere Bedeutung, je weiter die Automatisierung entwickelt ist. Insbesondere gilt dies für den Signalraum.

Da die Gliederung grundsätzlich für jede Apparatur oder Versuchsanordnung gilt, leistet sie große Dienste beim Entwurf einer neuen Anordnung. Sie liefert dafür ein Schema, nach dem jeder Entwurf prinzipiell richtig angelegt bzw. auf seine Richtigkeit und Vollständigkeit geprüft werden kann.

1.3. Die Entwicklung einer Forschungsapparatur [3]

Die Entwicklung einer Forschungsapparatur erfolgt in den drei Schritten *Planung*, *Entwurf*, *Ausführung*.

In der *Planung* werden alle kritischen Fragen geklärt, die grundlegend für die Entscheidungen zum Bau der Versuchsanordnung sind und den Rahmen bestimmen, in dem der Entwurf und die Ausführung liegen sollen. Dies muß einerseits rasch geschehen — einer der Hauptbestrebungen in der Forschung — andererseits dürfen keine Lücken auftreten, die sich verhängnisvoll auf die Durchführbarkeit und den Fertigstellungstermin auswirken. Aus diesem Grunde empfiehlt sich ein systematisches Vorgehen nach einem der modernen Planungsverfahren [4]. Diese Verfahren gründen sich auf einer universell anwendbaren Kombination von Fragebogen und Merklisten. Tab. 1.2 zeigt eine stark gekürzte Form. Sie wird dem zu bearbeitenden Forschungsbereich angepaßt, ergänzt und detailliert. Die Anwendung des Verfahrens führt rasch zum Ziel, wenn die Arbeitsunterlagen nach Tab. 1.2 parat liegen und möglichst vollständig sind. Jede zusätzliche Ermittlung kostet Zeit und erschwert die Übersicht.

An erster Stelle müssen die Forderungen diskutiert werden, die das geplante Experiment an die Apparatur stellt. Hierbei ist zu beachten, daß übersteigerte Forderungen meist mit einem unvertretbaren Aufwand und untragbaren Terminverzögerungen bezahlt werden müssen. Die bestehenden Einrichtungen des Laborsystems, Bestimmungen und Vorschriften legen weitere Grenzen für die Arbeit fest. Es folgen dann Fragen zur Fertigung, Finanzierung und zum Fertigstellungstermin. Mit diesen Fragen wird der Rahmen für den Entwurf abgesteckt.

Beim *Entwerfen* der Versuchsanordnung geht man von dem Prinzip aus, das sich aus der Versuchsmethode ergab. Dann wählt man an Hand der bei der Planung erarbeiteten Listen Typen von Geräten und Bauelementen aus, die den geforderten Spezifikationen entsprechen. Ihre Sinnbilder ordnet man nach Art der Abb. 5 oder 6 an. Aus diesem Strukturschema lassen sich *Strahlengang*, *Flußdiagramm* und *Blockschaltbild* ableiten, indem man die betreffenden funktionellen Verknüpfungen darstellt.

Tabelle 1.2. *Merkliste zur Planung einer Forschungsapparatur*

1. Welche Forderungen stellt das geplante Experiment?
   - 1.1. Versuchsmethode und schematische Darstellung ihres Prinzips
   - 1.2. Mindestwerte bestimmter Versuchsparameter z. B. Energieflußdichte
   - 1.3. Maximal zulässige Werte der Störparameter z. B. Gammauntergrund
   - 1.4. Variationsbereich für bestimmte Parameter, z. B. Temperatur zwischen 1300° und 1600°C
   - 1.5. Konstanz oder Regelgenauigkeit für bestimmte Parameter z. B. ±30°C
   - 1.6. Meßgenauigkeit für bestimmte Parameter z. B. ±10°C
2. Welche Einrichtungen sind vorgegeben?
   - 2.1. Einrichtungen des Labors, Beschleunigers oder Reaktors z. B. Exper. Kanäle
   - 2.2. Form, Abmessungen und Tragfähigkeit des Stellraums für die geplante Apparatur
   - 2.3. Anschlüsse und Versorgung mit Strom, Wasser, Gas, Vakuum, Preßluft usw.
   - 2.4. Schutz gegen Störungen aus Umgebung oder benachbarten Experimenten
   - 2.5. Zugänglichkeit für Montage, Bedienung, Wartung, Reparatur und bei Unfällen
   - 2.6. Transportmittel und Kräne für Ein- und Ausbau
3. Welche Bestimmungen der Überwachungsbehörden müssen beachtet werden?
   - 3.1. Unfallverhütungsvorschriften, VDE-Vorschriften, Strahlenschutzverordnung
   - 3.2. Störfallanalyse, Sicherheitsmaßnahmen, Sicherheitssystem
   - 3.3. Prüfungen und Abnahmen bei Fertigung, Montage und Erprobung
4. Welche Möglichkeiten bestehen für die Entwicklung der Apparatur?
   - 4.1. Fachkräfte für Strahlentechnik, Wärme- und Ström., Instrumentierung und Technologie
   - 4.2. Bezugsquellen für Material, Halbzeug, Bauelemente und Geräte
   - 4.3. Einrichtungen zur Eigenfertigung, Maschinen, Schweiß- und Löteinrichtungen
   - 4.4. Fremdfertigung bei Spezialfirmen
5. Welcher Fertigstellungstermin ist vorgesehen?
   - 5.1. Geforderter Terminplan
   - 5.2. Arbeitskapazitäten im Rahmen der langfristigen Betriebsplanungen
   - 5.3. Vertragliche Abmachungen und Bindungen
   - 5.4. Auswirkung einer Verzögerung auf die Forschungsplanung
6. In welchem Rahmen ist die Finanzierung gesichert?
   - 6.1. Kostenplan bei termingerechten Bestellungen
   - 6.2. Auswirkung von Kostenüberschreitungen

An Hand dieser Unterlagen entwirft man nun die räumliche Anordnung der Apparatur. Dies geschieht zweckmäßig nach Abb. 8. Ausgangspunkt ist das Laborsystem, zu dem man nach Tab. 1.2 Zeichnungen, Abmessungen und Betriebsdaten gesammelt hat. Es bildet den vorgegebenen Rahmen für die Anordnung der Systeme. Unter diesen hat das Strahlsystem den Vorrang, da der Strahlengang Ausrichtung und Abstände der strahlentechnischen Komponenten bestimmt. Als nächstes werden die Kreisläufe eingeflochten, wobei vor allem auf ausreichende Querschnitte zu achten ist. Dann wird die Instrumentierung angesetzt.

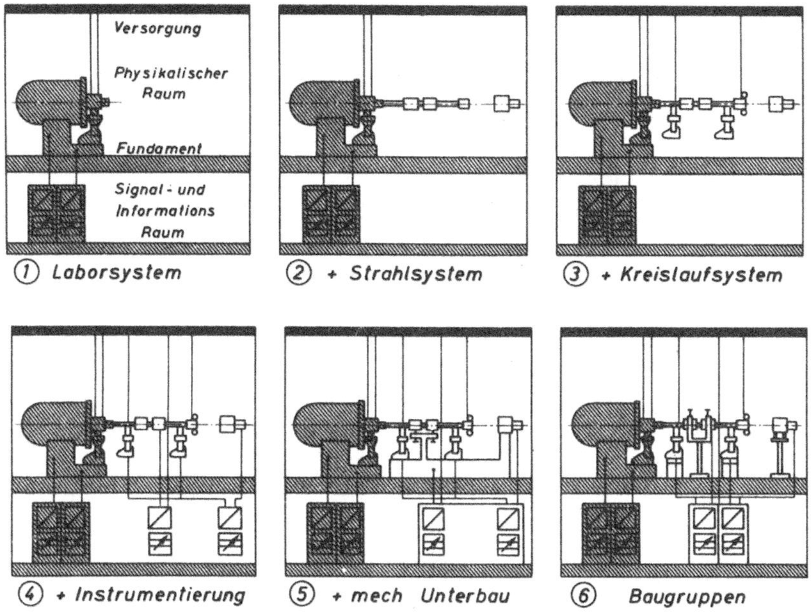

8 Die 6 Phasen beim Entwerfen einer Versuchsanordnung

Von Meßfühlern und Stellgliedern abgesehen, wird sie von der Apparatur räumlich abgetrennt, bei großen Anlagen in einem eigenen Kontrollraum. Als letztes kommt der mechanische Unterbau, d. h. Halterungen, Gestelle, Sockel, Gehäuse und die notwendigen Feineinstellungen und Getriebe. Damit zeigt der Entwurf eine funktionstüchtige Apparatur. Für die Herstellung ist es zweckmäßig, die Apparatur in bestimmte Baugruppen aufzuteilen, die über geeignete Anschlüsse, z. B. Flansche und Steckverbindungen miteinander verbunden werden können. Es liegt nahe, die Hauptbaugruppen so festzulegen, daß sie im wesentlichen dem Strahlsystem, dem Kreislaufsystem und der Instrumentierung entsprechen, im übrigen aber jeweils diejenigen Teile anderer Systeme,

z. B. Meßfühler und Stellglieder aufnehmen, die räumlich und konstruktiv integriert werden müssen. Wir kommen so zu den Hauptbaugruppen „Strahlung", „Kreisläufe" und „Instrumentierung".

Bei umfangreichen Versuchsanordnungen werden mehrere Entwürfe ausgearbeitet, wobei man sich soweit als möglich an bewährte Vorbilder hält. Die verschiedenen Alternativen unterscheiden sich vor allem durch die Kompromisse, die man zur Erfüllung bestimmter vorrangiger Forderungen treffen muß. Das bedeutet, daß eine kritische Forderung auf Kosten einer anderen bevorzugt wird. Wenn es möglich ist, jeder Forderung ein Gewicht zuzuschreiben, erhält man ein objektives Kriterium für die Auswahl des bestgeeigneten Entwurfs. Kennt man ferner quantitative Beziehungen zwischen den kritischen Forderungen, z. B. zwischen Herstellungskosten und Meßgenauigkeit, so kann man außerdem den gewählten Entwurf optimieren, d. h. im Rahmen der Planung die bestmöglichste Lösung ermitteln. Bei sehr aufwendigen Anlagen wird man dazu einen Computer einsetzen.

Für die *Ausführung* eines Entwurfs müssen Fachleute und Spezialisten eingesetzt werden. Die Erstellung großer Anlagen muß organisatorisch vorbereitet werden. Hierunter fällt eine Abschätzung der Zwischen- und Endtermine sowie die rechtzeitige Bereitstellung der notwendigen Kapazitäten und Geldmittel. Ein wesentliches Hilfsmittel zur organisatorischen Planung und Überwachung ist die Netzplantechnik. Sie umfaßt zum einen eine exakte Darstellung der Abhängigkeiten zwischen den zu erledigenden Tätigkeiten und zum anderen die Möglichkeit, Zwischen- und Endtermine aus der Dauer der Einzeltätigkeiten zu ermitteln. Darüber hinaus bietet sie Entscheidungshilfen für den Fall, daß Termine verschoben oder verkürzt werden sollen, und ermöglicht Kapazitätsbetrachtungen und Kostenplanungen.

Zur Erstellung eines Netzplanes wird das Vorhaben in Baugruppen oder Teilaufgaben aufgegliedert, deren Bearbeitung wiederum in einzelne überschaubare Arbeiten zerlegt wird. Diese Arbeiten werden dann entsprechend den Verknüpfungen, die sich aus dem Arbeitsfortschritt ergeben, als Netzwerk graphisch aufgezeichnet.

Beim Entwurf einer Forschungsapparatur sind meist keine detaillierten Vorstellungen vorhanden, so daß man sich oft mit einem vereinfachten Netzplan, wie ihn Abb. 9 zeigt, begnügt.

Ordnet man jeder Tätigkeit des Netzplanes neben einer Dauer Angaben über die für diese Tätigkeiten einzusetzenden Kapazitäten zu, so können neben den reinen Zeitdaten auch Kapazitätsbedarfskurven, in denen die verlangte Kapazität als Funktion der Zeit gegeben ist, ermittelt werden. Der Vergleich zwischen der benötigten und der vorhandenen Kapazität gibt Aufschluß über die Durchführbarkeit eines Vorhabens [5].

Der organisatorischen Überwachung kommt die gleiche Bedeutung wie der Vorausplanung zu. Im Laufe der Entwicklung und Ausführung einer Forschungsapparatur ist es die Regel, daß Änderungen und Ereignisse eintreten, die den weiteren Ablauf weitgehend verändern. Um auf diese Veränderung reagieren zu können, ist es notwendig, stets den Lauf des Projektes zu verfolgen.

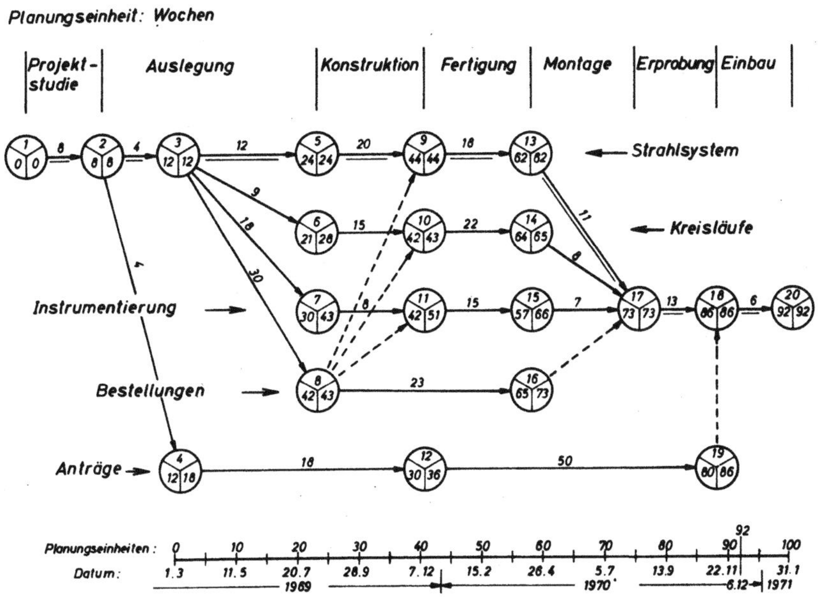

9 **Netzplan zur Entwicklung und Fertigung einer Versuchsanordnung**

Zur Nachkalkulation der Entwicklungskosten werden die einschlägigen Arbeitszeiten in die Arbeitsstammblätter der Mitarbeiter eingetragen, wobei man nach „Allgemeinen Arbeiten" für das gesamte Projekt und Arbeiten für die einzelnen Hauptbaugruppen aufteilt. Ähnlich verfährt man mit Material und Gerätekosten. Man erhält auf diese Weise die Gesamtkosten der Apparatur und die Kosten für die Hauptbaugruppen: Strahlsystem, Kreisläufe und Instrumentierung.

Literaturverzeichnis zu Kap. 1

1. Maxwell, J. C.: Sci. Pap., Cambridge **2**, 505 (1890).
2. Gerecke: VDI Z. **102**. 1399 (1960).
3. Rodenacker, G.: Methodisches Konstruieren (Konstruktionsbücher Bd. 27), Berlin/Heidelberg/New York: Springer 1971.
4. Pabla: Problem analysis by logical approach. Atomic Weapons Research Establishment, Adlermaston.
5. Haas, H.: Jül-692-Rx, Aug. 1970.

2. Werkstoffe, Bearbeitung und Einzelteile [1, 2, 3, 4, 5]

2.1 Werkstoffe und technologische Hilfsmittel

(R. Lison)

a) Organische Werkstoffe (Tab. 2.1) sind Werkstoffe pflanzlichen oder tierischen Ursprungs und organische Kunststoffe. Sie lassen sich im allgemeinen gut schneiden, sägen und bohren. Ihr spezifisches Gewicht liegt um 1 herum. Die mechanische Festigkeit und Elastizität ist nicht sehr groß. Einige sind gummielastisch (Elaste), andere in der Wärme leicht verformbar, teilweise sogar gießbar (Thermoplaste), andere härtbar (Duroplaste), nur wenige davon sind hitzebeständig. Die Wärmeausdehnung ist hoch, die Wärmeleitfähigkeit schlecht, die elektrische Isolierfähigkeit meist sehr gut. Die meisten sind gegen Säuren und Laugen beständig, einige auch gegen organische Lösungsmittel.

b) Metallische Werkstoffe (Tab. 2.2). Ihre typischen Eigenschaften sind: Große Druck- und Zugfestigkeiten (bis zu den höchsten Werten). Sie sind vielseitig in bezug auf Verarbeitung und Verwendung und teilweise hoch hitzebeständig. Die Wärmeausdehnungskoeffizienten liegen zwischen denen der organischen und der mineralischen Stoffe. Wärmeleitfähigkeit und elektrische Leitfähigkeit sind gut. Gegen Säuren und Laugen sind nur wenige Metalle beständig, gegen organische Lösungsmittel fast alle.

c) Mineralische Werkstoffe (Tab. 2.3) sind Naturstoffe, glasartige Stoffe, keramische Stoffe und Verbundstoffe, z. B. Drahtglas. Ihr spezifisches Gewicht liegt meist um 2. Sie haben geringe Zugfestigkeit bei hoher Druckfestigkeit, sind fast durchweg spröde und schwer zu bearbeiten. Eine Ausnahme bildet das Glas, das in der Hand des Glasbläsers einen billigen und rasch verarbeitbaren Werkstoff darstellt. Die Wärmeausdehnung ist klein. Manche Stoffe halten außerordentlich hohe Temperaturen aus. Viele isolieren elektrisch gut. Dabei ist ihre Wärmeleitfähigkeit (besonders bei kristallinen Stoffen) wesentlich besser als die der organischen Isolationsstoffe. Die meisten sind gegen Säuren und organische Lösungsmittel beständig, werden aber von alkalischen Schmelzen angegriffen.

Die Werkstoffe werden als Halbzeug in verschiedenen für die Verwendung geeigneten Handelsformen geliefert (Platten, Stäbe oder Rohre). Besonders große Auswahl hat man bei Messing. Abb. 1 zeigt in den ersten drei Reihen die gängigsten Profile. Die unterste Reihe zeigt rechts Walzeisenprofile.

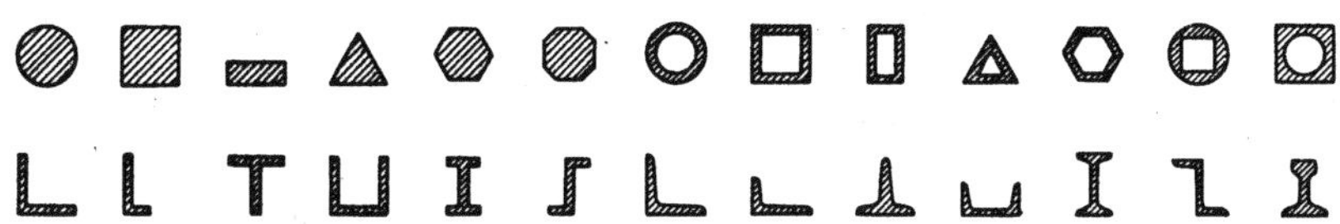

1 Profile

d) Technologische Hilfsmittel werden zur Oberflächenbearbeitung, zur Verbindung von Teilen und zum Betrieb von Geräten gebraucht.

1. Schleifmittel: Korund, Edelkorund, Silizium-Karbid in verschiedenen Körnungen, durch eine Zahl gekennzeichnet, die mit zunehmender Feinheit größer wird.

2. Poliermittel: Al_2O_3 (Tonerde), Diamantpasten verschiedener Körnung in verschiedenen Bindemitteln.

3. Entfettungsmittel: Azeton, Benzin, Alkohol, Trichloräthylen, Tetrachlorkohlenstoff, Petroläther. Sie sollen den Werkstoff nicht angreifen und keine Rückstände hinterlassen.

4. Beizen dienen zur Entfernung von Zunder und Oxidschichten an der Oberfläche von Metallen. Es sind Säuren, Säurengemische oder Laugen. Falsches Beizen kann ein Werkstück unbrauchbar machen.

5. Lacke zum Schutz der Oberflächen gegen Korrosion: Ölfarben, Kunstharzlacke, Zaponlack, Korrosionsschutzlacke auf Phosphatbasis (Rostumwandler).

6. Schmiermittel: Mineralische Öle und Fette, organische Öle und Fette, Pasten und Flüssigkeiten mit Notlaufeigenschaften auf Graphit- oder Molybdänsulfidbasis (Molycote, Caramba).

7. Dichtungsmittel: Natur- oder Kunstgummi (Viton, Perbunan), PVC, Polytetrafluoräthylen (Teflon, Hostaflon). Wesentlich sind Temperaturbeständigkeit und Dampfdruck.

8. Dichtungsfette auf Silikonbasis oder aus Lithiumseifen hergestellt. Wesentlich sind Temperaturfestigkeit, Dampfdruck und Verträglichkeit mit den Werkstoffen.

9. Kitte dienen zur Verbindung von Teilen, als Dichtmittel und als Füllmittel z. B. für Einbettungen und Fugen.

a) reversible Kitte sind Schmelzkitte. Piceïn und Siegellack schmelzen unter 100 °C, Silberchlorid AgCl bei 455 °C.

Tabelle 2.1. *Natur- und Kunststoffe I*

Gruppe	Bezeichnung	Anwendung und Eigenschaften (Handelsbezeichnungen)	Dichte g/cm³	Zugfestigkeit kp/cm² (≈10 N/cm²)	Elastizitätsmodul kp/mm² (≈10 N/mm²)	Druckfestigkeit kp/cm² (≈10 N/cm²)	Wärmeausdehnung $10^{-6}\frac{1}{\text{grad}}$	Wärmeleitfähigkeit $\frac{W}{m\,grd}$	Spezif. elektrischer Widerstand Ω · cm	Formbeständigkeit nach MARTENS °C
Naturstoffe	Holz — Fichte	Baustoff	0,35—0,74	∥ 900 ⊥ 27	∥ 1 500 ⊥ 150	∥ 500 ⊥ 58	∥ 2,3 ⊥ 4,3	0,0243	abhängig von der Feuchtigkeit	
	Buche — Linde	Gußmodelle	0,68—0,97	∥ 1 300 ⊥ 70		∥ 620 ⊥ 90	∥ 2,9 ⊥ 3,8	0,0243		
	Kork	Wärme- und Schallschutz, Dichtmittel	0,12—0,25	—		≈5	—	0,0356 bis 0,0461		
Abgewandelte Naturstoffe	Papier	Elektromaschinenbau, wärmebeständig unter Öl, Abschirmung für Neutronen	0,7—1,0	100		100	4—8	0,138		
	Pappe		1—1,2	100		100	4—8	0,138		
	Preßspan									
	Preßholz		1,2—1,4	250—600		—			>10^{11}	
	Glaswolle	Schall- und Wärmeschutz, Füllstoff	2,4—2,8	300—700				0,035		
	Steinwolle			0						
	Filz	Wärmeisolation, Poliertücher	0,15—0,27							
	Leder	Manschetten, Dichtungen, Treibriemen	0,8—1,02	200—250						
	Zellhorn (Zelluloid)	Zaponlack Nitrolack, Film	1,2—1,3	bis 400	250	—	100	0,22	10^{13}	
	Vulkanfiber	E-Technik, Zahnräder, Behälter, Dichtungsringe	1,1—1,35	450—700	500	1 500 bis 1 800				
	Gummi	Isolierung, Schläuche	1,15	50—300		—	125	0,179	10^{15}—10^{17}	

Poly-kondensate	Phenoplaste	aushärtbare Preßmassen mit oder ohne Füllstoffe für E-Technik	1,35—1,45 abhängig vom Füllstoff	200—550		1200 bis 2000	15—30	0,128 bis 0,348	10^{9} bis 10^{14}	bis 155
	Amino-plaste	kalt- und warmhärtbare Leime, Kunststoffe (Albert, Bakelit, Novotex, Trotan, Pertinax)	abhängig vom Füllstoff	200—550		1200 bis 2000				
	Silikone	Schmiermittel —90 °C bis 250 °C, Silikongummi beständig gegen Hitze und Ozon (Silopren, Silastic, Silicone)	1,3	—		—				
	Polyamide	Zahnräder, Folien, Fäden, Formteile (Nylon, Purethan, Ultramid)	1,2	400—850		1000	100—140	0,21 bis 0,28	10^{10} bis 10^{11}	65
Poly-meri-sate	Poly-äthylen (Hoch- und Nieder-druck)	Laborbehälter, Folien P. Ä. läßt O_2 und CO_2 durch (Hostalen, Lupolen, Trolen, Vestolen)	0,92—0,94	90—280	20—45	280	20	0,35—0,5	$>10^{17}$	

Tabelle 2.1. *Natur- und Kunststoffe II*

Gruppe	Bezeichnung	Anwendung und Eigenschaften Handelsbezeichnungen	Dichte g/cm³	Zugfestigkeit kp/cm² (≈10 N/cm²)	Elastizitätsmodul kp/mm² (≈ 10 N/mm²)	Druckfestigkeit kp/cm² (≈10 N/cm²)	Wärmedehnung $10^{-6}\ \frac{1}{grd}$	Wärmeleitfähigkeit $\frac{W}{m\ grd}$	Spezif. elektrischer Widerstand Ω · cm	Formbeständigk. n. MARTENS °C
	Polyfluorolefine	Polytetrafluoräthylen (Teflon, Hostaflon) Bis 200 °C gegen Chemikalien beständig	3,1—2,3	175—260		260	60—100	0,16 bis 0,23	10^{18}	
	Polyakrylate	Sicherheitsgläser, Isolatoren (Plexiglas, Acronal, Orlon)	1,2	700	260	1000 bis 1400	70—100	0,19	10^{15}	60—80
	Polyvinylchlorid (PVC)	Große Beständigkeit gegen Säuren, Laugen und Mineralöle (Vinidur, Igelit, Mipolam). Läßt sich schweißen und kleben	1,4	>500	50—150	800	78	0,16 bis 0,17	10^{14}	75
	Polystyrol	Geringer dielektrischer Verlustfaktor, besonders geeignet für Fernmelde- und HF-Technik (Vestyron, Trolitul, Novodur, aufgeschäumt als Wärme-	1,1	400	335	910—950	70—102	0,13 bis 0,16	10^{17}—10^{18}	70—100

		dämmungsplatten Styropor Als Mischpolymerisat mit 10% Butadien große Schlagfestigkeit (Buna S)							
Poly-addukte	Epoxyd-harze	Gute Haftfähigkeit an Metallen, gute elektrische Eigenschaften; E-Technik als Kleb- und Gießharze (Lukotherm, Epikote, Gripdec)	1,3	500—300	300	900 bis 1500	32—60	0,15—0,2	10^{14}—10^{16}	125
	Poly-urethane	Ähnliche Eigenschaften wie Polyamide. Mit verschiedenen Vernetzungsgraden herstellbar (Desmopan). Schwächer vernetzt gummielastisch. Anwendung: Elektroartikel, Klebstoffe für Leichtmetalle und Stahl (Vulkolan, Elasdolan)	1,2 (hart)	500	—	300—900	110	0,34	10^{14}	50—60

Tabelle 2.2. *Metallische Werkstoffe I*

Gruppe	Bezeichnung	Anwendung und Eigenschaften	Schmelzpunkt °C	Siedepunkt bei 760 Torr °C	Dichte g/cm³	Streck- oder 0,2-Grenze kp/mm² (≈10 N/mm²)	Elastizitätsmodul kp/mm² (≈10 N/mm²)	Wärmeausdehnung 10^{-5}/grd (20 bis 100 °C)	Wärmeleitfähigkeit $\frac{W}{m\,grd}$ bei 20 °C	Spezifischer Widerstand 10^{-6} Ω cm
unlegierter Stahl	Flußstahl	Maschinenbau	1450		7,8	20—50	—	0,8—12		
	Kohlenstoffstahl	härtbar, Stahlbau	1480		7,8	20—300	20 bis 21 · 10^3	1,0—1,15	73,5	14,4
legierter Stahl	Sonderstahl (Fe, Ni, Cr)	rostfrei, Apparatebau, Kerntechnik					20 bis			
	Sonderstahl, austenitisch	nicht magnetisierbar	1420		7,8	bis 120	21 · 10^3	1,85	14,5	66,8
	Sonderstahl, ferritisch		1480		7,7			1,2	25,1	60,3
Gußeisen	Hartguß, Temperguß, Grauguß	Maschinenbau	1150 bis 1350	2735	7,2 bis 7,6	—	17,5 bis 9,5 · 10^3	0,9	41,8 bis 62,8	30—40
Reineisen	Armcoeisen, vakuumvergossenes Eisen	Röhrenindustrie Kerntechnik	1535		7,86	18—22	22 · 10^3	1,17	74	9,7
Hochlegierte Eisenlegierungen mit besonderen physikalischen Eigenschaften	Invar, Frig. lal, Indilatans	Physikalische Technik, Meßgeräte			8,2		14 · 10^3	0,11	10,9	76
	Kovar, Fernico				8,3		16 · 10^3	0,5	16,7	45
	Elinvar, Nivarox				8,3	70—150	17 bis 18,5 · 10^3	0,71 bis 1,26		

Leicht- metalle	Aluminium (99,98%	Leichtbau, E-Technik	660	2750	2,70	1—2 (weich)	$7{,}2 \cdot 10^3$	2,46	230	2,66
	Al-Legierungen (Cu, Mg, Si, Cu, Zn)	Kerntechnik, Maschinenbau (einige aushärtbar)				3—46				2,7 bis 8,35
	Beryllium	Kerntechnik, Elektrotechnik	1280	2480	1,85	30—60	$29{,}3 \cdot 10^3$	1,23	170	4,2
	Be-Legierungen (Cu, Cr, Ni)	Spinndüsen				20—150				5—141
	Titan (99,5)	Triebwerkbau, Getter	1700	3300	4,51	35—70	$10{,}5 \cdot 10^3$	0,9	22	42
	Titan-Legierungen (Al, V, Mo)	Kerntechnik				bis 127				
Kupfer und Kupfer- legierungen	Kupfer	Maschinenbau und	1083	2580	8,92	5—33	$13 \cdot 10^3$	1,68	395	1,692
	Messing (Cu–Zn)	Apparatebau, große Beständigkeit gegen chemische Angriffe	870 bis 950		~8,4	7—40	—	2,0—2,1	113	1,67 bis 6,66
	Bronze (Cu–Sn)	Niedriger Reibungs- koeffizient			8,3 bis 8,6	bis 50	10 bis $12 \cdot 10^3$	1,6—1,8	28—162	1,88 bis 3,34
Nickel und Nickel- legierungen	Nickel	Hitze- und warm-	1453	2840	8,9	40 (weich)	$20{,}5 \cdot 10^3$	1,28	81	7,8
	Nickel-Chrom (20% Cr)	feste Legierungen	1400		8,3	25—30		1,4	146	
	NiCrFe (15 Cr 7 Fe)	für Apparate- und Ofenbau	1390		8,5			1,3	17,2	
	Sonderlegierungen: Monel, Inconel	Triebwerkbau, Kerntechnik	1350 bis 1480		8,3 bis 8,83	25 bei 500 °C		1,3	26	48,2
	Hastelloy	Meßgeräte			8,7			0,18		85,5
	Vacon	Elektronik Glasdurchführungen								

Tabelle 2.2. *Metallische Werkstoffe II*

Gruppe	Bezeichnung	Anwendung und Eigenschaften	Schmelzpunkt °C	Siedepunkt bei 760 Torr °C	Dichte g/cm³	Streck- oder 0,2-Grenze kp/mm² (≈10 N/mm²)	Elastizitätsmodul kp/mm² (≈10 N/mm²)	Wärmeausdehnung 10^{-5}/grd (20 bis 100 °C)	Wärmeleitfähigkeit $\frac{W}{m\,grd}$ bei 20 °C	Spezifischer Widerstand 10^{-6} Ω cm
Blei	Blei	Abschirmungen Akkumulatoren Kabelmäntel Chem. Apparatebau	327	1750	11,34	—	1700	2,93	34,8	22
Hoch-schmelzende Metalle	Vanadium	Werkstoffe für	1730	3400	6,11	20–500 °C	14000	0,83	53	24,8
	Chrom	besondere An-	1900	2660	7,2	—	25000	0,66	90	12,8
	Zirkon	forderungen in der	1855	4410	6,45	7–30R.T.		0,48	20,9	44
	Niob	Kerntechnik	2500	4930	8,55	12– 500 °C	11000	0,7	50,23	14,6
	Molybdän rekrist.	Legierungszusätze	2625	4800	10,2	9– 500 °C	33000	0,52	132	5,78
	Tantal	in hochwertigen	3000	5430	16,6	15– 500 °C	19000	0,65	56	13,6
	Wolfram	Werkstoffen	3380	5530	19,3	10–1000 °C	39000	0,45	177	5,5
Edelmetalle	Gold	Apparatebau,	1360	2700	19,31		8000	1,43	298	2,44
	Silber	Kerntechnik, Lote	961	2162	10,50		8000	2,06	418	1,59
	Platin	E-Technik	1770	3827	21,45		17000	0,89	71,2	10,58
Seltene Werkstoffe	Rhodium		1960	3960	12,44		3000	0,85	151	4,7
	Rhenium	Legierungselement,	3180	5627	21,02			0,66	71,2	19,14
	Palladium	Lote, E-Technik	1554	3200	11,97		11500	1,18	71,2	10,3
	Quecksilber	E-Technik, Apparatebau	−39,93	365,95	13,55		—	18,2 (räumlich)	8,36	95,78
Sinter-Hartmetalle W-, Ta-, Ti-, Mo-, V-, Cr-Karbide mit Co oder Ni als Bindemittel	Unit, Böhlerit, Duria, Widia, Titanit, Schneidmetalle für härteste Werkstoffe	Schneidplatten und Ziehdüsen, Werkzeuge			7,2 bis 15		44 bis $65 \cdot 10^3$	0,5 bis 1,1	12,5 bis 79,5	

Tabelle 2.3. ***Mineralische und keramische Werkstoffe I***

Gruppe	Bezeichnung	Handelsbezeichnungen. Anwendung. Eigenschaften	Dichte g/cm³	Zugfestigkeit kp/cm² (≈10 N/cm²)	Druckfestigkeit kp/cm² (≈10 N/cm²)	Formbeständigkeit (Arbeitstemperatur) °C	Wärmeleitfähigkeit W/(m grd)	Wärmeausdehnung 10^{-6}/grd	Spezifischer elektrischer Widerstand Ω cm
Glas	Geräteglas – Weichglas (Thüringer-Glas)	billig zu verarbeiten, leicht schmelzbar	2,2–2,6	1300	7500	500–700		8–10	10^{13}–10^{14}
	Hartglas	Pyrex, Duran							
	Optisches Glas						} 1,04		
	Kronglas (bleifrei)	Abbe-Zahl >50							
	Flintglas (mit Blei)	Abbe-Zahl <50	bis 2,9	1050	9600	bis 700		3–6,5	10^{13}–10^{14}
	Kron-Flint-Glas	Abbe-Zahl 55–50							
Quarz	Quarz amorph	Chemischer Apparatebau, Laborausstattung	2,2	900	1600	1050	1,46	0,55 (bei 320 °C)	
	Quarz kristallin		2,65	‖ 16300 ⊥ 12600	‖ 18200 ⊥ 16000	1700	‖ 3,34 ⊥ 5,86	‖ 8 ⊥ 14	
Keramiken	Aluminiumoxyd Al_2O_3	Degussit Al 23, Al 25	3,97	2400 bis 500 °C	$30 \cdot 10^3$	bis 1900 (im Vakuum)	3,48–5,2 (1000 °C)	7,7 (0 bis 1000 °C)	$1{,}5 \cdot 10^{11}$ (500 °C)
	Magnesiumoxyd MgO	Degussit Mg 25	3,58			bis 2300 (in Luft)	2,32 (bei 1000 °C)	13 (0–1000 °C)	$5 \cdot 10^8$ (2000 °C)
	Zirkonoxyd ZrO_3	Degussit Zr 23	5,56	1400		bis 2300 (im Vakuum)	1,97 (bei 1000 °C)	11,5 (0 bis 1000 °C)	20 (bei 1000 °C)
	Mischoxid $3\,Al_2O_3 \cdot 2\,SiO_2$	Mullit	3,03						
	Mischoxyd $MgO \cdot Al_2O_3$	Spinell, Degussit SP 23	3,6			bis 1950 (Luft und Vakuum)	5,21 (bis 1000 °C)	5,22 (0 bis 1000 °C)	$2 \cdot 10^5$ (1000 °C)
	Thoriumoxyd ThO_2	Chemischer Apparatebau	9,69			bis 2200 (im Vakuum)			10^4 (bei 1400 °C)

Tabelle 2.3. *Mineralische und keramische Werkstoffe II*

Gruppe	Bezeichnung	Handelsbezeichnungen, Anwendung, Eigenschaften	Dichte g/cm³	Zugfestigkeit kp/cm² (≈ 10 N/cm²)	Druckfestigkeit kp/cm² (≈ 10 N/cm²)	Formbeständigkeit (Arbeitstemperatur) °C	Wärmeleitfähigkeit $\frac{W}{m\,grd}$	Wärmeausdehnung 10^{-6}/grd	Spezifischer elektrischer Widerstand Ω cm
Mineralische Naturstoffe	Speckstein	bearbeitbar	2,6—2,8		4000 bis 8000		3,26	1—1,5	
	Schiefer		2,6—2,7				2,09	18—29	10^8
	Marmor		2,5—2,8	67	500 bis 2000		0,25	4,7	
	Glimmer (Muskovit)		2,6—3,2			600	0,417	∥ 3 ⊥ 200	10^{15}—10^{17}
	Asbest	Dichtungen,	2,1—2,8				0,07		
	Kieselgur	Wärmeisolierung							
	Porzellan		2,3—2,5			1400–1500	1,45	1,6—5,5	10^{18}
Mineralische Kunststoffe	Graphit	Zug-, Druck- und Biegefestigkeit steigt mit der Temperatur bis 2500 °C, gute Beständigkeit gegen schroffe Temperaturwechsel, Moderatorwerkstoff	um 1,7	—	420 bis 1000	3000 (im Vakuum)	0,15 bis 1,6	1∼4,0 (200 bis 800 °C)	$12—45 \cdot 10^{-6}$
Verbundwerkstoffe Metall-Keramik (Cermets)	Oxyd-Cermets Beispiel: Al_2O_3-Cr	Verbundwerkstoffe für Gasturbinen Turbinenschaufeln	4,65	1410 (bei 1090 °C)	2250	1200	9,2	9,45 (20 bis 1300 °C)	
	Karbid-Cermets Beispiel: TiC-NbC-Ni		6,0	8750 (bei 20 °C)	2800	1100		5,3	
	Borid-Cermets Beispiel: ZrB mit met. Bindemittel	Tiegel, Pumpenteile, Lager und bewegliche Teile, die mit geschmolzenem Metall in Berührung sind	5,2—5,4						

b) irreversible Kitte: Für Temperaturen unter 200 °C, Kleber wie z. B. Araldit. Für hohe Temperaturen Wasserglastalkumkitt und „Feuerkitt Höchst", ein Mörtel bis 1000 °C verwendbar. Für säurefeste Kacheln „Asplit".

10. Kleber verbinden Teile mittels dünner Zwischen- oder Klebeschicht. Die Verbindung ist meist gegenüber Abschälkräften (Zugbeanspruchung) empfindlich, gegen Scherkräfte widerstandsfähig.

Für Papier benutzt man Stärkerkleister, Gummilösung oder trägerfreie Klebefolien. Holz leimt man mit Knochen-, Fisch- oder Kunstharzleim. Im übrigen verwendet man je nach Anforderungen „Alleskleber" oder Spezialkleber. Man unterscheidet:

a) Einkomponentenkleber: Es sind Klebelacke, d. h. niedrig- oder mittelviskose Lösungen von organischen Grundstoffen in flüchtigen organischen Lösungsmitteln. Alleskleber: Uhu, Cohesan, Desmocoll, Redux, D-D, Pattex. Ein Spezialkleber für Plexiglas ist Plexigum.

b) Zweikomponentenkleber bestehen aus zwei Substanzen, Binder und Härter, die getrennt lange lagerfähig sind. Genau dosierte Mischungen dieser Substanzen härten bei höherer Temperatur in etwa 3 Stunden, bei Raumtemperatur in etwa 10 Stunden aus (Warmhärter, Kalthärter). Sie sind bis etwa 260 °C belastbar und zersetzen sich bei 400 °C. Es gibt sie auf der Basis von Epoxidharz (Araldit, Uhu-plus), Epoxid-Polyesterharz (Metallon) und Acrylharzen (Agomet). Sie lassen sich mit Füllstoffen z. B. Metallpulver (Gussolit) oder Glasfasern verstärken. Es lassen sich sehr hohe Festigkeiten erzielen.

c) Keramikkleber auf Silikatbasis härten durch Trocknen aus, mit Phosphatbasis unter Bildung von komplexen Phosphatverbindungen. Die letzteren sind bis 540 °C anwendbar.

d) Schmelzkleber werden wie Schmelzkitte eingesetzt. Für höhere Temperaturen gibt es schmelzbare Keramikkleber auf der Basis von Natrium-Bor-Silikatglas mit Zusätzen.

2.2 Maßangaben, Bearbeitungs- und Passungsangaben

Die Herstellung eines Gerätes durch Institutsmechaniker erfolgt im allgemeinen auf Grund einer Zusammenstellungszeichnung (Maßstab 1:1), in der nur Maße (in mm) eingetragen werden, die für die Verwendung des Gerätes von Bedeutung sind. Die übrigen Maße greift der Mechaniker in der Zeichnung ab. Über die Funktion aller Teile wird er soweit unterrichtet, daß er von sich aus die Art der Bearbeitung (ob fein, ob grob) und die Passung der Teile festlegen kann.

Wird ein Gerät auswärts hergestellt oder von einem Ingenieur entwickelt, so wird von jedem Werkstück eine vollständig vermaßte Detailzeichnung angefertigt, ferner der geforderte Oberflächenzustand jeder Fläche und die Passung der Teile gekennzeichnet.

Unter Passung versteht man das Maßverhältnis der zusammenzusetzenden Teile. Wenn zum Beispiel eine Welle in eine Bohrung eingesetzt werden soll, so ist anzugeben, ob die Welle in der Bohrung festsitzen (Festsitz) oder laufen soll (Laufsitz). Geht man von einer bestimmten Bohrung aus (Einheitsbohrung Abb. 2), so wird man im ersten Fall der Welle ein Übermaß U, im zweiten Fall ein Spiel S geben. Außer der Angabe des Sitzes muß man den Gütegrad angeben.

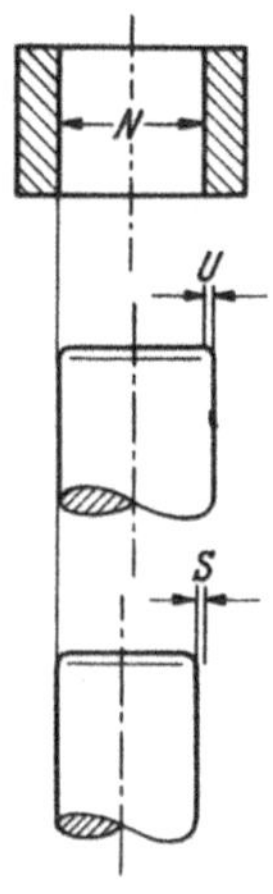

2 Übermaß und Spiel

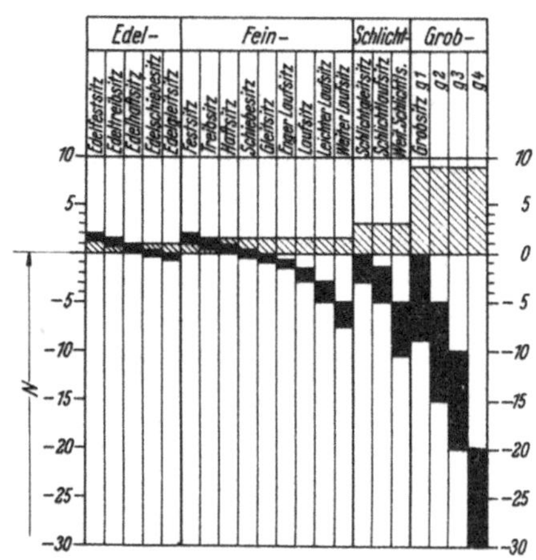

3 Toleranzgebiete

Man unterscheidet Edelpassung, Feinpassung, Schlichtpassung und Grobpassung. Sie unterscheiden sich durch die Toleranz, d. h. den Unterschied zwischen dem größtzulässigen Maß (Größtmaß) und dem kleinstzulässigen Maß (Kleinstmaß) eines Werkstückes. Abb. 3 zeigt eine Übersicht über die für die Einheitsbohrung festgelegten Toleranzgebiete der Bohrung (schraffiert) und der Welle (schwarz). Die Nullinie entspricht dem Nenndurchmesser N. Nach oben ist das obere Abmaß, nach unten das untere Abmaß vom Nennmaß aufgetragen, und zwar in Paßeinheiten PE $\left(1 \text{ PE} = 0{,}005 \sqrt[3]{N}\right)$. Jeder Gütegrad ist in mehrere Spalten unterteilt, die, von links nach rechts geordnet, den verschiedenen Sitzen (Festsitz, Treibsitz, Haftsitz, Schiebesitz usw.) entsprechen. Zum Beispiel ergibt sich für einen Nenndurchmesser der Welle $= 10$ mm, 1 PE $\approx 0{,}01$ mm. Für Feinpassung Festsitz muß die Welle dann einen Durchmesser zwischen 10,01 und 10,02 mm haben. Für Feinpassung Laufsitz gilt 9,970 < D < 9,985 mm.

2.3 Bearbeitungsmethoden

Bei der Bearbeitung geht man entweder von passendem Halbzeug, also von Platten, Stangen, Rohren oder Profilen aus, oder von einem vorgeformten oder gegossenen Rohling. Die für die Formgebung wichtigen Maße werden angerissen. Die Formgebung erfolgt nach folgenden Methoden:

1. Schneiden und Abscheren mit Meißel, Scheren, Stanzen.

2. Zerspanen durch Feilen, Sägen, Bohren, Drehen, Fräsen, Hobeln, Räumen, Schleifen, Ausreiben, Schaben, Gewindeschneiden.

3. Spanlose Verformung durch Walzen, Ziehen, Biegen, Pressen, Prägen, Treiben, Richten, Schmieden.

An die Formgebung schließt sich die Oberflächenbehandlung an. Je nach Bedarf werden die Flächen geglättet, aufgerauht, mit einem galvanischen Überzug versehen oder lackiert.

Ob die gewünschte Bearbeitung oder Herstellung eines Werkstückes in einer Werkstatt durchgeführt werden kann, hängt in erster Linie von der Einrichtung ab. Zum Beispiel ist der größte Durchmesser eines Drehlings durch die Spitzenhöhe einer Drehbank bestimmt. Häufig besteht die Hauptschwierigkeit bei der Bearbeitung im Spannen des Werkstücks. Die Herstellung der notwendigen Spannvorrichtung kann mehr Arbeit kosten als die Bearbeitung selbst. Auch für die Bearbeitung können Spezialvorrichtungen notwendig sein. Als Beispiel:

Das Bohren tiefer Löcher (B. Gross): Mit der Vorrichtung Abb. 4 lassen sich enge, tiefe Löcher bohren, z. B. mit 0,5 mm ⌀ bis zu 100 mm tief in Al 99,9. Abbrechen und Verlaufen der Bohrer wird vermieden. Die Vorrichtung besteht aus dem fest mit der Bohrspindel verbundenen Bügel 1, der die Vorschubspindel 2 trägt. Diese geht durch eine Bohrung des Anschlags 3 und trägt eine mikrometrisch verstellbare, spielfreie Stellmutter 4. An der Skala 5 läßt sich die Bohrtiefe mit Hilfe des Index 6 ablesen.

Vor dem Bohren wird die Stellmutter so eingestellt, daß bei Anschlag der Bohrer das Werkstück berührt, ohne daß ein Druck auf ihn ausgeübt wird (**a**). Beim Bohren wird die Bohrspindel wie gewöhnlich mit dem Handhebel nach unten geführt, bis die Stellmutter den Anschlag berührt. Während man sie dauernd mit dem Handhebel gegen den Anschlag preßt, dreht man sie gleichförmig, so daß die Bohrspindel kontinuierlich mit gleichbleibendem Bohrdruck abwärts geführt wird und zwar bis die Bohrtiefe etwa gleich dem Durchmesser des Bohrers ist (**b**).

Nun wird der Bohrer zum Entfernen der Späne um etwa 1 cm gelüftet, wobei die Stellmutter ihre Stellung auf der Vorschubspindel beibehält (c). Beim Wiederansetzen mit dem Handhebel legt sich die Stellmutter

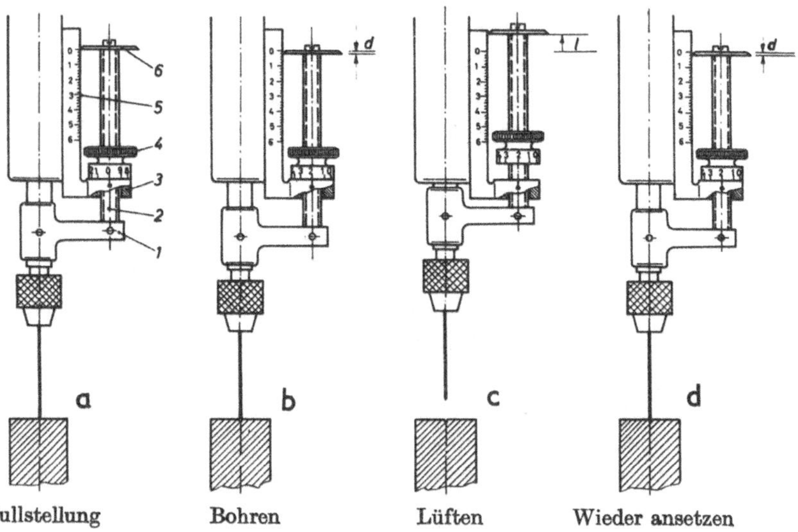

4 Bohren tiefer Löcher

gegen den Anschlag und sorgt dafür, daß der Bohrer wieder drucklos ansetzt (d). Das Verfahren wird solange fortgesetzt, bis die geforderte Bohrtiefe erreicht ist (Ätzung feiner Metallspitzen [6]).

2.4 Das Gießen

Große Werkstücke und solche mit komplizierten Formen werden am besten gegossen. Gießereien übernehmen Einzelaufträge in Grauguß, Temperguß (schmiedbar), Rotguß (sehr feinkörnig), Messingguß und Leichtmetallguß (Silumin). Das Gußmodell kann man selbst anfertigen (L 2.1). Dabei beachte man:

a) Das Holzmodell muß so verleimt werden, daß es sich weder werfen noch verziehen kann. Für Einzelguß genügt Erlenholz oder das sehr weiche, leicht schnitzbare Lindenholz.

b) Der Guß schwindet beim Erkalten (Grauguß etwa 1%, Silumin 1,0 bis 1,4%). Das Gußmodell muß also etwas größer als das gewünschte Gußstück hergestellt werden.

c) Das Gußmodell muß so geformt sein, daß es sich nach dem Einformen leicht aus der Form herausheben läßt, ohne die Form zu beschädigen. Aus diesem Grund läßt man alle Flächen von der Gußnaht aus konisch zusammenlaufen. Diese sogenannte Gußkonizität soll 2 bis 5% betragen.

d) Überall da, wo das Gußstück mit spanabhebenden Werkzeugen bearbeitet wird, ist eine Bearbeitungszugabe von mindestens 2 bis 3 mm zu geben, damit der spanabhebende Stahl unter die spröde Gußhaut greifen kann. Die zu bearbeitende Fläche sei nicht größer als notwendig und setze sich mit steil verlaufender Böschung gegen die übrigen Flächen ab (sogenannte Gußaugen).

e) Soweit es die Funktion des Werkstücks erlaubt, vermeide man alle schroffen Übergänge, runde Kanten nach Möglichkeit ab und Fugen aus. Man vermeidet so Gußspannungen, die Risse verursachen können.

Einige Beispiele: 1. Ein großer, flacher Ring (Abb. 5) wird aus mehreren auf der Gehrungssäge zugeschnittenen Brettchen in zwei Lagen so verleimt, daß die Fugen gegeneinander versetzt sind. Nach dem Verleimen wird der Ring mit der Säge ausgesägt und dann abgedreht.

2. Für einen Träger wird ein Modell nach Abb. 6 hergestellt. Die Anschraubfläche links und Ober- und Unterseite des Auges sollen bearbeitet werden. Sie erhalten deshalb die schraffiert eingezeichneten Bearbeitungszugaben. Abb. 7 zeigt, wie das Modell aus Brettchen und Klötzchen zusammengeleimt wird. Nach dem Verleimen werden die Flächen abgeschrägt, die Kanten abgerundet, die Fugen mit Spachtelmasse ausgeschmiert und das Ganze rot lackiert (Modellfarbe für Grauguß). Abb. 8 zeigt, wie das so geformte Modell aus der Form gehoben werden kann.

3. Das Getriebegehäuse für ein Registriergerät ist in Abb. 9 gezeichnet. Das Holzmodell wird nicht ausgehöhlt, sondern erhält einen schwarz angestrichenen Ansatz (Abb. 10a), die Kernmarke. Außer diesem Modell muß noch die Kernbuchse aus Holz angefertigt werden (Abb. 10b), ein flaches Kästchen, in dem der Former einen in die Höhlung des Gehäuses passenden Sandkern anfertigen kann. Dann formt er zunächst das Modell Abb. 10a ein, so daß eine Höhlung nach Abb. 10c entsteht. In der von der Kernmarke gebildeten Aussparung wird nun der Kern befestigt. So läßt sich dann das hohle Gehäuse gießen.

Die Vorteile eines Stückes „aus einem Guß“ gegenüber einer zusammengesetzten Ausführung sind meist so groß, daß sich die Anfertigung des Modells auch dann lohnt, wenn nur ein einziger Abguß gebraucht wird. Erstens kann die Form des Werkstückes dem Verwendungszweck angepaßt werden und ist nicht mehr durch das Material bestimmt. Zweitens kann man aus Guß außerordentlich starre, schwingungsfreie

Herstellung von Gußmodellen L 2.1

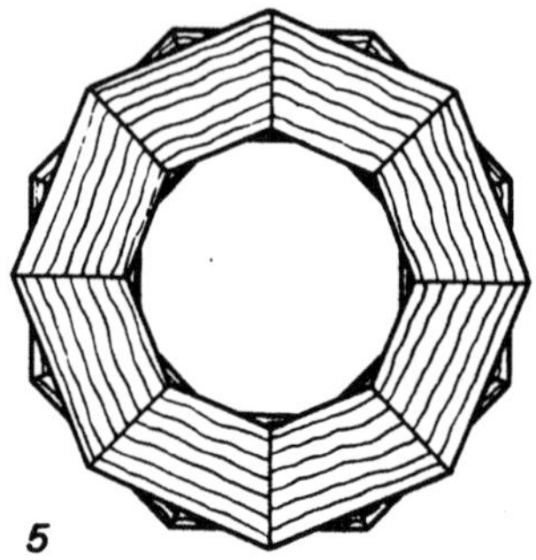

5

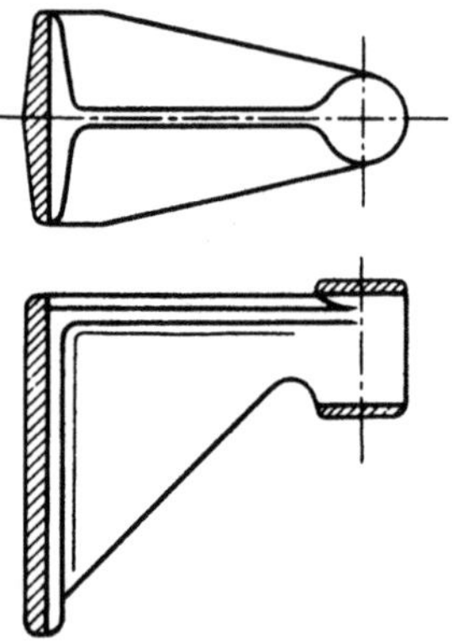

6 Gußmodell mit Bearbeitungszugaben

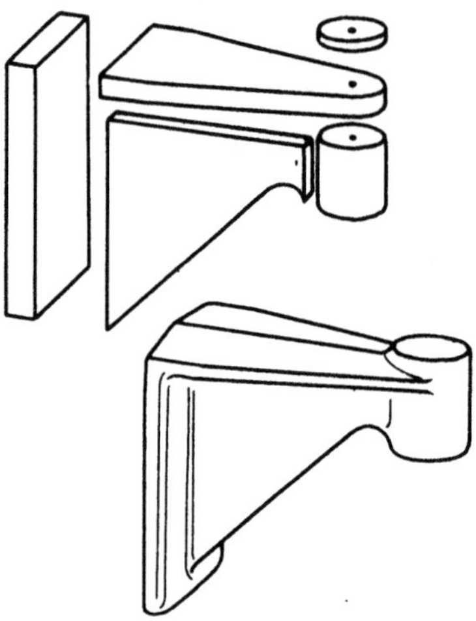

7 Herstellung eines Gußmodells

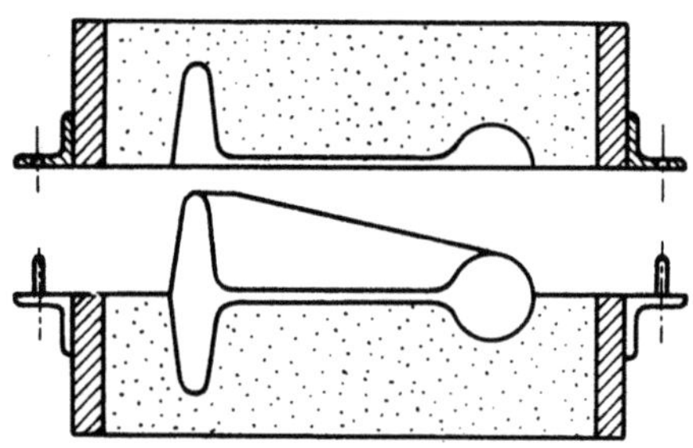

8 Einformen des Modells

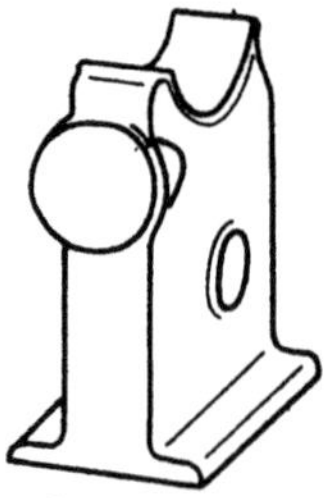

9
Hohles Gußgehäuse

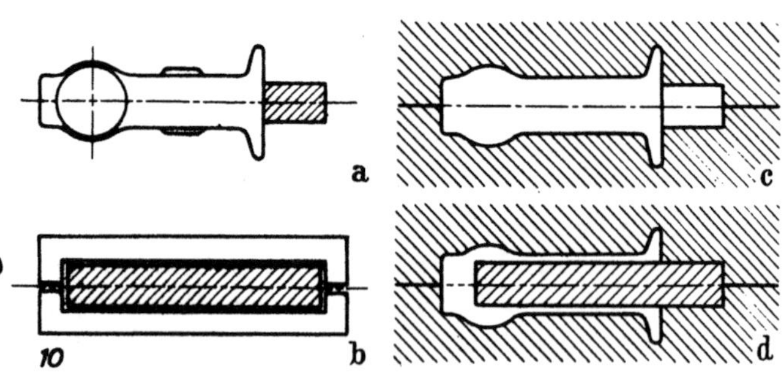

10
Gußmodell mit Kernmarke (a), Kernbuchse (b), Gußform (c), Gußform mit Kern (d)

Systeme aufbauen, die sich nicht werfen und verziehen. Gealterter Grauguß bildet eine ideale Grundlage für Präzisionsgeräte. Drittens kann man durch geeignete Formgebung den Bearbeitungsaufwand des Gußstücks so klein halten, daß der Herstellungsaufwand für das Modell eingespart werden kann.

Das Gießen von Gießharzteilen (G. Borchardt): Komplizierte Formteile, von denen man mehrere Stücke braucht, lassen sich leicht aus Gießharz gießen. Abb. 11 zeigt die Herstellung von Sondenhaltern für Aktivierungssonden, z. B. Goldfolien von 11 mm ⌀. Sie bestehen aus zwei flachen Scheiben, die mittels Gewinde verschraubt werden können und die Folie in ihrer Mittelbohrung zentrisch haltern (Abb. 11 b). Von jeder Scheibe wird ein Modell aus Messing hergestellt. Für jedes dieser beiden Modelle wird nun eine Negativform hergestellt. Dazu fertigt man erst eine Schale aus Kunststoff, legt das Modell hinein und vergießt (Abb. 11 a).

Als Gießmasse für die Negativform benutzt man kaltvulkanisierbaren Silikonkautschuk (Gießmasse 56, Streichmasse und Härter T (B 179)). Gießmasse und Streichmasse werden im Verhältnis 2:1 gemischt und 2% Härter T zugesetzt. Man mischt mit Knetrührer, entfernt Luftblasen durch Evakuieren und gießt in dünnem Strahl in die Schale. Eingeschlossene Luft entfernt man durch Nachevakuieren. Die Verarbeitungszeit ist 50 bis 60 Minuten, die Vulkanisierungszeit beträgt 2,5 bis 3,0 Stunden. Zweckmäßig lagert man 4 bis 6 Tage.

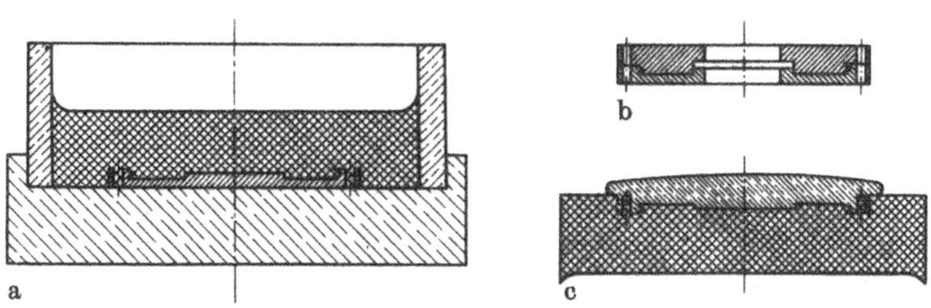

11 Gießen von Gießharzteilen

Die Positivform gießt man aus kalthärtendem Gießharz WL 25 (B 69). Es wird mit Härter im Verhältnis 100:20 gemischt. Man läßt die Mischung 5 bis 10 Minuten stehen, so daß die eingeführte Luft entweicht und gießt sie in die aus der Schale herausgelöste Negativform (Abb. 11 c). Luftblasen entfernt man mit einer Nadel. Die Verarbeitungszeit ist 45 Minuten, die Aushärtung erfolgt bei 25 °C in 14 bis 25 Stunden. Das Gußstück wird aus der Negativform herausgenommen und auf der Oberseite plangedreht. Das Gewinde der Form bleibt unverletzt, so daß sie mehrfach verwendet werden kann.

2.5 Einzelteile

Beim Bau eines Gerätes verwendet man nach Möglichkeit handelsübliche, genormte Einzelteile: Schrauben, Muttern, Nieten, Stifte. Für die Gewinde sind im wesentlichen zwei Systeme im Gebrauch: Das metrische System und das Whitworth-System (Tab. 2.4).

Tabelle 2.4. ***Gewinde***

Metrisches Gewinde nach DIN 13 und 14 Flankenwinkel 60°			
Bezeichnung	**Gewinde ∅ mm**	**Kern ∅ mm**	**Steigung mm**
M 1	**1,0**	**0,65**	**0,25**
M 1,4	**1,4**	**0,98**	**0,3**
M 2	**2,0**	**1,44**	**0,4**
M 2,6	**2,6**	**1,97**	**0,45**
M 3	**3,0**	**2,30**	**0,5**
M 4	**4,0**	**3,03**	**0,7**
M 5	**5,0**	**3,89**	**0,8**
M 6	**6,0**	**4,61**	**1,0**
Metrisches Feingewinde			
M 6 × 0,5	**6,0**	**5,35**	**0,5**

Whitworth-Gewinde nach DIN 11 Flankenwinkel 55°			
Bezeichnung	**Gewinde ∅ mm**	**Kern ∅ mm**	**Steigung mm**
1/8″ =	**3,17**	**2,36**	**0,635**
1/4″ =	**6,35**	**4,72**	**1,270**
3/8″ =	**9,3**	**7,78**	**1,588**
1/2″ =	**12,7**	**10,3**	**2,117**
1″ =	**25,4**	**21,8**	**3,174**
Rohrgewinde			
R 1/8″	**9,729**	**8,567**	**0,907**
R 1/4″	**13,158**	**11,446**	**1,337**
R 1/2″	**20,956**	**18,632**	**1,814**

Die Tabelle zeigt, daß die Bezeichnung *R* 1/4″ für Rohrgewinde nicht bedeutet, daß der Gewindedurchmesser 1/4″ ist.

Neben dem normalen metrischen Gewinde gibt es metrische Feingewinde mit kleineren Steigungen. Man braucht sie vor allem für Stellschrauben und Mikrometerschrauben. Für den Seitenanschluß von Gasflaschenventilen sind besondere Gewinde vorgesehen: Linksgewinde für brennbare Gase, Rechtsgewinde für die übrigen Gase. Optische Feingewinde s. S. 296.

In L 2.2 sind Bezeichnungen und DIN-Nummern für die wichtigsten Schrauben, Muttern, Nieten und Stifte zusammengestellt.

Literaturverzeichnis zu Kap. 2

1. Hütte: Des Ingenieurs Taschenbuch, 28. Aufl., Berlin: Ernst & Sohn 1955.
2. Hütte: Taschenbuch der Werkstoffkunde, 4. Aufl., Berlin: Ernst & Sohn 1967.
3. Kirst, Th.: Metallkleben kurz und bündig, Würzburg: Vogel 1970.
4. Saechtling; Zebrowski: Kunststoff-Taschenbuch, München: Hanser 1965.
5. Kunststoffnormen, DIN-Taschenbuch Nr. 21, 4. Aufl., Berlin: Beuth 1965.
6. Instrum. exper. Techn., 743 (1966).

Schrauben, Muttern und Nieten L 2.2

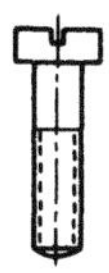
Zylinderschraube DIN 84

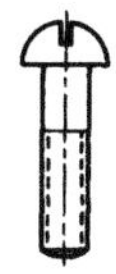
Halbrundschraube DIN 86

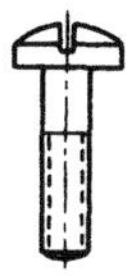
Linsenschraube DIN 85

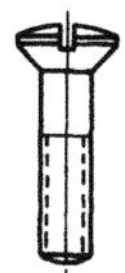
Linsensenkschraube DIN 88

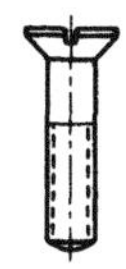
Senkschraube DIN 87

Gewindestift DIN 553

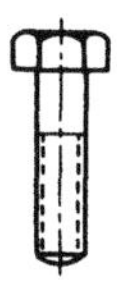
Sechskantschraube DIN 931

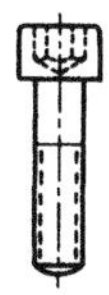
Innensechskantschraube DIN 912

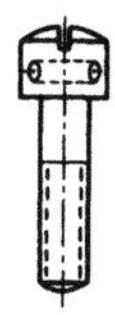
Kreuzlochschraube DIN 404

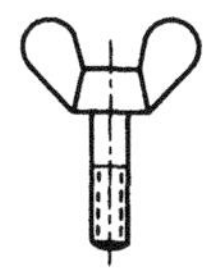
Flügelschraube DIN 316

Hohe Rändelschraube DIN 464

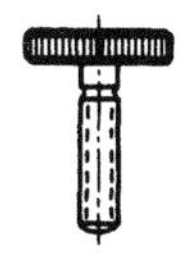
Flache Rändelschraube DIN 653

Sechskantmutter DIN 934

Schlitzmutter DIN 546

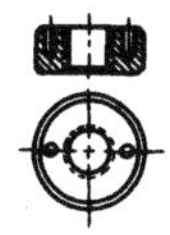
Zweilochmutter DIN 547

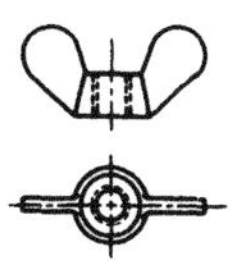
Flügelmutter DIN 315

Hohe Rändelmutter DIN 466

Flache Rändelmutter DIN 467

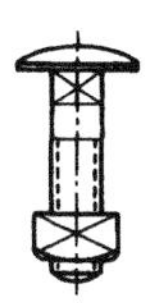
Schloßschraube DIN 559

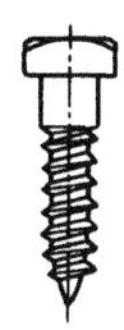
Vierkant-Holzschraube DIN 570

Halbrund-Holzschraube DIN 96

Linsensenk-Holzschraube DIN 95

Senk-Holzschraube DIN 97

Ring-Holzschraube

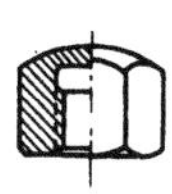
Niedrige Hutmutter DIN 917

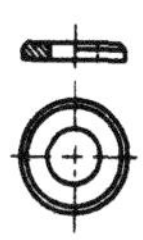
Blanke Scheibe DIN 125

Halbrundniete DIN 660

Hohlniete DIN 7331

Zylinderstift DIN 7

Kegelstift Konus 1 : 50 DIN 1

3. Einfache Körper und Verbindungen

Die einfachen Körper können aus einem einzigen Teil bestehen, der entweder gegossen, spanlos geformt oder aus dem Vollen herausgearbeitet ist. Zur Vereinfachung der Herstellung kann er auch aus Teilen zusammengesetzt werden, die verschweißt, verlötet oder verschraubt sind.

3.1 Die Festigkeit von Stäben

Unter der Wirkung von Kräften treten in Bauelementen Spannungen und Formänderungen auf. Für die meisten Werkstoffe gibt es einen Spannungsbereich, in dem das Element belastet werden kann, ohne zu brechen oder sich bleibend zu verformen, und in dem man Proportionalität zwischen Belastung und Verformung (HOOKEsches Gesetz) annehmen darf. Ein Bauteil muß für eine vorgesehene Belastung so bemessen werden, daß in ihm die maximale Spannung unterhalb einer als zulässig festgelegten Spannung $\sigma_{zul} = \nu\sigma_{Gr}$ bleibt. Dabei ist σ_{Gr} eine vom Werkstoff, von der Beanspruchungsart und der Temperatur abhängige Grenzspannung (Streckgrenze, Wechselfestigkeit usw.). In dem Faktor ν (Sicherheit) < 1 stecken vor allem die Unsicherheiten unserer Kenntnisse über die wahre Beanspruchung.

Häufig stellt man Teile, die tragen oder Kräfte übertragen sollen, aus Stäben mit bestimmten Profilen her. Bei der *Zug-* und *Druckbeanspruchung* (L 3.1 a) glatter Stäbe und bei der *Abscherbeanspruchung* von Bolzen o. ä. (b) legt man der Berechnung die oft nicht zutreffende Annahme zugrunde, daß die Spannung über den ganzen Querschnitt hinweg gleich groß ist. Bei der *Biegebeanspruchung* (c) nimmt, solange das HOOKEsche Gesetz gilt, die Spannung proportional zum Abstand r von der neutralen Faser zu ($\sigma \sim r$), d. h. $\sigma_{max} = h/2 \cdot \sigma_1$, wenn σ_1 die Spannung im Abstand $r = 1$ ist. Bei der *Torsionsbeanspruchung* besteht diese Proportionalität nur bei Stäben mit kreis- oder kreisringförmigen Querschnitten. Andere Querschnitte verwölben sich bei der Verdrehung. Man muß dann das polare Flächenträgheitsmoment durch das Torsionsträgheitsmoment $I_t \leqq I_p$ ersetzen. Analog dazu ist bei diesen Querschnitten das polare Widerstandsmoment W_p durch das Torsionswiderstandsmoment W_t zu ersetzen.

Beanspruchung von Stäben durch Kräfte L 3.1

a) Zug- und Druckbeanspruchung

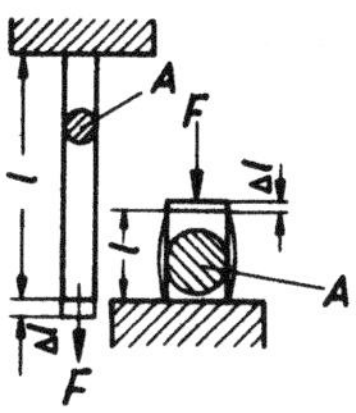

Spannung

$\sigma = F/A$

Dehnung (Stauchung)

$$\frac{\Delta l}{l} = \frac{F}{EA} = \varepsilon$$

Querkontraktion

$\Delta D/D = \mu\, \Delta l/l$

μ Querzahl für Stahl $\approx 0{,}3$

b) Scherbeanspruchung

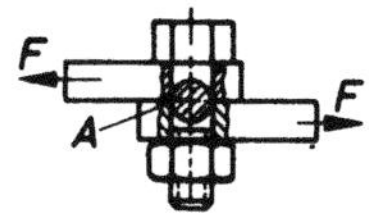

Abscherspannung

$\tau_a = F/A$

Die zulässige Scherspannung τ_{zul} ist etwas niedriger als die zulässige Zugspannung σ_{zul}. Für Flußstahl rechnet man häufig mit $\tau_{zul} = 0{,}8\, \sigma_{zul}$

c) Biegebeanspruchung

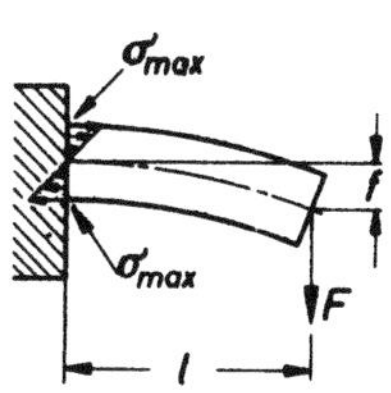

max. Spannung

$$\sigma_{max} = \frac{Fl}{W_x}$$

Durchbiegung

$$f = \frac{F \cdot l^3}{3\, E I_x}$$

d) Torsionsbeanspruchung

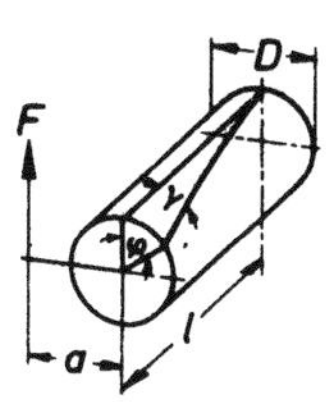

Drehmoment

$M_t = F \cdot a$

max. Spannung

$\tau_{max} = M_t/W_p$

Verdrehung

$$\varphi = \frac{M_t \cdot l}{G \cdot I_p}$$

Schiebung

$\gamma = \varphi r/l$

e) Kerbbeanspruchung

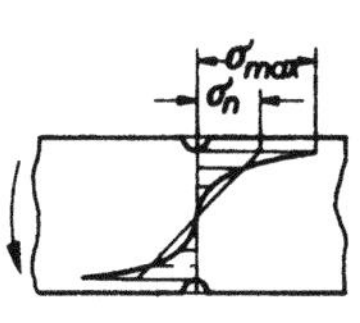

σ_{max} Spannungsspitze

σ_n Nennspannung

$\sigma_{max} = \alpha_K \cdot \sigma_n$

α_K = Formzahl. Sie liegt bei üblichen Kerben und Bohrungen zwischen 1,5 und 3

f) Knickbeanspruchung

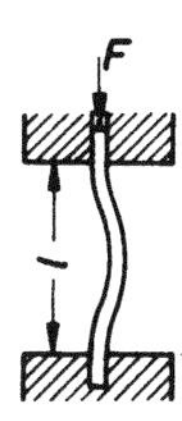

bei eingespannten Enden Knicklast

$$F = \frac{4 \pi^2 E I_{min}}{l^2}$$

Knickspannung

$$\sigma_K = \frac{4 E \pi^2}{\lambda^2}$$

λ = Schlankheitsgrad $= l/i_{min}$

Beanspruchung von Stäben durch Kräfte (Fortsetzung) L 3.1

A Querschnitt *F* Kraft, Last *E* Elastizitätsmodul $G \approx 0{,}38\,E$ Schubmodul	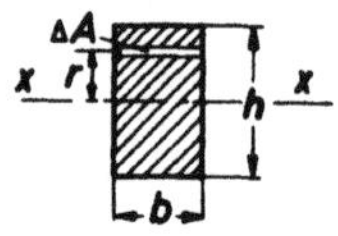	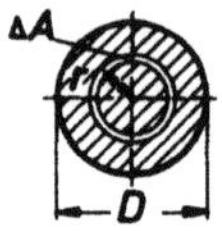	
Trägheitsmoment, axial	$I_x = \frac{b \cdot h^3}{12}$	$I = \frac{\pi D^4}{64} \approx \frac{D^4}{20}$	$I = \frac{\pi}{64}(D^4 - d^4)$
Widerstandsmoment, axial	$W_x = \frac{b \cdot h^2}{6}$	$W = \frac{\pi D^3}{32} \approx \frac{D^3}{10}$	$W = \frac{\pi}{32}\frac{D^4 - d^4}{D}$
Trägheitsmoment, polar	$h = b$ $I_t = 0{,}141\,b^4$ [1] $h = 4b$ $I_t = 0{,}281\,hb^3$	$I_p = \frac{\pi D^4}{32} \approx \frac{D^4}{10}$	$I_p = \frac{\pi}{32}(D^4 - d^4)$
Widerstandsmoment, polar	$h = b$, $W_t = 0{,}208 \cdot b^3$ [2] $h = 4b$ $W_t = 0{,}281\,hb^2$	$W_p = \frac{\pi D^3}{16} \approx \frac{D^3}{5}$	$W_p = \frac{\pi}{16}\frac{D^4 - d^4}{D}$
Trägheitsradius, minimal	$i_{min} = \sqrt{\frac{I_{min}}{A}}$ $= 0{,}289\,b$	$i_{min} = \frac{D}{4}$	$i_{min} = \frac{1}{4}\sqrt{D^2 + d^2}$

R. Müller

[1]) Torsionsträgheitsmoment $I_t \triangleq I_p$

[2]) Torsionswiderstandsmoment $W_t \triangleq W_p$

Der *Verformung* setzt ein Querschnittselement ΔA ein Drehmoment ΔM entgegen, das einerseits proportional zu seiner Spannung $\sigma \sim r$, andererseits proportional zu seinem Hebelarm r ist, d. h., es ist $\Delta M \sim r^2$. Für den gesamten Querschnitt gilt also

$$\sum \Delta M \sim \sum \Delta A \cdot r^2 \approx I_x = \int r^2 \, \mathrm{d}A$$

Man bezeichnet I_x als *Flächenträgheitsmoment*.

Der *Widerstand* gegen eine bleibende Verformung ist begrenzt durch die Bedingung, daß σ_{max} kleiner als σ_{zul} bleibt. Damit diese nicht überschritten wird, muß im Abstand r die Spannung $r\sigma_1 = r \frac{\sigma_{max}}{h/2}$ eingesetzt werden. Dadurch wird das im kritischen Querschnitt A_{krit} angreifende Drehmoment $M = F \cdot l$ begrenzt auf

$$M_{max} = \frac{I_x}{h/2} \cdot \sigma_{max} = W_x \cdot \sigma_{max},$$

wo $W_x = \frac{I_x}{h/2}$. Man bezeichnet W_x als das *Widerstandsmoment* des Querschnitts A_{krit}. Es ist das Verhältnis von Flächenträgheitsmoment und Abstand der am stärksten beanspruchten Faser von der neutralen Faser.

Die Formeln gelten für glatte Stäbe. Bei Stäben mit Kerben oder Bohrungen treten Spannungsspitzen auf, in denen die maximale Spannung bis zur etwa dreifachen Spannung eines glatten Stabes ansteigen kann (*Kerbbeanspruchung* L 3.1 e).

Schlanke Träger unterliegen einer *Knickbeanspruchung* (L 3.1 f). Die Knicklast ist hier proportional zum minimalen Trägheitsmoment. Die Knickspannung hängt ab vom Schlankheitsgrad, d. h. dem Verhältnis von Länge l zum minimalen Trägheitsradius i_{min}.

Die Formeln zeigen, daß man durch eine geeignete Wahl des Profils den verschiedenen Beanspruchungsarten entgegenwirken kann. Die Durchbiegung durch eine Last läßt sich an einem Träger bei gleichbleibendem Querschnitt herabsetzen, indem man ein flaches Profil hochkant stellt. Ein solches Profil ist jedoch gegen Torsion und Knickung sehr empfindlich. Hier ist, wie in den meisten Fällen, das Rohrprofil vorzuziehen.

Bei hohen Temperaturgradienten treten Wärmespannungen auf. Wechselbeanspruchungen können zur Materialermüdung führen.

3.2. Verfahren zur Verbindung [1]

Die Verbindung zweier Einzelteile kann erfolgen:

a) Durch Stoffschluß, z. B. Verschweißung, Verklebung.

b) Durch Formschluß, z. B. Verfalzung, Vernietung.

c) Durch Kraftschluß, z. B. Verschraubung, Verpressung.

Die Verbindung kann unmittelbar erfolgen, wie bei der Verfalzung zweier Bleche, oder mittelbar wie bei einer Verschraubung mit Schrauben. Sie kann lösbar sein, wie eine Verkeilung, oder unlösbar, wie z. B. eine Verbördelung. Diese läßt sich nur durch Zerstörung eines der beiden Teile trennen. Je nach Verwendungszweck muß eine Verbindung folgende Eigenschaften haben: Mechanische Festigkeit, Sicherheit gegen unbeabsichtigtes Lösen. Wärmebeständigkeit, Widerstandsfähigkeit gegen Wasser und Chemikalien und Vakuumdichtigkeit. Unter diesen Gesichtspunkten wollen wir im folgenden die verschiedenen technologischen Verfahren betrachten.

3.2.1 Die Verschweißung

(W. Lehrheuer)

Nach DIN 1910 versteht man unter Metallschweißen das Vereinigen metallischer Werkstoffe unter Anwendung von Wärme oder von Druck oder von beiden, und zwar mit oder ohne Zusetzen von artgleichem Zusatzwerkstoff mit gleichem oder nahezu gleichem Schmelzbereich.

Man unterscheidet die Schmelzschweißverfahren, bei denen die Vereinigung der Metalle in flüssigem Zustand meist ohne Druck erfolgt und die Preßschweißverfahren, die auf einer Vereinigung der Schweißteile in teigigem oder beim Kaltpreßschweißen in festem Zustand unter Druck beruhen (Abb. 1). Neben den Metallen lassen sich auch Kunststoffe verschweißen. Bei fachgerechter Ausführung sind Schweißnähte mechanisch fest, wärmebeständig und vakuumdicht wie der Grundstoff selbst.

Von besonderer Bedeutung ist die schweißgerechte Gestaltung der Verbindungsstelle. Hier gilt der Grundsatz, daß möglichst wenig Wärme in das Werkstück eingebracht werden soll, um Schweißeigenspannungen, Schrumpfungen und Verwerfungen möglichst gering zu halten. Durch die schweißgerechte Konstruktion muß vermieden werden, daß die Schweißeigenspannungen zu einer Gefährdung des Werkstückes unter Betriebsbedingungen führen oder unzulässige Verformungen bewirken. Außerdem muß die Schweißstelle gut zugänglich sein und in vielen Fällen eine zerstörungsfreie Schweißnahtprüfung (z. B. durch Röntgen-

oder Ultraschallprüfung) gestatten. Das Leitblatt L 3.2 zeigt die zweckgerechte Gestaltung von Schweißverbindungen.

1 **Übersicht über die Metallschweißverfahren**

Etwa 80% aller Schweißarbeiten werden von Hand, d. h. als *Autogenschweißen* oder *offenes Lichtbogenschweißen* ausgeführt. Für spezielle Werkstoffe und Anforderungen setzt man Sonderschweißverfahren ein:

a) Das Wolfram-Inert-Gasschweißen (WIG) Abb. 2.

Es ist ein Schutzgas-Lichtbogen-Schweißverfahren mit nicht abschmelzender Wolframelektrode. Mit Argon als Schutzgas heißt es auch *Argonarc*-Verfahren. Nach diesem Verfahren sind schweißbar: sämtliche Stähle, Grauguß, Kupfer, Messing, Bronze, Aluminium nebst Legierungen sowie Magnesium und seine Legierungen. In dichten Gasbehältern sind unter hochreinem Schutzgas auch hochschmelzende und reaktive Materialien schweißbar. Geschweißt wird mit Gleich- oder Wechselstrom, mit und ohne Zusatzwerkstoff.

b) Das Elektronenstrahlschweißen (Abb. 3).

Als Wärmequelle dient ein Elektronenstrahl hoher Energiedichte (bis zu $5 \cdot 10^7$ W/cm^2). Die Schweißung erfolgt im Vakuum. Verschweißung hochschmelzender und reaktiver Materialien sind möglich. Auch Metallkombinationen können verbunden werden. Durch die hohe Energiedichte und damit geringe Wärmemengeneinbringung ergeben sich geringe Schweißspannungen und geringer Schweißverzug. Das Elektronenstrahlschweißen ermöglicht Verbindungen, die mit keinem anderen Verfahren möglich sind (L 3.3). Man kann durch eine oder mehrere durch Zwischenräume getrennte Wände hindurchschweißen, kann

Schweißverbindungen L 3.2

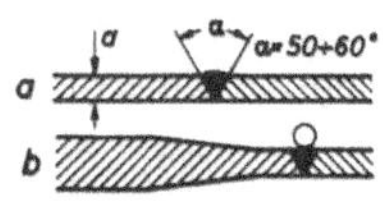

1. Stumpfnaht-Ausbildung

a) Als Nahtdicke gilt die Blechdicke *a*.

b) Ausbildung bei ungleichen Blechen.

Für Wechselbeanspruchung Nahtoberfläche blecheben bearbeiten.

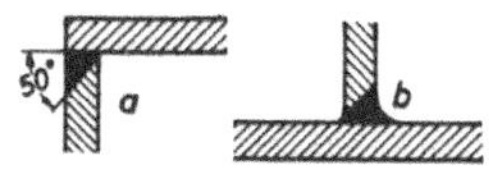

2. Kehlnaht-Verbindung

a) HV-Ecknaht erfordert nur Vorbereitung der einen Blechkante.

b) Durchgeschweißte HV-Naht (HV = Halbe V-Naht).

3. Verbindung Rohr—Flansch
Übliche Ausbildung eines Vorschweißflansches. Gute Vakuum- und Hochdruck-Eignung. Ultraschall- und Röntgenprüfung möglich.

4. Verbindung Rohr—Rohrboden
Bördelnahtverbindung, wie sie für dünnwandige Rohre und Behälter zu empfehlen ist. Gute Dichtigkeit, geringe Festigkeit. Schlechte Prüfeignung.

Rohrböden werden wie Flansche an einem zylindrischen Ansatz verschweißt. Hohe Festigkeit, Röntgen- und Ultraschall-Prüfung gut möglich.

Der Zentrieransatz erleichtert das konzentrische Verschweißen. Die Ringnut erlaubt das gute Durchschweißen der Wurzel. Hohe Festigkeit, Röntgenprüfung bedingt. Ultraschall-Prüfung gut möglich. Keine Vakuumeignung.

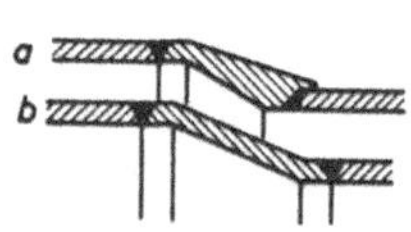

5. Rohrverjüngung

Ausbildung eines Zwischenstücks bei großem Durchmessersprung.

a) mit Zentrierung

b) Hochdruckausführung

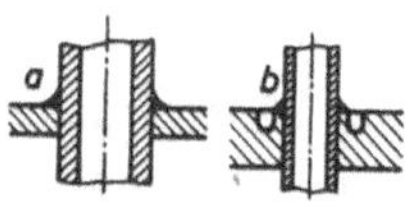

6. Rohrdurchführungen

Dickwandige Rohre werden nach *a* eingeschweißt. Bei dünnwandigen Rohren muß die Schweißstelle nach *b* ausgebildet werden. Keine Vakuumeignung.

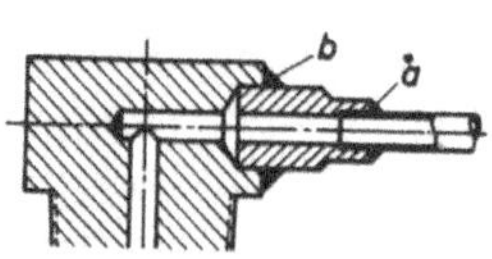

7. Einschweißen dünner Rohre

Die axialsymmetrische Verschweißung *a* des dünnen Rohres läßt sich in einer automatischen Schweißanlage durchführen. Die winkelige Verschweißung *b* kann der großen Wandstärke entsprechend von Hand durchgeführt werden.

Elektronenstrahlschweißen L 3.3

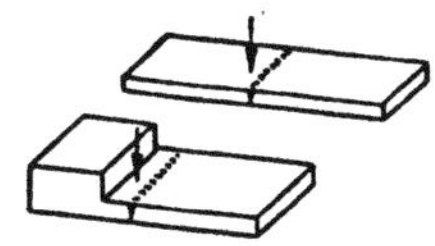

1. Stumpfstoß:

Häufigste Verbindungsform; auch zum Verbinden verschiedener Materialien geeignet. Max. Eindringtiefen sind materialabhängig (z. B. V 2 A ~ 50 mm; Al ~ 60 mm).

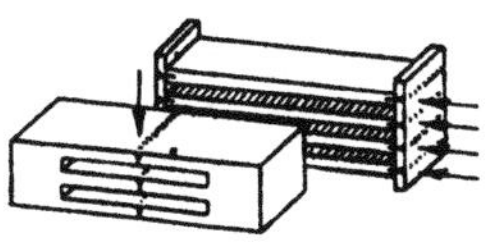

2. Lamellenanschluß:

Die obere Ausführung eignet sich zur Herstellung von Kollimatoren. Es können auch sehr dünne Lamellen reproduzierbar geschweißt werden. Die untere Form erlaubt das Anschweißen von mehreren Lamellen in einem Arbeitsgang. Es ist jedoch hohe Paßgenauigkeit erforderlich.

3. Rohrbündelverbindung:

Es können mehrere Rohre von jedem Profil mit einer Schweißung verbunden werden. Eine Festigkeitssteigerung kann durch doppelte Nahtausführung erreicht werden.

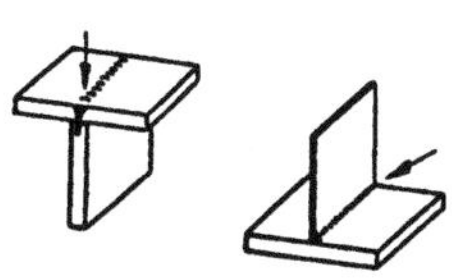

4. T-Stoß:

Die links gezeichnete Verbindung ist günstig für schlecht zugängliche Verbindungen. In der anderen Form können auch unterschiedliche Blechdicken sicher miteinander verschweißt werden. Geeignet dafür ist ein seitlich auftreffender Elektronenstrahl.

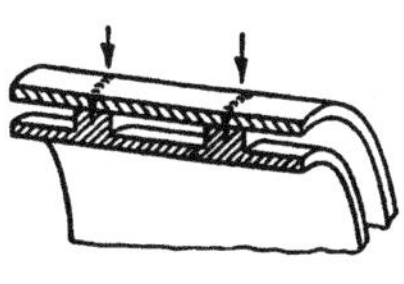

5. Ring- oder Spiralkanäle:

Geeignete Ausführung zur Herstellung von Strömungskanälen. Diese Verbindung erfordert hohe Paßgenauigkeit. Bei unterschiedlichen Materialien nur bedingt anwendbar.

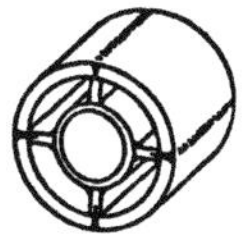

6. Stege zwischen konzentrischen Rohren:

Beispiel zur Fertigung von Strömungskammern und Leitkanälen. Es können auch spiralförmige Stege vakuumdicht verschweißt werden.

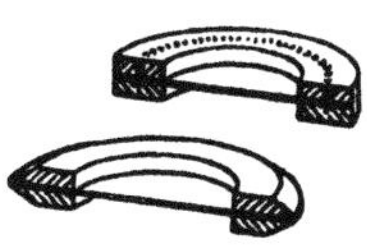

7. Membran- oder Folienverbindung:

Extrem dünne Folien lassen sich auf diese Weise mit Flanschen verschweißen. Diese Verbindungsform ist z. B. für Druckschalter (Transducer) und Endfenster bei Strahlungsexperimenten geeignet.

F. W. Niebuhr

Schweißungen im Innern eines ringsum geschlossenen evakuierten Behälters durch Stahlwände hindurch vornehmen, kann dünne Folien mit dicken Klötzen verschmelzen und die Schweißstelle auf 1/100 mm genau festlegen.

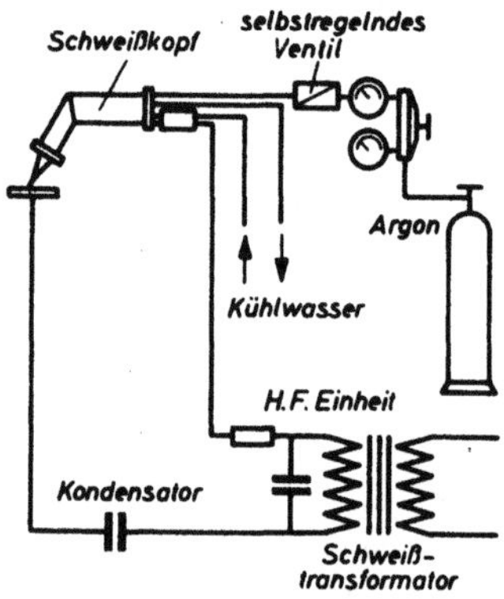

2 Wolfram-Inert-Gasschweißen (WIG)

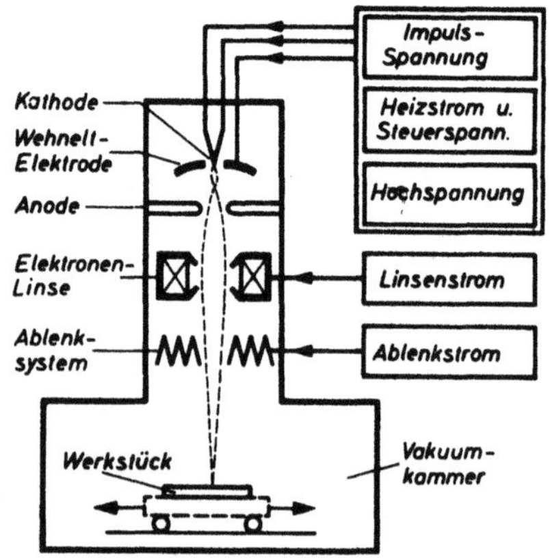

3 Elektronenstrahlschweißen

c) Das Punktschweißen (Abb. 4).

Es ist ein Widerstands-Preßschweißen. Kleine Geräte (B 1) mit Punktschweißzange werden im Labor für feine Schweißarbeiten eingesetzt. Die Teile werden unter leichtem Druck zwischen zwei Elektroden zusammengepreßt und durch einen kurzen Stromstoß miteinander verschweißt. Die Schweißdauer wird elektronisch von ca. 1 s bis herab auf

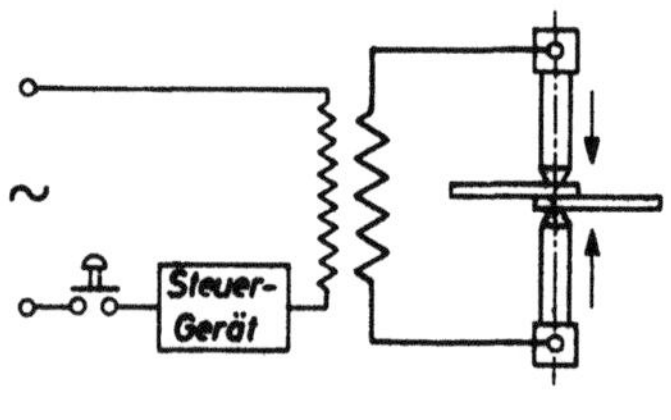

4 Punktschweißen

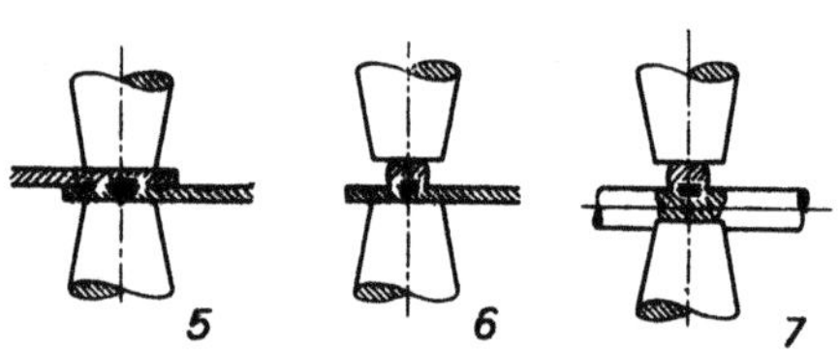

Punktschweißungen

1/100 s begrenzt. Das Verfahren eignet sich für dünne Bleche aus Edelstahl oder Nickel (Abb. 5), zur Verbindung von Blechen mit Drähten (Abb. 6) oder Drähten mit Drähten (Abb. 7). Besonders geeignet ist es zur Herstellung ausheizbarer Vakuumsysteme. Dünne Bleche verziehen sich.

d) Das Diffusionsschweißen (Abb. 8) [2].

Dieses Verfahren eignet sich besonders zum Verbinden unterschiedlicher Werkstoffe und von solchen Werkstoffen, bei denen eine Erwärmung bis zum Schmelzpunkt vermieden werden soll. Man kann damit Glas oder Keramik mit Metall verbinden, kann einen kontinuierlichen Übergang (Diffusionszone) von einem Material zum anderen schaffen und viele Metall-Kombinationen verbinden, darunter auch solche, welche miteinander spröde und äußerst harte intermetallische Phasen bilden und daher nicht durch Schmelzschweißen verbunden werden können. Hierbei darf allerdings die Diffusionsschicht (intermetallische Phase) nur wenige μm stark sein.

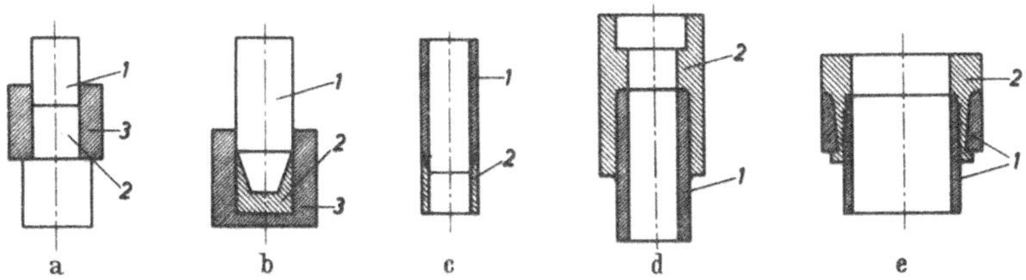

8 **Diffusionsschweißverfahren**

Eine wichtige Anwendung ist die Verbindung von Edelstahl mit AlMg 3. Solche Verbindungen werden z. B. für Reaktoreinschübe gebraucht, um im Bestrahlungsteil mit AlMg 3 die Neutronenabsorption klein zu halten und außerhalb mit Edelstahlrohren verschweißen zu können. Abb. 8d (B 130) und e (B 158) zeigen handelsübliche Übergangsstücke, die nach anderen Verfahren hergestellt sind.

Zur Herstellung nach dem Diffusionsschweißverfahren (Abb. 8a bis c) werden das Stahlstück 1 und das Leichtmetallstück 2 in eine Stützhülse 3 eingesetzt. Die beiden Stücke werden dann bei einer Temperatur, die zwischen 450 und 550 °C liegt, mit einem Mindestdruck von einigen kp/mm² eine bestimmte Zeit lang zusammengepreßt, wobei sich eine etwa 5 μm dicke, spröde Al–Fe-Schicht bildet. Die Festigkeitswerte der Verbindung liegen über der Festigkeit des Aluminium-Grundwerkstoffes. Anschließend wird der Rohling auf die vorgeschriebenen Maße (c) abgedreht.

3.2.2 Die Verlötung [3]

(W. Lehrheuer)

Unter Löten wird das Verbinden erhitzter, im festen Zustand verbleibender Metalle und Legierungen durch schmelzende metallische Bindestoffe verstanden. Bei der Lötung wird also der Grundwerkstoff nicht aufgeschmolzen, sondern nur bis zu einer Temperatur erhitzt, die dem Schmelzpunkt des Lötmaterials entspricht. In vielen Fällen wird ein Flußmittel, auch Lötmittel genannt, verwendet, welches als Oberflächenreinigungsmittel und Oxydationsschutz wirkt. Die Bindung erfolgt beim Löten je nach Art des verwendeten Lotes, des Grundmaterials sowie des Lötverfahrens entweder durch Oberflächenhaftung (Adhäsion) oder durch Diffusion. Die Diffusion beruht auf einem Lösungsvermögen des flüssigen Lotes für den Grundwerkstoff unterhalb dessen Schmelztemperatur.

Die Festigkeit einer Lötverbindung ist vom Werkstoff, vom Lot sowie von der Lötschichtdicke abhängig. Darüber hinaus spielt die lötgerechte Gestaltung der Verbindungsstelle (Abb. 9) eine Rolle. Vor allem soll die Verbindungsfläche groß sein. Man vergrößert sie durch Überlappung (a) oder angebogene Lappen, bei der stumpfen Verlötung durch Beilage von Blechen (a), bei Böden durch Ausbildung eines Falzes (b) und (c). Bei Zugbeanspruchung versteift man durch angebogene Lappen (a).

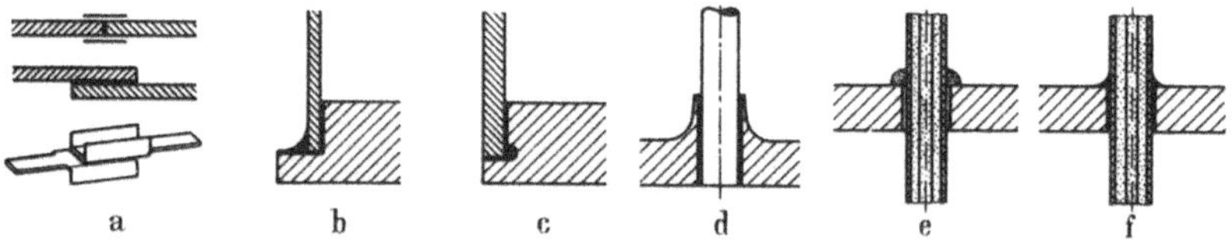

9 **Lötverbindungen**

Man unterscheidet Weichlöten bei Temperaturen bis etwa 400 °C und Hartlöten bei Temperaturen ab etwa 600 °C.

Als *Weichlote* werden Zinnlegierungen mit einem Zinngehalt von 25 bis 90% (nach DIN 1707) und mit einem Schmelzbereich von 190 bis 260 °C verwendet. Als Weichlote höherer Festigkeit können Kadmium-Zink-Legierungen mit Schmelztemperaturen zwischen 250 und 350 °C angewendet werden. Vakuumdichte Weichlötstellen bildet man vorzugsweise nach (b) aus. In der Lötfuge soll das heiße Zinn wie in einer Rinne fließen und dann mit spiegelglatter Oberfläche erstarren. Besonders leicht gelingt das mit der eutektischen Mischung (55% Zinn, Schmelzpunkt 183 °C). Überdrehbare Lötfugen bildet man nach (c) aus. Für die Hartlötung werden *Kupfer-Zinkwerkstoffe* nach DIN 1733 mit einem Kupfergehalt von 42 bis 54% verwendet (Schmelzbereich von 820 bis 875 °C). *Silberlote* sind Kupfer–Zink-Legierungen mit einem Zusatz von 5 bis 60% Silber (DIN 1734). Sie haben Schmelzpunkte von 670 bis 855 °C. *Neusilberlote*, d. h. Kupfer–Zink–Nickel-Legierungen haben einen Schmelzbereich von 870 bis 1000 °C. *Reaktionslote* sind Salze enthaltende Lötstoffe, die bei der Lötwärme mit dem Grundwerkstoff reagieren und dabei Metalle ausscheiden, die als Lote dienen. Für das Löten von Chromnickelstählen, hochhitzebeständigen Legierungen, wie Inconel oder Nimonic, sowie für die hochschmelzenden und reaktiven Metalle werden *Hochtemperaturlote* verwendet. Es handelt sich hierbei um Silber–Kupfer–Palladium-, Silber–Kupfer–Mangan-, Nickel–Mangan–Palladium- sowie Palladium–Nickel-Lote (B 30) mit einem Schmelzbereich von 800 bis 1250 °C. Große Bedeutung kommt für diesen Schmelzbereich und die genannten Grundwerkstoffe außerdem den *Nickelbasisloten* zu. Die Hochtemperaturlote werden meistens ohne Verwendung von Flußmitteln im Vakuum oder in hochreiner Schutzgasatmosphäre verarbeitet. Hartlötungen für hohe Beanspruchung bildet man nach Abb. 9d aus, um Kerbwirkung zu vermeiden.

Weichlötungen führt man meist mit dem Lötkolben oder Lötbrenner aus, bei Massenfertigung mit Tauchlöten. Hochwertige Lötungen mit Hochtemperaturloten an hochwarmfesten, hochschmelzenden und reaktiven Materialien werden ofengelötet. Hierbei werden die Verbindungspartner unter Vakuum oder einer hochreinen Schutzgasatmosphäre durch Induktionsströme oder durch widerstandsbeheizte Heizelemente aufgeheizt und ohne Flußmittelzusatz verarbeitet. Nach diesem Verfahren lassen sich metallisch reine, vakuumdichte und in ihrer Festigkeit (durch Diffusion) dem Grundwerkstoff ebenbürtige Lötungen erzielen. Es ist gegenüber dem Schweißen bei der Verbindung dünner und dünnster Querschnitte mit dickeren Bauteilen überlegen. Es verursacht sehr geringen Verzug und bietet günstige geometrische Möglichkeiten (löten an unzugänglichen Stellen, Vielfach-Lötungen in einem Arbeitsgang). Abb. 9e zeigt die Verlötung eines Mantelthermoelements (L 9.6) mit einem Deckel. Bei e wird eine genau dosierte Menge Lötpaste aufgebracht. Bild f zeigt das Einfließen in den weniger als 3/100 mm weiten Lötspalt [4].

3.2.3 Metall–Keramik-Verbindungen

(W. Lehrheuer)

Elektronen- und Ionenröhren erfordern vakuumdichte Stromdurchführungen für hohe Spannungen und Ströme mit guter Isolation auch bei hohen Temperaturen. Hierfür hat Keramik gegenüber Glas mehrere Vorzüge: Bei der Fertigung lassen sich enge Toleranzen einhalten. Sie weist hohe Festigkeit bei hohen Temperaturen, gute Temperaturwechselfestigkeit und (z. B. bei Aluminiumoxid) eine relativ hohe Wärmeleitfähigkeit auf. Die elektrische Isolation ist bis zu hohen Temperaturen gut.

Es sind drei Verfahren möglich.

1. **Die direkte Verbindung** von Keramik mit Metall: Sie ist nur selten anwendbar. Man kann z. B. mit dem Elektronenstrahl das Metall aufschmelzen und an die feste, hocherhitzte Keramik anschwemmen oder nach dem Diffusionsverfahren verschweißen.

2. **Das direkte Verlöten** von Keramik und Metall durch ein Lot, welches sowohl mit dem Metall als auch mit der Keramik reagiert. Man verwendet dafür Titan–Silber-, Silber–Kupfer-Eutektikum oder Nickel in Vakuum oder einer hochreinen Edelgasatmosphäre.

3. **Das Metallisieren der Keramik** mit anschließendem Verlöten mit dem Metall. Dieses Verfahren wird meist angewandt. Es erfordert eine spezielle Auswahl der Werkstoffe und spannungsfreie Ausbildung der Verbindungsstelle. Die Metallisierung erfolgt nach dem Edelmetalleinbrennverfahren (platinieren, versilbern), mit Kathodenzerstäubung, Vakuumbedampfen (Ag, Au, Al usw.), mit Aufspritzen oder Aufsintern hartlötbarer Metallschichten (Fe, Mo, Ti, Zr usw.). Besonders bewährt hat sich ein Molybdän–Mangan-Gemisch, das bei hoher Temperatur in Wasserstoffatmosphäre eingesintert wird.

Abb. 10 zeigt ein Beispiel aus Ispra im Rahmen der Entwicklung von Thermionik-Konvertern [5]. Als Keramik dient hochreines, feinkörniges Al_2O_3 (Alumina) hoher Dichte (B 55). Der Metallstutzen besteht aus der Nioblegierung Nb–1 Zr.

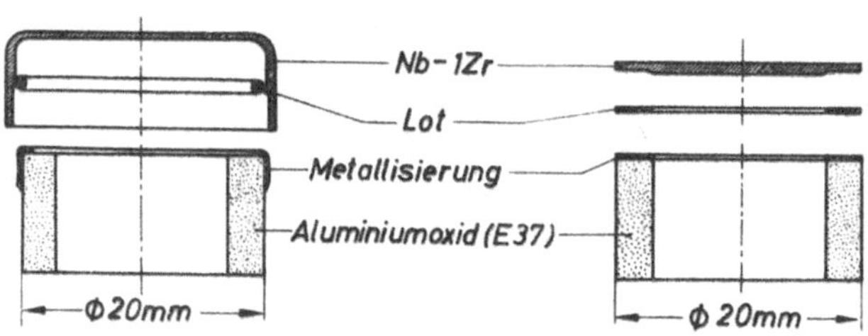

10 **Metall-Keramik-Verbindungen**

Zur Metallisierung wird eine Suspension von feinem Wolframpulver in Isoamylazetat mit einem Zusatz von 0,5 bis 5 Gewichtsprozent Y_2O_3 mit dem Pinsel auf die Keramik aufgetragen und bei 1900 °C 20 Minuten lang in einer feuchten Stickstoffatmosphäre gesintert.

Der Metallstutzen wird mit Palladium bei 1570 °C in einem Hochvakuum-Molybdänofen gelötet, wobei die Metallwand durch dünne Folien von W, Mo oder Ta gegen den Angriff des Lotes geschützt wird. Man erreicht eine durchschnittliche Zugfestigkeit von 10 kp/mm^2 und Betriebstemperaturen über 1000 °C.

3.2.4 Die Verschmelzung

Die der Verschweißung entsprechende Verbindung bei Glas bezeichnet man als Verschmelzung (Abb. 11). Unter einer Einschmelzung versteht man die vakuumdichte Einführung von Metalldrähten durch die Glaswände (Abb. 12). Die Einschmelzdrähte werden zunächst mit einer Perle aus Einschmelzglas versehen. Anschließend wird die Perle mit

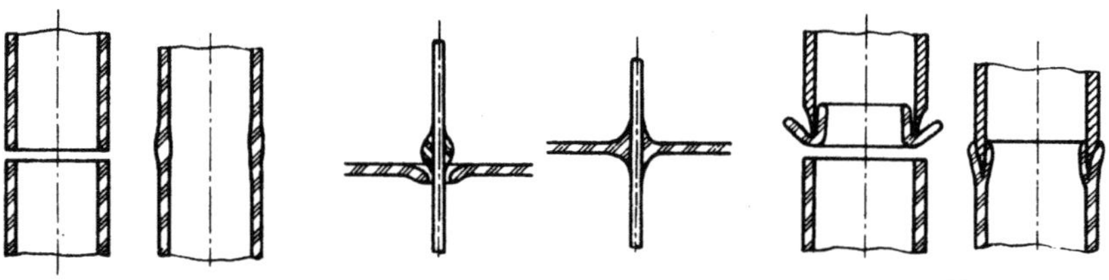

11 12 13

Verschmelzungen

der Glaswand verschmolzen. In der Röhrentechnik spielen solche Einschmelzungen eine große Rolle. Ebenso die Anschmelzungen, d. h. die Verbindung ausgedehnter Metallteile mit Glas. Ein Beispiel zeigt die Abb. 13. Das angeschärfte Ende des Kupferrohrs erhält einen Überzug aus Glas und läßt sich so mit einem Glasrohr verschmelzen.

3.2.5 Die Verklebung

Bei der Verklebung bestreicht man die möglichst großflächig ausgebildeten Verbindungsstellen mit Klebstoff und preßt sie zusammen. Der geeignetste Klebstoff für Holz ist Tischlerleim. Die Festigkeit einer Verleimung zwischen Langholzflächen übertrifft oft die des gewachsenen Holzes. Soll die Verbindung wasserbeständig sein, so verwendet man

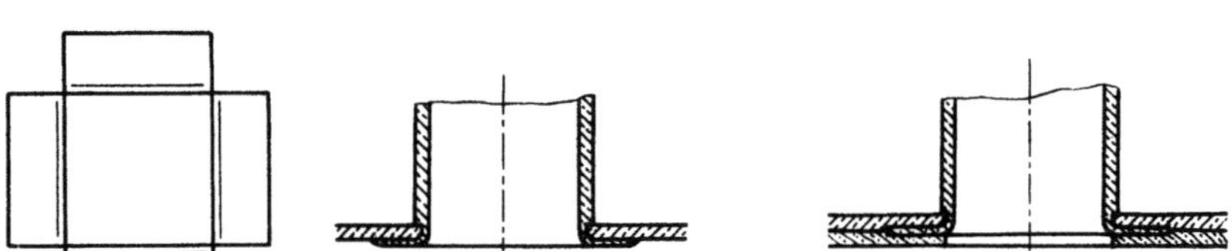

14 15

Klebverbindungen

Kaltleim. Leim eignet sich auch zum Kleben von Papier und Pappe. Für kleine Klebarbeiten nimmt man Fischleim (Syndetikon) oder Alleskleber (Uhu). Sehr haltbare Verklebungen erhält man, wenn man die zu verbindenden Teile überlappt, die Lappen dünn auslaufen läßt und die Verbindungsflächen aufrauht. Die Abb. 14 und 15 zeigen das an Spulenkörpern aus Preßspan.

3.2.6 Die Verkittung und Einbettung

Bei der Verkittung bringt man zwischen die Teile eine plastische oder flüssige Masse (den Kitt), die fest an den Verbindungsflächen haftet und nach einiger Zeit erstarrt. Man unterscheidet:

a) die reversiblen Kitte oder Schmelzkitte. Sie werden beim Erwärmen flüssig und beim Erkalten fest.

b) die irreversiblen thermoplastischen Kitte. Sie lassen sich zunächst durch Erwärmen schmelzen, härten bei fortgesetzter Erwärmung aus und sind dann bis zu einem gewissen Grade temperaturbeständig.

c) die kalt anwendbaren, abbindenden Kitte. Sie erstarren infolge einer inneren, chemischen Umwandlung.

Zu a) Reversible Kitte. Picein ist in Form von zolldicken schwarzen Stangen erhältlich. Oberhalb 50 °C wird es plastisch und läßt sich zu dünnen Stäbchen ausziehen. Zum Kitten erwärmt man die Verbindungsflächen mit der Flamme, bis ein aufgetupftes Stäbchen einen Klecks hinterläßt. Dann wird Kitt aufgestrichen und kurz zum Fließen gebracht. Die Teile werden dann zusammengesetzt. Zum Schluß glättet man die Kittstelle mit der Flamme. Saubere, absolut vakuumdichte Kittstellen erhält man, wenn man rasch kittet, den Kitt nicht überhitzt und die Wirkung von Schwerkraft und Oberflächenspannung geschickt ausnutzt.

Bei der Verkittung von senkrecht stehenden Glasrohren werden die Verbindungsflächen erst mit Kitt bestrichen und die Rohre zusammengesteckt (Abb. 16). Dann legt man um das obere Rohr einen Wulst, der aus einem schwach erwärmten Piceinstäbchen geformt ist. Diesen bringt man kurz zum Schmelzen. Er bildet dann eine dicht schließende Kappe.

Bei waagrecht stehenden Rohren (Abb. 17) muß man mit einem Piceinstäbchen mehrmals Kitt nach oben bringen, so daß die Kittstelle von mehreren Kittschichten überflossen wird. Man achte darauf, daß sich unten keine Hohlräume ausbilden.

Große Metallflansche versieht man für die Kittung mit aufgelöteten Kittschlangen aus Kupferrohr (Abb. 19), durch die man Wasserdampf von 100 °C leitet.

Dicke Glasplatten oder Rohre erwärmt man durch Bestrahlung mit einer Glühspirale.

Will man schlecht wärmeleitende Stücke miteinander verkitten, so muß man geeignete Kittfugen ausbilden. Bei stumpfen Kittungen

(Abb. 20a) bilden sich leicht unsichtbare Haarrisse. Enge Kittnuten lassen sich nicht mit Kitt ausfüllen (Abb. 10b). Am besten sind V-Nuten mit einem Öffnungswinkel von mindesten 90° (Abb. 20c). Bei Hartgummistopfen, die auf ein Messingrohr aufgekittet werden sollen, werden die Kanten abgerundet (Abb. 21), da scharfe Kanten in der Flamme verschmoren. Bei dünnen Röhrchen lötet man einen kleinen Kegel an (Abb. 22).

Elektrische Einführungen nach Abb. 23 kittet man folgendermaßen: Auf den Hartgummistopfen legt man einen engen Wulst aus Picein (Abb. 23a). Mit der Flamme schmilzt man ihn zu einer flachen Kappe herunter, die das Messingrohr gerade noch nicht berührt. Bestreicht man jetzt das dünnwandig gedrehte Messingrohr von außen tangential mit einer kleinen Flamme, so springt das Picein plötzlich an das Messingrohr an und folgt der Flamme, bis sich die Kittstelle zu einem schwarzglänzenden Spiegel geschlossen hat (Abb. 23c).

Zum Aufkitten einer Glimmerfolie (Abb. 24) wird auf den erwärmten Messingstutzen mit einem millimeterdicken Piceinstäbchen am Rande Picein aufgestrichen und kurz mit der Flamme geglättet. Legt man dann die Glimmerfolie auf, so wird der Kitt kapillar in die entstehende Fuge hineingezogen und macht erst da halt, wo die Fuge in einen Trichter übergeht. So bleibt die Mitte des Glimmerfensters frei von Kitt. Nach dem Erkalten schneidet man mit einer Rasierklinge den überstehenden Rand der Glimmerfolie ab. Dabei führt man die Klinge stets von oben nach unten der Facette entlang, damit sich die Folie nicht abhebt. Bei einer solchen Kittstelle läßt sich die kleinste Undichtigkeit sofort erkennen.

Picein ist auch bei Zimmertemperatur noch etwas plastisch. Alle Kittstellen müssen deshalb mechanisch entlastet werden. Anderenfalls kommt es unter dem Einfluß von dauernd wirkenden Kräften, vor allem durch den Luftdruck, zu Verschiebungen und die Kittstelle wird undicht. Andererseits vermag der Kitt langsamen Formänderungen zu folgen und gestattet mechanischen Spannungen sich auszugleichen. Picein ist wasser- und alkoholfest und ein sehr guter elektrischer Isolator. Es löst sich leicht in Benzol.

Weißer Siegellack wird ähnlich verarbeitet wie Picein. Er ist mechanisch fester. Beim Kitten mit der Flamme brennt er leicht.

Zu b) Irreversible Kitte. „Araldit" Typ I (B 27) eignet sich zur Verbindung von wärmebeständigen Werkstoffen. Es wird in Stangenform oder als Pulver geliefert. Die zu verbindenden Werkstücke werden im Ofen auf etwa 140 °C erwärmt. Bei dieser Temperatur wird das auf die Verbindungsflächen aufgestreute oder aufgestrichene Araldit dünnflüssig. Die Werkstücke werden dann zusammengesetzt. Anschließend wird ausgehärtet. Bei tiefen Temperaturen dauert es lange, bei hohen

Temperaturen geht es schnell. Zum Beispiel geht es bei 110 °C 48 Stunden, bei 130 °C 10 Stunden, bei 200 °C 30 Minuten. Die Verbindungen zeichnen sich durch besonders hohe Scherfestigkeit (etwa 5 kp/mm²) und gute Temperaturbeständigkeit (über 120 °C) aus. Sie sind ferner widerstandsfähig gegen Wasser und Chemikalien.

Araldit 101. Wo eine Wärmebehandlung von 100 bis 200 °C nicht möglich ist, z. B. bei Werkstücken aus Hartgummi, Plexiglas, Trolitul nimmt man „Araldit kalthärtend" Typ 101 mit Zusatz von Härter 951.

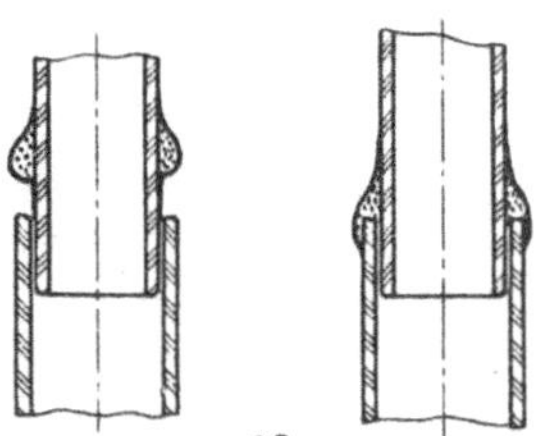
16

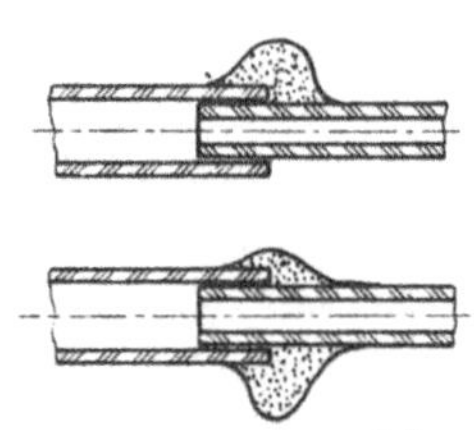
17

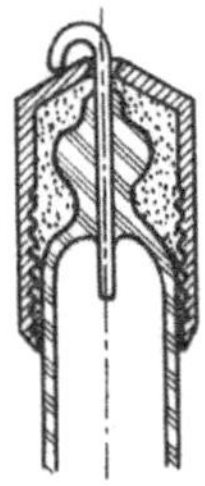
18

Einbettung

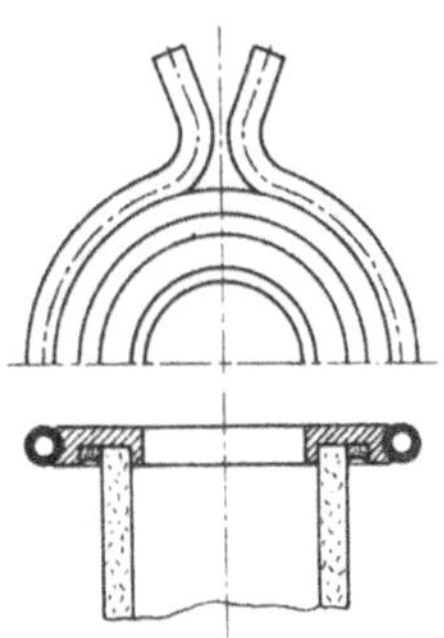
19

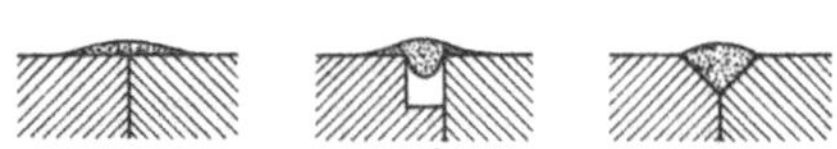
a b c

20

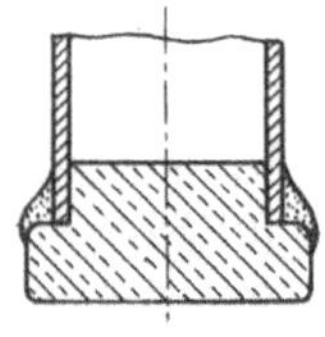
21

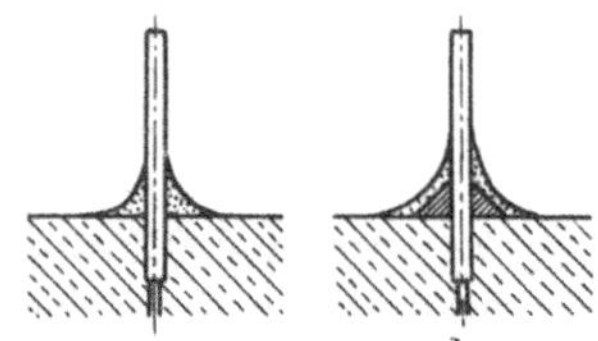
a b

22

Kittungen

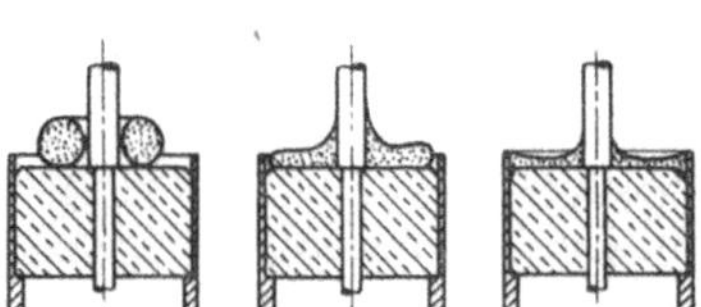
a b c

23 Einkitten eines Stopfens

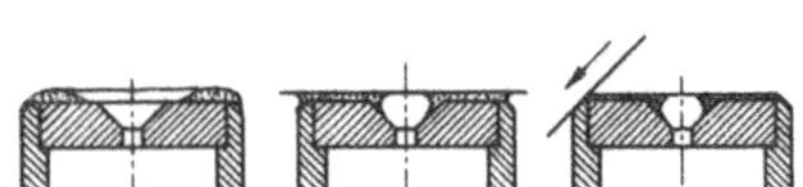
a b c

24 Aufkitten einer Folie

Durch Mischen des Araldits mit dem Härter erhält man eine zähflüssige Paste, die eine Gebrauchsdauer von etwa 1 Stunde besitzt. Diese Paste streicht man auf die Werkstücke auf und verbindet sie sofort miteinander. Bei 20 bis 30 °C ist die Verbindung in etwa 24 Stunden ausgehärtet. Sie hält Temperaturen bis zu etwa 70 °C aus.

Zu c) Abbindende Kitte. Für Verbindungen, die hohe Temperaturen (Glühtemperaturen) aushalten müssen, werden Kitte auf mineralischer Basis verwendet. Einer dieser Kitte ist der Wasserglas-Talkumkitt, ein Brei aus Specksteinpulver und Wasserglas, der in einigen Stunden erstarrt.

Die bisher behandelten Verbindungen beruhen auf Stoffschluß. Eine formschlüssige Verkittung heißt Einbettung. Abb. 18 zeigt eine solche Verbindung zwischen einer Metallkappe und einem Glasstutzen.

3.2.7 Formschlüssige Verbindungen

a) Die Verpressung.

Bei der Verpressung treten elastische Spannungen auf. Diese erzeugen Reibungskräfte, die die Bauteile kraftschlüssig zusammenhalten. Auf diese Weise hält ein Nagel, ein gerändelter Stahlstift, der in eine Messingplatte eingeschlagen wird (Abb. 25), oder ein Stift, der in einem Sackloch durch eine Kugel aufgetrieben wird (Abb. 26).

Formschlüssige und unlösbare Verbindungen ergeben sich, wenn man einen Bauteil nach dem Zusammensetzen der Werkstücke verformt. Darauf beruhen:

b) Die Vernietung.

Die unmittelbare Vernietung eines Bolzens mit einer Platte zeigt Abb. 27. Schonender ist die Ausführung Abb. 28. Die mittelbare Vernietung von Eisenblechen erfolgt mit Vollnieten (Abb. 29), von weicheren Platten mit Hohlnieten (Abb. 30).

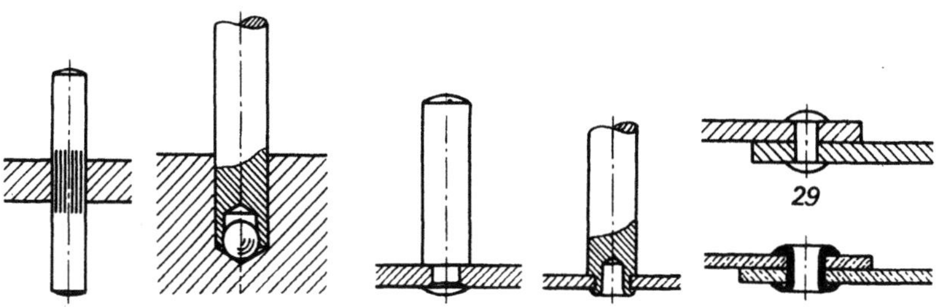

25 26 27 28 30

Verpressungen Vernietungen

c) Die Verbördelung (Abb. 31).

Bei ihr wird ein dünner Grat an dem einen Bauteil (etwa einem Rohr) über dem Rand des zweiten Bauteils, z. B. einer Glasplatte, umgelegt.

d) Die Versickung (Abb. 32)

besteht in der Verformung eines rohrförmigen Teils über Rillen oder Wulsten des anderen Teils.

e) Die Verfalzung (Abb. 33)

dient zur Verbindung von Blechen.

f) Die Verlappung (Abb. 34).

Man versieht dazu die zu verbindenden Blechteile mit Lappen und passenden Aussparungen und legt nach dem Zusammenstecken die Lappen um. Die Lappen sollen in der Walzrichtung des Bleches verlaufen.

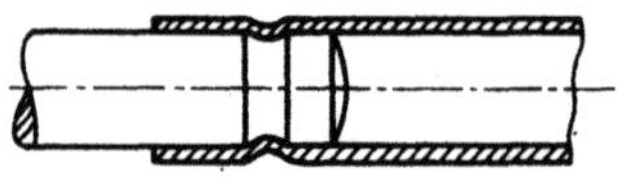

32
Versickung

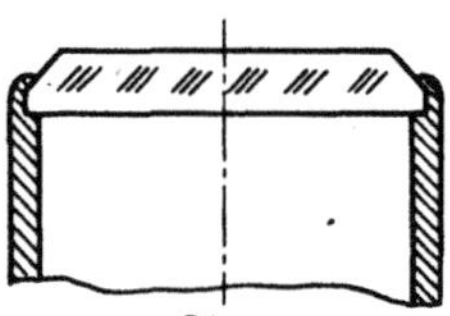

31
Verbördelung

33
Verfalzung

Verlappung

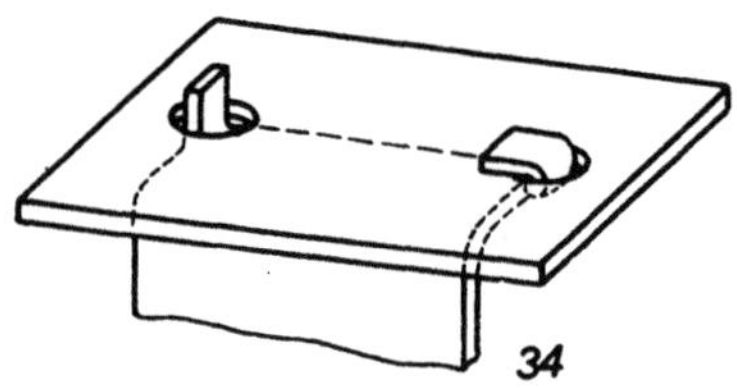

34

3.2.8 Lösbare Verbindungen

a) Die Verkeilung.

Treibt man einen Kegel vom halben Kegelwinkel α mit der Kraft P in eine passende Bohrung ein (Abb. 35), so ist die Summe der Normalkräfte

$$N = \frac{P}{\sin\alpha}.$$

Der Keil wird also mit der Reibungskraft

$$R = \mu N = \frac{\mu}{\sin\alpha} P \text{ festgehalten } (\mu = \text{Reibungskoeffizient, } \sin\alpha \approx \alpha).$$

Für $\sin\alpha < \mu$ sitzt der Keil fest. Bei nicht zu kleinem Kegelwinkel läßt sich die Verkeilung wieder lösen.

Die unmittelbare Verkeilung eines Stabes mit einem Rohr zeigt Abb. 36. Die mittelbare Verkeilung eines Stabes mit einem Rohr ist in Abb. 37 dargestellt.

b) Die Einrenkung.

Die Einrenkung (Bajonettverbindung) gestattet ein besonders rasches Verbinden und Lösen zweier Bauteile. Bei der Einrenkung Abb. 38 geschieht dies durch eine axiale Verschiebung und eine darauf-

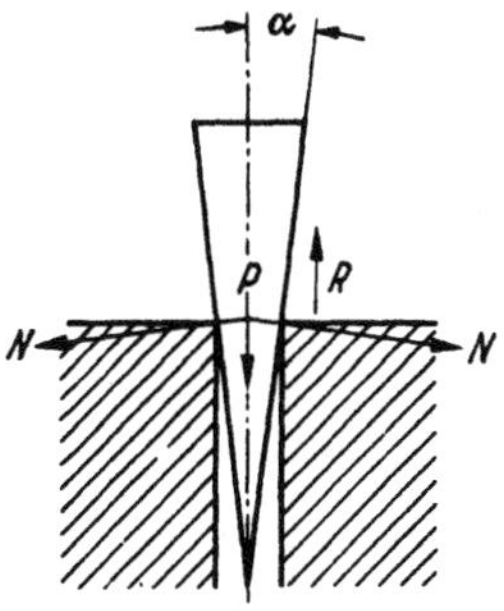

35

36

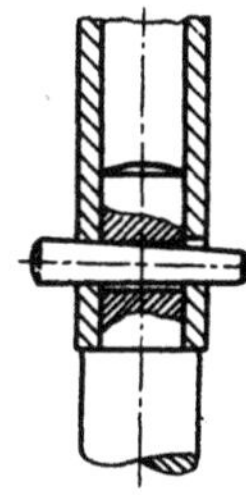
37

Verkeilung

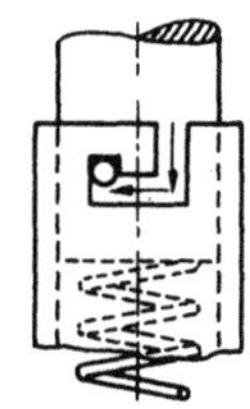
38

Einrenkung

folgende Verdrehung. Einrenkungen werden gegen Lockerung gesichert, indem man sie mit einer Verkeilung kombiniert oder mit einer Feder versieht (Abb. 38). Eine solche Verbindung ist erschütterungsfest (Autolampen).

c) Die Verschraubung.

Die Verschraubung stellt die wichtigste Form der Verkeilung dar. Auch hier kennt man die unmittelbare Verbindung (Abb. 39) und die mittelbare (Abb. 40). Das Muttergewinde soll in Messing mindestens 4 Gänge aufweisen. Also können 2 mm dicke Bleche mit M-3-Schrauben, 4 mm dicke mit M 6 verschraubt werden. Die Einschraublänge läßt sich durch ein- oder mehrfaches Umlegen vergrößern (Abb. 41). Die Ver-

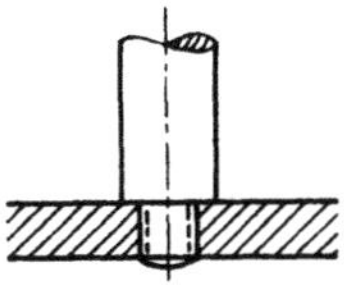
39

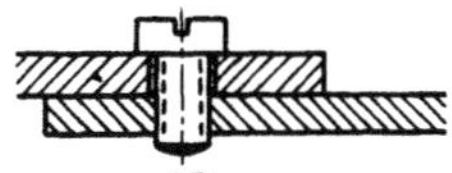
40

Verschraubungen

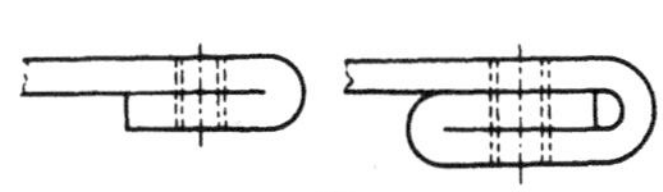
41

42

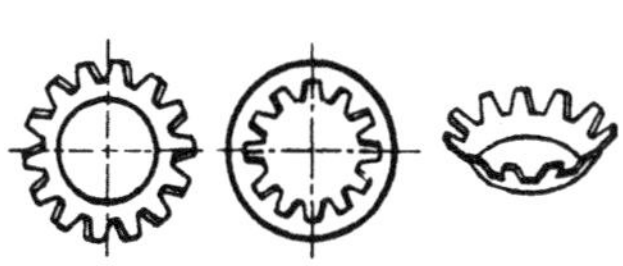
43

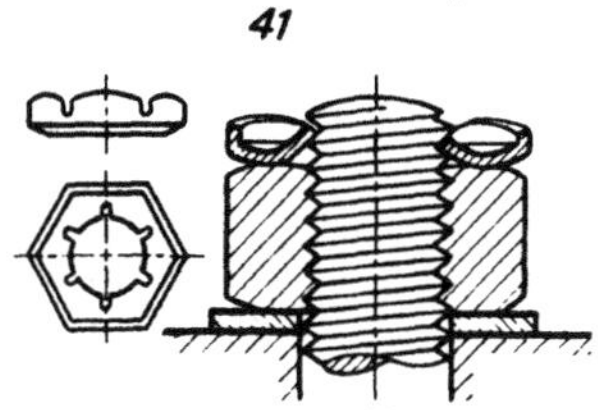
44

Schraubensicherungen

schraubung ist wie die Verkeilung eine kraftschlüssige Verbindung. Durch Stöße oder starke Erschütterung kann sie sich lösen. Sie muß notfalls gesichert werden. Dies kann geschehen durch Gegenmuttern, federnde oder gezahnte Unterlagsscheiben (Abb. 42 u. 43), Splinte oder Sicherungsbleche. Durch die Verformung des Sicherungsbleches kann man die kraftschlüssige Verbindung in eine formschlüssige Verbindung umwandeln. Die Sicherung kann durch eine Gegenmutter erfolgen. Abb. 44 zeigt die Pal-Mutter, die wie eine Sechskantmutter auf den Bolzen geschraubt wird und sich mit sechs Sperrzähnen federnd in die Gewindegänge legt.

3.3 Verbindungsformen (L 3.4 bis L 3.8)

Der Form entsprechend teilen wir die Verbindungsformen nach Tab. 3.1 auf:

Tabelle 3.1. *Übersicht über die Verbindungsformen*

Form der Einzelteile	Anordnung der Einzelteile		
	Zwillings-anordnung	Tandem-anordnung	Winkel-anordnung
Platten	 a) Platte auf Platte	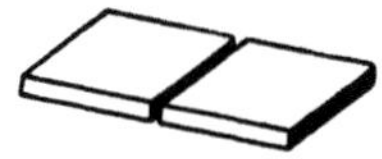 b) Platte an Platte	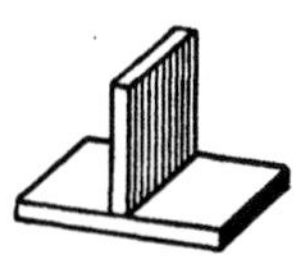 c) Platte gegen Platte
Platten und Stäbe oder Rohre	 d) Stab auf Platte	 e) Stab an Platte	 f) Stab gegen Platte Rohr gegen Flansch Rohr gegen Deckel
Stäbe oder Rohre	 g) Stab auf Stab	 h) Stab an Stab Rohr an Rohr	 i) Stab gegen Stab Stab gegen Rohr Rohr gegen Rohr

Verbindung von Platten L 3.4

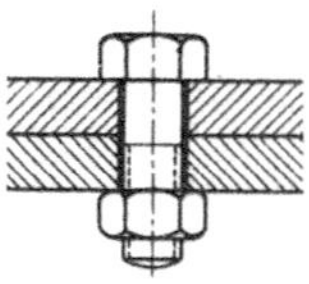
45

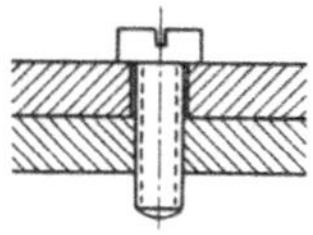
46

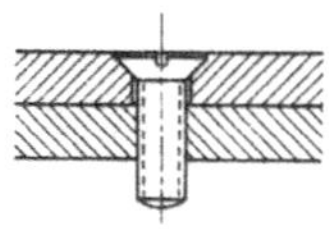
47

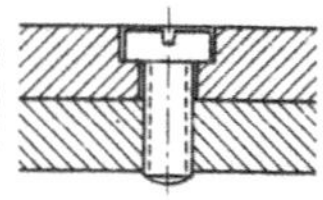
48

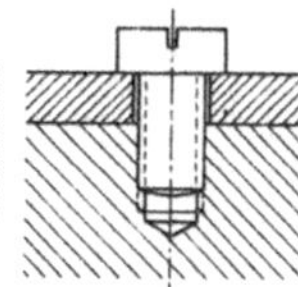
49

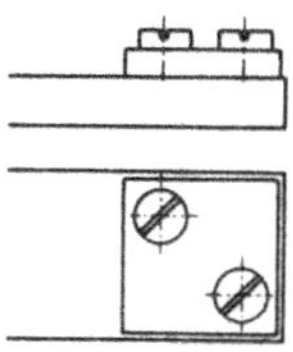
50

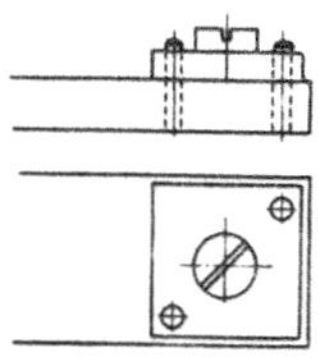
51

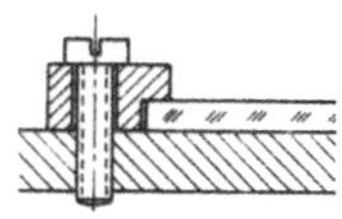
52

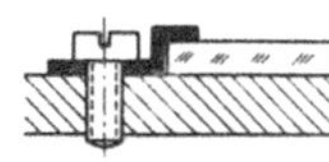
53

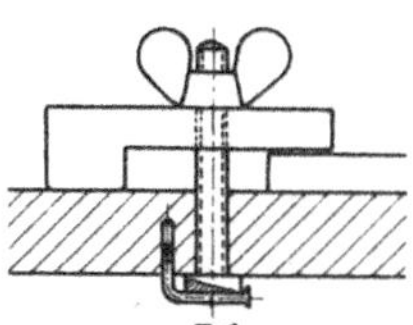
54

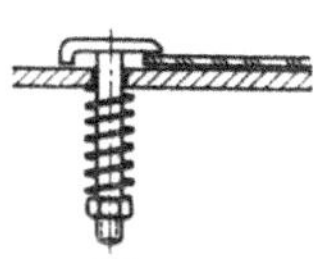
55

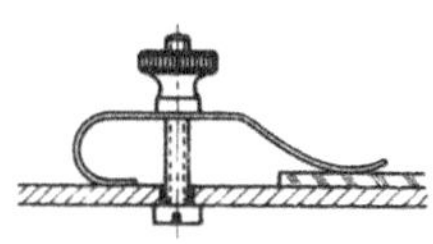
56

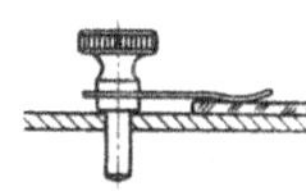
57

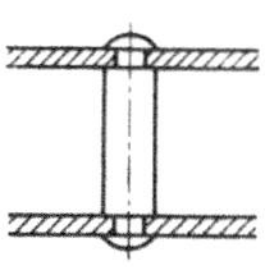
58

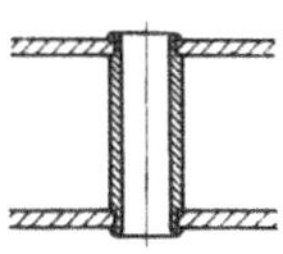
59

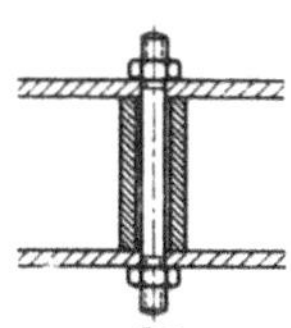
60

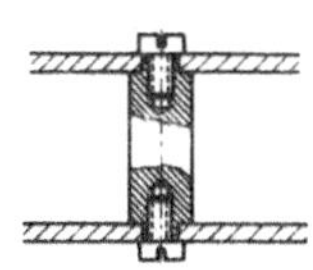
61

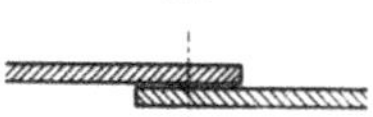
62

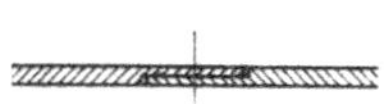
63

64

65

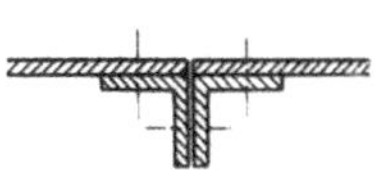
66

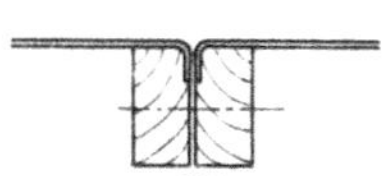
67

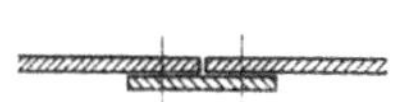
68

69

70

71

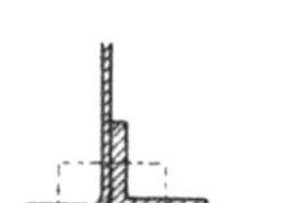
72

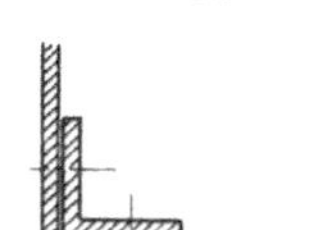
73

Verbindung von Stäben mit Platten L 3.5

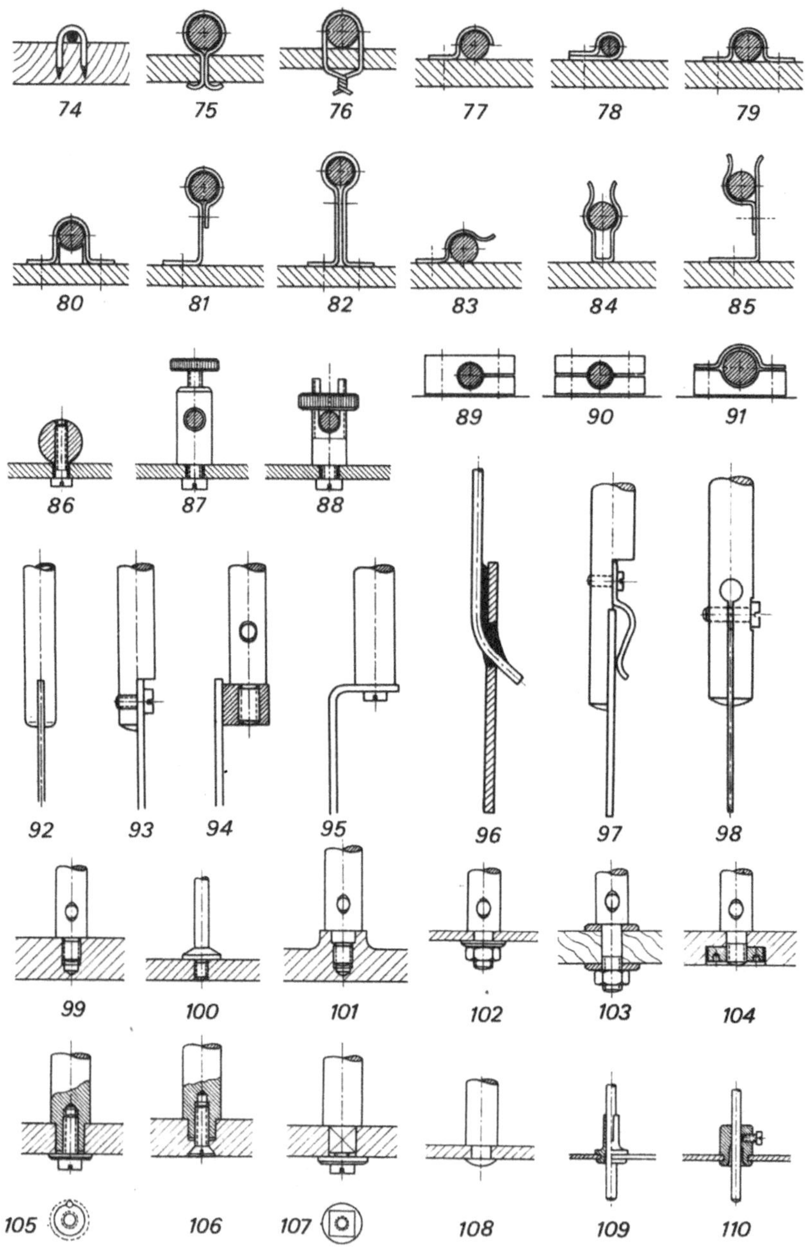

Verbindung von Stäben L 3.6

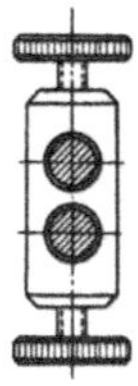
111

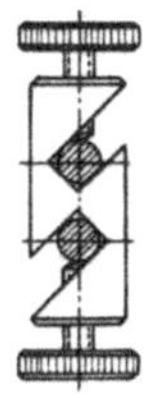
112

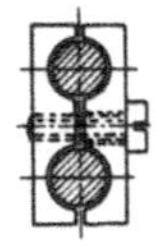
113

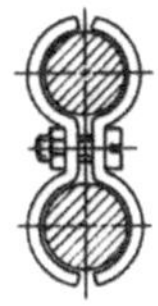
114

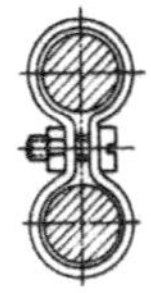
115

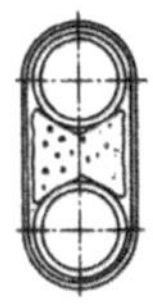
116

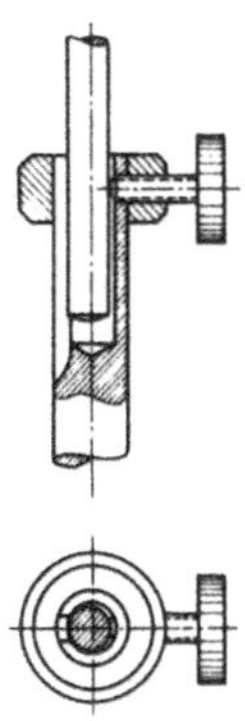
117

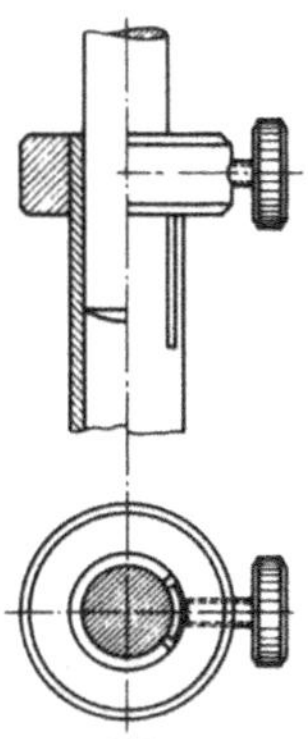
118

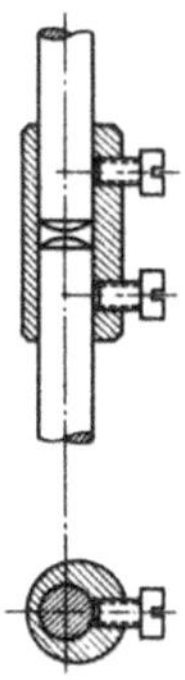
119

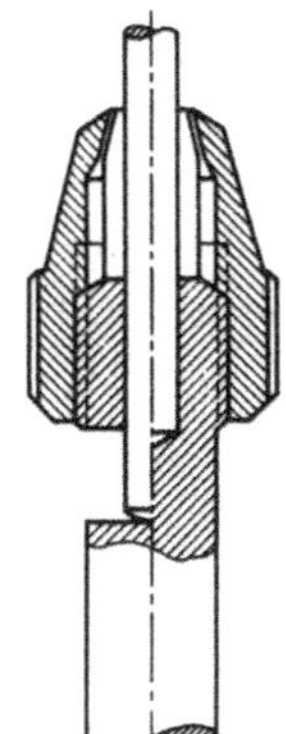
120

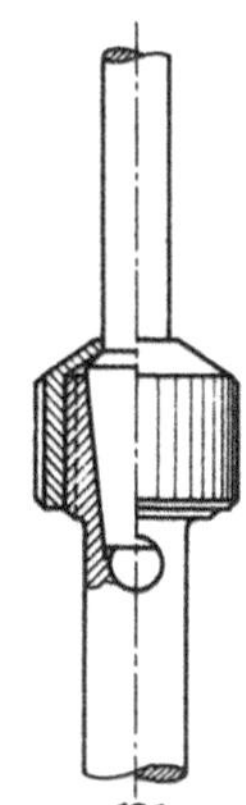
121

122

123

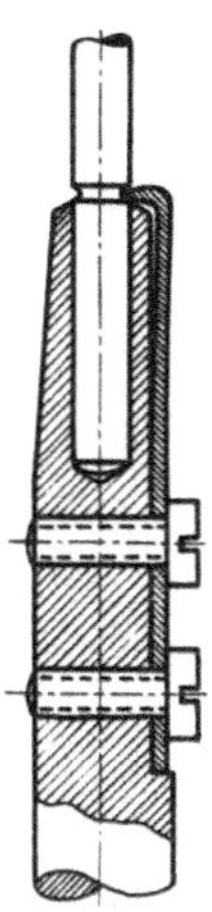
124

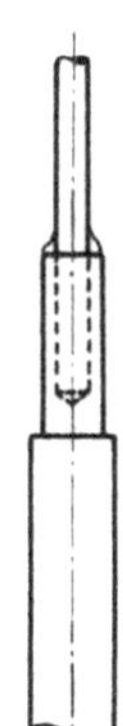
125

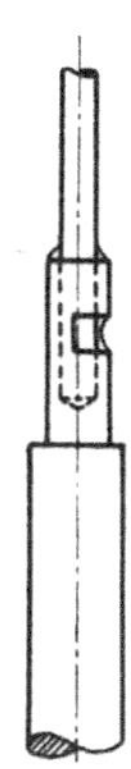
126

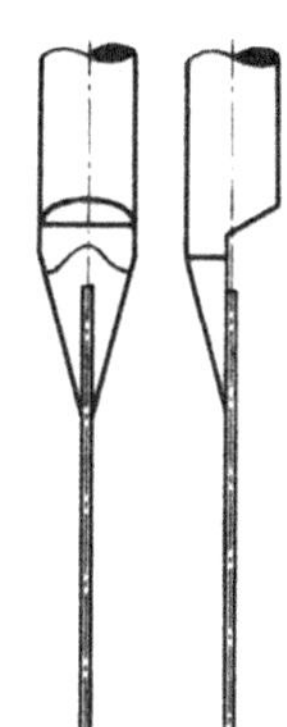
127

Verbindung von Rohren und Stäben L 3.7

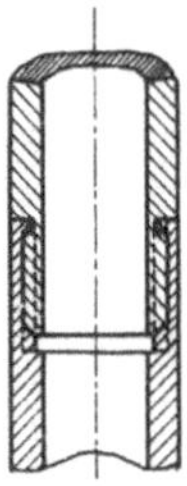
128

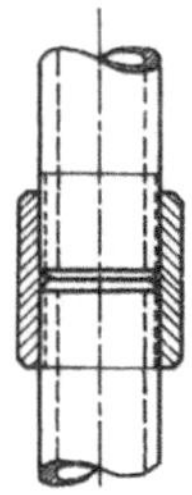
129

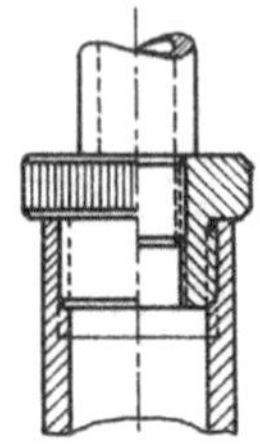
130

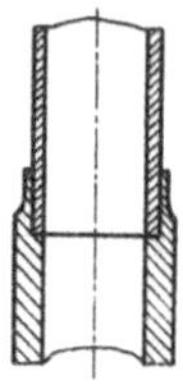
131

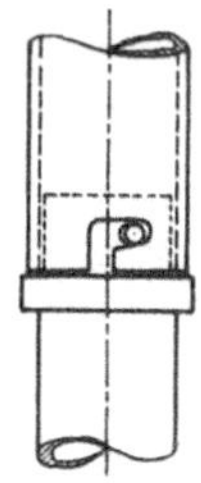
132

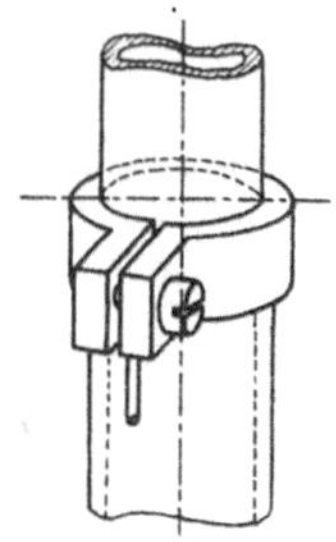
133

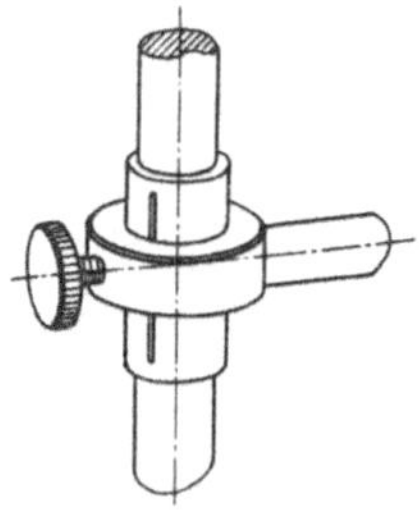
134

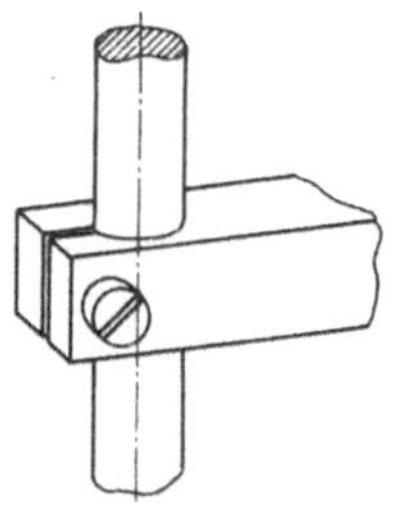
135

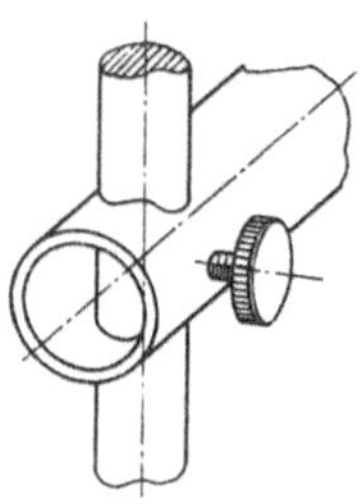
136

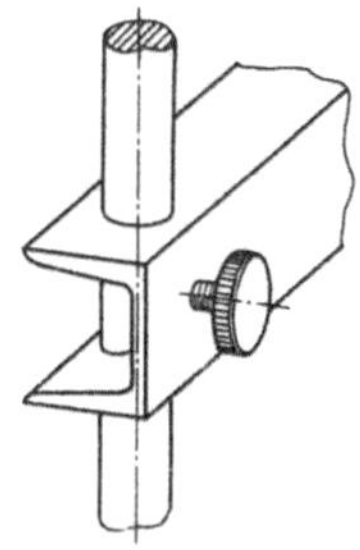
137

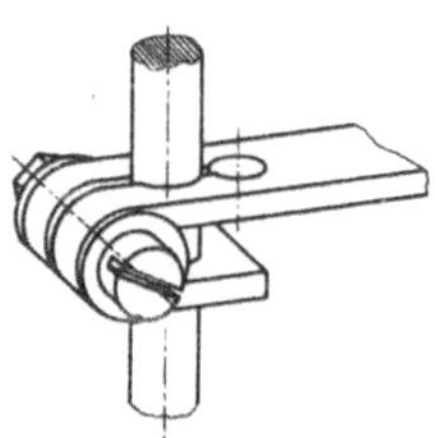
138

139

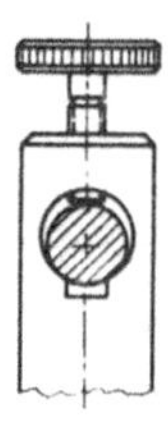
140

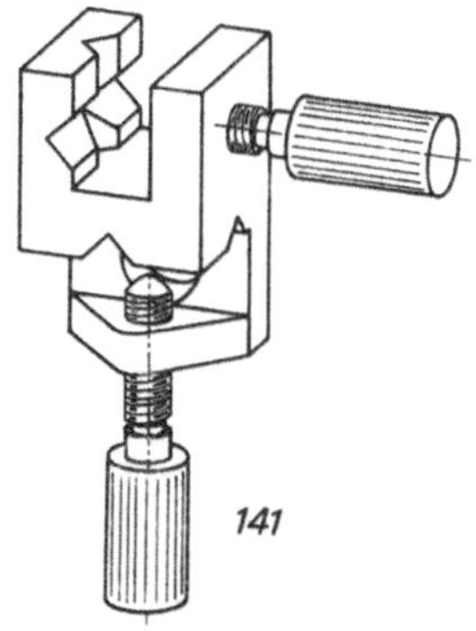
141

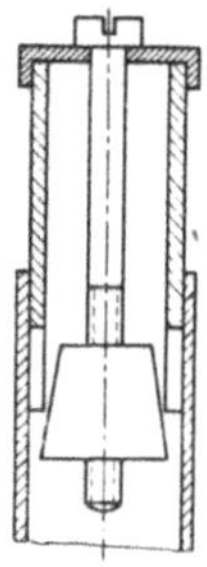
142

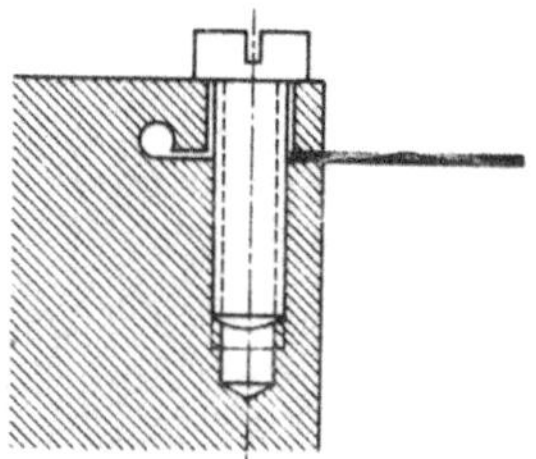
143 Kreuzfeder

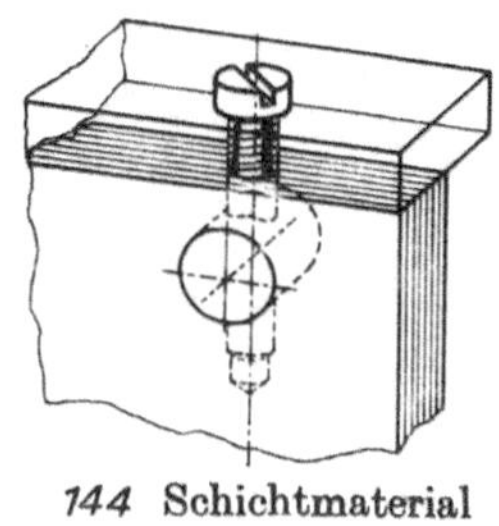
144 Schichtmaterial

Rohre mit Flanschen, Deckeln und Stutzen L 3.8

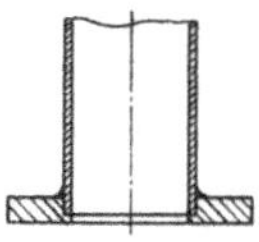
145
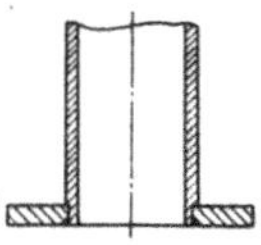
146
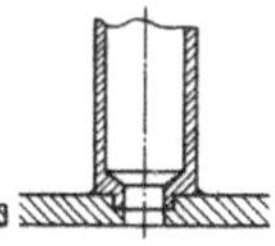
147
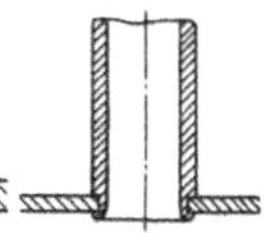
148
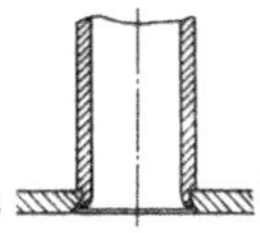
149
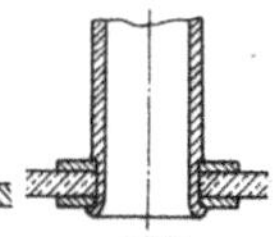
150

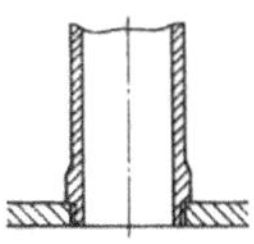
151
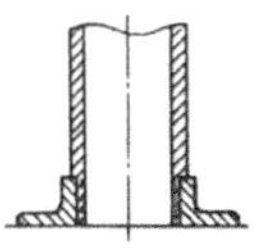
152
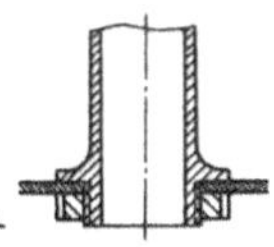
153
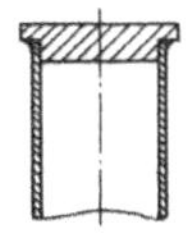
154
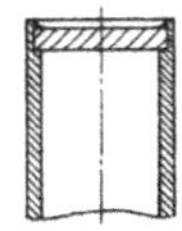
155
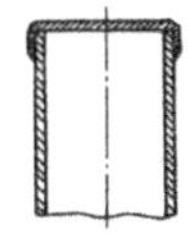
156

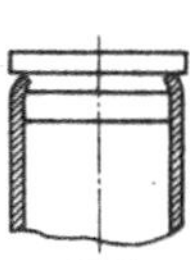
157
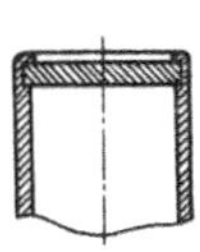
158

159
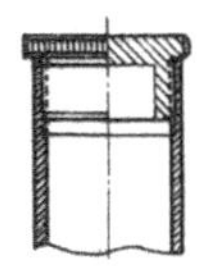
160
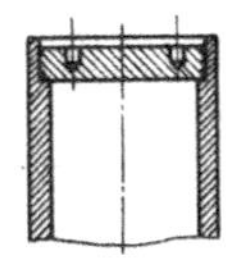
161
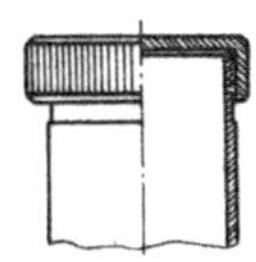
162

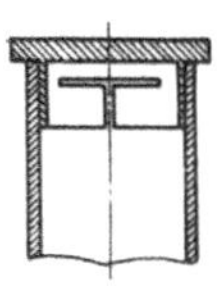
163
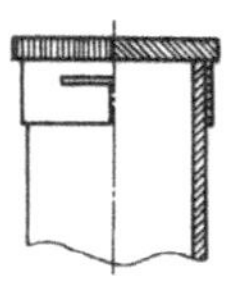
164
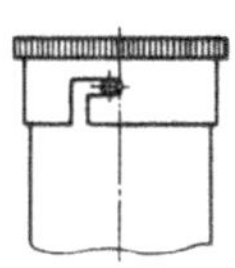
165
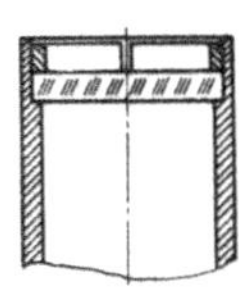
166
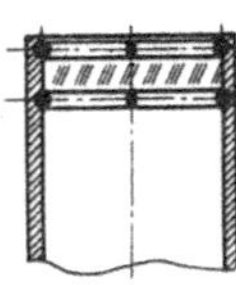
167
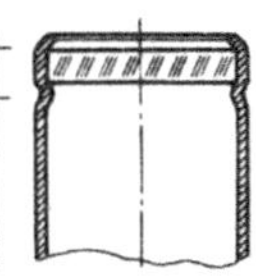
168

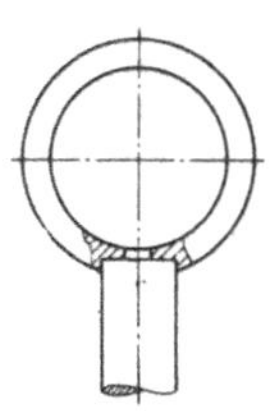
169
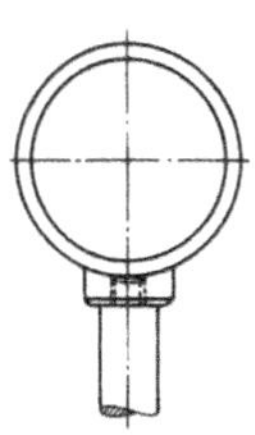
170
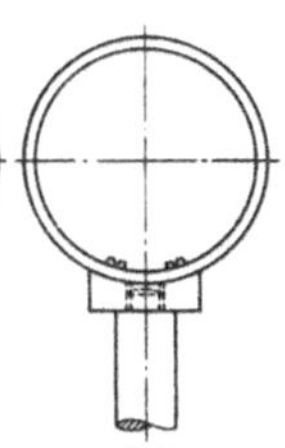
171
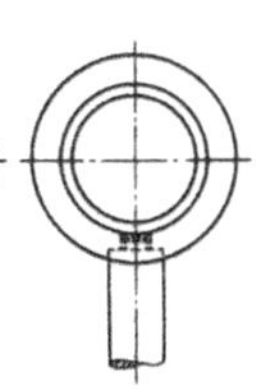
172
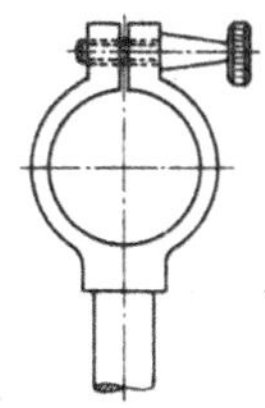
173
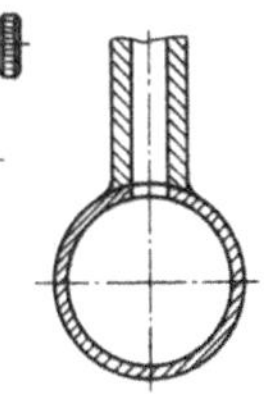
174

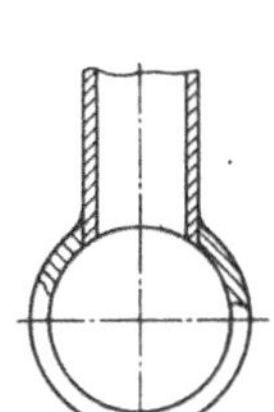
175
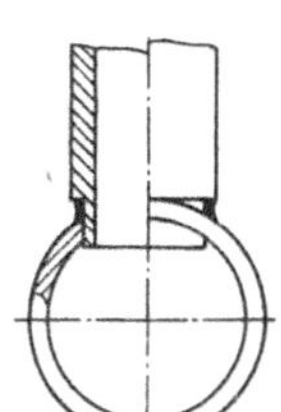
176
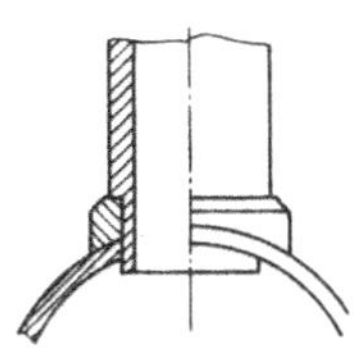
177
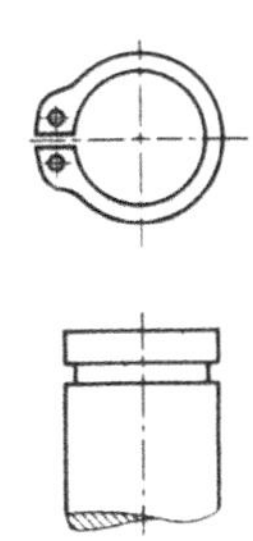
178
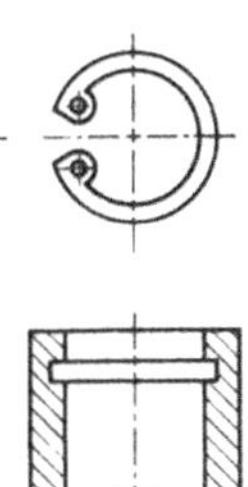
179

Die Festigkeit der Verbindung ist durch das Verfahren, ihre Präzision durch die konstruktive Ausbildung, d. h. durch die Verbindungsform bestimmt. Präzision bedeutet hier die Genauigkeit, mit der das eine Teil in bezug auf das andere ausgerichtet und zentriert ist. Die *Ausrichtung* wird durch eine genügende Größe der Auflagefläche (Abb. 66, 72, 100, 153), die *Zentrierung* durch Verstiftung (Abb. 51) oder Zentrieransätze (Abb. 61, 101, 105, 106) erreicht. Beim Anlöten eines Feindrahtes an einen Stab (Abb. 127) erfolgt die Zentrierung durch die Kapillarkraft des flüssigen Zinns. Hohe Ansprüche erfüllen eine Konusverbindung (121) oder eine kinematische Ausbildung der Verbindungsflächen (Abb. 141). Schutz gegen Verdrehung zeigen die Abb. 54, 105, 107.

Die Verbindung kann zur Versteifung ausgenutzt werden (65). Zur Schonung von Glasplatten nutzt man die Federkraft aus (Abb. 56, 97), bei 57 zugleich die Verkantung eines glatten Stiftes. Besonders vorteilhaft für Verbindungen nach 153 und 167 sind Seegerringe und Sprengringe (Abb. 178 u. 179) (B 145). Blattfedern spannt man nach 143 ein. Platten aus Schichtmaterial erhalten zur Verschraubung einen Metalleinsatz mit Gewinde (Abb. 144).

3.4 Stative und Gestelle (L 3.9 bis L 3.11)

Versuchsanordnungen werden ihrer geometrischen Struktur entsprechend montiert (Abb. 180): Strahlsysteme auf eine optische Bank, Kreislaufsysteme auf Stativ, Tisch (Bock) oder Gitter (Chemikerharfe),

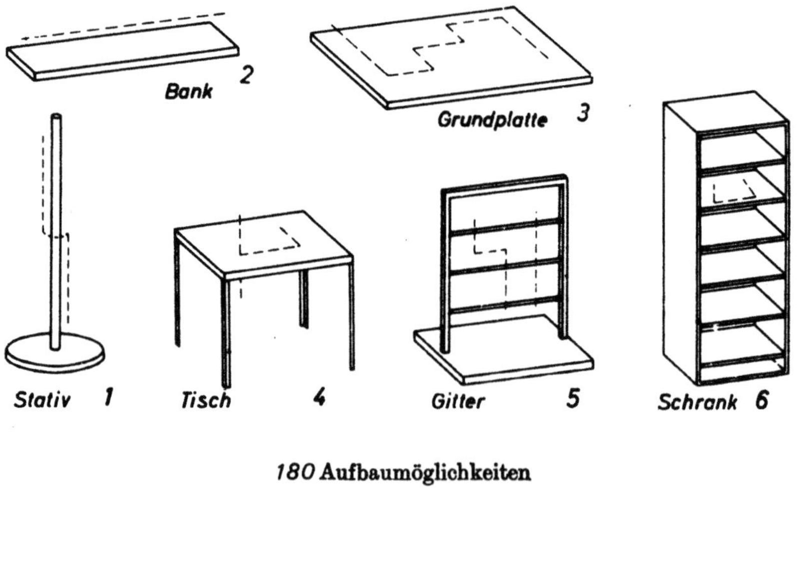

180 Aufbaumöglichkeiten

Stativverbindungen L 3.9

181

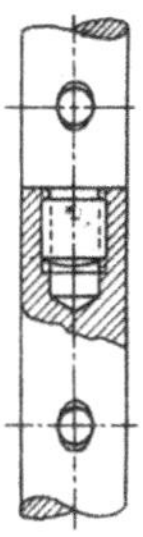
182

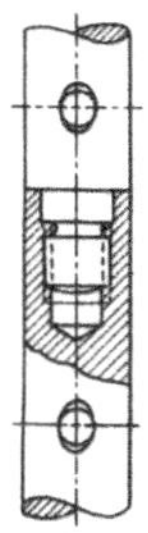
183

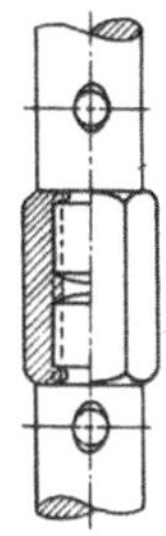
184

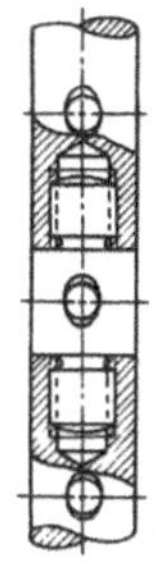
185

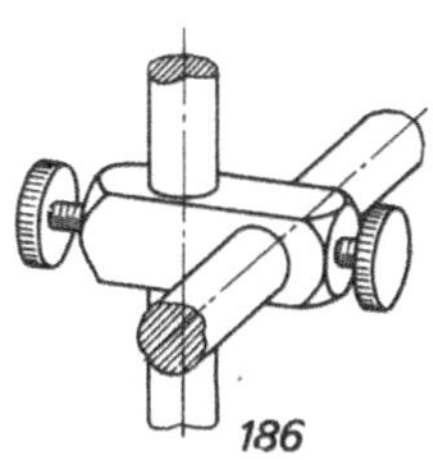
186

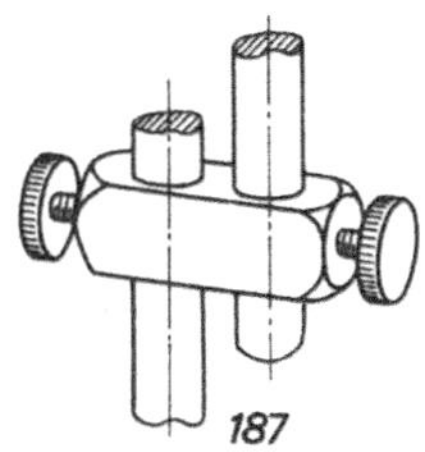
187

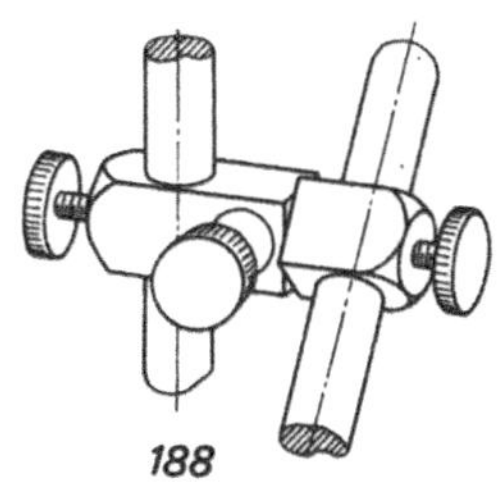
188

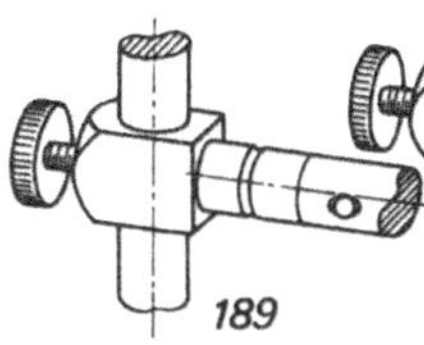
189

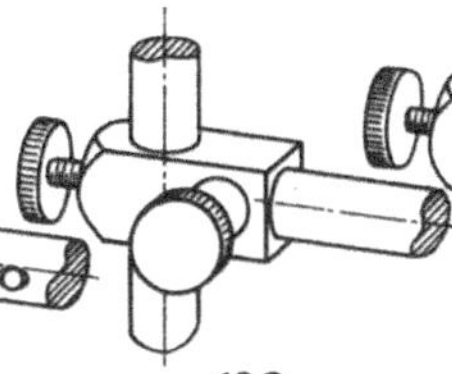
190

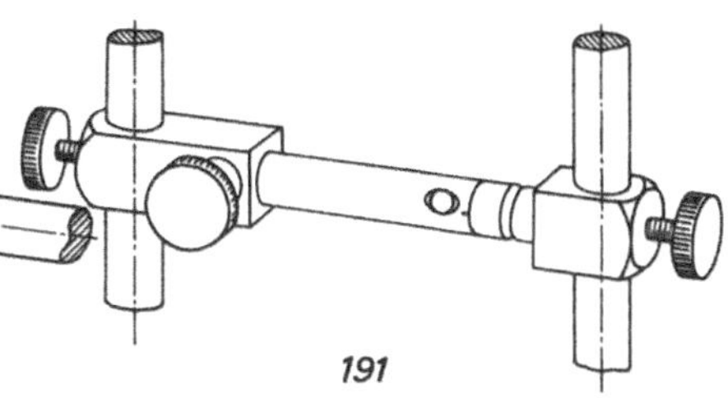
191

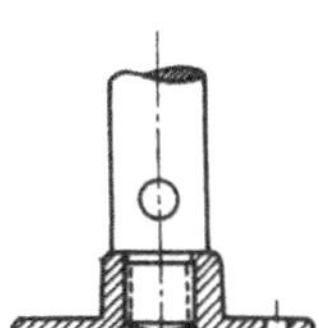
192

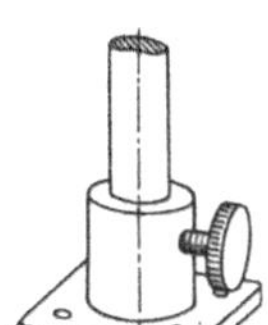
193

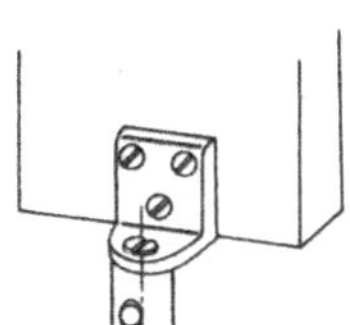
194

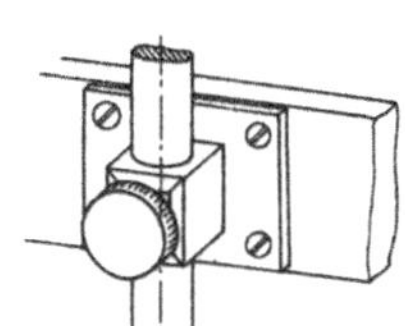
195

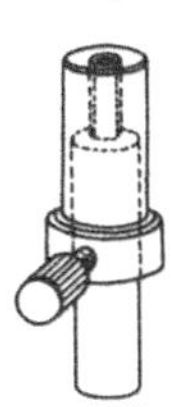
196

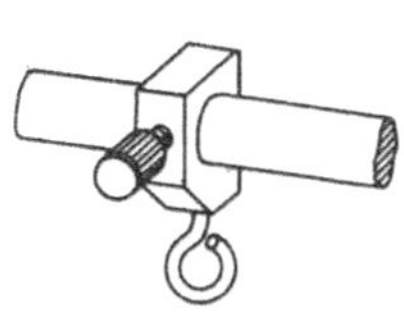
197

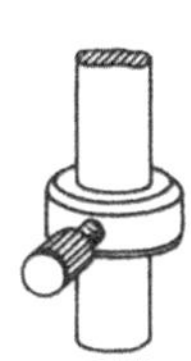
198

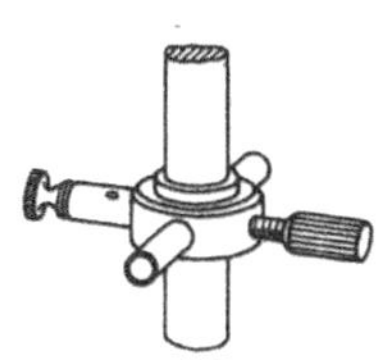
199

Rohrstativ- und Gestellmaterial L 3.10

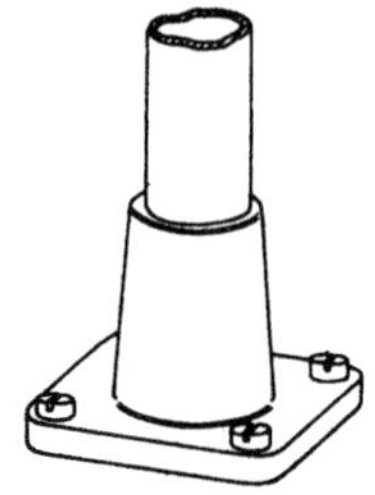

200

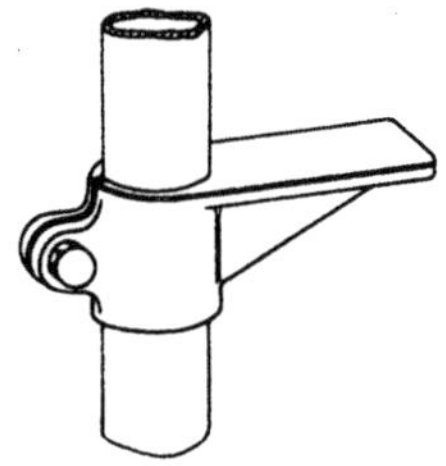

201

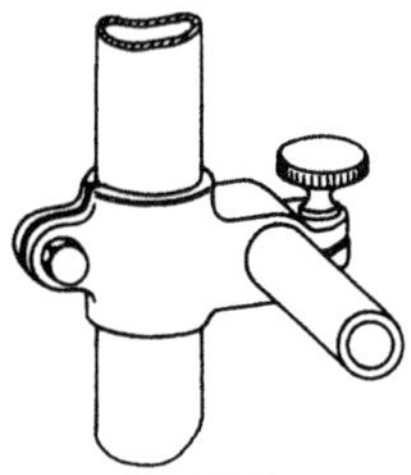

202

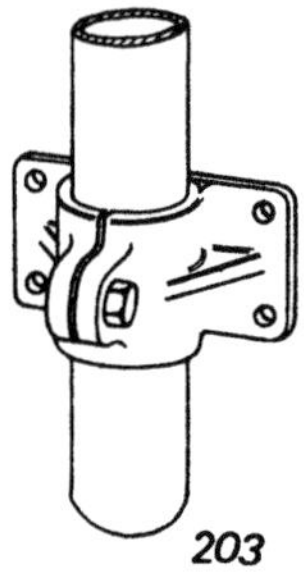

203

Rohrstativ

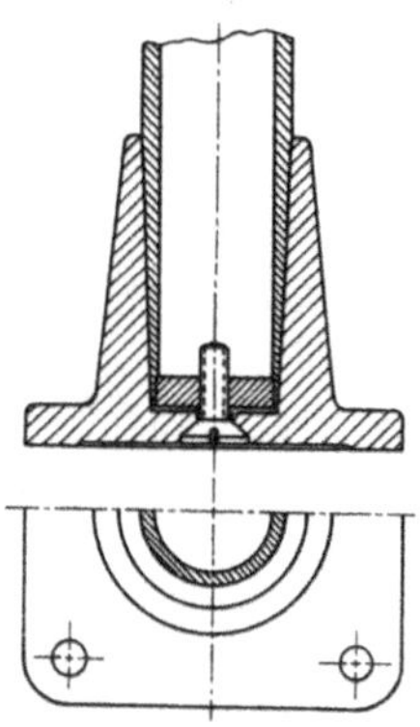

204

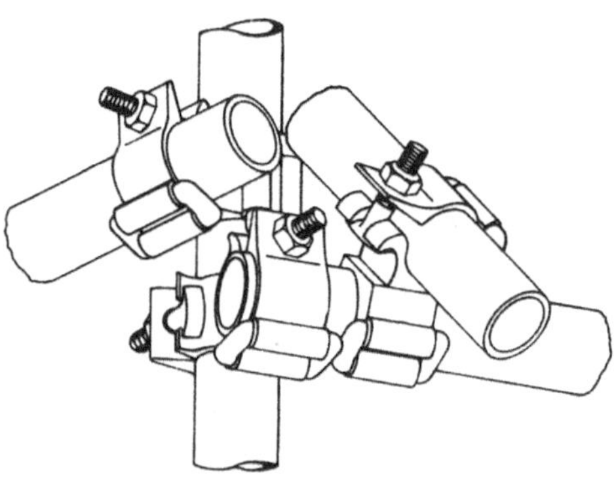

205 Mannesmann-Klemmen

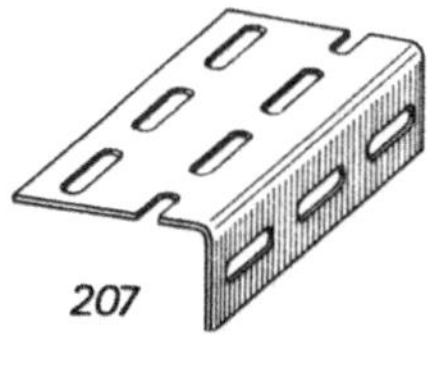

207

Dexion-Winkelstab

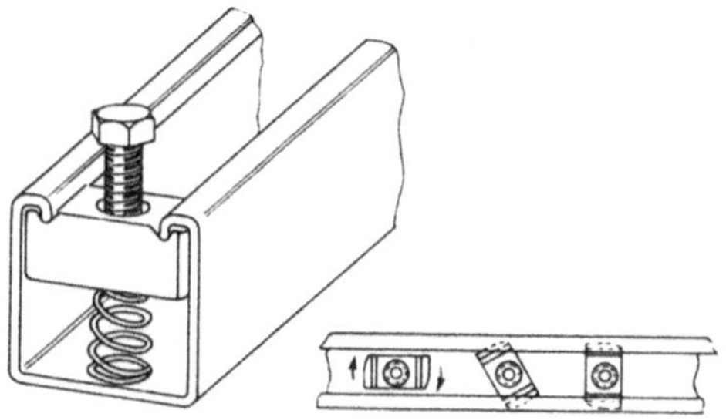

206 Unistrutschiene

Grundplatten und Gestelle L 3.11

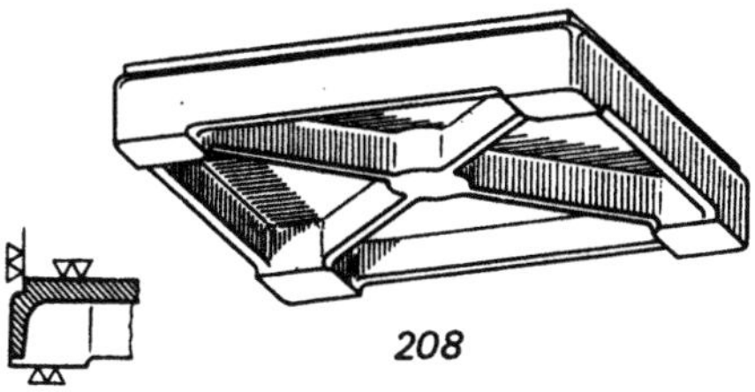

208

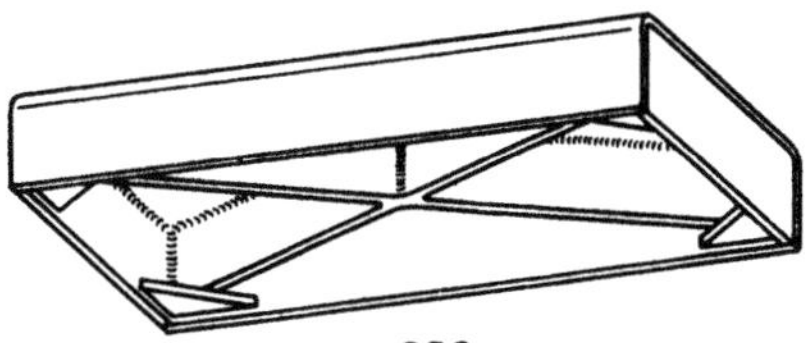

209

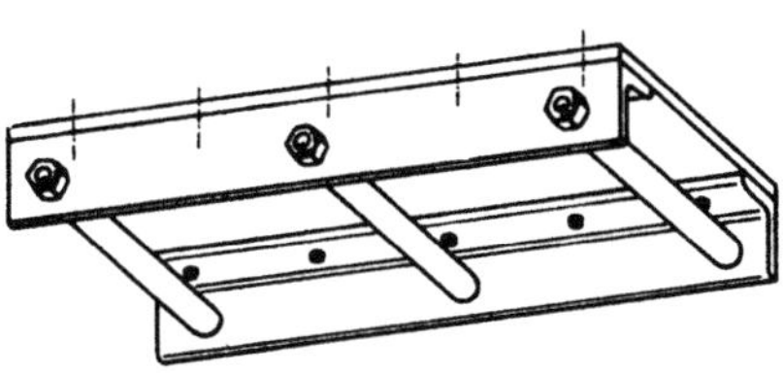

210

Grundplatten

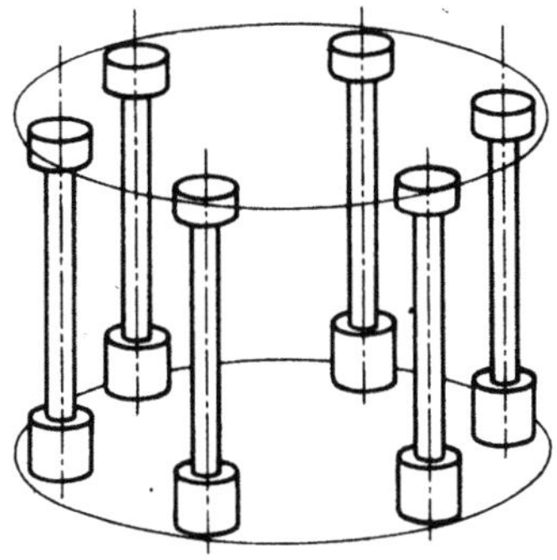

211 Laternengestell

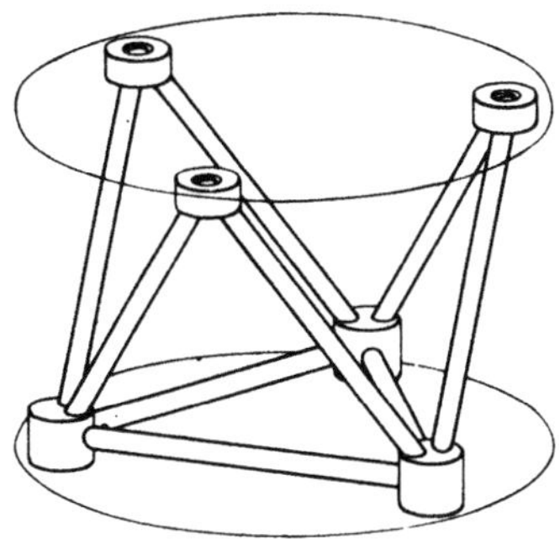

212 Trommelgestell

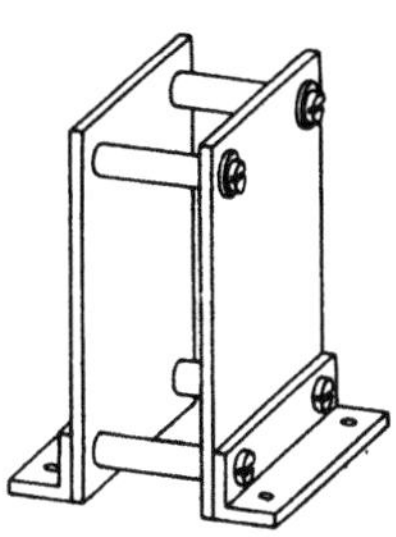

213 Platine

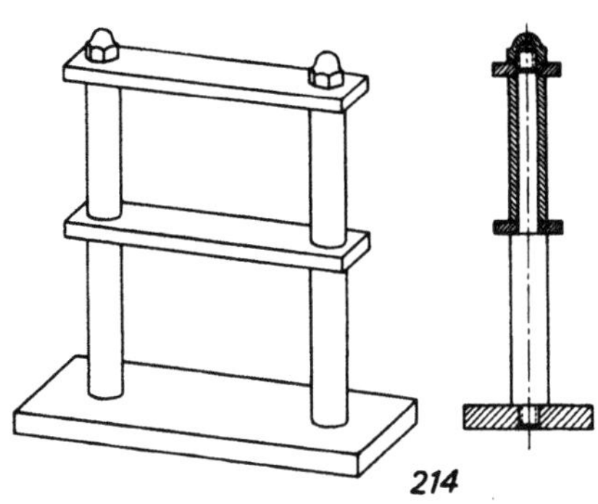

214

elektrische Systeme auf Grundplatten oder in Schränken (Gehäuse, Pult). Im Labor arbeitet man häufig mit Stativen.

Die Stativstäbe sind 6, 8, 10, 12, 13 oder 16 mm dick. Die 13-mm-Stäbe (181) haben ein 3/8''-Gewinde und ein Querloch zum Anziehen. Die Längen ohne Gewinde betragen 40, 63, 100, 160, 250, 400, 630 und 1000 mm. Sie werden mit Muffen nach Abb. 184 bis 191 verbunden und nach 192 oder 193 auf Grundbretter geschraubt. Die Befestigung von Platten zeigen 194 u. 195, die eines Schwenkkopfs 196. Abb. 197 zeigt einen Haken, 198 einen Stellring, 199 eine isolierte Klemme mit 2 Buchsen.

Bei Rohrstativen nimmt man anstelle von Klemmuffen gegossene Schellen (Abb. 200 bis 203) und Sockel (Abb. 204) oder Mannesmann-Klemmen (Abb. 205).

Gestelle, Träger und Halterungen jeder Art lassen sich mit den amerikanischen Unistrut-Schienen Abb. 206 und den Dexion-Winkelstäben 207 (B 147) aufbauen. Für beide Systeme ist reichlich Zubehör erhältlich. Bei den Unistrutschienen hält die Feder die Gewindemutter in jeder Stellung fest (Einhandmontage). Präzise Aufbauten erfordern stabile Grundplatten, gegossen (208), verschweißt (209) oder verschraubt (210). In der Feinmechanik arbeitet man mit verschraubten Platten (Platinen 213) oder Stäben (214).

Offene Zwischenflanschverbindungen bildet man als Laternengestell Abb. 211 oder als das verwindungsfeste Trommelgestell (Abb. 212) aus.

Literaturverzeichnis zu Kap. 3

1. PÖSCHL, H.: Verbindungselemente der Feinwerktechnik. Berlin/Göttingen/Heidelberg: Springer 1954.
2. Kerntechnik **10**, 208 (1968).
3. Fachbuchreihe Schweißtechnik, Bd. 41 — Löten —. Düsseldorf: Deutscher Verlag Schweißtechnik 1964.
4. Kerntechnik **13** (1971) 157.
5. CAPPELLETTI, C. M.; BUSSE, C. A.; DÖRRE, E. A.: Metal-To-Ceramic-Seals for Thermionic Converters EUR 4210 f, e.

4. Führungen und Lagerungen

4.1 Die kinematische Führung und Aufstellung

Ein Gerät mit einem beweglichen Teil besteht aus mindestens zwei Körpern: Dem Bezugskörper, der fest mit dem Laboratorium verbunden ist, und dem beweglichen Körper. Dieser kann mit dem Bezugskörper lose oder elastisch verbunden sein. In beiden Fällen besitzt er 6 Freiheitsgrade, drei der Translation (s) und drei der Rotation (φ). Seine Beweglichkeit läßt sich einschränken. Für nahezu punktförmige Berührungsstellen besagt das kinematische Prinzip: Bei geeigneter Form der Körper und zweckmäßiger Anordnung der Kontakte wird durch jeden Berührungspunkt ein Freiheitsgrad ausgeschaltet. Bei n Berührungspunkten verbleiben also $f = (6 - n)$ Freiheitsgrade.

Es läßt sich mit folgenden Anordnungen zeigen (L 4.1). Ein quaderförmiger Glasklotz mit polierten Flächen sei der bewegliche Körper, ein Holzklotz mit mehreren Bohrungen der Bezugskörper. Als Kontakte dienen Stahlstifte mit kugelförmig abgerundeten Spitzen, die starr mit dem Bezugskörper verbunden werden können. Bringt man in den dargestellten Anordnungen den Glasklotz zur Berührung mit den Spitzen, so hat er die in den Abbildungen dargestellten Bewegungsmöglichkeiten. Die Kreise bedeuten eine Rotationsmöglichkeit um die Kreisachse, die Pfeile eine Translationsmöglichkeit in Pfeilrichtung. Der Hub ist auf kurze Strecken begrenzt, der Drehwinkel teilweise auf kleine Winkel.

Eine Anordnung dieser Art mit f-Freiheitsgraden nennen wir eine f-dimensionale Führung.

Wir bezeichnen sie nach dem Plan auf S. 64.

Sind die Berührungsflächen fast punktförmig, so sprechen wir von einer *kinematischen Führung*. Sind sie in Bewegungsrichtung vergrößert, um ihre Beanspruchung zu verkleinern, so nennen wir die Führung *halbkinematisch*, bei ausgedehnten Führungsflächen *technisch*.

Das Prinzip einiger kinematischer Führungen zeigen die Anordnungen auf Blatt L 4.2. Die Form des beweglichen Körpers und die Anordnung der Kontakte bestimmen die Verteilung der Freiheitsgrade auf Translation und Rotation. Die Berührung wird durch die Schwerkraft oder durch zweckmäßig angeordnete Lokalisatoren (dünn eingezeichnet) gesichert. Eine kinematische Führung ist also stets kraftschlüssig. Die Eigenschaften einer Führung ändern sich nicht, wenn man die Rolle von beweglichem Körper und Bezugskörper vertauscht oder eine

Zahl der Translationsgrade	Zahl der Rotationsgrade			
	0	1	2	2
0	0 s 0 φ Reproduzierbare Aufstellung	0 s 1 φ Lagerung Scharnier Gelenk	0 s 2 φ Kreuzgelenk	0 s 3 φ Kugelgelenk
1	1 s 0 φ Führung (im engeren Sinn)	1 s 1 φ Lagerung axial verschieblich Führung verdrehbar	1 s 2 φ	1 s 3 φ
2	2 s 0 φ Kreuzschlitten	2 ⌢ 1 φ Führung in der Ebene	2 s 2 φ	2 s 3 φ
3	3 s 0 φ	3 s 1 φ	3 s 2 φ	3 s 3 φ

Führungsfläche durch ihren Abdruck ersetzt und diesem ein entsprechendes System von Kontakten gegenüberstellt. Zum Beispiel sind die Führungen Abb. 11 und Abb. 13 gleichwertig.

Die Führungsflächen werden so angeordnet, daß Reibung und Flächenbeanspruchung möglichst klein bleiben und Flächenunebenheiten und Deformationen einen möglichst geringen Einfluß auf die Genauigkeit der Führung haben. Dafür sorgt die MAXWELLsche Bedingung [1]. Sie sagt: „Verschiebt man eine Kontaktfläche parallel mit sich selbst, so soll sich der bewegliche Körper unter der Führung der übrigen Kontaktflächen so bewegen, daß sich der Berührungspunkt dieser Kontaktfläche in ihrer Normalen bewegt. Das bedeutet, daß von den Normalen zu den Berührungsflächen der Kontakte keine zwei zusammenfallen, keine drei in einer Ebene liegen und weder in einem Punkt zusammentreffen noch parallel sind. Wir untersuchen die Erfüllung dieser Bedingung in der Führung Abb. 13. Für den linken Kontakt ist die Bedingung erfüllt, weil der Abstand dieses Kontaktes von den übrigen Kontakten relativ groß ist. Verschiebt man nämlich die Berührungsfläche nach oben (Abb. 14), so wandert der Berührungspunkt etwa auf einem Kreis um einen Mittelpunkt, der zwischen den rechts liegenden Kontakten liegt, also praktisch senkrecht zur Berührungsfläche, wie es die MAXWELLsche Bedingung verlangt. Verschiebt man die Kontaktfläche eines ganz rechts liegenden Kontaktes (Abb. 15), so ist nur eine Verschiebung möglich, bei der der links daneben liegende Stift auf seiner Fläche gleitet. Da der Winkel in der V-Nute 90° beträgt, erfolgt also die Ver-

Freiheitsgrade eines Quaders bei n-Kontakten L 4.1

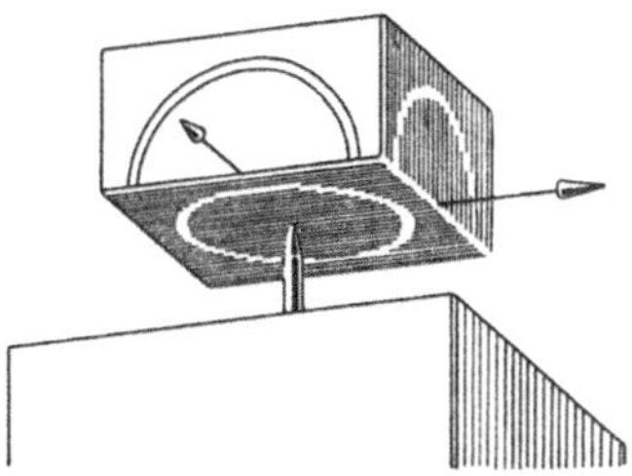

1 $n = 1\ f = 5 = 2s + 3\varphi$

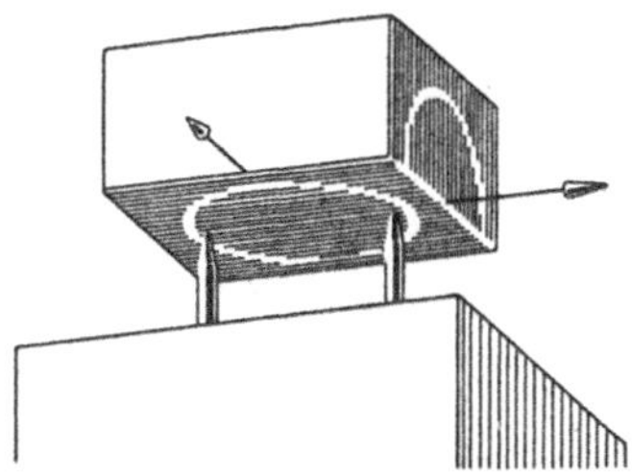

2 $n = 2\ f = 4 = 2s + 2\varphi$

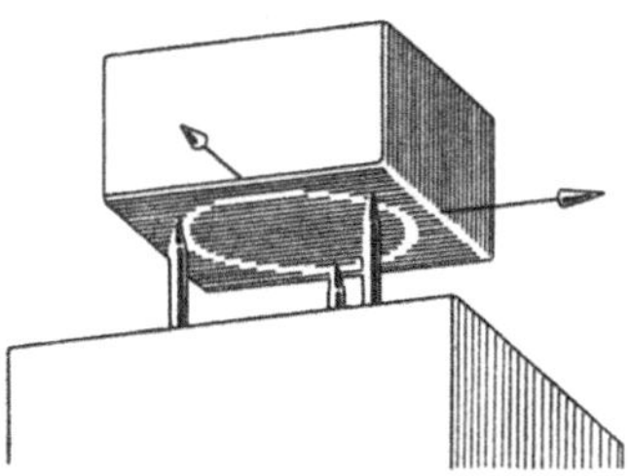

3 $n = 3\ f = 3 = 2s + 1\varphi$

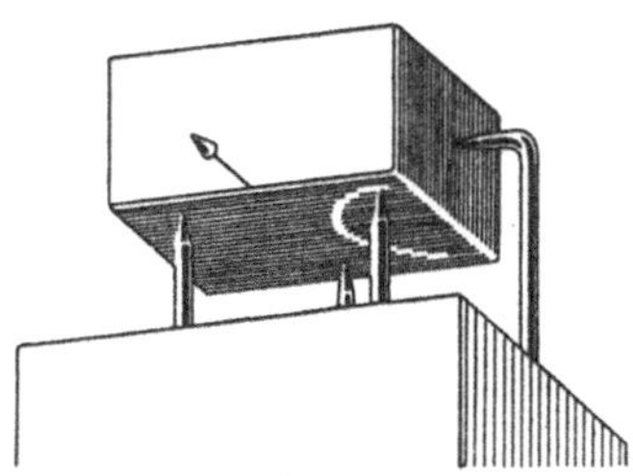

4 $n = 4\ f = 2 = 1s + 1\varphi$

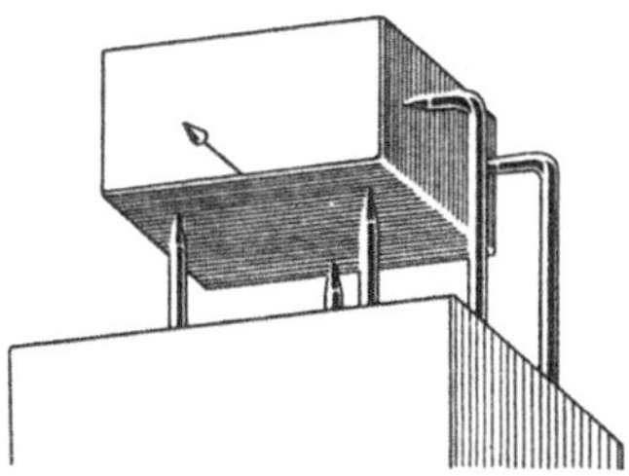

5 $n = 5\ f = 1 = 1s$

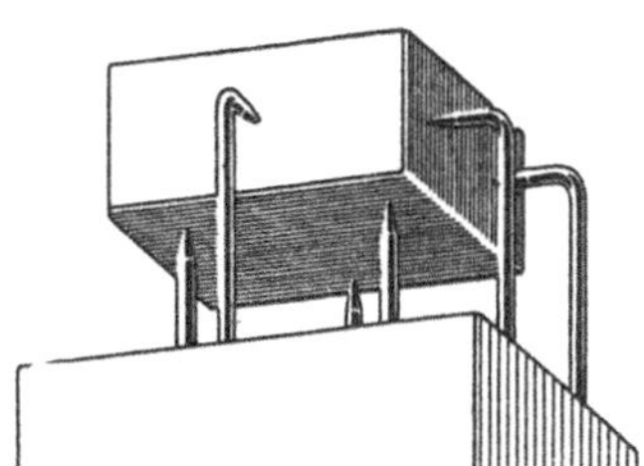

6 $n = 6\ f = 0$

Freiheitsgrade eines Quaders bei 1 bis 6 Kontakten

$$f = 6 - n$$

f = Zahl der Freiheitsgrade, n = Zahl der Berührungspunkte,
s = 1 Translationsgrad, φ = 1 Rotationsgrad

Modelle kinematischer Führungen L 4.2

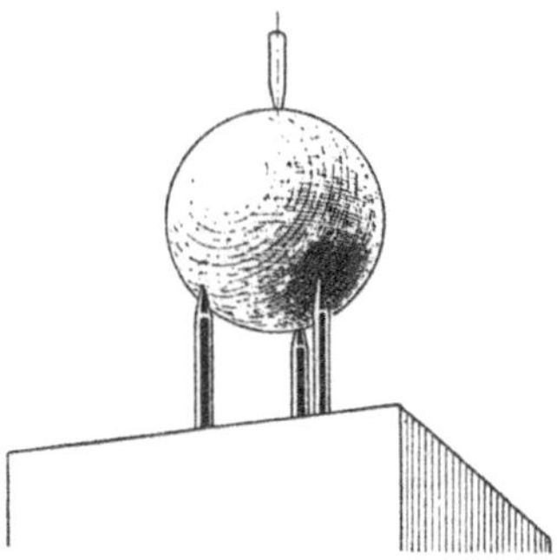

7 Kugelgelenk (3 φ)

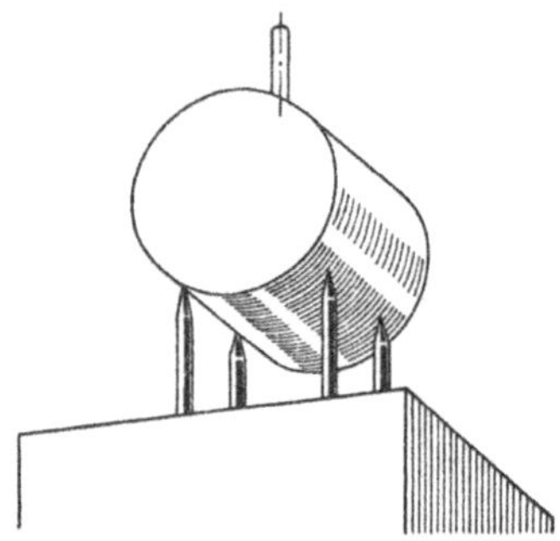

8 Axial verschiebliche Lagerung oder verdrehbare Führung (1 s, 1 φ)

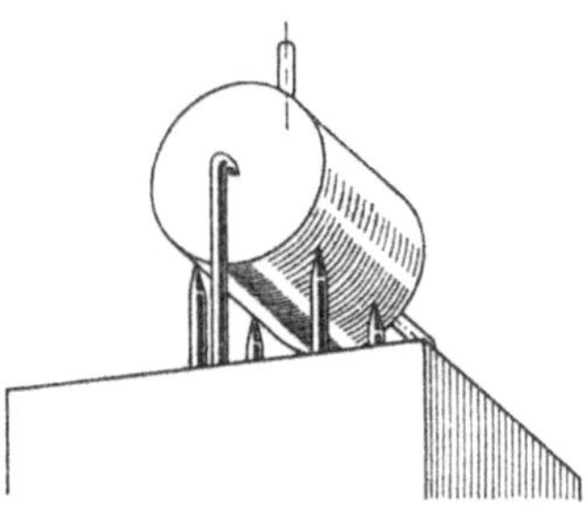

9 Lagerung mit waagerechter Achse (1 φ)

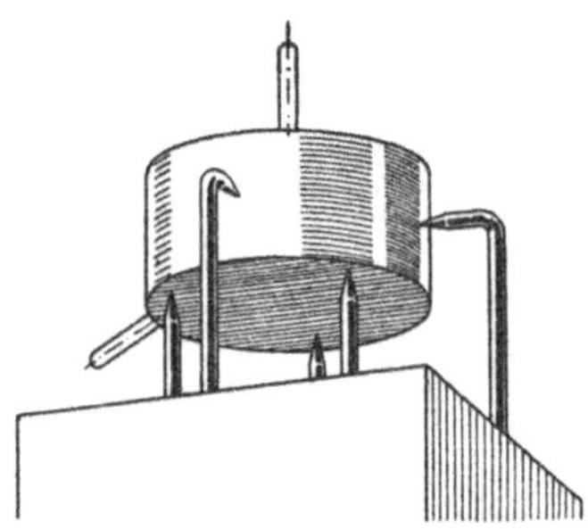

10 Lagerung mit senkrechter Achse (1 φ)

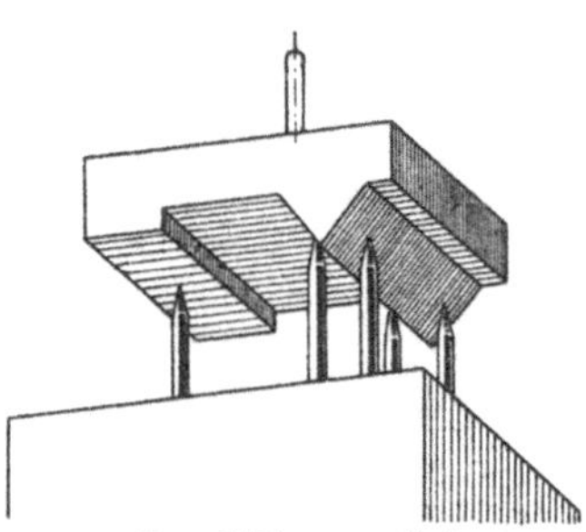

11 Geradführung (1 s)

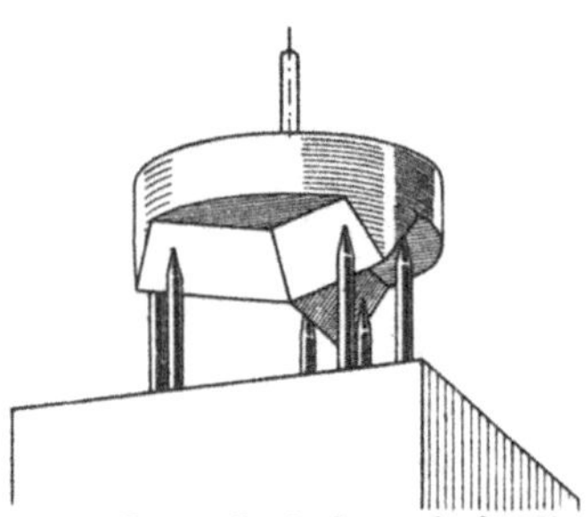

12 Reproduzierbare Aufstellung (0 s, 0 φ)

Modelle kinematischer Führungen

Kinematische Führung und Aufstellung L 4.3

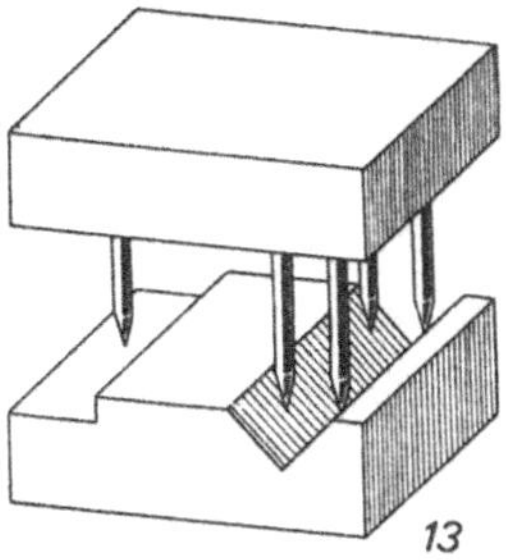

13

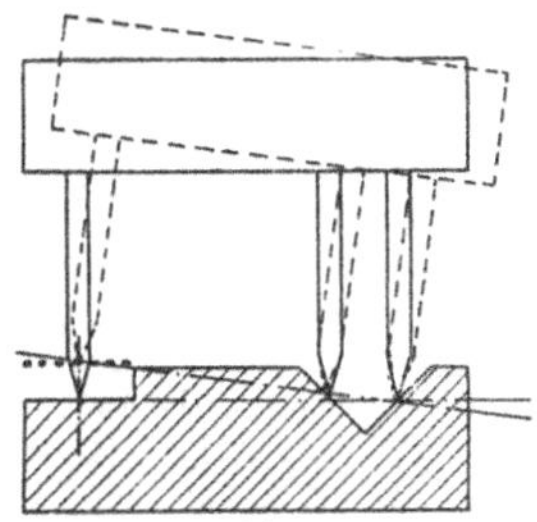

14

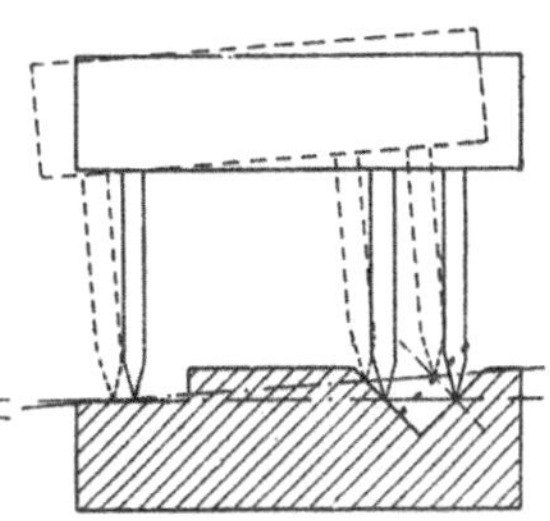

15

Zur Erläuterung der Maxwellschen Bedingung

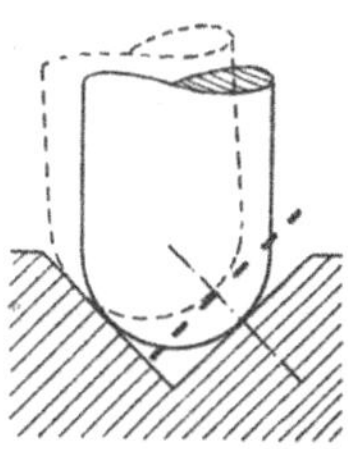

16

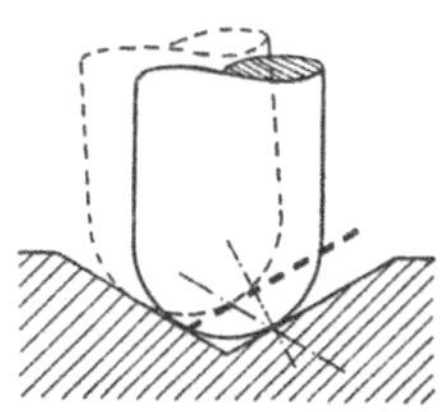

17

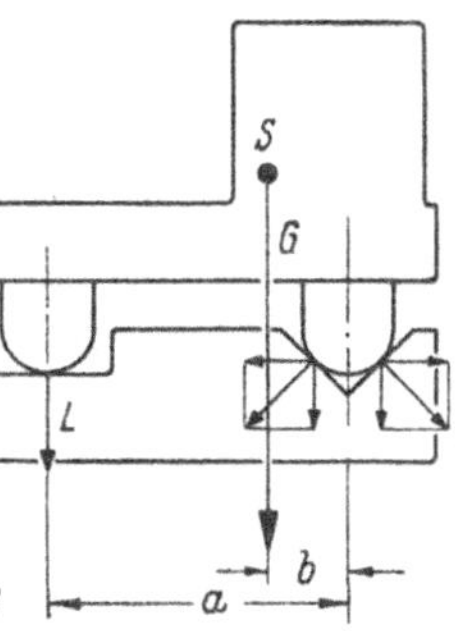

18

Zur Erläuterung der Maxwellschen Bedingung

Belastung einer Führung

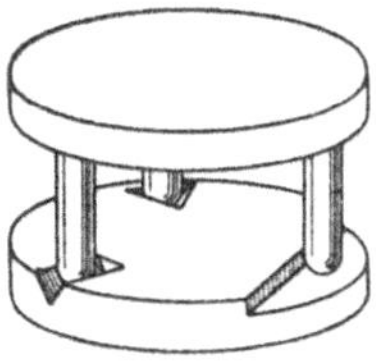

19

unvertauschbar

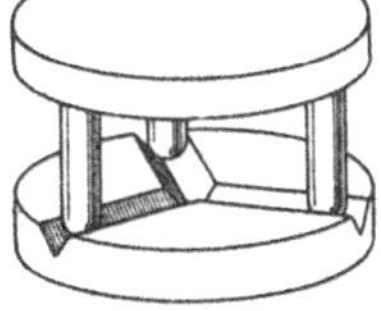

20

vertauschbar

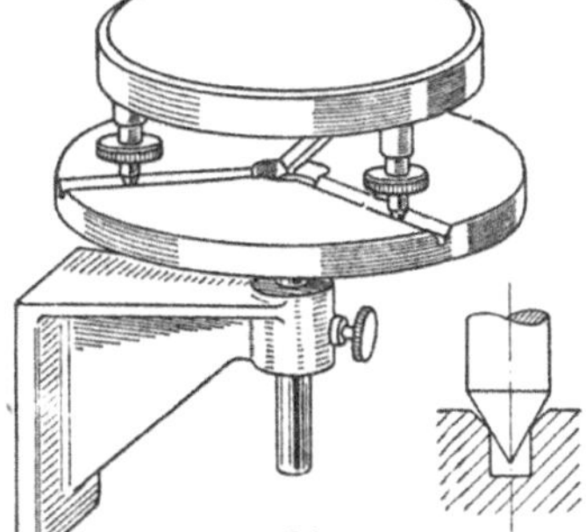

21

Reproduzierbare Aufstellung

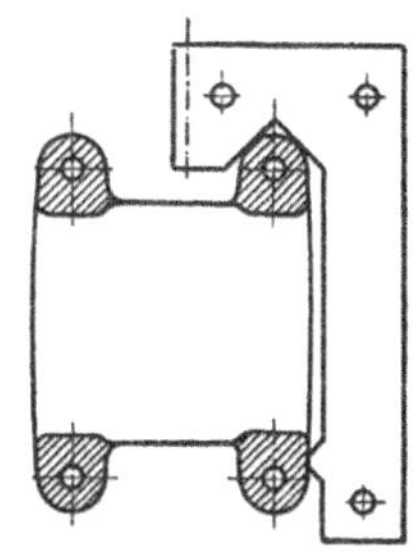

22

Reproduzierbare Aufstellung in einer Ebene

schiebung des Berührungspunktes wieder senkrecht zur Berührungsfläche, entsprechend der MAXWELLschen Bedingung. Die beiden anderen Berührungspunkte in der V-Nute beeinflussen ihrer relativ großen Entfernung wegen die Bewegung nur sehr wenig. Ersetzt man die beiden Spitzen rechts durch eine halbkugelförmige Kuppe (Abb. 16), so tritt bei einer Verschiebung dasselbe ein.

Die MAXWELLsche Bedingung fordert also für die V-Nuten einer kinematischen Führung einen Winkel von 90°. Bei einem Nutenwinkel von 120° bewegt sich der Berührungspunkt unter einem Winkel von 30° zur Normalen (Abb. 17). Hier ist also die MAXWELLsche Bedingung nicht erfüllt.

Die Belastung der einzelnen Kontakte soll möglichst klein sein. Das ist der Fall, wenn die Kräfte, z. B. das Gewicht des geführten Apparateteils, der Luftdruck oder Federdruck so gerichtet sind, daß sie die Fuhrung kraftschlüssig sichern und die Belastung sich gleichmäßig auf die Kontakte verteilt. Bei der 1-s-Führung Abb. 18 gilt das für $b = a/3{,}82$, wenn der Schwerpunkt des geführten Körpers in S liegt, die linke Kuppe einen Berührungspunkt und die beiden rechts hintereinander liegenden Kuppen je zwei Berührungspunkte haben.

Den kleinen Berührungsflächen entsprechend ist die spezifische Belastung sehr hoch. Dieser Belastung sind nur Kontaktpaare aus gehärtetem Stahl gewachsen. Damit sie nicht wackeln, vibrieren oder rattern müssen sie kurz, stabil, glatt poliert und mit dem Hauptkörper starr verbunden sein. Man bevorzugt Anordnungen von Kugeln gegen Ebenen, Zylinder, Kegel oder Kugeln und gekreuzte Zylinder. Bei gehärtetem Stahl ist die zulässige Belastung für eine Kugel von 10 mm Durchmesser auf ebener Unterlage etwa 70 kp, bei Messing nur etwa 0,4 kp. Sie nimmt mit dem Quadrat des Kugeldurchmessers zu. Leitblatt L 4.4 zeigt Abflachung und Flächendruck bei verschiedener Gestaltung der sich berührenden Körper.

Die Vorzüge der kinematischen Führung sind:

1. Die Reproduzierbarkeit, d. h. die Genauigkeit, mit der sich der bewegliche Körper nach einer beliebigen Verschiebung in die Ausgangsstellung zurückbringen läßt, ist von der Herstellungsgenauigkeit unabhängig.

2. Die Führungsgenauigkeit, z. B. die Genauigkeit, mit der sich jeder Punkt des beweglichen Körpers längs einer Geraden bewegt, hängt nur von der Genauigkeit ab, mit der die Führungsflächen eines der beiden Körper geschliffen werden.

3. Die Reibung ist klein und bleibt während der Bewegung ziemlich konstant.

Flächendruck bei Punkt- und Linienbelastung L 4.4

E	Elastizitätsmodul	b	Breite der Druckfläche
F (F_N)	Druckkraft	p_0	Kraft je Längeneinheit
p_{max}	max. Flächenpressung	r_1, r_2	Kugelradien
δ	Abflachung	l	Lagerspiel
a	Radius der Druckfläche		

	Abflachung	Flächendruck
Kugel gegen Kugel 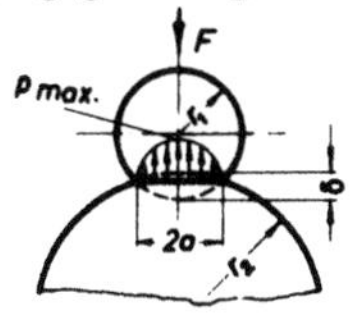	$a = 1{,}109 \sqrt[3]{\frac{F}{E} \frac{r_1 \cdot r_2}{r_1 + r_2}}$ $\delta = 1{,}23 \times$ $\times \sqrt[3]{\left(\frac{F}{E}\right)^2 \left(\frac{1}{r_1} + \frac{1}{r_2}\right)}$	$p_{max} = 0{,}388 \times$ $\times \sqrt[3]{F E^2 \left(\frac{1}{r_1} + \frac{1}{r_2}\right)^2}$
Kugel gegen Ebene 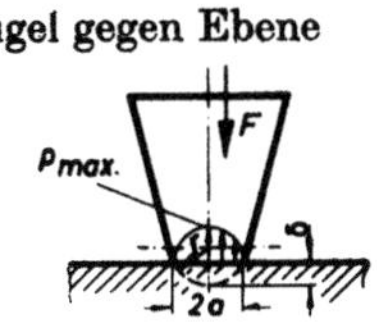	$a = 1{,}109 \sqrt[3]{\frac{F r}{E}}$ $\delta = 1{,}23 \sqrt[3]{\left(\frac{F}{E}\right)^2 \frac{1}{r}}$	$p_{max} = 0{,}388 \sqrt[3]{F \left(\frac{E}{r}\right)^2}$
Zylinder gegen Zylinder 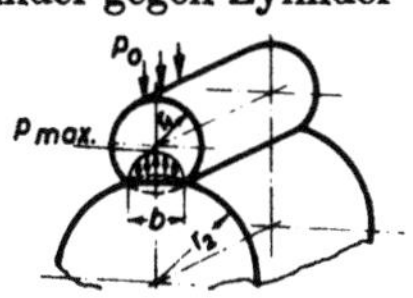	$b = 3{,}04 \sqrt{\frac{p_0}{E} \frac{r_1 \cdot r_2}{r_1 + r_2}}$	$p_{max} = 0{,}418 \times$ $\times \sqrt{p_0 E \frac{r_1 + r_2}{r_1 \cdot r_2}}$
Schneide gegen Ebene 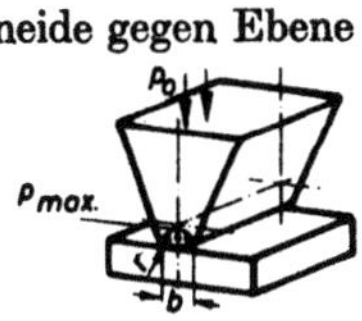	$b = 3{,}04 \sqrt{\frac{p_0 r}{E}}$	$p_{max} = 0{,}418 \sqrt{\frac{p_0 E}{r}}$
Spitzenlagerung (waagerecht) 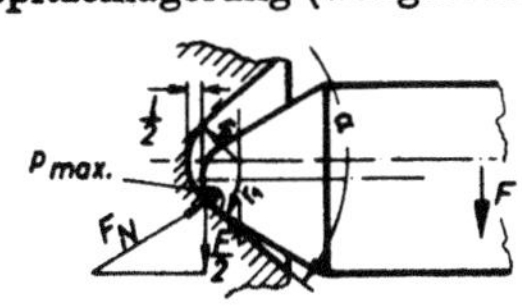	$a = 1{,}109 \sqrt[3]{\frac{F_N}{E} \frac{r_1 \cdot r_2}{r_1 - r_2}}$ $\delta = 1{,}23 \times$ $\times \sqrt[3]{\left(\frac{F_N}{E}\right)^2 \left(\frac{1}{r_1} - \frac{1}{r_2}\right)}$	$p_{max} = 0{,}388 \times$ $\times \sqrt[3]{F_N E^2 \left(\frac{1}{r_1} - \frac{1}{r_2}\right)^2}$
Spitzenlagerung senkrecht 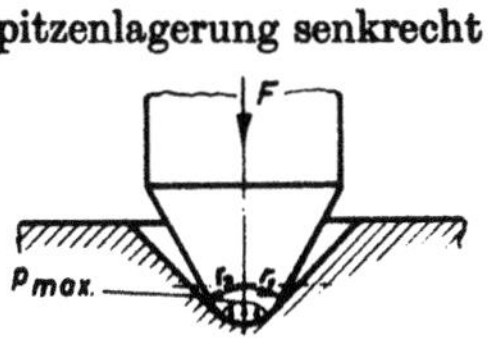	$a = 1{,}109 \sqrt[3]{\frac{F}{E} \frac{r_1 \cdot r_2}{r_1 - r_2}}$ $\delta = 1{,}23 \times$ $\times \sqrt[3]{\left(\frac{F}{E}\right)^2 \left(\frac{1}{r_1} - \frac{1}{r_2}\right)}$	$p_{max} = 0{,}388 \times$ $\times \sqrt[3]{F E^2 \left(\frac{1}{r_1} - \frac{1}{r_2}\right)^2}$

R. MÜLLER

Diese Vorzüge treten schon bei primitiven Ausführungen auf. Zwei Gründe beschränken jedoch die Anwendbarkeit kinematischer Konstruktionen.

1. Die geringe Belastbarkeit der Führung. Bei hoher Belastung treten Deformationen auf. Die Reibung, die bei kinematischen Führungen immer gleitend ist, wird vergrößert, und es kommt zum Rattern.

2. Eine kinematische Führung kann nur kraftschlüssig sein, d. h., sie muß durch besondere Kräfte gesichert werden. Starke Lokalisatoren erhöhen die Reibung. Bei schwachen Lokalisatoren ist aber die Führung sehr empfindlich gegenüber wechselnden Beanspruchungen und Stößen. Aus diesem Grund vermeidet man kinematische Führungen bei transportablen Geräten.

Die reproduzierbare Aufstellung: Ein Gerät, z. B. eine Kamera, ein Registriergerät oder ein Galvanometer soll an ein System angesetzt werden. Es soll nicht wackeln oder vibrieren und es soll beliebig oft abgenommen und angesetzt werden können, ohne daß sich die Justierung ändert. Es ist dann reproduzierbar aufgestellt. Für eine solche Aufstellung eignet sich eine kinematische Anordnung mit 6 Kontakten, bei der die MAXWELLsche Bedingung einigermaßen erfüllt und die notwendige Standfestigkeit garantiert ist. Dazu sind mehrere Aufstellungen geeignet. Zum Beispiel kann ein Tischchen mit drei kugelförmig abgerundeten Füßen nach Abb. 19 oder Abb. 20 aufgestellt werden. Bei Abb. 19 hat der hintere Fuß drei Berührungspunkte mit den Seitenflächen einer Hohlpyramide, der linke zwei mit den Flächen der V-Nute und der rechte einen mit einer horizontalen Fläche. Bei Abb. 20 hat jeder Kugelfuß zwei Berührungspunkte mit je einer der drei V-Nuten, die Winkel von 120° bilden. Bei dieser Anordnung ist das Tischchen relativ zur Grundplatte zentriert.

Die meisten Geräte haben keine Kugelfüße, sondern kegelförmig zugespitzte Stellschrauben. Für die Aufstellung solcher Geräte werden die V-Nuten rechteckig angefräst (Abb. 21). Der Öffnungswinkel der V-Nute soll nur ein wenig größer sein als der Kegelwinkel.

Innerhalb einer Ebene läßt sich ein Körper mit drei Kontakten festlegen. Abb. 22 zeigt eine Schablone, mit der sich ein Motor bei der Montage exakt ausrichten läßt. Der in der Abbildung rechts unten sitzende Kontakt wird so abgepaßt, daß die rechte Kante der Schablone genau parallel zur Drehachse des Motors verläuft.

Wenn an einem Gerät weder Stellfüße noch eine für die Montage geeignete Grundfläche vorhanden sind, versieht man den Bezugskörper mit 6 Warzen, Stiften oder Stellschrauben in geeigneter Anordnung (z. B. nach Abb. 6) und lagert das Gerät auf deren Kuppen.

4.2 Führungen für Translationen

a) Schlittenführungen (L 4.5, B 142).

Bei der kinematischen Führung 23 werden die Gleitflächen in einem einzigen Arbeitsgang, d. h. ohne Umspannen, aus dem vollen herausgearbeitet. Bei den anderen benutzt man für die Gleitbahnen Stäbe, oder Nuten, die in die Stahldrähte eingelegt sind (27), Kugeln frei (28), zwischen Stiften gelagert (26) oder eingebördelt (25). Halbkinematische Führungen lassen sich aus Halbzeug rasch herstellen. Schwalbenschwanzführungen erfordern Schmierung. In Holz arbeitet man besser mit Nutenführungen.

b) Prismen-, Stab- und Rohrführungen (L 4.6).

Bei geschlossenen Prismenführungen erreicht man zügigen Gang durch eingelegte Blattfedern (38, 40, 45). Führungen in Schlitzen führt man nach 46 oder 48 aus. Bei 47 tritt Verkantung auf. Bei Stangenführungen unterscheiden wir verdrehbare (50 bis 56) und unverdrehbare (57 bis 61 (L 4.7). Bei Rohrführungen beseitigt man das Spiel durch Ausbildung federnder Lappen (62, 63, 64). Mit Gleitbuchsen aus Kunstkohle kann man Beschädigung des geführten Rohres vermeiden.

c) Pseudoführungen (L 4.7).

Bei sehr kleinen Verschiebungen kann man eine Führung oft durch eine Lagerung ersetzen (65, 66) und diese mit Blattfedern ausführen (68, 69). Größere Verschiebung bei mäßiger Genauigkeit erlaubt die Hebelführung 67.

d) Das Verkanten einer Führung.

Zur Verschiebung eines Körpers in seiner Führung muß eine Kraft wirken, die die Reibung überwindet. Bei einem Stab soll diese Kraft nach Möglichkeit in der Stabachse wirken. In diesem Falle ist die Reibung am kleinsten. Wirkt die treibende Kraft in einem Abstand r parallel zur Achse (Abb. 70), so nimmt die Reibung mit zunehmendem Abstand zu und wird schließlich größer als die treibende Kraft. In diesem Fall klemmt der Stab (verkantet). Die Bedingung dafür läßt sich wie folgt aufstellen:

Die Kraft P ergibt im Abstand r ein Drehmoment Pr. Es drückt den Stab gegen die Kanten. Dabei treten die Kräfte D auf. Sie ergeben ein Drehmoment Dl, das dem angreifenden Moment Pr entgegengesetzt gleich ist. Es gilt also: $Pr = Dl$.

Die Kräfte D ergeben an jeder Berührungsstelle eine Reibungskraft

$$R = \mu D \qquad (\mu = \text{Reibungszahl}),$$

Schlittenführungen L 4.5

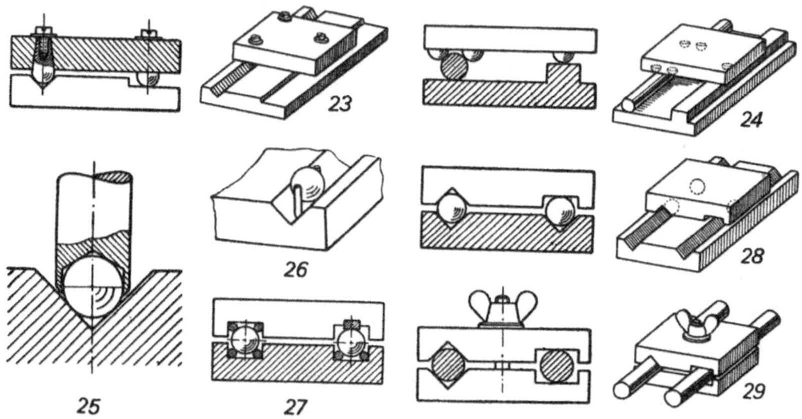

Kinematische und halbkinematische Führungen

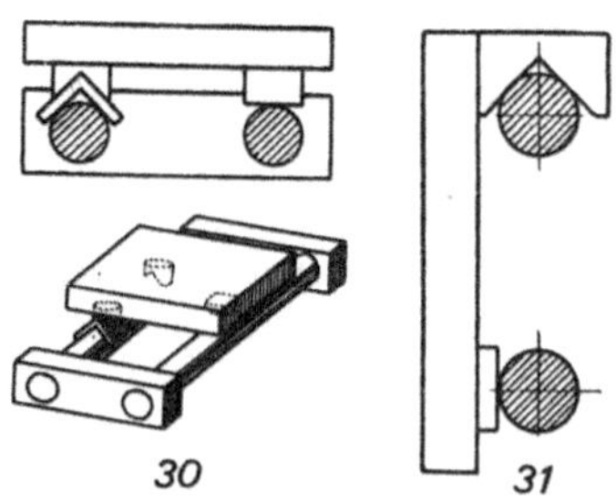

Halbkinematische Führungen

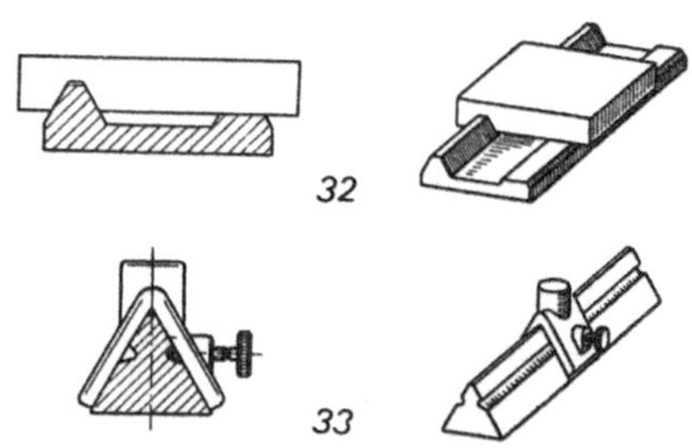

Offene Prismenführungen

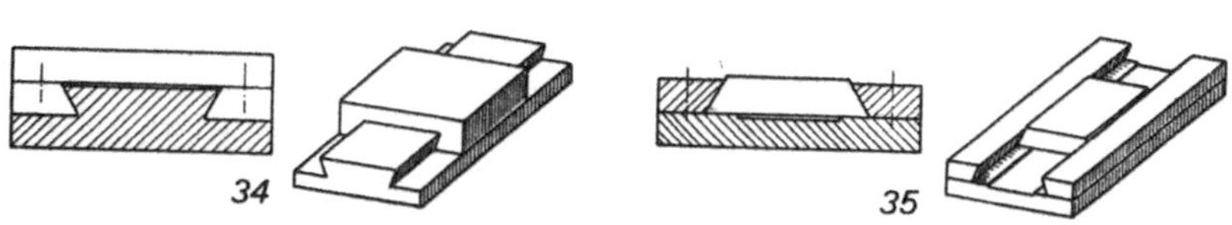

Schwalbenschwanzführung

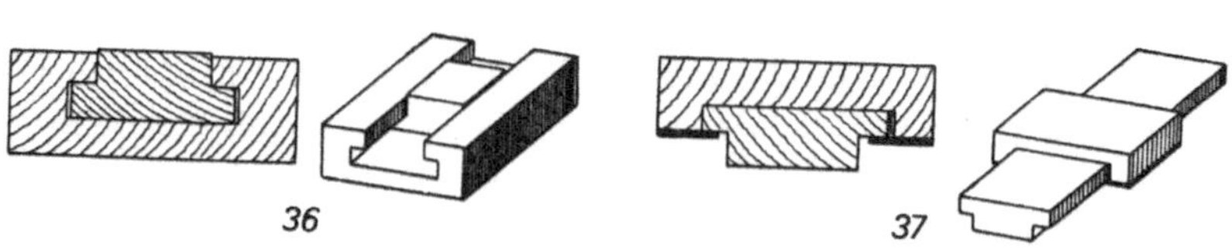

Führungen aus Holz

Prismen-, Stab- und Stangenführungen L 4.6

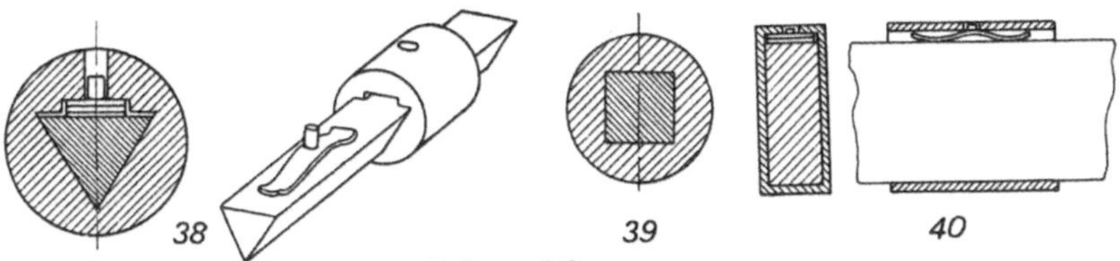

38 39 40

Prismenführungen

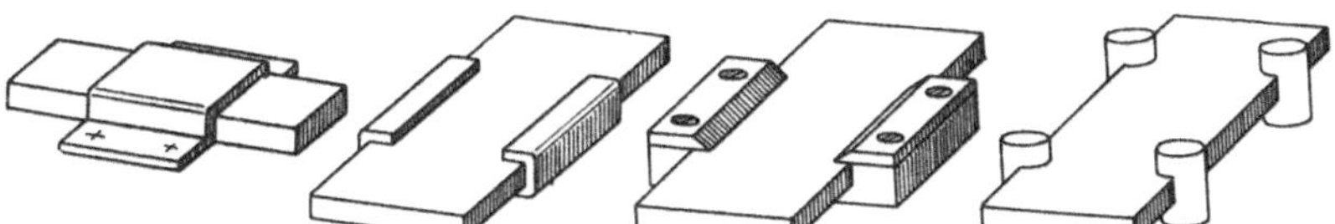

41 42 43 44

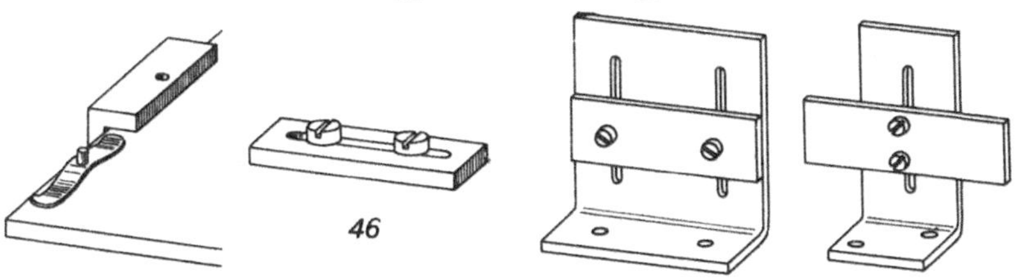

45 Führung flacher Stäbe 47 48

46

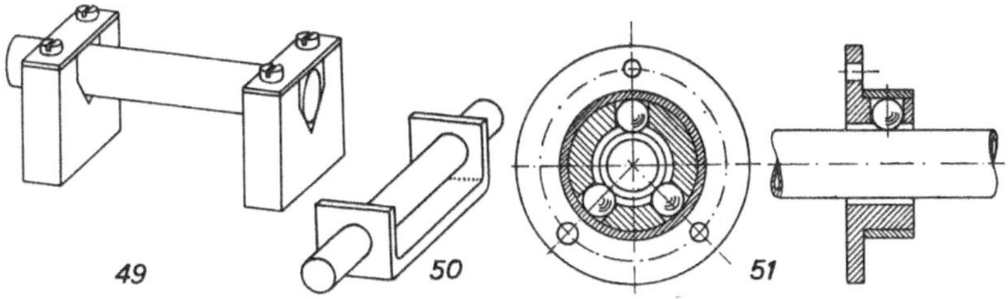

49 50 51

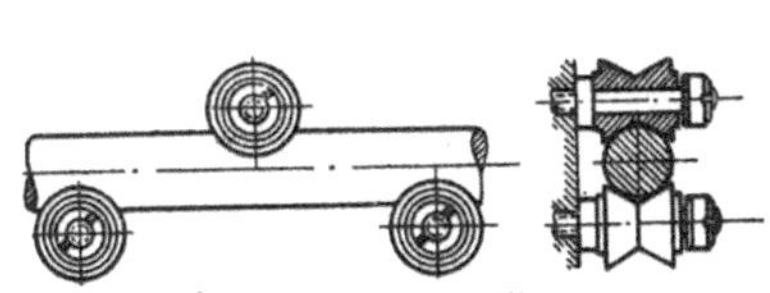

52

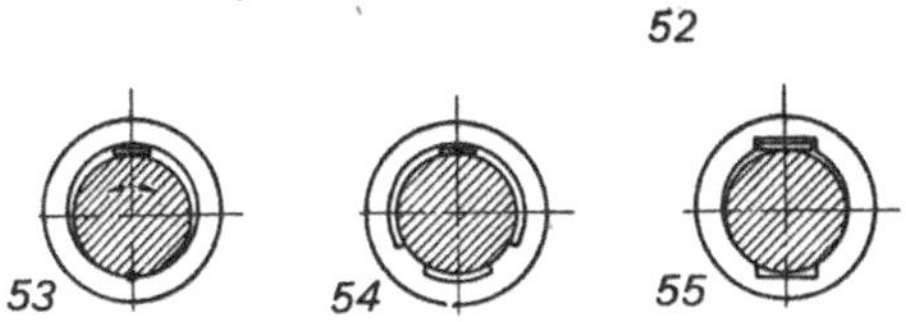

53 54 55

Stangenführungen verdrehbar

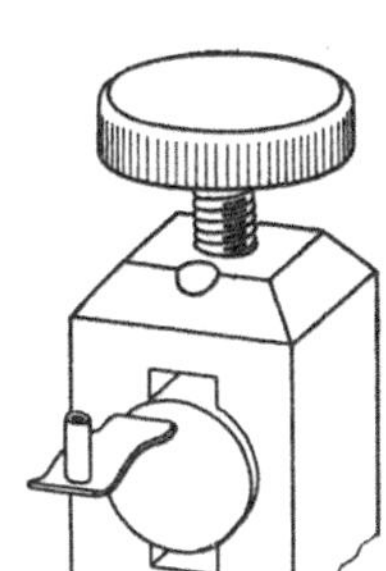

56

Stangen-, Rohr- und Pseudoführungen L 4.7

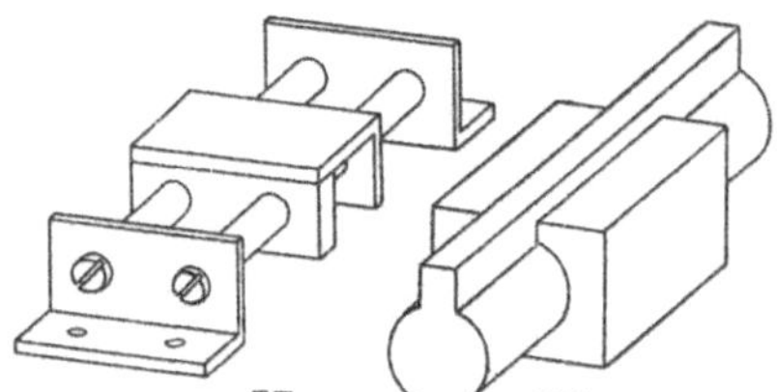

57 58

Stangenführungen unverdrehbar

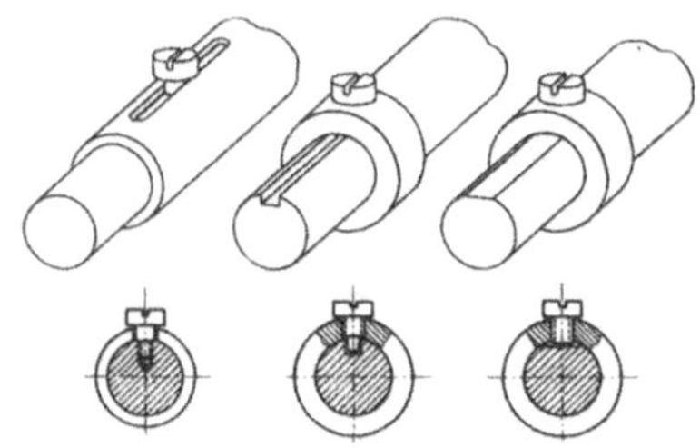

59 60 61

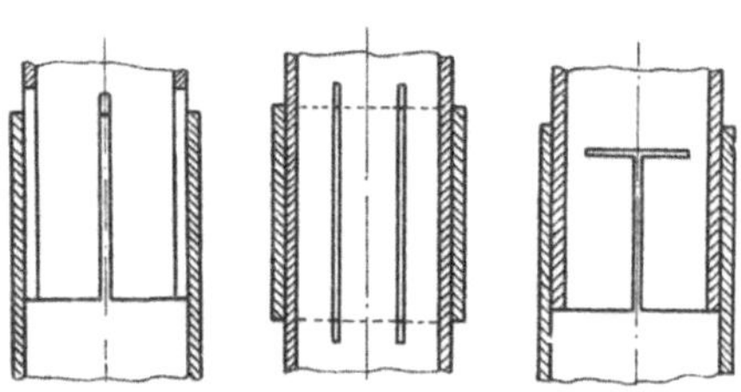

62 63 64

Rohrführungen

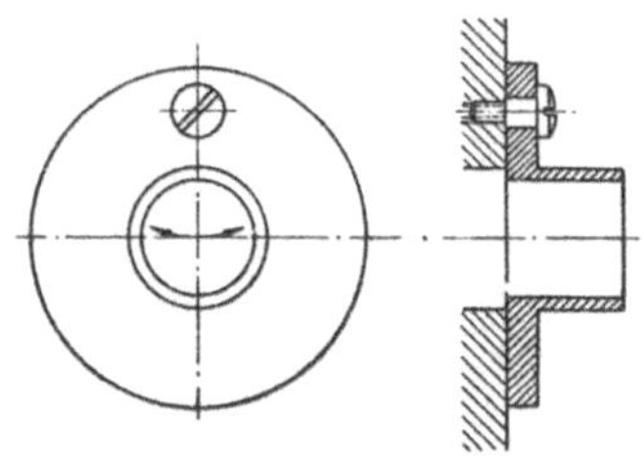

65

Pseudoführung

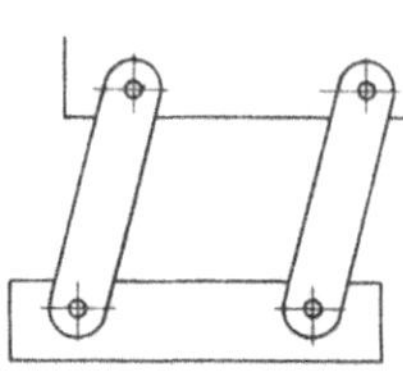

66

Parallelogrammführung

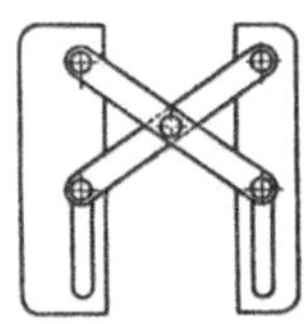

67

Hebelführung

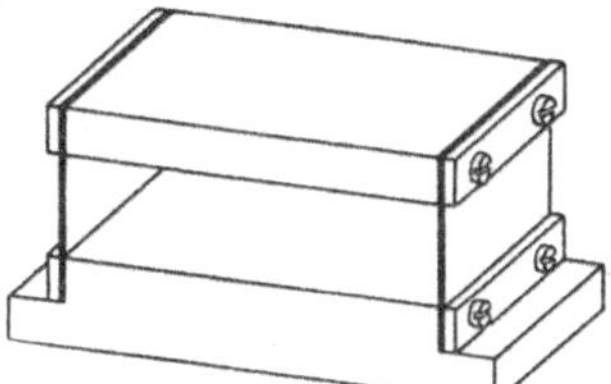

68

Blattfederführung

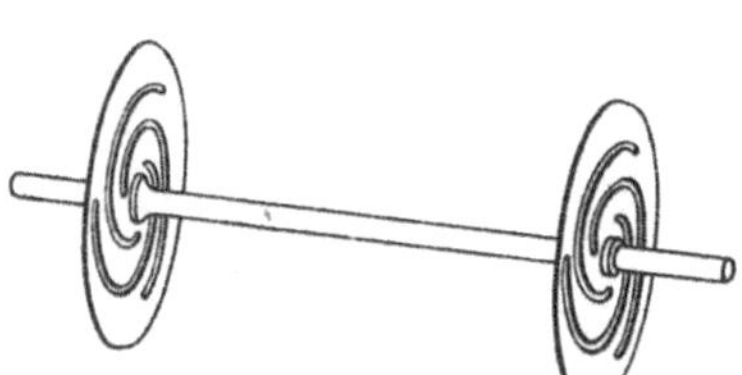

69

Spinnenführung

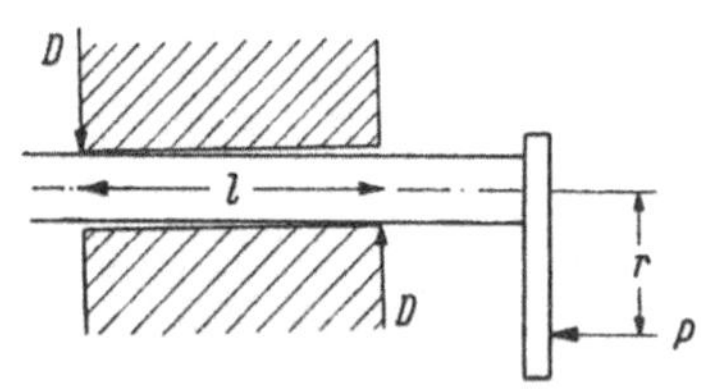

70

Verkanten einer Führung

Kreuz- und Planführungen L 4.8

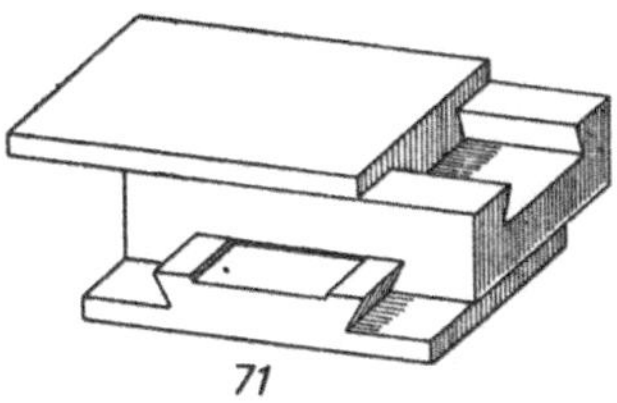

71

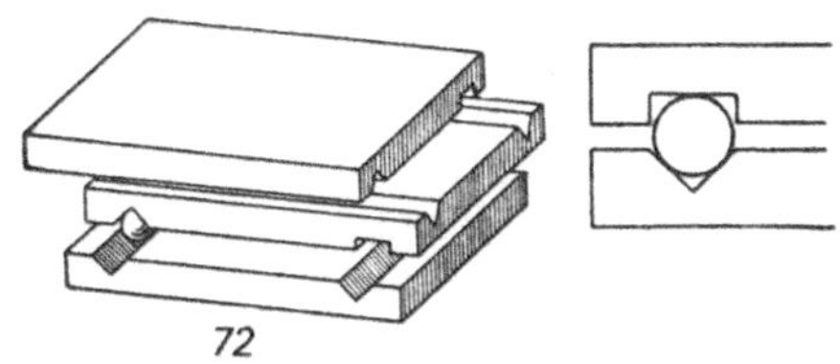

72

Kreuzführungen

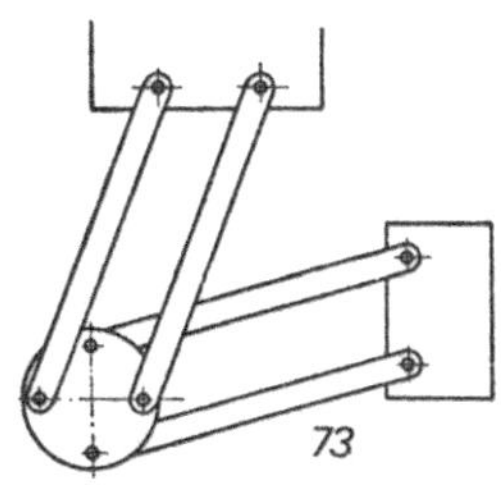

73

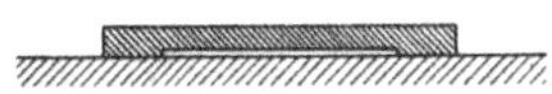

74

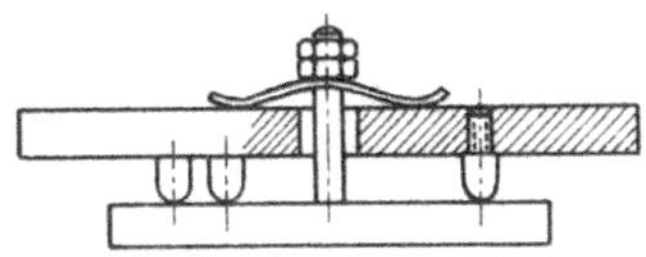

75

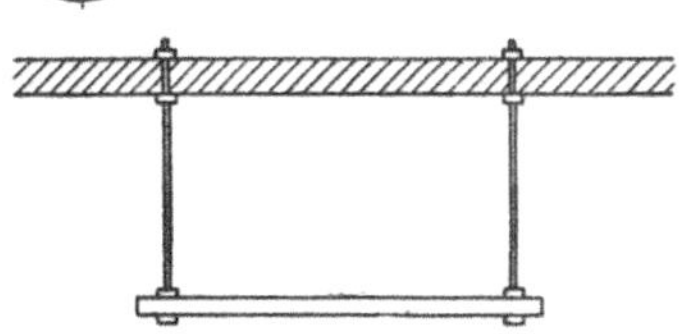

76

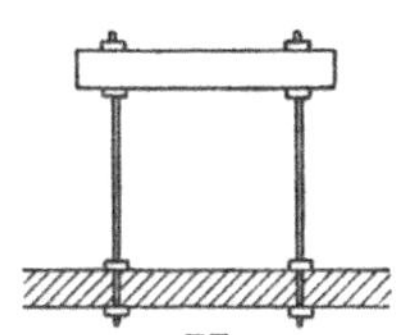

77

Führungen in einer Ebene

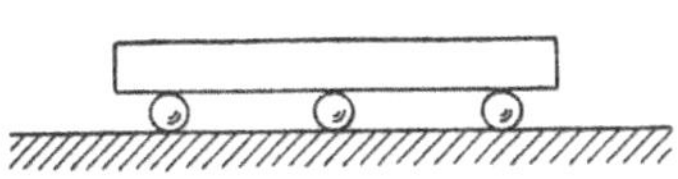

78

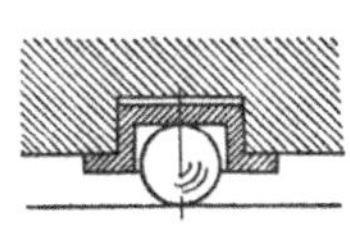

79

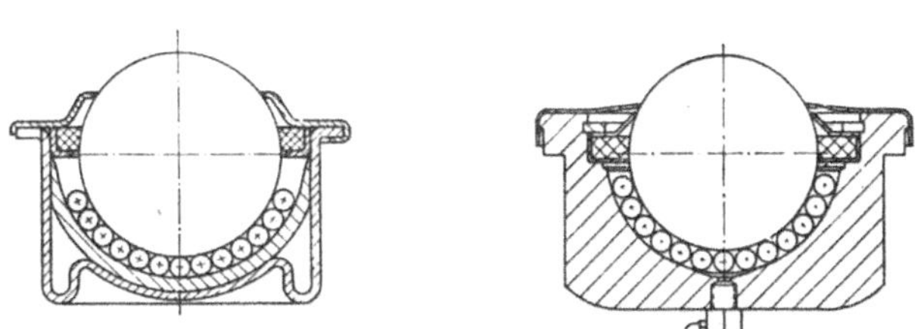

80 „Star" Kugelrollen

a) in Stahlblechgehäuse b) in massivem Stahlgehäuse

die der Bewegung entgegenwirkt. Eine Bewegung kommt nur zustande, wenn

$$P > 2R = 2\mu_0 D = \frac{2\mu_0 P r}{l} \quad \text{oder} \quad l > 2\mu_0 r, \quad \mu_0 = \text{Haftreibungszahl}.$$

Da μ_0 für Metall auf Metall zwischen 0,1 und 0,2 liegt, muß die Länge einer Führung mindestens 2/5 des Abstands sein, in dem die Kraft angreift.

In ähnlicher Weise läßt sich die minimale Länge der Führung für den Fall berechnen, daß die treibende Kraft unter einem Winkel α zur Achse des Stabes in einem bestimmten Punkt angreift.

e) Kreuzführung.

Eine Führung, bei der sich der bewegliche Körper in zwei zueinander senkrechten Richtungen bewegen läßt, erhält man durch die Vereinigung zweier Schwalbenschwanzführungen (Abb. 71 (L 4.8)). Leicht beweglich, aber nur wenig belastbar ist die Kugelführung Abb. 72. Die an den Zeichenmaschinen gebräuchliche Hebelführung Abb. 73 gestattet freie Verschiebung in der Ebene ohne Verdrehung. (Ausführung der Lagerung Abb. 142).

f) Führung in einer Ebene.

Im Gegensatz zur Kreuzführung kann sich hier der geführte Körper drehen. Die Planführung läßt sich mit zwei geschliffenen Platten nach 74, oder als kinematische Führung nach 75 ausbilden. Für kleine Querverschiebungen kann man den Körper an dünnen Stäben aufhängen (76) oder auf dünne Säulen setzen (77) (Pseudoführungen). Kleine Reibung erzielt man mit losen Stahlkugeln (78). Setzt man die Kugeln nach 79 in Becher ein, so hat man wieder gleitende Reibung. Die viel geringere rollende Reibung erzielt man hier mit den hochbelastbaren Kugelrollen nach Abb. 80 (B 36). Praktisch frei von Reibung ist das Luftlager [2].

4.3 Lagerungen

a) Kinematische Lagerung (L 4.9).

Wir unterscheiden zwei Formen: Die flache Lagerung (Abb. 10), bei der alle Berührungspunkte nahezu in einer Ebene liegen und die zweistellige Lagerung (Abb. 9), bei der sie in Richtung der Achse auseinandergezogen sind. Die flache Lagerung Abb. 81 entspricht der Führung Abb. 23, nur daß die V-Nute kreisförmig verläuft. Bei der Lagerung Abb. 82 bildet die in einem Hohlkegel sitzende Kuppe das Zentrum. Die beiden anderen Kuppen schleifen auf einer Ebene. Eine ähnliche Konstruktion zeigt Abb. 83 [6]. Die zweistellige Lagerung baut man bei

Kinematische Lagerungen L 4.9

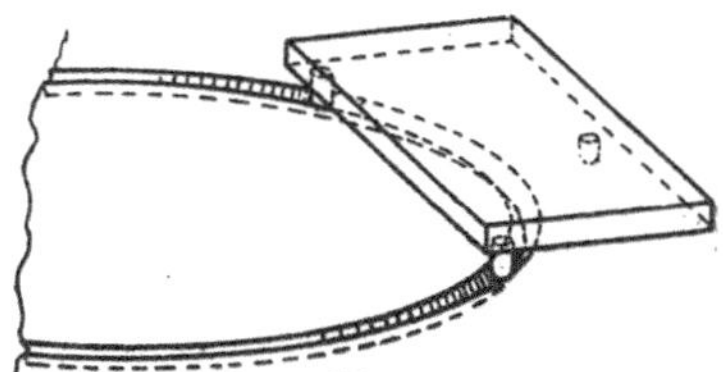

81

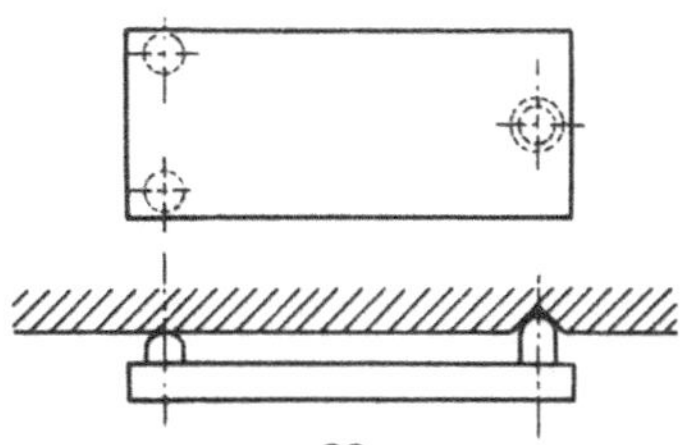

82

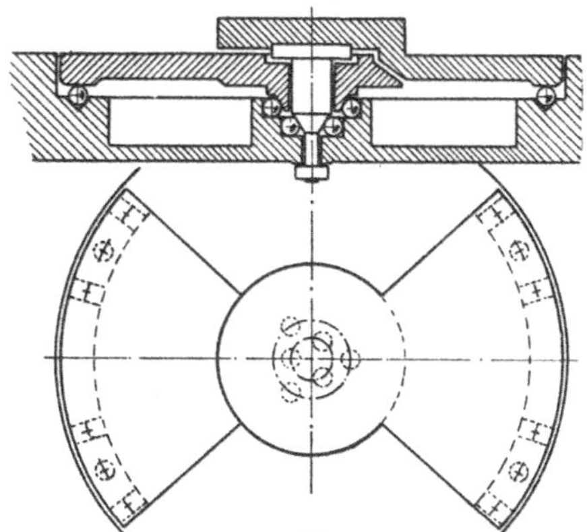

83

Flache Doppellagerung

Flache kinematische Lagerungen

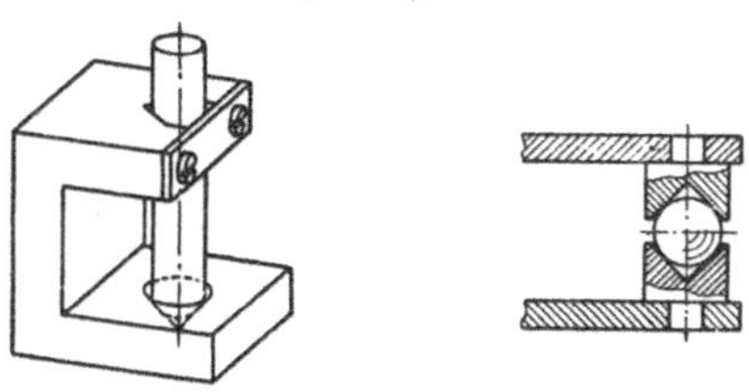

84 Senkrechte und waagerechte zweistellige kinematische Lagerung

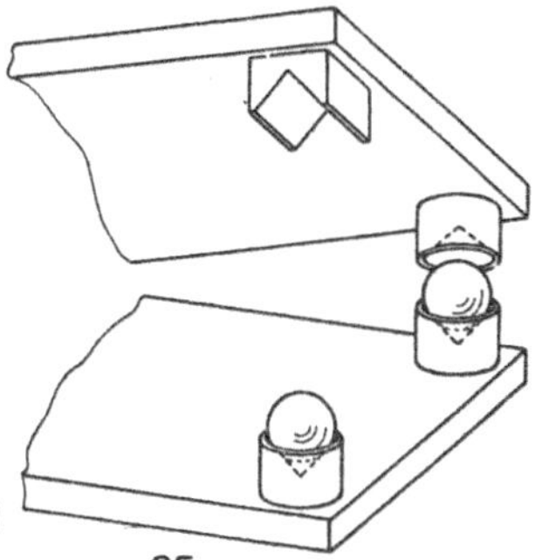

85

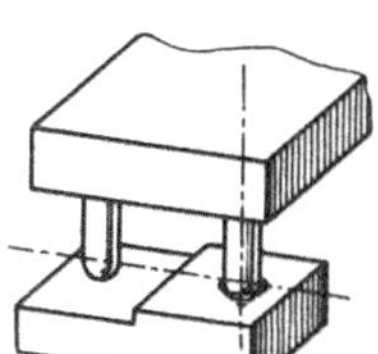

86

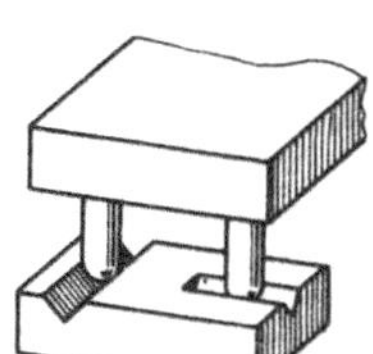

87

Kinematische Kreuzgelenke

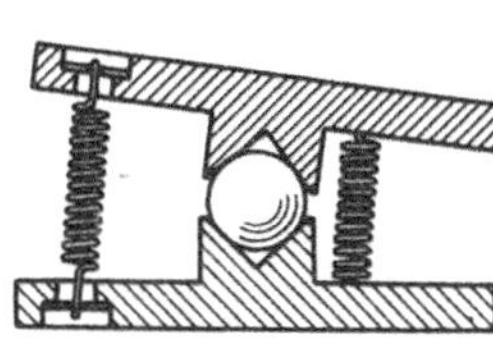

88

Kugelgelenk

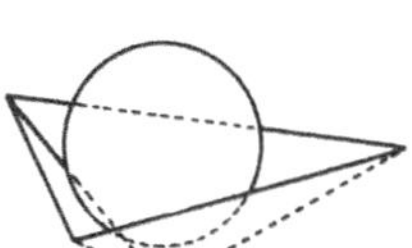

89

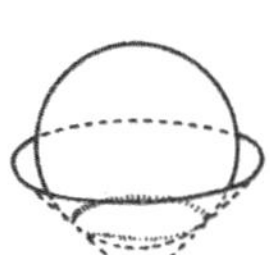

90

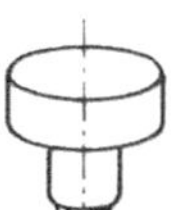

91

92

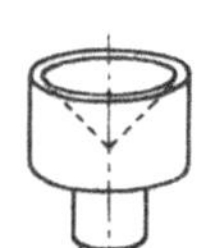

93

Gehärtete Auflagen

Einfache- und Präzisionslagerungen L 4.10

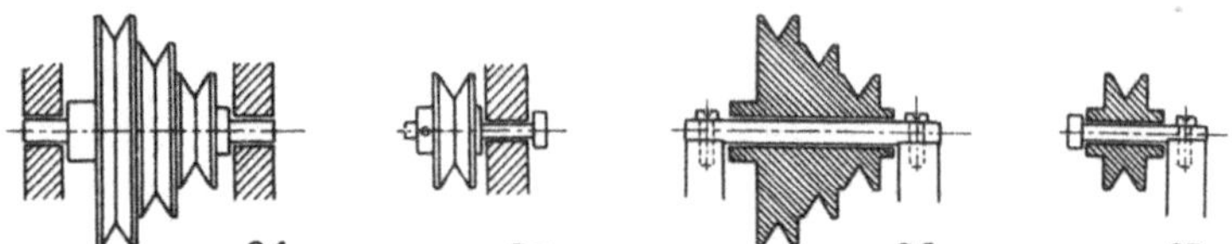

94 95 96 97

Grundformen technischer Lagerungen

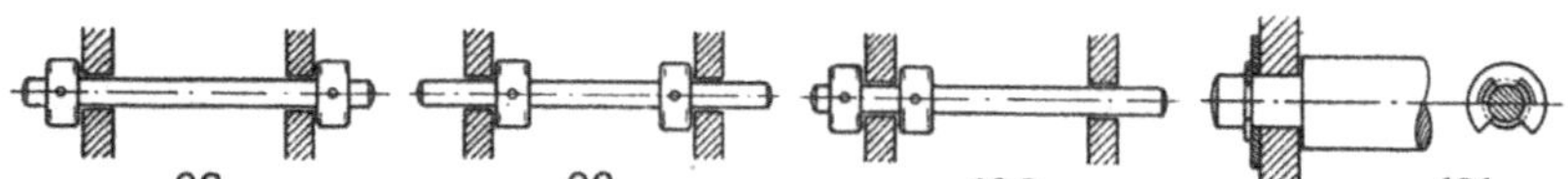

98 99 100 101

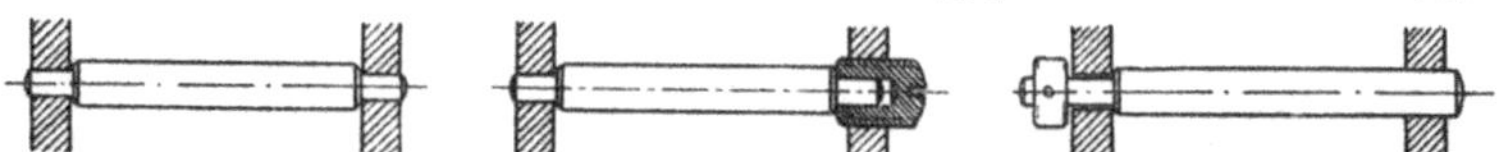

102 103 104

Sicherungen gegen axiales Verschieben

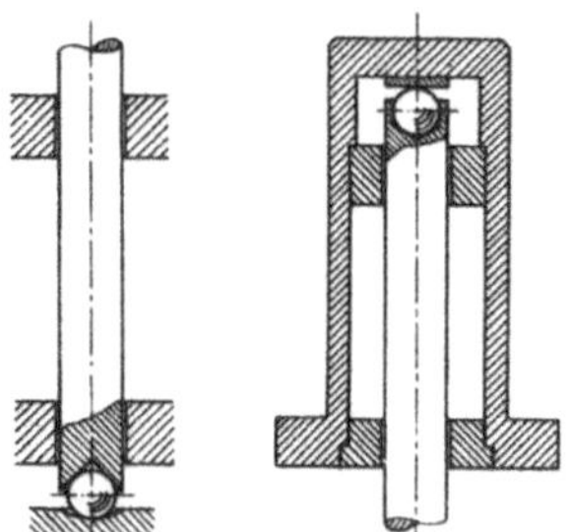

105 106

Spurlager

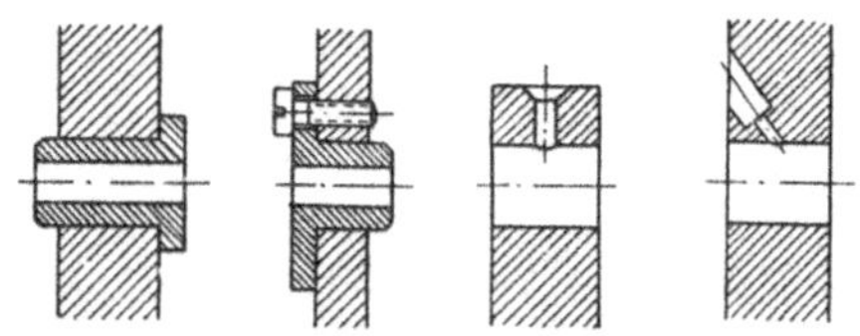

107 108 109 110

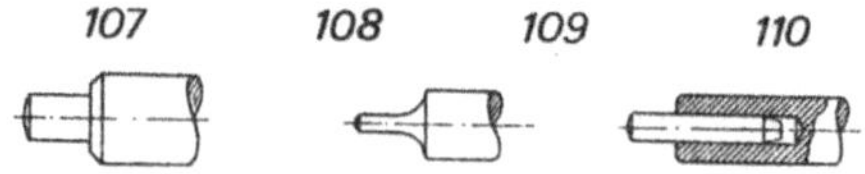

111 112 113

Lagerbuchsen und Zapfen

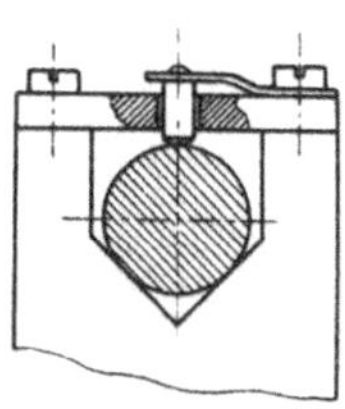

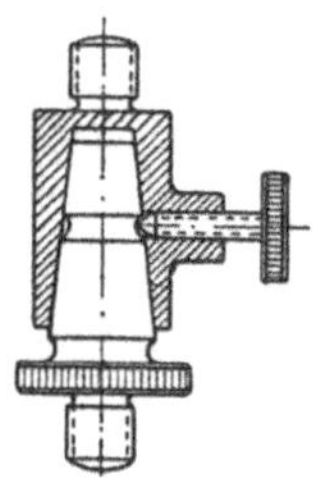

114 115

116

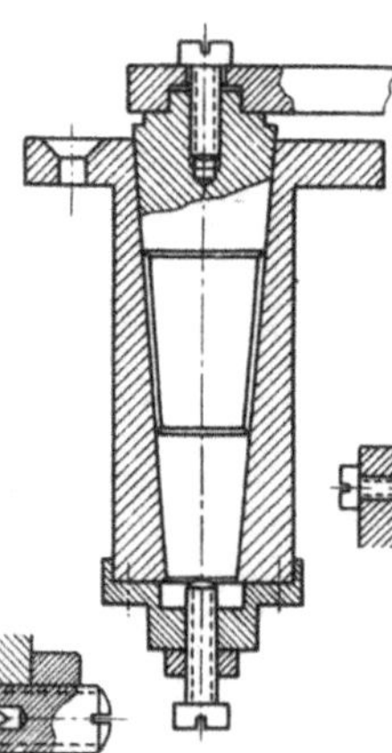

117

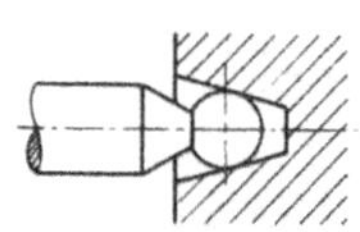

118

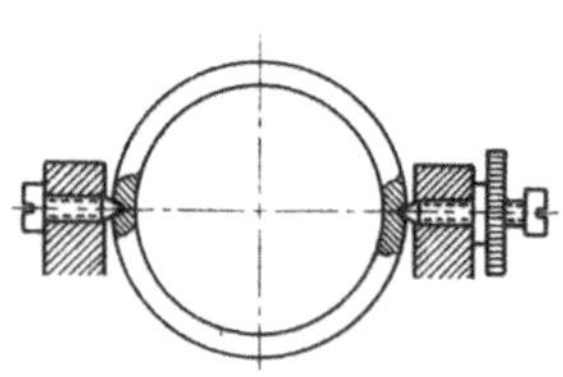

119

Präzisionslagerungen

senkrechter Achse (Spurlager) nach Abb. 84, bei waagrechter Achse nach Abb. 85. Kinematische Kreuzgelenke (2φ) oder Kugelgelenke (3φ) zeigen 86, 87 und 88. Statt der kinematischen Dreipunktlagerung 89 nimmt man meist die einfachere halbkinematische Lagerung 90. Am besten arbeitet man mit Auflagen aus gehärtetem Stahl nach 91, 92 und 93.

b) Technische Lagerung (L 4.10).

Ihre Grundform ist das Zylinderpaar, bei dem die Welle formschlüssig vom Lager umschlossen wird. Eine solche Lagerung muß ein gewisses Spiel haben, vor allem um dem für die Schmierung notwendigen Ölfilm Raum zu geben. Die Lagerreibung ist proportional dem Wellendurchmesser. Man unterscheidet 4 Anordnungen 94, 95, 96 und 97. Welle oder Rotor werden gegen axiale Verschiebung durch Stellringe, Ansätze oder federnde Sicherungsscheiben nach DIN 6799 gesichert (B 145). Ein nachstellbares Lager zeigt 103. Bei senkrecht stehenden Achsen benutzt man der geringen Reibung wegen Spurlager (Abb. 105 und 106).

Als Material für Welle und Lagerzapfen verwendet man Stahl, für die Lagerbuchsen Bronze oder Messing. Guß oder Leichtmetall ist ungeeignet. Träger aus diesem Material versieht man deshalb mit eingepreßten (Abb. 107) oder angeschraubten Buchsen (Abb. 108). Lager für Dauerbetrieb brauchen Schmierlöcher (Abb. 109 und 110).

Will man die Lagerreibung verkleinern, ohne die Festigkeit der Welle wesentlich herabzusetzen, so dreht man Zapfen an (Abb. 111). Sehr dünne Zapfen werden als Trompetenzapfen (Abb. 112) ausgebildet. Bei Wellen aus Messing setzt man Stahlzapfen ein (Abb. 113).

c) Präzisionslagerung (L 4.10).

Starkbelastbare Lager für waagerechte Achsen baut man nach Abb. 114. Für senkrechte Achsen nimmt man Konuslager. Mit festem Konus und Klemmschraube nach Abb. 115, mit drehbarem Konus und Entlastungsschraube nach Abb. 117. Die Kegelzapfenlagerung (Abb. 116) (nicht zu verwechseln mit Spitzenlagerung) läßt sich an den Lagerschrauben spielfrei einstellen. Die gehärteten Spitzen der Welle schaffen sich dabei ihr eigenes Lagerbett. Umgekehrt läßt sich auch ein starrer Ring zwischen Kegeln lagern (Abb. 119). Bei Kugelzapfen (Abb. 118) braucht man das Lager nicht zur Welle auszurichten.

d) Lagerungen mit geringer Reibung (L 4.11).

Die Reibung läßt sich bei einer Lagerung verkleinern, indem man entweder den Wellendurchmesser sehr klein macht, oder von der gleitenden Reibung zur rollenden Reibung übergeht. Der erste Weg führt zum Spitzenlager, der zweite zum Kugellager (B 175). Axialkugellager

Reibungsarme Lagerungen L 4.11

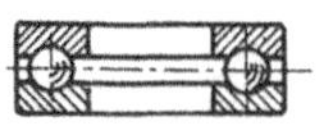

120

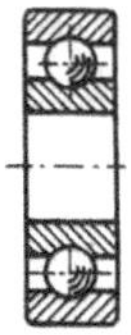

121

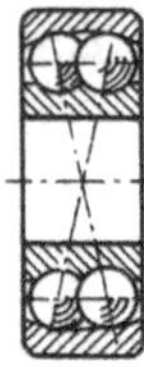

122

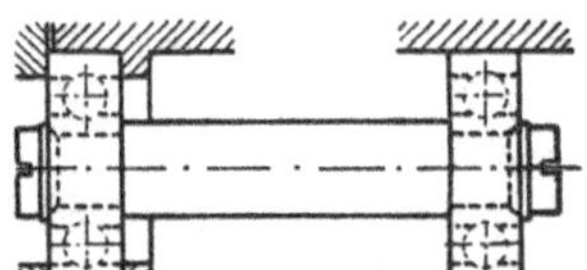

123

Kugellager

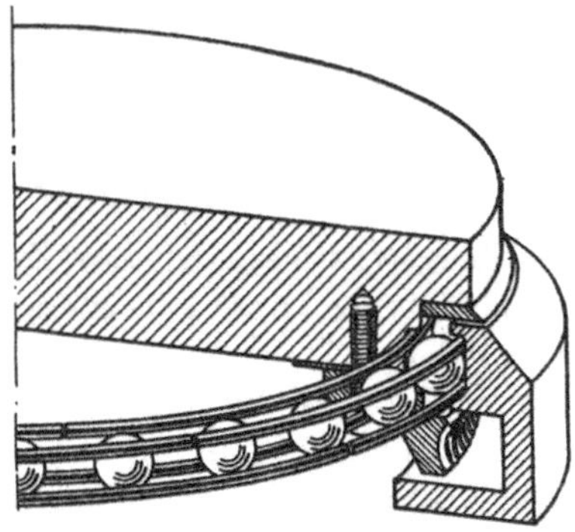

124

Drahtkugellager

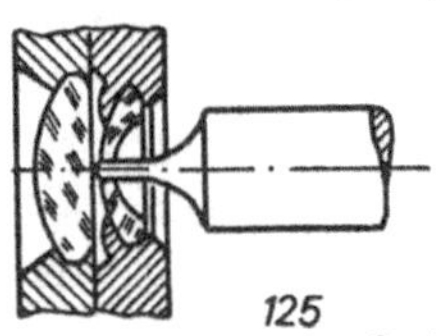

125

126

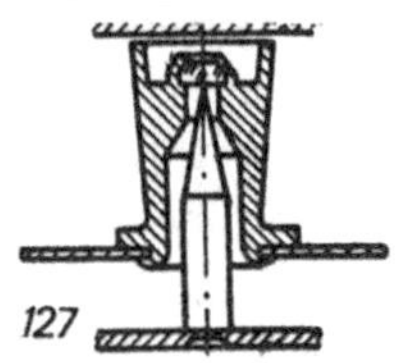

127

Steinlagerung und Spitzenlagerung

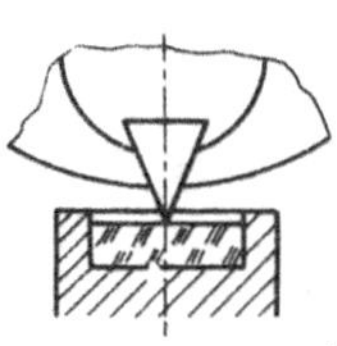

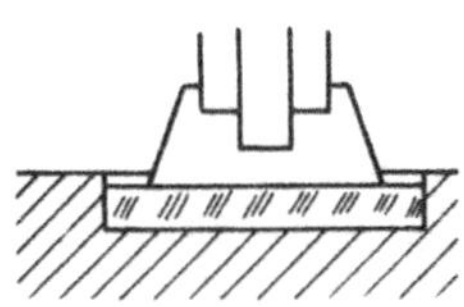

128

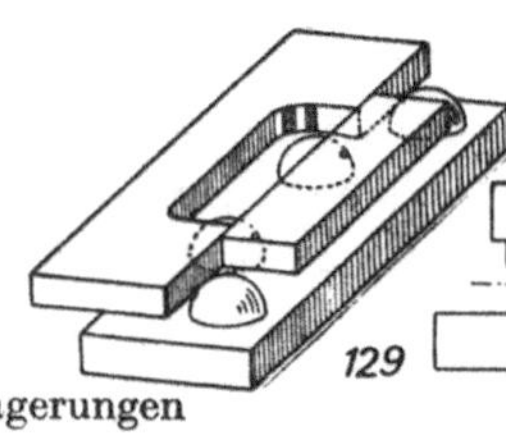

129

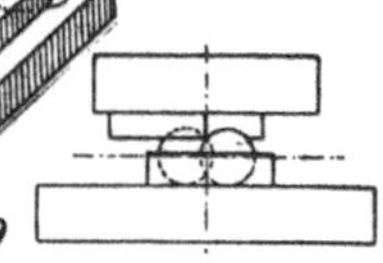

Schneidenlagerungen

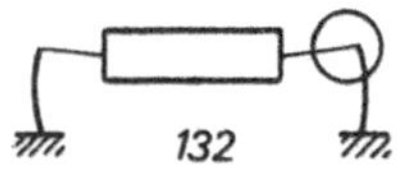

132

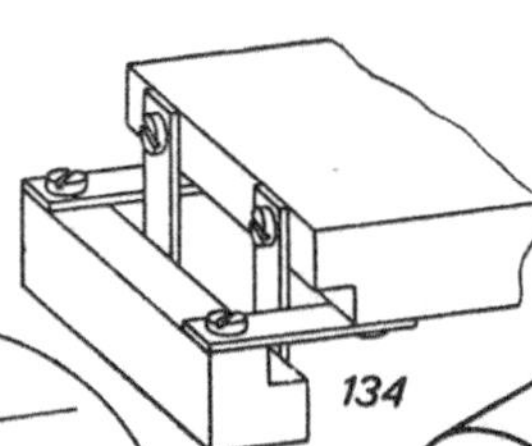

134

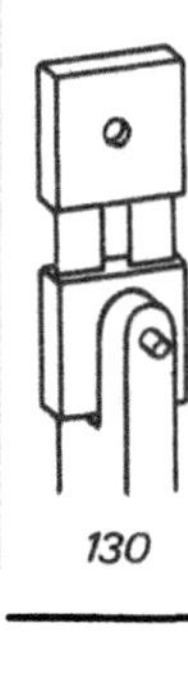

130

131

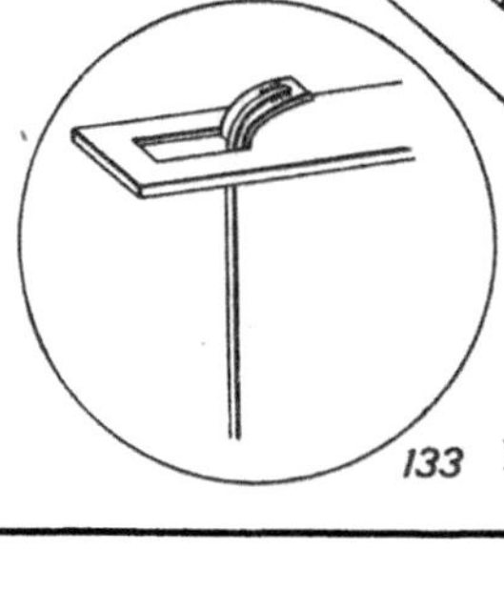

133 Bandlagerungen

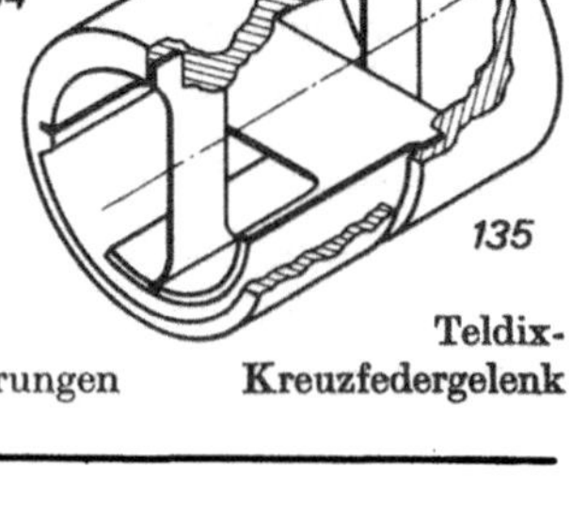

135

Teldix-Kreuzfedergelenk

(Abb. 120) verwendet man bei Belastung in axialer, Radialkugellager (Abb. 121) bei Belastung in radialer Richtung. Für wechselnde Belastung gibt es Zwischenformen. Wenn bei einem zweistelligen Lager die Lagerblöcke nicht genau „fluchten", baut man Pendelkugellager ein (Abb. 122). Beim Einbau von Kugellagern ist auf gute Passung zu achten. Bei einer zweistelligen Lagerung darf nur eines der beiden Lager in axialer Richtung festgelegt werden (Abb. 123). Das andere darf entweder nur auf der Welle fixiert werden und muß sich im Lagerblock axial verschieben können oder umgekehrt. Für große Durchmesser verwendet man Drahtkugellager (Abb. 124) (B 59) [2]. Bei diesen werden Federdrahtringe als Laufbahnen für die Kugeln in Nuten eingelegt. Bei passender Belastung werden die Bahnen von den Kugeln so eingewalzt, daß ein spielfreier, zügiger Gang entsteht.

Für die Lagerung leichter Systeme nutzt man die geringe Reibungszahl von Stahl auf polierten synthetischen Edelsteinen ($\mu \approx 0{,}1$) aus (Uhren- und Waagentechnik). Trompetenzapfen bis herab zu 1/30 mm ⌀ (125), Spitzen (126, 127) und Schneiden (128) bis zu 1/100 mm Krümmungsradius. Abb. 129 zeigt eine aus 4 Kugeln hergestellte kinematische Schneidenlagerung. Alle diese Lagerungen erfordern axiales Spiel. Die Materialbelastung geht häufig hart an die Grenze (siehe L 4.4). Außerdem sind sie stoßempfindlich.

Für kleine Drehwinkel kann man eine Lagerung durch eine elastische Bandaufhängung ersetzen (Pseudolagerung). Bei einer Drehung tritt dann Biegung oder Torsion des Bandes auf und damit eine Rückstellkraft. Dies ist in vielen Fällen erwünscht. Bei solchen Lagerungen ist die Lage der Achse meistens nicht genau bestimmbar. Für viele Zwecke spielt das keine Rolle. Ihre Vorteile sind: Die Lagerung ist völlig spielfrei, unempfindlich gegen Erschütterung und im Gegensatz zu den bisher beschriebenen Lagerungen keiner Abnützung unterworfen. Da keine äußere Reibung, sondern nur die außerordentliche kleine innere Reibung des Bandes wirkt, ist die elastische Aufhängung die ideale Lagerung für Meßsysteme. Abb. 130 zeigt eine handelsübliche Pendelaufhängung für eine Pendeluhr, Abb. 131 eine Bandaufhängung für ein Galvanometer- oder Elektrometersystem. Dargestellt ist die Verbindungsstelle (Lötstelle) des Bandes mit dem Stift, der in den Torsionskopf des Meßinstrumentes eingesetzt wird. Das Meßsystem kann frei hängen. In diesem Fall muß das Instrument horizontiert werden. Das System kann auch zwischen genügend starken Blattfedern ausgespannt werden (Abb. 132). Das ist die Spannbandaufhängung, die bei modernen Meßinstrumenten verwendet wird. Besonders kritisch ist die Lötstelle zwischen Band und Haltefeder (im Kreis). Durch die Erhitzung beim Löten nimmt die Festigkeit des Bandes in der Nähe der Lötstelle ab. Da das Spannband sehr hoch beansprucht ist, reißt es an dieser Stelle. Man entlastet deshalb die Lötstelle, indem man das Band über eine Ablaufkurve (Abb. 133) aus einem Blechlappen zur Lötstelle hinführt (B 82). So schaltet man die Torsionsbeanspruchung des Bandes in der Nähe der Lötstelle aus. Spannbänder dieser Art gestatten Verdrehungen von etwa 90°, sind also für Zeigerinstrumente verwendbar.

Für sehr kleine Drehwinkel und hohe Belastung wird oft die Kreuzbandlagerung (134) verwendet. Die Achse liegt bei kleinem Drehwinkel genau in der Schnittgeraden der Mittelebenen der 4 Bänder. Ein sehr präzises Kreuzfedergelenk mit geschliffenen Paßringen aus Stahl zeigt Abb. 135. Es ist in vielen Abstufungen erhältlich (B 1).

e) Gelenke und Bogenschlitten (L 4.12).

Gelenke sind meist Lagerungen mit kurzer Achse. Wegen der Gefahr des Verkantens müssen hier außer den zylindrischen Flächen Stirnflächen, Rillen, Nuten oder Bogenschlitze zur Führung herangezogen werden. Abb. 142 zeigt die spielfreie Lagerung zweier Hebel einer Zeichenmaschine. Bei Kugelgelenken (3φ) läßt sich, wenn erwünscht, Reibung durch Verbördelung 143, mit einer Feder 144 oder einem federnden Bügel 145 erzielen. Kreuzgelenke (2φ) bildet man meist als Kardangelenk 146 aus. Im Handel sind präzise, kompakte Ausführungen erhältlich.

Für die translationsfreie Ausrichtung von Objekten, z. B. in einem Goniometer, braucht man Führungen deren Zentrum frei ist. Für eine Verdrehung (1φ) eignen sich die Bogenschlitten 147 und 148, zur Ausrichtung (2φ) die kardanische Aufhängung 149 und die Kreuzbogenschlitten 150, 151, für die Ausrichtung und Drehung (3φ) die Kugelführung 152.

f) Lagerung schnellaufender Rotoren.[1]

Schwere und schnellaufende Rotoren müssen sorgfältig ausgewuchtet werden. Trotzdem können durch die verbleibende *Unwucht* unzulässig hohe Lagerbelastungen auftreten. Diese Gefahr läßt sich wesentlich verringern, wenn man solche Rotoren *überkritisch* betreibt. Überkritisch bedeutet, daß die Betriebszahl oberhalb mindestens einer sogenannten kritischen Drehzahl liegt. Die *kritischen Drehzahlen* sind die Eigenschwingungszahlen des Systems Rotor plus elastische Fesselungsglieder, z. B. elastische Welle und federnd und gedämpft nachgiebige Lager (Abb. 153a). Bei überkritischem Betrieb wird mindestens eine Resonanzdrehzahl durchlaufen, um die Betriebsdrehzahl zu erreichen. Abb. 153b [3] zeigt die Ausbildung der Schwingungsamplituden bei einem System mit zwei Resonanzstellen und verschiedenen Dämpfungsmaßen μ [5]. Ohne Dämpfung ($\mu = 0$) bilden sich zwei Resonanzspitzen aus. Sie

---

[1] Nach einer Mitteilung v. Dr. G. Zippe.

Gelenke und Bogenschlitten L 4.12

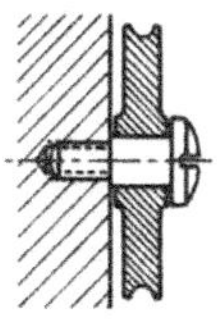

136

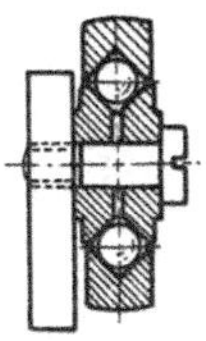

137

138

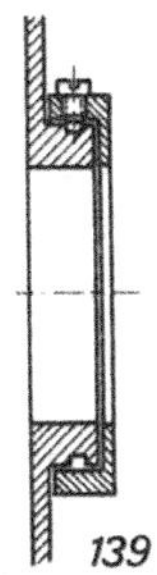

139

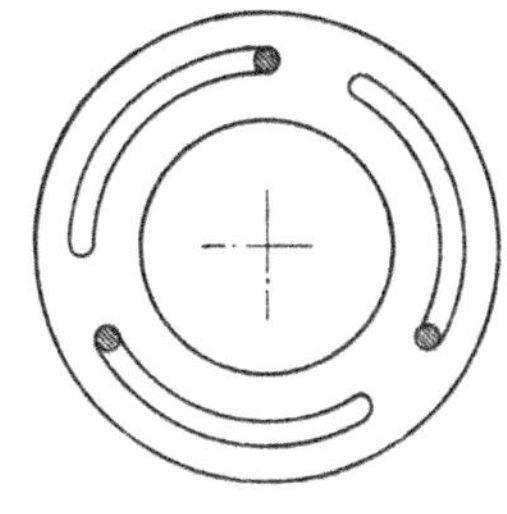

140

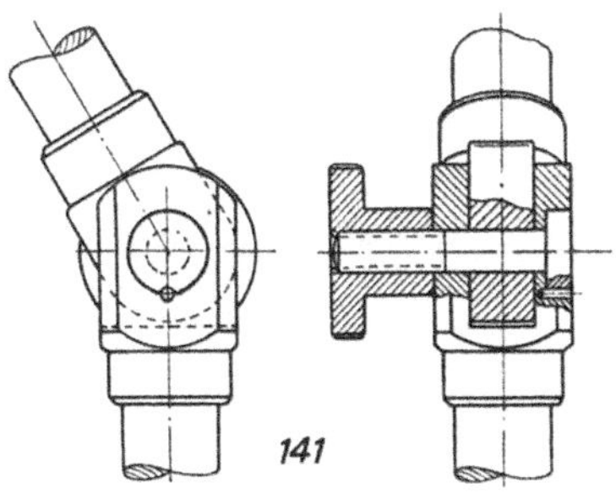

141

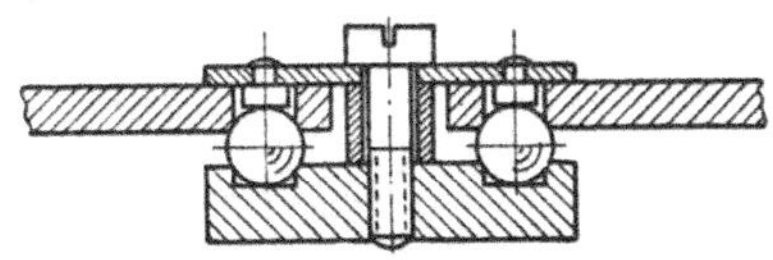

142
Kurzlagerungen

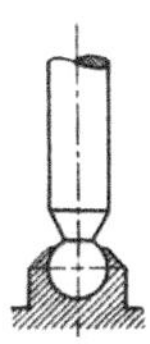

143

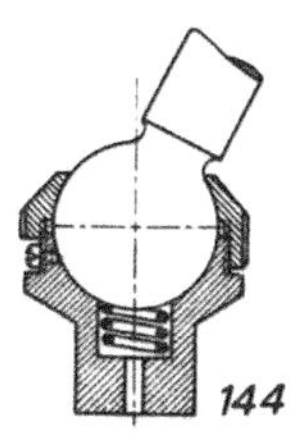

144
Kugelgelenke

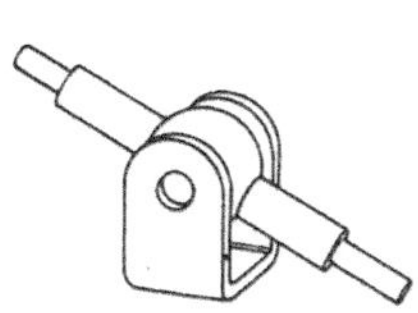

145
1 s, 3 φ-Führung

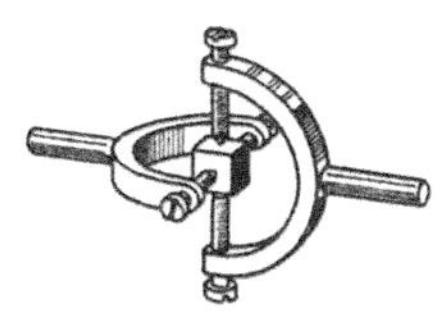

146
Kardangelenk

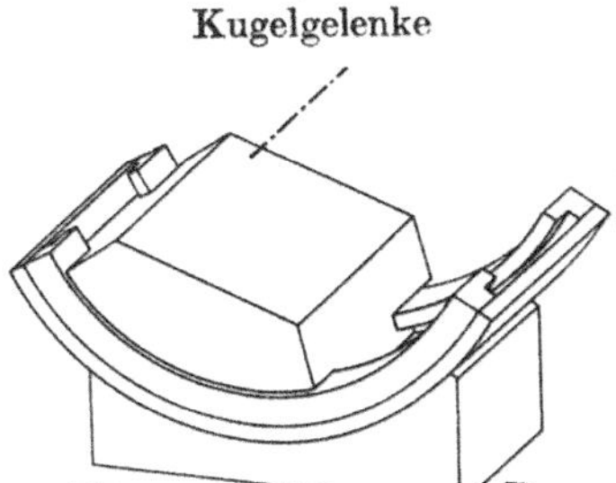

147

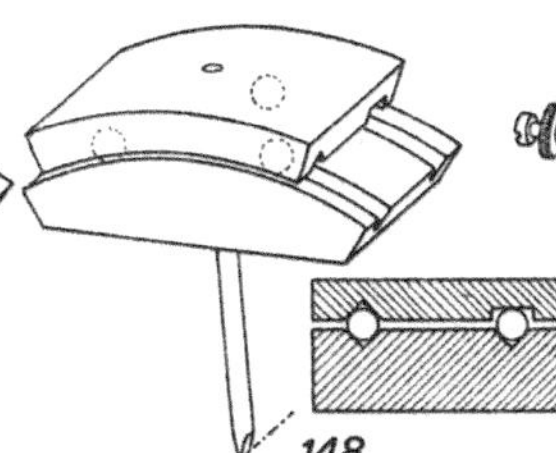

148
Bogenschlitten

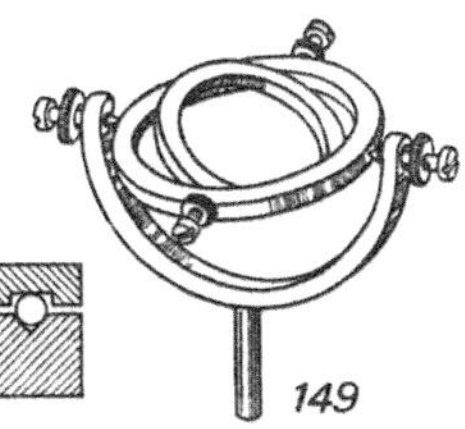

149
Kardanische Aufhängung

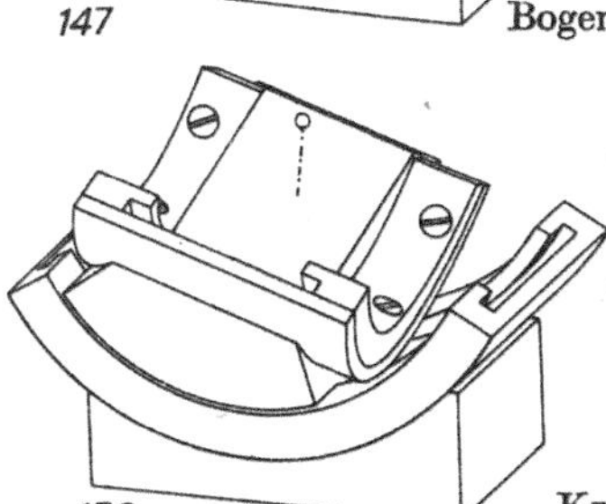

150

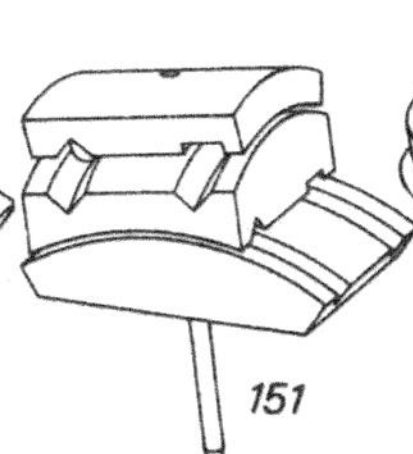

151
Kreuzbogenschlitten

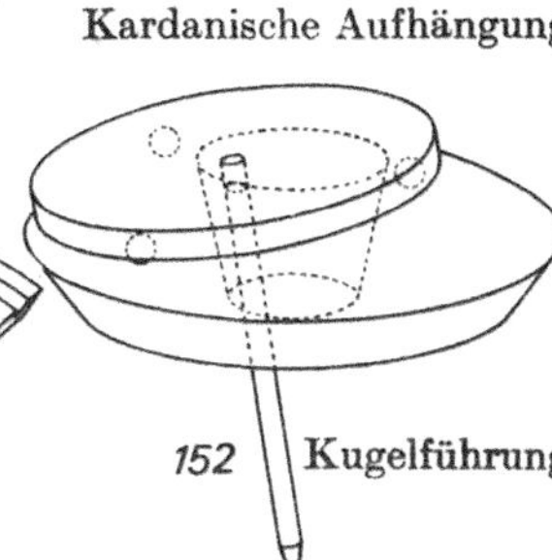

152 Kugelführung

werden bei schwacher Dämpfung ($\mu = 0{,}1$) abgeflacht, fließen bei stärkerer Dämpfung ($\mu = 0{,}32$) zusammen und bilden bei hoher Dämpfung ($\mu = \infty$) eine gemeinsame Spitze. Für den praktischen

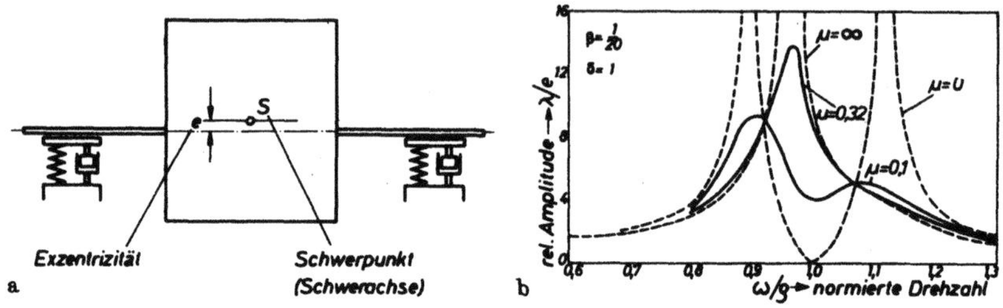

a

Elastisch gelagerter Rotor mit elastischer Achse und gedämpfter Lagerung e = nach dem Auswuchten verbliebene Exzentrizität

b

Ausbildung der Schwingungsamplituden λ eines Systems mit zwei Resonanzstellen, bezogen auf die Exzentrizität e, bei verschieden starker Dämpfung u.
β = Verhältnis von Dämpfermasse zu Rotormasse
δ = Verhältnis der Eigenschwingungszahl ω des Dämpfersystems zu der des Rotorsystems ϱ

153. Lagerung schnellaufender Rotoren

Betrieb eignet sich der Bereich $\mu = 0{,}1$ bis $0{,}32$ (gute Dämpfung). Nach dem Durchlaufen der kritischen Drehzahlen läuft der Rotor stabil, d. h., bei zunehmender Drehzahl nimmt die durch die Unwuchten hervorgerufene Amplitude noch weiter ab. Um die Lagerbelastung beim Durchlaufen der Resonanz klein zu halten, legt man die Resonanzfrequenz tief, indem man die Lagerung sehr flexibel macht, eine dünne elastische Welle mit vorzugsweise vertikaler Achse verwendet und eine für radiale Auslenkung wirksame Dämpfung anbringt. Ein Beispiel für eine solche Lagerung zeigt Abb. 12.57. Bei allen schnelllaufenden Rotoren ist eine Festigkeitsberechnung [4] unerläßlich.

Literaturverzeichnis zu Kap. 4

1. Maxwell, J. C.: Sci. Pap., Cambridge **2**, 505 (1890).
2. Kerntechnik **5**, 17 (1963).
3. Timoschenko, S.: Vibration problems in engineering. Third edition, Princeton: Van Nostrand 1955.
4. Dubbels Taschenbuch für den Maschinenbau, Bd. I + II, 12. Aufl., Berlin/Heidelberg/New York: Springer 1961.
5. Magnus, K.: Schwingungen, Stuttgart: Teubner 1961, S. 65.
6. Pollard, A. F. C.: The Kinematical Design of Couplings in Instrument Mechanisms, London: Hilger & Watts 1951.

5. Antriebe und Getriebe

5.1 Kraftquellen und Kraftspeicher

Die Kraftquelle leistet die für die Erzeugung oder Erhaltung der Bewegung notwendige mechanische Arbeit. Als solche dienen: die menschliche Hand, ein Motor oder ein Arbeitselement. Sie kann oft ersetzt werden durch einen Kraftspeicher: ein angehobenes Gewicht, ein rotierendes Schwungrad oder eine gespannte Feder.

5.1.1 Motoren (L. 5.2)

(J. Zeumann)

Für Antriebe im kW-Bereich werden Einphasen-Wechselstrommotoren 220 V und Drehstrommotoren 380 V eingesetzt. Für Feingeräte und Steuerungen braucht man Spezialmotoren z. B. mit konstanter Drehzahl, gleichmäßigem Drehmoment oder schrittweiser Drehung.

a) Selbstanlaufende Synchronmotoren (B 17, B 122, B 152, B 1, B 14) *Kondensatormotoren* (Abb. 1) sind Zweiphasenmaschinen mit zwei getrennten Feldwicklungen. Sie können am Drehstromnetz (ohne Kondensator) und am Einphasennetz (mit Kondensator) betrieben werden. Bei richtiger Wahl des Kondensators läßt sich auch am Einphasennetz ein Kreisdrehfeld erzielen. Diese Motoren haben meist gepolte Dauermagnetläufer. Sie kommen nach dem Einschalten in ca. 20 bis 50 ms in den Synchronlauf. Die Zeit ist von der Phasenlage der Betriebsspannung im Einschaltmoment abhängig. Es dürfen jedoch bestimmte Trägheitsmomente der starr mit der Welle verbundenen Last nicht überschritten werden. Nach dem Abschalten stoppen die Motoren durch das eigene magnetische Haftmoment in max. 50 ms. Diese Maschinen sind teilweise so ausgelegt, daß sie bis zum Stillstand abgebremst werden können, ohne sich unzulässig zu erwärmen. Eine Drehzahlverstellung durch Frequenzänderung ist möglich, bedingt jedoch eine Veränderung der Betriebsspannung und des Kondensators und muß daher für jede Motortype gesondert untersucht werden. Da sich große Polzahlen verwirklichen lassen, sind die Laufgeräusche minimal. Verschleißteile wie Kohlebürsten und Kollektoren gibt es nicht. Die Motoren sind dicht gekapselt und praktisch wartungsfrei.

Maschinenelemente L 5.1

	Motor	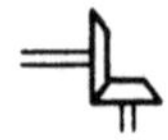	Kegelradgetriebe
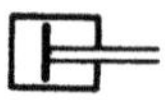	hydraulisches oder pneumatisches Arbeitselement		Schraubenradgetriebe
	Druckfeder	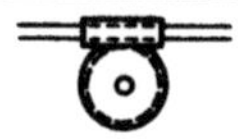	Schneckenradgetriebe
	Zugfeder		Nocken- oder Kurvenscheibenantrieb
	Handkurbel	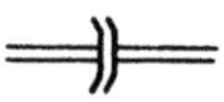	Rutschkupplung
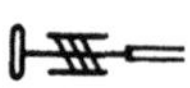	Stellschraube	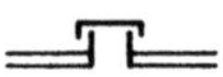	Feste Kupplung lösbar
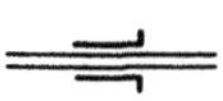	Stange oder Schlitten und Führung	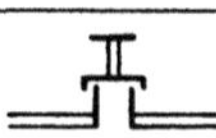	Schaltkupplung mit Handbetätigung
	Welle und Lager	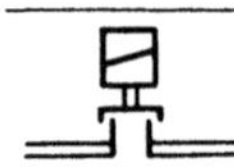	Magnet-Schaltkupplung
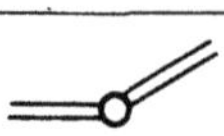	Gelenk	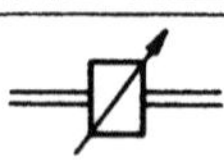	Steuergetriebe langsam — schnell
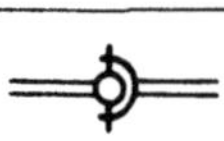	Kreuzgelenk (Kardangelenk)	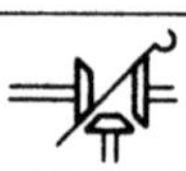	Wendegetriebe vorwärts — rückwärts
	Biegsame Welle	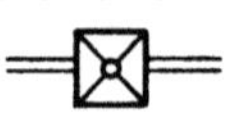	Regelgetriebe $\omega = \text{const}$
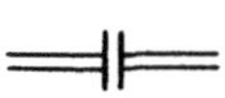	Welle mit Kupplung		Dämpfung
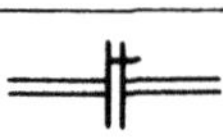	Mitnehmer (gelenkige Kupplung)	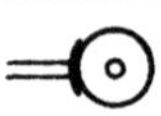	Bremse oder Klemme
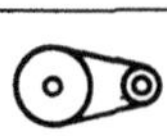	Riemen- oder Kettentrieb		Raste
	Reibgetriebe	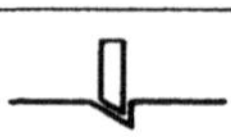	Sperre
	Stirnradgetriebe	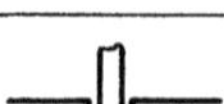	Verriegelung

Motoren und Arbeitselemente L 5.2

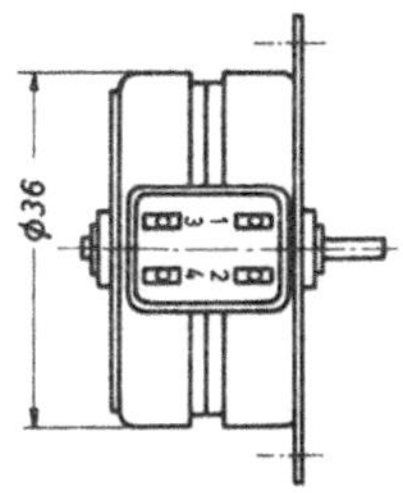

1 Selbstanlaufender Kondensator-Synchronmotor

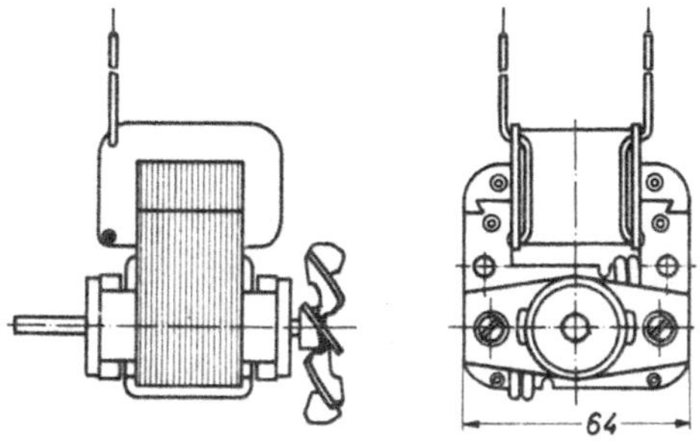

2 Spaltpol-Synchronmotor

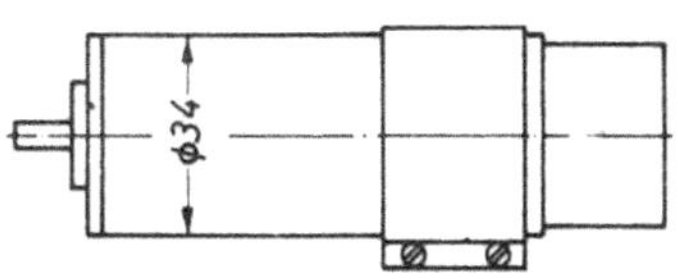

3 Gleichstrom-Motor mit Tachogenerator

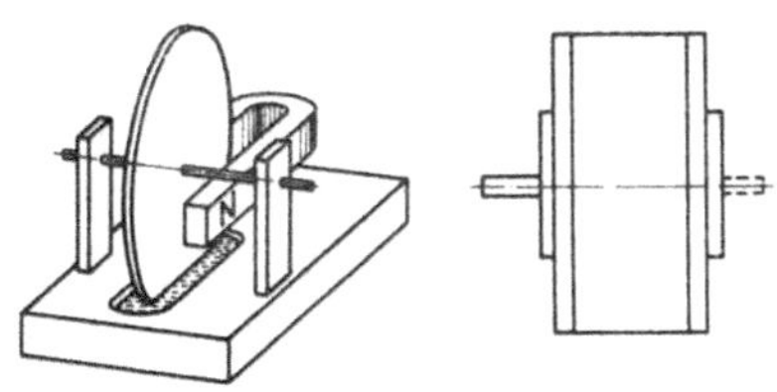

a) Prinzip b) Techn. Ausführ.

4 Scheibenläufermotor

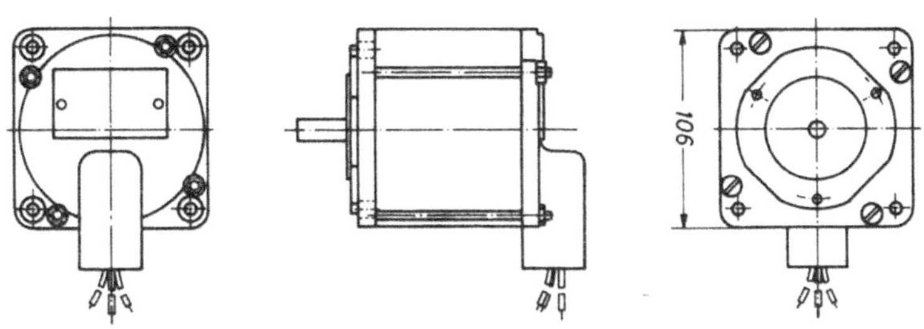

5 Schrittmotor

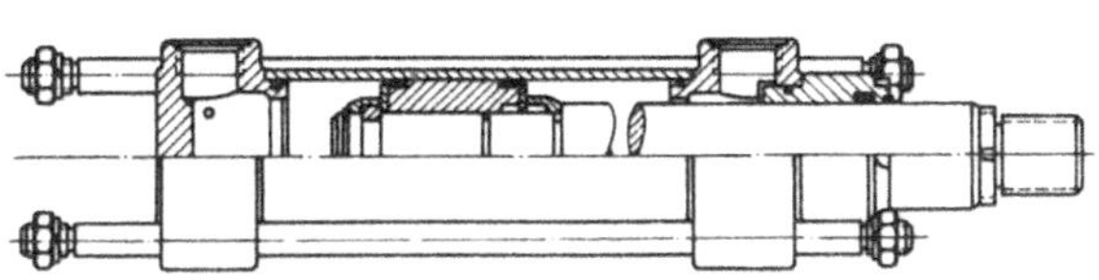

6 Hydraulisches Arbeitselement

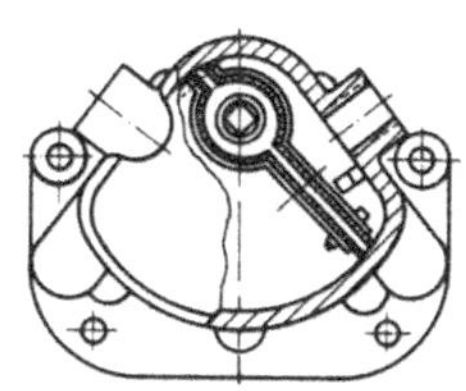

7 Pneumatisches Arbeitselement

Spaltpol-Synchronmotoren (Abb. 2) sind Einphasenmotoren mit einer Haupt- und einer Schirmwicklung, die meist aus einem einfachen Kurzschlußring besteht. Der Kurzschlußring dient zum Aufspalten des Gesamtflusses in zwei in der Phase verschobene magnetische Flüsse. Es läßt sich ein elliptisches Drehfeld erreichen. Die Drehrichtung ist durch das Feld vorgegeben und läßt sich nicht ändern.

Hysteresemotoren: Bei diesen Motoren wird durch Aufspalten der Pole genau wie beim Spaltpolmotor ein elliptisches Drehfeld erzielt. Der Läufer trägt jedoch keine Kurzschlußwicklung, sondern besteht aus einem ferromagnetischen Werkstoff mit hoher Koerzitivfeldstärke. Man benutzt hier den nichtlinearen Zusammenhang zwischen Magnetisierung und magnetischer Feldstärke zur Erzeugung eines Drehmomentes. Diese Maschinen werden für hohe Drehzahlen als Innenläufermotore und für kleine Drehzahlen als Außenläufermotore hergestellt. Sie laufen asynchron an und gehen stetig in den Synchronlauf über. Bei größeren Belastungen sind nichtsynchrone Betriebszustände möglich. Die Motoren zeichnen sich durch große Laufruhe aus und werden als Antrieb für Uhren und Tonbandgeräte eingesetzt.

Pulsationssynchronmotoren sind Einphasenmaschinen mit *einer* Feldwicklung. Sie laufen in beliebiger Drehrichtung an. Der Drehung überlagert sich jedoch eine vom Wechselfeld herrührende Vibration.

b) Drehzahlgeregelte Motoren (Abb. 3) (B 50).

Man verwendet dazu kleine Gleichstrommotoren mit angekuppeltem Tachogenerator. Dieser gibt eine der Drehzahl proportionale Spannung ab. Mit ihr wird ein elektronischer Regelsatz angesteuert, der über den Ankerstrom Drehzahlschwankungen ausregelt. Es ist eine Drehzahlkonstanz von $+0{,}5\%$ der Nenndrehzahl bei $\pm 20\%$ Betriebsspannungsschwankungen und Laständerungen von Null bis Nennlast zu erreichen.

c) Scheibenläufermotoren

nutzen die Kraft auf einen radialen, stromdurchflossenen Leiter im Magnetfeld aus (Abb. 4a). Bei den neuen Typen (Abb. 4b) (B 144) besteht der Rotor aus einer dünnen Scheibe, aus der die Leiterbahnen ausgestanzt sind. Er läuft in einem engen Spalt zwischen zwei Dauermagneten. Seine Scheibenform ergibt eine wirksame Kühlung auch bei Stoßbelastung. Sein kleines Trägheitsmoment bei großem Anlaufmoment ermöglicht schnelles Anlaufen, schnelles Stoppen und einen großen Drehzahlbereich. Die Stromzuführung erfolgt über Kohlebürsten. Da der Läufer nur eine sehr geringe Induktivität aufweist, werden die Bürsten praktisch nur mechanisch abgerieben, so daß eine lange Lebensdauer zu erwarten ist. Der Motor darf nicht geöffnet werden, da eine Unterbrechung des Magnetflusses eine Veränderung der Nenndaten mit sich bringt.

d) Schrittmotoren (Abb. 5)

(B 122) (B 17) (B 14) (B 1) (B 152) sind vielpolige Wechselstrommaschinen mit einem Permanentmagnetrotor, die jedoch mit Gleichspannung betrieben werden. Die Ansteuerung der Motoren erfolgt durch Impulse. Der Rotor bewegt sich bei jedem Impuls einen Schritt weiter. Durch geeignete Ansteuerungsschaltungen elektrischer oder mechanischer Art lassen sich magnetische, elektrische, optische oder mechanische Signale beliebiger Form in eine schrittweise Drehbewegung des Rotors umwandeln. Der Schrittwinkel ist von der Polzahl des Motors und der Ansteuerungsschaltung abhängig. Es kann mitunter notwendig werden, den Motor mit einer Dämpfung zu versehen, um Eigenschwingungen des Rotors zu unterdrücken. Die erreichbaren Schrittzahlen je Zeiteinheit werden im wesentlichen bestimmt durch das Trägheitsmoment des Läufers und die Last sowie durch das Verhältnis von Induktivität zum ohmschen Widerstand des Schaltkreises. Bei kleinen Motoren ist das Verhältnis L/R und das Trägheitsmoment günstiger als bei großen. Sie sind also in die Lage, mehr Schritte je Zeiteinheit auszuführen. Durch Schaltungsmaßnahmen (Erhöhung des ohmschen Widerstandes) läßt sich die Schrittzahlgrenze auf Kosten des Wirkungsgrades erhöhen. Zu beachten ist, daß der zulässige Höchstwert des Erregerstromes nicht überschritten wird, da die Gefahr besteht, daß der Rotor entmagnetisiert wird. (Über Hydraulische Antriebe siehe [5]).

5.1.2 Arbeitselemente (L 5.2)

(J. Vieth)

Arbeitselemente zeichnen sich durch große, konstante Kraft bei großem Hub und hoher Betriebssicherheit aus. Der *Hydraulikzylinder* Abb. 6 (B 70) arbeitet mit max. 200 atü zwischen —30 °C und +80 °C. Er wird mit Öl einer Viskosität von 5° Engler bei 50 °C betrieben. Die Ölförderung übernimmt eine Axialkolbenpumpe oder eine Zahnradpumpe. Die *Drehflügel-Pneumatik* Abb. 7 (B 166) arbeitet mit max. 7 atü bei 100 °C. Die Druckluft kann einer Gasflasche entnommen werden. Sie wird z. B. zum Betrieb eines Kugelhahns eingesetzt.

5.1.3 Kraftspeicher

a) Triebgewichte

werden entweder gelagert (Abb. 8), geführt (Abb. 9) oder über ein Zugmittel eingesetzt (Abb. 10). Sie liefern im letzten Fall für einen beliebig großen Hub eine konstante Rückstellkraft. Für transportable Geräte sind sie ungeeignet.

b) Federn.

Die Schraubfeder (Abb. 11) wird als Druck- und als Zugfeder verwendet. Die Dehnung f (mm) als Funktion der Belastung P (kp) ergibt

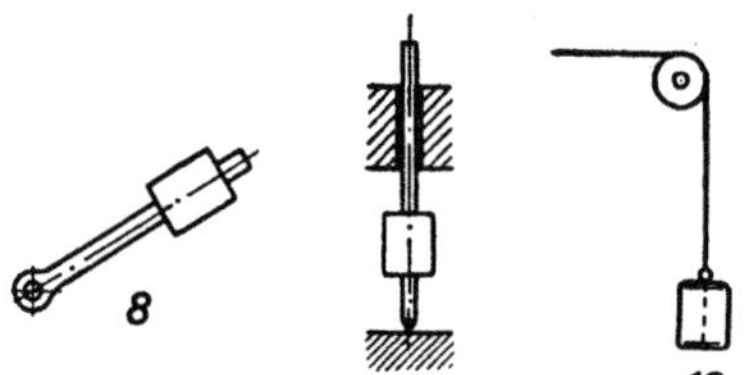

8 9 10

Triebgewichte

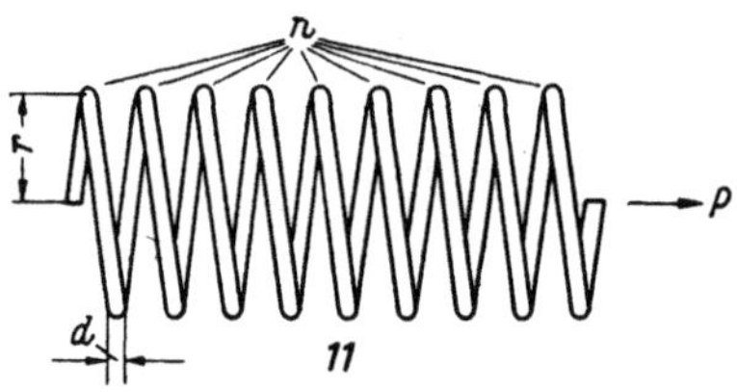

11

Schraubenfeder

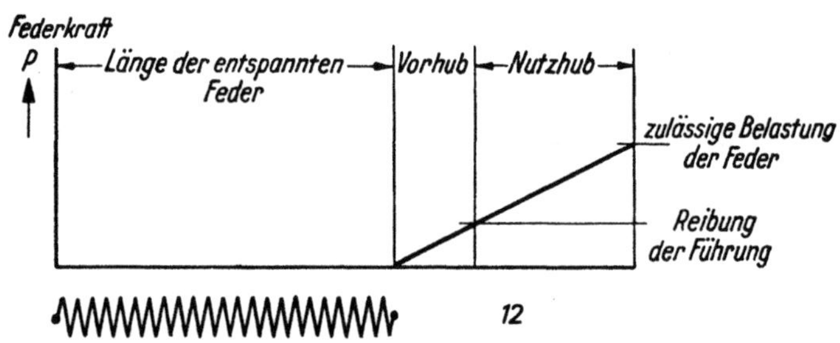

12

Kennlinie einer Schraubenfeder

sich aus $f = \frac{64\,n r^3 P}{d^4 G}$, wo n die Zahl der Windungen, r den mittleren Windungsradius (mm), d den Drahtdurchmesser (mm) und G den Torsionsmodul (kp/mm²) bedeuten. Die Federkraft P nimmt also linear mit der Dehnung zu. Dieses Verhalten ist für die Verwendung der Schraubenfeder als Gegentrieb von großem Nachteil. Ein Gegentrieb hat die Aufgabe, einen Körper, der von einer Stellschraube verschoben wird, beim Zurückdrehen der Schraube wieder zurückzudrücken (s. S. 123). Dabei muß er die Reibung des Körpers in seiner Führung und andere hemmende Kräfte überwinden. Die hemmenden Kräfte sind im allgemeinen ziemlich konstant. Die Federkraft hängt aber vom Hub ab. Abb. 12 zeigt dies für eine Zugfeder. Die entspannte oder nur schwach gespannte Feder kann die Reibung der Führung nicht überwinden. Erst bei einer bestimmten Dehnung, dem Vorhub, beginnt sie zu arbeiten. Mit zunehmendem Hub nimmt ihre Kraft unerwünschterweise immer mehr zu. Die nutzbare Dehnung, der Nutzhub, wird schließlich durch die zulässige Belastung der Feder begrenzt. Er entspricht im günstigsten Fall etwa der halben Länge der Feder. Dies ist bei der Konstruktion

Federelemente — L 5.3

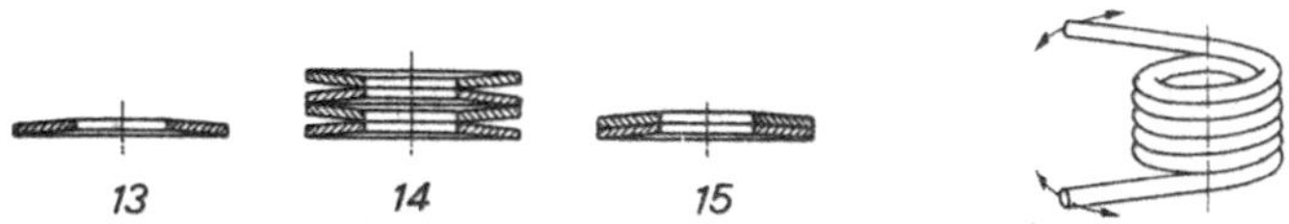

13 *14* *15*
Tellerfedern

16 Drehfeder

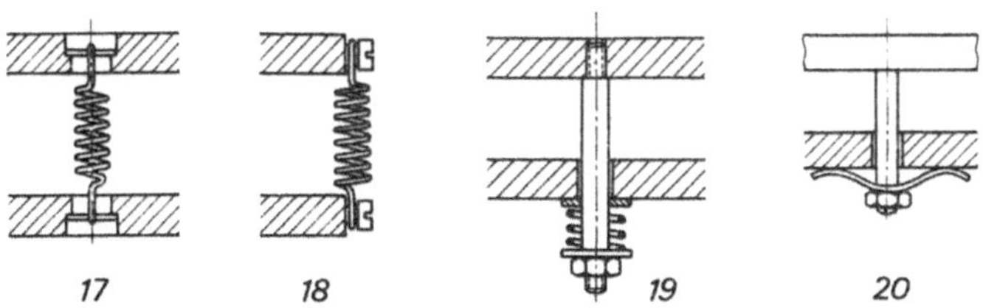

17 *18* *19* *20*
Federzugelemente

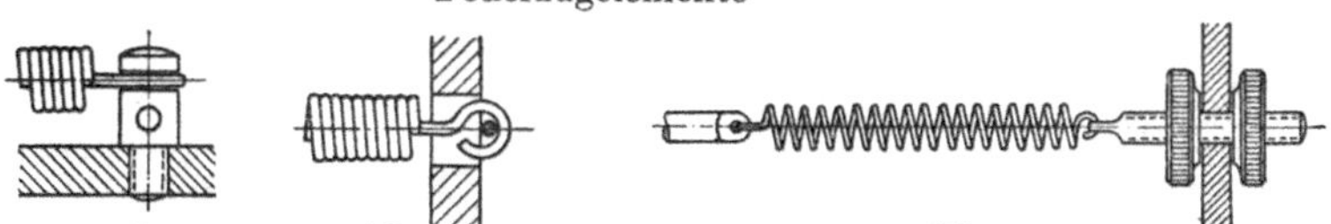

21 *22*
Befestigung einer Zugfeder

23
Einstellbare Zugfeder

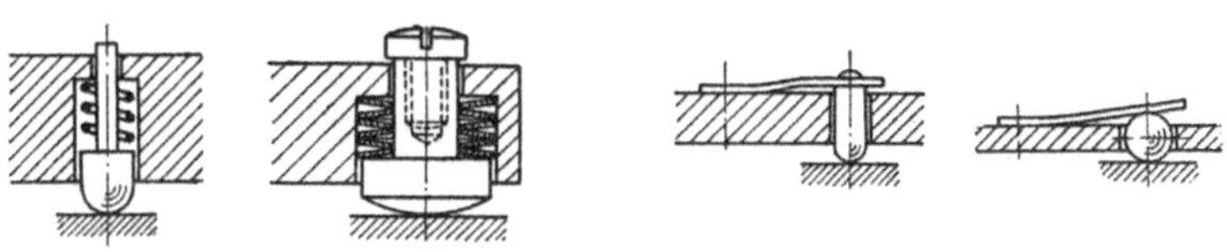

24 *25* Federdruckelemente *26* *27*

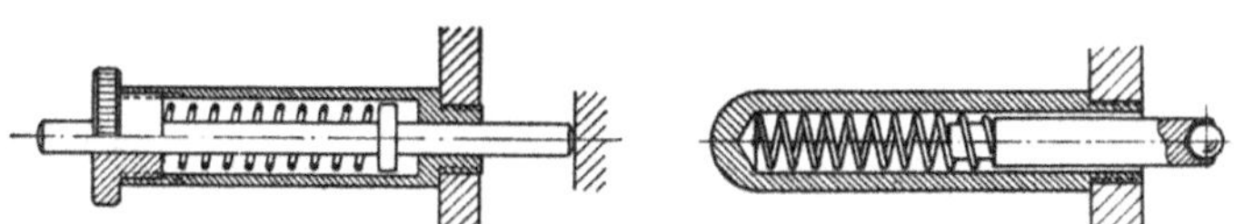

28 Federbolzen *29*

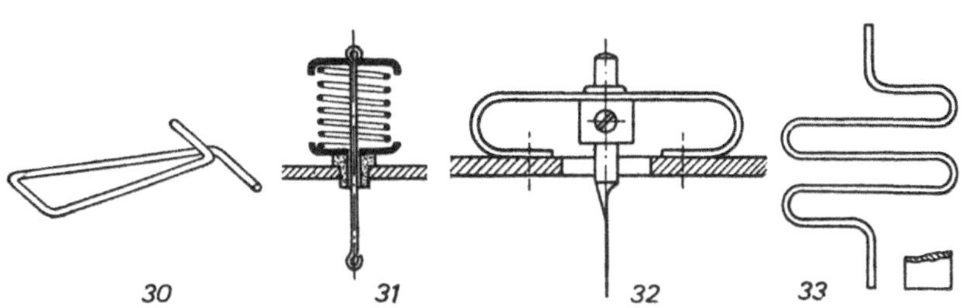

30
Quarzfeder

31
Spannfeder

32 *33*
Torsionsfreie Spannfedern

von Federtrieben zu beachten. Im allgemeinen geht man über einen Nutzhub von wenigen Zentimetern Länge nicht hinaus.

Bei Druckfedern ist es oft von Vorteil, statt Schraubenfedern Sätze von Tellerfedern (B 143) zu verwenden. Tellerfedern (Abb. 13) (L 5.3) sind runde, gelochte und kegelförmig verformte Scheiben aus federndem Blech. Sie lassen sich zu Federsäulen von beliebiger Länge und entsprechendem Hub zusammenbauen (Abb. 14). Durch Mehrfachschichtung läßt sich die Härte der Feder vergrößern (Abb. 15). Durch Kombination von einfach und mehrfach geschichteten Federn läßt sich die Federkennlinie verändern. Im Gegensatz zu Schraubenfedern drücken Tellerfedern genau in axialer Richtung. Sie zeigen ferner größere Eigendämpfung.

Weitere Federformen: Blattfedern, Spiralfedern (Uhrfedern), Drehfedern (Abb. 16), Torsionsfedern (tordierte Drähte oder Bänder). Die Federwerkstoffe sind in Tabelle 5.1 zusammengestellt.

Tabelle 5.1. *Federwerkstoffe*

Werkstoff Bezeichnung	Elastizitätsmodul E in 10 N/mm²	Torsionsmodul G in 10 N/mm²	Zulässige Beanspruchung in 10 N/mm²	Maximale Arbeitstemperatur °C
Federstahl	20000	8000	55—85	200—300
Neusilber	12500	4500	15—36	150—200
Phosphorbronze	10700	4200	18—40	150—200
Wolfram	41500	17000	≈150	1000—1500
Molybdän	33600	14000	—	≈1000
Tantal	19000	—	90	≈1000

Zum Einsatz von Federn als Lokalisatoren für Führungen, zur Beseitigung des Spiels und als Gegentriebe für Feineinstellungen benutzt man die in L 5.3 dargestellten Zug- und Druckelemente (B 78), bei hohen Reinheitsforderungen eine Quarzfeder 30, Glühdrähte oder Zähldrähte spannt man nach 31, Meßsysteme z. B. von Galvanometern erfordern torsionsfreie Federn (32, 33).

5.2 Kraftleiter

Zur Übertragung der Kräfte aus der menschlichen Hand dienen Bedienungsmittel, z. B. Handrad, Kurbel oder Hebel, aus dem Motor Wellen und Kupplungen, aus Arbeitselementen Stangen und Hebel.

a) Bedienungsmittel.

Für Feineinstellungen nimmt man große Drehknöpfe (Abb. 34), für rasche Einstellung kleine Drehknöpfe (Abb. 35), für fortlaufende Drehungen Kurbeln mit drehbar gelagertem Griff (Abb. 36). Viele Typen

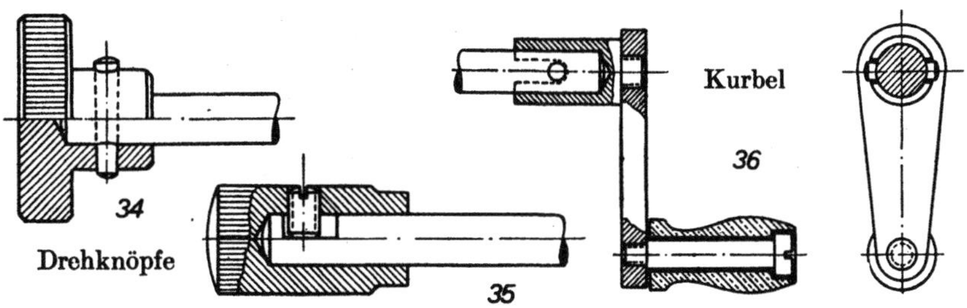

von Bedienungsmitteln, Schalthebel, Griffe, Kugelknöpfe, Handräder, sind genormt und im Handel erhältlich.

b) Wellen und Kupplungen.

Der Durchmesser der Welle richtet sich nach dem zu übertragenden Drehmoment und eventuellen Biegebeanspruchungen. Starre Kupplungen scheiden aus, wenn die zu verbindenden Wellen nicht fluchten. Je

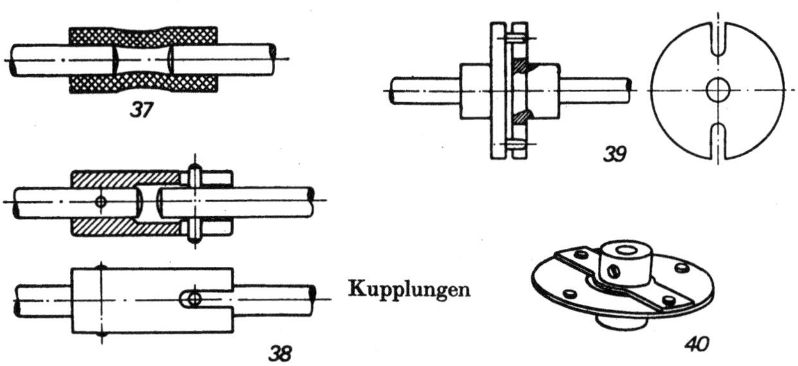

nach Anforderung benutzt man eine elastische Kupplung nach 37 (Schlauch), eine axial verschiebliche 38, eine verquerschiebliche 39, eine Membrankupplung 40 oder eine Gelenkwelle (Kardanwelle).

c) Flexible Kraftleiter (Abb. 41).

Zug und Druck lassen sich mit dem Bowdenzug (a) übertragen. Besonders reibungsarm arbeitet der kugelgeführte Flexball (B 178). Die Übertragung einer kontinuierlichen Drehbewegung kann mit einer

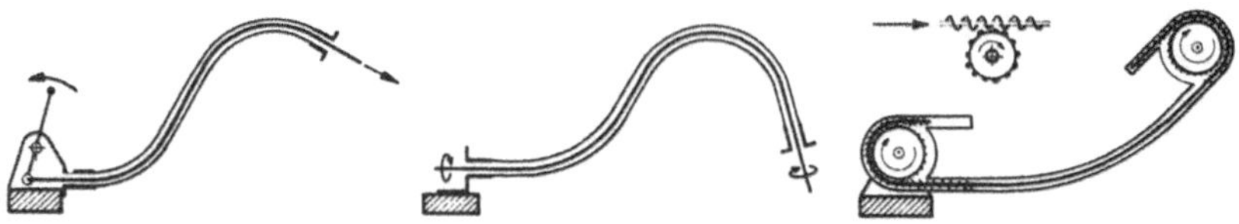

a) Bowden-Zug b) Biegsame Welle c) Teleflex-Übertragung

41 **Flexible Kraftleiter**

biegsamen Welle (b) erfolgen (B 67). Sie eignet sich nicht für Feinverstellungen. Hierfür kann man die Teleflex-Übertragung (B 163) einsetzen, eine Art Kopplung von Bowdenzug und flexibler Zahnstange.

5.3 Getriebe

Getriebe dienen zur Änderung der Bewegungsrichtung, zur Umwandlung von Rotationen in Translationen — und umgekehrt — und zur Übersetzung. Diese nutzt man aus zur Erzeugung großer Kräfte oder großer Geschwindigkeiten, zur Feineinstellung und zur Feinanzeige.

a) Getriebearten:

Man unterscheidet etwa 6 Arten von Getrieben. Wir betrachten sie am Beispiel einer Feineinstellung: Ein Stab, der in einem Bezugskörper (schraffiert) waagrecht geführt ist, soll feinverschieblich gemacht werden. Das gelingt, indem man einen dritten Körper, den Triebkörper, einfügt. Man erhält also:

1. Das Zugmittelgetriebe (Abb. 42). Triebkörper ist ein drehbar gelagerter Zylinder, um den ein Bronzeband liegt, das mit dem Zylinder und mit dem linken Stabende verschraubt ist. Bei einer Rechtsdrehung wird der Stab nach rechts gezogen, bei einer Linksdrehung nach links geschoben, falls das Band genügend steif und eng geführt ist. Auch in diesem Falle sprechen wir von einem Zugmittelgetriebe. Ein Zugmittelgetriebe ist also charakterisiert durch die Anwendung biegsamer Übertragungselemente bei formschlüssiger Übertragung. Ein toter Gang läßt sich vermeiden.

2. Das Reibgetriebe (Abb. 43). Der Triebkörper ist mit einem Gummibelag versehen, der so viel Reibung zwischen Zylinder und Stab schafft, daß der Stab bei einer Drehung des Zylinders vor- oder zurückgeschoben wird. Zu den Reibgetrieben gehört auch die Riemenübertragung. Bei allen Reibgetrieben erfolgt die Übertragung kraftschlüssig. Es kann ein Schlupf auftreten, d. h. die angetriebene Fläche kann relativ zur antreibenden Fläche zurückbleiben. Außerdem ist bei den meisten Reibgetrieben (im Gegensatz zu den Zugmittelgetrieben) das Übersetzungsverhältnis nicht exakt bestimmt und zeitlich nicht konstant.

3. Das Zahngetriebe (Abb. 44). Durch Verzahnung von Triebkörper und Stab geht das Reibgetriebe in das Zahngetriebe über. Hier erfolgt die Übertragung formschlüssig.

Während die bisher behandelten drei Getriebe sich für großen Hub oder gar für kontinuierliche Übertragungen eignen, sind die folgenden beiden Getriebe auf kleinen Hub beschränkt.

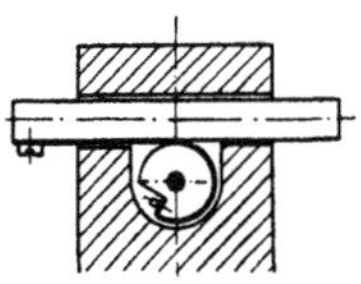

42 Zugmittelgetriebe

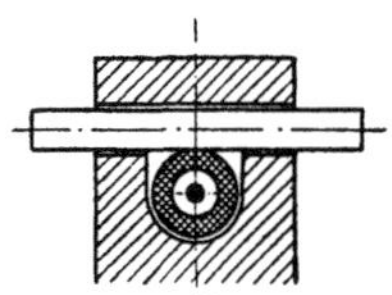

43 Reibgetriebe

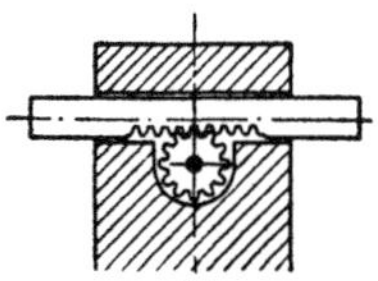

44 Zahngetriebe

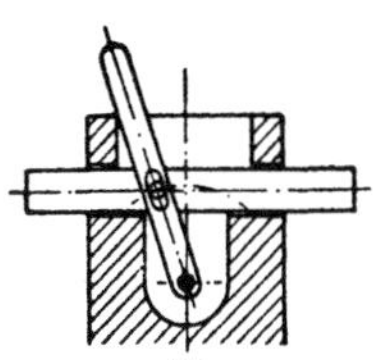

45 Hebelgetriebe

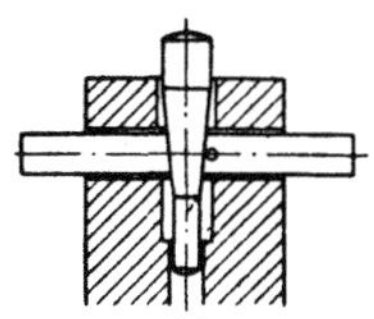

46 Keilgetriebe

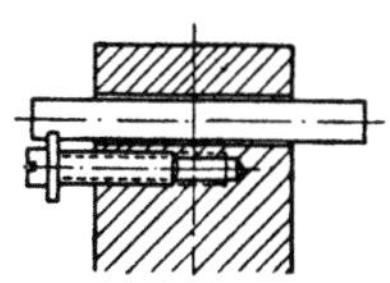

47 Schraubengetriebe

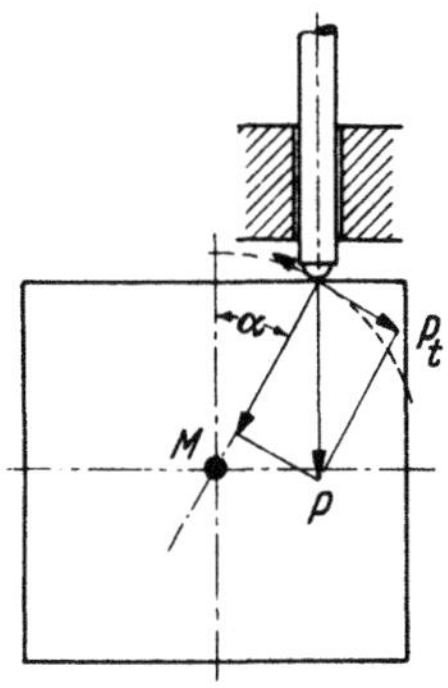

48 Verklemmen eines Hebelgetriebes

4. Das Hebelgetriebe (Abb. 45). Beschränkt man sich bei der Verzahnung auf einen Zahn und den Gegenzahn, so erhält man einen einarmigen Hebel.

5. Das Keilgetriebe (Abb. 46). Ein keilförmiger Triebkörper, der senkrecht zum Stab geführt ist, drückt bei einer Verschiebung nach unten den Stab nach rechts.

6. Das Schraubengetriebe (Abb. 47). Vom Keil abgeleitet ist die Schraube. Sie trägt hinter dem Kopf eine Scheibe, die in eine genau passende Nute des Stabes eingreift. Eine Drehung der Schraube führt zu einer Verschiebung des Stabes.

Alle Getriebe lassen sich so bauen, daß sie doppelseitig wirken. Dabei tritt stets ein toter Gang auf, d. h., bei einer Umkehr der Bewegungsrichtung setzt die Wirkung des Getriebes während einer kleinen Bewegung des Triebkörpers aus. Er ist um so kleiner, je genauer der treibende und der angetriebene Teil zusammenpassen.

Der tote Gang läßt sich vermeiden, wenn man ein Getriebe nur einseitig wirken läßt und für die Rückführung einen Gegentrieb in Form eines Kraftspeichers ansetzt. Ein solches Getriebe arbeitet reproduzierbar.

In jedem Getriebe tritt Reibung auf. Ein Teil davon in der Führung, ein zweiter zwischen dem treibenden und dem angetriebenen Körper. Dieser Reibungsanteil ist am kleinsten, wenn die treibende Kraft in der Bewegungsrichtung wirkt und die Angriffsfläche senkrecht dazu steht. Bei Drehungen soll also die Kraft tangential wirken und die Angriffsfläche in einer Radialebene liegen. Bei groben Verstößen gegen diese Bedingungen treten hohe Flächenbelastungen auf und im Gefolge davon starke Reibung, Abnützung der Angriffsflächen, Deformation der bewegten Teile und in ungünstigen Fällen Verklemmung. Abb. 48 zeigt das bei einem Hebelgetriebe mit der Drehachse M. Zur Drehung wird nur die Tangentialkomponente der angreifenden Kraft P ausgenutzt. Die Radialkomponente erzeugt eine Reibungskraft, die der Bewegungsrichtung entgegengesetzt ist. Man erkennt, daß mit abnehmendem Winkel α ein Punkt erreicht wird, bei dem die Reibungskraft die treibende Kraft aufhebt.

b) Zugmittelgetriebe (L 5.4).

Man wendet sie an:

1. Zur Umwandlung von geradlinigen Bewegungen in Drehbewegungen und umgekehrt.

2. Zur Übertragung von Bewegungen auf große Entfernungen und in beliebigen Richtungen.

3. Zur Herstellung von Übersetzungen, deren Übersetzungsverhältnis besonders groß oder sehr genau bestimmt ist oder sich in bestimmter Weise während der Übertragung ändern soll.

Die Wahl des Zugmittels richtet sich danach, wie stark es belastet wird und welche Dehnung im Betrieb zulässig ist. Tab. 5.2 gibt eine Zusammenstellung.

Tabelle 5.2. *Zugmittel*

Bezeichnung	Abmessungen mm-Durchmesser	Dehnung bei Bruch in %	Bruchbelastung in 10 N
Kokonfaden	0,008–0,015	7–10	0,003
Perlonfaden	0,6		>7,5
Darmsaite	0,7	16	22
Hanfschnur	3	12	93
Lederschnur	4	26	39
Nickeldraht	0,075		0,227
Bronzedraht	0,02		0,019
Stahldrahtlitze [*B 30*]	(7fach 0,10 mm)		>8
Drahtseil	2 (20fach 0,3 mm)	10	260
Quarzfaden	0,00225		0,0025
	0,0204		0,04

Zugmittelgetriebe L 5.4

49

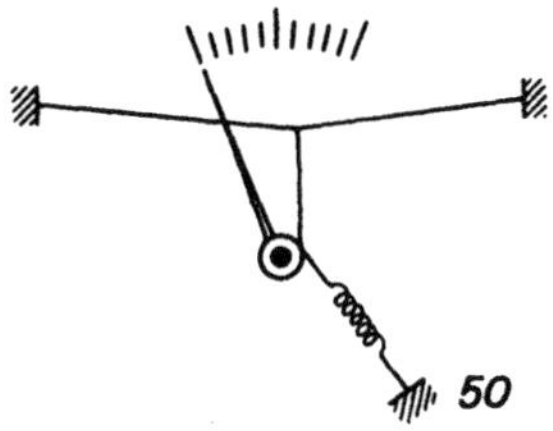

50

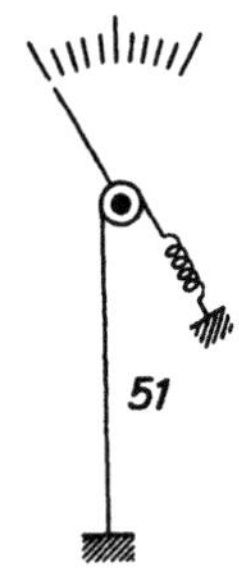

51

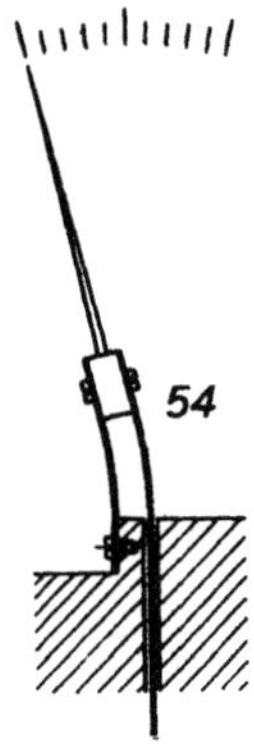

54

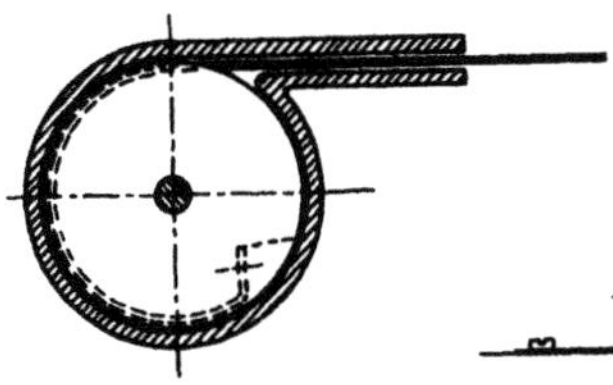

52

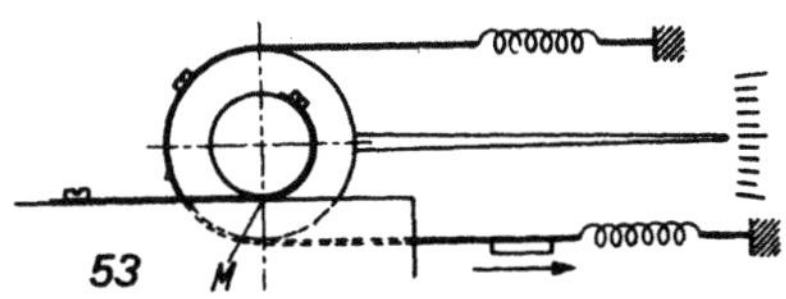

53

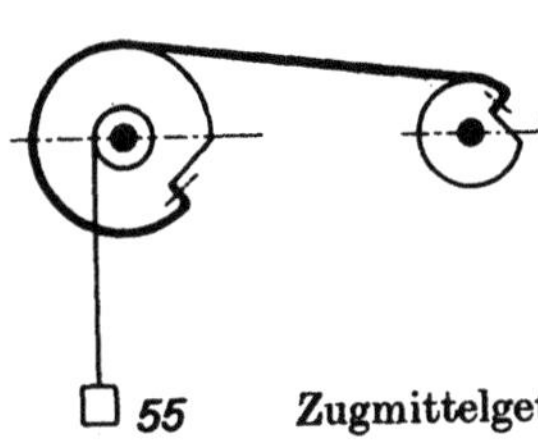

55

Zugmittelgetriebe

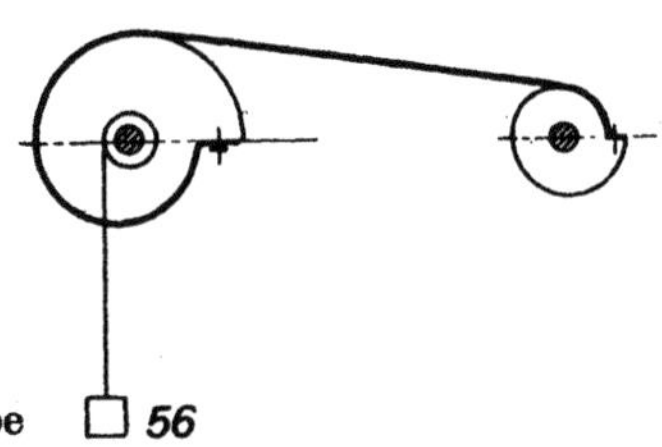

56

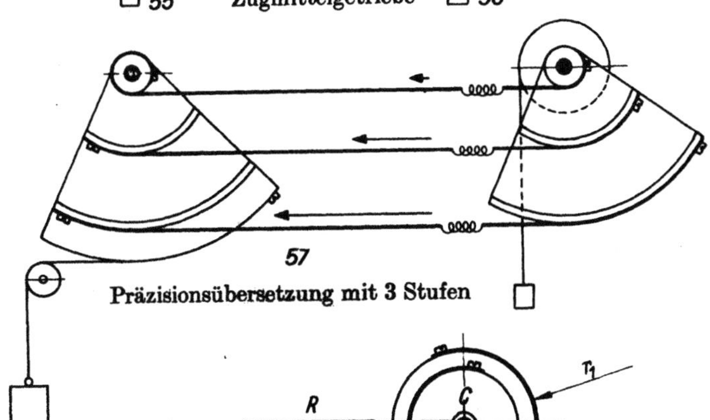

57

Präzisionsübersetzung mit 3 Stufen

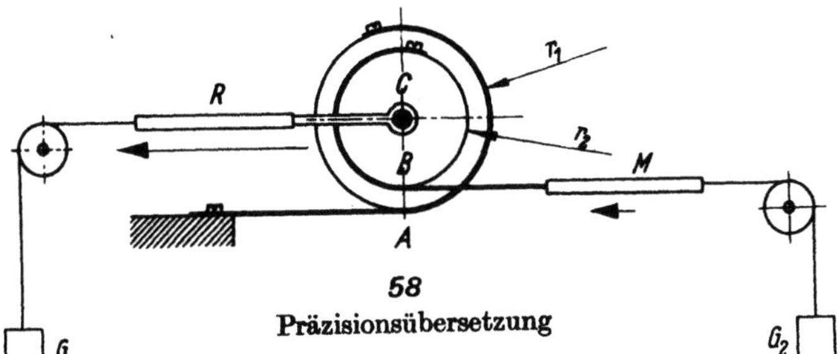

58

Präzisionsübersetzung

Die meisten Zugmittel arbeiten nur einseitig. Als Gegentrieb dienen Gewichte oder Zugfedern. Ausnahmen bilden 52 und 54, bei denen steife Bänder verwendet werden.

Exakte Übersetzungen liefern 55 [1] und 57, eine sich kontinuierlich ändernde 56. Extrem hohe Übersetzungen ergeben 50, 54 und die Differentialzugmittelgetriebe 53 und 58.

Das Getriebe [3] 53 arbeitet folgendermaßen: Wird das untere Ende des losen Bandes (etwa durch die Wärmeausdehnung eines Stabes) um die Strecke Δx in Pfeilrichtung bewegt, so wird die Welle (Radius R_1) gedreht. Dabei wickelt sich der Zapfen (Radius R_2) in das links befestigte Band ein. M ist Momentanzentrum. Der resultierende Drehwinkel ist $\Delta \varphi = \frac{\Delta x}{(R_1 - R_2)}$. Die Anordnung gestattet die Verwendung eines kleinen effektiven Zapfendurchmessers $(R_1 - R_2)$ bei großer Festigkeit.

Nach einem ähnlichen Prinzip liefert 58 [4] eine Übersetzung zwischen der Meßplatte M eines Registrierphotometers und der Registrierplatte R. Das Gewicht G_1 greift über die Registrierplatte R im Punkt C an und dreht die Scheibe um den Punkt A als Momentanzentrum. Der Hebelarm ist $CA = r_1$. Die Meßplatte M wird über den Hebelarm $AB = r_1 - r_2$ bewegt. Ihre Bewegung ist also gegenüber R im Verhältnis $\frac{r_1 - r_2}{r_1}$ untersetzt. Auf diese Weise lassen sich exakt bestimmte Übersetzungsverhältnisse bis zu 1:100 erreichen.

c) **Reibgetriebe** (L 5.5)

wendet man an:

1. Zur Übertragung von Drehbewegungen zwischen parallelen oder sich schneidenden Achsen: Reibrädergetriebe (Abb. 59).
2. Zur Umwandlung einer Drehbewegung in eine fortschreitende Bewegung (oder umgekehrt): Vorschubgetriebe (Abb. 60).
3. Als Fahrzeuggetriebe (Abb. 61).
4. Zur Übertragung von Drehbewegungen mit Hilfe von Zugmitteln: Riemenantrieb (Abb. 62).

Die Kraft P_t, die der treibende Teil auf den getriebenen Teil überträgt, ist gegeben durch $P_t = \mu P_n$, wo P_n die Kraft ist, mit der die beiden treibenden Teile gegeneinander gepreßt werden und μ die Reibungszahl. Die Reibungszahl μ beträgt für Gummi gegen Stahl etwa 0,4, für Leder etwa 0,3, für Hartpapier etwa 0,2 und für Metall etwa 0,1. Abnutzung, Formänderungen und insbesondere Verschmierung der Reibflächen können diese Werte stark verändern.

Reibrädergetriebe eignen sich vor allem zur Herstellung kontinuierlich veränderlicher Übersetzungen (s. S. 115). Eines der Reibräder trägt

Reibgetriebe L 5.5

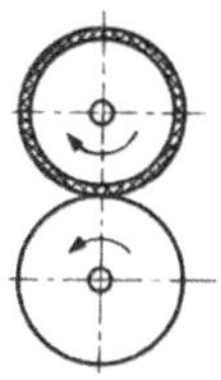

59

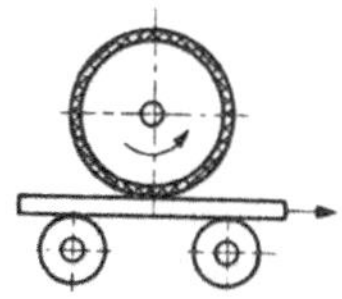

60

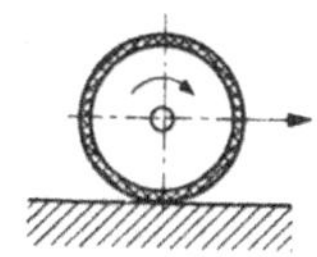

61

Reibgetriebe (Übersicht)

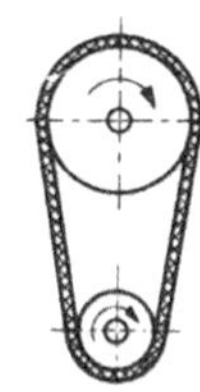

62

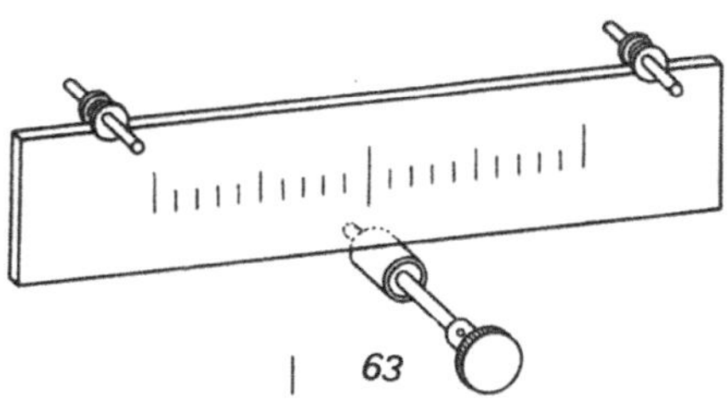

63

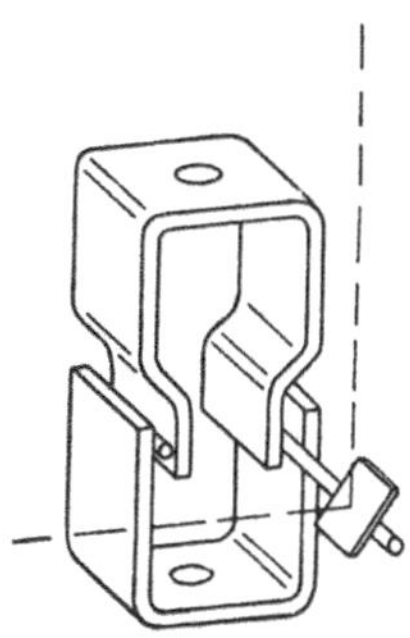

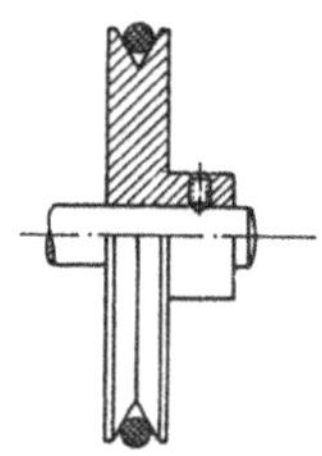

65

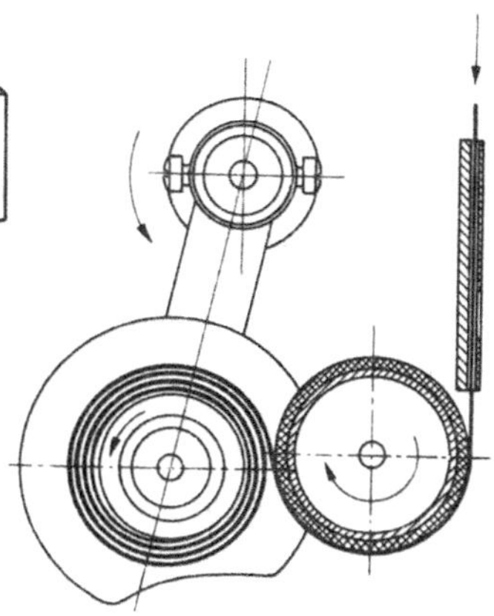

66

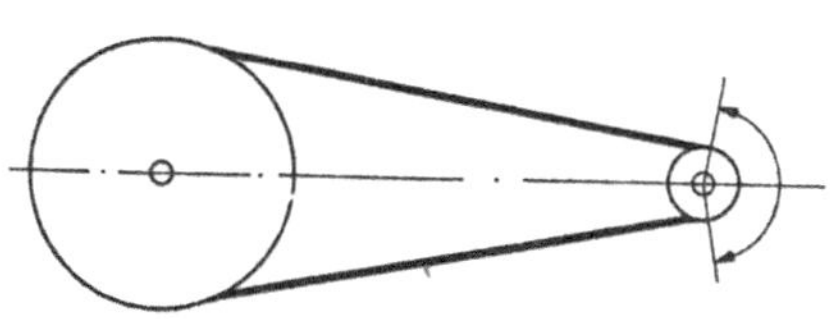

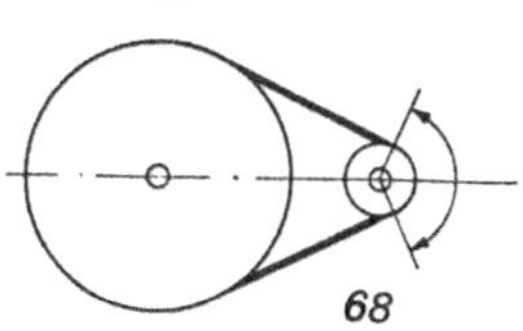

68

Riemenantriebe

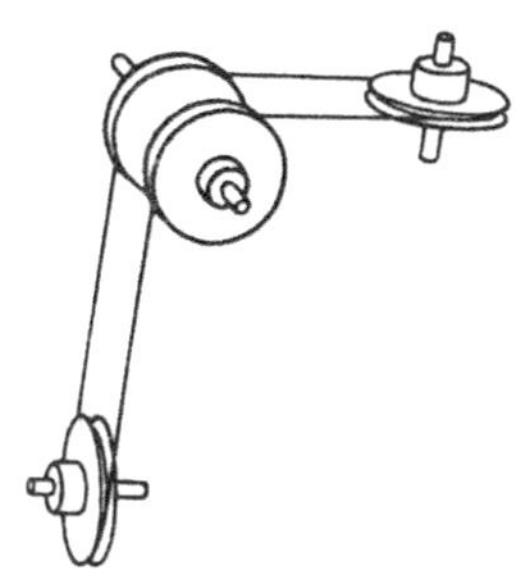

69

einen Gummiring, das andere kann als Scheibe, Walze oder Kegel ausgebildet sein.

Zur Übertragung großer Drehmomente braucht man hohe Anpreßdrucke. Um starke Lagerreibung zu vermeiden, verwendet man Kugellager.

Vorschubgetriebe benutzt man z. B. zur Feineinstellung einer Glasskala mit einer Welle, über die ein Stück Gummischlauch gezogen ist (63) oder zum Transport unperforierter Registrierstreifen durch eine mit Gummi überzogene Walze (66), um die das Band gelegt wird. Die Aufwickelspule wird durch eine Drehfeder gegen diese Walze gedrückt und mit gleichbleibender Umfangsgeschwindigkeit angetrieben. Dabei wickelt sich das Band auf die Spule auf. Der direkte Antrieb der Aufwickelspule scheidet hier aus, da mit zunehmendem Durchmesser der Aufwickelspule die Bandgeschwindigkeit zunehmen würde.

Fahrzeuggetriebe finden z. B. Verwendung beim Planimeter. Abb. 64 zeigt ein Getriebe, das kleine Verschiebungen zwischen zwei federnden Bügeln in Drehbewegung umwandelt. Dazu dienen zwei dünne Rundstäbchen, die zwischen die Bügel geklemmt sind. Eines davon trägt einen kleinen Spiegel. Ein Lichtzeiger zeigt über diesen Spiegel die Verdrehung an.

Riemenantrieb. Im Maschinenbau verwendet man als Zugmittel Flachriemen, für kleinere Geräte und im Apparatebau Lederrundriemen mit 4 bis 8 mm Durchmesser. Die Riemenscheiben erhalten eine Rille mit einem Flankenwinkel von 60° (Abb. 65). In dieser Rille klemmt der Riemen bei mäßiger Riemenspannung, so daß die für die Übertragung notwendige Reibung zustande kommt. Die Riemenverbindung erfolgt nach Abb. 67. Eines der beiden Lager muß verstellbar sein, damit der Riemen richtig gespannt werden kann. Dasselbe erreicht man mit einer Spannrolle. Bei starker Riemenspannung wird die Lagerung ent-entsprechend belastet und damit die Lagerreibung und Lagerabnützung erhöht. Ein langer Riemen zieht besser als ein kurzer. Das hat zwei Gründe. Erstens umfaßt er einen größeren Teil der kleinen Riemenscheibe, an der der Riemen meist ins Rutschen kommt (Abb. 68). Zweitens ist er elastischer als ein kurzer Riemen. Bei kleinem Achsenabstand muß man zum Keilriemenantrieb übergehen. Bei sehr kleinen Geräten kann man statt der Lederrundriemen endlose Rundschnurgummiringe verwenden, wobei die störende Riemenverbindung wegfällt. Bei schnelllaufenden Wellen und geringer Belastung ergibt sich eine völlig stoßfreie Übertragung, bei größeren Zugspannungen aber erfolgt die Übertragung ruckweise. Dieselbe Erscheinung beobachtet man auch bei Transmissionsspiralen.

Riemenantrieb ist möglich zwischen parallelen Achsen, windschiefen Achsen und Achsen, die sich unter einem beliebigen Winkel schneiden (Abb. 69). Das Übersetzungsverhältnis soll über 1:10, besser über 1:6 nicht hinausgehen. Hohe Übersetzungen nimmt man in mehreren Stufen vor (Vorgelege).

d) Zahngetriebe.

Bei den Zahngetrieben (B 102) ist die Übertragung formschlüssig, also frei von den Störungen eines Reibgetriebes. Sie haben keinen Schlupf, ein genau definiertes Übersetzungsverhältnis, sind für fast beliebige Übersetzungen mit gutem Wirkungsgrad zu bauen und arbeiten doppelseitig. Der tote Gang läßt sich klein halten und durch besondere Maßnahmen ganz ausschalten.

Die Übertragung einer Drehbewegung durch Stirnräder (Abb. 72) (L 5.6) entspricht der Abwälzung zweier Zylinder. Der Radius dieser Zylinder ist etwa eine halbe Zahnhöhe kleiner als der äußere Halbmesser der Zahnräder. Man bezeichnet ihn als Teilkreishalbmesser $d_0/2$. Das Verhältnis von Teilkreisdurchmesser d_0 zur Zähnezahl z bezeichnet man als Modul m. Also $m = d_0/z$ [mm]. Der Modul ist ein Maß für die Zahndicke. Sie ist das $\pi/2$-fache des Moduls m in mm. Denn πd_0 ist der Teilkreisumfang, $\pi d_0/z = \pi \cdot m$ also die Entfernung von Zahnmitte zu Zahnmitte.

Bei der im Maschinenbau üblichen Evolventenverzahnung und bei genügend Flankenspiel kann man Zahnräder mit beliebigen Zähnezahlen kombinieren (Satzräder), wenn die Zähnezahl größer als 9 und die kleinste Zähnezahlsumme größer als 30 ist. Im Uhrenbau werden neben der Evolventenverzahnung Zykloiden- und Triebstockverzahnungen benutzt, bei denen Kleinräder bis zu 6 Zähnen möglich sind. Das größte Übersetzungsverhältnis mit handelsüblichen Zahnrädern liegt bei 1:10. Stärkere Übersetzungen werden zweistufig ausgebildet.

Bei einer bestimmten Verzahnung — meist ist es die Evolventenverzahnung — ist ein Zahnrad gekennzeichnet durch den Modul m und die Zähnezahl z. Das Produkt aus beiden ergibt den Teilkreisdurchmesser d_0 (Abb. 70). Im Apparatebau wählt man den Modul je nach Größe der Kräfte zwischen 0,3 und 1. Zuweilen ist noch der Kopfkreisdurchmesser und der Fußkreisdurchmesser angegeben. Bei der Bestellung von Zahnrädern gibt man außer Modul und Zähnezahl Nabendurchmesser und Bohrung an. Ein nachträgliches Erweitern der Bohrung ist zu vermeiden. Bei einem Stirnradgetriebe ist das Übersetzungsverhältnis gegeben durch das Verhältnis der Zähnezahlen. Der Achsenabstand ist gleich der halben Summe der Teilkreisdurchmesser $a = \frac{d_1 + d_2}{2}$. Er muß möglichst genau eingehalten werden. Bei größerem Abstand ist die Eingriffsdauer zu kurz und das Spiel zu groß, bei kleinerem Achsenabstand verklemmen sich die Räder. Rasch laufende Getriebe sind reichlich zu schmieren.

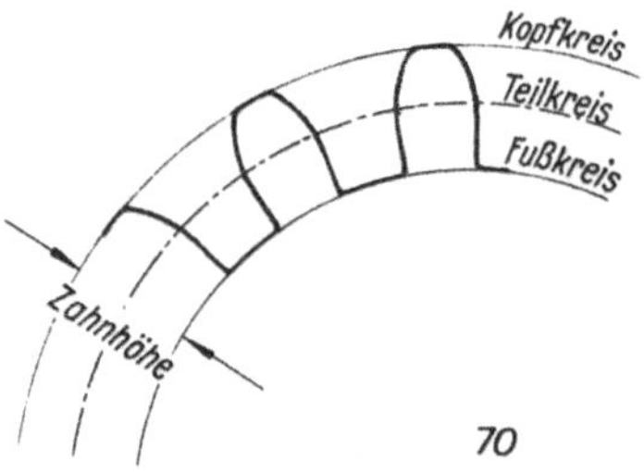

70

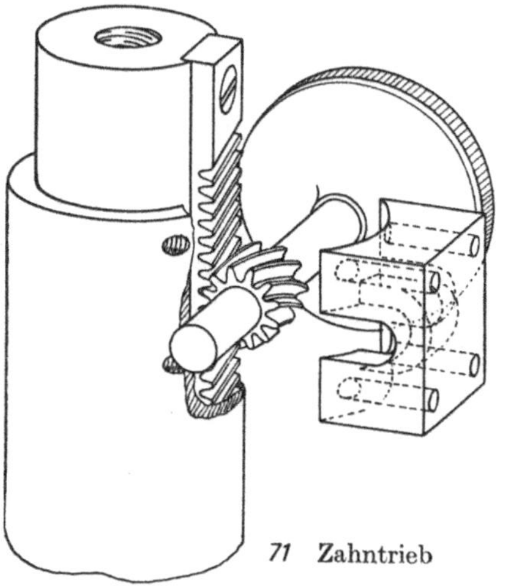

71 Zahntrieb

Besonders stoßfreien Gang haben schräg verzahnte Stirnräder. Für Kettenradantrieb gibt es Zahnräder mit besonderer Zahnform (Kettenräder). Abarten des Stirnrads sind: der Innenzahnkranz (Abb. 77) mit negativem Teilkreishalbmesser und die Zahnstange (Abb. 76) mit Teilkreisdurchmesser ∞. Sie eignet sich für Vorschubgetriebe. Feinstellgetriebe baut man aus schrägverzahnten Zahnstangen und den dazu passenden Trieben (B 102) nach Abb. 71: Ein Klotz mit passenden Aussparungen preßt den Trieb gegen die Zahnstange und bildet zugleich das Lager. Dieser Klotz wird genau angepaßt. Bei zu großem Spiel wird die Zahnstange unterlegt.

Der Kegelradantrieb (Abb. 73) entspricht der Abwälzung zweier Reibkegel, deren Spitzen zusammenfallen. Zu einem bestimmten Übersetzungsverhältnis gehört ein bestimmtes Verhältnis der Kegelwinkel. Kegelräder werden paarweise bezogen. Übersetzungen von 1:1 bis 1:5.

Schneckenradgetriebe (Abb. 74) eignen sich für starke Verlangsamung oder für Feineinstellung. Mit einer eingängigen Schnecke ist dieses Getriebe selbsthemmend. Das heißt der Reibungswiderstand des Getriebes reicht aus, um den Antrieb der Schnecke durch das Schneckenrad zu verhindern. Der Antrieb kann also nur über die Schnecke erfolgen. Das Untersetzungsverhältnis ist durch die Zähnezahl des Schneckenrades gegeben. Zum Beispiel ergibt ein Schneckenrad mit 25 Zähnen

Zahngetriebe L 5.6

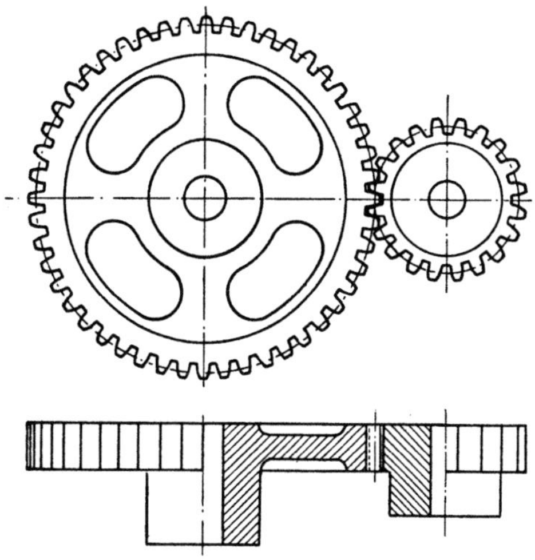

72 Stirnräder

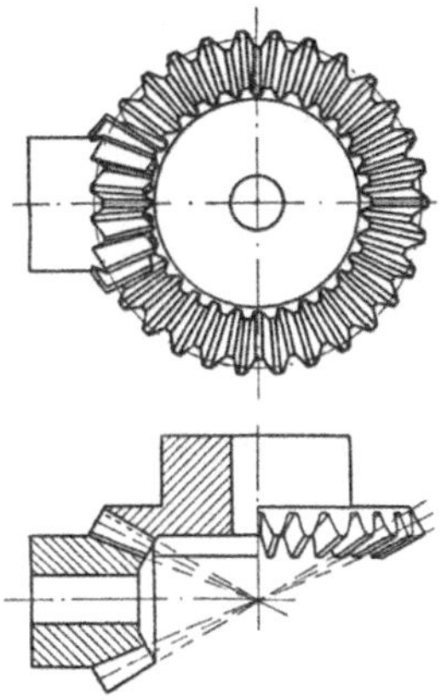

73 Kegelräder

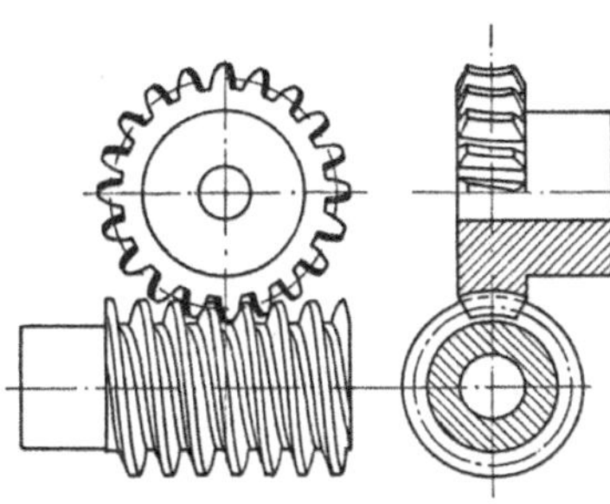

74 Schneckenrad u. Schnecke

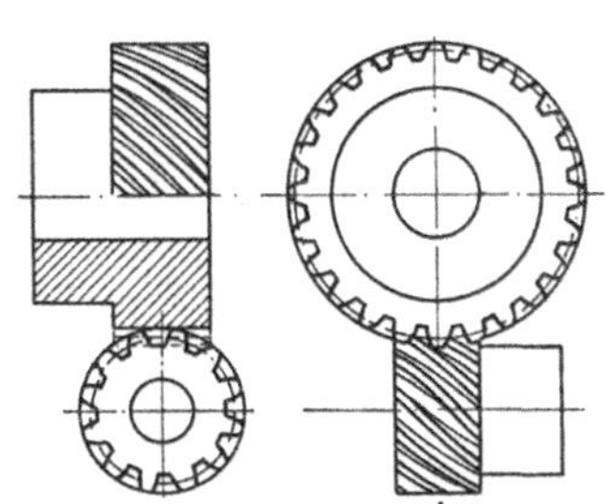

75 Schraubenräder

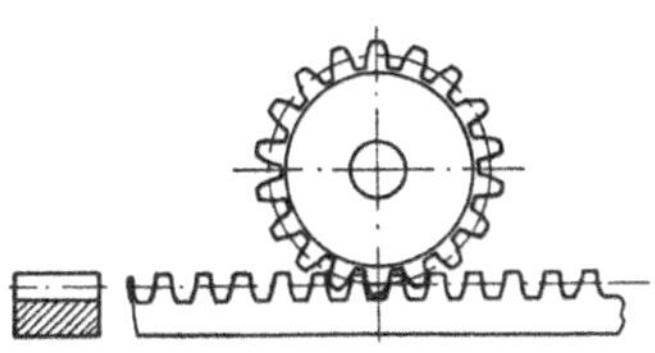

76 Zahnrad u. Zahnstange

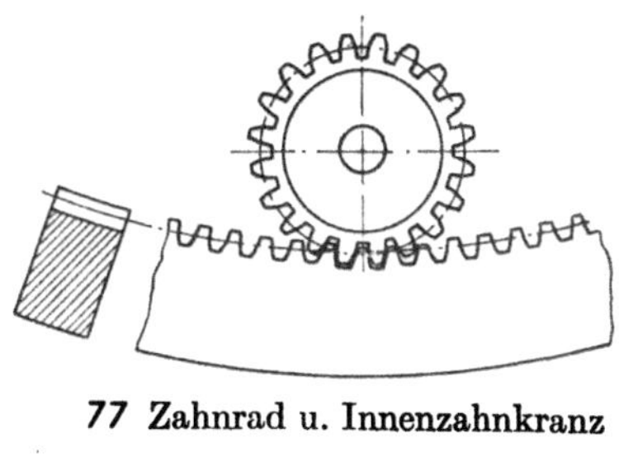

77 Zahnrad u. Innenzahnkranz

eine Untersetzung von 25 auf 1. Da weniger Zähne nicht verwendet werden, ist dies die kleinste Untersetzung, die mit einer eingängigen Schnecke erzielt werden kann. Mit einer zweigängigen Schnecke, deren Steigung gleich dem doppelten Zahnabstand ist, kann man halb so große Untersetzungen erhalten. Natürlich ist dafür ein entsprechend gefrästes Schneckenrad erforderlich. Bei höherer Gangzahl spricht man von einem Schraubengetriebe (Abb .75). Man gibt bei einem solchen Getriebe nicht die Gangzahl, sondern den Schrägungswinkel an. Bei einem Schrägungswinkel von 45° arbeitet das Getriebe in jeder Richtung, ist also nicht mehr selbsthemmend. Es gibt Übersetzungen von etwa 6:1 bis 1:6. Der Wirkungsgrad eines Schraubenradgetriebes ist schlecht.

e) Hebelgetriebe (L 5.7)

eignen sich bei kleinem Hub zur Übersetzung und zur Richtungsänderung von Kräften. Abb. 78 zeigt einen Hebel zum Spannen eines Ventils von Hand. Der Winkelhebel Abb. 79 dient zur Objektverschiebung an einem Siemens-Elektronenmikroskop. Große Übersetzungen erreicht man mit dem Kniehebel (Abb. 81). Er entspricht geometrisch dem Zugmittelgetriebe (Abb. 50). Die Übersetzung wird mit zunehmendem Hub kleiner. Das ist für viele Zwecke (Pressen) erwünscht. Ein sehr kleiner, exakt definierter Hebelarm ergibt sich nach Abb. 80. Die Welle erhält eine Bohrung von 2 mm Durchmesser. In diese Bohrung werden Drehzapfen eingesetzt. Dann wird die Welle seitlich angeschliffen. Es entsteht eine Schneide mit genau 1 mm Achsenabstand.

Mit einem Storchschnabelgetriebe [2] kann man eine Drehung im Verhältnis 2:1 übersetzen.

f) Keilgetriebe (L 5.7)

finden Anwendung zu Richtungsänderungen, Übersetzungen, Umformung von Drehbewegungen und Feinverstellungen. Bei der Ausbildung eines Keilgetriebes ist auf sorgfältige Führung bzw. Lagerung des antreibenden und des angetriebenen Elementes zu achten. Andernfalls hat man große Reibungsverluste oder gar ein Verklemmen der Teile, besonders bei großem Keilwinkel (Abb. 82). Die Keilfläche kann am angetriebenen Teil (Abb. 83) oder am antreibenden Teil liegen (Abb. 82). Sie kann eben sein (Abb. 83) oder der einfacheren Herstellung wegen kegelig sein (Abb. 82).

Abb. 83 zeigt ein Keilgetriebe an einer Mikroskop-Feineinstellung. Eine Stahlkugel vermindert die Reibung. Ein beidseitig wirkendes Keilgetriebe erhält man durch einen Schrägschlitz (Abb. 84). Feinverstellungen mit Drehkeil (oder Exzenter) können so ausgebildet werden, daß die Verschiebung in radialer (Abb. 85) oder in axialer Richtung (Abb. 86) erfolgt. Im Gegensatz zur Schraubenverstellung lassen sie sich rasch

Hebel- und Keilgetriebe L 5.7

78

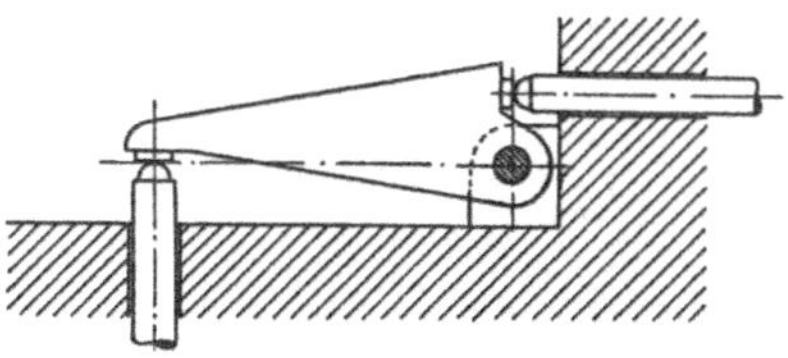

79 Hebelgetriebe

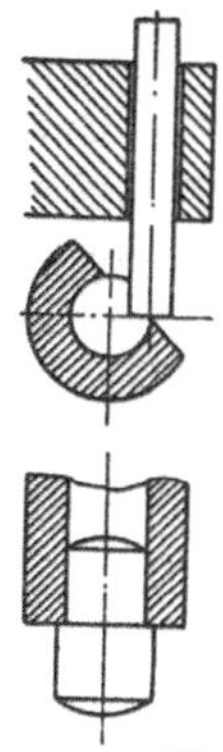

80

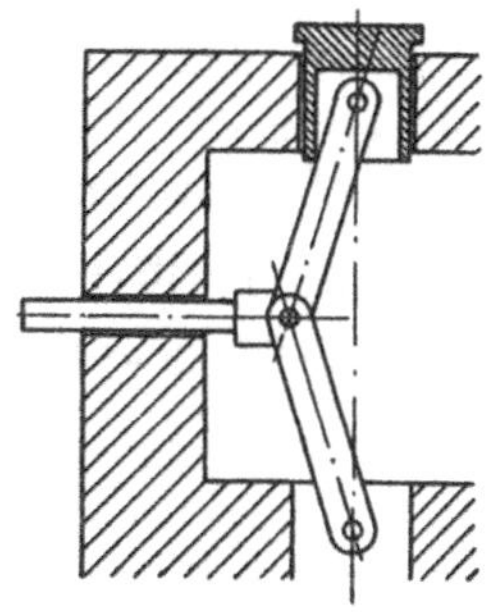

81 Kniehebel

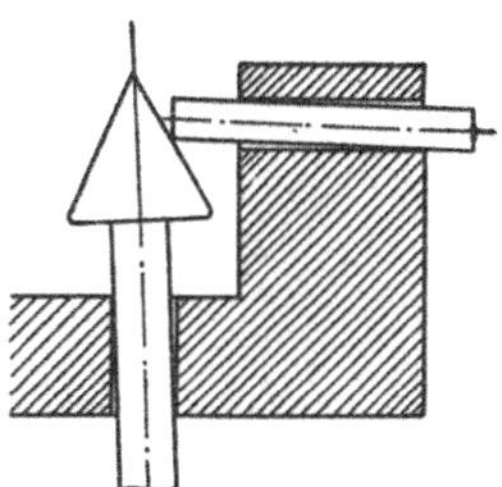

82

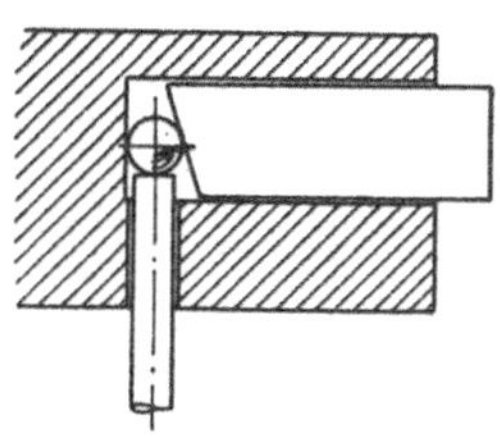

83

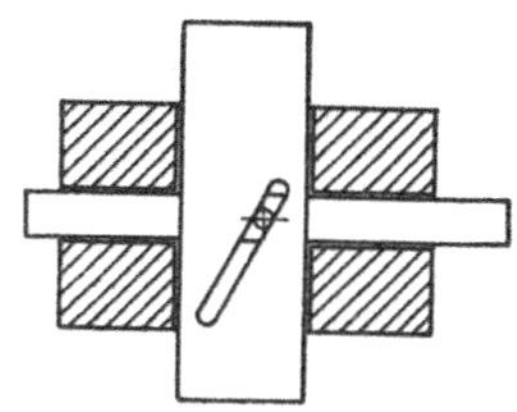

84

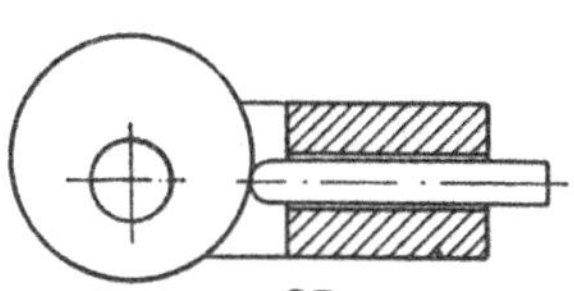

85

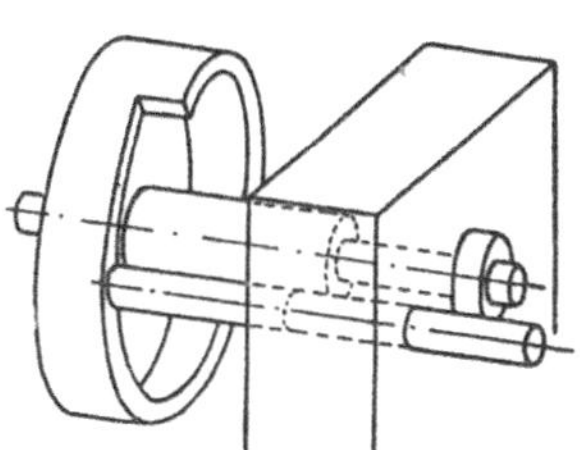

86

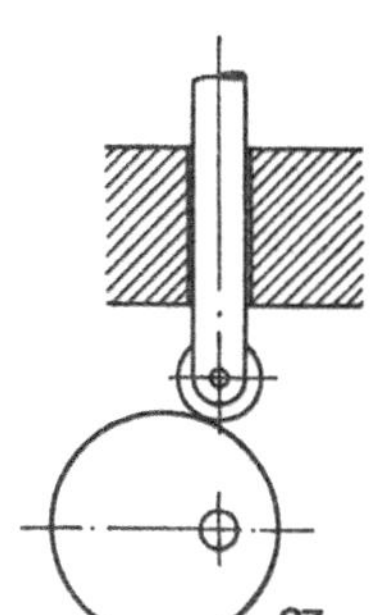

87

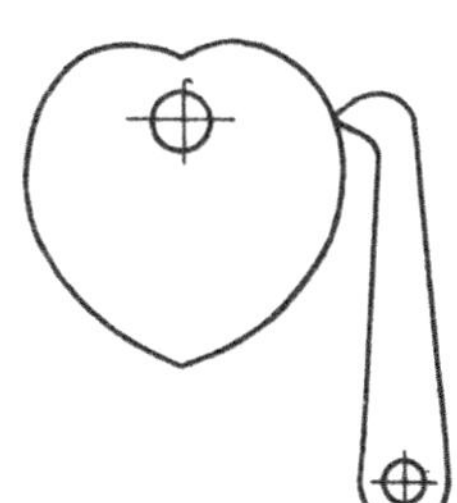

88

Keilgetriebe

einstellen. Die Reibung am Exzenter wird durch eine Rolle herabgesetzt (Abb. 87). Eine Umkehrung des Drehkeilantriebs ist das Herzkurvengetriebe (Abb. 88). Das Herz hat gleichbleibende Steigung über den halben Umfang. Der Keilwinkel ist größer als der Reibungswinkel. Der Druck eines Hebels dreht das Herz, unabhängig von der Ausgangsstellung, bis die Hebelspitze in der Kerbe sitzt. Man benützt solche Getriebe z. B., um den Zeiger eines Zählwerkes auf Null zurückzustellen.

g) Schraubengetriebe

bestehen aus Schraube und Mutter. Es gibt folgende Kombinationen:

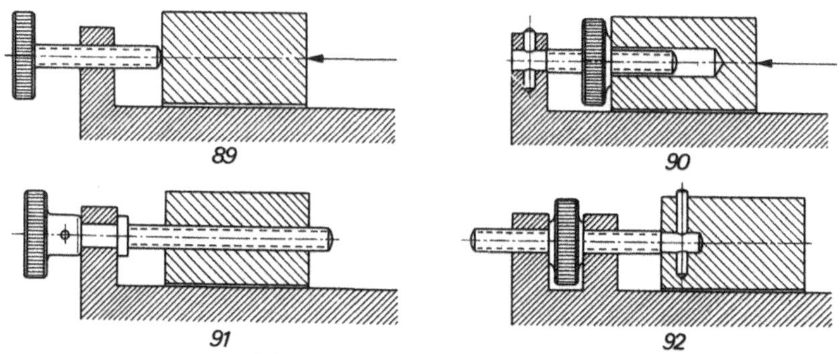

Schraubengetriebe, Grundformen

Stellschraube. Schraube drehbar und sich dabei in axialer Richtung verschiebend. Mutter fest (Abb. 89).

Stellmutter. Mutter drehbar und sich dabei in axialer Richtung verschiebend. Schraube fest (Abb. 90).

Spindelgetriebe (Triebschraube). Schraube drehbar. Mutter verschiebbar (Abb. 91).

Muttergetriebe (Triebmutter). Mutter drehbar, Schraube verschiebbar (92).

Alle diese Getriebe lassen sich zur Verschiebung eines beweglichen Körpers anwenden, wobei die ersten beiden meist durch einen Gegentrieb ergänzt werden.

Stellschrauben (L 5.8) sollen wenig Spiel haben und so viel Reibung besitzen, daß sich ihre Einstellung nicht von selbst ändert. Zu diesem Zweck dienen ausreichende Länge des Muttergewindes, radiale Verspannung 94, 96, 98, 101, 104 oder axiale Verspannung 95, 102, 103 durch federnde Schlitze oder Schrauben.

Stellmuttern dienen als Ausgleichsgewicht bei Waagebalken (Abb. 105) oder Meßsystemen. Eine Mutter zur Stativverstellung zeigt Abb. 107 (Anw. Abb. 7.46).

Stellschrauben und Muttergetriebe L 5.8

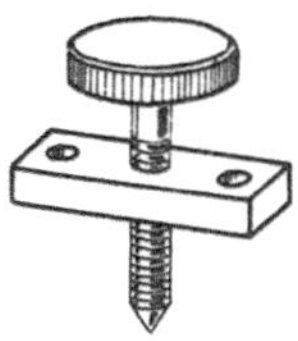
93
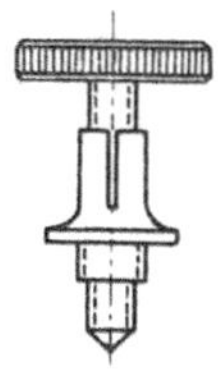
94
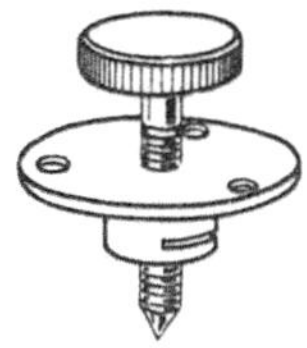
95
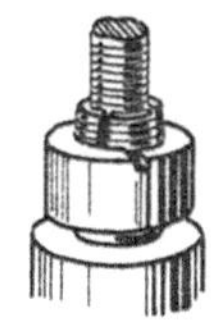
96
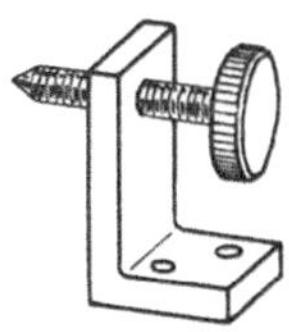
97
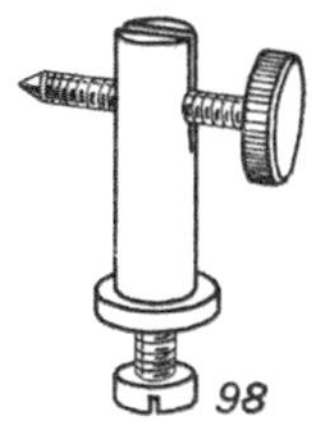
98
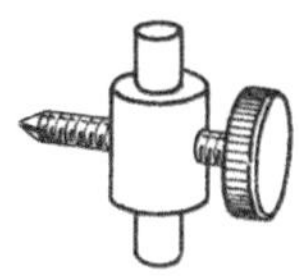
99

100

Stellschrauben

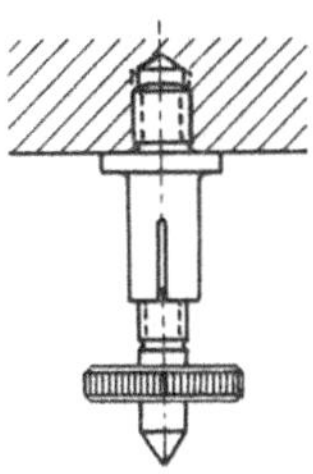
101
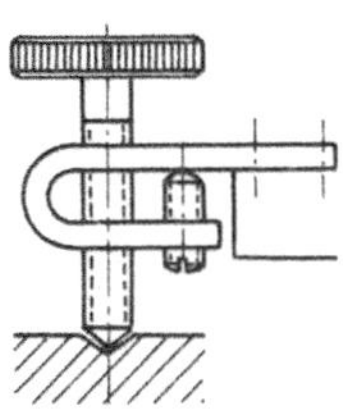
102
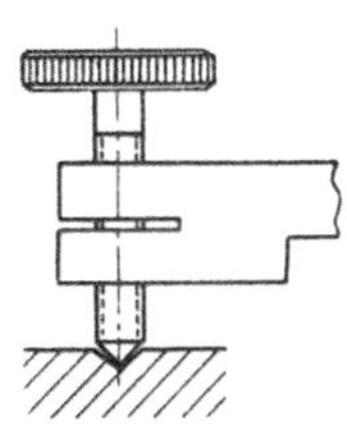
103
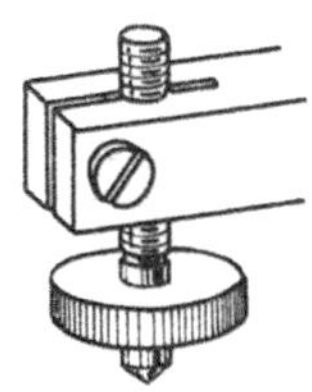
104

Fußschrauben

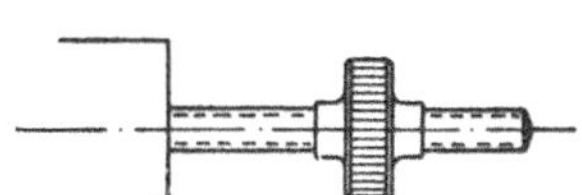
105
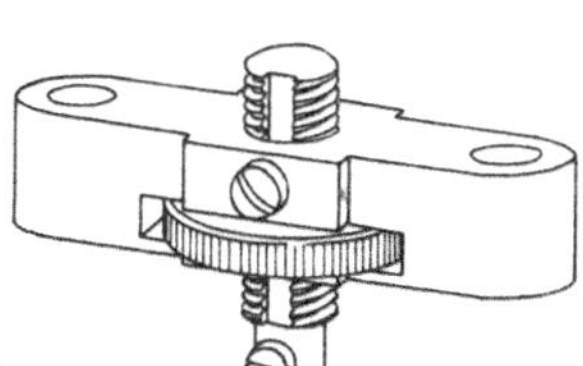
106

Muttergetriebe

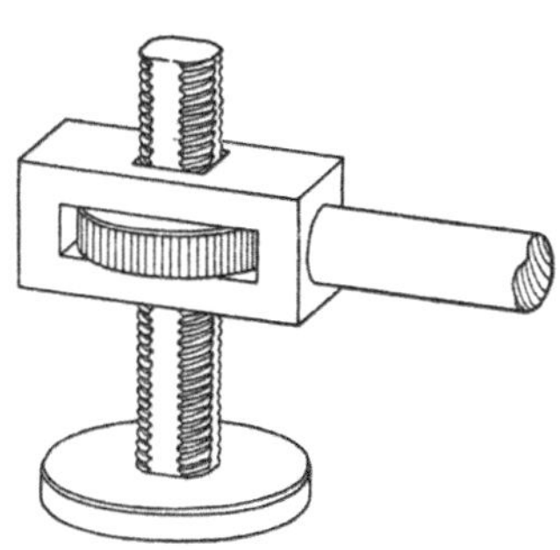
107 Stellmutter

Der Spindeltrieb verlangt genaue Arbeit. Die Spindel muß ohne axiales Spiel drehbar gelagert, die Mutter unverdrehbar geführt sein. Beides zusammen darf nicht klemmen. Bei kleinem Hub beseitigt man das axiale Spiel mit einer Druckfeder (Abb. 108) oder einer Zugfeder, welche die Spindelkuppe gegen eine gehärtete Stahlplatte zieht (Abb. 109).

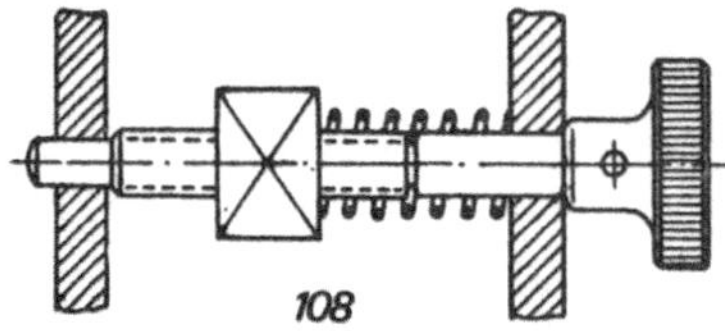
108

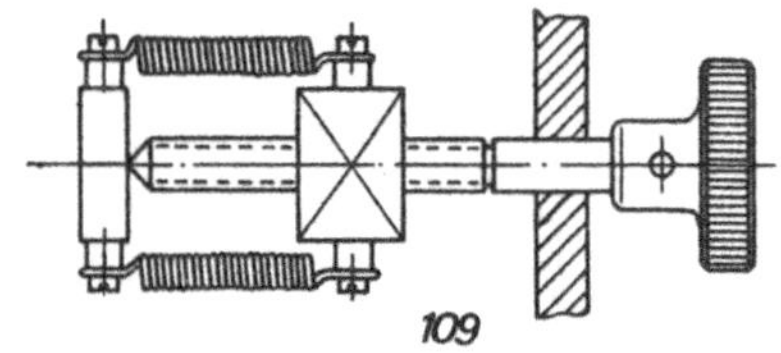
109

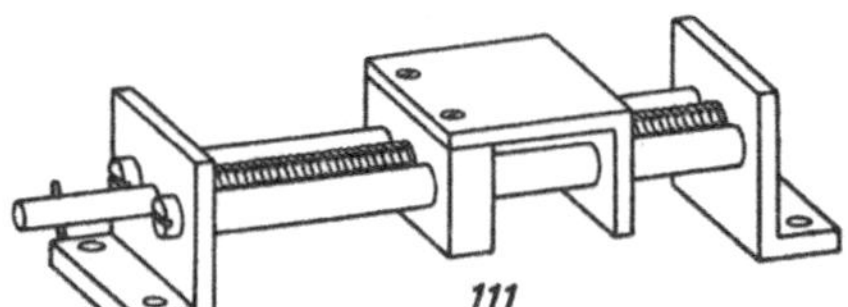
111

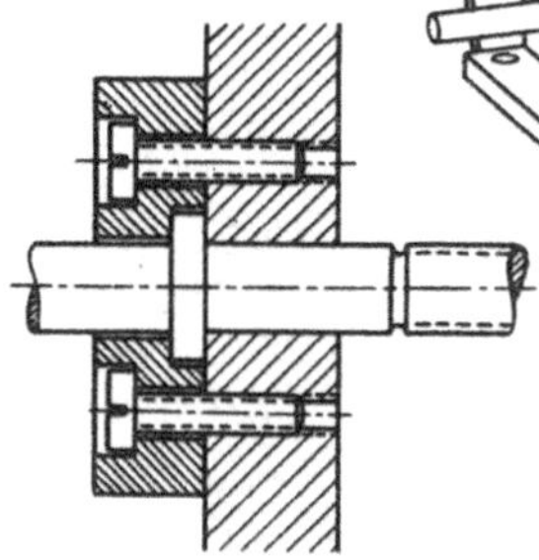
110

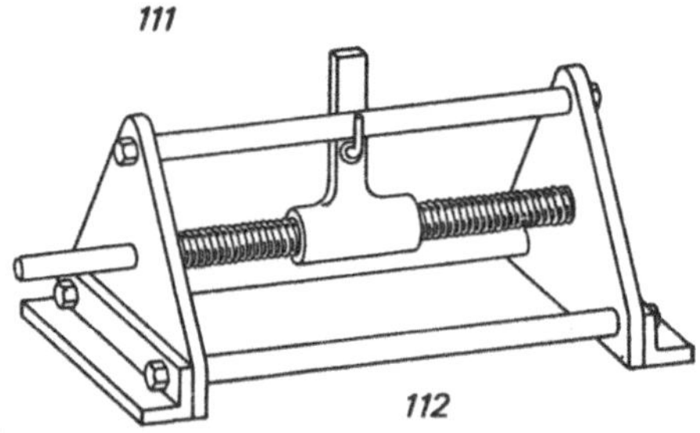
112

Spindelgetriebe

Bei großem Hub verhindert man die axiale Verschiebung durch Ansätze nach Abb. 110 oder durch Lagerung zwischen Zapfen.

Der bewegliche Körper wird entweder besonders geführt (Abb. 111) oder durch die Spindel zugleich verschoben und geführt (Abb. 112), wobei ein Ausleger die Drehung um die Spindel verhindert. Abb. 106 (L 5.8) zeigt, wie bei einem Muttergetriebe die axiale Verschiebung der Mutter und die Drehung der Schraube verhindert wird.

Literaturverzeichnis zu Kap. 5

1. Kerntechnik 5, 17 (1963).
2. Kerntechnik 2, 395 (1960).
3. Elliott, A.; Dickson, J. H.: Laboratory instruments, London: Chapman & Hall 1951.
4. Phys. Z. 36, 56 (1935).
5. Dubbel, Taschenbuch für den Maschinenbau 13. Aufl. Bd. II, Berlin/Heidelberg/New York: Springer 1970.

6. Regel-, Stell- und Meßelemente

An ein mechanisches System mit beweglichen oder durch einen Antrieb bewegten Teilen können folgende Forderungen gestellt werden:

1. Die Bewegung soll begrenzt, gedämpft oder auf konstanter Geschwindigkeit gehalten werden. Dies geschieht durch *Regelelemente* (MR).
2. Die Beweglichkeit, der Bewegungszustand oder die Lage sollen verändert werden. Dies geschieht durch *Stellelemente* (MV).
3. Dimension, Lage, Beanspruchung oder Bewegungszustand sollen bestimmt werden. Dies geschieht durch *Meßelemente* (MD).

6.1 Regelelemente

a) Riegelgesperre und Rastgesperre.

Der bewegliche Teil kann in bestimmten Stellungen gegenüber dem Bezugskörper fixiert werden: formschlüssig durch ein Riegelgesperre, kraftschlüssig durch ein Rastgesperre.

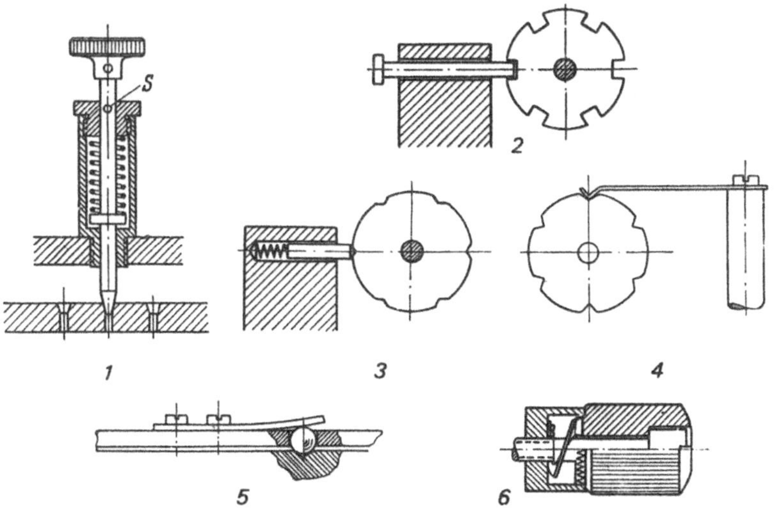

Riegelgesperre und Rastgesperre

Ein drehbarer Körper kann radial (Abb. 2) oder axial verriegelt werden, wie es Abb. 1 bei einer Lochscheibe zeigt. Die Verriegelung kann von Hand oder durch Federdruck erfolgen. Zur Entriegelung wird der Riegel herausgezogen und blockiert. Ein konischer Riegel, der exakt geführt ist, arbeitet spielfrei. Zu den Riegelsperren kann man gewisse Schaltkupplungen rechnen.

Ein Rastgesperre wirkt als Grenzkraftgesperre. Das heißt, ein drehbarer Körper ist bis zu einem bestimmten Drehmoment exakt fixiert. Mit einem etwas größeren Drehmoment kann er aus dieser Lage herausgedreht werden. Dreht man vorsichtig weiter, so rastet er in die nächste Stellung ein. Rasten arbeiten automatisch.

Das Rastgesperre kann radial oder axial eingreifen. Als Rast kann ein Federbolzen (Abb. 3) oder eine scharf geknickte Blattfeder (Abb. 4) dienen. Besonders geeignet sind Stahlkugeln, die durch Blattfedern in eine kegelförmige Vertiefung eingedrückt werden (Abb. 5).

Mit einer Rastkupplung kann man das übertragene Drehmoment begrenzen. Abb. 6 zeigt den Drehgriff einer Mikrometerschraube. Sobald der vorgeschriebene Meßdruck erreicht ist, gleitet die Rastfeder über den Zahnkranz hinweg.

b) Richtgesperre und Schrittschalter.

Der bewegliche Körper kann sich nur in einer Richtung bewegen oder drehen, wenn ein Richtgesperre wirkt. Das kann ein Zahnrichtgesperre sein — Sperrad mit Sperrklinke (Abb. 7) — oder ein Klemmrichtgesperre, z. B. eine Schlingfeder (Abb. 8). Sie ist auf einer Seite

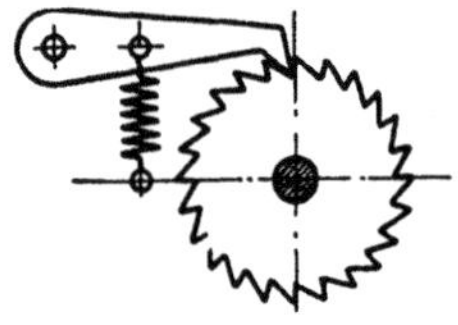

7
Sperrad

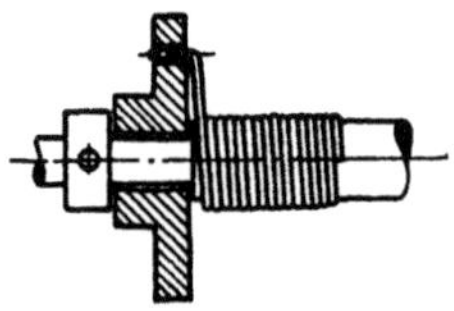

8
Schlingfeder

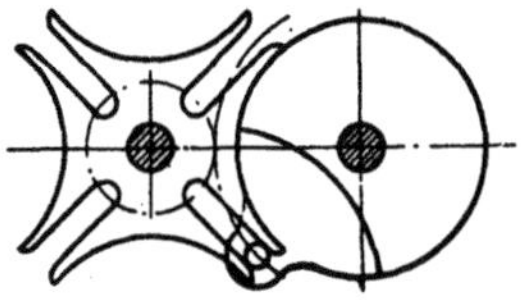

9
Malteserkreuz

verankert und schlingt sich um die Welle. Bei Rechtsdrehung der Welle wird sie durch Reibung mitgenommen, zieht sich zusammen und verhindert das Weiterdrehen. Die Linksdrehung bleibt unbehindert.

Mit einem Richtgesperre kann man eine hin- und hergehende Bewegung in eine fortlaufende Drehung umwandeln (Gleichrichter). Man macht Gebrauch davon beim elektromagnetischen Zählwerk. Es bildet ein Schrittschaltgetriebe mit kleinen Schritten. Ein Schrittschaltgetriebe mit großen Schritten ist das Malteserkreuz (Abb. 9), mit dem eine fortlaufende Drehung der Antriebswelle eine ruckartige Drehung der angetriebenen Welle bewirkt.

c) Dämpfung und mechanische Isolierung.

Bei aperiodischer Dämpfung klingt eine Schwingung etwa innerhalb einer Periode ab. Die Flüssigkeitsdämpfung (Abb. 10) ist sehr wirksam, führt jedoch bei Meßsystemen zu Anzeigefehlern. Hier eignet sich die Luftdämpfung (Abb. 11) oder die Wirbelstromdämpfung (Abb. 12), bei der sich eine dünne Aluminiumscheibe zwischen den Polen eines

10
Flüssigkeitsdämpfung

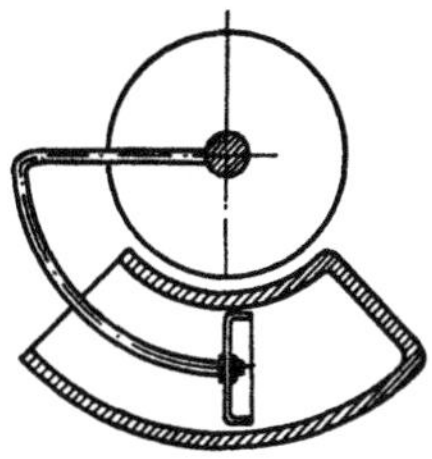

11
Luftdämpfung

12
Wirbelstromdämpfung

Permanentmagneten bewegt. Das Dämpfungsmoment ist proportional der Winkelgeschwindigkeit, dem Quadrat des magnetischen Kraftflusses und der Leitfähigkeit des Materials. Zur Dämpfung schwerer Systeme eignen sich Elektromagnete.

Waagen, Galvanometer, empfindliche Verstärker, mikrophotographische Geräte müssen gegen Erschütterungen geschützt werden.

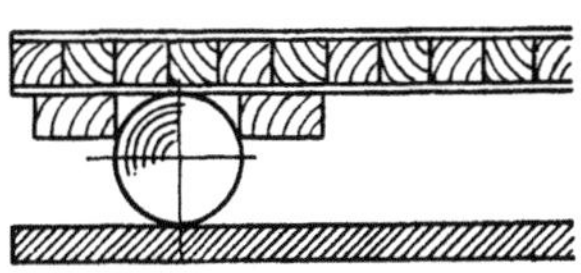

13

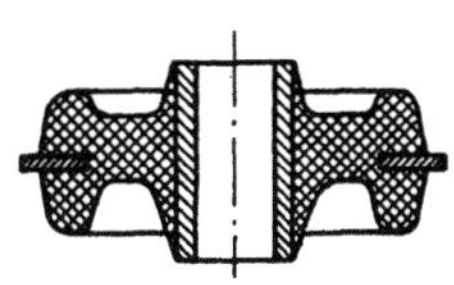

14

Mechanische Isolierung

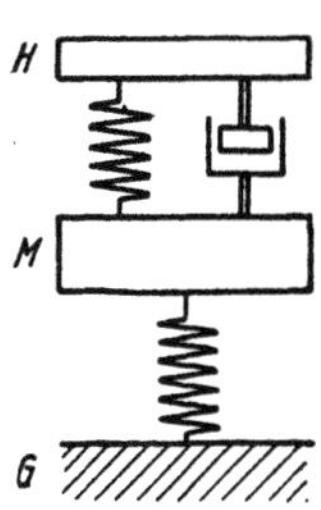

15
Dämpfung
und Isolierung

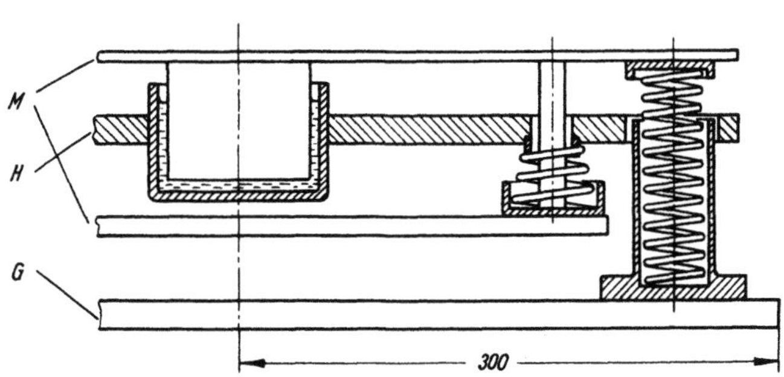

16
Schwingtisch nach HARINGX
zur erschütterungsfreien Aufstellung von Geräten

Wenn möglich stellt man sie auf Wandkonsole, die an Außenwänden (am besten im Keller) angebracht sind. Im übrigen unterlegt man mit

Kork, Filz, Gummi, Schaumgummi, Autoreifen oder Luftkissen. Erschütterungen werden um so weniger übertragen, je niedriger die Eigenfrequenz des Systems gegenüber der Störfrequenz ist. Das bedeutet schwere Massen und weiche Federung. Man kann schwere Eisenplatten auf Gummibälle legen, die in einem Holzring fixiert sind (Abb. 13) oder an Schwingmetall (B 61) montieren. Zum Beispiel zeigt Abb. 14 einen in Gummi einvulkanisierten Rohrstutzen.

Gummi sorgt durch starke innere Dämpfung für rasches Abklingen der übertragenen Schwingung. Die Dämpfung verstärkt aber zugleich die Kopplung mit der Störschwingung. HARINGX [1] zeigt, daß die Schwingungsisolierung besser wird, wenn die Dämpfungselemente nicht zwischen Hauptmasse und Fundament, sondern zwischen Hauptmasse *M* und einer Hilfsmasse *H*, die federnd mit der Hauptmasse verbunden ist (Abb. 15), angebracht werden. Die praktische Ausführung dieses Systems zeigt Abb. 16. Die obere Platte mit dem empfindlichen Gerät ruht auf 4 weichen Spiralfedern. Starr mit ihr verbunden ist eine zweite Platte. Sie trägt auf 12 Federn die Hilfsmasse *H*. Die Hilfsmasse trägt 4 Dämpfungsbecher, in die mit der Hauptmasse verbundene Dämpfungskolben eintauchen. Als Dämpfungsmittel dient Öl. Das Gewicht des Systems beträgt 110 kg, die Tragfähigkeit 35 kp, die Eigenfrequenz 3 Hz.

d) Regler

beschränken die Geschwindigkeit eines rotierenden Systems, indem sie mit zunehmender Drehgeschwindigkeit immer größere Energiebeträge

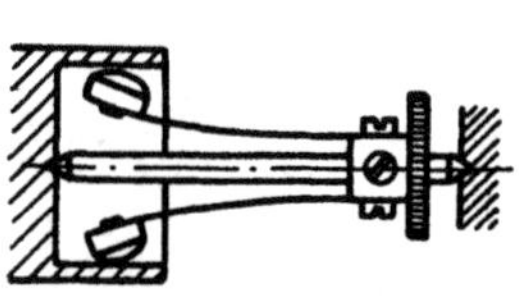
17

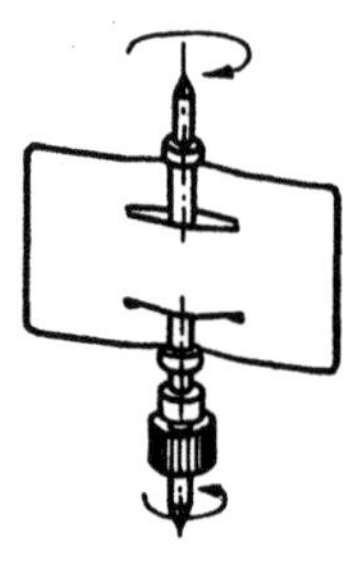
18

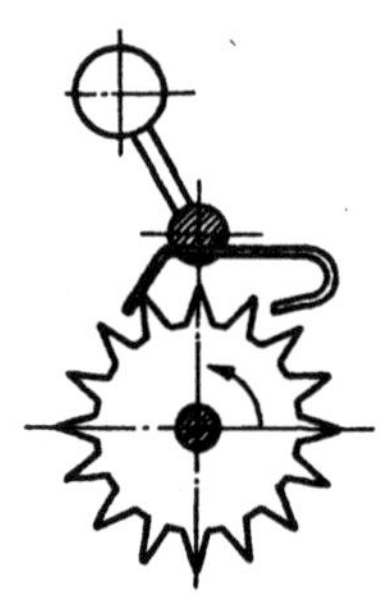
19

Regler

abführen. Entweder durch gleitende Reibung (beim Bremsregler Abb. 17) oder durch Luftreibung (Abb. 18). Eine sehr präzise Regelung ergeben die im Uhrenbau üblichen Hemmregler. Eine primitive Abart davon zeigt Abb. 19.

6.2 Stellelemente (MV)

Der Funktion entsprechend unterscheiden wir folgende Stell- oder Steuerelemente:

Funktion	Organe
lose — fest	Klemme, Bremse, Greifer
ein — aus	Schalter, Schaltkupplung
vor — zurück	Wendeschalter, Wendegetriebe
von 1 auf 2	Umschalter, Umschaltgetriebe
schneller — langsamer	Verstellgetriebe, Wechselgetriebe

a) Klemmen.

Der bewegliche Teil kann mit einer Klemme in einer beliebigen Stellung zum Bezugskörper fixiert werden. Eine Klemme drückt den beweglichen Körper senkrecht zur Bewegungsrichtung so stark gegen die Führung, daß die Reibung seine Bewegung durch betriebsmäßig auftretende Kräfte verhindert.

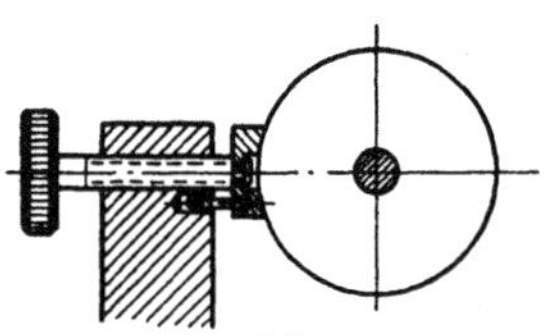
20

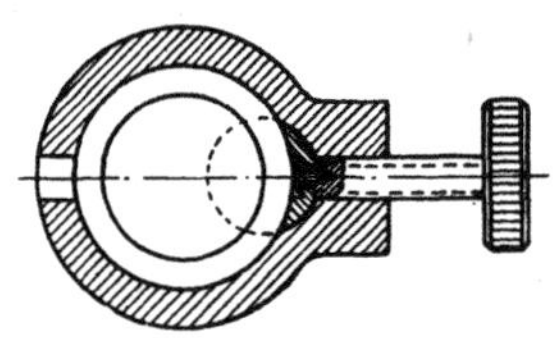
21

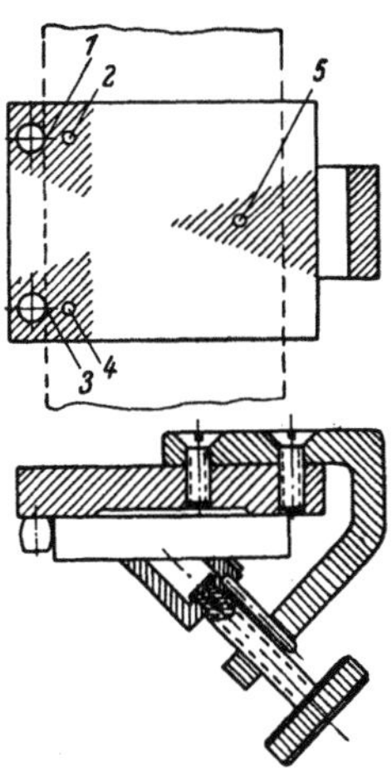

22

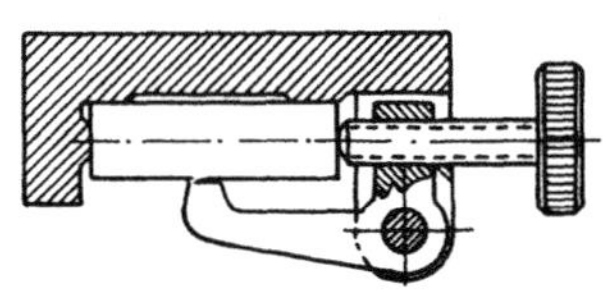
23

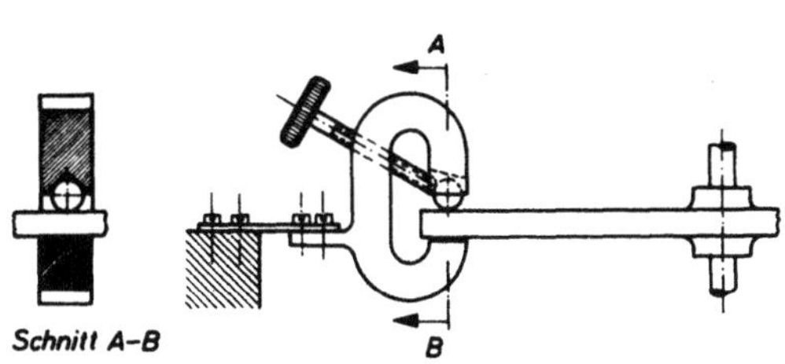

24

Die Verklemmung hat häufig den Zweck, eine Einstellung des beweglichen Körpers zu fixieren. Von einer guten Klemme verlangt man, daß sie diese Einstellung nicht ändert und keine Delle hinterläßt. Aus diesem Grund darf eine Klemmschraube nicht spitz sein. Am besten versieht man sie mit einem Klemmschuh (Abb. 20), der gegen Drehung gesichert ist. Bei Stativmuffen wird der Stativstab durch eingelegte Bleche, federnde Lappen oder angenietete Klötze (Abb. 21) geschützt. Bei der Verklemmung eines Flachstabes kann man den Klemmdruck auf die fünf Führungskontakte verteilen (Abb. 22) oder in zwei geeignete Komponenten zerlegen (Abb. 23).

Bei Meßgeräten, z. B. Waagen, braucht man eine möglichst ruckfreie Arretierung des beweglichen Systems. Abb. 24 zeigt eine solche für eine drehbare Scheibe [7].

b) Bremsen:

Die Bremsung soll entweder einem bewegten Körper allmählich seine kinetische Energie entziehen (Handbremse Abb. 25) oder eine gewisse Schwergängigkeit erzeugen. Dazu genügt oft eine gespannte

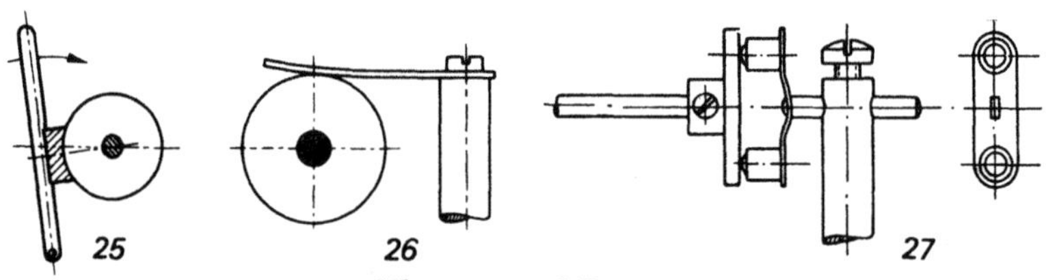

Klemmen und Bremsen

Blattfeder (Abb. 26). Eine weich wirkende Bremse zeigt Abb. 27. Eine Feder drückt zwei kleine Korkstückchen gegen eine Scheibe. Bei einer Bremse ist die Bremskraft im Ruhezustand größer (Haftreibung) als im Bewegungszustand (Gleitreibung), im Gegensatz zur Dämpfung.

c) Kupplungen:

Bei der Rutschkupplung Abb. 28 läßt sich das maximal übertragbare Drehmoment einstellen. Die elektromagnetische Kupplung Abb. 29 ist für fortlaufende Drehung bestimmt, braucht also Schleifringe zur Stromzuführung. Bei der Kupplung Abb. 30 (B 110) ist der maximale Drehwinkel $< 360°$. Hier genügt eine bewegliche Zuleitung. Eine solche Kupplung gestattet eine schnelle und präzise Winkeleinstellung der Welle (1). Diese ist mit dem Elektromagneten (3) fest verstiftet und in stromlosem Zustand frei drehbar (Grobverstellung). Unter Strom ist sie über den Anker (2) mit dem Hebel (4) fest verbunden. Dieser trägt die Gelenkmutter (5), die mit der Mikrometerschraube (6) verstellt werden kann (Feineinstellung). Die Klauenkupplung Abb. 31 wird durch Hebel betätigt.

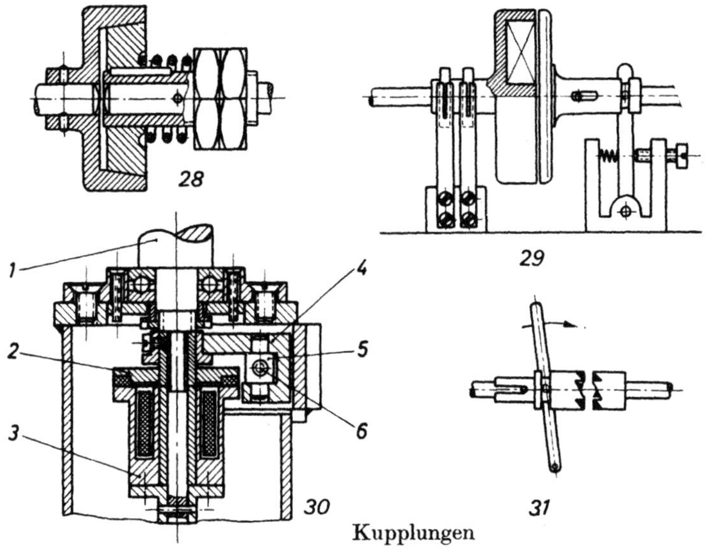

Kupplungen

d) Wendegetriebe und Verstellgetriebe [2, 3]:

Wendegetriebe kann man aus Kegelrädern zusammensetzen (Abb. 32) oder als Reibradgetriebe ausbilden. Ähnlich lassen sich auch Umschalt-

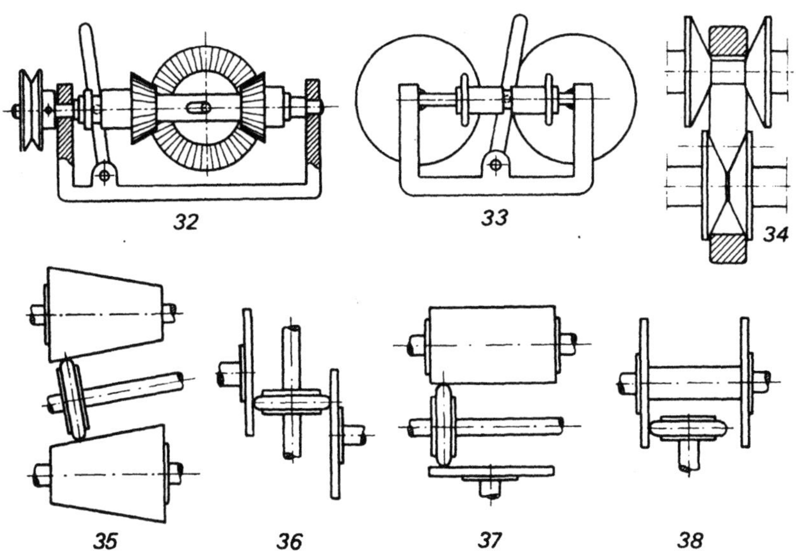

Wendegetriebe und Regelgetriebe

getriebe bauen. Bei beiden ist es zweckmäßig, die Schaltstellungen durch ein Kippsprungwerk zu sichern. Verstellgetriebe, d. h, stufenlos regelbare

Übersetzungen werden am einfachsten mit Reibrädern hergestellt (Abb. 33 bis 38). Die Übertragungsrollen können mit Hebeln oder mikrometrisch verstellt werden.

Abb. 34 zeigt ein Ganzstahl-Reibradgetriebe (B 86), bei dem sich die Übersetzung stufenlos im Verhältnis 1:9 ändern läßt, indem man zwei einander diagonal gegenüberliegende Stahlkegel verstellt. Ein stabiler Stahlring überträgt die Kraft von der Antriebswelle auf die Abtriebswelle.

e) Greifer:

Beim Greifer kann man durch einen Schaltvorgang ähnlich wie bei einer Kupplung eine Verbindung zwischen Greifwerkzeug und dem zu greifenden Gegenstand herstellen oder lösen. Mit dem Gabelgreifer Abb. 39 [8] wird der Gegenstand an einer Öse gepackt. Die Verriegelung

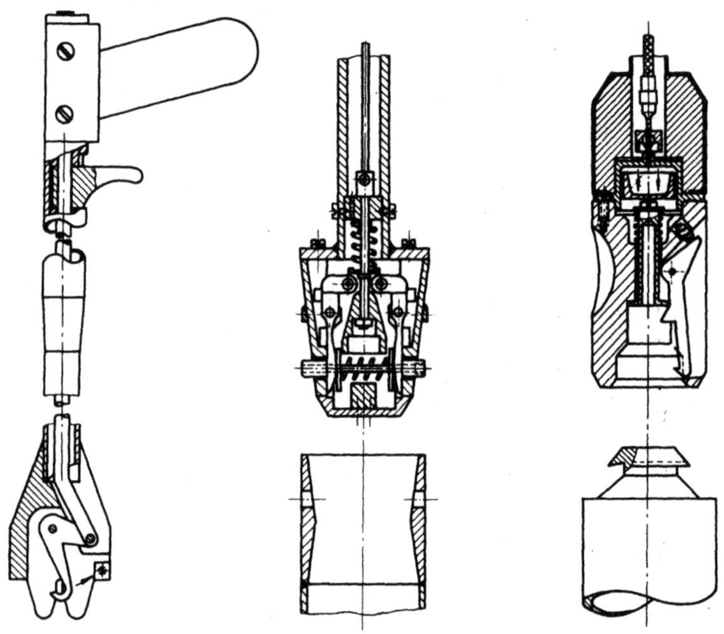

39 Gabelgreifer *40* Stiftgreifer *41* Pilzgreifer

ist unter Last kraftschlüssig gesichert. Mit dem Stiftgreifer Abb. 40 kann ein Hohlkörper von innen gefaßt werden. Die Verriegelung ist formschlüssig gesichert. In beiden Fällen läßt sich der Gegenstand mit dem Greifer axial verdrehen. Beim Aufsetzen des Pilzgreifers Abb. 41 [9] fassen unter Federdruck drei um 120° gegeneinander versetzte Haken den Pilz. Mit einem von Preßluft beaufschlagten Kolben läßt sich die Verriegelung aufheben.

6.3 Meßelemente (MD)

a) Skalen, Indizes und Zeiger:

Die Lage eines Körpers (seine Geschwindigkeit oder seine Beschleunigung) zum Bezugskörper kann mit Hilfe von Meßmitteln festgestellt werden. Bei geradliniger Bewegung befestigt man am beweglichen Körper eine Skala parallel zur Bewegungsrichtung, am festen Körper

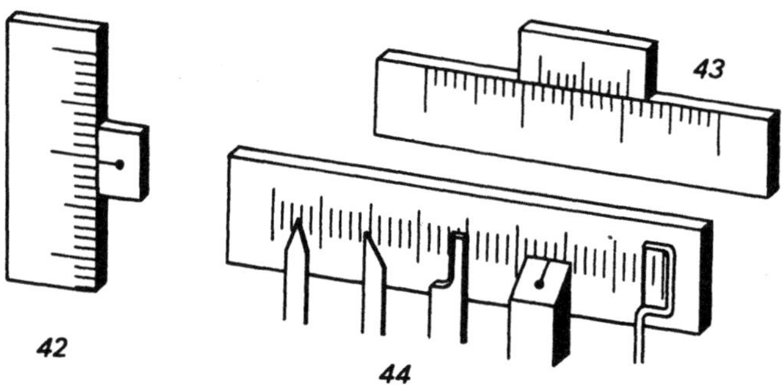

42 43 44

Skalen mit Strichindex, Nonius oder Zeiger

einen Strichindex (Abb. 42). Man kann dann die Verschiebung des beweglichen Körpers direkt ablesen. Parallaxenfreie Ablesungen sind möglich, wenn Skala und Index in derselben Ebene liegen, möglichst dicht aneinander vorbeigleiten und die Teilstriche nicht zu breit und deutlich sichtbar sind. Der Abstand der Teilstriche sei nicht kleiner als 1 mm. Für genaue Ablesungen wird statt eines Strichindex ein Nonius gebraucht (Abb. 43). Wenn der Index nicht in der Skalenebene liegen kann, bringt man ihn auf einer angeschrägten Fläche an (Abb. 44). Weniger gut sind der angeschrägte Zeiger, der gerade Zeiger und der symmetrische Zeiger.

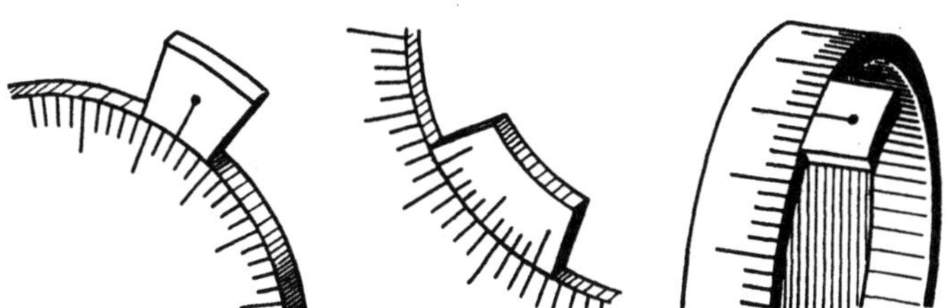

45 46 47

Kreisskalen

Zur Messung eines Drehwinkels gibt es drei parallaxenfreie Anordnungen: Ebene Kreisteilung, Index außen (Abb. 45), ebene Kreisteilung, Index innen (Abb. 46), zylindrische Kreisteilung mit zylindrischem Index (Abb. 47), wobei jedesmal der Index fest oder beweglich gewählt werden kann. Am vorteilhaftesten ist die zylindrische Teilung mit festem Index.

Zur Messung der Schraubenverschiebung muß der Drehwinkel und die Gangzahl gemessen werden. Die Kreisteilung kann eben, zylindrisch oder kegelig sein (Abb. 48, 49, 50). Die Skalenteile der linearen Skala sollen gleich der Ganghöhe der Schraube sein. Die Kante der Skalenleiste bzw. ihre Grundlinie sind zugleich Index für die Winkelmessung. Bei feinen Gewinden verteilt man die lineare Skala auf beide Seiten des

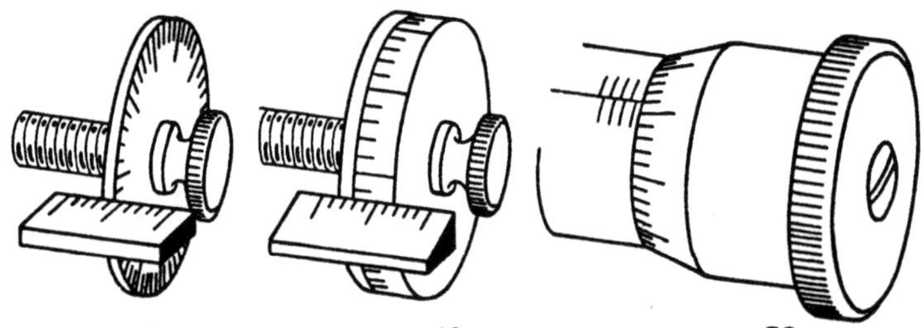

48 49 50
Schraubenskalen

Index. Meist bevorzugt man die Anordnung Abb. 50. Meßköpfe dieser Art, wie sie bei Schraubenmikrometern verwendet werden, sind im Handel erhältlich. Meist haben sie eine Ganghöhe von 0,5 mm und eine 50teilige Kreisteilung, so daß Verschiebungen von 1/100 mm direkt abgelesen und der dritte Teil davon abgeschätzt werden kann.

Mit den beschriebenen Meßmitteln, insbesondere mit den Schraubenmikrometern kann man Verschiebungen oder Verdrehungen, die man einstellt, sehr genau messen. Man kann damit aber nicht Verschiebungen messen, die durch sehr kleine Kräfte hervorgerufen werden und noch weniger Gleichgewichtslagen feststellen, wie sie z. B. bei einer Torsionswaage auftreten. Dazu sind diese Meßmittel zu plump.

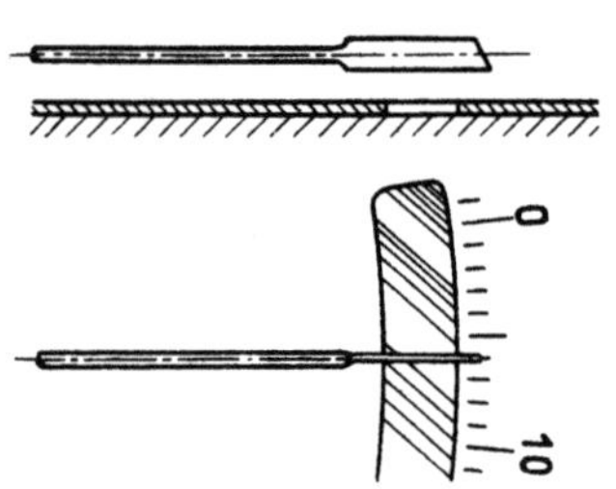

51 Messerzeiger

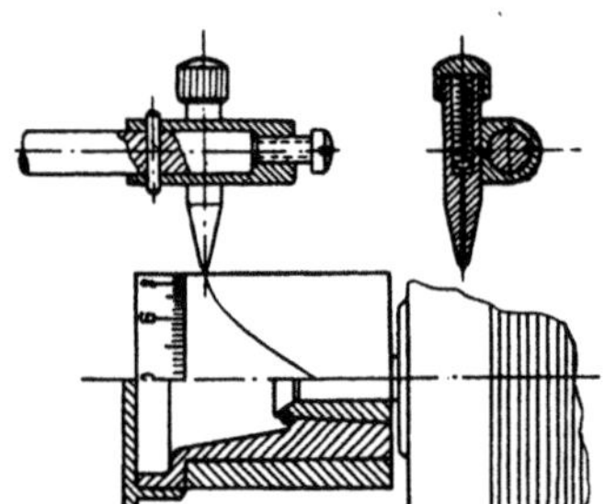

52 Registrierwalze

Hierzu verwendet man besondere Anzeigeelemente: dünne leichte Messerzeiger (Abb. 51), die sich über eine spiegelunterlegte Skala bewegen. Solche Zeiger verwendet man auch dann, wenn kleine Verrückungen zur genaueren Messung stark vergrößert dargestellt werden sollen. Man verwendet dazu hoch übersetzende Getriebe (Minimetergetriebe Abb. 5.50, 5.51, 5.53, 5.54, 5.64, 5.80).

Im Laboratorium bevorzugt man optische Ablesungen mit kleinen Drehspiegeln und Lichtzeigern (Abb. 11.51).

a) Schreiber:

Zur Aufzeichnung von Bewegungsabläufen versieht man den bewegten Körper mit einem Schreiborgan, das auf einem mit konstanter Geschwindigkeit bewegten Papier (Kreisblatt oder Trommelblatt) eine Spur hinterläßt. Bei Schreibpapier dient dazu ein Tintenschreiber. Beim Wachspapierverfahren schreibt ein erwärmter Metallstift auf ein mit einer dünnen Wachsschicht überzogenes Papier. Bei der elektrischen Registrierung wird mit 20 V Gleichstrom eine Spur in eine Zink-Kadmiumschicht eingebrannt [4].

Für die Registrierung von Geschwindigkeiten eignet sich eine polierte Stahlwalze (Abb. 52) auf der Achse eines Synchronmotors. Sie wird mit einem brennenden Kampferstückchen berußt. Der Körper, dessen Bewegung registriert werden soll, erhält einen exakt geführten Schreibstift, der von einer kleinen Feder gegen die Walze gedrückt wird.

c) Elektrische Meßgrößenaufnehmer:

Wenn Meßwerte übertragen oder registriert werden müssen, benutzt man elektrische Meßgrößenaufnehmer. Zur *analogen* Erfassung der Meßwerte gibt es die in Tab. 6.1 zusammengestellten Verfahren [4, 5, 6].

Tabelle 6.1. *Elektrische Messung mechanischer Größen*

zu messende mechanische Größe	Die von der mech. Größe beeinflußbare elektr. Größe		
	Ohmscher Widerstand	Induktivität	Kapazität
Weg Dehnung	durch Verschiebung des Abgriffs an einem Potentiometer	durch Verschiebung eines Tauchankers in einer Spule	durch Verschiebung einer Platte in einem Differentialkondensator
	—	—	—
Winkel Dicke	durch Verzerrung von Dehnungsmeßstreifen	durch Verlagerung des Querankers an einem Joch	durch Drehung einer Platte in einem Drehkondensator
	—	—	—
Füllstand		durch Änderung einer Trennschicht	durch Änderung des Dielektrikums

Indirekt kann man mit denselben Verfahren Beschleunigungen, Kräfte, Drucke und Drehmomente messen, indem man sie durch die Verformung elastischer Körper in Längenänderungen umwandelt. Eine direkte Messung von Kräften kann mit magnetoelastischen und piezoelektrischen Meßgrößenaufnehmern erfolgen.

Geschwindigkeiten, Schwinggeschwindigkeiten (Schnelle) und Winkelgeschwindigkeiten mißt man nach dem elektrodynamischen Prinzip mit Tauchspulen oder Drehspulen, die in einem Magnetfeld beweglich angeordnet sind.

Zur Verarbeitung und Übertragung der von den Meßfühlern erzeugten elektrischen Signale benutzt man neben den klassischen Verfahren der elektrischen Meßtechnik, insbesondere den Brückenschaltungen, die elektronischen Verfahren. Mit Hilfe von Analog-Digital-Umsetzern lassen sich analoge Signale in eine digitale Form umsetzen.

Zur direkten digitalen Erfassung von Längen und Winkeln setzt man optisch-elektrische Aufnehmer ein. Mit ihnen werden Längen oder Winkel als Vielfaches bestimmter kleiner Längen- oder Winkeleinheiten dargestellt. Man unterscheidet die *Schrittgeber*, mit denen man eine Verschiebung oder Verdrehung messen kann und die *Positionsgeber*, mit denen man die Stellung oder den Winkel, bezogen auf eine bestimmte Nullstellung, feststellen kann.

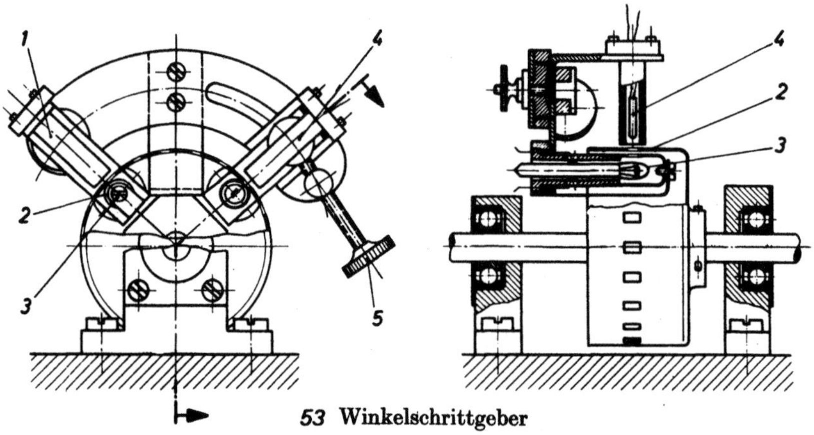

53 Winkelschrittgeber

(1) 1. Photodiode (Phototransistor Siemens BPY 61 III), *(2)* Meßtrommel, *(3)* Glühlampe (Liliput-Telefon-Stecklampe T 8 K, RAFI 2810, *(4)* 2. Photodiode, *(5)* Stellschraube zur Einstellung der zweiten Photodiode (H.-B. Greiß)

Abb. 53 zeigt einen Winkelschrittgeber, mit dem man die Verdrehung einer Mikrometerschraube messen kann. Er besteht aus einer Meßtrommel mit 20 Schlitzen, auf deren Innenseite eine kleine Glühlampe und ihr gegenüber auf der Außenseite eine Photodiode sitzen. Bei der Drehung der Trommel liefert diese 1. Diode die in Abb. 54 dargestellten Rechteckimpulse. Da man bei diesen Impulsen die Drehrichtungen nicht unterscheiden kann, setzt man noch eine zweite Diode so an, daß die in ihr erzeugten Impulse bei der Vorwärtsbewegung den Impulsen der 1. Diode um 1/4 Schrittlänge vorausgehen. Die Impulse der 1. Diode

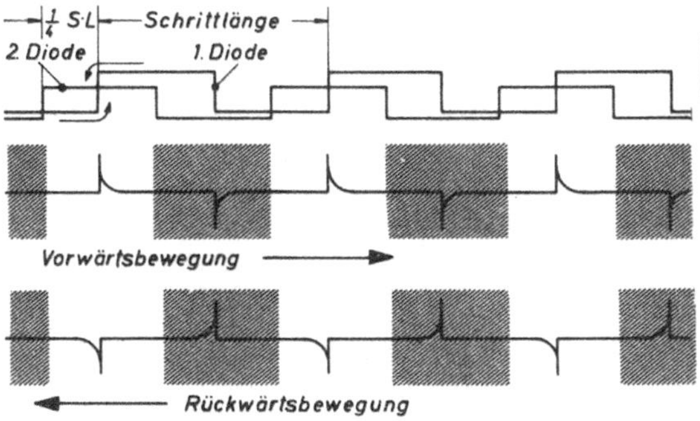

54 Impulse eines Schrittgebers bei Vor- und Rückwärtsbewegung (H.-B. Jung)

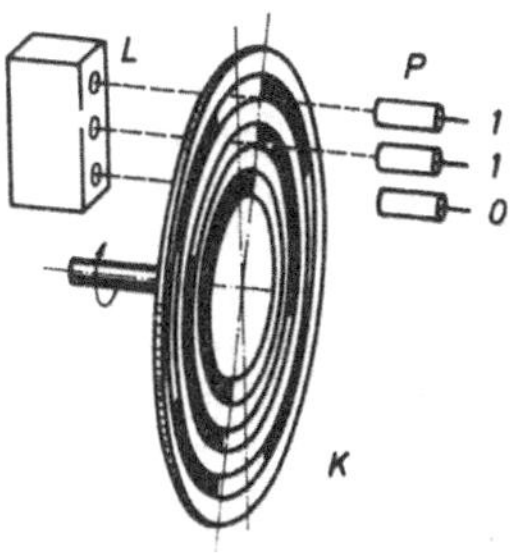

55 Winkelkodierer
L Lichtquellen
P Photodioden
K Kodierscheibe

werden mit einem RC-Glied differenziert, so daß bei der Vorwärtsbewegung an der linken Flanke ein positiver, an der rechten Flanke ein negativer Impuls entsteht. Bei der Rückwärtsbewegung kehren sich die Vorzeichen um. Die Impulse der 2. Diode öffnen nun für die Dauer des Impulses ein Gatter. Das bedeutet, daß nur der durch Differentiation der linken Flanke des 1. Impulses erzeugte Impuls durchkommt. Er ist für die Vorwärtsbewegung positiv, für die Rückwärtsbewegung negativ. Die Abzählung der Impulse ergibt also ein Maß für die resultierende Drehung, unabhängig davon, ob diese in einem Zug oder durch mehrfaches Hin- und Herdrehen bewirkt worden ist.

Abb. 12.103C und F zeigt Impulsgeber für Drehbewegungen (B 76) für 5000 Impulse pro Umdrehung, die nach dem gleichen Prinzip arbeiten.

Das Prinzip eines Positionsgebers für Winkel (Winkelkodierer) zeigt Abb. 55 [5]. Er enthält eine Kodierscheibe mit ringförmigen Zonen, die dem Binärsystem entsprechend in transparente und lichtundurchlässige Segmente unterteilt sind. Jede Zone wird von einem von der Lichtquelle *L* ausgehenden parallelen Lichtstrahl durchsetzt, der, wenn er auf ein transparentes Segment auftrifft, in der gegenüberliegenden Photodiode ein Signal erzeugt. Auf diese Weise ergibt sich die Winkelstellung der Scheibe direkt im Binärcode. Eine Kodierscheibe mit 10 Zonen (*B* 2) gibt die Winkelstellung auf 360°/1024, d. h. auf etwa 0,35° genau an. Es gibt Scheiben mit 25 cm Durchmesser mit 17 Zonen, die auf 10″ genau anzeigen.

Literaturverzeichnis zu Kap. 6

1. Philips techn. Rundschau **9**, 16, 85 (1947).
2. Rabe, K.: Getriebe der Feinwerktechnik, Prien/Chiemsee: C. F. Wintersche Verlagshandlung 1961.
3. AWF-VDMA-VDI-Getriebehefte.
4. Grave, H. F.: Elektrische Messung nichtelektrischer Größen, 2. Aufl. Techn. Phys. Sammlung Bd. 3. Frankfurt/M.: Akad. Verlagsges. 1965.
5. Lion, K. S.: Instrumentation in scientific research, New York: McGraw Hill 1959.
6. Woschni, E. G.: Meßgrößenverarbeitung, Weinheim: Verlag Chemie 1969.
7. Whitehead, T. N.: The design and use of instruments and accurate mechanism, New York: Dover Publications 1954.
8. Kerntechnik **2**, 349 (1960).
9. Kerntechnik **6**, 536 (1964).

7. Feineinstellungen

7.1 Funktion und Formen der Feineinstellungen

Eine Feineinstellung braucht man, wenn die Herstellungsgenauigkeit nicht ausreicht, einen Apparateteil in die richtige Stellung zu bringen. Man nennt sie dann Justierung [9]. Man braucht sie andererseits, um die Stellung eines Apparateteils kontinuierlich in kleinen oder großen Stufen reproduzierbar zu verändern. Beide Funktionen lassen sich mit denselben mechanischen Hilfsmitteln erfüllen: Führung, Getriebe und Meßvorrichtung.

Die Führung sorgt dafür, daß der Körper nur über die Freiheitsgrade verfügt, in denen er verstellt werden soll. Das Getriebe gestattet die Verstellung in genügend kleinen Schritten durchzuführen und die Meßeinrichtung unterrichtet über den Grad der Verstellung. Eine ideale Feinverstellung verlangt eine Führung ohne Spiel, ein Getriebe ohne toten Gang und eine Meßeinrichtung ohne Ablesefehler. Abb. 1 zeigt ein Modell: Eine kinematische Führung mit Lokalisator, einem Stell-

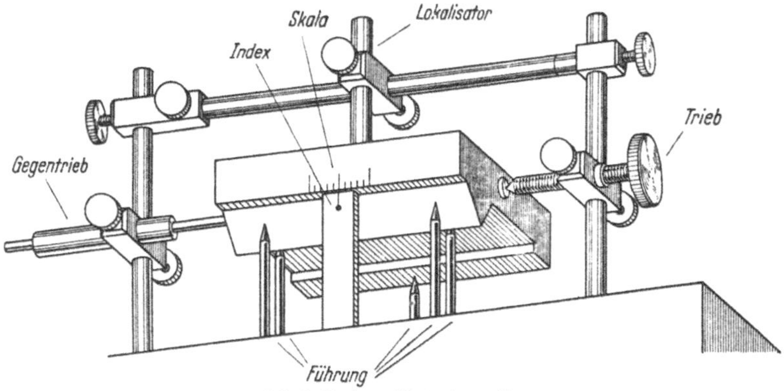

1 Modell einer Feineinstellung

schraubentrieb mit Federbolzen als Gegentrieb und einer Skala mit Strichindex in der Skalenebene zur parallaxenfreien Ablesung. Die Anordnung leistet eine Feinverschiebung des beweglichen Körpers, und eine solche Anordnung wird im folgenden kurz als „Feinverschiebung" bezeichnet. Das Wort bedeutet also (wie das Wort elektrischer Widerstand) gleichzeitig „Gerät" und „Funktion".

Bevor man eine Feineinstellung entwirft, sind folgende Punkte zu klären:

1. Zahl und Art der Freiheitsgrade. In Tab. 7.1 sind die wichtigsten Feineinstellungen nach Zahl und Art der erfaßten Freiheitsgrade geordnet zusammengestellt. Gerade und gebogene Pfeile geben die Verschiebungen und Drehungen an, mit denen der Körper aus der gestrichelten Lage in die ausgezogen gezeichnete Lage überführt wird. Die Gesamtoperationen sind durch Worte wie „Verschiebung" oder „Zen-

Tabelle 7.1. *Feineinstellungen, Übersicht.*

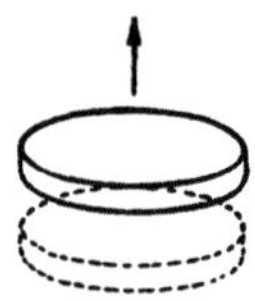 Verschiebung 1s	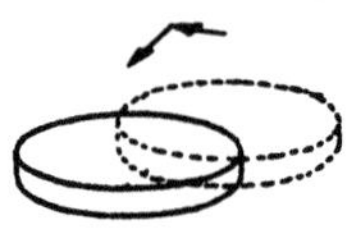 Zentrierung 2s	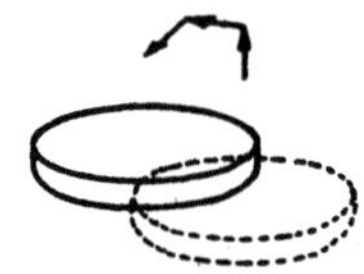 Raumzentrierung 3s
 Drehung 1φ	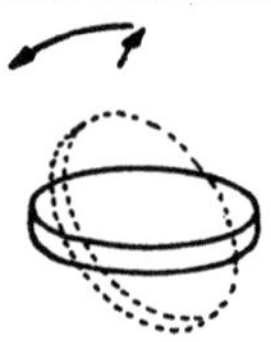 Ausrichtung 2φ	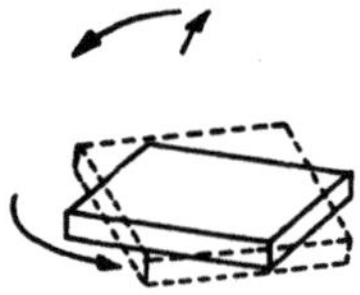 Drehung um 3 Achsen 3φ
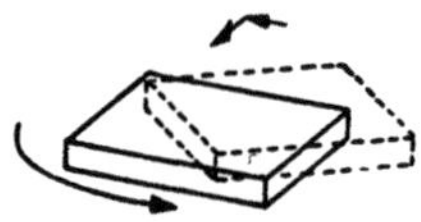 Einstellung in einer Ebene 2s 1φ	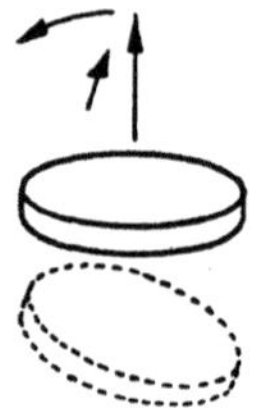 Einstellung auf eine Ebene 1s 2φ	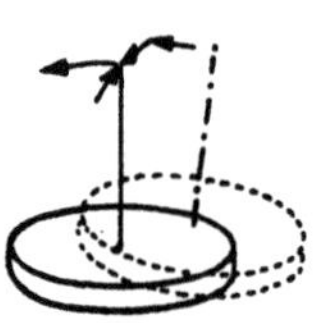 Achsenzentrierung 2s 2φ
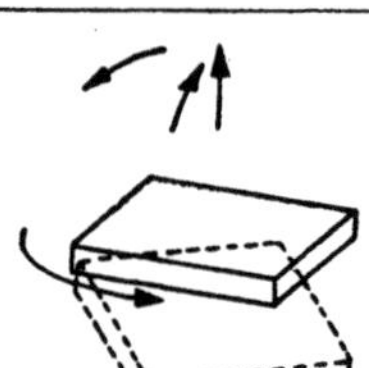 Gittereinstellung 1s 3φ	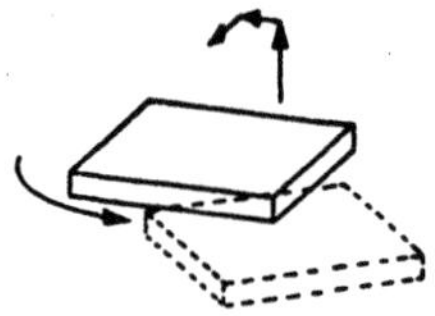 Lampeneinstellung 3s 1φ	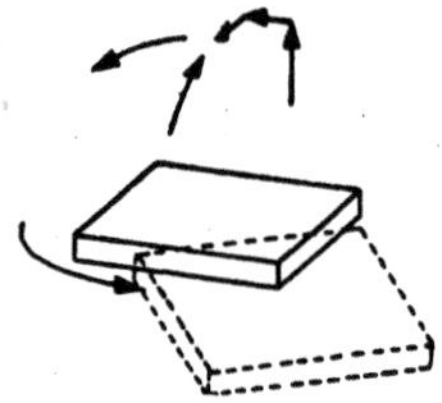 Universaleinstellung 3s 3φ

trierung" und durch Symbole $1s$, $2s$ usw. bezeichnet. Es bedeutet s eine Verschiebung, φ eine Drehung, $2s\,2\varphi$ also eine Operation, bei der zwei Verschiebungen und zwei Drehungen vorgenommen werden.

2. Der Hub, d. h. der Bereich, in dem ein Körper verschoben oder verdreht werden soll. Ist er klein, wie z. B. bei einer Justierung, so läßt sich die Konstruktion stark vereinfachen.

3. Die Einstellgenauigkeit. Mit Schraubengetrieben kann man leicht auf 1/100 mm genau einstellen. Mit kombinierten Getrieben läßt sich 100fache Genauigkeit erzielen. Voraussetzung ist eine exakte Führung. Pseudoführungen müssen so angeordnet werden, daß die auftretenden Drehungen nicht stören.

4. Reihenfolge der Einstellung. Erfolgt eine Einstellung nach mindestens zwei Freiheitsgraden, so ist zu entscheiden, ob jeder Freiheitsgrad unabhängig vom anderen eingestellt werden soll oder nicht. Zum Beispiel ist die Zentrierung mit einem Kreuzschlitten nach rechtwinkligen Koordinaten getrennt durchführbar im Gegensatz zu der viel einfacheren 2-Schraubenzentrierung mit Federbolzen.

5. Sicherung der Einstellung. Bei einer Feineinstellung mit Schrauben genügt im allgemeinen die Reibung im Gewinde zur Fixierung der eingestellten Lage. (Selbstsperrende Feineinstellung). Bei einem Zahnstangengetriebe muß die Einstellung durch Klemmen gesichert werden.

6. Belastung. Führung und Getriebe müssen den auftretenden Belastungen angepaßt sein. Die Führung darf nicht verkanten und das Getriebe nicht klemmen.

7. Form und Größe des Apparateteils: Wir unterscheiden vier Fälle: Der zu verstellende Körper ist klein und leicht. In diesem Fall kann er an der Spitze eines Tragarms befestigt werden (Stabform). Der Körper ist groß und schwer. Er muß dann auf der Plattform einer stabilen, blockförmigen Anordnung montiert werden (Blockform). Ein rohrförmiges Gebilde ist im Innern eines zweiten Rohres zu verstellen (Rohrform). Ein ringförmiges Gebilde ist im Innern eines zweiten Ringes einzustellen (Ringform).

8. Anzeige. Eine Feineinstellung hat nur Sinn, wenn zu erkennen ist, ob man sich der richtigen Einstellung nähert oder sich davon entfernt. Ohne diese Anzeige ist die beste Konstruktion wertlos. Die Anzeige kann durch den Zweck unmittelbar gegeben sein, z. B. Scharfstellung eines Fernrohres, oder sie kann besondere Meßmittel erfordern, wie die Zentrierung einer Spitze. Mit einer Skala kann man in jedem Fall eine blindlings gefundene optimale Einstellung reproduzieren.

Häufig werden Führung und Getriebe miteinander vereinigt, wie z. B. bei einem Stelltischchen Abb. 2, bei dem die Fußschrauben gleichzeitig als Führung und Triebmittel dienen. In diesen Fällen soll die Lage

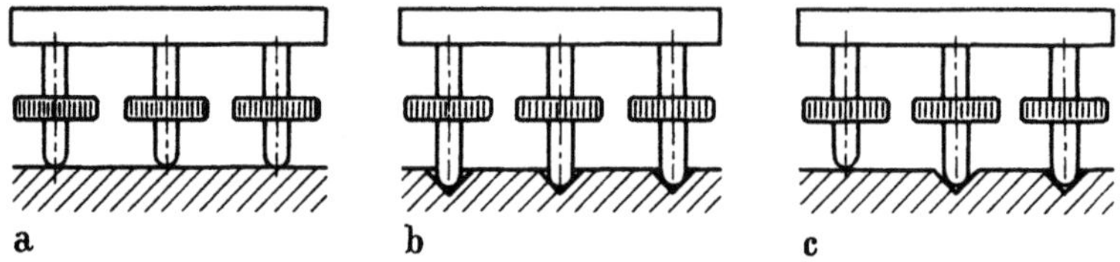

2 Unterbestimmte (a), überbestimmte (b) und bestimmte (c) Aufstellung eines Stelltischchens

des zu verstellenden Körpers durch 6 Berührungspunkte bestimmt sein. Bei einem Stelltischchen auf einer Ebene ist sie unterbestimmt (drei Berührungspunkte Abb. 2a). Es kann hin- und herrutschen. Setzt man die drei Stellfüße in drei kegelförmige Vertiefungen, so ist sie überbestimmt, und die Stellschrauben klemmen (Abb. 2b). Setzt man aber die erste Stellschraube auf eine Ebene (Abb. 2c), die zweite in eine V-Nute und die dritte in eine kegelförmige Vertiefung, so lassen sich die Stellschrauben leicht verstellen und das Tischchen kann weder wackeln noch sich verschieben, vorausgesetzt, daß die Stellschrauben gut geführt sind.

7.2 Feinverschiebungen und Zentrierungen

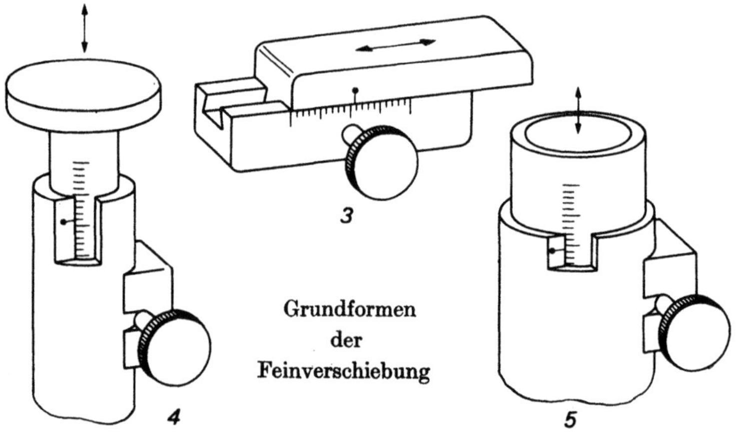

Wir unterscheiden Anordnungen, deren Nutzfläche parallel zur Verschiebungsrichtung liegt (Abb. 3), solche, bei denen sie senkrecht dazu liegt (Abb. 4) und entsprechende Rohrformen, z. B. Abb. 5.

Feinverschiebungen parallel zur Nutzfläche L 7.1

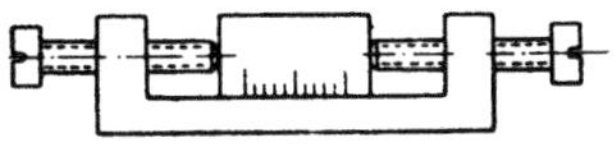

6

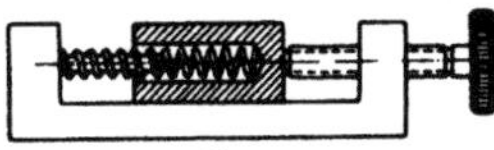

7

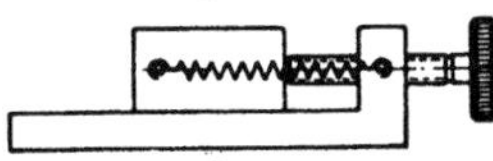

8

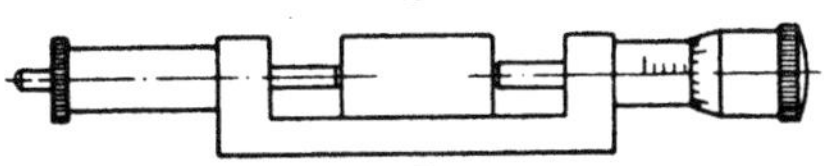

9

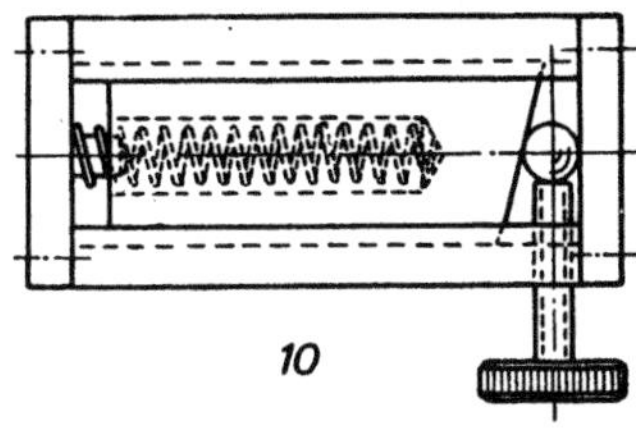

10

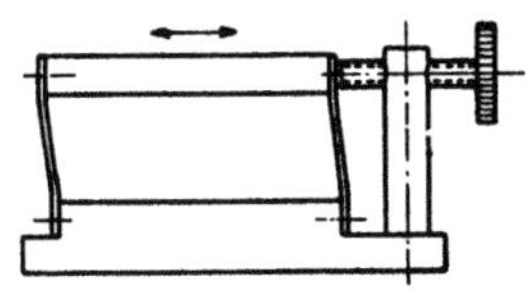

11

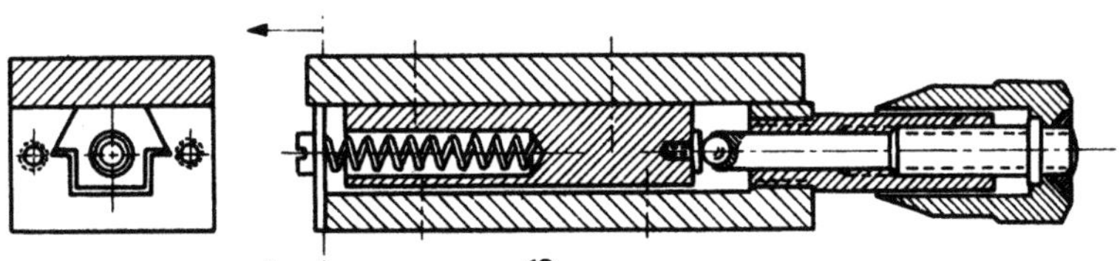

12

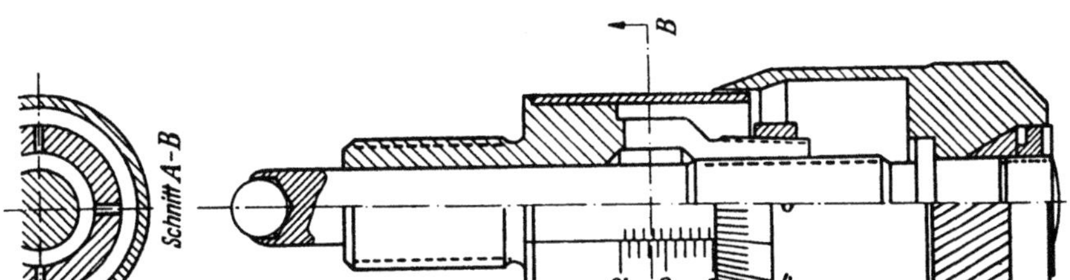

13

Mikrometerschraube

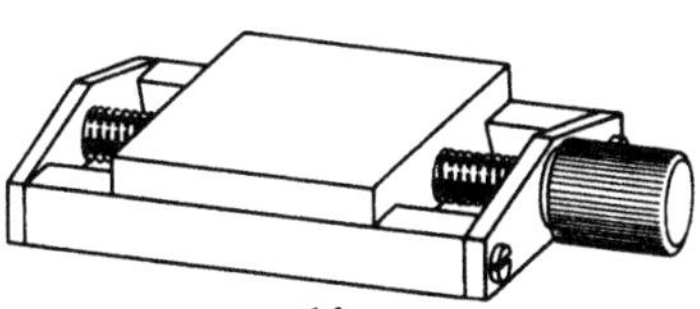

14

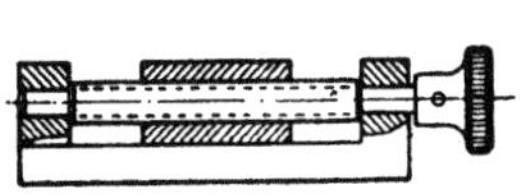

15

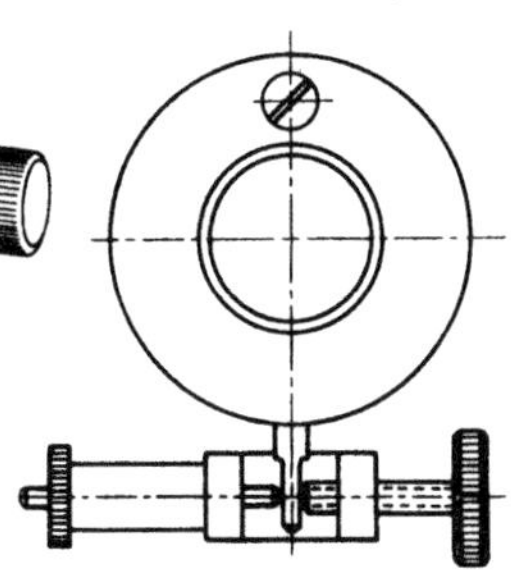

16

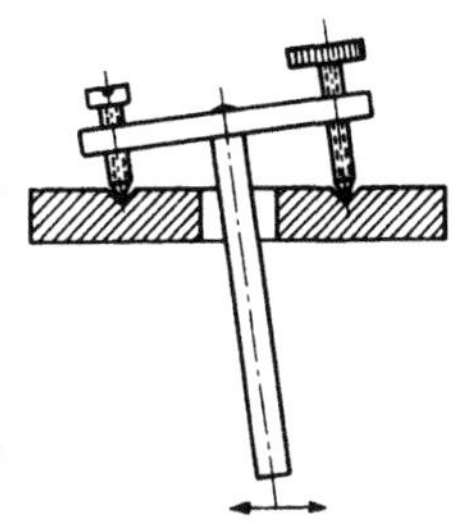

17

Pseudoverschiebungen

a) Feinverschiebungen parallel zur Nutzfläche (L 7.1)

erhält man mit Schwalbenschwanzführungen, die mit verschiedenen Schraubengetrieben kombiniert werden. Zum Beispiel Schraube mit Gegenschraube Abb. 6, Stellschraube gegen Druckfeder Abb. 7, Stellschraube gegen Zugfeder Abb. 8, Mikrometerschraube gegen Federbolzen Abb. 9. Eine passende Mikrometerschraube zeigt Abb. 13. Sie hat eine Ganghöhe von 1/2 mm, einstellbare Skalentrommel (1 Skalenteil = 1/200 mm), nachstellbares Muttergewinde und eine Stahlkugelkuppe. In Verbindung mit einer Druckfeder ergibt sie eine Feinverstellung für einen Mikroskoptubus (Abb. 12). Abb. 10 zeigt eine Einstellung mit Keilgetriebe, Abb. 11 mit einer Parallelfederführung. Entsprechende Kombinationen mit Spindeltrieb zeigen Abb. 14 u. 15.

Bei kleinem Hub kann man mit Pseudoführungen arbeiten. Beispiele zeigen Abb. 16: die Nulleinstellung eines Meßmikroskops, dessen Flansch mit Stellschraube und Federbolzen um den Hals der oberen Schraube geschwenkt wird, und Abb. 17: die Verstellung des Stabendes mit der rechten Stellschraube, um die als Schneidenlagerung dienenden Schraubenspitzen links.

b) Feinverschiebungen senkrecht zur Nutzfläche (L 7.2).

Wir kombinieren z. B. die Führung eines Vierkants mit Mikrometerschraube gegen Druckfeder (Abb. 18) oder Triebmutter gegen Druckfeder (Abb. 19). Bei Feinstverstellungen ersetzt man das Feingewinde durch einen Differentialgewindetrieb. Zum Beispiel hat die Schraube in Abb. 20 zwei Gewinde mit 1,0 mm und 0,8 mm Steigung. Bei einer Umdrehung wandert die Schraube um 1 mm vor. Gleichzeitig schraubt sie sich um 0,8 mm in den Vierkant hinein. Der Vierkannt wandert also um 0,2 mm pro Umdrehung vor. Ein Gewinde mit dieser kleinen Steigung würde beim Gebrauch in kurzer Zeit aufgerieben werden. In Abb. 21 ist die Einstellschraube zugleich Mutter für eine mit dem Vierkant verbundene Schraube. Als Schraube hat sie 1,25 mm Steigung, als Mutter 1,0 mm. Der resultierende Vorschub beträgt also 0,25 mm je Umdrehung. Eine Feinverstellung kann auch zwischen den Enden eines Stabes eingebaut werden (Abb. 22) [1]. Die beiden Stabenden sind durch eine Dreikantführung verbunden. Der obere Stab liegt mit seinem rohrförmigen Ansatz auf einer Stellmutter mit Mikrometerteilung. Als Gegentrieb wirkt das Gewicht des geführten Stabes. Bei der Stabverstellung im Reiter einer optischen Bank (Abb. 23) sichert die Stellschraube rechts zugleich die zylindrische Führung gegen Verdrehung, indem ihre Spitze in den Rohrschlitz eingreift. Bei der Verstellung Abb. 27 dient dazu ein kleiner Stift. — Ein Schraubengetriebe in Verbindung mit Keilgetriebe zeigt Abb. 24. Für hohe Belastungen muß die Schraube zweiseitig gelagert werden (Abb. 25). Zur Kraftübertragung dient eine

Feinverschiebungen senkrecht zur Nutzfläche L 7.2

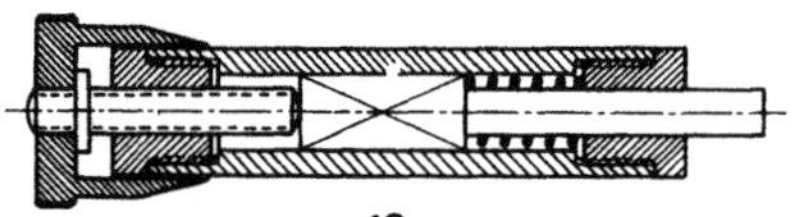
18

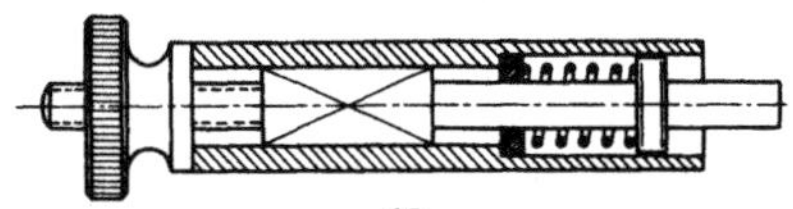
19

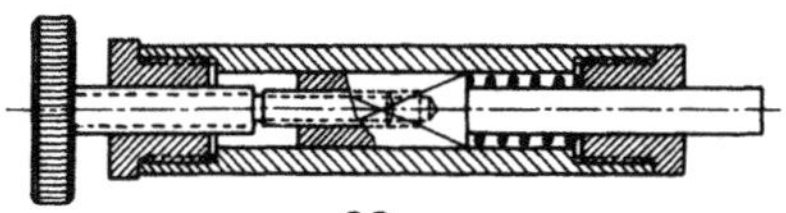
20

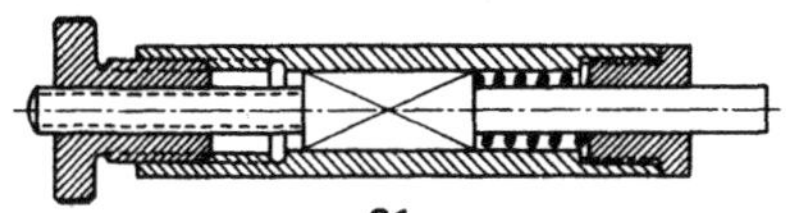
21

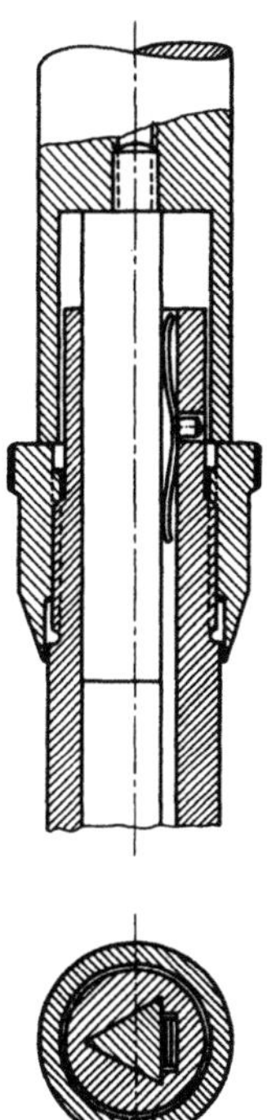
22

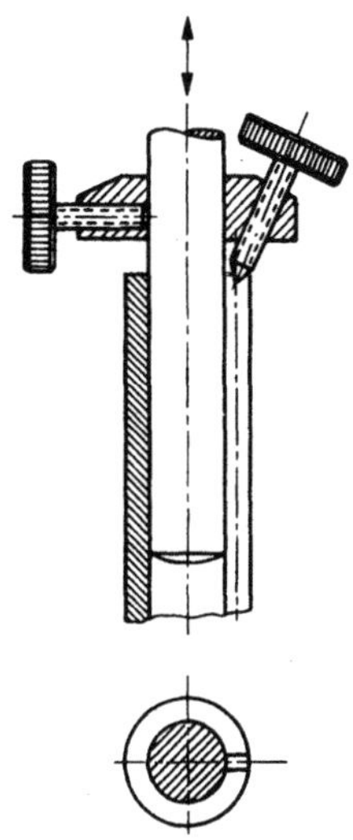
23

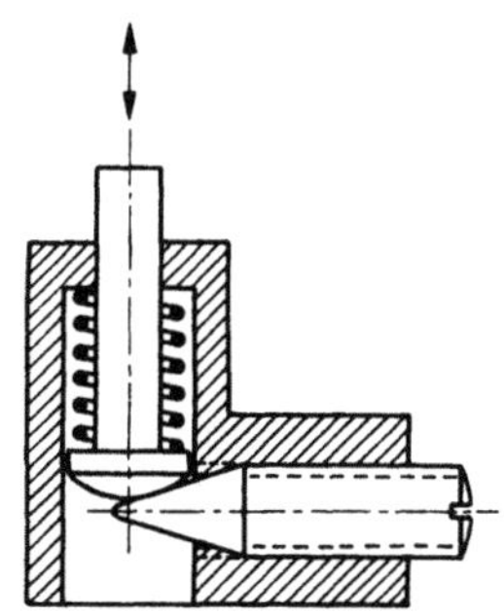
24

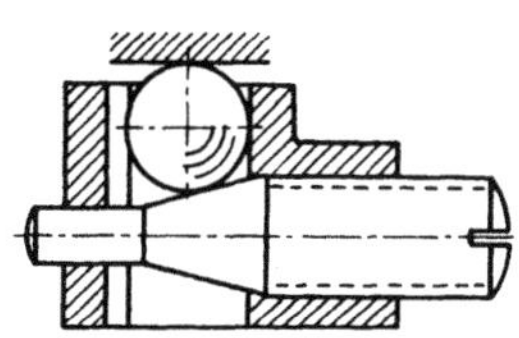
25

26

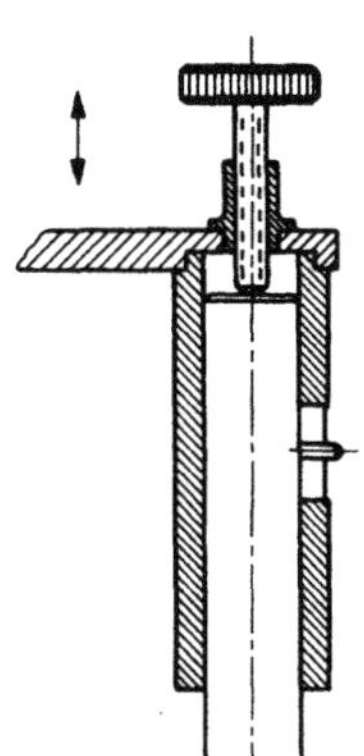
27

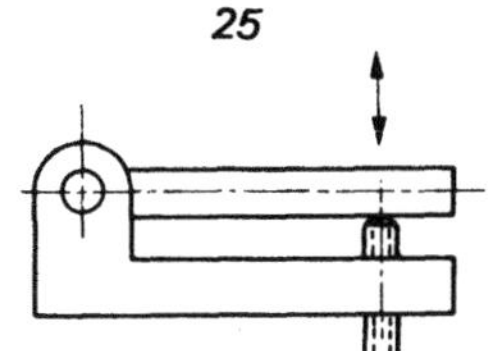
28

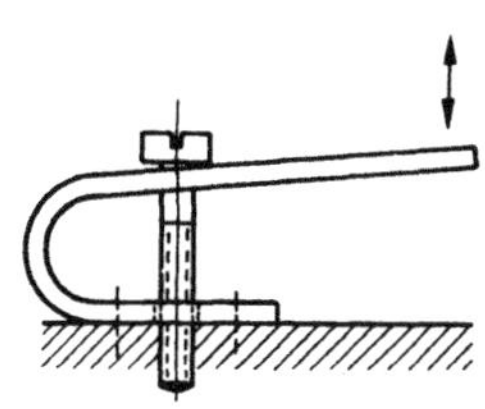
29

Stahlkugel, die kinematisch gelagert ist (zwei Kontakte an den Nutenrändern links, ein Kontakt am Kegel). — Für kleine Verschiebungen genügt eine Pseudoführung (Abb. 28 und 29).

Eine verstellbare Plattform für starke Belastung bei großer Präzision zeigt Abb. 26. Eine Drehung der Schraube verschiebt den unteren Stahlkeil gegen den oberen und hebt dadurch die Plattform streng parallel zu sich selbst. Die für die Führung wesentlichen Teile sind einfache Stahlblöcke bzw. Prismen, die gehärtet und genau geschliffen sind. Die anderen Teile, vier Kugelkäfige, eine Gegenplatte mit Lokalisatoren nach Abb. 5.27 und ein Lagerklotz für die Stellschraube stellen keine Ansprüche.

Die Rohrform (L 7.3)

wird vor allem für Tubusverstellungen in der Optik gebraucht. — Man kann dazu eine Stellschraube schräg ansetzen (Abb. 30) und sie gegen eine Druckfeder arbeiten lassen. Der seitliche Druck, den sie dabei ausübt, hebt das Spiel der Führung auf. — Mit Keilgetriebe ergibt sie sich aus drei konzentrischen Rohren Abb. 31, von denen das äußere feste Rohr einen Längsschlitz aufweist, das mittlere, drehbare, einen Schrägschlitz hat, während das innere Rohr einen Stift trägt. Dreht man das mittlere Rohr nach rechts, so wird das innere Rohr an dem im äußeren Rohr geführten Stift nach oben gedrückt. — In Abb. 32 (B 159) verschiebt eine am Führungsrohr sitzende Stellmutter den unverdrehbar geführten Tubus mit Hilfe eines Klötzchens, das die Mutter drehbar mit dem Tubus verbindet. Eine Tubusfeinverstellung mit Differentialgewindetrieb zeigt Abb. 33 (B 188). Der Tubus ist in einem Rohr mit Längsschlitz geführt und trägt ein mehrgängiges Gewinde mit großer Steigung. Auf diesem Gewinde sitzt eine Rändelmutter, die zugleich als Schraube in einem Feingewinde des Führungsrohres läuft. Dreht man die Rändelmutter, so schraubt sie sich in das Führungsrohr hinein. Dabei schraubt sich der Tubus heraus. Infolge der größeren Ganghöhe des Tubusgewindes verschiebt sich der Tubus. — In Abb. 34 gleitet das Rohr kinematisch geführt auf vier Schraubenkuppen [2]. Eine davon greift in eine V-Nute ein, so daß fünf Kontakte wirken. Eine schräg gespannte Feder wirkt gleichzeitig als Lokalisator für die Führung und als Gegentrieb. Als Antrieb dient ein Winkelhebel mit Stellschraube.

Zur *Verstellung eines Ringes* in axialer Richtung kann man ein Gewinde von großem Durchmesser verwenden (Abb. 35) [3]. Die Vorrichtung besteht aus drei ringförmigen Teilen: Die Grundplatte mit zwei Ösen, ein drehbarer Ring mit Bolzengewinde, die Deckplatte mit Muttergewinde und zwei Stiften, die in die Ösen eingreifen. Dreht man den Ring (sein Umfang kann eine Kreisteilung tragen) mit einem Hebel, so hebt oder senkt sich die Deckplatte. Statt auf ein Gewinde mit

Axiale Feinverschiebungen von Rohren L 7.3

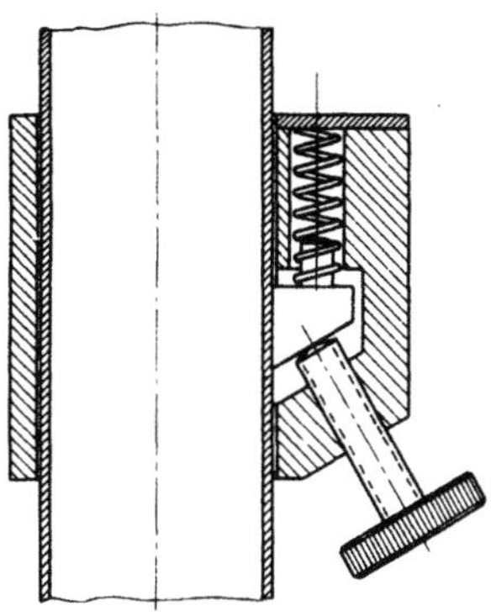
30

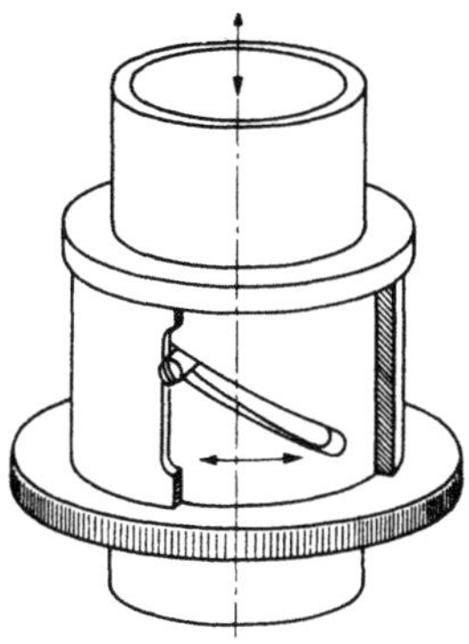
31

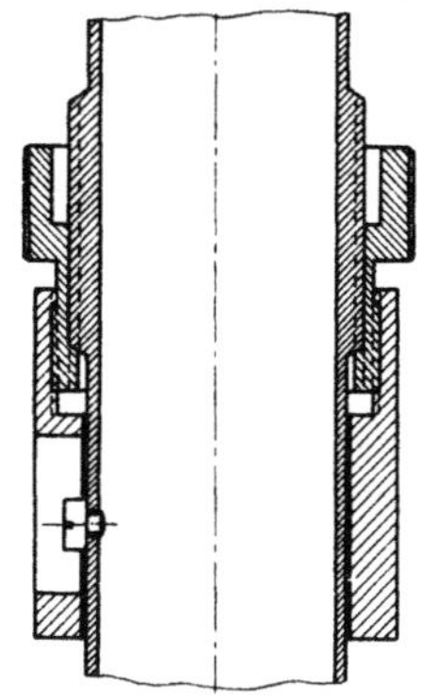
33

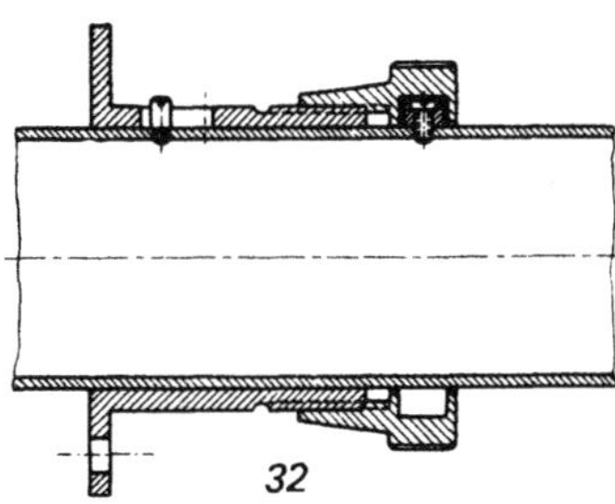
32

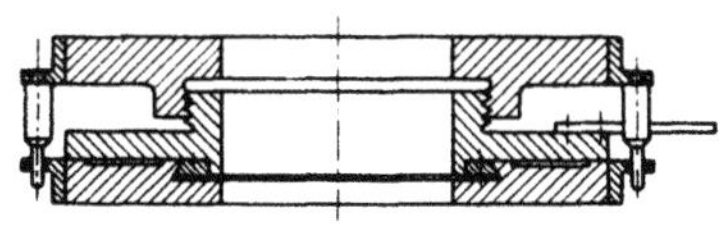
35

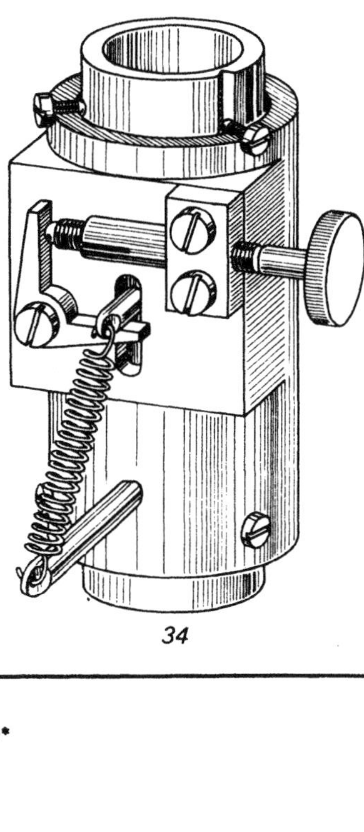
34

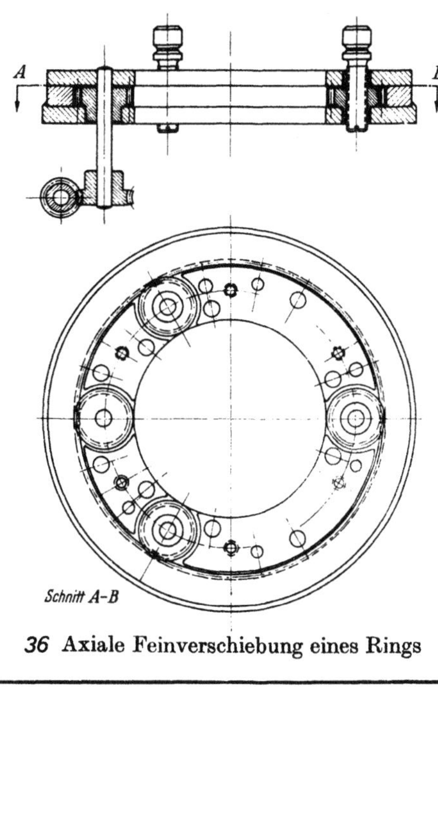

36 Axiale Feinverschiebung eines Rings

großem Durchmesser kann man die Deckplatte auf drei Schraubenspindeln mit Zahnrädern setzen (Abb. 36). Die drei Zahnräder werden durch einen Zahnkranz angetrieben. Ein viertes Zahnrad treibt den Zahnkranz und wird selbst durch ein Schneckengetriebe gedreht. Man kann die Spindeln auch mit Kettenrädern ausstatten und über eine Fahrradkette antreiben.

c) Zentrierung (2 s) (L 7.4).

Eine Zentrierung läßt sich mit gekreuzten Feinverschiebungen vornehmen, mit Schwalbenschwanzführung und Spindeltrieb nach Abb. 91 unten, mit kinematischer Führung, Mikrometerschraube und Federbolzen nach Abb. 39. Für kleinen Hub genügt ein Antrieb nach Abb. 45. Für Justierzwecke ersetzt man Kreuzschlitten durch Pseudozentrierungen, wobei kleine Verdrehungen in Kauf genommen werden müssen. Mit zwei Stellschrauben, einem Federbolzen und einer V-Nute ist Lage und Richtung des zentrierten Körpers in der Einstellebene bestimmt (Abb. 40). In Abb. 38 und 41 bleibt die Richtung unbestimmt. Bei diesen Anordnungen müssen eine bzw. zwei Schrauben gelockert werden, bevor die anderen Schrauben angezogen werden. Die Dreischraubenjustierung (Abb. 38) findet Anwendung bei der Zentrierung eines Torsionskopfes für ein Galvanometer (Abb. 37) (B 139), wobei sie zugleich die Führung sichert. Bei der Zentrierung in einer Vertikalebene kann man die Befestigungsschrauben von Trägern zur Zentrierung ausnützen (Abb. 43). Schwere Körper, die in der Horizontalebene zentriert werden sollen, setzt man auf Kugeln (Abb. 42) und justiert sie mit waagrechten Schrauben.

Eine besonders flache Anordnung ergibt die Hebelzentrierung (Abb. 44) (B 188). Sie besteht aus drei exzentrisch ineinandersitzenden Scheiben, von denen die beiden inneren Hebel tragen. Will man nun z. B. den Punkt 0 in das Zentrum 2 der großen Scheibe bringen, so führt man mit dem Hebel I Punkt 0 auf einem Kreis um das Zentrum der kleinen Scheibe M_1 bis zum Punkt 1 und mit dem Hebel II um das Zentrum M_2 der mittleren Scheibe bis zum Punkt 2. In Wirklichkeit erfolgt die Einstellung in mehreren kleinen Schritten wie bei der Zwei-Schraubenzentrierung. Statt flachen Scheiben kann man auch exzentrisch ineinander laufende Konen verwenden.

d) Raumzentrierung (3 s) (L 7.5).

Eine Verstellung in drei zueinander senkrechten Richtungen gestattet ein von Askania gebauter Support für einen Dehnungsmesser (B 9) (Abb. 46). Er ist aus drei Stellmuttergetrieben aufgebaut.

Für kleinen Hub genügt die Pseudojustierung Abb. 50. Sie enthält die Stellschrauben 1, 2 und 3, die die Ecken eines gleichseitigen Dreiecks

Zentrierungen L 7.4

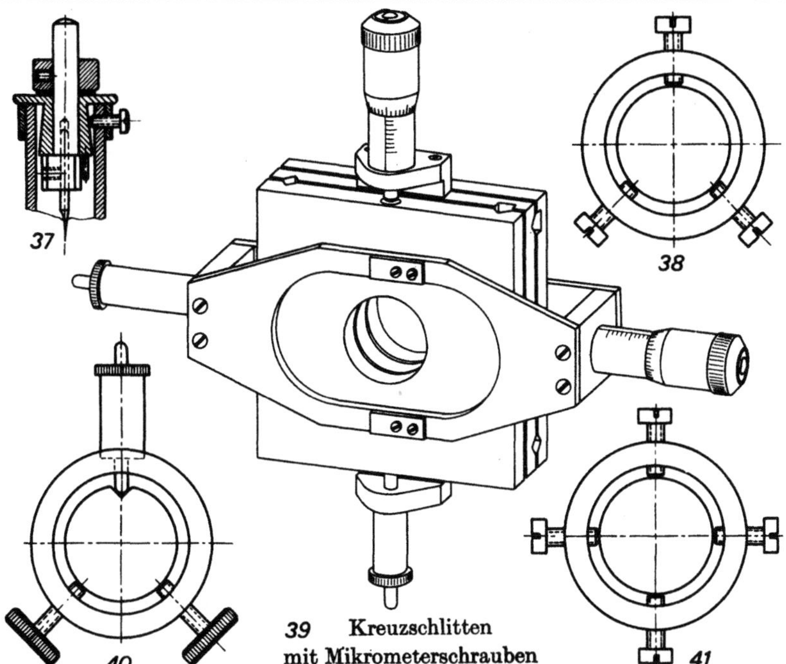

37

38

40

39 Kreuzschlitten mit Mikrometerschrauben

41

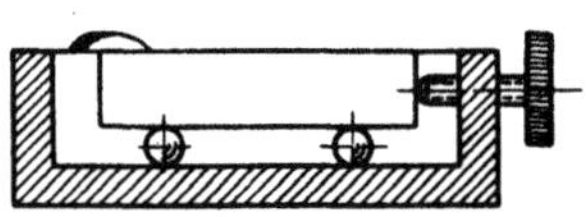

42 Schraubenzentrierung in einer Horizontalebene

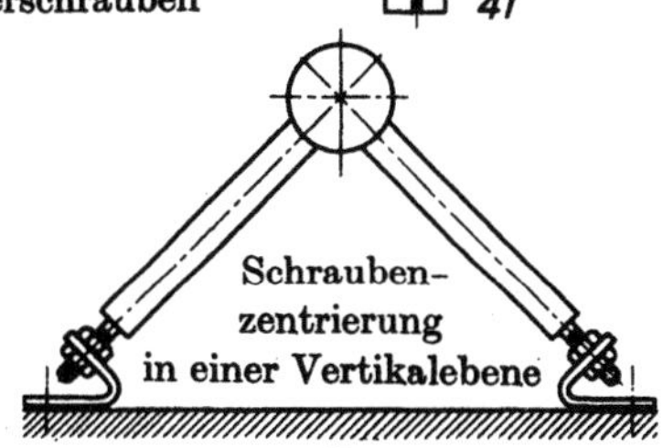

Schrauben-zentrierung in einer Vertikalebene

43

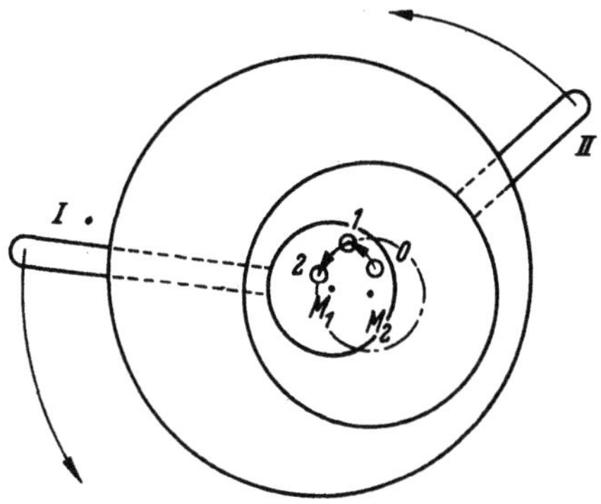

44 Hebelzentrierung

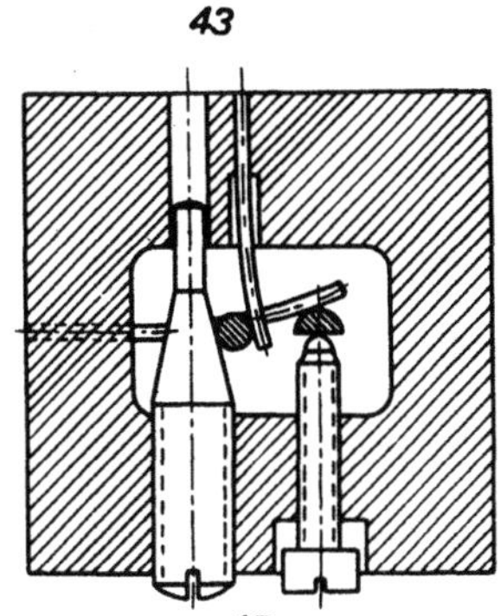

45

Raumzentrierung L 7.5

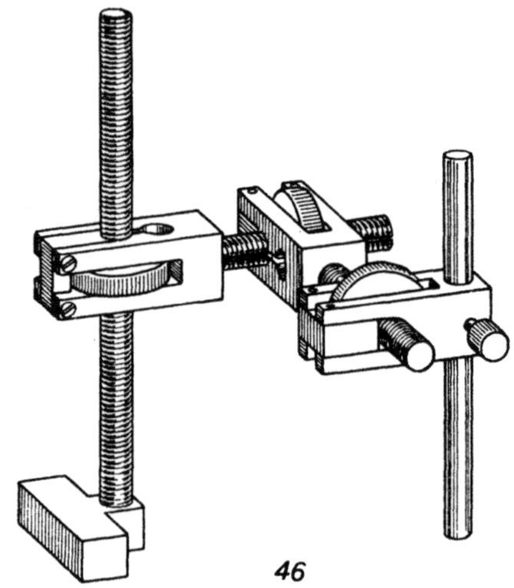

46

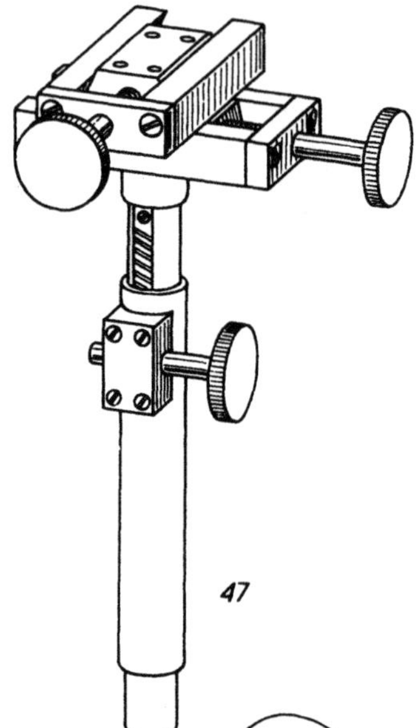

47

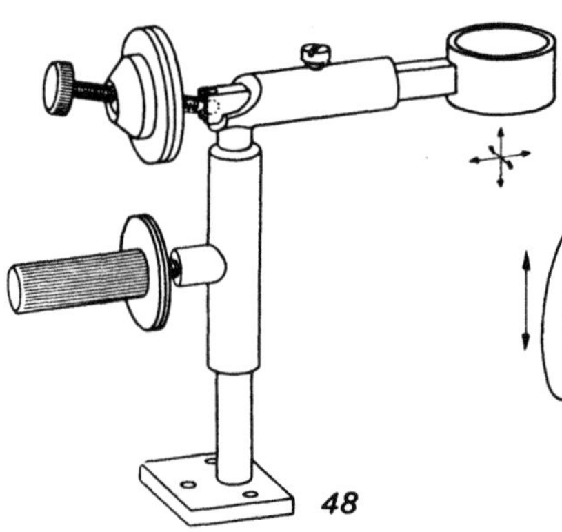

48

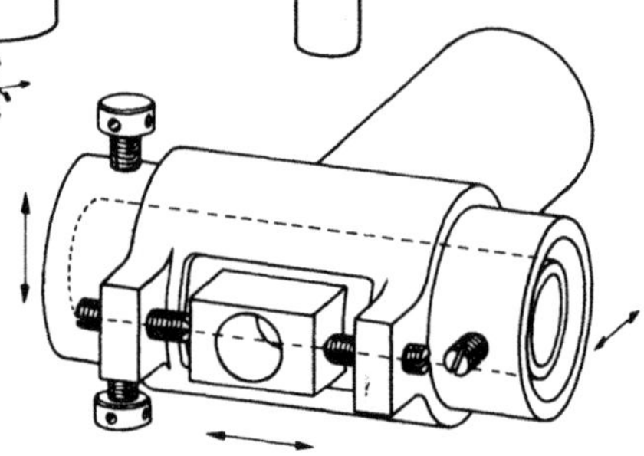

49

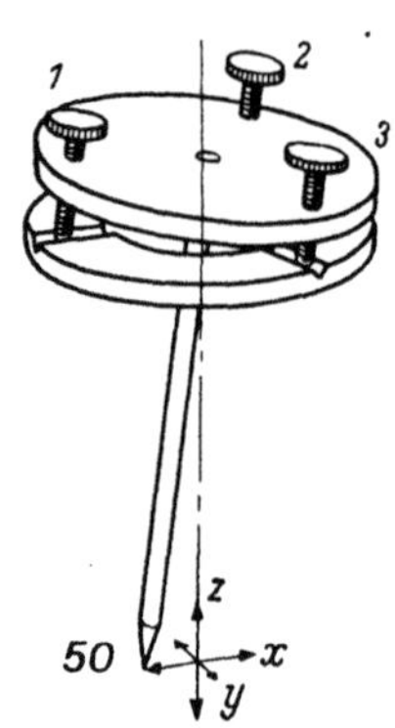

50

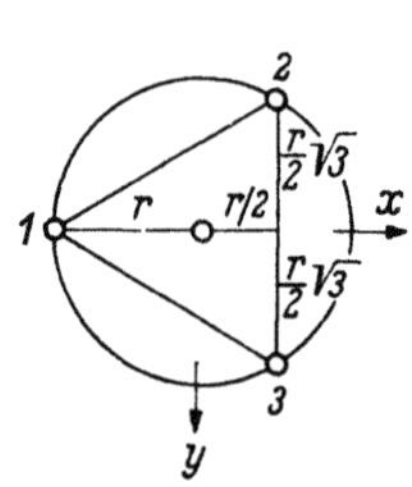

51

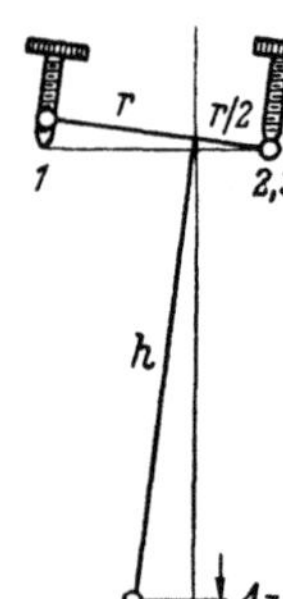

52

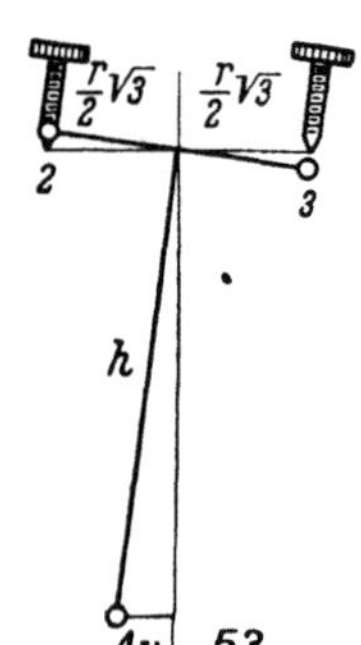

53

Zur Berechnung der Pseudojustierung Abb. 50

bilden (Abb. 51). Ihre Kuppen greifen in drei V-Nuten der Grundplatte ein. Sie tragen eine runde Platte mit einem langen Stiel, an dessen Spitze der zu justierende Körper sitzt. Er soll in den Richtungen x, y, z die voneinander unabhängigen Verschiebungen Δx, Δy, Δz erfahren. Dazu müssen die Stellschrauben 1, 2, 3 um d_{x1}, d_{x2}, d_{x3} bzw. d_{y1}, d_{y2}, d_{y3} bzw. d_{z1}, d_{z2}, d_{z3} verstellt werden. Diese Verschiebungen ergeben sich für kleine Winkel und $h \gg r$ wie folgt:

Nach Abb. 52 ergibt eine Verstellung der Schraube 1 um d eine Hebung

$$\Delta z = \frac{d}{3}$$

und eine Verschiebung

$$\Delta x = \frac{2}{3}\frac{d}{r}h.$$

Will man also den Körper um Δx verschieben, so muß die Schraube 1 um

$$d = \frac{3r}{2h}\Delta x$$

verstellt werden. Um die dabei auftretende Hebung Δz zu kompensieren, müssen außerdem sämtliche Schrauben um $\frac{d}{3}$ zurückgestellt werden. Es ergeben sich also für eine Verschiebung Δx die Schraubenverstellungen

$$d_{x1} = \frac{r}{h}\Delta x \qquad d_{x2} = d_{x3} = -\frac{1}{2}\frac{r}{h}\Delta x.$$

Abb. 53 zeigt, daß entgegengesetzte Verstellungen der Schrauben 2 und 3 um d eine Verschiebung

$$\Delta y = \frac{hd}{\frac{r}{2}\sqrt{3}}$$

bewirken. Will man also den Körper um Δy verschieben, so müssen die Schrauben um

$$d_{y1} = 0, \qquad d_{y2} = \frac{r}{2}\sqrt{3}\,\frac{\Delta y}{h}, \qquad d_{y3} = -\frac{r}{2}\sqrt{3}\,\frac{\Delta y}{h}$$

verstellt werden. Will man schließlich den Körper um Δz heben oder senken, so muß man um

$$d_{z1} = d_{z2} = d_{z3} = \Delta z$$

verstellen. Anordnungen dieser Art verwendet man häufig bei Feinverstellungen im Vakuum und zur Zentrierung und Einstellung von Strahlungsquellen.

Für eine Quecksilberhöchstdrucklampe, die in einem geschlossenen Kasten brennt, wurde die Anordnung Abb. 48 benutzt. Mit dem unteren Hebel, der gleichzeitig Klemmschraube ist, kann man durch eine Öffnung hindurch die Lampe heben, senken und hin- und herschwenken. Mit der gelenkig geführten Stellschraube (Abb. 5.100), deren kugeliger Kopf in eine Aussparung des Vierkantstabes eingreift, kann man sie vor- und zurückschieben.

Für die Blockform kombiniert man Kreuzschlitten und Zahntrieb (Abb. 47).

Eine Raumzentrierung in Rohrform enthält das Kipp & Zonen-Photometer (B 98). Das zu justierende Thermoelement liegt im innersten von drei konzentrischen Rohren (Abb. 49). Dieses Rohr wird von vier Schrauben getragen, die im mittleren Rohr sitzen, zwei links mit senkrechter Achse, zwei rechts mit waagrechter Achse. Mit den linken Schrauben schwenkt man also um eine waagrechte Achse. Das ergibt eine senkrechte Verschiebung. Mit den rechten schwenkt man um eine senkrechte Achse, dabei schiebt man das Thermoelement vor oder zurück. Das mittlere Rohr ist im äußeren Rohr geführt und zeigt einen Ansatz, der zwischen zwei waagrechten Schrauben sitzt. Mit diesen Schrauben läßt sich das mittlere Rohr und damit das Thermoelement seitlich verschieben.

7.3 Feinverdrehungen und Ausrichtungen

a) Feinverdrehung 1 φ (L 7.6).

Ein Hebel kann feinverdreht werden durch: Schraube und Gegenschraube 55, Zugfeder 54 oder Federbolzen 60, durch eine kugelig gelagerte Stellschraube in einer gelenkig gelagerten Mutter 56, durch Schneckentrieb 61, Zahntrieb 58, Reibkegelantrieb 57 oder Exzentertrieb 59 (Nullpunkteinstellung an elektrischen Meßgeräten). Statt eines Zapfenlagers kann man ein aus zwei Schraubenspitzen gebildetes Schneidenlager 62 oder ein Bandfedergelenk 63 verwenden.

Präzisionsverstellungen baut man meistens nach Abb. 60. Die Feinverdrehung eines Prismentischchens zeigt Abb. 66 [2]. Das Tischchen ist kinematisch gelagert: oben auf drei Kugeln (3 Kontakte), unten an zwei Schraubenkuppen (2 Kontakte) mit einem Federbolzen als Lokalisator. Ein am Tischchen angesetzter Arm greift in einen U-förmigen Bügel zwischen Stellschraube und Federbolzen ein.

Bei der Rohrform (Torsionskopf) lagert man meist in ein Konuslager und verstellt nach Abb. 64.

Feinverdrehung L 7.6

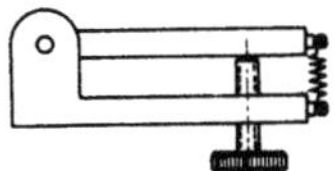

54

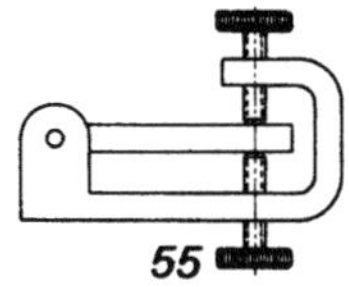

55

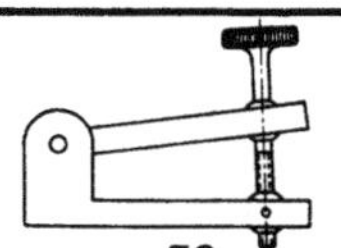

56

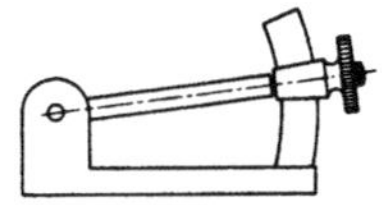

57

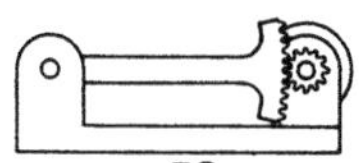

58

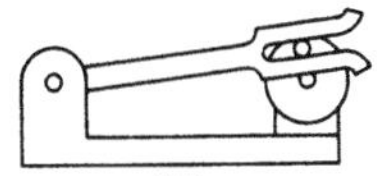

59

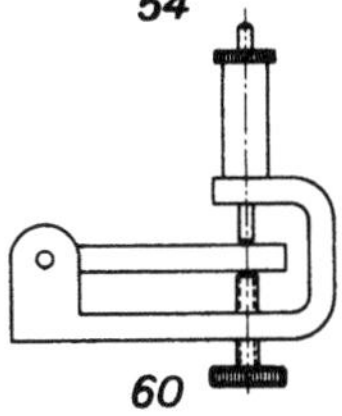

60

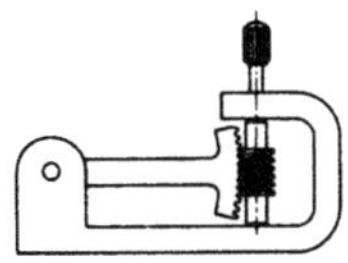

61

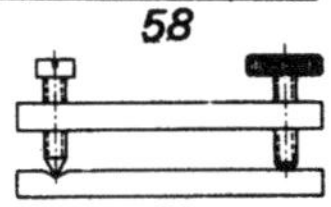

62

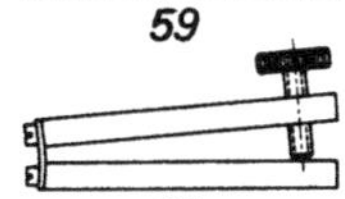

63

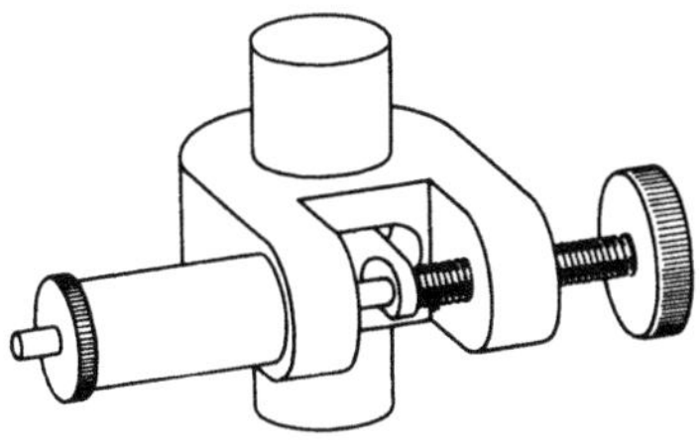

64 Torsionskopf

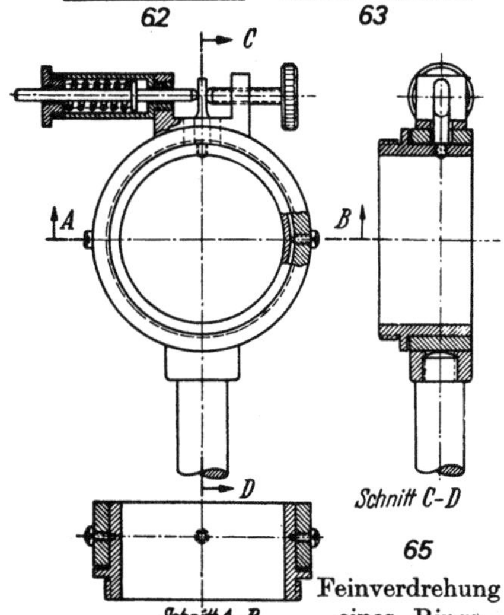

65 Feinverdrehung eines Rings

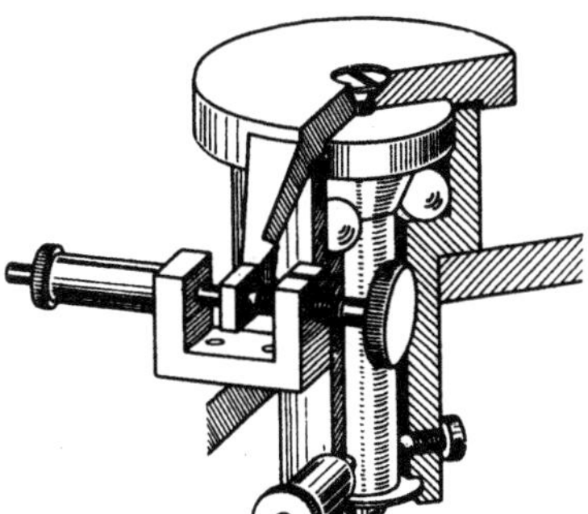

66 Feinverdrehung eines Prismentischchens

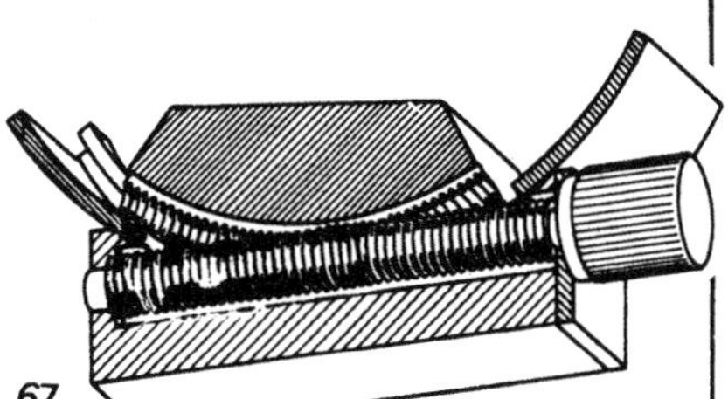

67 Feineinstellung eines Bogenschlittens

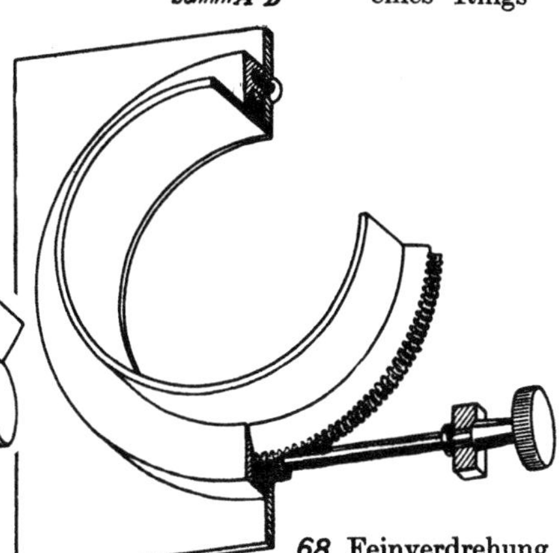

68 Feinverdrehung eines Rings mit Schnecke

Ausrichtung oder Horizontierung L 7.7

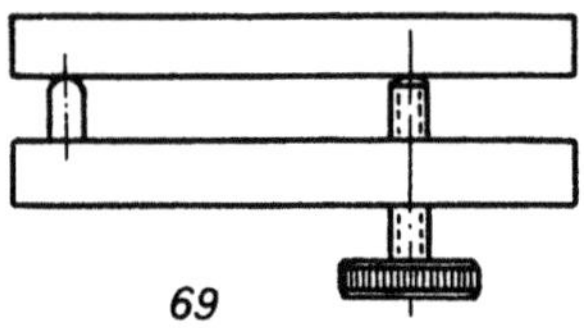

69

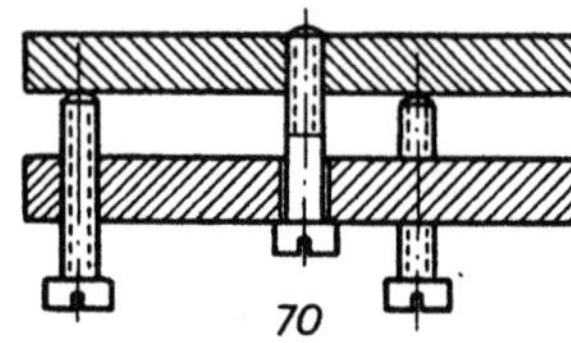

70

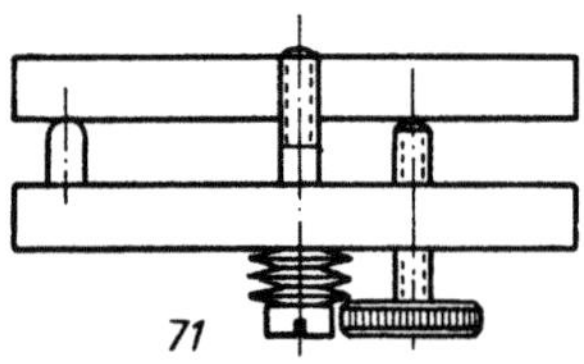

71

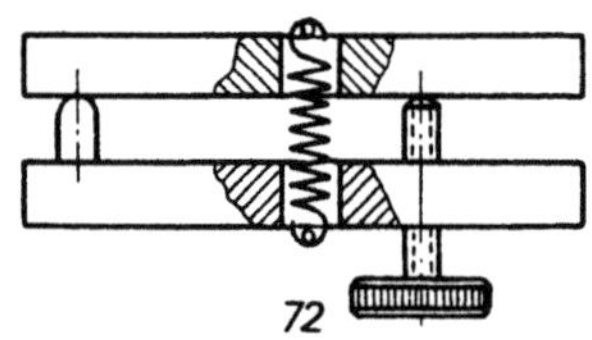

72

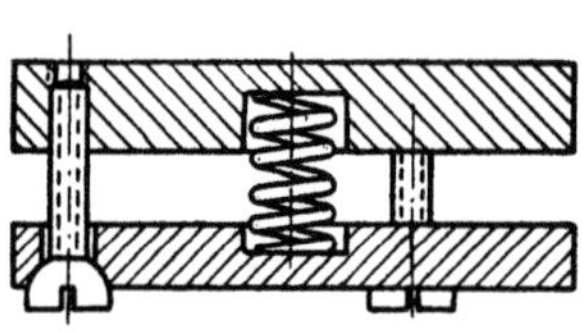

73

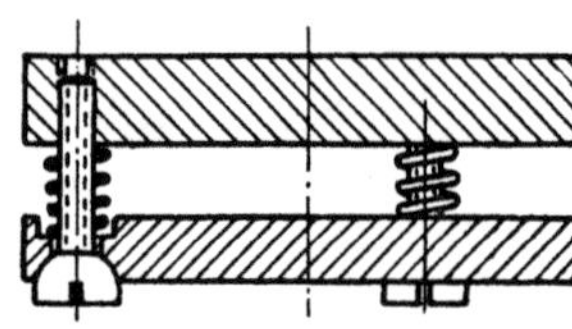

74

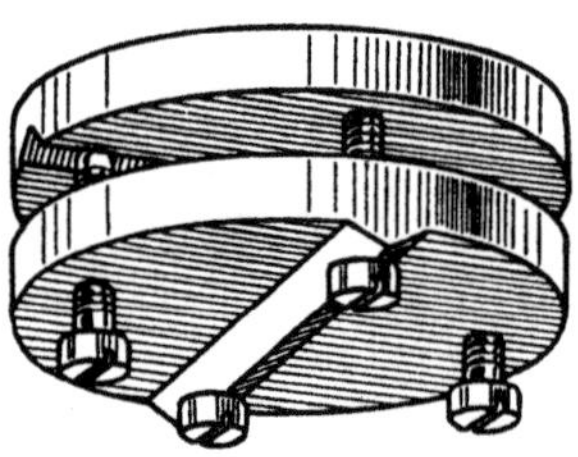

75

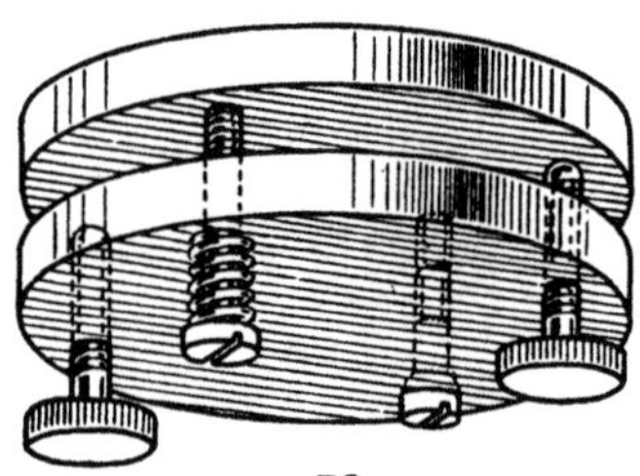

76

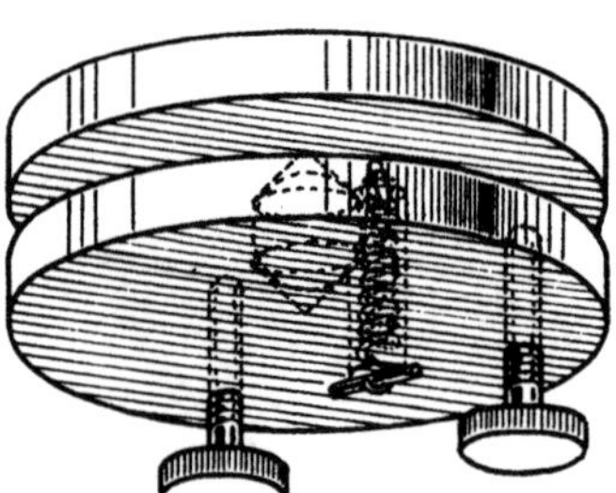

77

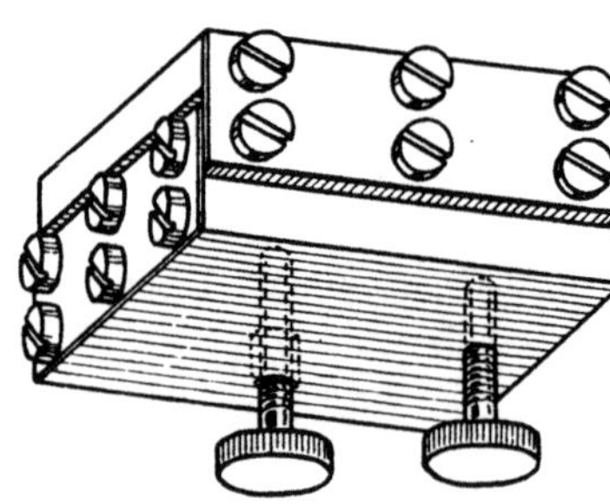

78

Ringe können mit Hilfe einer eingedrehten Nute zwischen drei Schraubenkuppen gelagert und an einem Hebel verdreht werden (Abb. 65). Für Drehungen um große Winkel bildet man den Ring als Schneckenrad aus (Abb. 68) und verstellt ihn mit Hilfe einer kleinen Schnecke. Ähnlich verstellt man Bogenschlitten Abb. 67.

b) Ausrichtung oder Horizontierung (2 φ) (L 7.7).

Um eine Ebene parallel zu einer zweiten Ebene einzustellen, muß sie um zwei Achsen gedreht werden. Eine solche Einstellung mit Kreuzbogenschlitten zeigt Abb. 91 (oben).

Für Justierzwecke genügen Schraubenjustierungen. Zur Einstellung sind zwei Schrauben notwendig. Häufig verwendet man drei. Es gibt folgende Anordnungen: Eine Platte lose auf einen Stift und zwei Stellschrauben aufgelegt (in der Abb. 69 ist nur eine gezeichnet). Eine sichere Befestigung erhält man durch drei Druckschrauben und eine Zugschraube Abb. 70. Hier besteht die Gefahr, daß die Platte verspannt wird. Deshalb läßt man die Zugschraube über Tellerfedern wirken (Abb. 71) oder ersetzt sie durch eine Zugfeder (Abb. 72). Man kann auch eine Druckfeder mit drei Zugschrauben (Abb. 73) oder drei Zugschrauben mit je einer Druckfeder verwenden (Abb. 74). In Abb. 75 drücken zwei Zugschrauben gegen eine Schneide der Grundplatte, zwei Druckschrauben stützen in einer V-Nute. Das Ganze wirkt wie zwei gekreuzte Schneidenlagerungen. In Abb. 76 schwenkt man mit jeder Stellschraube um eine Achse, die durch den Kopf der Zugschraube und durch die Kuppe der anderen Stellschraube führt. Die zweite Zugschraube mit Druckfeder wirkt als Gegentrieb. Eine kinematische Verstellung zeigt Abb. 77. Die Platte wird durch eine Zugfeder gegen eine Kugel und die Kuppen zweier Stellschrauben gezogen. Mit ihnen kann man um zwei Achsen durch den Kugelmittelpunkt schwenken. — Blattfedern bilden zugleich Gelenk und Gegentrieb. Darauf baut sich die Anordnung Abb. 78 auf. Die linke Stellschraube sitzt in der mittleren Platte und drückt gegen die obere, die rechte sitzt in der unteren Platte und drückt gegen die mittlere.

In Abb. 79 (L 7.8) [2] ist die Glasplatte kinematisch in einem Dreiarm gelagert. Sie hat vier Kontakte an den vier Höckern unten, je einen Kontakt am Stift rechts und an einer Schraube links oben. Die zweite Schraube ist Lokalisator. Der Dreiarm ist links in einer dreieckigen Hohlpyramide gelagert (3 Kontakte) und stützt sich rechts mit einer Spitze auf (1 Kontakt). Der nach vorne gehende Arm wird von einer Feder gegen zwei Stellschrauben gedrückt (2 Kontakte). Mit diesen kann die Platte um eine senkrechte und eine waagrechte Achse geschwenkt werden. — Eine von LEITZ (B 108) hergestellte Fernrohreinstellung für Ablesefernrohre zeigt Abb. 80 (vereinfacht). Das Fernrohr ist in der

Ausrichtungen L 7.8

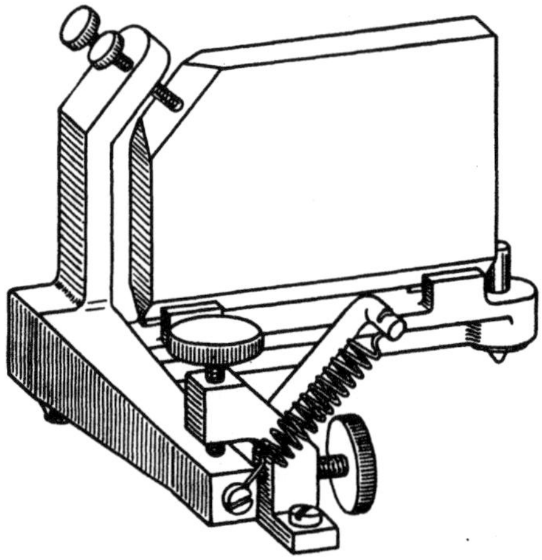

79 Ausrichtung einer Glasplatte

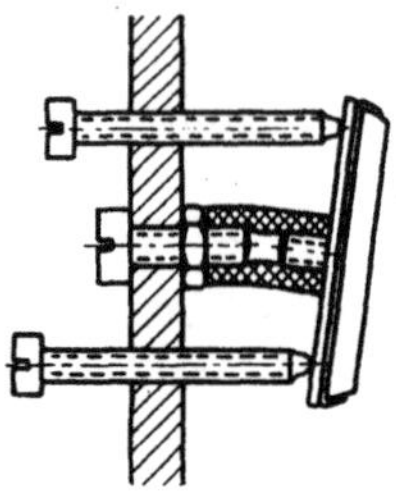

81 Ausrichtung eines Spiegels

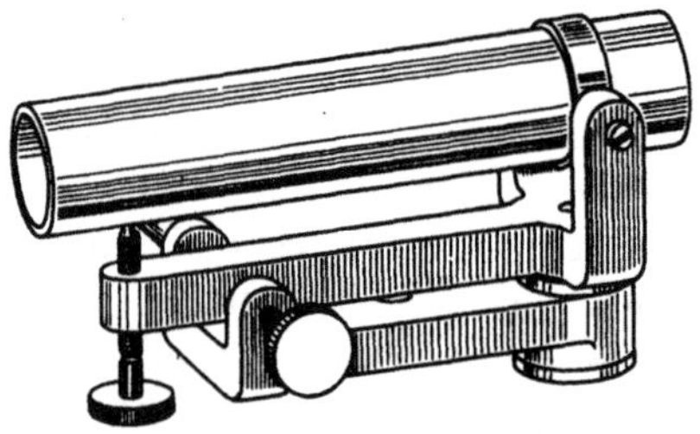

80 Ausrichtung eines Fernrohrs

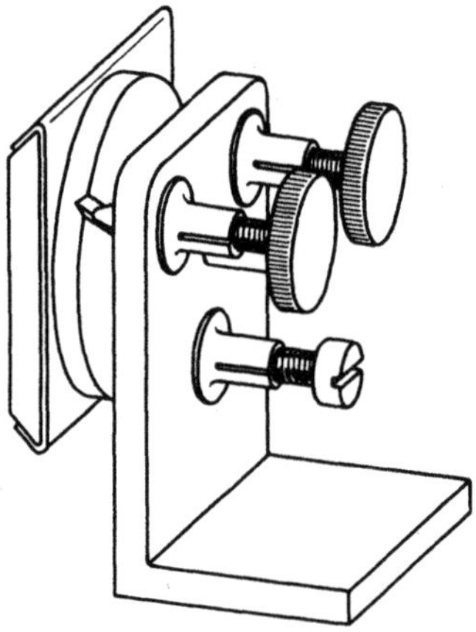

82 Justierung eines Spiegels

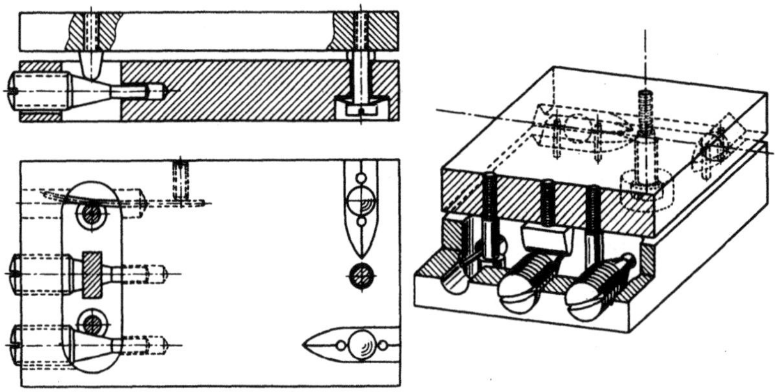

83 Ausrichtung einer Grundplatte

Gabel nach Abb. 4.119, die Gabel in der Grundplatte nach Abb. 4.138 gelagert. Die senkrechte Stellschraube schwenkt es um die waagrechte, die waagerechte um die senkrechte Achse (über Einstellung von astronomischen Fernrohren [4]). — Eine besonders einfache Spiegeleinstellung für einen Sonnenofen (Abb. 81) benutzt als Gelenk ein Stück Gummischlauch, der zugleich den Spiegel gegen die drei Schraubenspitzen zieht. Bei einer exakten Spiegeleinstellung muß der Spiegelträger gegen Drehungen um die Spiegelnormale gesichert werden. Dies geschieht nach Abb. 82, indem man die Schraubenkuppen in V-Nuten eingreifen läßt. Der Spiegelträger ist dann kinematisch gelagert (6 Kontakte). Zur Verstellung genügen die beiden oberen Schrauben. Sie lassen sich mit dem Zeigefinger gleichsinnig drehen, wobei man um die waagrechte Achse schwenkt. Mit Daumen und Zeigefinger lassen sie sich um gleiche Winkel in entgegengesetztem Sinne drehen, wobei man um die senkrechte Achse dreht. — Die Justierung einer Platte um eine waagrechte (mittlere Schraube) und senkrechte Achse (rechte Schraube) zeigt Abb. 83.

c) Verdrehungen um drei Achsen (3 φ).

Dazu gibt es den Fedorow-Drehtisch zum Mikroskop (B 108) oder Präparathalter nach Abb. 84. (L 7.9). Bei diesem Halter ist der große Ring um eine senkrechte Achse drehbar. Er enthält einen um eine waagrechte Achse drehbaren Ring und in diesem sitzt ein ebenfalls drehbarer Präparathalter, dessen Achse senkrecht zur Ringachse verläuft.

7.4 Feineinstellungen für gemischte Freiheitsgrade

a) Feineinstellung in einer Ebene (2 s 1 φ) (L 7.9).

Zur Einstellung eines Körpers innerhalb einer Ebene sind zwei zueinander senkrechte Verschiebungen und eine Drehung notwendig. — Bei der Blockjustierung (Abb. 85) ruht der Block auf drei Stahlkugeln. Unter dem Block sitzen zwei halbkreisförmige Ansätze, die gegen zwei Schraubenkuppen gedrückt werden, und ein Stift, der gegen die Kegelschraube gedrückt wird. Bei ihrer Drehung wirken die Schraubenkuppen als Führung und der Block wird hin- und hergeschoben. Verstellt man die anderen Schrauben in gleichem Sinne, so wandert er vor und zurück. Verstellt man sie in entgegengesetztem Sinne, so dreht er sich. — Der in einer Ebene verstellbare Ring (Abb. 87) wird an seinen beiden Ansätzen zwischen den Stellschrauben 1, 2, 3 und den gegenüberliegenden Federbolzen gehalten. Mit der Schraube 3 wird er hin- und hergeschoben, wobei die Kuppen von 1 und 2 führen. 1 und 2 in gleichem Sinne gedreht, schieben vor und zurück. Im entgegengesetzten Sinne

Gemischte Feineinstellungen L 7.9

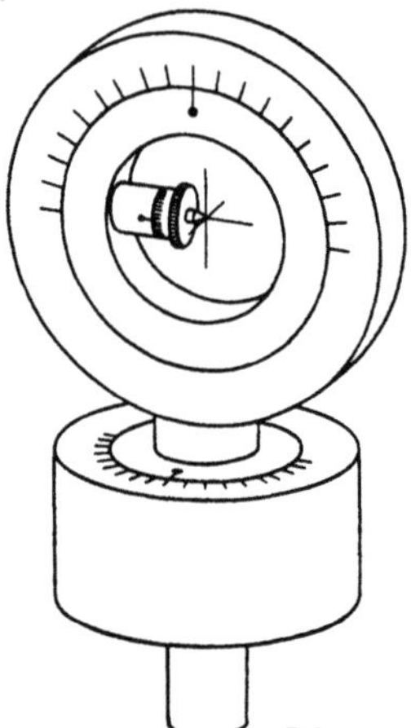

84

Ausrichtung und Drehung

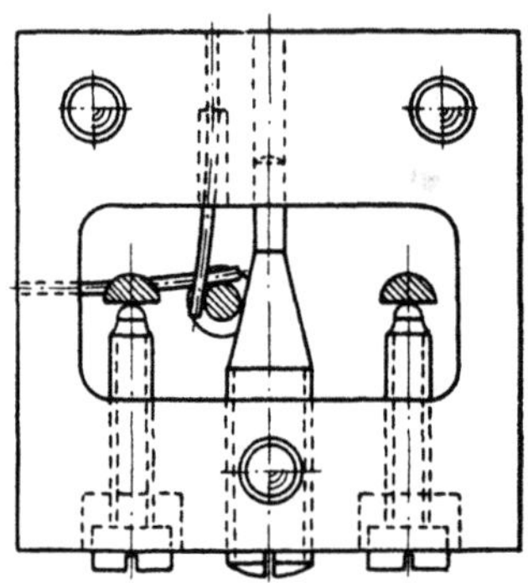

85

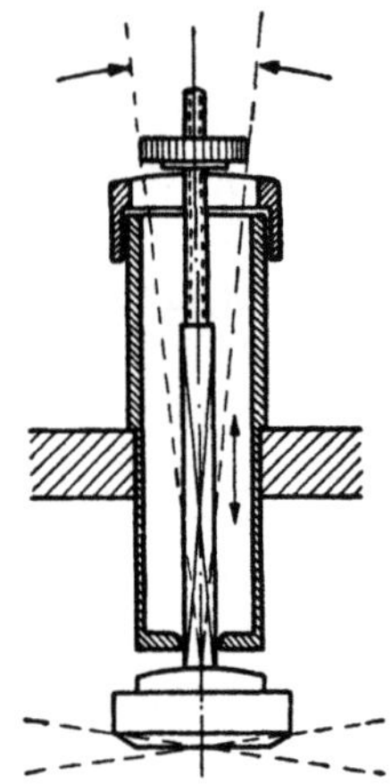

86

Feinverstellung einer Ebene

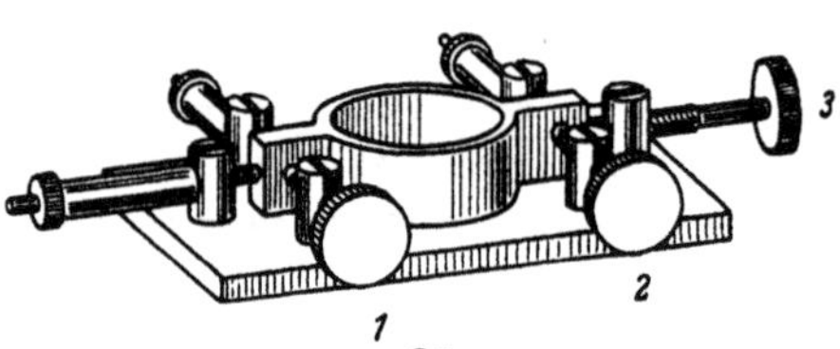

87

Feineinstellungen in einer Ebene

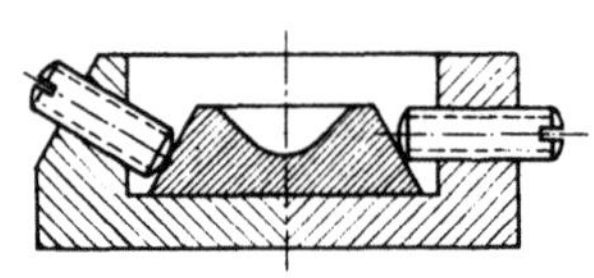

88

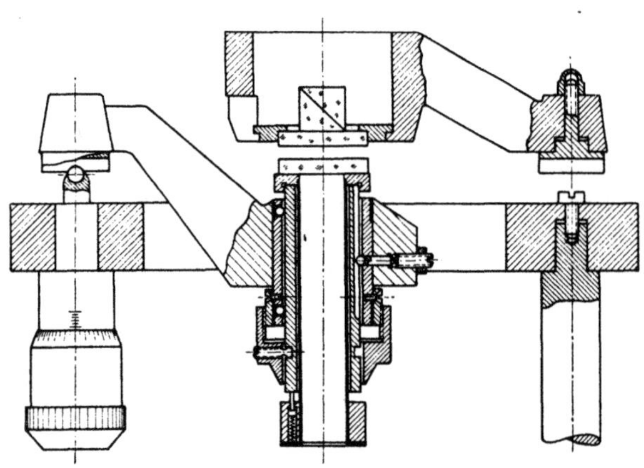

89

Feinverstellung zweier Ebenen für ein Interferenzmikroskop

verstellt, drehen sie. Abb. 88 [5] zeigt, wie man mit drei Schrauben ein Schneidenlager innerhalb einer Ebene (1 s, 1 φ) verstellbar macht.

b) Feinverstellung einer Ebene (1 s 2 φ) (L 7.9).

Um eine ebene Fläche mit einer anderen Ebene zur Deckung zu bringen, verschiebt man sie zunächst in Richtung auf die Bezugsebene und richtet sie dann mit zwei Drehungen in bezug auf diese Ebene aus. Im Lichtpunkt-Linienschreiber RLt 4 von H & B (B 82) erfolgt die Einstellung eines Umlenkspiegels nach Abb. 86. Dreht man die Rändelmutter über der drehbaren Hülse, so hebt und senkt sich der Spiegel, der zur Sicherung gegen Verdrehung an einem Vierkantstab sitzt. Der Spiegelhalter läßt sich ferner in dem Schlitz der drehbaren Hülse hin- und herschwenken. Da die Hülse selbst drehbar ist, läßt sich so eine Drehung des Spiegels um zwei Achsen durchführen.

Bei einem Interferenzmikroskop nach Abb. 11.65 muß der dem Objekt gegenüberstehende Spiegel auf Bruchteile von 1/1000 mm eingestellt und genau ausgerichtet werden. Man baut ihn dazu in einem gegossenen Dreifuß nach Abb. 89 (die Abbildung zeigt der Übersichtlichkeit halber nur einen Schenkel) mit drei Hohlprismen nach Abb. 4.92. Er sitzt auf drei Mikrometerschrauben nach Abb. 13, mit denen die Spiegelebene genau reproduzierbar gehoben, gesenkt und relativ zur Präparatebene ausgerichtet werden kann. Der Präparatträger sitzt auf einem ähnlichen Dreifuß, der nach unten durchgreift und ebenfalls von drei Mikrometerschrauben getragen wird.

c) Die Einstellung in eine Achse (2 s 2 φ) (L 7.10).

Häufig besteht die Aufgabe, die Achse eines Körpers oder irgendeine ausgezeichnete Gerade in diesem Körper (z. B. eine Strahlrichtung) zur Deckung mit der Achse des Bezugskörpers zu bringen. Dazu muß zunächst ein Punkt der Achse mit einem Punkt der Bezugsachse zur Deckung gebracht werden, also eine Zentrierung durchgeführt werden. Dann muß die Achse in die Bezugsachse hineingeschwenkt werden.

Bei dem Goniometerkopf Abb. 91 kann diese Einstellung über einen relativ großen Hub mit Hilfe von Kreuzschlitten und gekreuzten Bogenschlitten durchgeführt werden.

Für Justierungen genügen Pseudoverstellungen mit Stellschrauben. Feineinstellungen dieser Art sind zur Justierung von Strahlsystemen erforderlich. Die gebräuchlichen Strahlsysteme (Kathodenstrahlröhre, Kanalstrahlröhre, α-Strahlenkanone) liefern ein schwach divergentes Strahlenbündel, dessen Hauptintensität in einem engen Bereich um die Achse des Strahlsystems liegt. Eine optimale Ausnützung des Strahlsystems erhält man, wenn man seine Achse zur Deckung mit der

Einstellung in eine Achse L 7.10

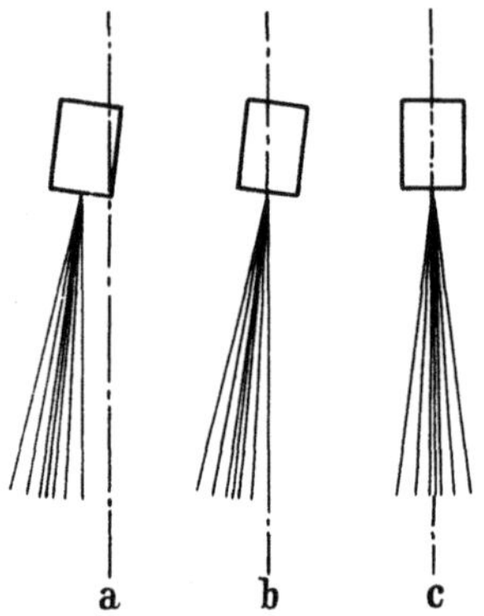

90
Einstellung eines Strahlsystems

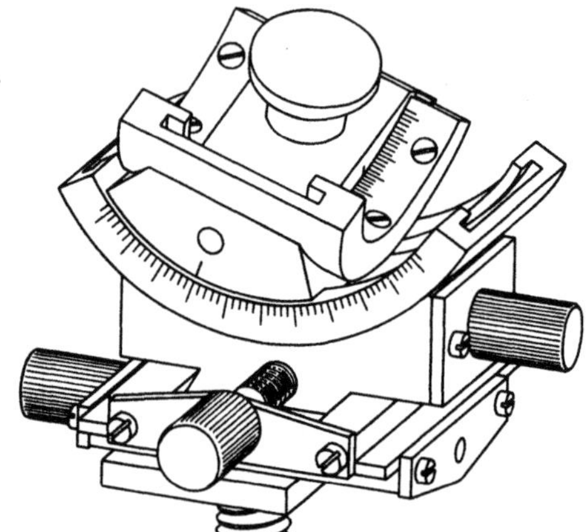

91 Goniometerkopf

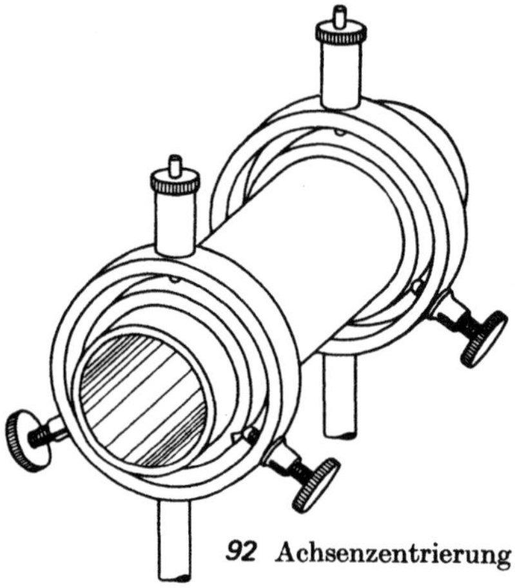

92 Achsenzentrierung

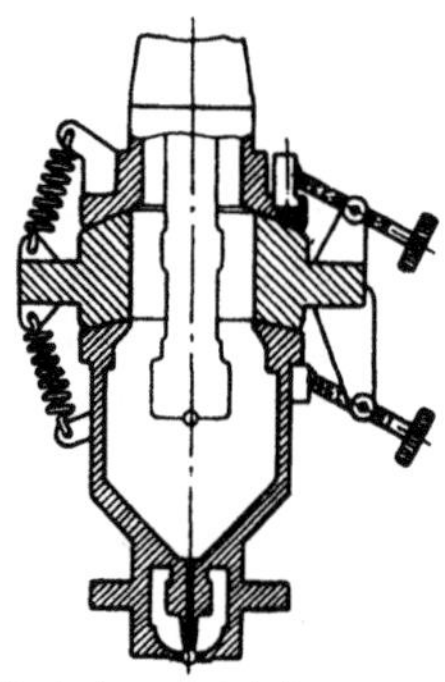

93 Achsenzentrierung eines Strahlsystems

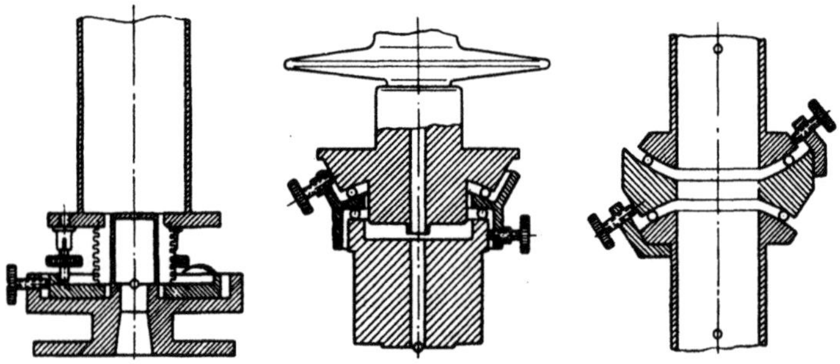

94 *95* *96*
Achsenzentrierung von Strahlsystemen

Systematische Justierung eines Strahlsystems L 7.11

Die systematische Justierung eines Strahlsystems mit schwach divergentem Bündel, dessen Hauptintensität in einem engen Bereich um seine Achse liegt, kann mit den Anordnungen I und II durchgeführt werden, wenn die angegebene Reihenfolge eingehalten wird. Bei Anordnung III ist sie unabhängig davon. Man stellt wie folgt ein:

Anordnung I:

Es wird zunächst das Strahlsystem verschoben, bis die Hauptintensität durch die Eintrittsblende des Objektivs hindurchtritt. Diese Einstellung wird als Intensitätseinstellung bezeichnet. Dann wird um die Eintrittsblende des Objektivs als Zentrum geschwenkt, bis die Strahlen in der optischen Achse verlaufen (Strahlzentrierung).

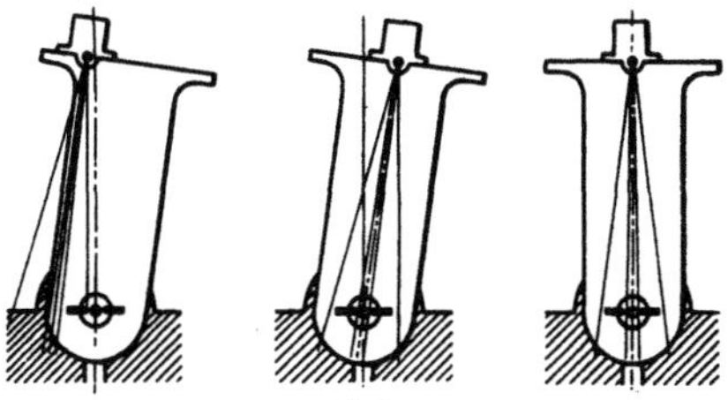

97

Anordnung II:

Es wird zunächst das Strahlsystem parallel zu sich selbst verschoben, bis die Austrittsblende des Strahlsystems in die optische Achse fällt. Ein Teil der Strahlung verläuft dann in der optischen Achse (Strahlzentrierung). Nun schwenkt man das Strahlsystem bis die Hauptintensität in die optische Achse fällt (Intensitätseinstellung).

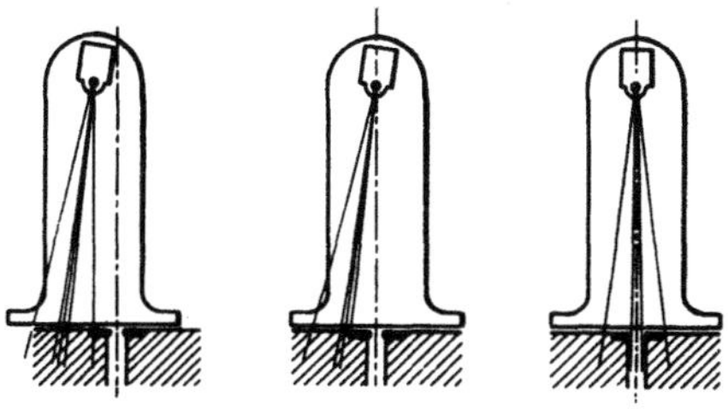

98

Anordnung III:

Die Intensitätseinstellung erfolgt durch Schwenkung des Strahlsystems um seine Austrittsblende, die Strahlzentrierung durch Schwenkung des Tubus um die Eintrittsblende des Objektivs.

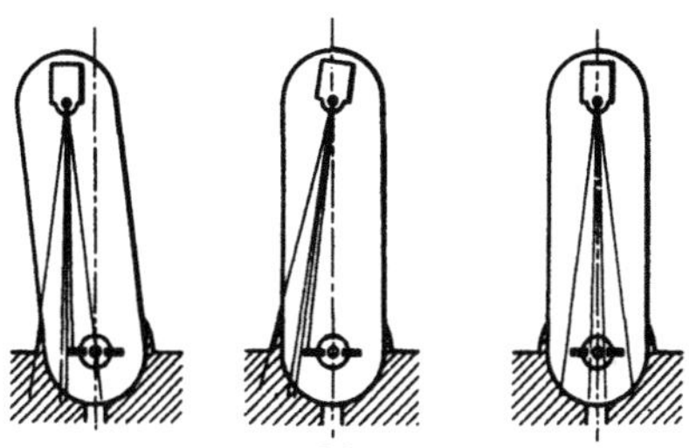

99

optischen Achse der Apparatur bringt. Das kann in zwei Schritten geschehen (Abb. 90).

1. Man bringt die Austrittsblende des Strahlsystems in die optische Achse. Diese Einstellung entspricht einer Zentrierung (Abb. 90a bis b).

2. Man schwenkt das Strahlsystem um die Austrittsblende als Zentrum, bis seine Achse mit der optischen Achse zusammenfällt. Das entspricht einer Ausrichtung (Abb. 90b bis c).

Die Justierung läßt sich also mit einer Kombination von Zentrierung und Ausrichtung durchführen. Im allgemeinen erfolgt sie durch schrittweises Probieren, wobei Zentrieren und Ausrichten wechseln. Schneller zum Ziel kommt man mit einer systematischen Justierung nach L 7.11.

Zur Einstellung genügen in jedem Fall vier Stellschrauben und einige Federbolzen als Gegentriebe bzw. Lokalisatoren. Die Achse der Stellschrauben kann radial verlaufen oder parallel zur Achse. Wir sprechen dann von Radial- bzw. Axialschrauben.

In den folgenden Abbildungen ist das Strahlsystem durch einen kleinen Zylinder, der den Kopf des Systems bildet, angedeutet.

Die Abb. 100 und 101 (L 7.12) zeigen, wie das Strahlsystem zentriert werden kann. In Abb. 100 ist es in einen langen Zylinder eingesetzt. In diesem Zylinder ist unten eine waagrechte und eine senkrechte V-Nute eingefräst, in die zwei starre Bolzen eingreifen. Ein nicht eingezeichneter Federbolzen sichert die Berührung. Der Zylinder besitzt also zwei Freiheitsgrade der Drehung um Achsen, die durch die Kuppen der Bolzen laufen. Die Radialschrauben schwenken um diese Achsen und zentrieren so das Strahlsystem.

Zur Zentrierung mit Axialschrauben (Abb. 101) erhält der lange Zylinder unten einen Flansch mit zwei Horizontierschrauben und einem festen Bolzen in V-Nuten. Die Stellschrauben schwenken und zentrieren dabei wie in Abb. 50. — Zur Ausrichtung mit Radialschrauben wird der lange Zylinder oben in der Ebene der Austrittsblende des Strahlsystems gelagert (Abb. 102). Radiale Stellschrauben schwenken ihn unten angreifend praktisch um die Austrittsblende und richten so das Strahlsystem aus. — Zur Ausrichtung mit Axialschrauben setzt man das Strahlsystem in einen Flansch ein (Abb. 103), der zwei Stellschrauben und einen festen Bolzen hat. Man schwenkt mit der Schraube 3 um die Achse 1—2, mit der Schraube 1 um die Achse 2—3.

Zur Achsenzentrierung (L 7.13) kombiniert man entweder 100 mit 102 und hat dann die Radialschraubenjustierung Abb. 104 oder 101 mit 103, was die Axialschraubenjustierung (Abb. 105) ergibt. — 100 mit 103 ergibt eine reine Kopfjustierung (Abb. 106). Eine der Axialschrauben zum Ausrichten sitzt mit ihrer kugeligen Kuppe in einer V-Nute, hat also zwei Kontakte. Die andere Axialschraube und der Bolzen haben je einen Kontakt. Die restlichen zwei Kontakte liefern die zentrie-

Zentrierung und Ausrichtung eines Strahlsystems L 7.12

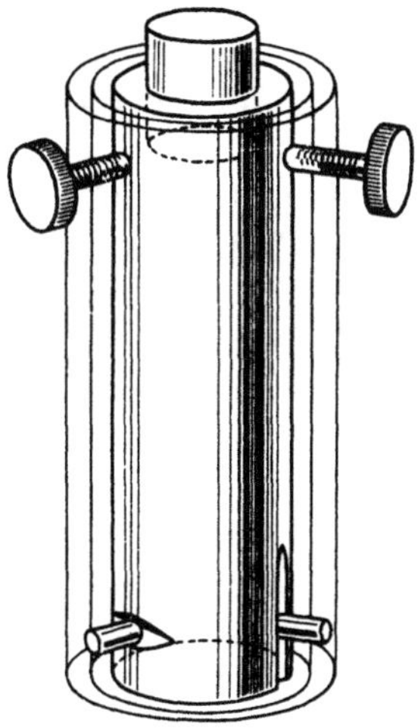

100

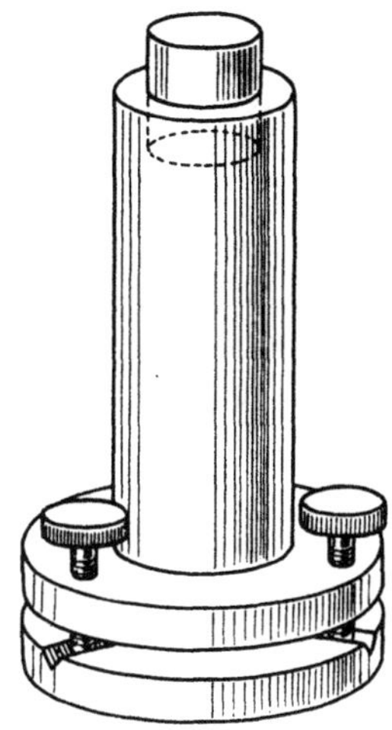

101

Zentrierung eines Strahlsystems

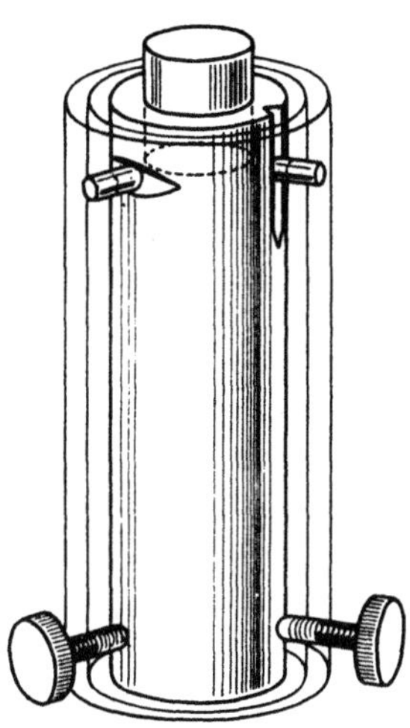

102

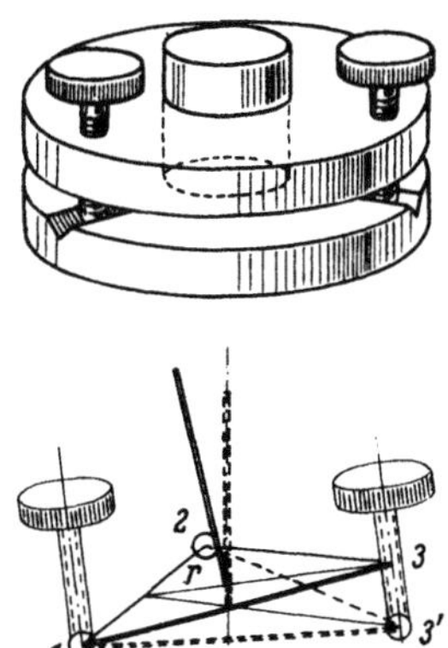

103

Ausrichtung eines Strahlsystems

renden Radialschrauben. Der Lokalisator L sorgt für Berührung. Die Ausrichtung geschieht wie in Abb. 103, die Zentrierung so: Es soll die Austrittsöffnung des Strahlsystems von M_1 nach M_3 gebracht werden. Die Stellschraube S_1 schiebt die rechte Axialschraube in der V-Nute von 1 nach 2. Dabei gelangt die Blende von M_1 nach M_2. Die Stellschraube S_2 dreht das Strahlsystem um 2, wobei die Blende von M_2 nach M_3 wandert.

101 und 102 ergibt eine reine Fußjustierung (Abb. 107). Man erhält sie, wenn man die Anordnung 102 auf einen Flansch nach 101 aufbaut und so die Ausrichtung (Radialschrauben) mit der Zentrierung durch Axialschrauben kombiniert. — Welche von diesen vier Kombinationen man wählt, hängt davon ab, wie die Apparatur steht und welche Teile leicht zugänglich sind. Zum Beispiel wird man bei waagerechter Achse Radialschrauben bevorzugen, bei senkrechter Anordnung Axialschrauben. Sämtliche Anordnungen sind kinematisch, wenn man vom seitlichen Spiel der Schrauben absieht. Bei hohen Anforderungen in bezug auf Präzision verwendet man kräftige Stellschrauben mit feinem Gewinde und gehärteten Stahlkuppen. Sie werden in nachstellbaren Gewindebuchsen geführt. Die V-Nuten sind in Stahlplatten oder Ringe eingeschnitten, die auf die Zylinder aufgesetzt werden.

Eine praktische Ausführung zeigt Abb. 92 (L 7.10). Als Bezugssystem dienen zwei kräftige, eiserne Ringe, die an Stiften auf einer optischen Bank sitzen. Jeder Ring hat zwei Stellschrauben und einen Federbolzen. Die Stellschrauben des vorderen Rings greifen in eine axiale und in eine tangentiale V-Nute ein (4 Kontakte). Die Stellschrauben des hinteren Rings greifen auf einem Zylinder oder einer Ebene an (2 Kontakte). — Ein hochisoliertes, zentrierbares System erhält man, wenn zwei Gestelle nach Abb. 43 hintereinandergeschaltet werden.

Bei den gebräuchlichen Konstruktionen zieht man zur Führung ebene oder kugelige Flächen heran. Zum Beispiel ist eine Entladungsröhre von D. Kamke [6] (Abb. 94) auf eine ebene Platte aufgebaut, die mit Radialschrauben hin- und hergeschoben werden kann (Zentrierung). Mit Axialschrauben kann die Röhre ausgerichtet werden. Das Zentrum liegt etwa in der Ebene der Schraubenspitzen (in dieser und den folgenden Abbildungen ist es durch kleine Kreise angedeutet. Von den für die Zentrierung bzw. Ausrichtung notwendigen zwei Stellschrauben und dem Federbolzen ist im allgemeinen nur eine einzige Stellschraube gezeichnet). — Beim Siemens-Elektronenmikroskop (Abb. 95 schematisch) ist zwischen Strahlsystem mit Kondensor und dem abbildenden System eine Justiervorrichtung eingeschaltet, bei der durch die oberen Radialschrauben das Strahlsystem auf einer kugeligen Führungsfläche um das Objekt als Zentrum geschwenkt werden kann. Durch die unteren

Justierung eines Strahlsystems L 7.13

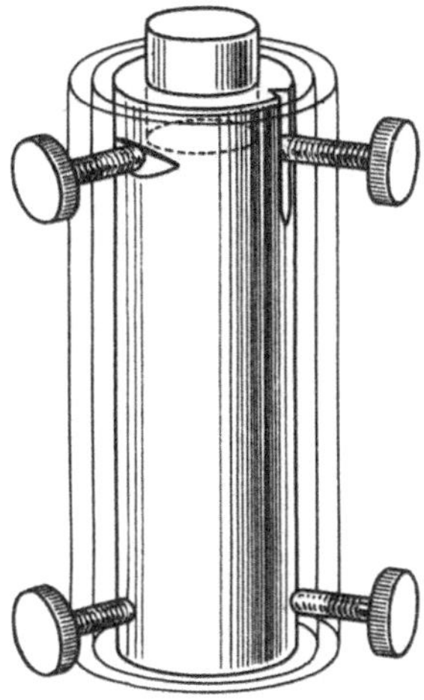

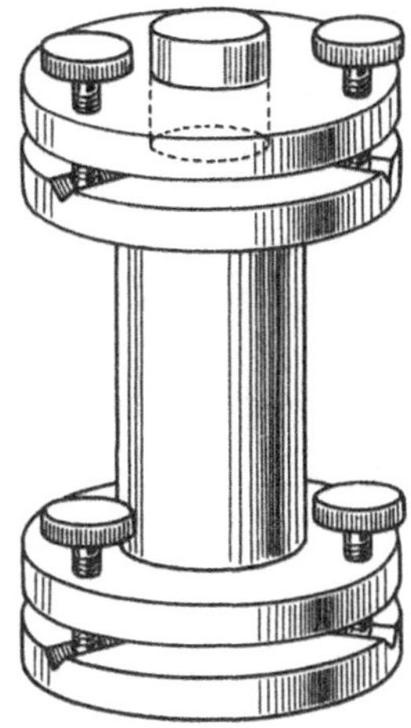

104 Achsenzentrierung 105

mit Radialschrauben mit Axialschrauben

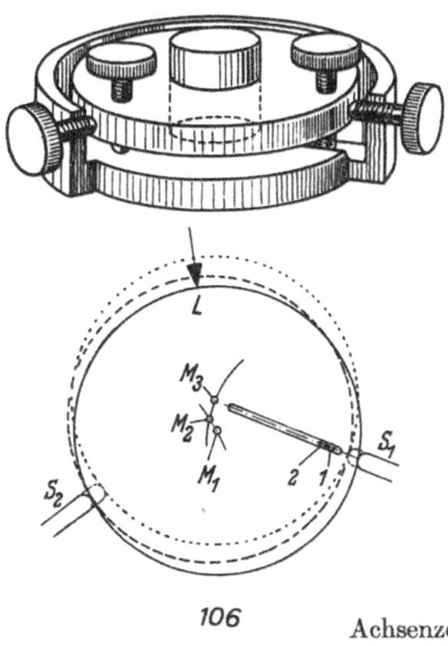

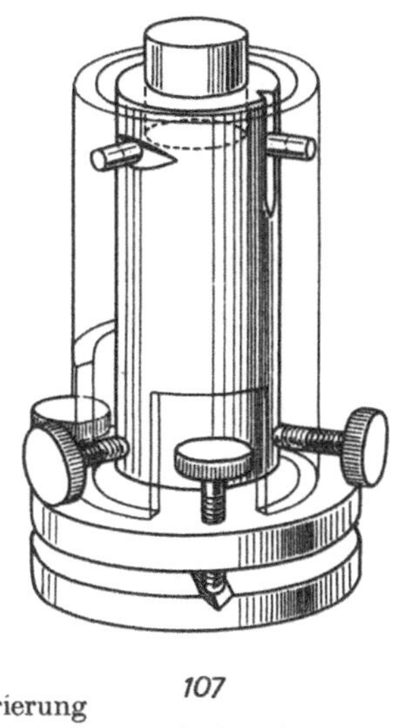

106 Achsenzentrierung 107

mit Kopfschrauben mit Fußschrauben

Radialschrauben kann es auf einer ebenen Führungsfläche hin- und hergeschoben, also zentriert werden. Zwischen den Führungsflächen liegen Stahlkugeln. — Abb. 96 zeigt die Anordnung von Rühle mit zwei kugeligen Führungsflächen. Die Radialschrauben schwenken gemäß dem in Abb. 99 dargestellten Prinzip um zwei Zentren: die Austrittsblende des Strahlsystems und das Objekt. Man kann die kugeligen Führungsflächen auch außerhalb der beiden Zentren anordnen ([7] Abb. 93). Längs der oberen Kugelfläche schwenkt man um das obere Zentrum, längs der unteren um das untere Zentrum mit Hilfe von Radialschrauben. Zur Sicherung der Führung dienen starke Spiralfedern.

d) Die Gitterjustierung (1 s 3 φ).

Ein Gitter, z. B. ein Beugungsgitter für Röntgenstrahlen muß so einjustiert werden, daß die Gitterebene durch die Achse des Spektrometers geht, einen bestimmten Winkel mit der Richtung des einfallenden Strahls bildet und die Gitterstriche parallel zu dieser Achse verlaufen. Man justiert optisch. Bei der Anordnung Abb. 108 wird die Gitterplatte durch einen Federbolzen gegen drei Stellschrauben gedrückt. (Besser wären drei Federbolzen gegenüber den Schrauben.) Mit ihnen läßt sich die Gitterebene in die Drehachse des Spektrometers bringen. Der Gitterhalter sitzt auf einem Konus, der im Ständer um eine waagrechte Achse drehbar gelagert ist. Über einen kleinen Hebel kann dieser Konus mit Schraube und Gegenschraube feinverdreht werden, bis die Gitterstriche parallel zur Drehachse des Spektrometers verlaufen. Dabei kann sich die Einstellung der Gitterebene etwas verändern. Sie muß dann nachjustiert werden.

e) Die Lampenjustierung (3 s 1 φ).

Bei der Lampenjustierung soll die Wendel einer Glühlampe erstens in die optische Achse des Kondensorsystems gebracht werden — dazu sind zwei Verschiebungen nötig — und sie soll in Richtung der optischen Achse verschoben werden. Eine strichförmige Wendel soll außerdem parallel zu einem Spalt stehen. Das bedeutet, daß die Lampe um die optische Achse gedreht werden muß. Eine solche Einstellung läßt sich mit der Lampenjustierung nach Abb. 11.2 durchführen. Die Lampenfassung sitzt auf einem Metallring, in den drei Muttergewinde eingeschnitten sind. In diese Gewinde greifen drei Schrauben ein, die mit ihren kugeligen Köpfen in einer drehbaren Kappe gelagert sind. Die Schrauben tragen zwischen Kappe und Metallring starke Spiralfedern. Zieht man nun eine Schraube an, so neigt sich die Lampe nach der betreffenden Seite. So kann man also zentrieren. Verstellt man alle Schrauben gleichzeitig, so geht sie vor oder zurück. Grobe Verstellungen dieser Art und Drehungen führt man mit der Kappe durch. Ein T-Schlitz in der Kappe sorgt für die notwendige Reibung.

f) Die Universaleinstellung (3 s 3 φ).

Drei Verschiebungen in verschiedenen, nicht komplanaren Richtungen und drei Verdrehungen um nicht komplanare Achsen sind notwendig, um Lage und Richtung eines Körpers beliebig zu ändern. Dabei

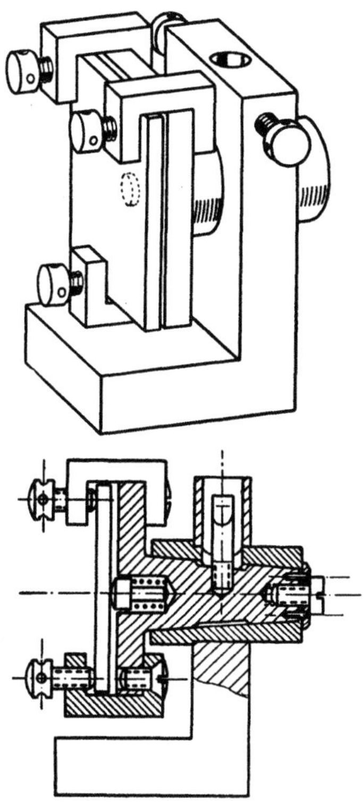

108
Gitterjustierung

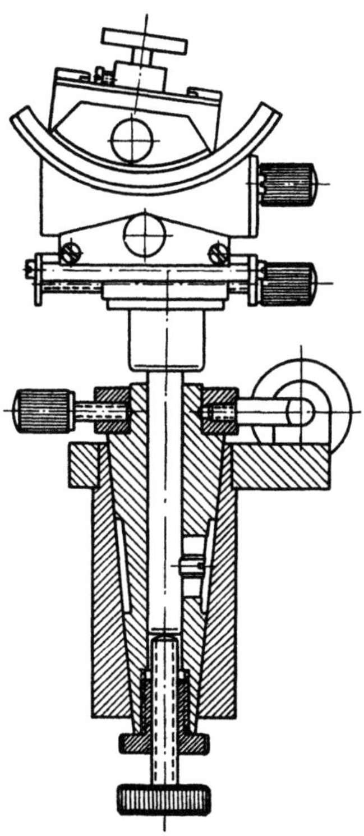

109
Universaleinstellung

ist es häufig erwünscht, daß die Verschiebungen und Verdrehungen soweit als möglich unabhängig voneinander erfolgen können. Eine Möglichkeit dazu bietet sich, wenn man den Goniometerkopf Abb. 91 um eine senkrechte Achse drehbar anordnet und außerdem eine Höhenverstellung anbringt. Man erhält dann die Vorrichtung Abb. 109. Für die Verdrehung eignet sich eine Konuslagerung mit einem Einstellhebel

Universal-Justierung 3 s 3 φ L 7.14

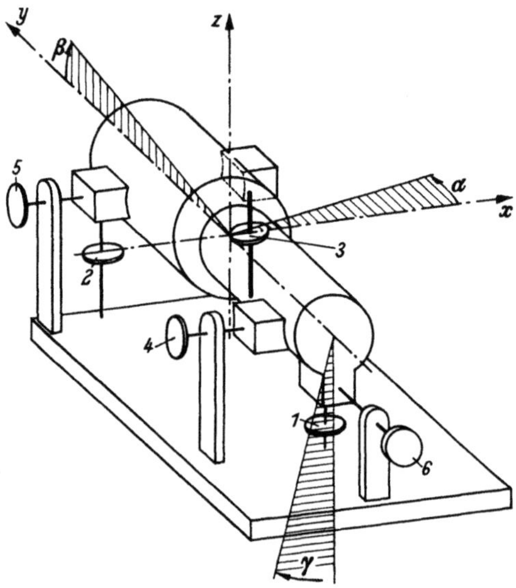

110 Justierung einer Horizontalflasche nach 6 Freiheitsgraden mit den Stellschrauben (adjusting screws) 1—6

Die Tabelle zeigt, wie man durch Rechts- oder Linksdrehung der Schrauben 1, 2, 3, 4, 5 oder 6 die Verschiebungen in x, y, z oder Drehungen um α, β, γ bewirken kann. Die Lage der Achse, um welche die Flasche gedreht wird, ist bestimmt durch das Verhältnis der Verstellungen der zur Verdrehung eingesetzten Schrauben.

Tab. 7.2

$+$ Rechtsdrehung der Schrauben
$-$ Linksdrehung der Schrauben
x, y, z: Verschiebung in Richtung x, y, z
α, β, γ: Drehung in Richtung $x-y$, $y-z$, $z-x$

	1	2	3	4	5	6
$\pm x$				$\pm$	$\pm$	
$\pm y$						$\pm$
$\pm z$	$\pm$	$\pm$	$\pm$			
$\pm\alpha$				$\pm$	$\mp$	
$\pm\beta$	$\mp$	(+ (−	+) −)			
$\pm\gamma$		$\pm$	$\mp$			

zwischen Stellschraube und Federbolzen. Die Höhenverstellung kann mit einer Stellschraube erfolgen. Gegen Verdrehung sichert ein kleiner Stift im Schaft, der in einem Schlitz des Konuskörpers geführt wird. Der Stift muß sehr genau eingepaßt werden oder federnd gegen eine der beiden Schlitzkanten gedrückt werden.

Bei einer Universal-Justierung kann man der kleinen Hube wegen auf aufwendige Führungen verzichten. Das Leitblatt L 7.14 zeigt sie am Beispiel einer Horizontalflasche [8] zur Entladung von Strahlrohreinsätzen an einem Reaktor.

Literaturverzeichnis zu Kap. 7

1. STRONG, J.: Procedures in Experimental Physics, New York: Prentice-Hall 1938.
2. POLLARD, A. F. C.: The Kinematical design of Couplings in instrument mechanisms, London: Hilger & Watts 1951.
3. Z. Instrumentenkde. **49**, 36 (1929).
4. Z. Instrumentenkde. **50**, 58 (1930).
5. PÖSCHL, H.: Verbindungselemente der Feinwerktechnik, Berlin, Göttingen, Heidelberg: Springer 1954.
6. Z. Physik **128**, 212 (1950).
7. Optik **10**, 116 (1953).
8. Kerntechnik **6**, 536 (1964).
9. HANSEN, F.: Justierung. 2. Aufl., Berlin: Verlag VEB Technik 1967.

8. Vakuumtechnik und Behälterbau

8.1 Vakuumsysteme [1, 2]

a) Auslegung eines Vakuumsystems: Jedes Vakuumsystem besteht im Prinzip aus drei Komponenten (Abb. 1):

1. Der Gasquelle in Form des auspumpenden Rezipienten mit dem Druck p_2 und dem Volumen V_2.

2. Einem Strömungswiderstand in Form von Rohrleitungen oder Lochblenden.

3. Einer Senke in Form von Pumpen oder Gasfallen.

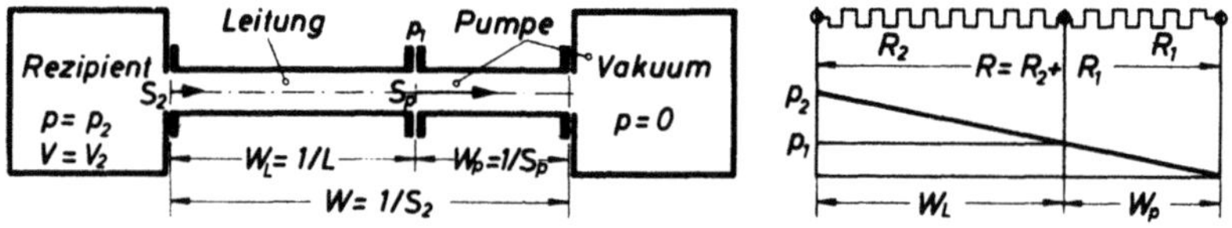

1 **Berechnung des Saugvermögens**

Beim Evakuieren tritt ein Gasstrom $Q = p_2 \cdot S_2$ aus dem Rezipienten zur Pumpe über, wo p_2 der *Druck* [Torr] und S_2 das *Saugvermögen*, d. h. das je Zeiteinheit durch den Querschnitt hindurchtretende Gasvolumen [m³/h], bedeutet. Da im Gasstrom nichts verschwindet bzw. nichts dazukommt, ist Q für alle Querschnitte gleich (Kontinuitätsgleichung).

Für den Gasstrom gilt in Analogie zum Ohmschen Gesetz (Strom = Spannung/Widerstand): Gasstrom = Druckdifferenz/Strömungswiderstand.

Für die Rohrleitung sei der Strömungswiderstand W_L. Die Pumpe mit dem Saugvermögen S_p läßt sich ersatzweise ebenfalls als ein Rohr mit einem Strömungswiderstand $W_p = 1/S_p$ auffassen, das an Vakuum grenzt. Der gesamte Widerstand zwischen Rezipient und Vakuum ist $W_L + W_p$. Beim Druck p_2 im Rezipienten ergibt sich also für den Gasstrom

Vakuumtechnische Geräte L 8.1

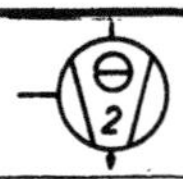	Drehschieberpumpe 2-stufig	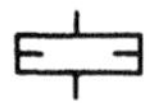	Kriechsperre
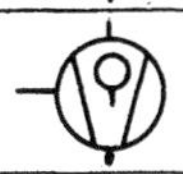	Drehkolbenpumpe (Sperrschieberpumpe)	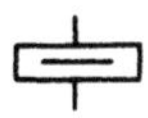	Dampfsperre (baffle) luftgekühlt
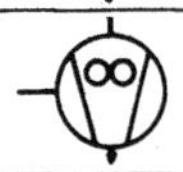	Rootspumpe 1-stufig	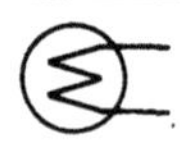	Kondensator mit Kühlschlange
	Molekularpumpe		Kühlfalle aus Glas
	Öldiffusionspumpe 3-stufig	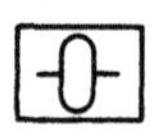	Tiefkühlfalle
	Quecksilberdiffusions-pumpe, 1-stufig	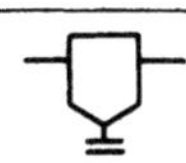	Abscheider Auspuff — Filter
	Sorptionspumpe Getterpumpe	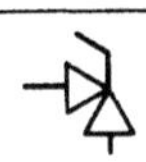	Eckventil hebelbetätigt
	Ionen-Getterpumpe	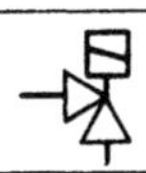	Eckventil elektro-magnetisch
	Rezipient		Eckventil Motorantrieb
	Schliffverbindung	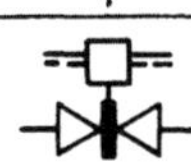	Vakuumschieber pneumatischer Antrieb
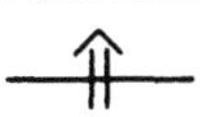	Kleinflanschverbindung	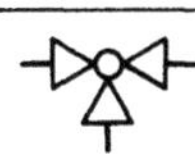	Dreiwegehahn
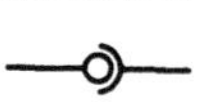	Kugelschliffverbindung	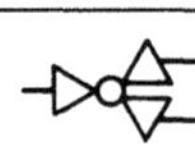	Zweiwegehahn
	Faltenbalg		Nadelventil
	Drehdurchführung		Thermoelektrisches Vakuummeter
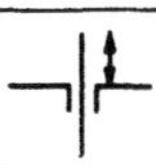	Schiebedurchführung		Penning-Vakuummeter
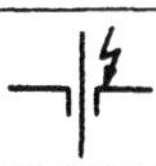	Stromdurchführung	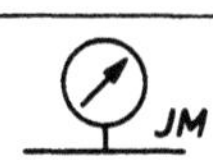	Ionisations-Vakuummeter

L 8.2

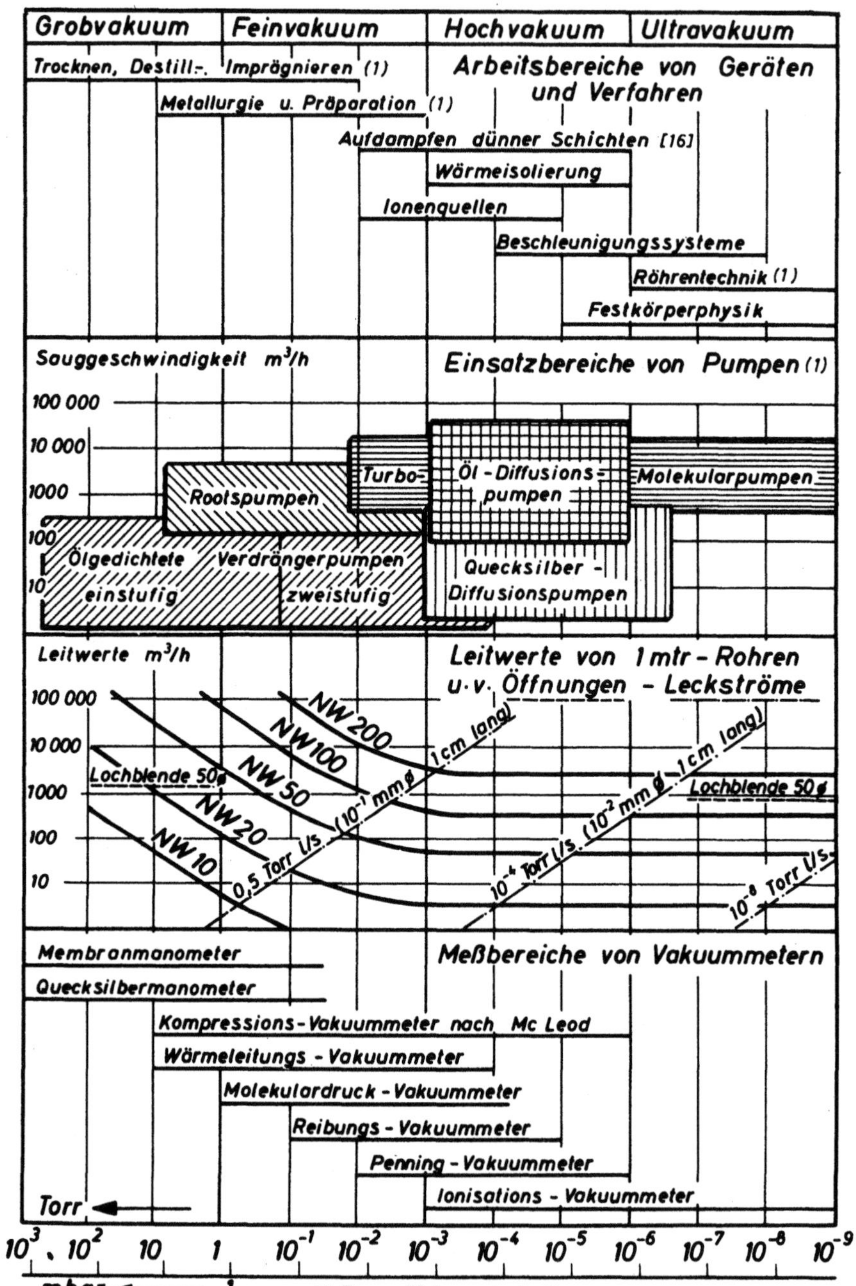

1) Pupp. Vakuumtechnik

$$Q = p_2 \cdot S_2 = \frac{p_2}{W_L + W_p} \quad \text{oder} \quad S_2 = \frac{1}{W_L + W_p} \tag{1}$$

In der Vakuumtechnik benutzt man anstelle des Widerstands meist den Leitwert $L = 1/W$. Aus Gl. (1) wird dann

$$S_2 = \frac{1}{\frac{1}{L} + \frac{1}{S_p}} \quad \text{oder} \quad \frac{1}{S_2} = \frac{1}{L} + \frac{1}{S_p}. \tag{2}$$

Das bedeutet: Der reziproke Wert des Saugvermögens eines Vakuumsystems ist gleich dem gesamten Strömungswiderstand und dieser gleich der Summe aus dem reziproken Leitwert der Verbindung und dem reziproken Saugvermögen der Pumpe.

Die Sauggeschwindigkeitsbereiche der verschiedenen Pumpentypen sind in L 8.2 zusammengestellt. Darunter sind im selben Maßstab die Leitwerte von 1 m langen Rohren mit den lichten Weiten 10, 20, 50, 100 und 200 mm aufgetragen. In solchen Rohren hat man im Bereich des Grobvakuums laminare Ströme und der Strömungswiderstand berechnet sich nach dem HAGEN-POISEUILLEschen Gesetz zu $W_{\text{laminar}} = a/(655\, d^4 \bar{p})$ h/m³, wo a und d Länge und Durchmesser in cm und $\bar{p}$ der mittlere Druck in Torr bedeutet. Im Bereich des Hoch- und Ultravakuums hat man die KNUDSEN-Molekularströmung und der Widerstand ergibt sich zu $W_{\text{molekular}} = a/(43{,}6\, d^3)$ h/m³. Dazwischen liegt eine gemischte Strömung vor.

Ein Leck, das einer Kapillare von 1 cm Länge und 10^{-1} mm Weite entspricht, läßt aus der Atmosphäre einen Gasstrom von 0,5 Torr l/s ein, zu dessen Absaugung bei verschiedenen Drucken die in L 8.2 eingezeichneten Saugvermögen erforderlich sind. Die Werte für 10^{-4} und 10^{-8} Torr l/s sind ebenfalls eingetragen. Kreisförmige Öffnungen in Lochblenden oder Ventilen mit dem Durchmesser d haben im laminaren Bereich den Widerstand $W_{\text{laminar}} = 1/(56{,}5\, d^2)$ h/m³, im molekularen Bereich $W_{\text{molekular}} = 1/(32{,}4\, d^2)$ h/m³. L 8.2 zeigt die Leitwerte für 50 mm ⌀.

Die Auspumpzeit t ergibt sich bei einem dichten, entgasten Behälter mit dem Volumen V_2 (Abb. 1) vom Anfangsdruck p_a bis zum Enddruck p_e zu $t = 138(V_2/S_2) \lg (p_a/p_e)$ min, wo S_2 nach Gl. (2) das Saugvermögen am Behälter bedeutet. Bei Drucken unterhalb 10^{-1} Torr (mbar) nimmt das Saugvermögen rotierender Pumpen ab und die Auspumpzeit entsprechend zu.

Beim dichten, entgasten Behälter bleibt der Druck nach dem Abschalten der Pumpe konstant. Ein Leck bewirkt einen linearen Anstieg mit der Zeit, eine Gasabgabe führt zu einem konstanten Enddruck.

b) Beim kinetischen Vakuumsystem wird das Vakuum durch ständige Verbindung mit einer Pumpe aufrechterhalten. Abb. 2 zeigt einen Pumpstand, mit dem man im Rezipienten ein öldampffreies Hochvakuum erzeugen kann (H. FEY).

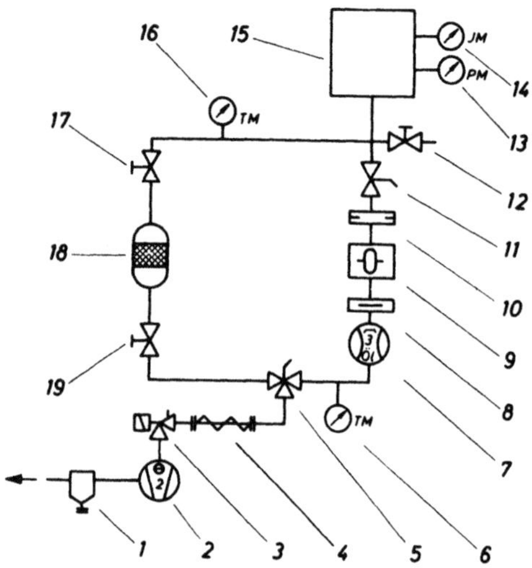

2
Pumpstand (kinet. Vakuumsystem) (H. FEY)

1 Auspuff-Filter
2 Vorpumpe, 2stufig (Drehschieber)
3 Sicherheitsventil (elektr.-magn.)
4 Federbalg
5 Zweiwegeventil
6 Vakuummeter (thermo-elektr.)
7 Öldiffusionspumpe 3stufig
8 Dampfsperre
9 Tiefkühlfalle
10 Kriechsperre
11 Federbalg Plattenventil
12 Gaseinlaßventil (Dosierventil)
13 Penning-Vakuummeter bis 10^{-6} Torr
14 Ionisations-Vakuummeter (unterhalb 10^{-4} Torr)
15 Rezipient
16 Vakuummeter (thermo-elektr.)
17 Absperrventil
18 Adsorptionsfalle
19 Absperrventil

Beim erstmaligen Evakuieren wird der unter Atmosphärendruck stehende Rezipient 15 über die Elemente 1 bis 11 mit der Drehschieberpumpe 2 ausgepumpt, bis das thermoelektrische Vakuummeter 6 das für die Diffusionspumpe 7 erforderliche Vorvakuum von $2 \cdot 10^{-1}$ Torr anzeigt. Dann wird die Heizung der Diffusionspumpe eingeschaltet. Nach einer gewissen Anheizzeit übernimmt sie die weitere Erniedrigung des Druckes. Dann kann die Tiefkühlfalle 9 mit flüssigem Stickstoff gefüllt werden. Sie verhindert mit der Dampfsperre 8 den Übertritt des Öldampfes in den Rezipienten. Der sich an den Wänden ausbreitende Ölfilm wird durch die Kriechsperre 10 unterbrochen. Ab 10^{-3} Torr zeigt das Penning-Vakuummeter 13 den Druck an, ab 10^{-4} Torr beginnt die Anzeige des Ionisations-Vakuummeters 14.

Muß im Verlauf eines Experimentes der Rezipient geöffnet werden, so wird das Ventil 11 geschlossen und über Ventil 12 mit einem trockenen Gas geflutet. Die Pumpen bleiben dabei in Betrieb. Die heiße Diffusionspumpe darf niemals belüftet werden. Nach dem Schließen wird der Rezipient durch Umschalten des Zweiwegeventils 5 über die Ventile 19 und 17 und die Adsorptionsfalle 18 vorevakuiert, bis das Vakuummeter 16 $2 \cdot 10^{-1}$ Torr anzeigt. Dann schaltet man wieder auf den Hauptweg (5) bis (11) um. Das Filter 18 hält die Öldämpfe der Vorpumpe zurück. Es muß von Zeit zu Zeit abgenommen und durch Ausheizen regeneriert werden. Die Vakuumanlage wird nach Möglichkeit ständig in evakuiertem Zustand belassen.

Bei instrumentierten Anlagen läßt eine *Programmsteuerung* bei Betätigung eines Druckknopfes über Schaltschützen und magnetisch gesteuerte Ventile den Pumpvorgang ablaufen. Eine *Regeleinrichtung* hält durch An- und Abschalten von Pumpen den Druck auf einem konstanten Wert. *Sicherheitseinrichtungen* schützen die Anlage bei Ausfall von Netzspannung, Kühlwasser, Diffusionspumpenheizung oder Versagen einer Pumpe.

Kinetische Vakuumsysteme bestehen meist aus Metall. Sie sind leicht abzuändern, bequem zugänglich und lassen sich leicht mit mechanischen, elektrischen und optischen Einführungen versehen. Die Gefäßwände brauchen nicht entgast zu werden. Mit Pumpen, die für jeden Liter Behältervolumen etwa 2 m^3/h effektives Saugvermögen haben, erreicht man Drucke von 10^{-2} Torr innerhalb von etwa 35 Sekunden.

c) Statische Systeme müssen durch Ausheizen gründlich entgast werden. Die Gefäßwände bestehen fast immer aus Glas. Die Metallteile sind dünnwandig und bestehen aus hochschmelzenden, entgasten Metallen mit niedrigem Dampfdruck. Sie sind miteinander verschweißt, verfalzt oder verlappt. Die Glasteile werden an der Pumpe tagelang auf etwa 400 °C erhitzt und verlieren dabei adsorbierte Gase. Die Metallteile werden durch elektrischen Strom, Elektronen- bzw. Ionenbeschuß oder hochfrequente Wirbelströme zum Glühen gebracht und geben dabei die in ihnen absorbierten Gase ab. Nach dieser Entgasung kann das Gefäß von der Pumpe abgezogen werden, indem man die Abschmelzstelle mit einem Brenner erhitzt. Die in der Röhre verbliebenen Gasreste können durch das Verdampfen von eingebauten „Gettern" absorbiert und mit den Metalldämpfen an geeigneten Wandstellen niedergeschlagen werden.

Mit diesem Verfahren können Drucke bis unter 10^{-7} Torr erzeugt werden (Röntgenröhren und Verstärkerröhren). Mit ähnlichen Maßnahmen gelingt es auch, Gefäße mit sehr reinen Gasen zu füllen. Wir bezeichnen die hier verwendeten Verfahren als „Röhrentechnik“. Zu ihrer Durchführung braucht man Vakuumanlagen, die extrem sauber gehalten werden. Sie werden am besten aus Glas hergestellt. Es genügen kleine Pumpleistungen. Eine einfache Anlage dieser Art zeigt Abb. 3. Die zu

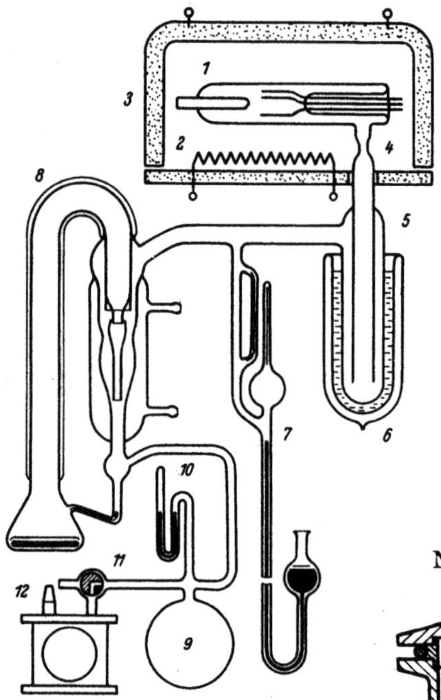

3 Statisches Vakuumsystem

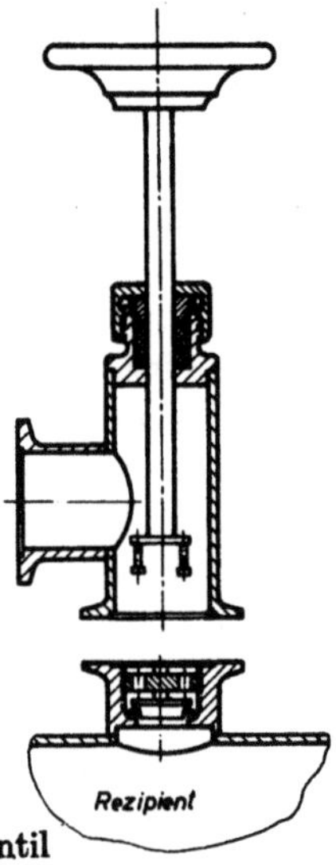

4
Gasschleuse
und
Nachevakuierventil

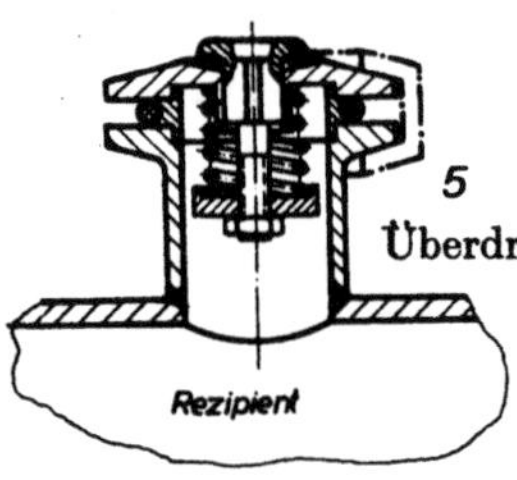

5
Überdruck-Sicherheitsventil

evakuierende Röhre 1 befindet sich über der Ausheizplatte 2 unter der abnehmbaren Haube 3. Sie ist über die Abziehstelle 4 mit der Kühlfalle 5 verbunden, die in dem Dewargefäß 6 mit flüssiger Luft gekühlt wird. Mit dem Vakuummeter nach McLeod 7 läßt sich der Druck auf der Hochvakuumseite messen. Die Quecksilberdiffusionspumpe 8 aus Hartglas pumpt die Gase in das Vorvakuumgefäß 9. Mit dem abgekürzten Manometer 10 wird der Druck auf der Vorvakuumseite gemessen. Aus dem Vorvakuumgefäß 9 wird das Gas über den Zweiweghahn 11 von der Vorpumpe 12 abgesaugt.

Die Herstellung statischer Vakuumsysteme kann nur mit Hilfe eines guten Glasbläsers und einer gut eingerichteten Spezialwerkstatt durchgeführt werden. Neben den üblichen Glasbläsergeräten braucht man einen großen Temperofen zum spannungsfreien Abkühlen der Glasgeräte, einen Pumpstand mit Ausheizvorrichtung und einen Glühsender großer Leistung zum Ausheizen der Metallteile.

Bei Vakuummänteln von Dewargefäßen aus Metall verbessert man das Vakuum nach dem Abziehen durch Absorber wie aktive Kohle (mit flüssiger Luft explosiv!) oder Silikagel, die mit flüssiger Luft gekühlt werden.

Zur Wärmeisolierung werden halbstatische Systeme aus Metall eingesetzt. Es sind dies z. B. die Vakuummäntel von Dewargefäßen (s. Abb. 12.92). Sie werden mit einem Verschluß Abb. 4 (B 162) versehen, auf den mit einer Klammer nach Abb. 48 ein Pumpstutzen aufgesetzt werden kann. Mit einem drehbaren Griff läßt sich der Verschlußdeckel herausschrauben und nach dem Abpumpen wieder einsetzen. Bei inneren Undichtigkeiten verhindert das Überdruck-Sicherheitsventil Abb. 5 (B 162) das Platzen des Behälters durch das Verdampfen des in den Vakuummantel eindringenden flüssigen Stickstoffs.

Vakuummäntel für Halbleiterdetektoren werden mit einer Ionenzerstäuberpumpe ausgestattet, die nach dem Abziehen von der Pumpe das Vakuum über lange Zeit hinweg aufrechterhält.

d) Ultravakuumsysteme [2]: Ultravakuum läßt sich mit Quecksilberdiffusionspumpen erreichen, wenn man mehrere Tiefkühlfallen hintereinanderschaltet. Der gesamte Ultravakuumteil besteht aus Hartglas und muß auf 450 °C ausgeheizt werden. Auch mit Öldiffusionspumpen läßt sich ein Ultravakuum erzeugen, wenn man Dampfsperren und Zeolithfallen einschaltet. Große Volumina evakuiert man mit der Turbo-Molekularpumpe, der Getter-Ionen-Pumpe oder mit Kryo-Pumpen.

Ultravakuum-Kammern mittlerer Größe werden am besten als Doppelwand-Kammern ausgebildet. Die innere Wand kann, da sie nicht vom Luftdruck belastet wird, aus 0,2 mm Blech hergestellt werden und durch Stromdurchgang ausgeheizt werden. Da die Wärmekapazität gering ist und Wärmeverluste auf Strahlung beschränkt bleiben, erhält man für 450 °C kurze Aufheizzeiten. Die äußeren Wände sind mit normalen Gummidichtungen versehen und werden mit Wasser gekühlt. Bei Durchführungen durch die inneren Wände genügt zur Abdichtung eine enge Passung.

Zum Evakuieren des äußeren Mantels benutzt man eine Öl-Diffusionspumpe. Die innere Kammer wird mit einer Getter-Ionenpumpe evakuiert, für welche die Öl-Diffusionspumpe das erforderliche Vorvakuum liefert.

8.2 Werkstoffe und Bautypen

(H. Fey)

1. Baustoffe: Baustoffe für statische Systeme sollen niedrigen Dampfdruck haben, leicht entgast werden können (man verwendet am besten vorentgastes im Vakuum erschmolzenes Material), eine möglichst geringe Durchlässigkeit für Luft und Füllgase haben und bis zu Temperaturen zwischen 400 °C und 500 °C ausheizbar sein. Alle Innenflächen sollen glatt und leicht zu reinigen sein.

Die Tab. 8.1 und 8.2 zeigen die wichtigsten Vakuumeigenschaften für Gläser, Keramik und Metalle. Bei Durchführungen und Verbindungen müssen Glas, Keramik und Einschmelz- oder Anschmelzmetall aufeinander abgestimmt sein. Am vielseitigsten verwendbar ist die Kombination Mo–Glas und Vacon. Vacon, eine Fe–Ni–Co-Legierung wie Kovar, ist in Form von Drähten, Rohren und Blechen erhältlich. Es läßt sich verschweißen und hart verlöten. Aluminiumoxid läßt sich metallkeramisch mit Kovar hart verlöten.

Es scheiden Al wegen seines niedrigen Schmelzpunktes und alle Zn-Legierungen, wie z. B. Messing, wegen des hohen Zinkdampfdrucks für statische Systeme aus. Ähnliches gilt auch für Sn. Beim Auftreten von Quecksilberdampf wählt man als Werkstoff Stahl.

Für kinetische Systeme sind bei Zimmertemperaturen fast alle gebräuchlichen Werkstoffe (Tab. 8.3) verwendbar, vorausgesetzt, daß sie nicht porös sind. Gußeisen scheidet im allgemeinen aus. Rotguß und geschmiedeter Messingguß können vakuumdicht sein. Große Mühe macht die Glättung der Innenflächen.

2. Dichtungsmaterial (Tab. 8.3): Planschliffe (Abb. 6) und konische Schliffe werden mit Dichtungsfett gedichtet. Andere Verbindungen werden mit Vakuumkitt oder Dichtungslack abgedichtet. Lösbare Verbindungen werden für Gummidichtung oder Metalldichtung ausgebildet.

a) Gummidichtung.

Wenn Gummiringe in einer Verbindungsfuge stark gequetscht werden, schmiegen sie sich so eng an die Verbindungsflächen an, daß eine vakuumdichte Verbindung entsteht. Dabei besitzen sie noch so viel

Tabelle 8.1. *Vakuumeigenschaften von Glas und Keramik* (H. FEY)

Bezeichnung	Kurzbezeichnung	Ausdehn.-Koeff. $\cdot 10^{-7}$/K (Temp.-Ber. °C)	Transformationstemp. °C	Max. Betriebstemp. °C	Anschluß- oder Einschmelzmetall
Weichgläser:					
Bleiglas 28%	123a	97 (20–300)	435		Cu-Manteldraht
Geräteglas	GW	84 (20–100) 93 (20–400)	525		Vacovit 501
Normalglas	16^{III}	90 (20–300)	543		Pt, Keramik
Geräteglas	R	63 (20–400)	570		Vacon 10, 20, 12
Molybdängläser:					
Kovarglas	8243^{III}	50 (20–100) 52 (20–300)	 485		Mo, Kovar
Geräteglas 20	2877^{III}	48 (50–150) 49 (20–300)	555	500	Mo, Kovar
Einschmelzglas	E W	42 (20–100) 44 (20–400)	505	Gefäße f. fl. He	Mo, Kovar
Hartgläser:					
Duran 50	8330^{III}	32,5 (50–150) 32,5 (50–350)	525	500	W
Pyrex	7740	32 (0–300)	515	490	W
Supremax	2955^{III}	33 (50–150) 37 (50–350)	715	700	W
Quarzglas:		6 (20–600)	1050	1000	Mo-Folien 15 μ dick
Keramik:*)					
Hartporzellan		35 (20–100) 45 (20–500)	1670**) bis 1730	 1000	 W
Aluminiumoxid	Al_2O_3	46 (20–100) 68 (20–400)	2050**)	1800	Mo, Kovar

*) Nicht für statische Systeme geeignet.
**) Schmelzpunkt

Elastizität, daß nach dem Lösen der Verbindung die Verformung teilweise zurückgeht. Ein Gummidichtungsring läßt sich also mehrmals verwenden. Besonders zweckmäßig ist eine Verbindung auf Anzug. Hierbei liegt der Gummiring in einer Nute, die so tief ist, daß nach der Verschraubung die zu verbindenden Teile Metall auf Metall liegen. Da Gummi inkompressibel ist, muß das Volumen der Nute mindestens gleich dem Volumen des Gummirings sein. Die Verbindung ist mechanisch starr, und der Gummi ist gegen zu starke Verformung geschützt. Das Vakuum steht nur über einen sehr engen Spalt mit dem Gummi in

Verbindung. Die Gummidämpfe diffundieren deshalb so langsam hindurch, daß sie laufend abgepumpt werden.

Besonders geeignet für Gummidichtungen sind Rundschnurgummiringe (O-Ringe). Man legt sie in eine Ringnute nach Abb. 7 ein. Der

Tabelle 8.2. *Vakuumeigenschaften von Metallen* (H. Fey)

Metall	Verwendungszweck	Gasgehalt $Ncm^3 \cdot g^{-1}$	Temperatur °C bei Dampfdruck 10^{-5} Torr	Schmelzpunkt °C
Aluminium	kalte Kathoden	$4{,}6$ bis $17 \cdot 10^{-2}$	890	659
Eisen	Behälter Elektroden	7 bis $54 \cdot 10^{-2}$	1110	1535
Edelstahl	Behälter Elektroden		1047	1400
Kupfer	Elektroden	4 bis $79 \cdot 10^{-3}$	946	1083
Messing	Behälter		unter 120 °C	905
Molybdän	Elektroden Federn	$0{,}9$ bis $60 \cdot 10^{-3}$	1990	2622
Nickel	Elektroden	4 bis $482 \cdot 10^{-2}$	1140	1453
Niob			2194	2525
Platin	Elektroden Oxydkathoden		1570	1773
Tantal	Anoden, Elektroden, Federn		2407	2996
Vacon Kovar	Stromdurchführungen Anglasungen		1110 (Fe)	1440
Vacovit	Stromdurchführungen Anglasungen		1060 (Cr)	1510
Wolfram	Federn Glühkathoden	$3 \cdot 10^{-4}$	2554	3382

Ring wird von dem inneren, überstehenden Rand leicht gespannt gehalten. (Das Zentrum liegt bei den folgenden sechs Abbildungen stets rechts.) Die Tiefe der Nute ist etwa 5/6 der Ringdicke. Sie ist so geformt, daß bei gepreßtem Ring auf der Vakuumseite praktisch kein Hohlraum übrigbleibt und der Ring nur schwach deformiert wird (hohe Lebensdauer). Für viele Zwecke genügt die Ausführung Abb. 8 mit einer Rechtecknute, deren Tiefe 4/5 der Ringdicke ist, oder die Dreiecksnute nach Abb. 9, bei der die Kathete etwa 5/4 der Ringdicke ist. O-Ringe dichten auch zwischen zylindrischen Flächen (s. Abb. 11.41 u. 12.64). Nahtlose O-Ringe gibt es von 5 bis 500 mm Durchmesser in etwa 300 Abstufungen (B 61).

Dichtmittel und Bautypen L 8.3

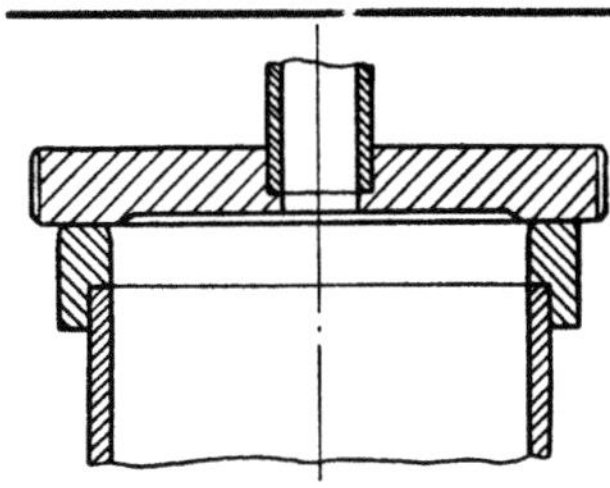

6
Planschliff

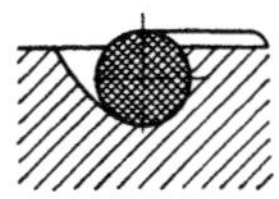

7

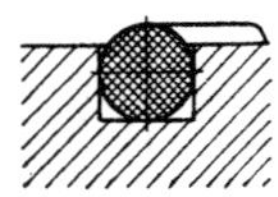

8

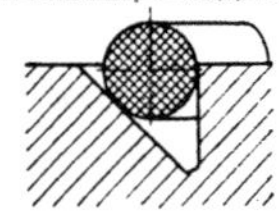

9

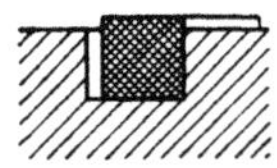

10

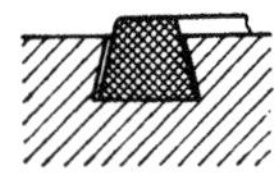

11

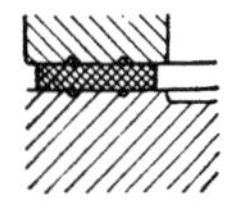

12

Dichtungsringe aus Gummi

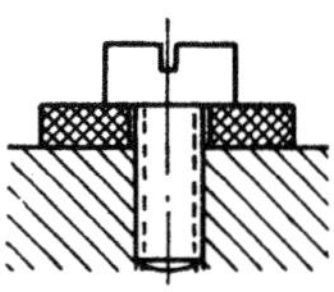

13

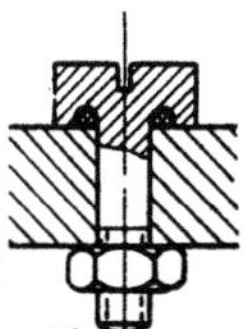

14

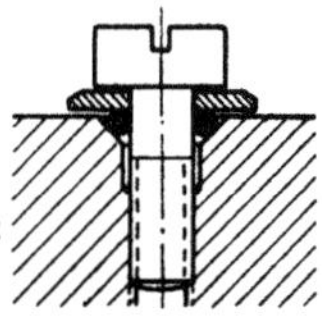

15

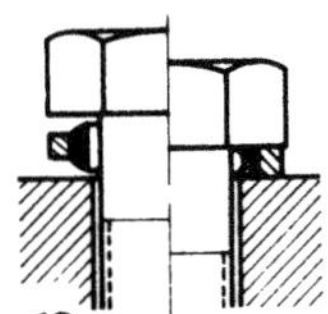

16

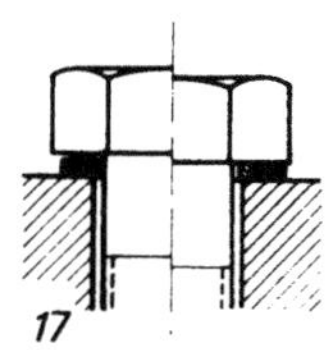

17

Abdichtung eines Schraubengewindes

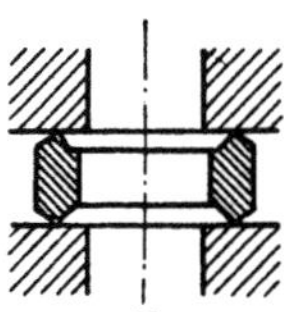

18

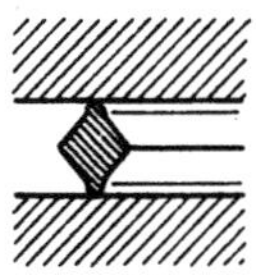

19

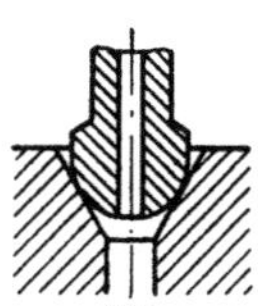

20

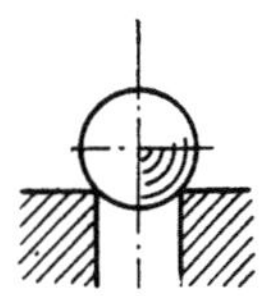

21

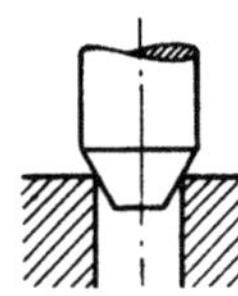

22

Metalldichtungen

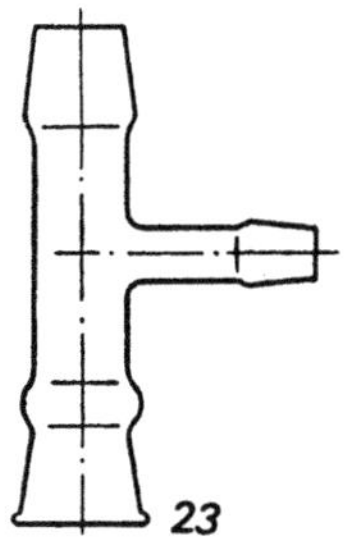

23

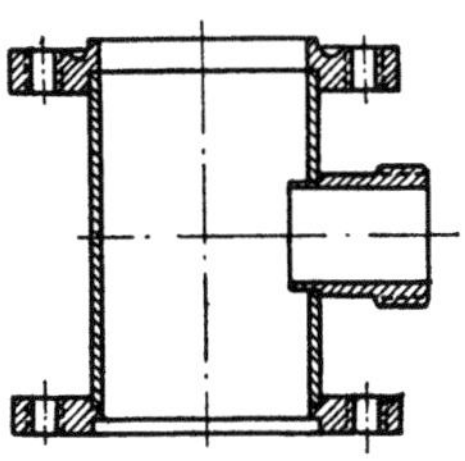

24

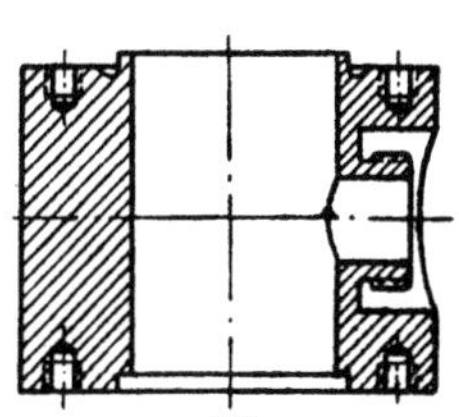

25

Rohrstutzen mit seitlicher Einführung aus Glas, Metallrohr und aus einem Metallblock

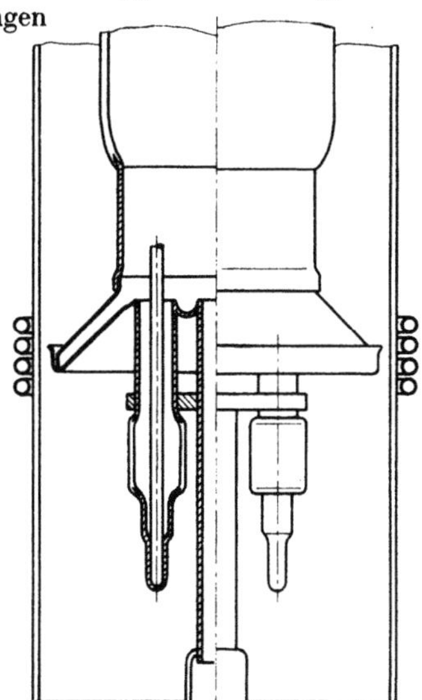

26 Röhrentechnische Konstruktion

Dichtungsringe mit rechteckigem Querschnitt, sog. Lochscheiben (bis 650 mm Durchmesser in 700 Abstufungen erhältlich), wendet man an, wenn die Nute ausgefüllt sein soll (Abb. 10).

Zur Abdichtung von Plattenventilen eignen sich besonders Trapezgummiringe (Abb. 11). Flachgummiringe zwischen ebenen Flächen zeigen die Neigung, nach außen auszuweichen. Eingedrehte Rillen (Abb. 12) wirken einer solchen Verschiebung entgegen. Im übrigen vermeide man

Tabelle 8.3. *Vakuummaterialien und Dichtungsmaterialien* [9]

Bezeichnung	Dampfdruck bei 20 °C 10^{-5} Torr	Verdampfungsgeschwindigkeit bei 20 °C $10^{-7} \cdot \frac{l \cdot Torr}{cm^2 \cdot h}$	Betriebstemperatur °C min.	max.
Hartgummi (B 119)	> 5000	1200	—	30
Bernstein	>10000	900	—	30
Vinidur	>10000	1200	—	30
Plexiglas (B 136)	>10000	70000	—	30
Trolitul (B 44)	18	9	—	50
Teflon (B 40)	25	28	−200	+200
Simrit (B 61)	240	100	−35	+110
Silikongummi (B 61)	74	9	−50	+160 (270)
Siegellack (B 109)	100	87	—	80
Pizein 80 (B 109)	30	35	—	—
Pizein 105 (B 109)	70	70	—	60
Araldit 1 (B 27)	6	7,3	—	130
Araldit 101 (B 27)	3	15	—	70
Araldit Gießharz D	350	130	—	—
Schellack	17	2,7	—	60
Glyptallack (B 68)	270	410	—	200
Epple 22 (B 51)	75	29	—	—
Ramsayfett	10		+15	30
Apiezonfett R (B 109)	1	4,4	—	30
Silikonfett	24	13	—	200
Hydrokollag (B 135)	(240)	(210)	—	—

Flachgummiringdichtungen schon der unrentablen Herstellung wegen. Ganz ungeeignet sind sie zur Abdichtung eines Schraubengewindes nach Abb. 13. Hierfür eignen sich Gummidichtungen nach 14 und 15 oder die handelsüblichen Dichtelemente, der USIT-Ring für Überdruck (16) (B 61) und der J.E.T-Ring für Vakuum und Überdruck (17) (B 91), bei dem ein gespaltener Innenring den Gummi nach innen ausweichen läßt.

Für Spezialzwecke gibt es weiche Gummisorten, wärmebeständigen Gummi (Silikongummi) oder als härteres, wärmebeständiges Dichtungsmittel Teflon (B 40). Teflon eignet sich wegen seiner guten Gleiteigenschaften besonders für Stopfbuchsendichtungen. Bei der Gestaltung von Teflondichtungen muß beachtet werden, daß Teflon unter Druck etwas fließt. Die Dichtungen müssen von Zeit zu Zeit nachgezogen werden.

b) Metalldichtung.

Weiche Metalle wie In, Pb, Al, Ag, Cu und Au sind so plastisch, daß sie sich wie Gummi zum Abdichten von Fugen eignen. Im Gegensatz zu Gummi können die Dichtungsringe nur einmal verwendet werden, da die Verformung nicht mehr zurückgeht und die meisten Metalle dabei härter werden. Für eine sichere Abdichtung mit Metalldichtungen ist eine starke Verformung erforderlich. Das erreicht man, indem man entweder den Dichtungsring scharfkantig ausbildet, wie z. B. den Bleiring Abb. 19, oder zwischen scharfen Kanten quetscht, wie den Bleiring in Abb. 60 und den Aluminiumring in Abb. 61.

Bei weichem Baumaterial, z. B. Messing, kann man die Abdichtung umgekehrt durch einen harten, kantigen Dichtungsring vornehmen (Ermeto-Dichtkantring Abb. 18). In vielen Fällen kommt man ohne Dichtungsring aus. Man preßt z. B. eine kugelige Kuppe in einen Hohlkonus (Abb. 20). Diese Abdichtung ist reversibel. Man findet sie bei der Verbindung eines Schlauchstutzens mit einem Reduzierventil (Abb. 107). Harte Kugeln Abb. 21 oder Kegel Abb. 22 pressen sich leicht in Lochkanten ein. Sie eignen sich für Ventildichtungen.

3. Konstruktionstypen. Für die Herstellung von Vakuumgeräten haben sich bestimmte Konstruktionstypen herausgebildet.

Wir betrachten als Beispiel einen Rohrstutzen mit seitlicher Einführung. Sämtliche Verbindungen sollen lösbar sein.

Die *Glastechnik* löst das Problem nach Abb. 23. Der Rohrstutzen besteht aus einem Glasrohr mit Kernschliff und Mantelschliff. Seitlich wird ein zweiter Kernschliff angeblasen. Dieses Prinzip hat folgende Vorteile: Glas ist durchsichtig, man kann also z. B. eine eingeführte Elektrode im Betrieb beobachten, es läßt sich leicht säubern, ist korrosionsfest, die Verbindungsstellen sind unbedingt dicht. Die Nachteile sind: der Aufbau bleibt sperrig, da man beim Glasblasen nicht dicht an die Schliffe herangehen kann. Für große lichte Weite werden die Schliffe sehr teuer. Öffnen und Schließen der Verbindung ist umständlich. Es besteht Bruchgefahr. Dieser Nachteile wegen sind solche Konstruktionen auf kleine Geräte beschränkt.

In der *Metallrohrtechnik* baut man nach Abb. 24 am bequemsten aus Messing. Ein Rohr erhält oben und unten je einen Flansch und seitlich einen Rohrstutzen mit Bolzengewinde. Als Lot verwendet man die eutektische Pb–Sn-Legierung. An die Flansche schließt man mit passenden Gegenflanschen an und dichtet mit O-Ringen ab (Abb. 50). Der Rohrstutzen erhält eine Überwurfmutter für eine Einführung nach Abb. 10.112. Die Konstruktion hat folgende Vorteile: Messingrohre beliebiger Größe sind leicht beschaffbar. Die Herstellung ist sehr einfach. Die Flanschverbindungen und die Schraubverbindung sind leicht zu lösen und bequem abzudichten. Die Nachteile sind: Messing läßt sich seines Zinkgehaltes wegen nicht über 120 °C hinaus erhitzen. Außerdem wird es von Quecksilberdampf angegriffen. Die Weichlötstellen besitzen nur geringe mechanische Festigkeit. Bei einer Hartlötung wird Messing weichgeglüht. Wenn die Lötstellen sehr dicht liegen, müssen für die einzelnen Lötstellen Lote von verschiedenem Schmelzpunkt benutzt werden.

Im anderen Fall baut man aus nahtlos gezogenen Stahlrohren.

Die Teile werden hart verlötet (Vakuumlot: eutektische Ag–Cu-Legierung, 72% Ag, 28% Cu (Schmelzpunkt 778 °C) und lassen sich entgasen. Die Gummidichtungen verbieten jedoch ein Erhitzen der ganzen Apparatur. Eine weitere Verbesserung erreicht man mit Teflon oder Metalldichtungen. Die Innenwände der Apparaturen müssen sorgfältig gereinigt werden. Bei rohen Stahlrohren entfernt man die Oxidschichten mit dem Sandstrahlgebläse und verkupfert galvanisch. Bei höheren Ansprüchen werden die Innenwände poliert und vergoldet. Solche Apparaturen baut man aus vorentgasten Vakuummetallen, z. B. Reinkupfer, Reinnickel. Sie lassen ein Vakuum bis zu $2 \cdot 10^{-7}$ Torr erreichen und bilden den Übergang zu den statischen Systemen.

In der *Blocktechnik* arbeitet man die Apparateteile aus dem vollen heraus, d. h. aus gezogenem Messing (bis etwa 80 mm Durchmesser erhältlich), aus verdichteter Leichtmetallegierung oder aus Stahl. Diese Materialien sind bis zu Durchmessern von etwa 30 cm erhältlich. Flußstahl ist zwar billig, seine Bearbeitung aber langwierig. Leichtmetall kostet auf gleiches Volumen bezogen nur etwa den dritten Teil soviel wie Messing. Es ist sehr leicht zu bearbeiten. Da Lötungen nicht vorkommen, ist es für den Blockbau das geeignetste Material. Die Form des Stutzens zeigt Abb. 25. Die Endflächen sind als Dichtungsflächen für O-Ringdichtung ausgebildet. Für die Verschraubung mit Flanschen werden Sacklochgewinde (Abb. 3.49) eingeschnitten. Der seitliche Gewindestutzen kann aus dem Metall herausgearbeitet werden. Das Wegfallen der Lötstellen und der dazu erforderlichen Passungen erleichtert die Herstellung außerordentlich. Es ist jedoch zu beachten, daß auch Leichtmetall von Quecksilberdampf angegriffen wird. Gewinde sollen in Leichtmetall nicht zu fein geschnitten werden, da sie leicht verrieben werden.

In der *Röhrentechnik* (stat. Systeme) hat man im allgemeinen keine lösbaren Verbindungen wie in unserem Beispiel, sondern geschlossene Glassysteme. Mechanische Einführungen sind schwierig und werden nach Möglichkeit umgangen. Als elektrische Einführungen dienen eingeschmolzene Drähte oder andere Glas-Metallverbindungen. Die Formgebung der Metallteile wird durch folgende Forderungen bestimmt: Die Teile sollen leicht entgast werden können, müssen also dünnwandig sein. Damit wird zugleich die störende Wärmeleitung herabgesetzt. Um mechanische Festigkeit und Formgenauigkeit zu erhalten, müssen Formen gewählt werden, die sich durch große Formsteifigkeit auszeichnen. Ebene Bleche werden mit aufgebogenen Rändern oder Rippen versteift. Wo möglich verwendet man zylindrische oder noch besser kegelige Formen. Ein Beispiel zeigt Abb. 26 [48]: Ein Vakuumgefäß aus Glas soll einen abnehmbaren Boden mit zwei elektrischen Einführungen bekommen. An das Glas wird ein Kovarstutzen angeschmolzen, der mit einer konischen Ni-Manschette verschweißt ist. An die Ni-Manschette wird ein Konus aus Ni-Blech angesetzt, der den Boden des Gefäßes bildet und die beiden Einführungen aufnimmt. In den Falz zwischen beiden Ni-Konen wird nun der Lötdraht eingelegt. Dann wird das Ganze unter Schutzgas mit einer Hochfrequenzspule erhitzt. Es verschmilzt zu einer vakuumdichten Verbindung. Die Verbindung kann auf dieselbe Weise wieder gelöst und verbunden werden, ohne daß neues Lot zugegeben wird.

Die *Metall-Keramik-Technik* vereinigt die Möglichkeiten der Metallrohrtechnik und der Röhrentechnik. Beispiele bilden die Ionenbeschuß-Ionenquelle (Abb. 12.6) und die Thermionik-Kapsel (Abb. 12.42). Die Metallwände und Flanschen sind aus Edelstahl, die Dichtungen aus Kupfer oder Gold, die Isolatoren aus Al_2O_3. Sie sind metallkeramisch mit Manschetten aus Kovar verbunden. Alle Verlötungen erfolgen mit Silberlot. Das ganze System ist bis 300 °C ausheizbar. Die Metall-Keramik-Technik eignet sich besonders für komplizierte Systeme, für extreme Forderungen in bezug auf Maßhaltigkeit, mechanische Festigkeit, Dichtigkeit, Druck und Temperatur.

8.3 Pumpen und Gasfallen

Bei den Vakuumpumpen unterscheidet man Verdrängerpumpen, Treibmittelpumpen und Sorptionspumpen. Sie überstreichen in dieser Reihenfolge alle Bereiche der Vakuumtechnik. Ihre Wirkung wird ergänzt durch Kühlfallen und Sorptionsmittel.

a) Drehschieberpumpen (Abb. 27)
fördern Gase gegen den Atmosphärendruck. Die in einem radialen Schlitz des Rotors geführten Schieber werden durch Federkraft nach außen gedrückt und teilen den halbmondförmigen Raum zwischen Rotor und Gehäuse in zwei Räume auf, die sich bei einer Drehung abwechselnd vergrößern und verkleinern. Auf diese Weise wird im rechten Stutzen ein bestimmtes Gasvolumen angesaugt, nach einer halben Drehung abgeschlossen, bei der weiteren Drehung komprimiert und gegen ein von der Atmosphäre belastetes Ventil ausgestoßen. Bei der Förderung von Wasserdampf kann bei der Kompression der Sättigungsdruck überschritten und der Wasserdampf kondensiert werden. Das entstehende Wasser verschmutzt das Öl und bewirkt Korrosion. Die Kondensation läßt sich vermeiden, wenn man die Betriebstemperatur auf 60 bis 80 °C hält und im letzten Teil der Kompression durch einen engen Kanal Frischluft (Gasballast) zuläßt, so daß das Auspuffventil schon bei einem geringeren Kompressionsverhältnis geöffnet wird. Man nennt solche Pumpen Gasballastpumpen [17].

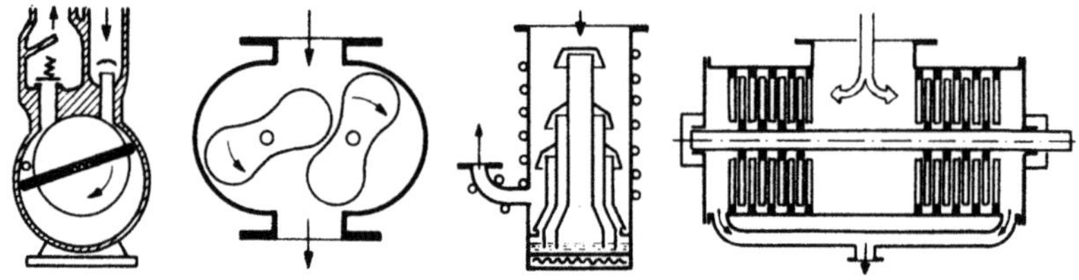

27 Drehschieber pumpe | 28 Rootspumpe | 29 Öldiffusions pumpe | 30 Turbo-Molekularpumpe nach Becker

Vakuumpumpen

b) Rootspumpen (Abb. 28)
haben zwei achterförmige Rotoren, die über ein Zahnradpaar angetrieben, aufeinander abwälzen, ohne sich oder die Gehäusewand zu berühren. Sie können deshalb mit hoher Drehzahl laufen. Die Passung ist so gut, daß bei einem Druck unter 50 Torr die Rückströmverluste sehr klein sind. Höhere Drucke sind gefährlich, da sie zur Erwärmung führen und die Rotoren infolge der thermischen Ausdehnung blockieren.

c) Diffusionspumpen.

Bei den Diffusionspumpen diffundiert das zu fördernde Gas in einen Dampfstrahl des Treibmittels, der ihm Bewegungsenergie zuführt und es auf diese Weise komprimiert. Der Treibmitteldampf wird danach kondensiert, dem Siedegefäß zugeleitet, dort erneut verdampft und über die Düse in den Saugraum geblasen.

Die *Quecksilberdiffusionspumpe* fördert gegen ein Vorvakuum von 10 bis 20 Torr. Sie besteht aus Glas oder Stahl. Da Quecksilber bei Kühlwassertemperatur einen Dampfdruck von 10^{-3} Torr hat, muß man zwischen Diffusions-Pumpe und Rezipient eine Tiefkühlfalle schalten, die den Hg-Dampf kondensiert. Bei entsprechender Auslegung dieser Fallen erreicht man mit diesen Pumpen Ultravakuum.

Öldiffusionspumpen brauchen ein Vorvakuum von etwa 0,2 Torr. Da der Dampfdruck der Treiböle bei Kühlwassertemperatur zwischen 10^{-6} und 10^{-7} Torr liegt, kann man anstatt der Tiefkühlfallen wassergekühlte Dampfsperren verwenden. Abb. 29 zeigt eine 3stufige Pumpe. Das an den wassergekühlten Wänden kondensierte Öl aus den Dampfstrahlen gelangt über eine Überlaufrinne in das Siedegefäß, das den Treibstufen entsprechend in drei Zonen unterteilt ist. In der äußersten Zone werden die leichtestflüchtigen Teile des Öles und okkludierte Gase abgedampft, in der zweiten Zone die mittelflüchtigen, in der innersten Zone der schwerstflüchtige Teil. Durch diese Fraktionierung hält man den Öldampfdruck auf der Hochvakuumseite besonders niedrig.

d) Turbo-Molekularpumpe.

Bei der Turbo-Molekularpumpe Abb. 30 (B 126) diffundiert das abzupumpende Gas durch geschlitzte Statorscheiben auf turbinenartige Rotorschaufeln. Diese übertragen kinetische Energie auf die Moleküle, die sie gegen die nächstfolgenden Statorscheiben drückt, bis sie von der letzten über die Vorvakuumleitung abgezogen werden. Bei einem Vorvakuum von etwa 10^{-2} Torr lassen sich mit solchen Pumpen höchste öldampffreie Vakua erzielen.

e) Getterpumpen

beruhen auf der Sorption von Gasen in chemisch aktiven Metallen. Sie wirken erst im Hoch- bzw. Ultravakuum. Bei der Getter-Ionenpumpe [27] wird einerseits Ti verdampft und an einer wassergekühlten Wand niedergeschlagen, andererseits wird zwischen einer Glühkathode und Gitterelektroden eine unselbständige Entladung aufrechterhalten. In dieser Entladung werden alle Gase, auch die Edelgase, ionisiert und die Ionen in die Getterschicht eingeschossen. Mit einem Magnetfeld läßt sich die Entladung bei extrem niedrigen Drucken betreiben. Kleine Pumpen dieser Art benutzt man zur Erhaltung des Vakuums in statischen Systemen (s. Abb. 12.92).

f) Kühlfallen und Ölfänger (baffle).

Kühlfallen sollen das Vakuum verbessern und rückströmende Dämpfe vom Rezipienten fernhalten.

Die Kühlfalle Abb. 31 [44] ist zur Reinigung leicht zu öffnen. Sie hat einen Glasstutzen mit verdicktem Flansch, der vom Luftdruck gegen eine gefettete Gummidichtung gepreßt wird. Zur Sicherung gegen das Abfallen bei Lufteinlaß dienen zwei sektorförmige Platten, die über einen Gummiring gegen den Flansch drücken.

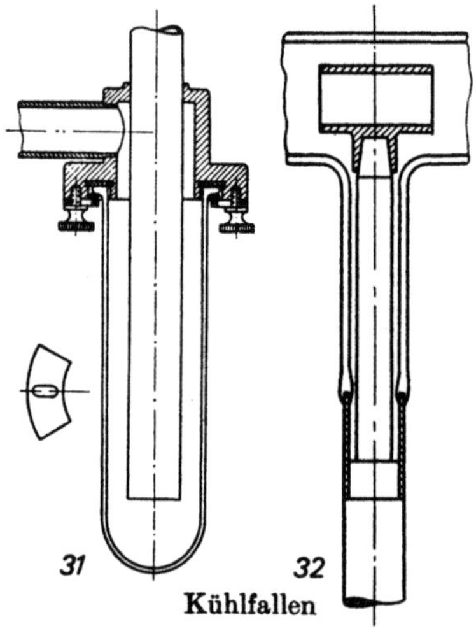

31 32
Kühlfallen

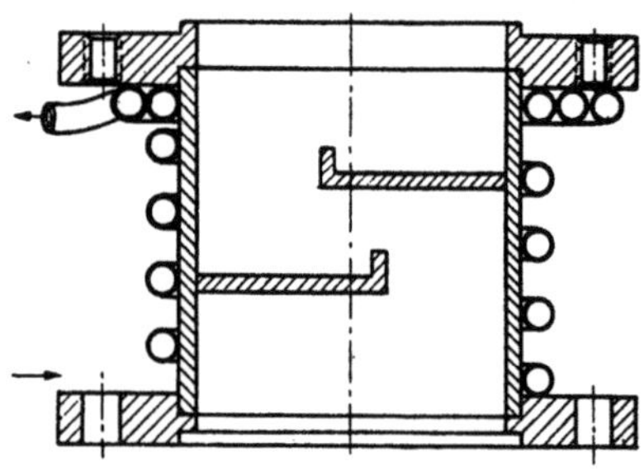

33
Ölfänger (baffle)

Kühlfallen mit Strahldurchlaß baut man nach Abb. 32. Die Kühlfalle besteht aus einem Kupferrohr, das mit einem geschliffenen Konus wärmeleitend mit einem Kupferstab verbunden ist. Der Kupferstab ist über eine Kovar–Glas-Verbindung aus dem Vakuum herausgeführt und kann von außen mit flüssiger Luft gekühlt werden. Ähnliche Fallen in [53] und [51].

Zum Abfangen der Öldämpfe aus einer Öldiffusionspumpe baut man Ölfänger ein [24]. Das sind wassergekühlte Kupferplatten nach Abb. 33. Wirkungsvoller ist eine Kühlung mit Aceton und Trockeneis mit selbsttätiger Zirkulation [46]. Röhren mit geringer Wärmeleitung in axialer Richtung stellt man aus geripptem Neusilberrohr her. Zur Trocknung werden außer den Kühlfallen Trockengefäße mit Absorptionskohle (B 126, B 85) oder Phosphorpentoxid verwendet.

8.4 Starre Verbindungen

a) Anschlußstutzen (L 8.4).

Statische Systeme, z. B. Röhren erhalten einen abziehbaren Pumpstutzen. Enge Glasstutzen lassen sich unter Vakuum nach Abb. 34 abschmelzen. Metallröhrchen werden innen verzinnt. Vor dem Einbau wird nach Abb. 35 ein Zinnröhrchen eingesetzt. Nach dem Auspumpen oder

Anschlußstutzen L 8.4

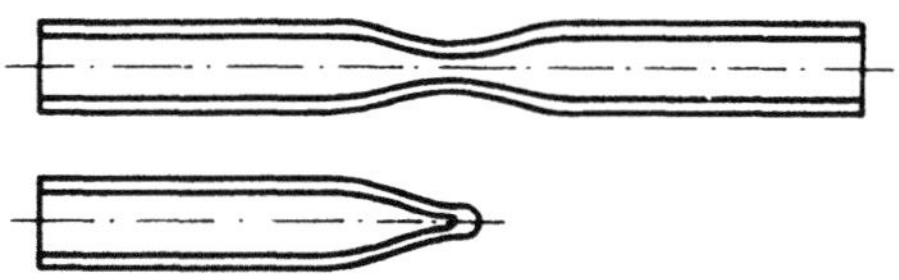

34 Abschmelzen evakuierter Röhren

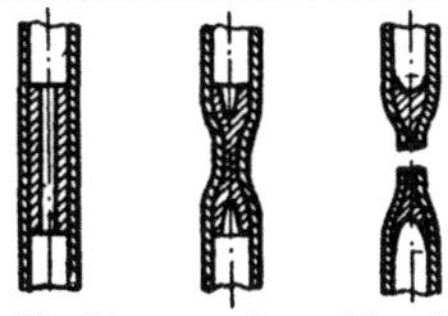

35 Verlötung eines Kupferröhrchens unter Druck

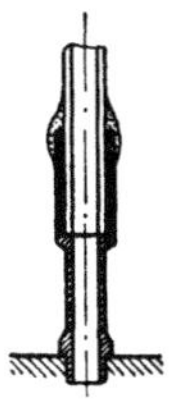

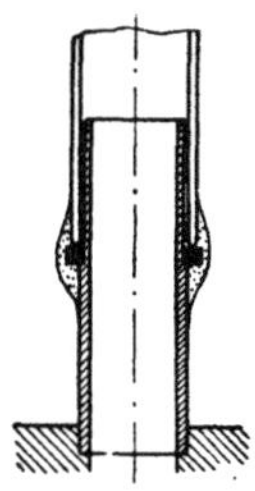

36 *37* Kittstutzen

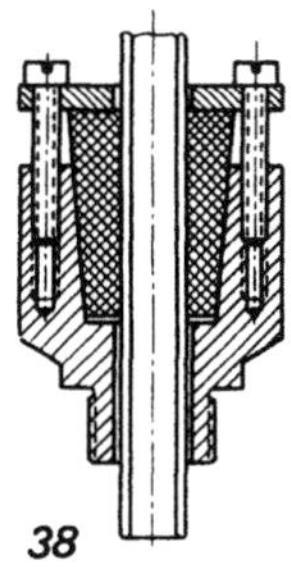

38 Stopfeneinführung

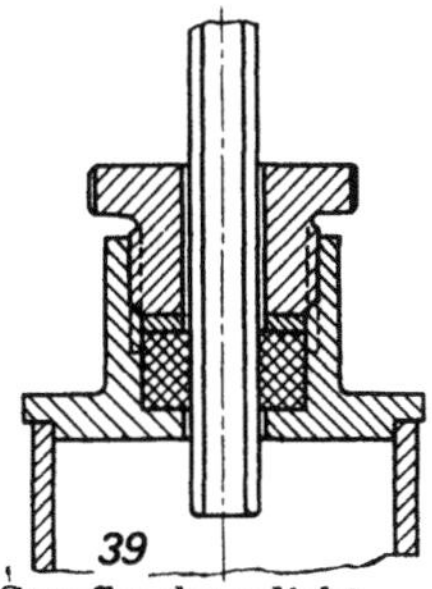

39 Stopfbuchsendichtung

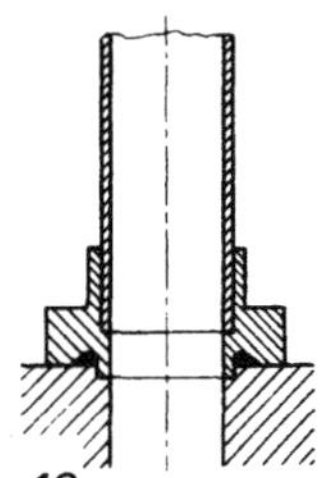

40 Flanschanschluß

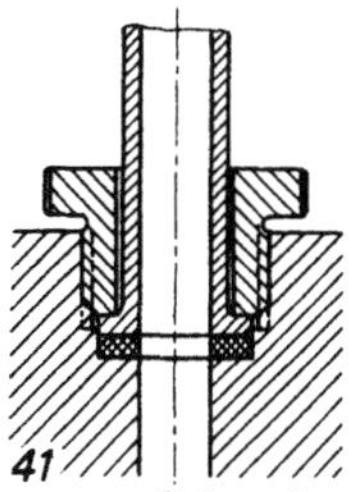

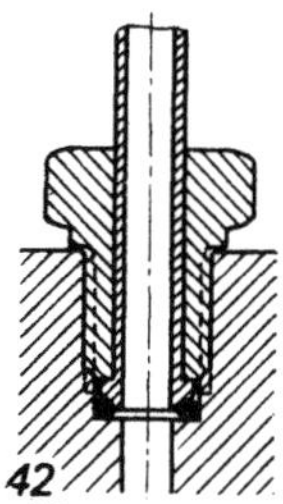

41 *42* Schraubanschlüsse mit Preßschrauben

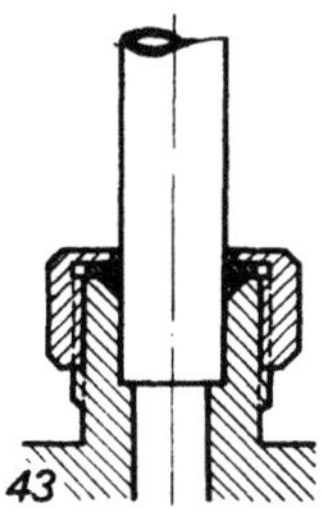

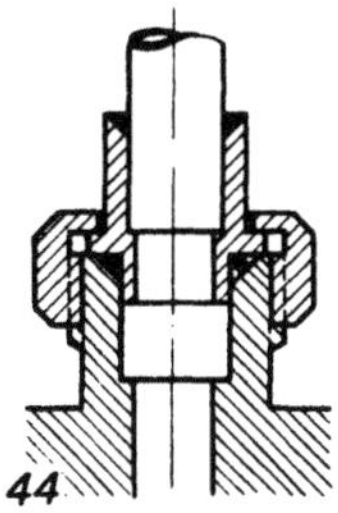

43 *44* Schraubanschlüsse mit Überwurfmutter

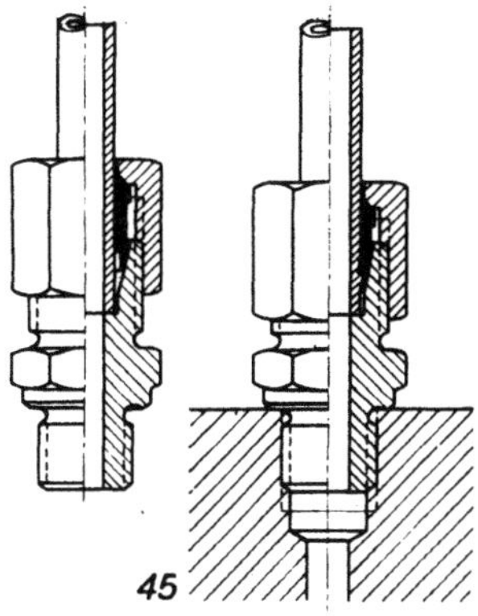

45 Ermeto-Schraubverbindung

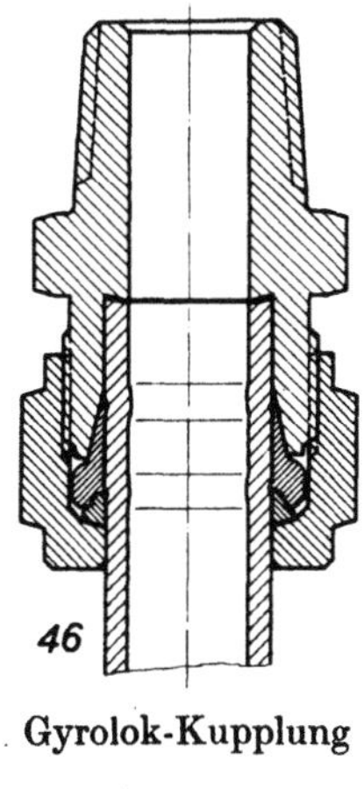

46 Gyrolok-Kupplung

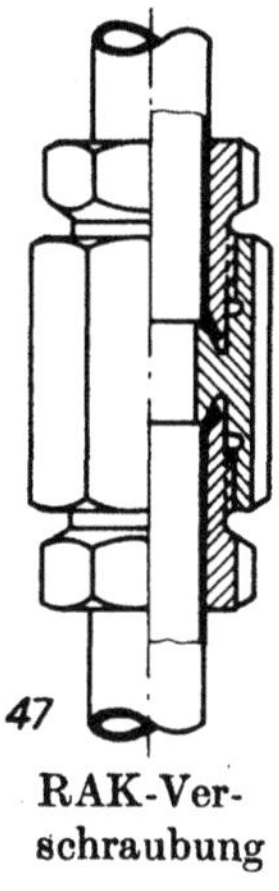

47 RAK-Verschraubung

Füllen des Behälters (Überdruck) wird das Röhrchen zusammengequetscht und durch Erhitzen verlötet.

An Kittstutzen (Abb. 36 und 37) läßt sich nur im belüfteten Zustand kitten. Enge Glasrohre können mit Schmelzkitt in Metallstutzen eingekittet werden. Weite Rohre müssen der Wärmeausdehnung wegen außen angesetzt werden.

Glasrohre lassen sich auch über einen Gummistopfen Abb. 38 oder eine Stopfbuchse Abb. 39 einführen. Zwischen Preßschraube und Gummidichtung wird eine Metallscheibe eingelegt.

Weite Metallrohre erhalten einen Flanschanschluß Abb. 40, enge werden für den Schraubanschluß mit Preßschrauben (Abb. 41 u. 42) oder Überwurfmuttern (Abb. 43 u. 44) [3] und Gummidichtungen ausgebildet.

Eine reine Metalldichtung liegt vor bei der Schneidringverbindung Abb. 45 (B 53). Beim Festziehen der Überwurfmutter wird der Dichtring in den Hohlkonus der Schraube hineingepreßt. Dabei drückt sich der scharfe Rand des Dichtrings in das Rohr ein. Die Gyrolok-Kupplung Abb. 46 (B 25) und die Swagelok-Kupplung (B 101) sind ähnlich, vermeiden aber Kerbwirkungen. Dünnwandige, duktile Rohre verbindet man mit der RAK-Verschraubung Abb. 47 (B 57).

b) Flanschverbindungen mit Gummidichtung (L 8.5).

Die Kleinflanschverbindung Abb. 48 wird für die Nennweiten NW 10 bis NW 50 eingesetzt (B 109) (B 12). Für diesen Anschluß sind Rohrstutzen, Krümmer, T-Stücke, mechanische und elektrische Einführungen, Ventile und Meßgeräte erhältlich.

Abb. 49 u. 50 zeigen auf Anzug verschraubbare Flansche. Bei großen Durchmessern müssen entweder sehr viel Schrauben oder dicke Flansche und Schrauben verwendet werden. Eine rasch lösbare Verbindung mit ausklappbaren Schraubzwingen zeigt Abb. 51. Ab Nennweite NW 65 sind Klammerflanschverbindungen nach Abb. 52 erhältlich (B 109). Der O-Ring sitzt zwischen Stützringen. Die Verbindung eignet sich für beliebig geformte, z. B. rechteckige Flansche. Abb. 53 zeigt ein Fenster mit Klammerflansch.

Außer diesen bewährten Flanschverbindungen gibt es für spezielle Anforderungen die Verbindungen Abb. 54, 55 und 56. Universell verwendbar sind die symmetrischen Flanschverbindungen Abb. 57 und 58 (L 8.6), die wahlweise mit Gummi- oder Metalldichtung eingesetzt werden können.

c) Flanschverbindungen mit Metalldichtung (L 8.6).

Bei der symmetrischen Verbindung Abb. 58 verwendet man eine Metalldichtung nach 19 am inneren Rand einer gelochten Scheibe. Abb. 59 [18] und 61 [10] zeigen lösbare und ausheizbare Dichtungen aus Al-Blech, Abb. 60 eine Dichtung aus einem zu einem Ring zusammen-

Flanschverbindungen mit Gummi — L 8.5

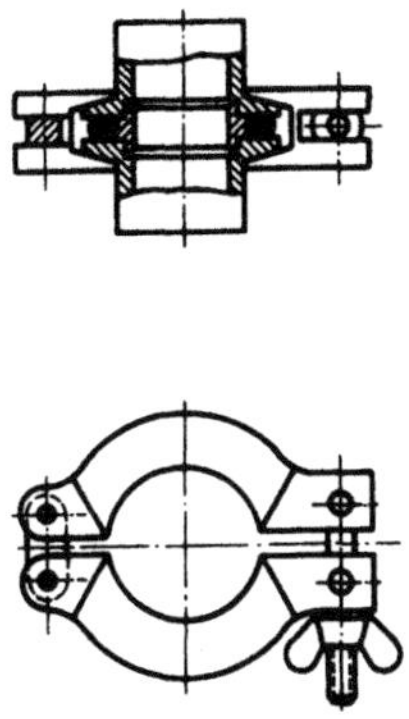

48 Kleinflansch-verbindung

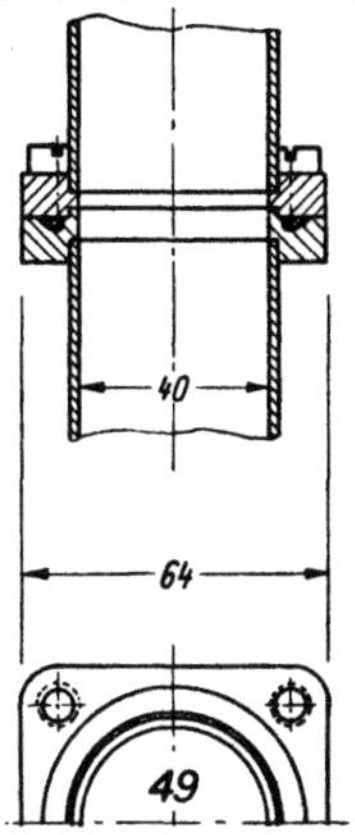

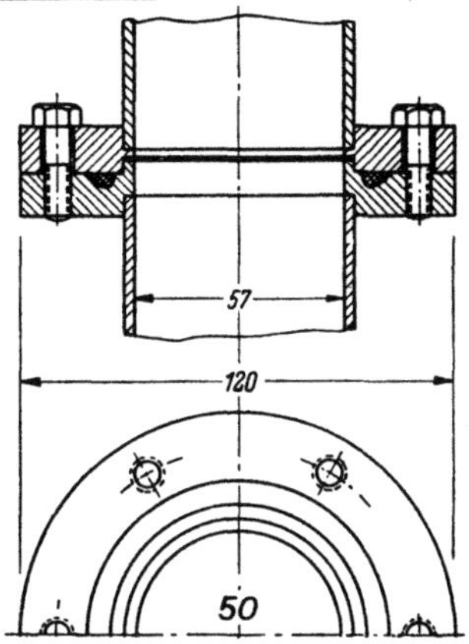

Flanschverbindungen mit O-Ring-Dichtung

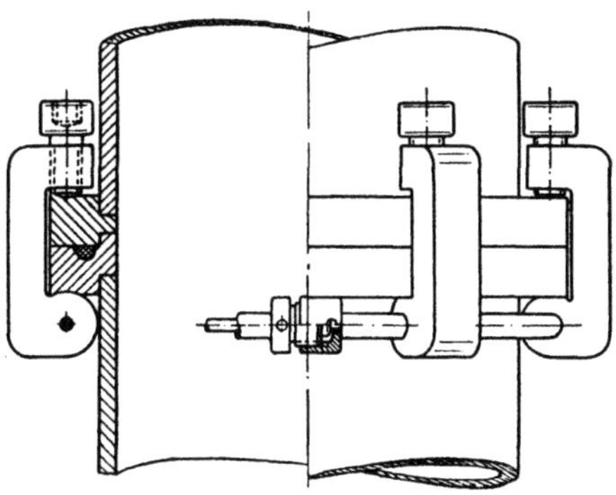

51 Rasch lösbare Flanschverbindung. (Die Schraubzwingen sind durch einen Drahtring verbunden.)

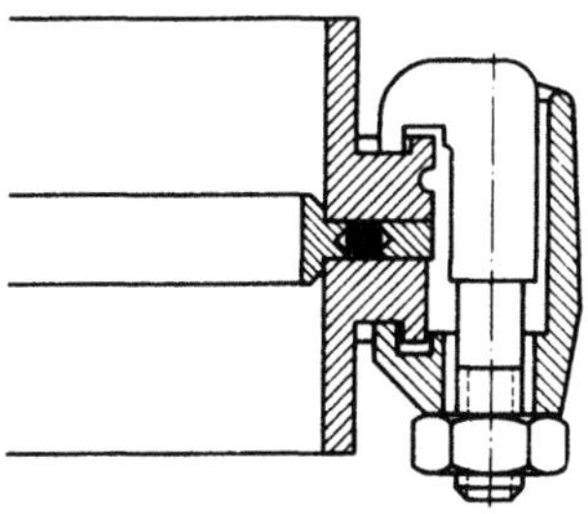

52 Klammerflansch

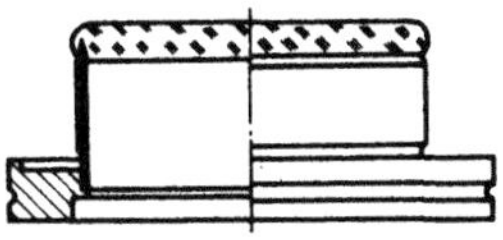

53 Fenster m. Klammerflansch

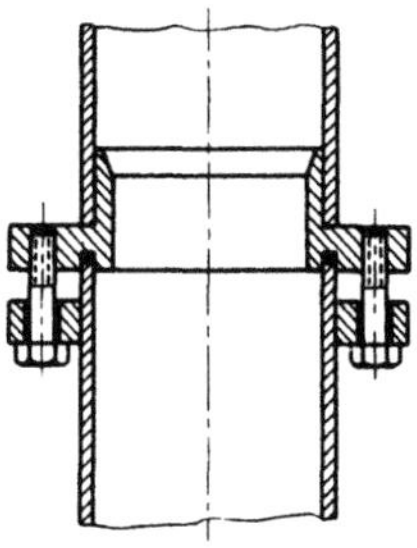

54 Flanschverbindung mit Rechteck-Gummi

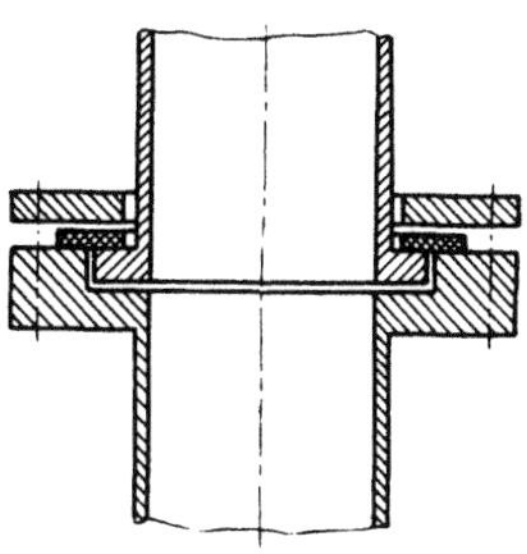

55 Flanschverbindung mit Flachgummiring

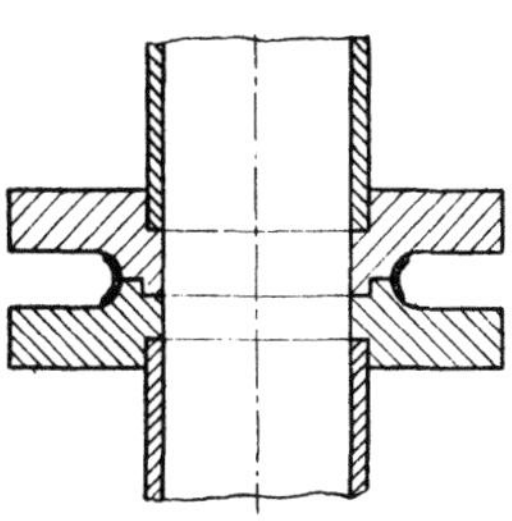

56 Flanschverbindung mit Lackdichtung

Flanschverbindungen mit Metalldichtung L 8.6

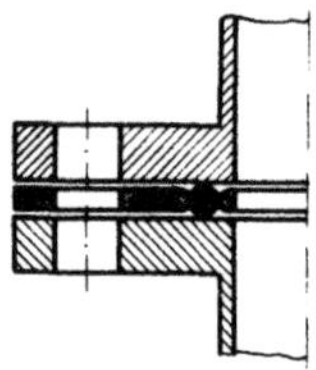

57 Vakuum-Dichtscheibe

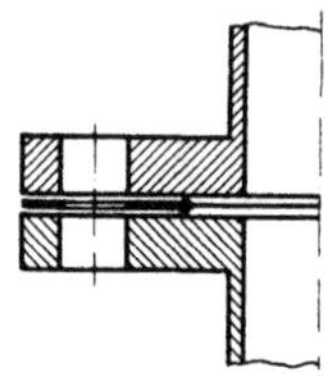

58 Ultra-Dichtscheibe

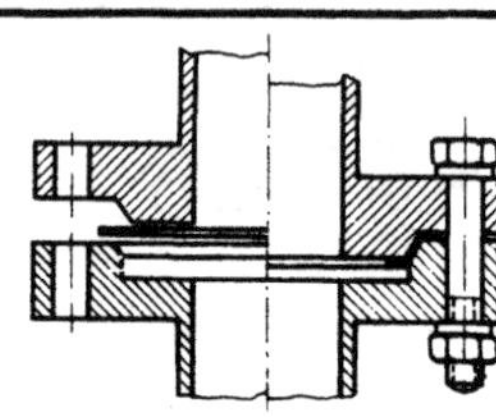

59 Ultravakuum-Flanschdichtung

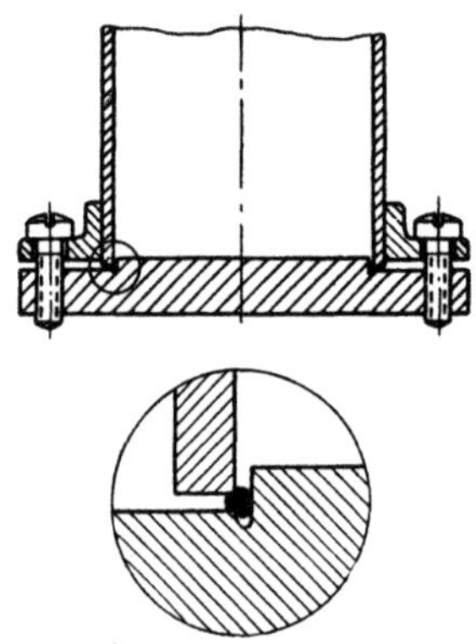

60 Flanschverbindung mit Bleidrahtdichtung

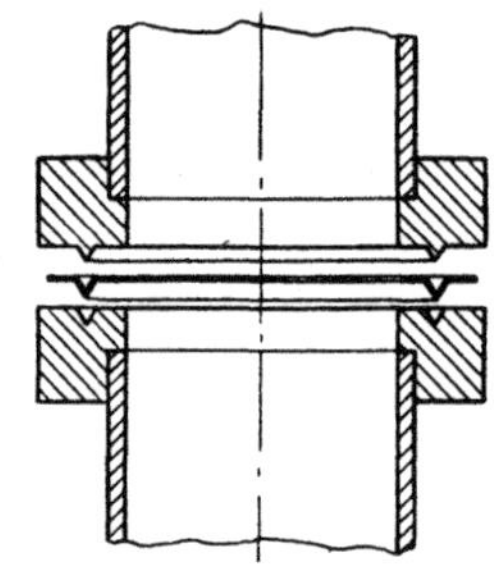

61 Abdichtung mit Al-Folie

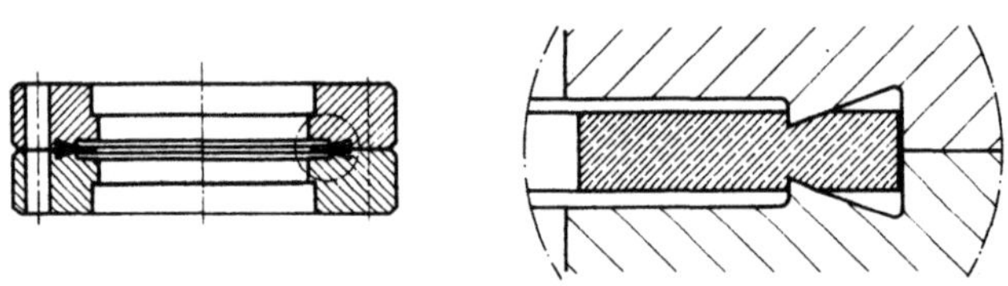

62 Conflat-Flansch (UHV-Flanschverbindung)

63 a) Eingelegter Ring

b) Ring nach dem Anziehen

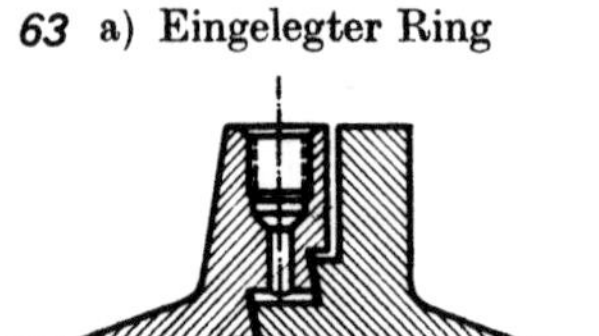

Doppeldichtung mit Kontrollanschluß

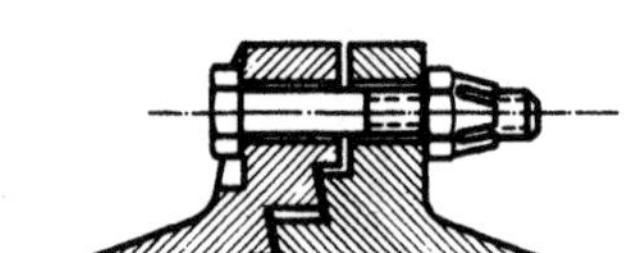

Spannbolzen

64 Conoseal-Rohrverbindungen

Lösbare Glas-Metall-Verbindungen L 8.7

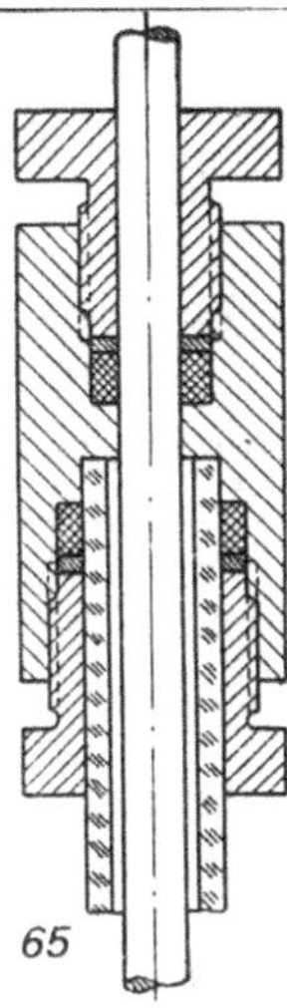

65

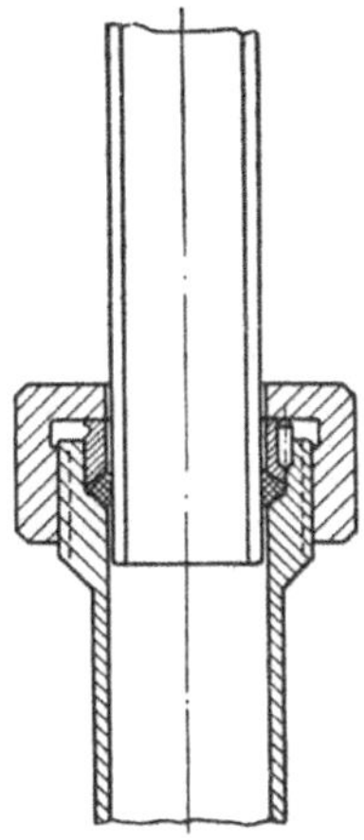

66

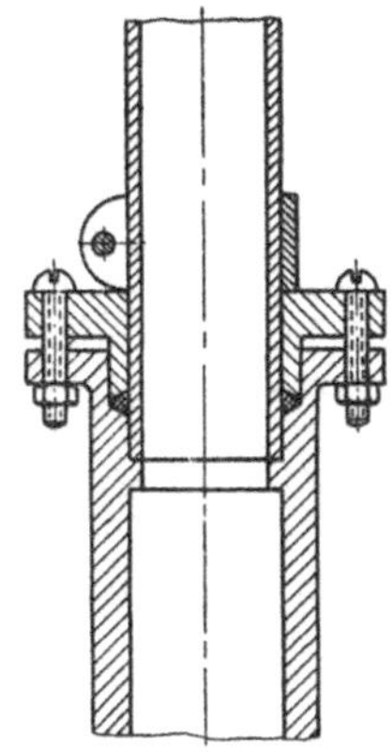

67

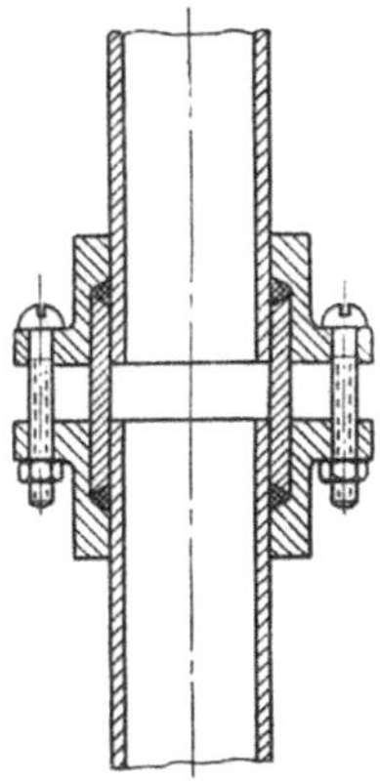

68

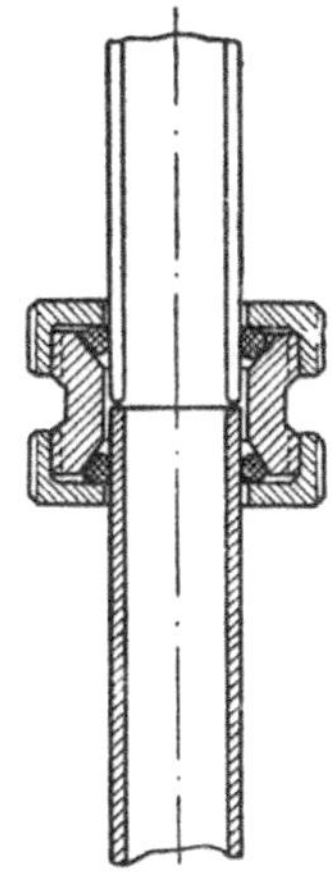

69

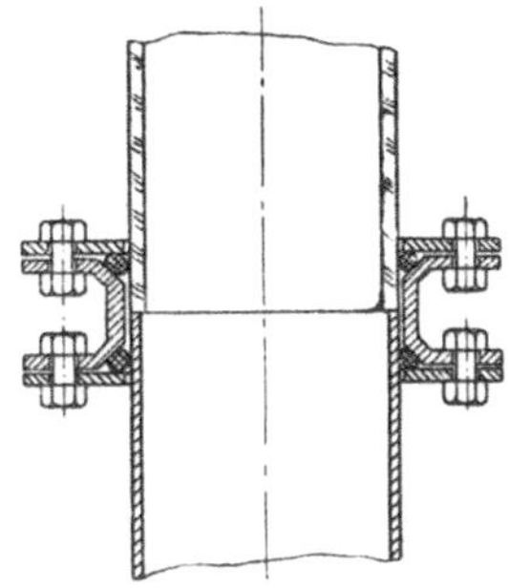

70

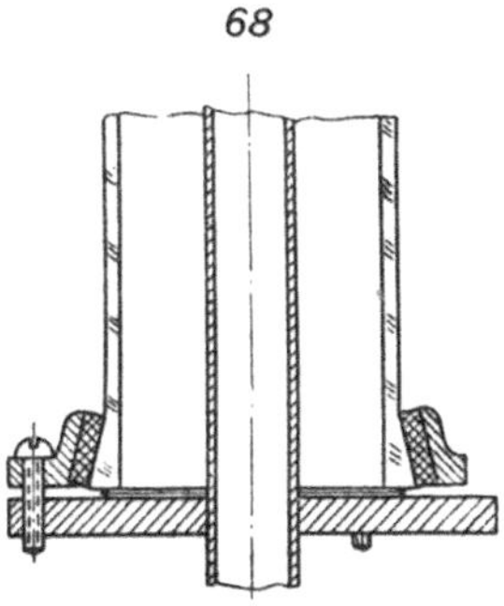

71

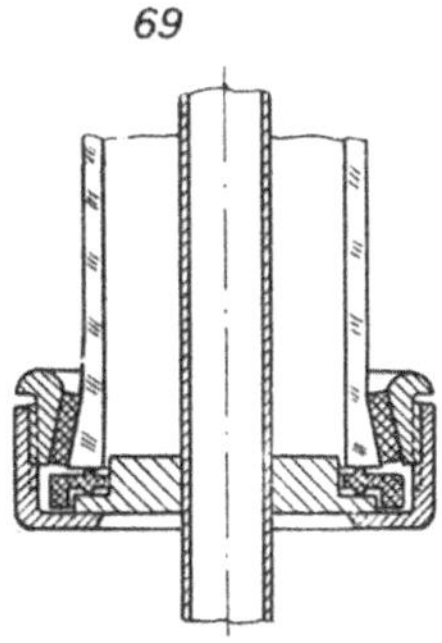

72

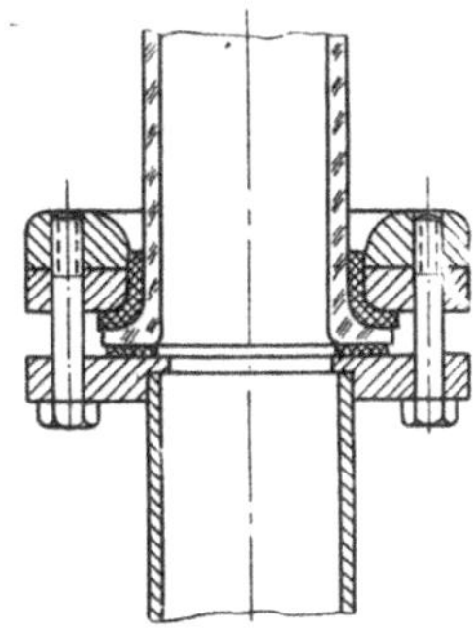

73

geschmolzenen Bleidraht. Metall-O-Ringe mit verschiedenem Material und Aufbau siehe (B 61).

Der Conflat-Flansch Abb. 62 ist eine Ultra (UHV)-Flanschverbindung mit einer metallischen Flachdichtung (B 109, B 172) meist aus Kupfer.

Bei der Conoseal Rohrverbindung Abb. 63 (B 4, B 52) wird ein konischer, elastischer Blechring beim Verschrauben der Rohre so stark verspannt, daß sich die scharfen Kanten in das Flanschmaterial eindrücken. Sie wird als Muffen- und Flanschverbindung hergestellt. Bei der Ausführung mit Doppeldichtung Abb. 64 hat man die Möglichkeit, zwischen den Dichtungen einen Kontrollanschluß anzubringen, mit dem man eine Leckage der inneren Dichtung erkennen kann, bevor sie sich schädlich auswirkt.

d) Lösbare Glas-Metall-Verbindungen (L 8.7).

Für die Verbindung von glatten Rohren oder Einführungen von Glasrohren in Metallrohre und umgekehrt, kann man bei nicht zu großen Durchmessern Stopfbuchsendichtungen verwenden. Die Abb. 65 bis 70 zeigen Ausführungen mit Preßschrauben, Überwurfmuttern und Flanschen. Bei großen Durchmessern müssen die Glas- oder Porzellanrohre mit besonderen Ansätzen ausgebildet werden, die mit Spannringen gegen die Dichtung und den Gegenflansch gepreßt werden. Bei flachen Glasflanschen Abb. 73 muß der Spannring aus 4 Halbringen zusammengesetzt werden. Bei den konischen Flanschen Abb. 72 (B 96) und 71 werden ungeteilte Spannringe verwendet. Bei 72 erfolgt die Dichtung mit Teflon, bei 71 mit Blei. Über Kugelflanschrohre siehe Kap. 9.

8.5 Bewegliche Vakuumverbindungen

Wenn Teile eines Vakuumsystems justiert oder verstellt werden sollen, müssen sie mit einer beweglichen Vakuumverbindung angeschlossen sein. Wir unterscheiden folgende Bewegungsmöglichkeiten:

Drehbarkeit	Verschiebbarkeit			
	0 s	1 s	2 s	3 s
1 φ	a) drehbar	b) drehbar und verschiebbar	c) drehbar und zentrierbar	—
2 φ	—	d) ausrichtbar und verschiebbar	e) ausrichtbar und zentrierbar	f) ausrichtbar und raumzentrierbar
3 φ	g) drehbar u. ausrichtbar	h) drehbar, ausrichtbar und verschiebbar	—	i) total beweglich

Dreh- und verschiebbare Verbindungen L 8.8

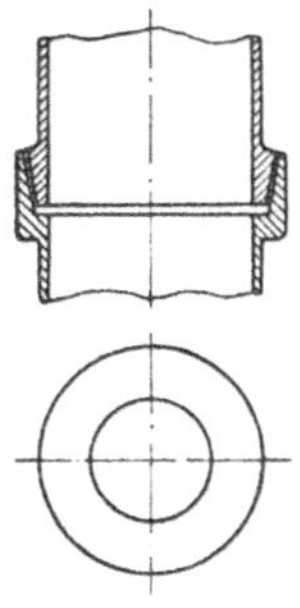

74

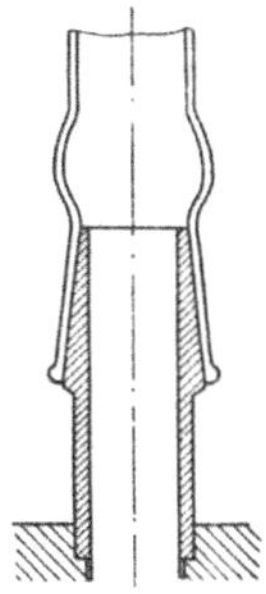

75

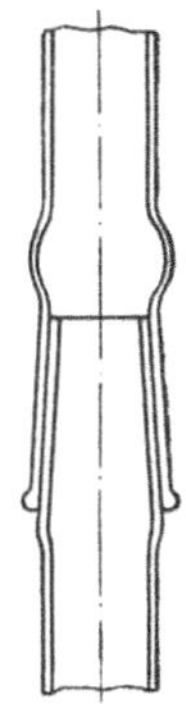

76

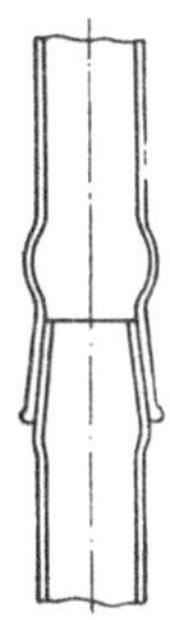

77

Schliffverbindungen

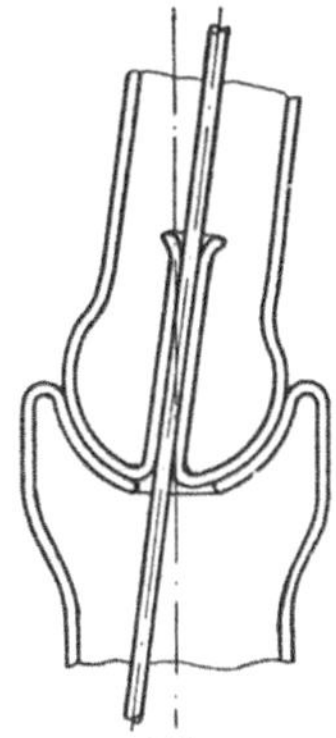

78

Kugelschliff

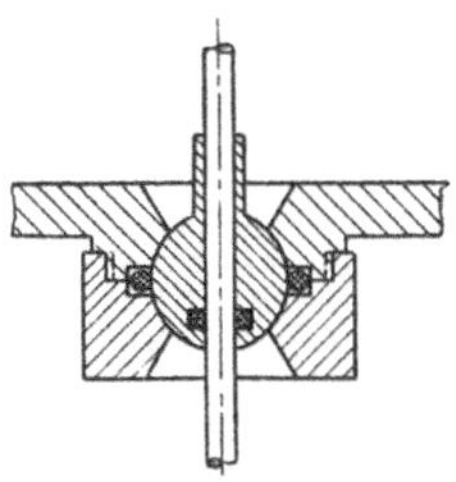

79

Vakuumdichtes Kugelgelenk

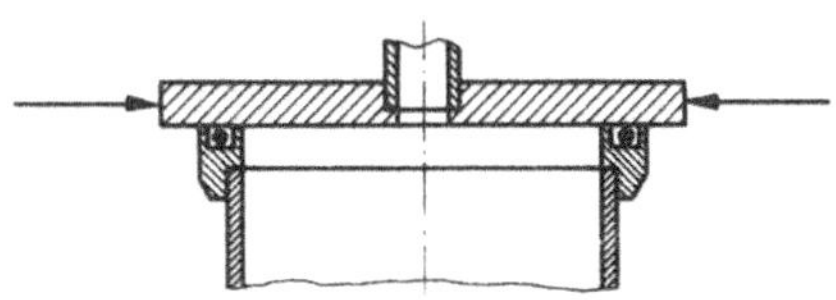

80

Dreh- und zentrierbarer Deckel

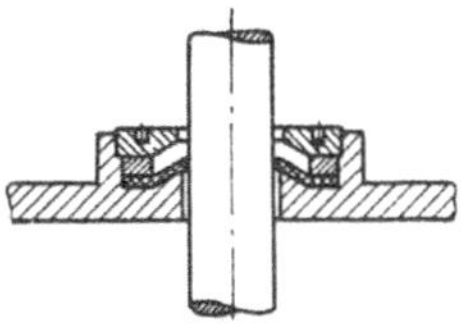

81

Wilson-Dichtung

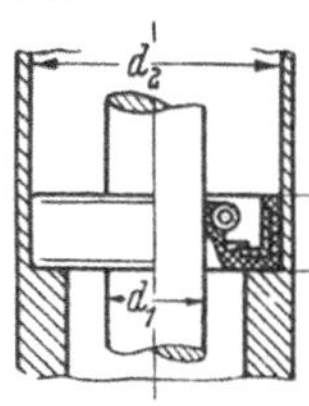

82

Simmerring

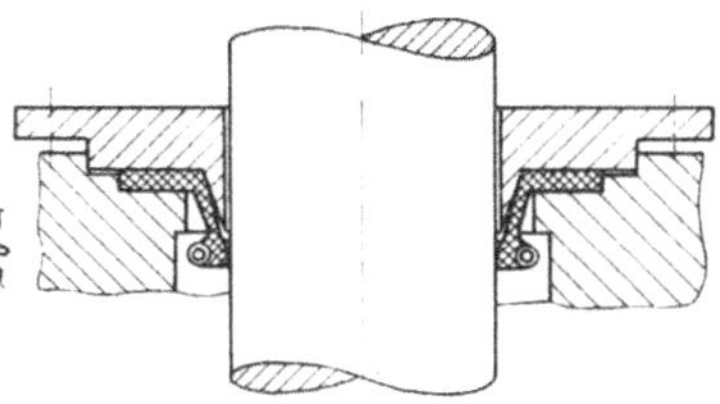

83

Hutmanschette

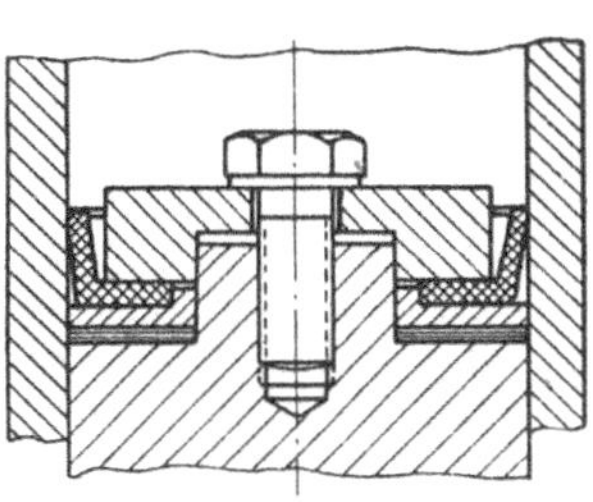

84

Topfmanschette

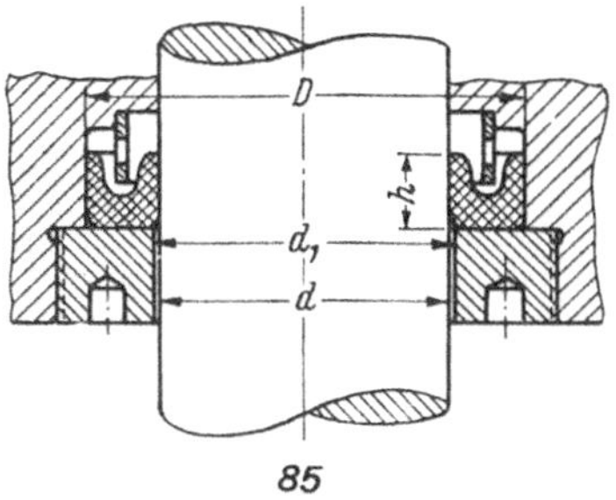

85

Nutring

Zentrierbare und ausrichtbare Verbindungen L 8.9

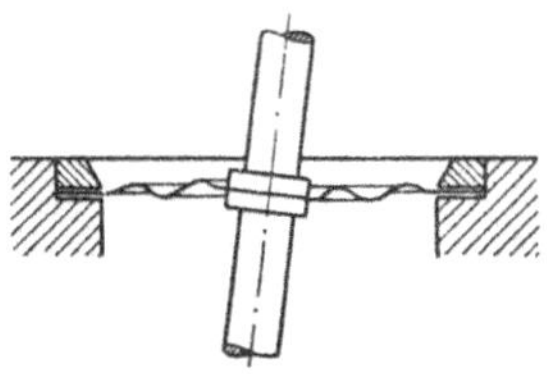

86
Gewellte Membran

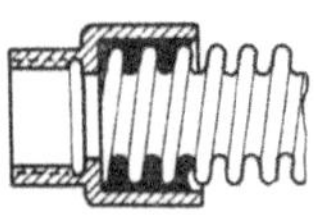

87
Anschlußstück
für Tombakschlauch

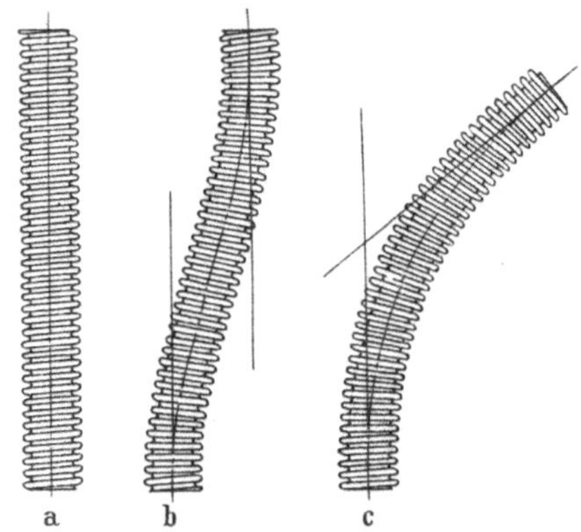

88
Tombakschlauch

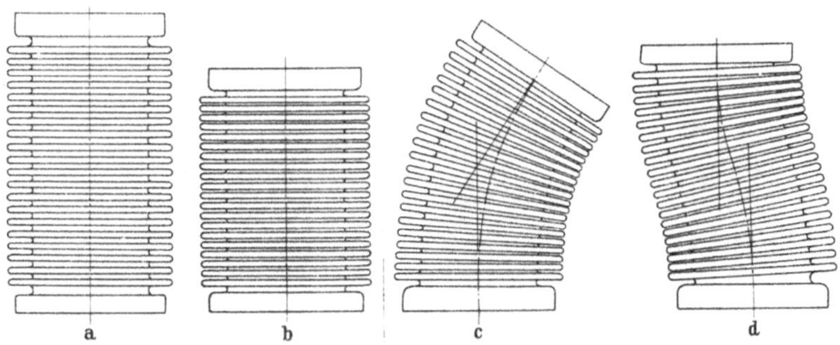

Metallfaltenbalg

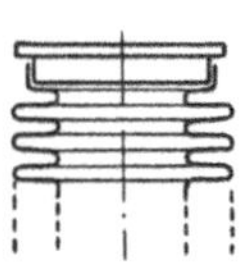

90a

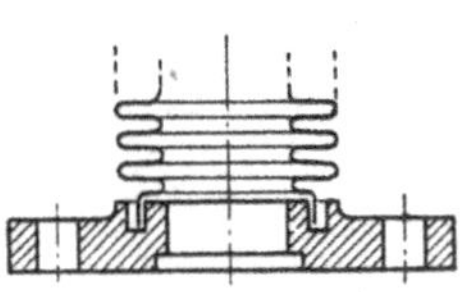

90b

Anflanschen eines Balgs

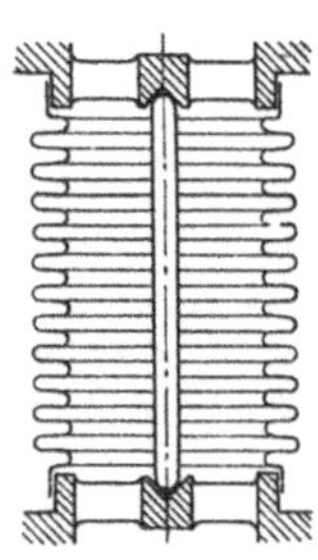

91

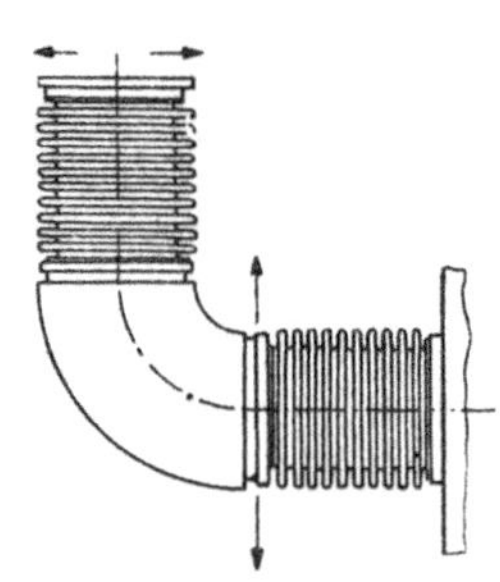

92

Abstützung von Faltenbälgen

a) Dreh- und verschiebbare Verbindungen (L 8.8).

Konische Schliffe sind unter Vakuum drehbar, wenn ihr Kegelverhältnis, d. h. das Verhältnis von Zunahme des Durchmessers zur Länge, mindestens 1:5 beträgt. Bei Normschliffen ist es 1:10. Statt mit Fett kann man kurze Schliffe Abb. 74 mit einer Gummischeibe dichten. Die Verbindung ist dann unter Vakuum nicht mehr verdrehbar. Kugelschliffe (78) und vakuumdichte Kugelgelenke (79) sind drehbar und ausrichtbar, Planschliffe Abb. 6 oder entsprechende O-Ringdichtungen Abb. 80 dreh- und zentrierbar. Drehbar und axial verschieblich sind die Ring- und Manschettendichtungen Abb. 81 bis 85. Simmerringe, Simrit-Hut- und Topfmanschetten und Nutringe (B 61) zeigen bei schwachem Einölen geringe Reibung und sind hochvakuumdicht, wenn die Welle den richtigen Durchmesser hat, glatt poliert und so geführt ist, daß Führungsflächen nicht zugleich Dichtflächen sind. Die Dichtlippe muß der Druckseite zugewandt sein.

b) Ausrichtbare und zentrierbare Verbindungen (L 8.9).

Verbindungen mit der gewellten Membran Abb. 86 sind ausrichtbar, mit dem spiralgewellten Tombakschlauch Abb. 88 (B 95) ausrichtbar und zentrierbar, mit Metallfaltenbalg Abb. 89 (B 95) außerdem noeh in axialer Richtung beweglich. Keine davon ist tordierbar. Der Metallfaltenbalg darf nur zusammengedrückt, niemals auseinandergezogen werden. Der Hub beträgt maximal 40% der Baulänge. Praktisch sollte man nicht über 10% hinausgehen. Für großen Hub werden mehrere Faltenbalge aneinandergelötet (Abb. 8.138) oder man verwendet verschweißte Membrankörper (B 95), die sich bis auf 15% ihrer Länge zusammendrücken lassen.

Die Abb. 87 und 90 zeigen die Anschlußstücke mit denen Tombakschläuche und Faltenbälge weich verlötet werden können. Solche aus Edelstahl können verschweißt werden. In Vakuumsystemen müssen Faltenbälge, die nicht fest verankert sind, gegen den Luftdruck abgestützt werden (Abb. 91). Abb. 92 zeigt wie man damit ein Winkelstück für Raumzentrierung ausbilden kann.

c) Flexible Verbindungen (L 8.10).

Dünne Rohre können zur Erzielung bestimmter Beweglichkeiten nach Abb. 93 bis 97 in Schleifen oder Spiralen gelegt werden. Einen großen Hub bei zwangsweiser Geradführung ermöglicht die Anordnung Abb. 100. Bei größeren Querschnitten muß man Kugelschliffe oder Kegelschliffe nach Abb. 98 und 99 hintereinanderschalten.

Sehr flexibel sind Gummischlauchverbindungen, besonders wenn man sie knickfrei als hängende Schleifen ausbildet. Die Abb. 101 bis 105

Flexible Verbindungen L 8.10

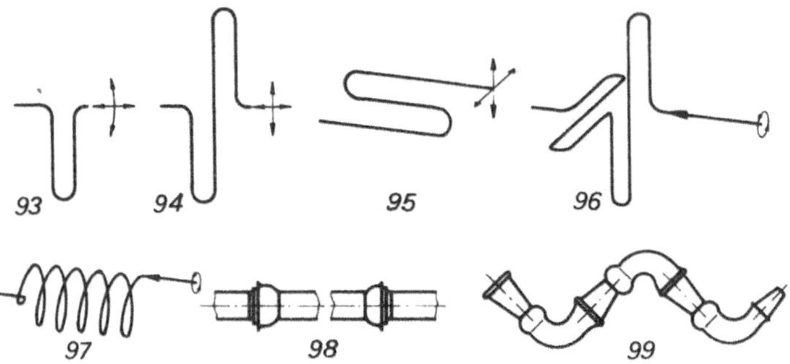

Flexible Rohrleitungen

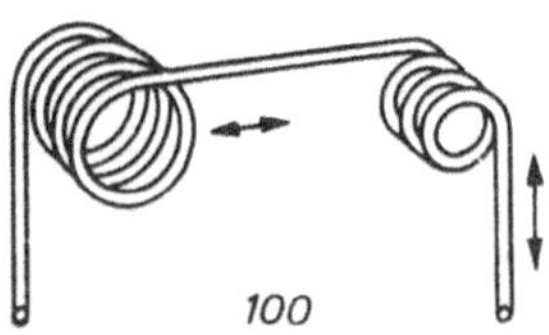

Geradlinig verschiebbare Rohrleitung

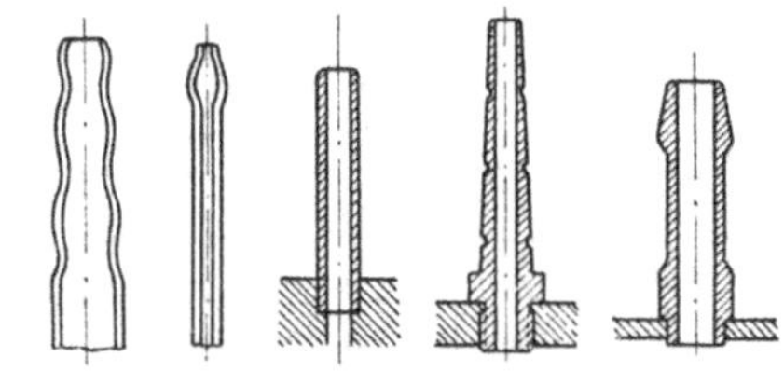

101 102 103 104 105

Schlauchanschlußtüllen

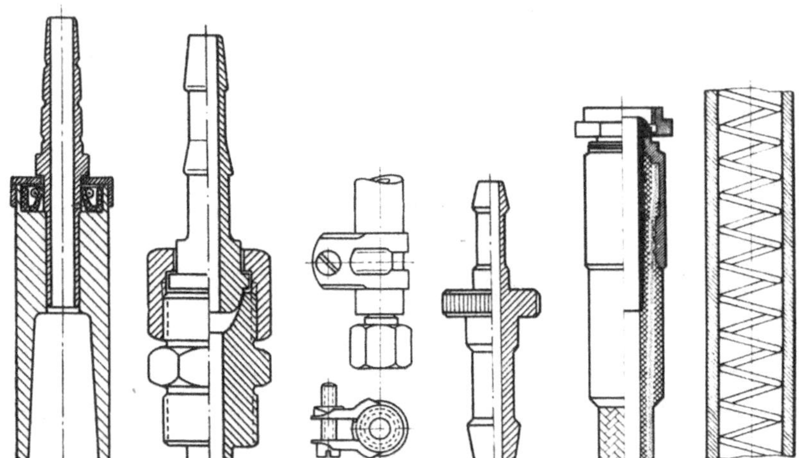

106 107 108 109 110 111

Abnehmbare Schlauchanschlüsse (106, 107, 108), Reduzierverbindung 109, Druckschlauchanschluß 110, Vakuumschlauch mit eingelegter Drahtspirale 111.

zeigen Anschlußtüllen aus Glas und Metall. Das Abrutschen des Schlauches wird durch Wulste oder Rillen verhindert. Bei höheren Drucken wird die Verbindung mit Schellen gesichert (Abb. 108) oder es werden Druckschläuche mit einvulkanisiertem Schraubanschluß (Abb. 110) (B 6) verwendet. Sie sind leicht abzunehmen. Bei Gasflaschen verwendet man Anschlußtüllen, die mit einer Überwurfmutter kugelkonusgedichtet angeschlossen werden (107). Einen leicht abnehmbaren Schlauchanschluß für Vakuum mit Simmerringdichtung zeigt Abb. 106. Weite Vakuumschläuche müssen gegen den Luftdruck durch eine Drahtspirale abgestützt werden (111) (B 12).

8.6 Feineinstellungen und mechanische Einführungen

Bei Abdichtung durch einen Faltenbalg läßt sich ein Vakuumsystem schwenken, ausrichten und zentrieren (Abb. 7.94). Das schwenkbare Rohr einer Streukammer (Abb. 112) [11] ist in zwei Zapfen gelagert. Das

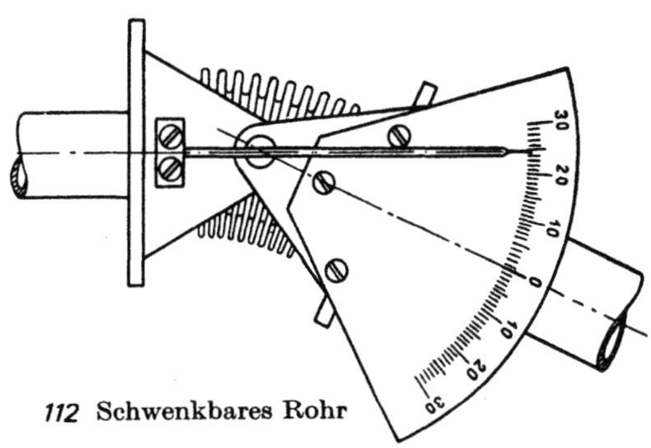

112 Schwenkbares Rohr

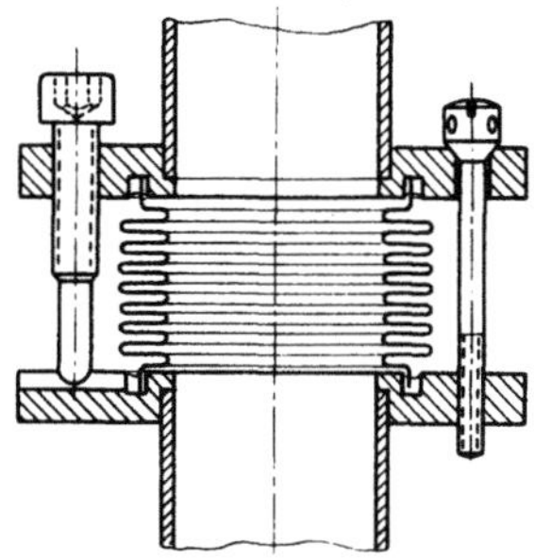

113 Ausrichtbares Rohr

ausrichtbare Rohr Abb. 113 wird durch drei Druckschrauben abgestützt. Die beiden Drehachsen liegen in der durch die Schraubenkuppen definierten Ebene. Sie sitzen in drei radialen V-Nuten. Die Einstellung läßt sich mit Zugschrauben fixieren.

Verschiebung und Drehung im Vakuum (L 8.11).

Die Verschiebung erfolgt über einen ins Vakuum eingeführten Stab. Die Abdichtung kann mit Schliff, Faltenbalg oder Simmerring erfolgen. Der Antrieb erfolgt bei 114 mit dem als Triebmutter ausgebildeten Konus, während der Schraubenschaft durch einen Stift an der Drehung gehindert wird. Bei Abb. 115 ist der Schraubenschaft über einen Flansch mit dem Balg verlötet. Die Triebmutter sitzt zwischen zwei Bügeln. Bei 116 ist der durch den Simmerring gleitende Stab wieder durch einen Stift gegen Verdrehung gesichert. Dieser trägt

Verschiebung und Drehung im Vakuum L 8.11

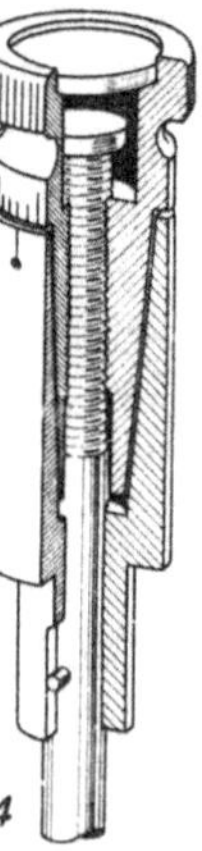
114

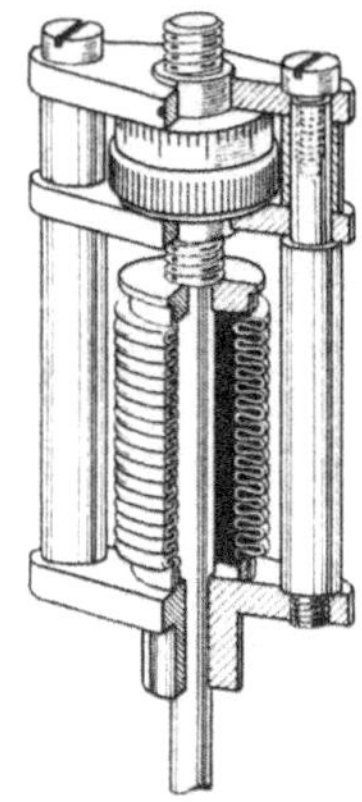
115

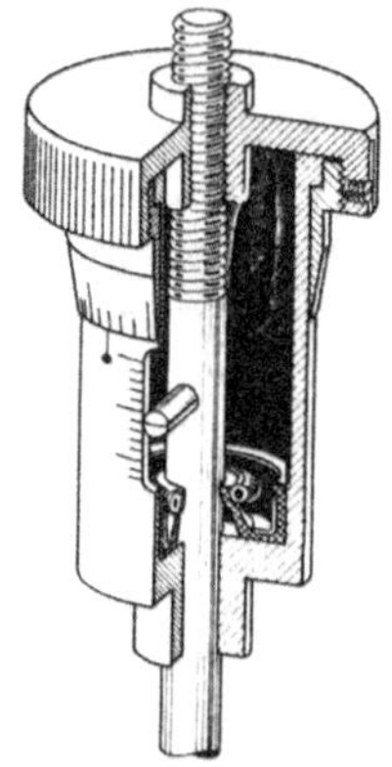
116

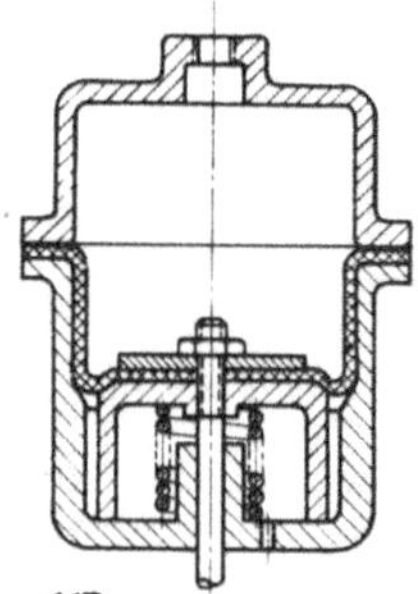
117

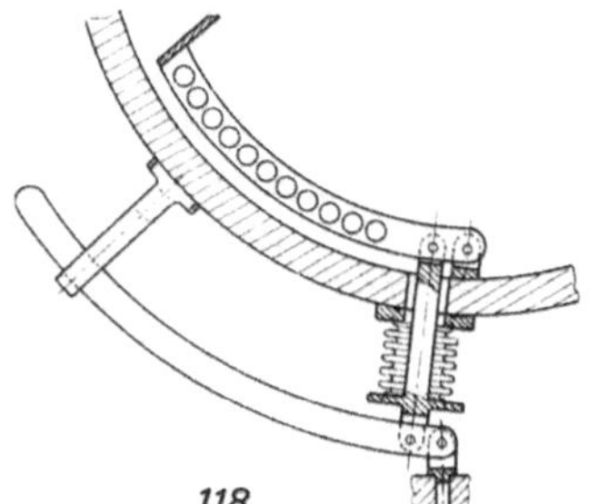
118

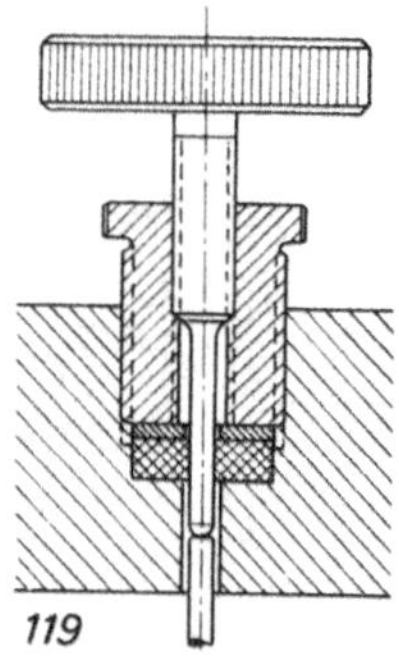
119

Verschiebungen im Vakuum

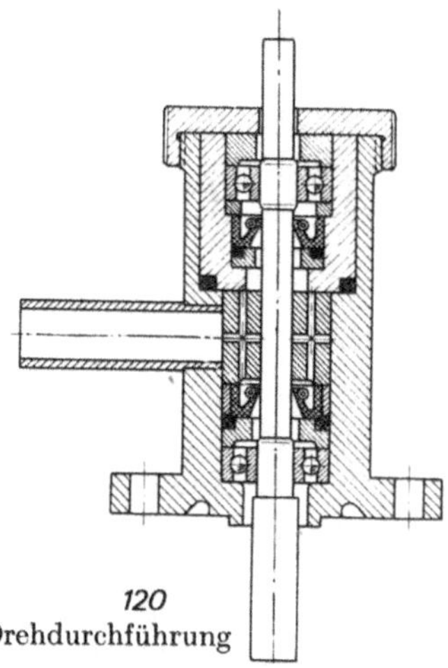
120
Drehdurchführung

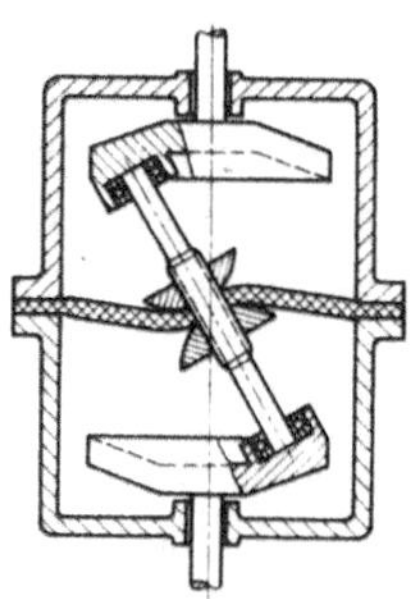
121
Vakuumkurbel

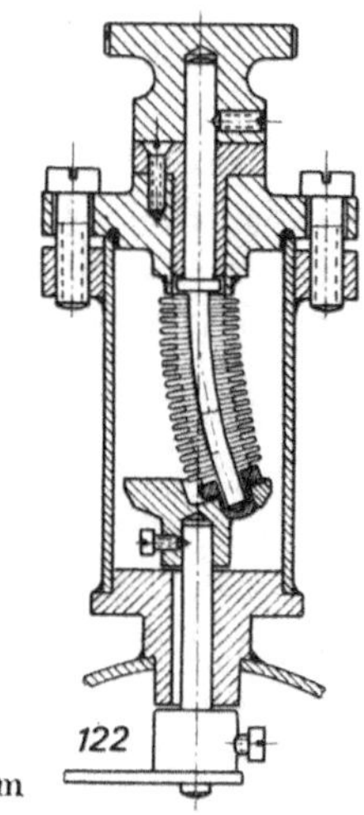
122

Drehungen im Vakuum

zugleich den Index für die Grobablesung an der Skala. Alle drei Triebmuttern haben eine Kreisskala für die Feinablesung. Abb. 119 zeigt eine Stellschraube mit Stopfbuchsendichtung. Bei großem Hub erreicht man bei kleinen Druckunterschieden eine hermetische Abdichtung durch eine Rollmembran Abb. 117 (B 61). Über ein Parallelhebelgetriebe Abb. 118 [49] läßt sich auch mit Faltenbalgdichtung ein großer Hub ins Vakuum übertragen.

Drehungen [23] lassen sich ins Vakuum über Simmerringabdichtung (Abb. 120) und mit Vakuumkurbeln übertragen, die entweder mit Membran (Abb. 121) [3] oder Faltenbalg (Abb. 122) abgedichtet sind.

Ein Schmiermittel für Hochvakuum ist Molykote.

Verstellungen im Vakuum (L 8.12)
macht man bevorzugt über Faltenbalgdichtungen, da sie ausheizbar gestaltet werden können. Abb. 123 zeigt, wie — durch einen in einem schraubenförmigen Schlitz geführten Stift — ein Stab z. B. einen Deckel gleichzeitig abheben und beiseite schwenken kann. Nach dem Prinzip Abb. 7.50 läßt sich eine Raumzentrierung im Vakuum vornehmen (Abb. 124). Der konische Schliff ermöglicht ferner noch eine Drehung. Abb. 125 zeigt wie man nach dem Prinzip Abb. 5.54 mit einem Zugmittelgetriebe außerdem noch eine Kippung bewirken kann, d. h. Raumzentrierung und Ausrichtung. Eine Raumzentrierung durch einen sehr engen Eintrittsstutzen erhält man nach Abb. 126 [56]. Eine Elektrode sitzt durch Steatit isoliert auf einem nach Abb. 4.145 zweiachsig drehbar und verschiebbar gelagerten, mit Faltenbalg abgedichteten Stab. Er wird über eine Zentrierung nach Abb. 7.38 geschwenkt und mit einer Triebmutter axial verstellt.

Abb. 127 zeigt einen Präparathalter für Elektronenbeugungsaufnahmen in einem RCA-Elektronen-Mikroskop [31]. Er gestattet drei voneinander unabhängige Verstellungen des Präparates. 1. Eine Drehung des Präparates um eine Achse senkrecht zum Elektronenstrahl. 2. Eine Schwenkung des Präparates (bis um 15°) um eine Achse senkrecht zur Strahlrichtung und senkrecht zur ersten Drehachse. 3. Eine Verschiebung des Präparates senkrecht zur Strahlrichtung (bis zu 12 mm). Der Präparathalter 4 ist mit einem Stift in die Muffe 5 (Nebenfigur) eingesetzt und liegt am Tischchen 6 an. Das Tischchen 6 läßt sich durch die Schraube 7 gegen die Feder 8 schwenken. Die Schraube 7 kann über die Schlitzkupplung 9 mit Hilfe des Drehknopfes 2 eingestellt werden. Das Tischchen 6 ist in einer Gabel gelagert, die an dem in der Nebenfigur nochmals gezeichneten Schlitten 10 befestigt ist. Der Schlitten besteht aus zwei Scheiben, die durch drei Röhrchen verbunden sind. Er wird an drei dünnen Stiften geführt, die mit dem Hauptkörper verbunden sind. Die vordere Scheibe trägt eine Gewindebuchse 11. Eine Drehung

Verstellungen im Vakuum L 8.12

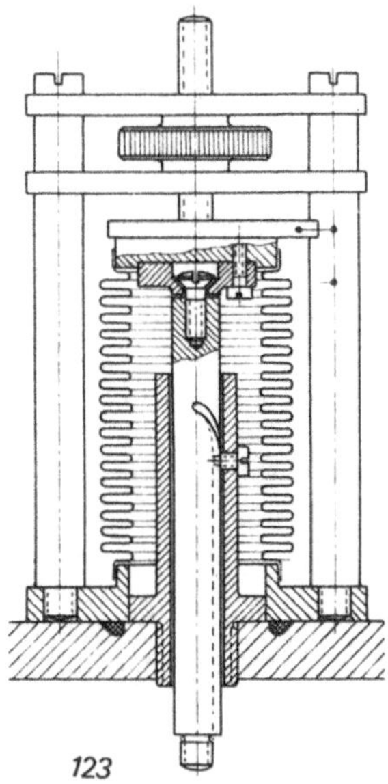

123
Abheben und beiseite schwenken im Vakuum

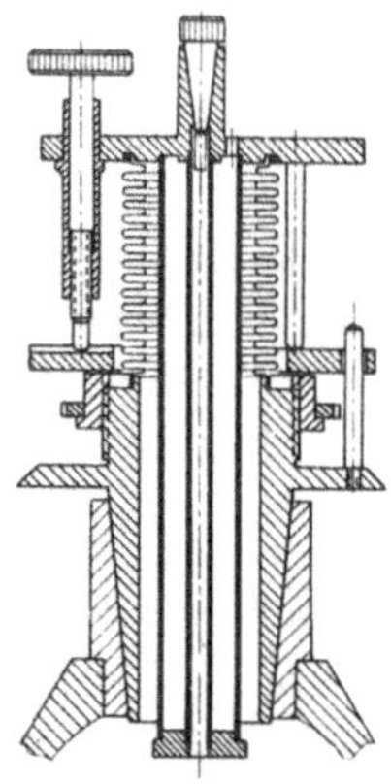

124
Raumzentrierung und Drehung im Vakuum

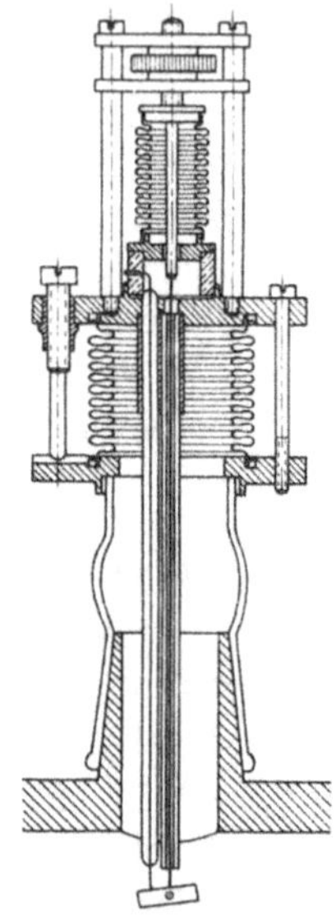

125
Raumzentrierung und Ausrichtung im Vakuum

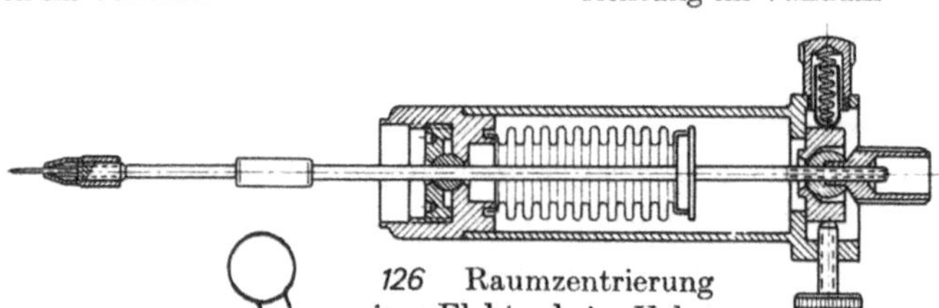

126 Raumzentrierung einer Elektrode im Vakuum

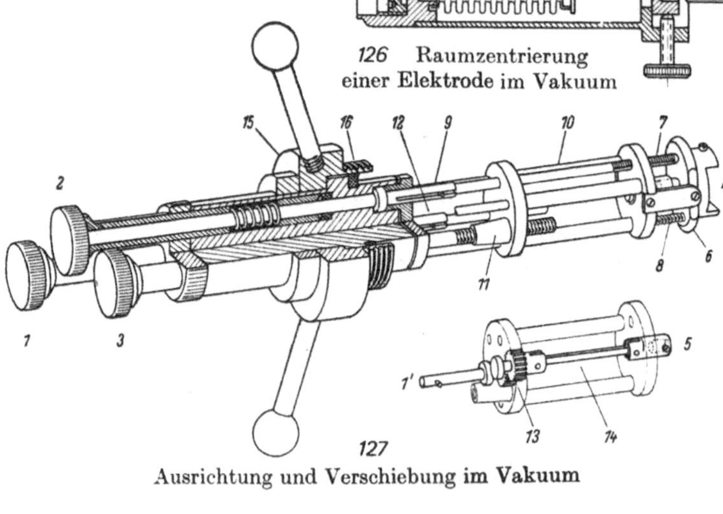

127
Ausrichtung und Verschiebung im Vakuum

der darin laufenden Spindel durch den Knopf 3 bewirkt eine Verschiebung des Schlittens und damit des Präparates. Mit dem Drehknopf 1 läßt sich über die Schlitzkupplung 12, das Zahnradpaar 13 (in der Hauptfigur verdeckt), die Gelenkwelle 14, die Muffe 5 und damit der Präparatträger drehen. Sämtliche Durchführungen sind mit Gummistopfbüchsen gedichtet. Der Halter läßt sich mit der Schraubkappe 15 rasch ansetzen, wobei der Gummiring 16 die Abdichtung übernimmt.

Die meisten Feinverstellungen im Vakuum können mit den ausheizbaren Präparat-Manipulatoren der Fa. Vakuum Generators England (B 101) durchgeführt werden.

8.7 Hähne und Ventile

Hähne (L 8.13):

Glashähne sind, richtig gefettet, glasklar durchsichtig und unbedingt vakuumdicht. Für große Querschnitte nimmt man Winkelhähne Abb. 130, für Umschaltungen den Dreiwegehahn Abb. 131, für geringen Überdruck Metallhähne Abb. 132 mit Tellerfeder. Abb. 133 zeigt einen Stromwender für abwechselndes Drücken und Saugen, Abb. 134 einen Hahn für drei zeitlich gekoppelte Schaltungen. Für umfangreiche Programme nimmt man besser elektrisch betätigte Ventile (Abb. 146) und eine elektrische Schaltwalze (Abb. 10.23). Kugelhähne Abb. 135 (B 166) sind mit Dichtmanschetten gedichtet. Sie ermöglichen stufenlose Verbindungen mit großem Querschnitt z. B. für Rohrpostanlagen.

Tellerventile (L 8.14):

Abb. 136 zeigt die wichtigsten Typen: Das *Eckventil* (a) erfordert eine Abwinkelung der Leitung. Bei der Ausführung in Abb. 137 wird der mit Flachgummi belegte Teller mit einer Triebmutter gegen den wulstförmigen Ventilsitz gepreßt. (Über weitere Eckventile [19].)

Beim *Klappventil* (b) wird der Ventilteller mit Hebeln entweder axial abgehoben oder zur Seite geklappt [19, 40]. Schnellschluß-Sicherheitsklappe fernbetätigt (B 173).

Beim *Schrägsitzventil* (c) erreicht man freien Durchgang, indem man den Ventilteller schräg abzieht. Abb. 138 zeigt es mit Faltenbalgdichtung. Nachteilig ist die große Bauhöhe.

Schiebeventile (d) zeichnen sich durch geringe Bauhöhe bei großem, freiem Durchlaß aus. Sie erfordern dafür einen besonderen Anpreßmechanismus für den Ventilteller. Bei GEISSMANN Abb. 139 wird der in einem Messingring exzentrisch gelagerte Ventilteller durch eine halbe Umdrehung der Ventilstange nach oben gedrückt, so daß der O-Ring einen dichten Abschluß bildet. Zur Öffnung des Ventils dreht man weiter, bis der Ventilteller sich gesenkt hat und zieht ihn dann zur Seite. BESKE [7] erreicht das Anpressen ohne Drehung durch Keilwirkung und kann deshalb die Schubstange mit einem Balg abdichten. SOKOLOV

Hähne L 8.13

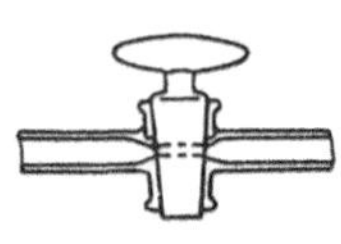

128

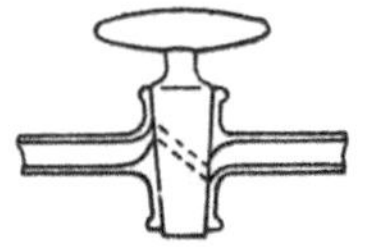

129

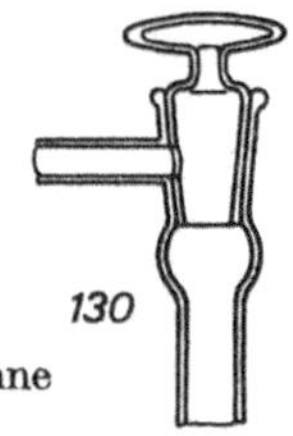

130

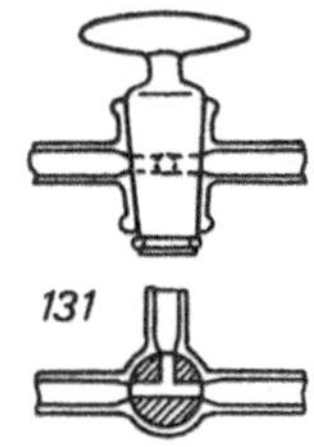

131

Glashähne

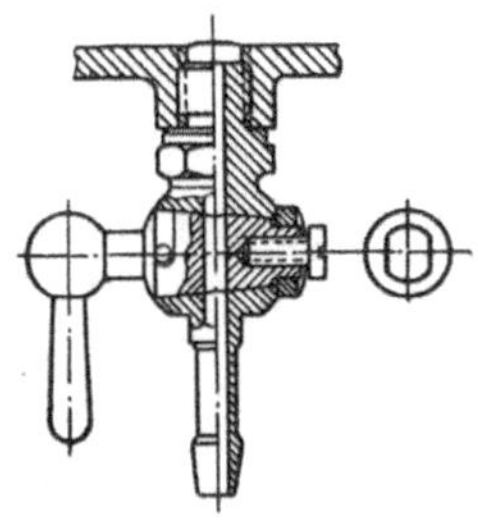

132 Metallhahn

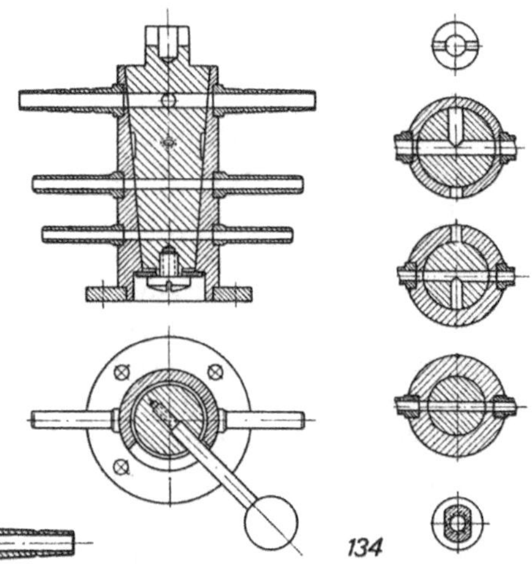

134
Hahn für Programmschaltung

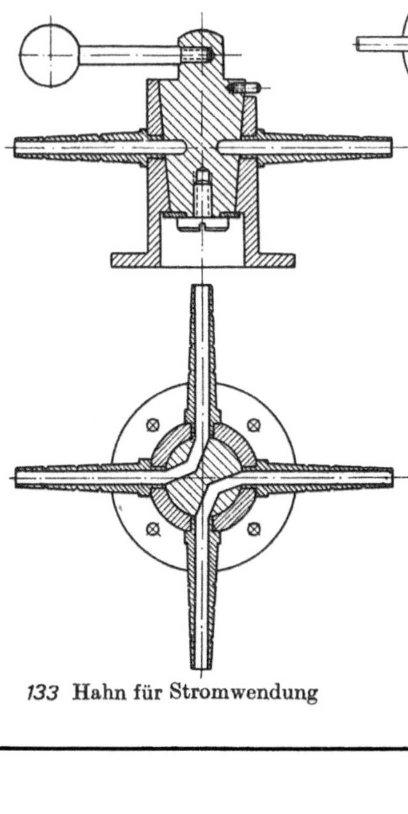

133 Hahn für Stromwendung

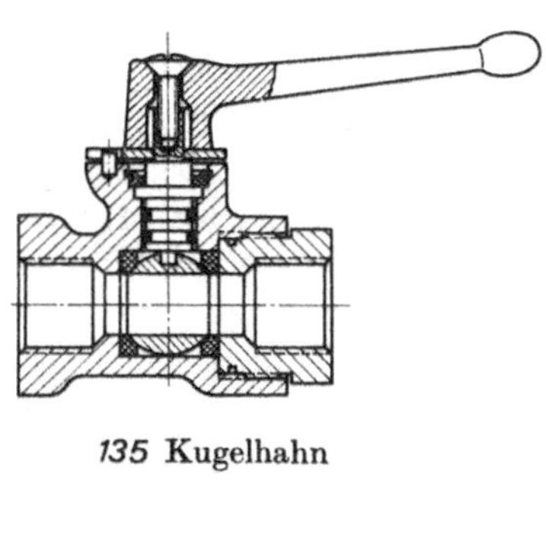

135 Kugelhahn

Tellerventile L 8.14

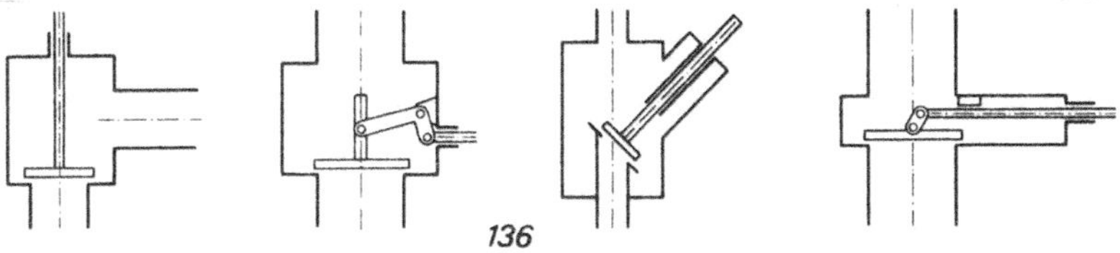

136

a) Eckventil b) Klappventil c) Schrägsitzventil d) Schiebeventil

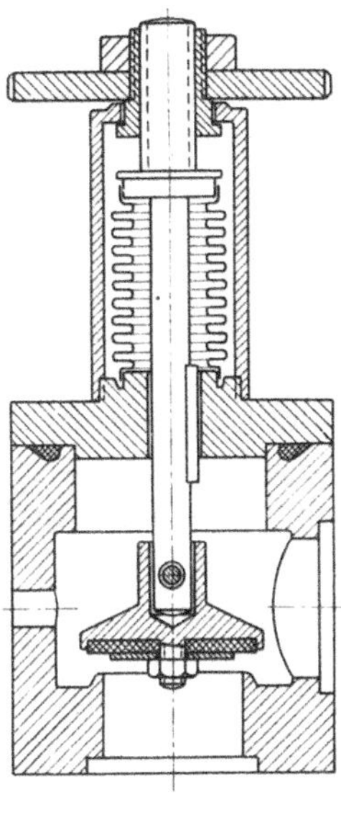

Eckventil

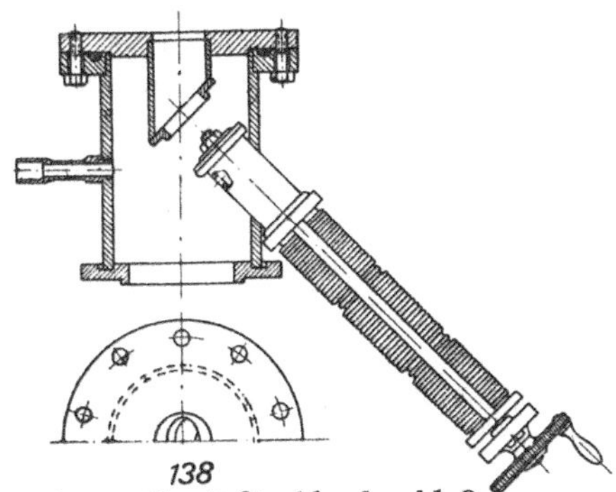

138
Schrägsitzventil mit Strahlendurchlaß

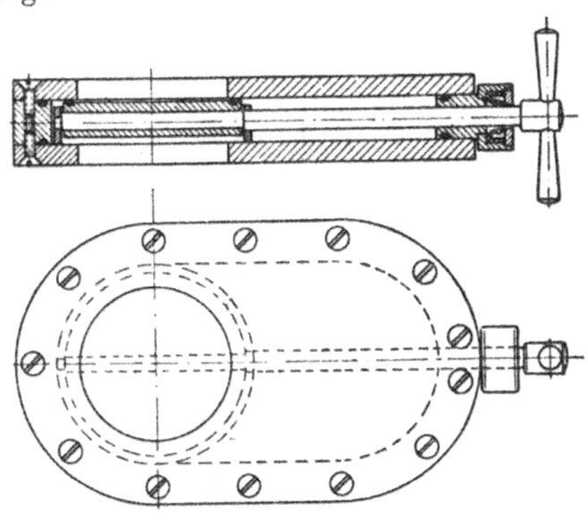

139 Schiebeventil

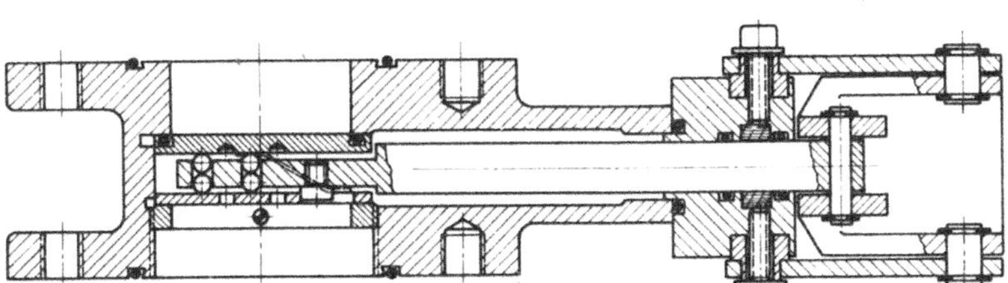

140 VAT-Zugschieber NW 50, handbetätigt

u. a. [21] benutzen eine Art Kniehebelmechanismus (Abb. 136d). Beim VAT-Zugschieber Abb. 140 (B 173) werden bei der Endverschiebung des Ventiltellers Stahlkugeln aus den Vertiefungen der Abschlußscheiben herausgedrückt und pressen durch Verkeilung den Ventilteller gegen den Ventilsitz. Ventile dieser Art sind bis zu großen Nennweiten in Edelstahlausführung erhältlich. (Weitere Schiebeventile [37, 35, 45]. Glasausführung mit magnetischer Betätigung [41].

In kinetischen Hochvakuumanlagen ist es zweckmäßig, die Ventile zu einem Block zusammenzufassen, der programmgeschaltet wird [43, 12].

Spezialventile und Schleusen (L 8.15):

Kugel- und Kegelventile können mit reiner Metalldichtung nach Abb. 21 ausgeführt werden. Der Durchlaß beträgt meist nur wenige mm^2. Als Ventilkörper dienen Stahlkugeln [54], Kugeln aus rostfreiem Stahl [32] oder Kegel aus harten Legierungen. Ventilsitze werden aus Messing, weichem Kupfer, Silberchlorid oder Teflon gebaut. Ein ausheizbares Metallventil zeigt Abb. 141 [47]. Hier ist der Ventilkegel aus Monel-Metall, der Ventilsitz aus weichem Kupfer, Gehäuse und Schraubenmutter aus nichtrostendem Stahl, die abdichtende Membran aus 0,1 mm dickem Monel. Die Rohrstutzen sind aus Kovar, der Deckel ist verschraubt, alle anderen Teile sind hartverlötet. (Ähnliche Ventile [42, 20].

Feinventile werden meist als Nadelventil ausgebildet. Abb. 142 zeigt eine Ausführung mit Differentialgewindetrieb einer effektiven Steigung von 0,2 mm. (Weitere Nadelventile [36, 50] (B 109, B 46) mit Teflondichtung [52]. Andere Feinventile verwenden Kapillaren [5], poröse Stoffe, gequetschte Metallröhrchen [33], für Wasserstoff: geheizte Palladiumröhrchen.) Der *Gasverschluß* Abb. 143 wird geöffnet, indem man mit einem Magneten den in Glas eingeschmolzenen Eisenklotz anhebt und auf die Glasblase fallen läßt. Das *membrangedichtete Ventil* Abb. 144 (B 46) ist für Vorvakuumleitungen geeignet. Für kleine Weiten läßt sich eine ähnliche Form aus einem Gummischlauch herstellen [14] (Ventil mit aufblasbarer Gummiblase [28], Gaspipette [4], Gasprobenentnahme [13], Sicherheitsventil [22], Hochdruckventile [26, 16].) Mit der *Stangenschleuse* Abb. 145 [29] lassen sich kleine Proben in Hochvakuum einschleusen. In der mit Simmerringen gedichteten Vorkammer wird die Probe entgast. (Stangenschleuse mit Feineinstellung [6]. Schleuse für Photoplatten [30]). Das *elektrisch steuerbare Ventil* Abb. 146 ist als kleines Tellerventil ausgebildet. Der Ventilteller Abb. 147 wird durch Federkraft nach oben gezogen und dabei gegen den Ventilsitz aus Gummi gedrückt. Auf der Ventilstange sitzt der Anker eines Glockenmagneten. Bei Stromdurchgang drückt er die Ventilstange nach unten und öffnet das Ventil. Die Ventilstange ist durch einen Simmerring gegen das Gehäuse abgedichtet. Ventile dieser Art lassen sich bis zu

Spezialventile und Schleuse L 8.15

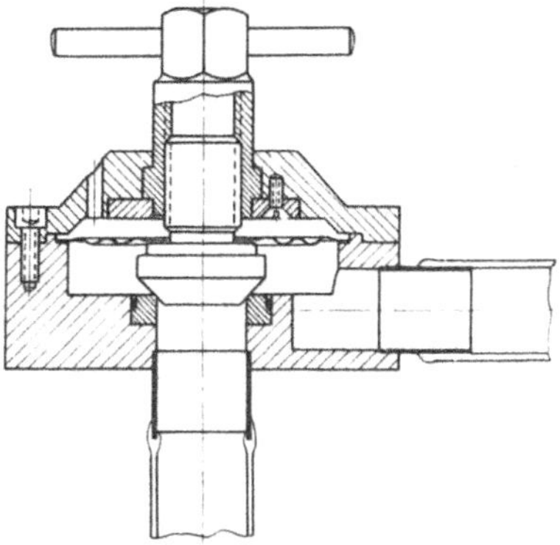

141 Kegelventil, ausheizbar

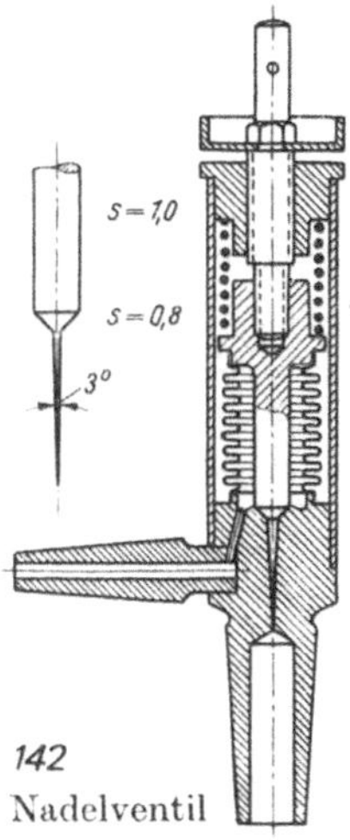

142 Nadelventil

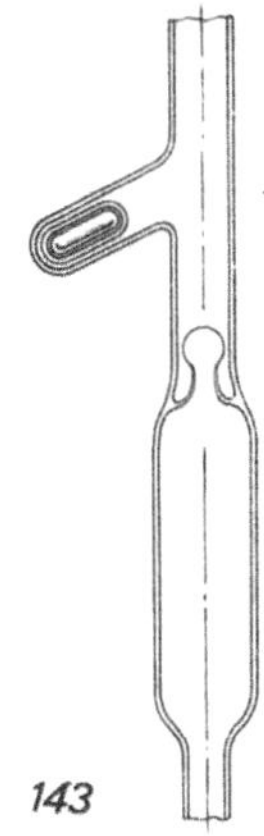

143 Zerstörbarer Gasverschluß

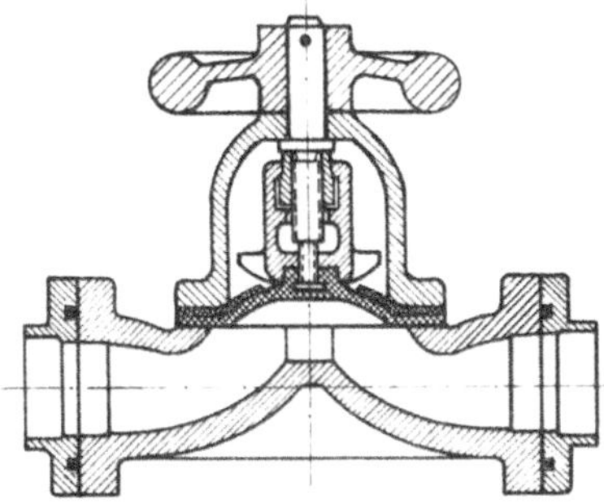

144 Membrangedichtetes Ventil

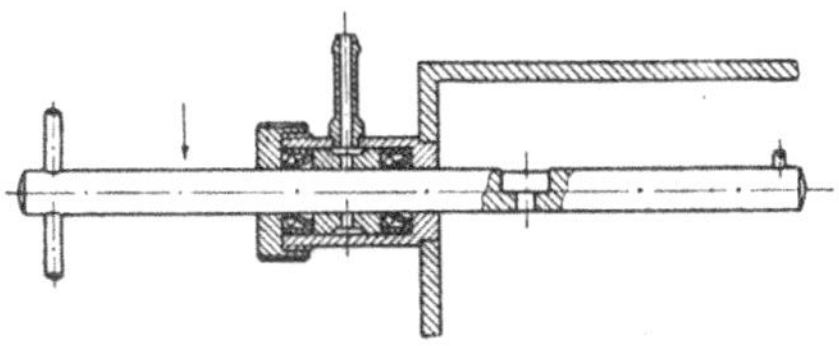

145 Stangenschleuse

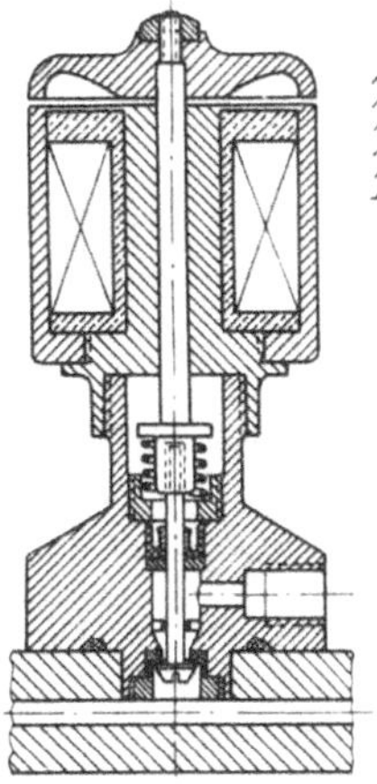

146 Elektrisch steuerbares Ventil

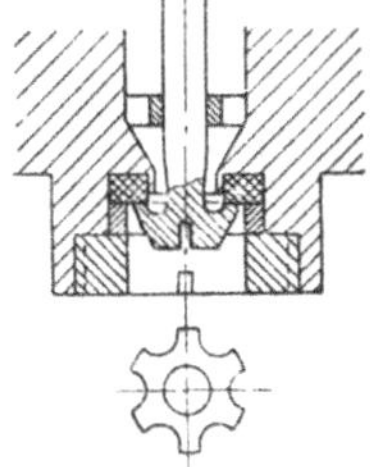

147 Ventilsitz für Ventil 146

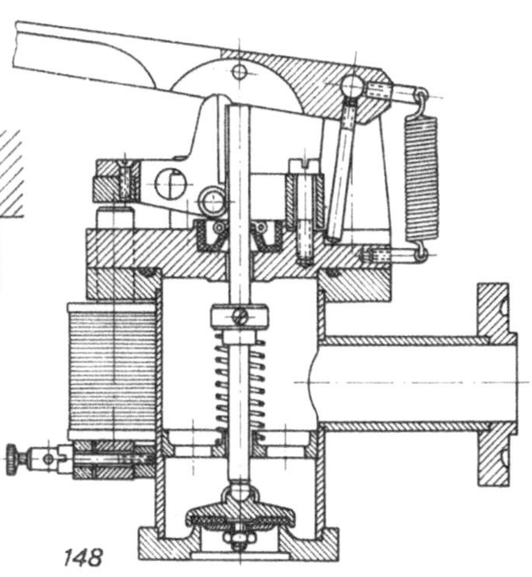

148 Elektrisch auslösbares Ventil (Nebelkammerventil)

Drucken von einigen bar verwenden. Sie lassen sich außerdem leicht als Mehrfach- und Umschaltventile ausbilden.

Das *elektrisch auslösbare* Ventil Abb. 148, bei dem ein Elektromagnet über eine Klinke die Ventilstange freigibt, eignet sich zum Betrieb einer WILSONschen Nebelkammer.

8.8 Vakuummeßgeräte und Lecksuchverfahren

Im Grobvakuumbereich nutzt man die Deformation elastischer Wände zur Druckmessung aus. Abb. 149 zeigt ein *Membranmanometer* für 10 bis 10^{-3} Torr mit Spiegelablesung. Die Membran aus 0,1 mm dickem Stahl oder Quarz und 24 mm ⌀ hat eine Einstellzeit von weniger

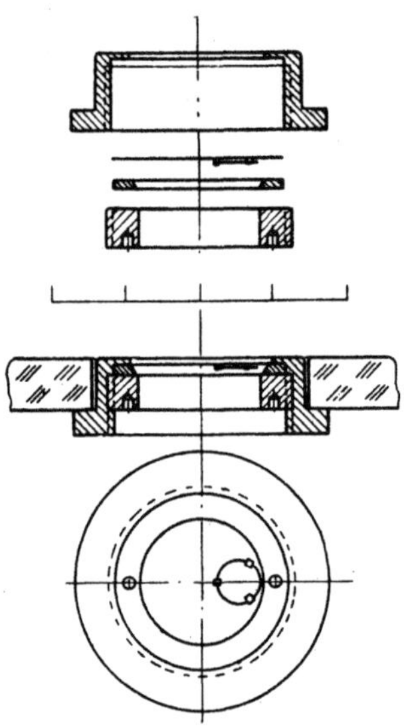

149
Membranmanometer

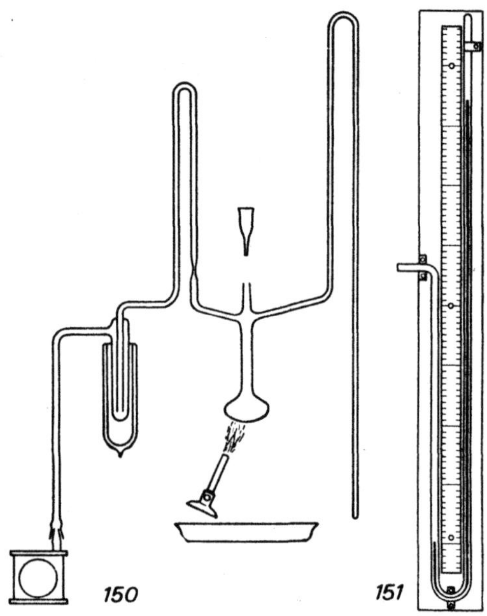

150 151
Füllung eines Quecksilbermanometers 0—760 Torr

als 10^{-3} s. (Membranmanometer, mit Dehndraht elektrisch [39, 38], elektrostatisch mit $2 \cdot 10^{-6}$ Torr/Skt [8]). Manometer mit Faltenbalg und Spiegelablesung [55]. Reine Quarz- oder Glasmanometer [34], refraktometrisch 1—760 Torr [25].

Im selben Druckbereich benutzt man für absolute Messungen das Quecksilbermanometer Abb. 151. Eine Verengung in der unteren Biegung verhindert, daß bei plötzlich ansteigendem Druck das Quecksilber rasch hochschießt und die Glaskuppe zertrümmert. Die Füllung erfolgt nach Abb. 150. Das Vorratsgefäß wird zur Hälfte mit Quecksilber gefüllt und verschlossen. Mit der Flamme werden Glaswände und Quecksilber an der Pumpe entgast. Dann wird abgeschmolzen. Nach dem Erkalten wird das Quecksilber in das U-Rohr umgefüllt.

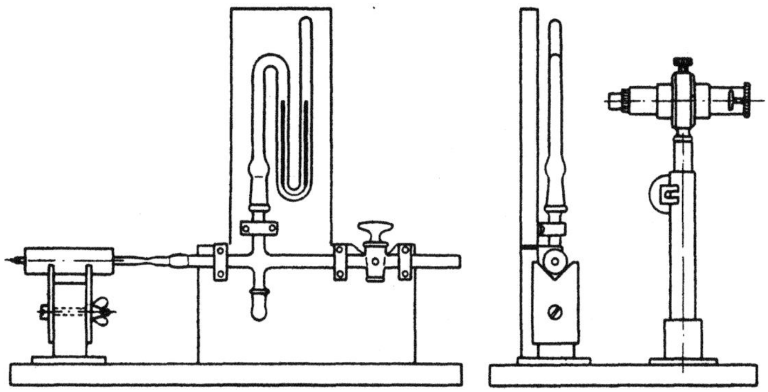

152 **Abgekürztes Manometer mit Ablesemikroskop**

Das abgekürzte Manometer mit Trockengefäß Abb. 152 wird zum Leckprüfen und Füllen von Zählrohren benutzt.

Vakuummeter (Abb. 153):

Das *thermoelektrische Vakuummeter* beruht auf der Änderung der Wärmeleitung eines Gases im Druckbereich zwischen einigen Torr und 10^{-4} Torr. (Bei höheren Drucken ist sie druckunabhängig.) Es enthält zwei Thermoelemente, die mit Wechselstrom geheizt werden. Ihre Temperatur und damit ihre Thermospannung hängt von der Wärmeleitfähigkeit des umgebenden Gases, d. h. von seinem Druck ab. Das Millivoltmeter liegt in einer Brücke, so daß es unbeeinflußt vom Heizstrom die Thermospannung anzeigt. Der Heizstrom wird durch einen Eisen-Wasserstoff-Widerstand konstant gehalten.

Beim *Penning-Vakuummeter* erzeugt man eine Entladung zwischen einer rahmenförmigen Elektrode und zwei auf beiden Seiten stehenden Platten. Diese läßt sich bis zu sehr tiefen Drucken aufrechterhalten, indem man dem elektrischen Feld mit Hilfe zweier Permanentmagnete ein Magnetfeld überlagert, so daß die Elektronen auf schraubenförmigen Bahnen zwischen den Kathoden hin- und herlaufen und über Stoßionisation eine große Zahl von Ionen erzeugen. Der Entladungsstrom ist ein Maß für den Druck.

Das *Ionisationsmanometer* zeigt denselben Aufbau wie eine Triode. Das Gitter erhält jedoch eine hohe positive Gitterspannung U_g (ca. 150 V), die „Anode“ wird negativ (ca. 25 V) gepolt. Bei diesen Potentialen geht ein 1 bis 10 mA starker Elektronenstrom von der Kathode zum Gitter, der das Gas ionisiert. Die erzeugten Ionen gehen zur „Anode“. Der Anodenstrom ist ein Maß für den Gasdruck. Bei sehr niedrigen Drucken (unter 10^{-7} Torr) wird der Anodenstrom durch Photoelektronen, die aus der „Anode“ ausgelöst werden, gefälscht.

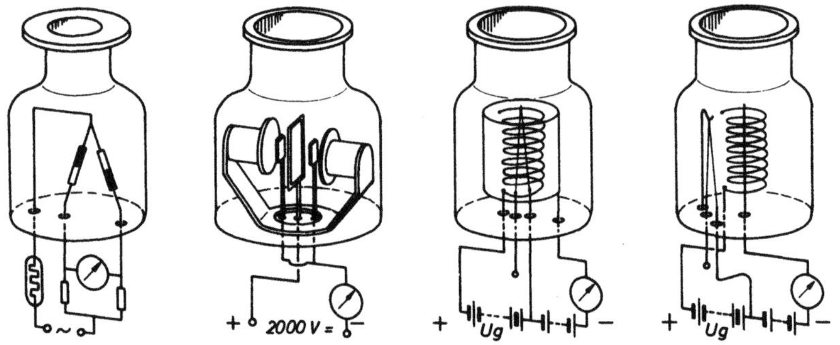

a) Thermoelektrisches Vakuummeter | b) Penning-Vakuummeter | c) Ionisations-Vakuummeter | d) Ultra-Vakuummeter nach Bayard-Alpert

153 Vakuummeter

Beim *Ultra-Vakuummeter nach Bayard-Alpert* wird die Auslösung von Photoelektronen reduziert, indem man die „Anode“ als dünnen Draht ausbildet, d. h. ihre Oberfläche verkleinert. Die Kathode sitzt dann außerhalb des Gitters, die „Anode“ in der Achse. Vakuummeter dieses Typs lassen sich bis zu 10^{-12} Torr herab verwenden.

Bei allen Ionisations-Vakuummetern ist mit einer Fälschung des Meßergebnisses durch Gasaufzehrung zu rechnen. Bei sehr tiefen Drucken muß man deshalb offene Systeme direkt in den Rezipienten setzen.

Lecksuchverfahren (H. Fey): Wie L 8.2 [2] zeigt, läßt bei Hochvakuum schon ein Leck von 10^{-4} Torr l/s Gasströme in den Rezipienten eintreten, die hohe Saugleistungen beanspruchen. Bei allen Vakuumelementen, -Geräten und -Anlagen müssen deshalb Lecks gesucht und beseitigt werden. Die Prüfung wird in zwei Schritten vorgenommen: 1. Bestimmung der Leckrate (Abb. 154), 2. Ortung des Lecks (Abb. 155). Als Lecksuchgerät (L.S) eignet sich am besten ein Massenspektrometer, als Testgas (T) Helium.

Bei der Bestimmung der Gesamtleckrate wird ein evakuierbarer Prüfling in eine Plastikhülle gesteckt, die mit dem Testgas gefüllt wird, dann luftleer gepumpt und schließlich mit dem Lecksuchgerät verbunden, das das einströmende Testgas anzeigt. Ein geschlossener Prüfling wird mit dem Testgas gefüllt in eine Vakuumkammer gelegt. Diese wird evakuiert und dann mit dem Lecksuchgerät verbunden.

Bei der Ortung von Einzellecks wird der evakuierbare Prüfling nach dem Auspumpen mit dem Lecksuchgerät verbunden und mit Testgas abgesprüht. Kommt man mit der Sprühpistole in die Nähe des Lecks, so

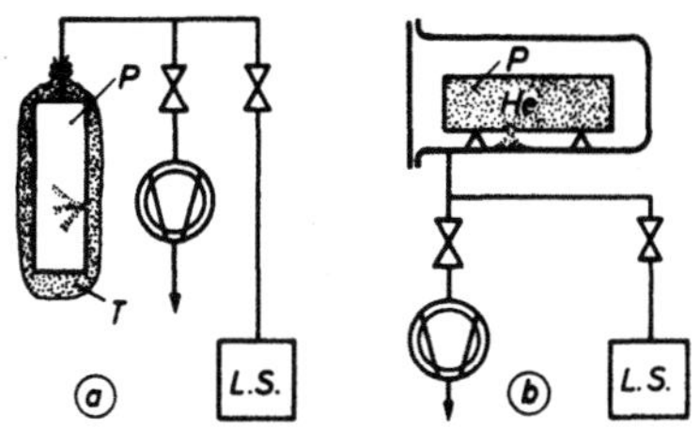

154 **Bestimmung der Gesamtleckrate**

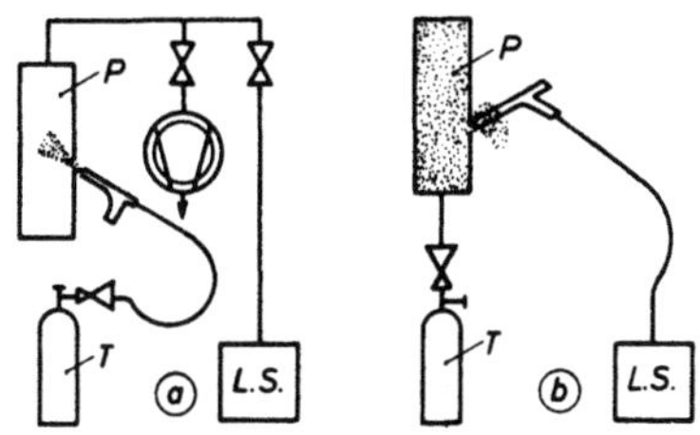

155 **Ortung von Einzellecks**

erhält man eine Anzeige. Bei einem für Überdruck ausgewählten Prüfling wird er mit Testgas über Atmosphärendruck gefüllt und mit dem am Lecksuchgerät angeschlossenen Leckschnüffler abgesucht.

8.9 Behälterbau

Bei Behältern unterscheidet man die geschlossene Form (Abb. 156a und e) und die durch Abheben einer Glocke (b) oder eines Deckels (c und d) zugängliche Form.

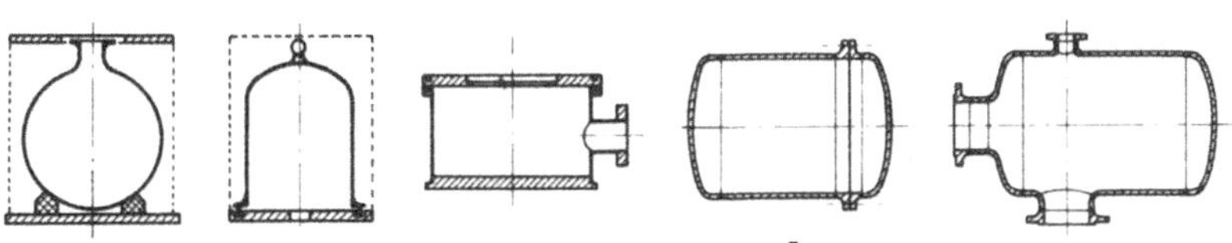

a b c d e

156 **Behälter**

Bis zu etwa 30 l Inhalt können Vakuumbehälter aus Glas verwendet werden. Der Implosionsgefahr wegen sind sie stets mit einem Schutzkäfig aus starkem Drahtgeflecht oder perforiertem Blech zu umgeben. Glasglocken setzt man auf einen ebenen Metallteller mit einer Nute, in der ein O-Ring aus weichem Gummi liegt.

Vakuumbehälter aus Metall haben zylindrische Form. Bis zu Durchmessern von etwa 30 cm kann man weichgelötete Kammern aus Messing mit ebenen Böden und Deckeln bauen oder O-Ring-gedichtete Al-Behälter. Größere Behälter werden aus Al, Sonderstahl oder einfachem Stahl geschweißt und mit gewölbten Böden versehen. Um schwer entgasbare Spalte zu vermeiden, sollen bei Vakuumbehältern alle Schweißungen von innen erfolgen. Bei Wänden aus einfachem Stahl kann sich die Diffusion von Wasserstoffionen, z. B. aus Kühlwasser, störend auswirken.

Im Gegensatz zu den zylindrischen Rohrleitungen treten bei Behältern für Vakuum und Überdruck starke Beanspruchungen, insbesondere an den Böden, auf. Die Wanddicken sind deshalb so auszulegen, daß Verformung und maximale Spannung die zulässigen Werte nicht überschreiten. In L 8.16 sind Formeln zur Berechnung dieser Werte zusammengestellt.

Druckbehälter, bei denen das Produkt von Überdruck $p_ü$ (at) und Volumen J (Liter) bestimmte Werte überschreitet, stellen eine Gefährdung im Sinne der Unfallverhütungsvorschriften dar. Aus diesem Grunde sind von der „Arbeitsgemeinschaft Druckbehälter" (AD) Richtlinien für Werkstoff, Herstellung, Berechnung und Ausrüstung von Druckbehältern aufgestellt worden, die in den AD-Merkblättern zusammengefaßt sind.

Behälter für $p_ü \cdot J \leqq 200$ atü · l sind von jeder Prüfung befreit. Bei 200 atü · l $< /p \cdot J/ <$ 1000 atü · l genügt eine erstmalige Prüfung. Oberhalb 1000 atü · l sind Druckbehälter überwachungspflichtig (TÜV).

Im AD-Merkblatt B 0 werden die Berechnungsgrößen festgelegt, die in Formeln einzusetzen sind. Es sind dies im wesentlichen:

1. Die *Abmessungen* des Behälters, z. B. Durchmesser von Behältermänteln, Rohrstutzen, Wanddicken, Schweißnahtdicken.

2. Der *höchstzulässige Betriebsdruck*, der Berechnungsdruck und der Prüfdruck.

3. Die *Berechnungstemperatur*, d. h. die höchste zu erwartende Wandtemperatur.

4. Die *Festigkeitskennwerte*, z. B. die Streckgrenze oder 0,2 Grenze, die Zugfestigkeit, die Zeitstandfestigkeit und die 1% Zeitdehngrenze für 100000 h bei der Berechnungstemperatur.

5. Die *Sicherheitsbeiwerte*, die die Unsicherheiten im Rechnungsansatz und die Möglichkeit einer Wasserdruckprüfung mit 1,3 p berücksichtigen. Es sind dies Faktoren zwischen 1,1 und 3,5, mit denen man zum Beispiel die erforderliche Wanddicke bei zylindrischen Mänteln multipliziert, um eine Gewähr für ausreichende Sicherheit zu haben.

6. Den Einfluß von Verbindungen oder lokalen Verschwächungen auf die Auslegung. Für Schweißnähte gilt ein Verschwächungsbeiwert $V = 0{,}8$.

7. Die Zuschläge für herstellungsbedingte Wanddickenunterschreitungen, für Abnutzung oder Korrosion.

8. Die kleinste zulässige Wanddicke, die z. B. bei Zylindern und Kugeln aus Al 3 mm nicht unterschreiten darf.

Verformung und Spannung von Platten, Membranen und Behältern L 8.16

E	Elastizitätsmodul	R	Radius	σ_r	Radialspannung
h	Wanddicke	R_i	Innenradius	σ_t	Tangentialspannung
p_i	Innendruck	R_a	Außenradius	σ_v	Vergleichsspannung
p	Kraft/Flächeneinheit	f	Verformung		

	Verformung	Spannung
Kreisplatte frei aufliegend 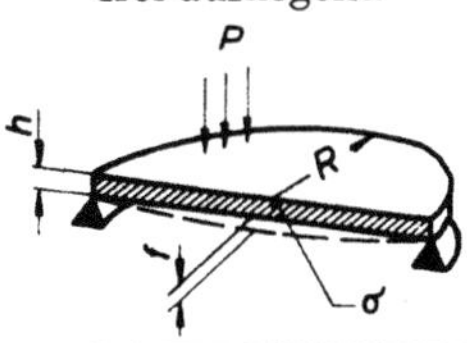	$f = 0{,}7\,\dfrac{p \cdot R^4}{E \cdot h^3}$	$\sigma_{\max} = 1{,}24\,\dfrac{R^2 \cdot p}{h^2}$ (in Plattenmitte)
Kreisplatte eingespannt 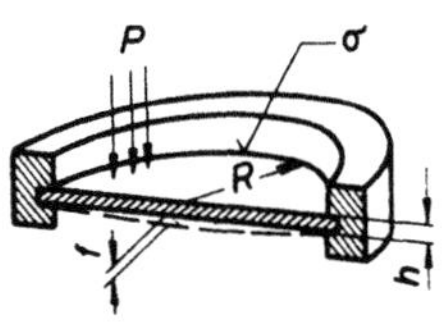	$f = 0{,}17\,\dfrac{p \cdot R^4}{E \cdot h^3}$ s. AD-Merkblatt B5	$\sigma_r = 0{,}75\left(\dfrac{R}{h}\right)^2 p$ $\sigma_t = 0{,}22\left(\dfrac{R}{h}\right)^2 p$ $\sigma_v = 0{,}67\left(\dfrac{R}{h}\right)^2 p$ (Randspannung)
Membran	$f = 0{,}662\,R\,\sqrt[3]{\dfrac{p \cdot r}{E \cdot h}}$	$\sigma_v = 0{,}423\,\sqrt[3]{E p^2 \left(\dfrac{R}{h}\right)^2}$ i. d. Mitte
Hohlzylinder, ∞ lang 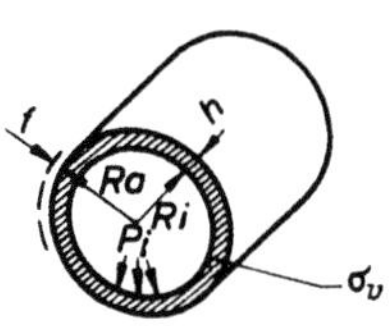 s. AD-Merkblatt B1	a) dickwandig $f = 1{,}7\,p_i\,\dfrac{R_a}{E}\,\dfrac{R_i^2}{R_a^2 - R_i^2}$ b) dünnwandig $\left[R_m = \dfrac{R_a + R_i}{2}\right]$ $f = 0{,}85\,p_i\,\dfrac{R_m^2}{E \cdot h}$	$\sigma_v = \sqrt{3}\,p_i\,\dfrac{R_a^2}{R_a^2 - R_i^2}$ $\sigma_t = \dfrac{p_i \cdot R_m}{h}$
Hohlkugel 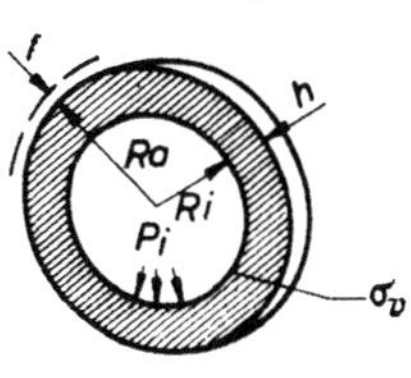 s. AD-Merkblatt B1	a) dickwandig $f = \dfrac{1{,}05}{E}\,p_i \cdot R_a\,\dfrac{R_i^3}{R_a^3 - R_i^3}$ b) dünnwandig $f = 0{,}35\,\dfrac{R_m^2 \cdot p_i}{E \cdot h}$	$\sigma_v = \dfrac{3}{2}\,p_i\,\dfrac{R_a^3}{R_a^3 - R_i^3}$ $\sigma_r = \sigma_t = \dfrac{p_i \cdot R_m}{2h}$

R. Müller

Die Blätter B 1 bis B 10 bringen die Berechnungen für zylindrische und kegelförmige Mäntel, für Kugeln, gewölbte und ebene Böden, Platten Flansche, Ausschnitte und Rohre. H 1 und H 2 befassen sich mit dem Schweißen von Druckbehältern, W 1 bis W 10 mit den Werkstoffen: Bleche und Rohre aus unlegierten und legierten Stählen, Gußeisenwerkstoffe, Schrauben und Muttern, plattierte Stahlbleche und Werkstoffe für tiefe Temperaturen.

Bei Vakuumbehältern, insbesondere mit zylindrischem Mantel, ist zu beachten, daß die zulässige Druckdifferenz gegen Atmosphäre bei Unterdruck sehr viel geringer ist als bei Überdruck. Bei einem zylindrischen Stahl-Behälter von 1 m Durchmesser, 1,5 m Länge und der vorgeschriebenen Mindest-Blechdicke (s. AD-Merkblatt B 6) von 3 mm für Stahl, errechnet sich bei einer Unrundheit von 2 % ein kritischer Unterdruck von 0,5 at gegen Implosion. Für die Berechnung solcher Behälter ist das AD-Merkblatt B 6 zugrundezulegen.

Mit der sinngemäßen Anwendung der AD-Merkblätter gilt im Zweifelsfall die ingenieurmäßige Sorgfaltspflicht als erfüllt.

Literaturverzeichnis zu Kap. 8

Bücher:

1. Ardenne, M. v.: Tabellen zur angewandten Physik Bd. 2., Berlin: VEB Deutscher Verlag der Wissenschaften 1964.
2. Pupp, W.: Vakuumtechnik, Tl. I Grundlagen, Tl. II Anwendungen, München: Thiemig-Taschenbücher Bd. 8 u. 15. 1962, 1964.
3. Roth, A.: Vacuum sealing techniques, Oxford: Pergamon Press 1966.

Weitere Literatur:

Leybold, Vakuum-Taschenbuch. Hrsg.: K. Diels; R. Jaeckel. 2. Aufl. Berlin/Göttingen/Heidelberg: Springer 1962.

Neues und Bewährtes aus der Hochvakuumtechnik. Hrsg.: G. Ch. Mönch. Berlin: VEB Verlag Technik 1961.

Zeitschriften:

J. sci. Instrum. [4] **42**, 121 (1965) [5] **43**, 832 (1966).

Optik [6] **2**. 190 (1947).

Vakuumtechnik [7] **10**, H. 7 (1961).

Z. angew. Phys. [8] **4**, 20 (1952) [9] **7**, 48 (1955).

Z. Naturforsch. [10] **6a**, 459 (1951) [11] **8a**, 805 (1953).

Z. Phys. [12] **130**, 513 (1951).

Instrum. exper. Techn. [13] 438 (1958) [14] 830 [15] (1960) 523 [16] 995 [17] 595 (1961) [18, 19, 20] 225 (1962) [21] 1140 (1963) [22] 236 (1964) [23] 1309 (1965) [24] 1448 [25] 152 (1966) [26] 234 [27] 370 [28] 747.

Rev. sci. Instrum. [29] **12**, 450 (1941) [30] **15**, 78 (1944) [31] **16**, 146 (1945) [32] **17**, 115 (1946) [33] **18**, 191 (1947) [34] 192 [35] 250 [36] 540 [37] **19**, 83 (1948) [38] 336 [39] 502 [40] **20**, 366 (1949) [41] 831 [42] **22**, 536 (1951) [43] **23**, 191 (1952) [44] 249 [45] 379 [46] 445 [47] 570 [48] 647 [49] **24**, 464 (1953) [50] 508 [51] 549 [52] 551 [53] 996 [54] 1005 [55] **25**, 393 (1954) [56] 644.

9. Strömungs- und wärmetechnische Bauelemente

9.1 Auslegung von Kreisläufen [13a]

(F. STELZER)

Zur Durchführung oder Untersuchung physikalischer, chemischer oder technischer Prozesse müssen häufig bestimmte Zustandsbedingungen eingehalten werden, z. B. Temperatur, Druck, Durchfluß, chemische Zusammensetzung, Reinheit. Dies geschieht, indem man Fluide, d. h. Flüssigkeiten oder Gase, in Kreisläufen umwälzt, in denen Heiz- oder Kühlelemente, Kompressoren, Vakuumpumpen, Düsen, Diffusoren, Filter, Ventile, Meßfühler usw. eingesetzt sind. Die Komponenten dieser Kreisläufe sollen so ausgelegt sein, daß sich die geforderten Zustandsbedingungen mit einem möglichst geringen Aufwand ergeben. Dazu sind wärmetechnische und strömungstechnische Berechnungen erforderlich.

Mit dem Kreislauf (Abb. 1) wurde an einem Forschungsreaktor die Einwirkung von CO_2 auf Graphit untersucht bei einer Temperatur von $500 \pm 20\,°C$, einem Druck von 58 ± 2 bar und einem Durchsatz von 0,06 kg/s. Die Beimengungen sollen unterhalb folgender Grenzen bleiben: $O_2 \leqq 5$ ppm, $H_2O \leqq 5$ ppm, $CO \leqq 200$ ppm. Dabei soll während einer Bestrahlungsdauer von 40 Tagen die Gaszusammensetzung laufend analysiert werden.

Der Hauptkreislauf (Abb. 1A) ist bestimmt durch den Reaktoreinschub (das Rig), in dem die Graphitproben sitzen, und den Kompressor MK 1, der das Gas umwälzt. Der Kompressor kann nur bei Raumtemperatur arbeiten. Im Reaktoreinschub soll das Gas eine hohe Temperatur haben. Deshalb muß es vor dem Eintritt in das Rig mit dem Heizelement HZ 1 aufgeheizt und vor dem Eintritt in den Kompressor abgekühlt werden. Um Heiz- und Kühlleistung zu sparen, läßt man das aus dem Rig austretende heiße Gas durch den Regenerativwärmeaustauscher WT 1 das in das Rig eintretende Gas vorwärmen. In einem zweiten Wärmeaustauscher WT 2 wird das Gas vor dem Eintritt in den Kompressor mit Wasser auf Raumtemperatur abgekühlt. Zur Glättung der Strömung wird hinter den Kompressor ein Puffergefäß geschaltet. In einem Abklingbehälter reduziert man die bei der Neutronenbestrahlung auftretende kurzlebige Radioaktivität. Mit dem Durchflußmesser Q 1 kontrolliert man den Durchfluß. Die im Rig eingebauten

Thermoelemente überwachen die Temperaturen. Der Druck wird mit dem Manometer P gemessen.

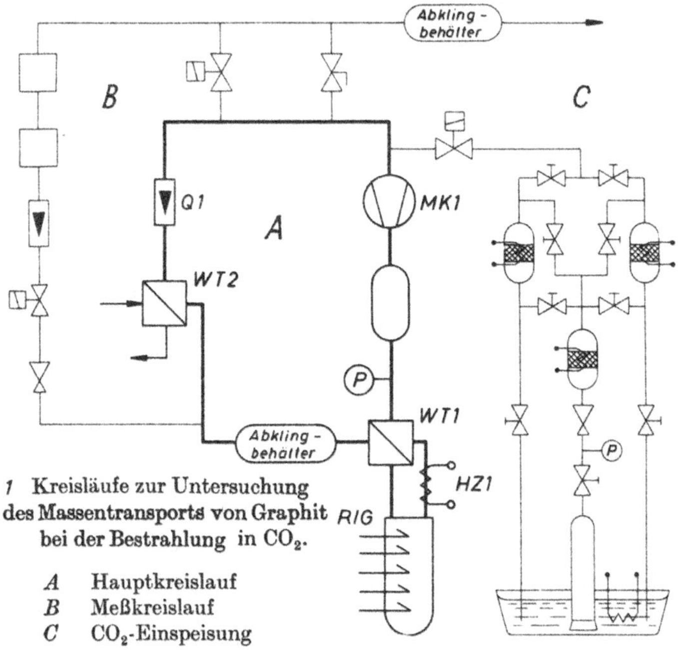

1 Kreisläufe zur Untersuchung des Massentransports von Graphit bei der Bestrahlung in CO_2.

A Hauptkreislauf
B Meßkreislauf
C CO_2-Einspeisung
(Bedeutung der Sinnbilder siehe L 9.1)

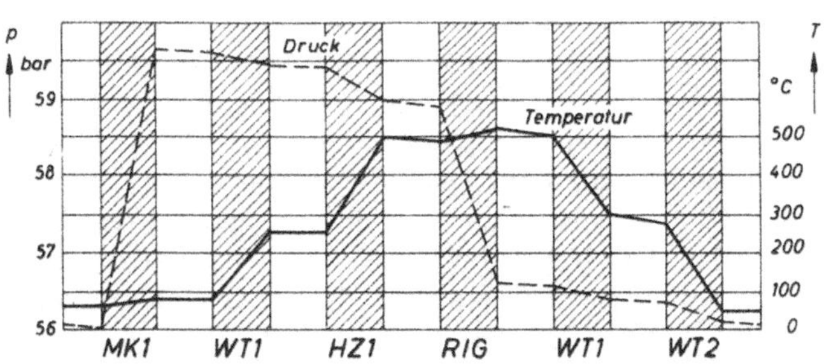

2 **Druck- und Temperaturprofil des Hauptkreislaufs**

Die Komponenten des Kreislaufs bestimmen das *Druck- und Temperaturprofil* (Abb. 2). Die Berechnung solcher Profile ermöglicht die optimale Dimensionierung und Auswahl dieser Komponenten. Sie beruht auf Zusammenhängen vom Typ des Ohmschen Gesetzes. Bei Strömung und Wärmeübergang entsprechen der Spannung die Größen

Strömungs- und wärmetechnische Bauelemente L 9.1

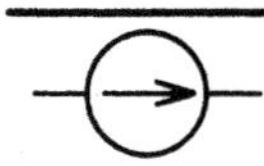	Pumpe zur Förderung von Flüssigkeiten		Ventil mit Motorantrieb
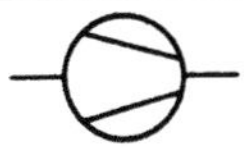	Kompressor zur Förderung oder Verdichtung von Gasen		Ventil mit Kolbenantrieb
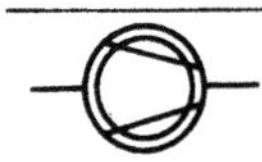	Vakuumpumpe		Ventil mit pneumatischem Membranantrieb
	Gasflasche mit Ventil		Druckminder-Ventil
	Gasbehälter		Rückschlag-Ventil
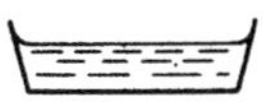	Wanne mit Flüssigkeit		Drossel-Ventil
	Rohrleitung		Sicherheits-Ventil
	flexible Leitung	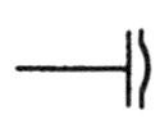	Berstscheibe
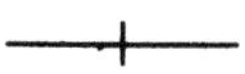	lösbare Verbindung		mechanisches Filter
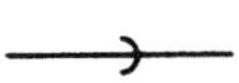	Muffen-Verbindung		Sorptions-Filter
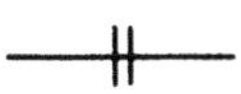	Flansch-Verbindung	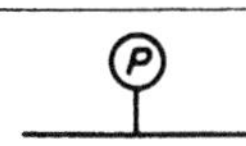	Druckmesser
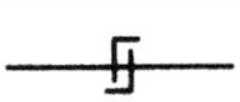	Schnell-Kupplung		Schwebekörper-Durchflußmesser
	Ventil allgemein	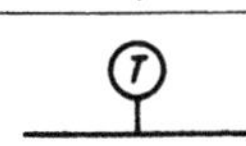	Temperaturmesser
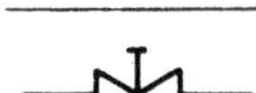	Hand-Ventil	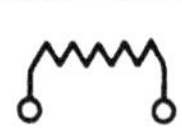	Heizelement
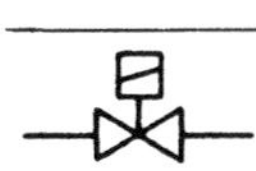	Magnet-Ventil stromlos geschlossen	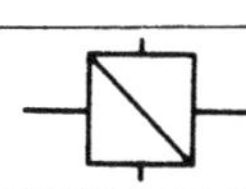	Wärmeaustauscher
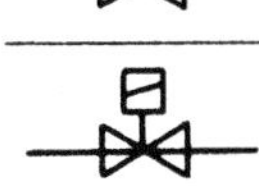	Magnet-Ventil stromlos offen	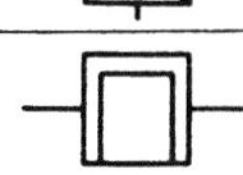	Kälteaggregat

Druck und Temperatur, der Stromstärke Volumenstrom und Wärmestrom, dem Widerstand Strömungswiderstand und Wärmewiderstand. Letzteres sind Apparatekonstanten, die sich ähnlich wie der Widerstand in der Elektrotechnik aus Dimensionen und Materialkonstanten errechnen lassen.

Das Druckprofil ergibt sich, wenn man den Kreislauf als eine Hintereinanderschaltung der Strömungswiderstände R_1, R_2, ... R_n aller Komponenten auffaßt, in denen der vom Kompressor erzeugte *Druckanstieg* Δp den geforderten Volumenstrom $\dot{V}$ erzeugt. Es gilt also

$$p = \dot{V} \cdot \sum_{i=1}^{i=n} R_i . \quad (1)$$

Jede Komponente kann strömungstechnisch aus Rohren von bestimmter Länge, Krümmung und Querschnittsformen dargestellt werden. Ihr Strömungswiderstand bzw. der entsprechende Druckverlust Δp bei einem Volumenstrom $\dot{V}$ läßt sich an Hand des Leitblattes (L 9.2) berechnen, wobei im voraus zu klären ist, ob sich laminare Strömung (Reynolds-Zahl < 2300) oder turbulente Strömung einstellt. Die Summe der Druckverluste in den einzelnen Komponenten ergibt den Gesamtdruck, gegen den der Kompressor fördern muß. Ebenso läßt sich der Druckabfall in der Versuchsstrecke innerhalb des Rigs berechnen. Da hier die Temperatur sehr hoch ist und der Volumenstrom proportional der absoluten Temperatur zunimmt, da ferner die Rohrquerschnitte durch die Abmessungen des Rigs begrenzt sind, wird dieser Druckabfall relativ hoch.

Das *Temperaturprofil* wird von den Wärmequellen und Wärmesenken bestimmt. Als Wärmequellen wirken die Hochtemperaturseite des Regenerativwärmeaustauschers WT 1, die elektrische Heizung Hz 1, die Reaktorstrahlung im Rig und der Kompressor. Wärmesenken sind die Tieftemperaturseite des Regenerativwärmeaustauschers WT 1 hinter dem Rig, die das Rohrleitungssystem umgebende Atmosphäre und die Wasserkühlung des Wärmeaustauschers WT 2. Quellen und Senken erzeugen bei einer Wärmeleistungsübertragung $\dot{Q}$, einem Massenstrom $\dot{m}$ und einer spezifischen Wärme c_p eine Temperaturänderung des Fluids

$$\Delta\vartheta = \dot{Q}/\dot{m} c_p . \quad (2)$$

Die übertragene Wärmeleistung $\dot{Q}$ ergibt sich aus der Temperaturdifferenz Θ zwischen Fluid und Quelle oder Senke und dem Wärmewiderstand R zu

$$\dot{Q} = \Theta / R . \quad (3)$$

Der Wärmewiderstand R ergibt sich als Summe der Wärmewiderstände der Wände und der Widerstände für den konvektiven Wärmeübergang zwischen Fluiden und Wänden.

Druckverlust Δp bei der Strömung durch Rohre L 9.2

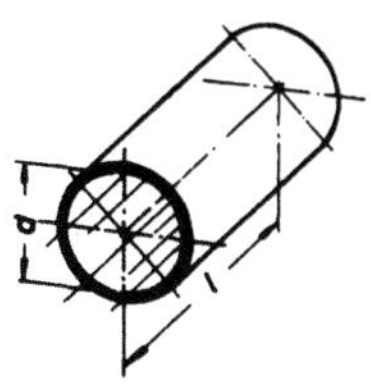

Rohrrauhigkeit hat keinen Einfluß auf den Strömungswiderstand

1. Laminare Strömung

Reynolds-Zahl $\mathrm{Re} = \frac{w \cdot d}{\nu} < 2300$

$$\Delta p = \frac{128\,\eta\, l\,\dot{V}}{\pi d^4} = \frac{32\,\eta\, l\, w}{d^2}$$

- w Strömungsgeschwindigkeit
- ν kinematische Zähigkeit
- η dynamische Zähigkeit $= \nu\varrho$
- ϱ Dichte
- $\dot{V}$ Volumenstrom

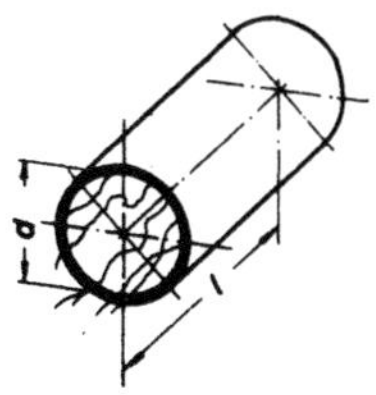

d_h = **hydraulischer Durchmesser**

1. $d_h = d$ für runde Rohre

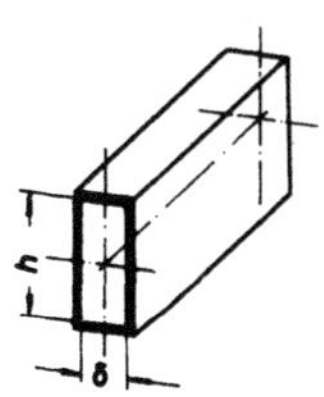

2. $d_h = \frac{2h\delta}{h+\delta}$ für Rechteckrohre

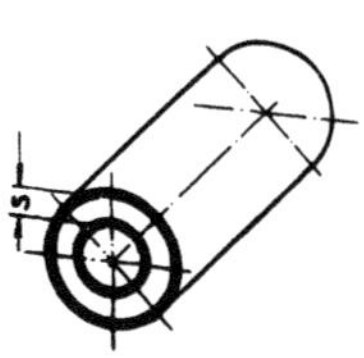

3. $d_h = 2s$ für Ringspalte

2. Turbulente Strömung

$\mathrm{Re} > 2300$

$$\Delta p = \frac{l\zeta\,\varrho\, w^2}{d_h \cdot 2}$$

ζ = **Widerstandsziffer**

A. Für technisch glatte Rohre

Re-Bereich	ζ
$2{,}3 \cdot 10^3 - 8 \cdot 10^4$	$0{,}3164\ \mathrm{Re}^{-1/4}$
$8 \cdot 10^4 - 4 \cdot 10^5$	$0{,}00714 + 0{,}6104\ \mathrm{Re}^{-0{,}35}$

B) Für rauhe Rohre

$$\zeta = \frac{0{,}25}{\left[\lg\left(\frac{15}{\mathrm{Re}} + \frac{k}{3{,}715\, d}\right)\right]^2}$$

k = **Rauhigkeitswert** in mm

Material	Zustand	k
St-Rohr gezogen	neu	0,01–0,05
St-Rohr geschweißt	neu	0,05–0,1
Schmiedeeisen	neu	0,05
Asbest-Zement	neu	0,01–0,1

Faustformel: $\Delta p \sim d^{-5}$: Druckverluste lassen sich am wirksamsten herabsetzen, indem man den Rohrdurchmesser vergrößert.

Wärmeübergangskoeffizient α für den konvektiven Wärmeübergang L 9.3

Übertragene Wärmeleistung

$\dot{Q}$ = Θ/R_k
Θ = Temperaturdifferenz zwischen Fluid und Wand
R_k = konvektiver Wärmewiderstand = $1/A\alpha$
A = Wandfläche
α = $\mathrm{Nu}\,\lambda/l$ = **Wärmeübergangskoeffizient**
λ = Wärmeleitfähigkeit des Fluids
l = Bezugslänge: bei Rohren der Durchmesser, bei nicht kreisförmigem Querschnitt der hydraulische Durchmesser $l = d_H = 4\,A'/U$, A' = Querschnittsfläche, U = benetzter Umfang
Nu = Nußelt-Zahl

Nußelt-Zahl

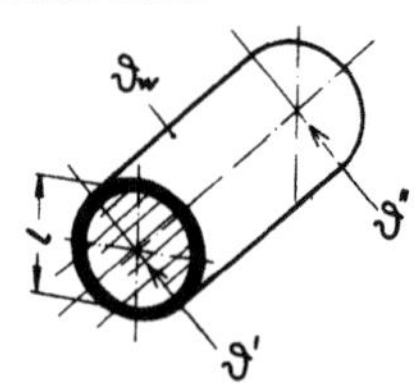

Nu bei erzwungener Konvektion, laminare Strömung (Re < 2300)

Nu = 3,65 bei konstanter Wandtemperatur

Nu = 4,36 bei linear ansteigender Wandtemperatur (konst. Wärmestromdichte längs Rohr)

$\vartheta_{st} = (\vartheta' + \vartheta'')/2$

Temperaturabhängige Stoffwerte, z. B. λ, sind entsprechend der Stoffbezugstemperatur ϑ_{st} einzusetzen. Sie wird aus der Anströmtemperatur ϑ', der Abströmtemperatur ϑ'' und der Wandtemperatur ϑ_w errechnet.

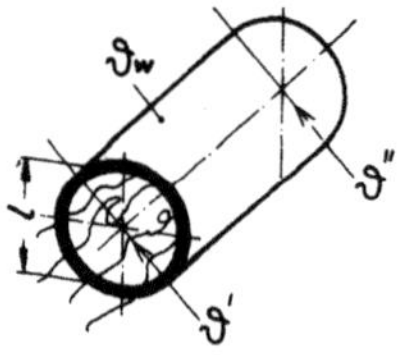

Nu bei erzwungener Konvektion, turbulente Strömung (Re > 2300 bis $2 \cdot 10^5$)

$\mathrm{Nu} = 0{,}037\,(\mathrm{Re}^{0.75} - 180)\,\mathrm{Pr}^{0.42}$

$\vartheta_{st} = (\vartheta' + \vartheta'')/2$

Pr = Prandtl-Zahl = $\dfrac{\nu \cdot c \cdot \varrho}{\lambda}$

c = spez. Wärmekapazität (ν, ϱ; s. Leitbl. L 9.2)

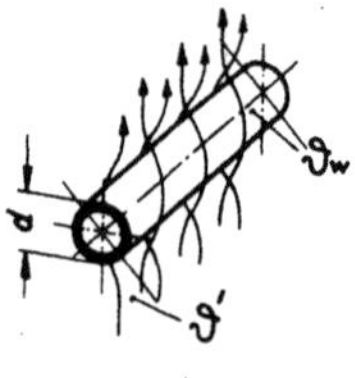

Nu bei natürlicher Konvektion, Strömung um ein waagerechtes Rohr

$\mathrm{Nu}_d = 0{,}41\,(Gr_d P_r)^{1/4}$

$\vartheta_{st} = (\vartheta' + \vartheta_w)/2$

Gr_d = Grashofzahl = $\dfrac{g \cdot \Theta \cdot \beta d^3}{\nu^2}$

g = Erdbeschleunigung, β = therm. Ausdehnungskoeffizient des Fluids, $l = d$, ν siehe Leitbl. L 9.2

Als Bezugslänge $l = d$ (Außendurchmesser) einsetzen

Wärmedurchgang durch Rohre und Wände mit beidseitigem konvektivem Übergang

L 9.4

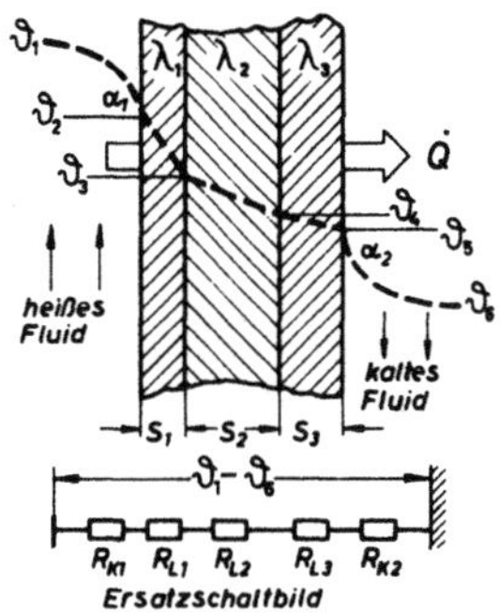

1. Geschichtete Wand

Wärmeleitfähigkeit $\lambda_1 < \lambda_2 < \lambda_3$

$$\dot{Q} = \frac{\vartheta_1 - \vartheta_6}{R_{K1} + R_{L1} + R_{L2} + R_{L3} + R_{K2}}$$

$$\dot{Q} = \frac{A(\vartheta_1 - \vartheta_6)}{\frac{1}{\alpha_1} + \frac{s_1}{\lambda_1} + \frac{s_2}{\lambda_2} + \frac{s_3}{\lambda_3} + \frac{1}{\alpha_2}}$$

Wärmedurchgangskoeffizient

$$k = \frac{1}{\frac{1}{\alpha_1} + \frac{s_1}{\lambda_1} + \frac{s_2}{\lambda_2} + \frac{s_3}{\lambda_3} + \frac{1}{\alpha_2}}$$

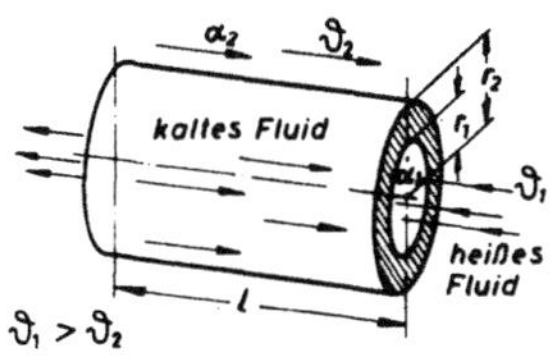

2. Einfache Rohrwand

$$\dot{Q} = \frac{2\pi l(\vartheta_1 - \vartheta_2)}{\frac{1}{r_1\alpha_1} + \frac{\ln(r_2/r_1)}{\lambda} + \frac{1}{r_2\alpha_2}}$$

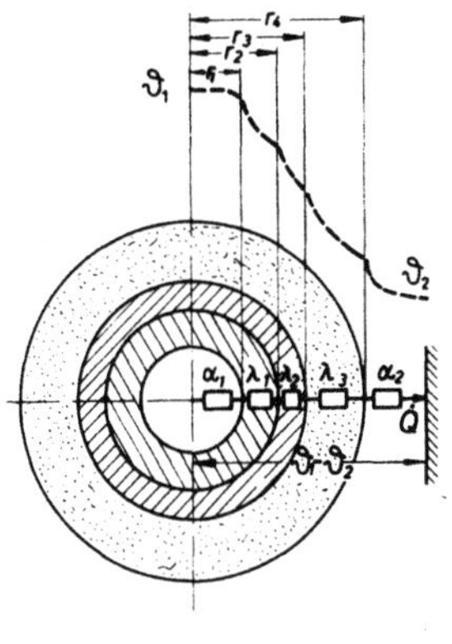

3. Dreifach geschichtete Rohrwand

$$\dot{Q} = \frac{2\pi l(\vartheta_1 - \vartheta_6)}{\frac{1}{r_1\alpha_1} + \frac{\ln(r_2/r_1)}{\lambda_1} + \frac{\ln(r_3/r_2)}{\lambda_2} + \frac{\ln(r_4/r_3)}{\lambda_3} + \frac{1}{r_4\alpha_2}}$$

Der Wärmewiderstand einer Wand ist ähnlich dem elektrischen Widerstand eines Leiters

$$R_W = \frac{s}{A\lambda}, \tag{4}$$

wo s die Wanddicke, A die Wandfläche und λ die Wärmeleitfähigkeit des Wandmaterials bedeutet.

Beim konvektiven Wärmeübergang zwischen Fluid und Wand ist der Wärmewiderstand

$$R_k = \frac{1}{A \cdot \alpha}, \tag{5}$$

wo α den Wärmeübergangskoeffizienten bedeutet. Dieser läßt sich nach der Ähnlichkeitstheorie mit Hilfe der NUSSELT-Zahl Nu errechnen. Es ist

$$\alpha = \mathrm{Nu}\, \lambda / l, \tag{6}$$

wo λ die Wärmeleitfähigkeit des Fluids und l eine Bezugslänge, z. B. den Rohrdurchmesser oder den hydraulischen Durchmesser (s. L 9.3), bedeutet. Die NUSSELT-Zahlen für den Wärmeübergang bei erzwungener und bei freier Konvektion sind im Leitblatt (L 9.3) zusammengestellt.

Der Wärmedurchgang durch geschichtete Wände und Rohre mit beiderseits konvektivem Wärmeübergang läßt sich nach Leitblatt (L 9.4) berechnen.

Aus der geforderten Temperaturerhöhung $\Delta\vartheta$ des Fluids zwischen Kompressor und Rig und dem Massenstrom $\dot{m}$ ergibt sich nach Gl. 2 die Wärmeleistung $\dot{Q}$, die von den Wärmetauschern und dem Heizelement aufzubringen ist. Aus den Temperaturdifferenzen, die im Heizelement, im Regenerativwärmetauscher und im Wärmetauscher erreichbar sind, ergeben sich nach Gl. 3 die Wärmewiderstände der Wände und nach Gl. 4 und Gl. 5 die Wandflächen A, wenn man bestimmte Erfahrungswerte über Wanddicken, Wärmeleitfähigkeit des Wandmaterials und Bezugslängen l, z. B. Rohrdurchmesser einsetzt. Aus diesen Berechnungen folgen dann die Abmessungen, die der Konstruktion der einzelnen Komponenten zugrunde gelegt werden müssen [13a,15].

9.2 Hydraulische und pneumatische Bauelemente

(H. STECHEMESSER)

1. Pumpen und Kompressoren:

Zur Förderung von Flüssigkeiten setzt man meist Zentrifugalpumpen (Kreiselpumpen) ein. Sie haben für gewöhnlich Manschettendichtungen oder fettfreie Stopfbuchsen, bei denen der Austritt von Flüssigkeit nicht zu vermeiden ist. Einen hermetischen Abschluß erreicht man mit Spaltrohrmotorpumpen Abb. 3 (B 77), bei denen das Laufrad der Pumpe auf der Welle des Motors sitzt und das ganze System in dem zu fördernden Medium läuft. Dieses Medium schmiert und kühlt zugleich die Lager. Es wird dazu in einem geschlossenen Kreislauf umgewälzt, entweder

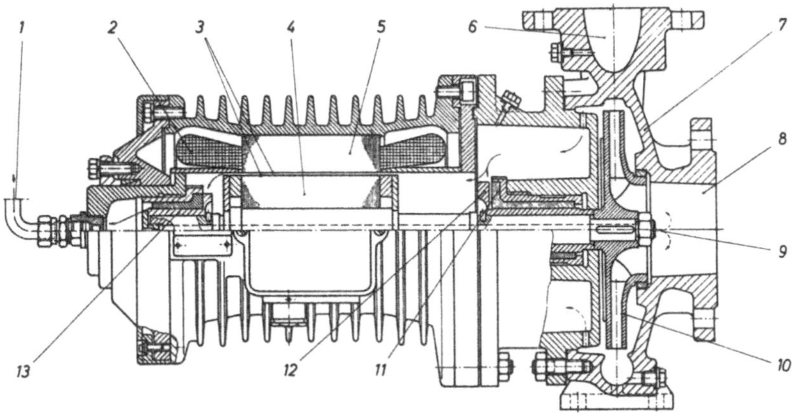

3 Spaltrohrmotorpumpe

1 Kühlstrom zum Zulaufbehälter *2* Statorwicklung *3* Spaltrohre *4* Rotorpaket *5* Statorpaket *6* Druckstutzen *7* Spiralgehäuse *8* Saugstutzen *9* Kühlstrom durch Welle zurück *10* Laufrad *11* Axiallagerung *12* Lagerhülse mit Bund pumpseitig *13* Lagerhülse mit Bund endseitig

durch eine Hohlwelle zurück oder über einen äußeren Reinigungskreislauf in den Zulaufbehälter. Die Spaltrohre müssen zur Erzielung eines guten Motorwirkungsgrades sehr dünnwandig sein. Dadurch ist der Systemdruck begrenzt. Sonderausführungen sind jedoch bis 400 atü einsetzbar.

Kolbenpumpen ergeben einen pulsierenden Strom. Man verwendet sie für hohe Drücke und als Dosierpumpen. Für kleine Fördermengen und mittlere Drücke benutzt man Zahnradpumpen, für korrosive Flüssigkeiten Schlauchpumpen.

Zur Förderung von Gasen werden Kolbenkompressoren, Drehschieberpumpen und Rootsgebläse eingesetzt. Bei diesen Pumpen kommt das Fördermedium mit Schmiermittel in Berührung. Auch können Undichtigkeiten gegenüber der Umgebung auftreten. Wo man hohe Anforderungen in bezug auf die Reinhaltung oder hermetische Abschließung der geförderten Gase stellt, verwendet man Membrankompressoren. Bei diesen Kompressoren entsteht durch die periodische Durchbiegung einer Membran in Verbindung mit einem Saug- und einem Druckventil eine Förderwirkung.

Abb. 4 (B 118) zeigt einen Membran-Kompressor mit Gummimembran, bei dem die Membran direkt über Pleuel und Exzenter angetrieben wird.

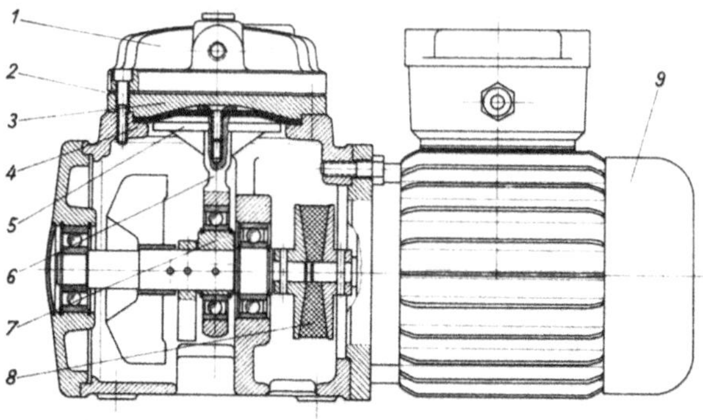

4 Membran-Kompressor mit Gummimembran

1 Kompressorkopf *2* Ventilplatte *3* Zwischenplatte *4* Membran *5* Schraubensicherung durch Zahnscheibe *6* Pleuel *7* Exzenter *8* Drehelastische Kupplung *9* Flanschmotor

Der Kompressor Abb. 5 (B 151) enthält zwei Membranen, so daß drei Hubräume entstehen: der Förderraum, ein Trennraum und der ölgefüllte Arbeitsraum, in dem ein pleuelgetriebener Kolben einen

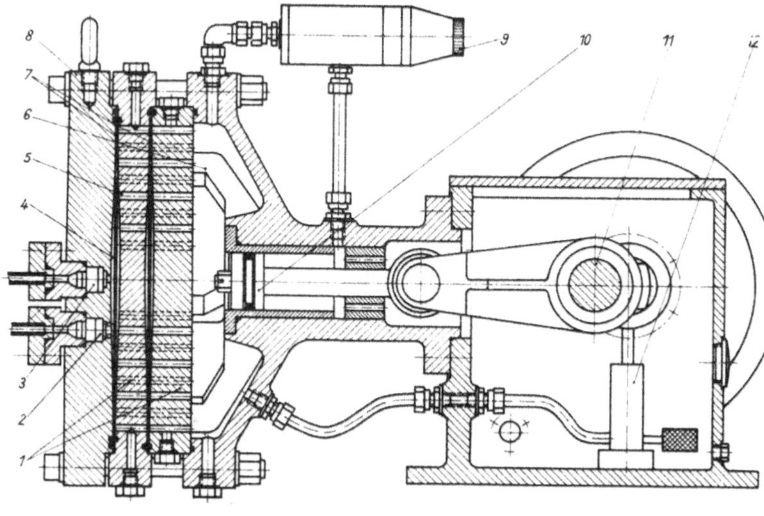

5 Membran-Kompressor mit Metallmembran

1 Lochplatten *2* Saugventil *3* Druckventil *4* Förderraum *5* Trennraum *6* Arbeitsraum *7* Membranen *8* Ventilkopf *9* Überströmventil *10* Kolben *11* Kurbelwelle *12* Ausgleichspumpe

periodischen Druck auf das Membransystem ausübt. Der Trennraum wird mit einer Flüssigkeit gefüllt, die bei einem Leck in den Förderraum möglichst wenig Schaden anrichtet. Die Förderung ist pulsierend. Bei den Membranen tritt nach etwa 1000 bis 2000 h Materialermüdung auf, so daß sie ausgewechselt werden müssen.

2. Gasflaschen und Gasflaschenventile:

Für Stahlflaschen ist ein Fülldruck von 200 atü zugelassen. Die Flaschen sind abnahmepflichtig. Die Umgebungstemperatur darf 50 °C nicht überschreiten. Sie dürfen nur bis auf einen Restgasdruck von einigen atü entleert werden, damit keine Verunreinigung mit Luft, Wasserdampf oder Staub auftritt. Vor dem Abschrauben des Druckminderers ist das Gasflaschenventil fest zu verschließen.

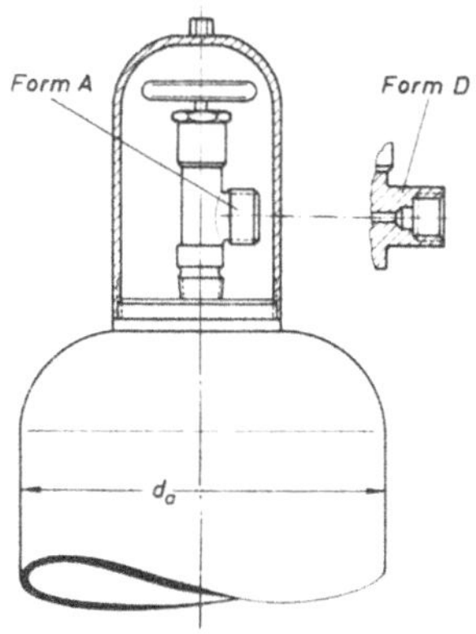

6 Gasflasche mit Ventilen Form A und D n. DIN 477

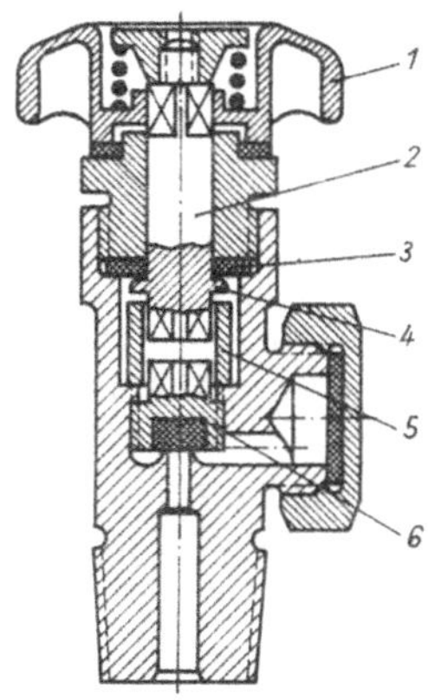

7 Gasflaschenventil

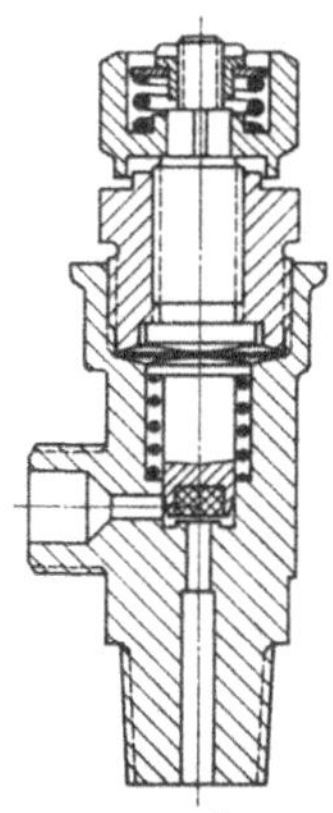

8 Gasflaschenventil mit Membrandichtung

Nahtlose Stahlflaschen (Probedruck bis 225 atü)

Inhalt in Liter:	1	2	5	10	20	40	50
⌀ d_a in mm:	83	102	140	140	208	208	229
Länge ohne Kappe mm:	280	335	460	825	830	1520	1540

Abgesehen vom hohen Druck besteht bei manchen Gasen die Gefahr der Vergiftung oder der Explosion. Komprimierter Sauerstoff kann bei Fett zur Entzündung führen. Deshalb dürfen hier weder Ventile noch Dichtungsringe gefettet werden. Um Verwechslungen mit ihren unübersehbaren Folgen vorzubeugen, sind für Gasflaschen besondere Kennzeichnungen vorgeschrieben und die Anschlußstutzengewinde unterschiedlich ausgebildet. Abb. 6 zeigt die beiden wichtigsten Formen A und D der Gasflaschenventile. Tab. 9.1 gibt für verschiedene Gase die Farbkennzeichnung, die Form des Ventils und die Art des Anschlußseitenstutzengewindes an.

Tabelle 9.1. *Gasflaschen und Gasflaschenventile*

	Gase	Farbkennzeichnung der Behälter nach Druckgas-Bestimmungen	Ventilform DIN 477	Anschluß Seitenstutzengewinde DIN 477
brennbare Gase	Butan, Methan, Propan, Wasserstoff	rot (für alle brennbaren Gase außer Azetylen)	A	W 21,80 × 1/14" links
	Azetylen	gelb		
nicht oder schwer entflammbare Gase	Helium, Neon, Argon (Edelgase) Kohlendioxyd	grau (für alle anderen nicht brennbaren Gase)	A	W 21,80 × 1/14" rechts
	Sauerstoff	blau	A	R 3/4"
	Preßluft	grau	D	R 5/8"
	Prüfgas	grau	A	M 19 × 1,5 links
	Stickstoff	grün	A	W 24,32 × 1/14"

W = Whitworthgewinde R = Rohrgewinde M = Metr. Gewinde

Gasflaschenventile (Flaschenverschlußventile) sind nach Abb. 7 gebaut. Mit dem Handrad (1) wird die Oberspindel (2) gedreht. Sie ist durch den Bund (4) und die Dichtscheibe (3) nach außen abgedichtet. Über Vierkante dreht sie die Hülse (5) und die Unterspindel (6), die so auf- und niedergeschraubt werden kann. In der untersten Stellung verschließt sie die Flasche. In der obersten Stellung drückt sie den Bund (4) gegen die Dichtscheibe (3), dichtet also nach außen ab. Daraus folgt, daß ein Gasflaschenventil nur dann nach außen dicht ist, wenn es entweder fest zugedreht oder fest aufgedreht ist. In jeder Zwischenstellung muß man mit Gasverlusten rechnen. Für hochreine Gase, z. B. Eichgase, gibt es Flaschenventile, die nach außen durch eine Membrandichtung abgeschlossen sind (Abb. 8) (B 114, B 32).

Druckminderer: In ihnen werden Gase durch polytrope Drosselentspannung auf den Gebrauchsdruck gebracht. Es gibt membrangesteuerte Hebel- oder Bolzendruckminderer Abb. 9 und 10 (B 41, B 162) und kolbenbetätigte Druckminderer mit Metallfaltenbalgdichtung für hochreine Gase. Die Entspannung erfolgt in einem Ringspalt, der durch Verschieben einer kegeligen Ventilnadel oder eines Schließkolbens verändert wird. Wenn kein Gas entnommen wird, muß dieser Spalt gegen den anstehenden Hochdruck der Gasflasche dicht verschlossen sein, da bei einer Leckage der Hinterdruck ständig ansteigen würde. Dies erfordert eine Weichstoffdichtung. Bei Gasentnahme stellt sich an der Membran ein Gleichgewicht ein zwischen dem Gebrauchsdruck innen und dem Atmosphärendruck plus der Kraft der Stellfelder. Sobald der Hinterdruck über den gewünschten Gebrauchsdruck ansteigt, wird die Drosselung verstärkt. Größere Membranen reagieren feinfühliger. Hebeldruckminderer werden weniger vom Vordruck beeinflußt als

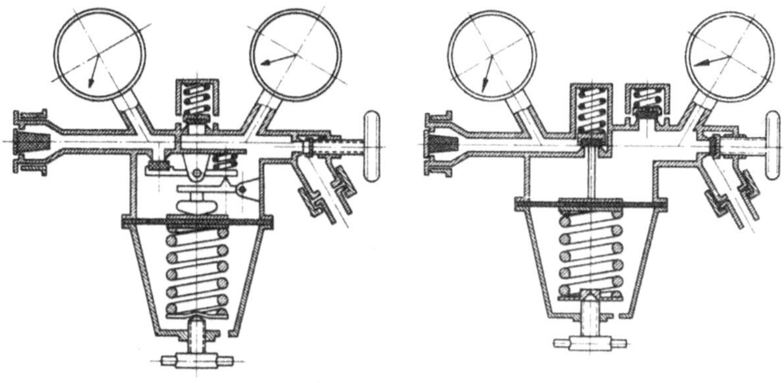

9 Hebel-Druckminderer *10* Bolzen-Druckminderer

Bolzendruckminderer. Zum Schutz der nachgeschalteten Apparatur gegen Überdruck sitzt auf der Niederdruckseite stets ein Sicherheitsventil (Durchflußregler (B 19)).

3. Rohrverbindungen:

Umfangreiche Metallverrohrungen auf beschränktem Raum erfordern eine komplizierte Verschlingung der Leitungen. In diesem Falle werden in den Zeichnungen nur die Positionen für Ventile, Durchführungen, Filter usw. festgelegt. Der räumliche Verlauf der Rohre wird in einem farbigen Drahtmodell (M 1:2,5, 1:5, 1:10) ausgearbeitet [16]. Als Fixpunkt dienen Anschlußstellen auf den Trägerplatten. Die Anordnung wird so getroffen, daß die Verrohrung schichtweise ein- oder ausgebaut werden kann. Dafür werden lösbare Rohrverbindungen eingesetzt.

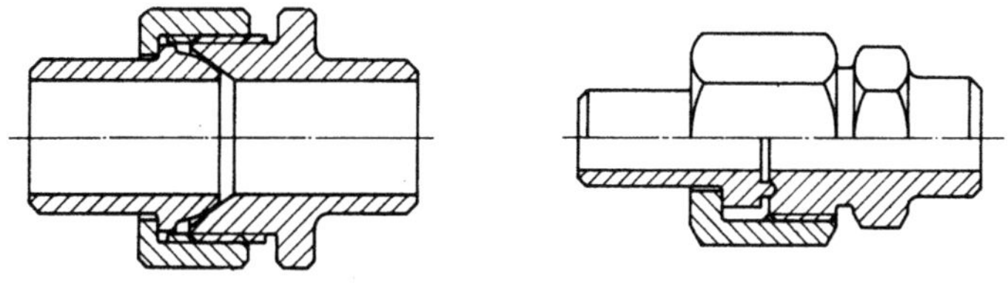

11 Braun-Kupplung ABF 6 Raccord 33×42 *12* Dilo-Verschraubung

Besonders bewährt haben sich die Rohrkupplungen, bei denen die Abdichtung auf einer elastischen Pressung zwischen zwei Körpern längs eines schmalen Berührungsstreifens beruht. Es sind dieses die Kugel-Kegeldichtung Abb. 11 (Braunkupplung (B 52)) und die Ringwulstdichtung Abb. 12 (Dilo-Rohrverschraubung (B 39)).

Glasapparaturen werden im technischen Apparatebau aus Fertigteilen zusammengesetzt. Ein Beispiel zeigt das Schott-Kugelflansch-System (KF-System) (B 96). Als Werkstoff dient Duran 50. Es hat eine hohe Wasser- und Laugenbeständigkeit und ist säurefest. Die Druckfestigkeit beträgt 1000 kp/cm², die Zugfestigkeit 40 kp/cm², der lineare Wärmeausdehnungskoeffizient $32 \cdot 10^{-7}$/K, die Gebrauchstemperatur max. 200 °C.

Die Rohre bzw. Stutzen der Bauelemente haben Flansche mit Kugel- oder Pfannenschliff, deren Krümmungsradius etwa gleich dem Durchmesser ist. Die Rohrverbindung erfolgt mit Schellenringen Abb. 13a unter Beilage von Drahtringen. Zur Abdichtung dient eine Kragendichtung aus dem Kunststoff PTFE, die bis 200 °C einsetzbar

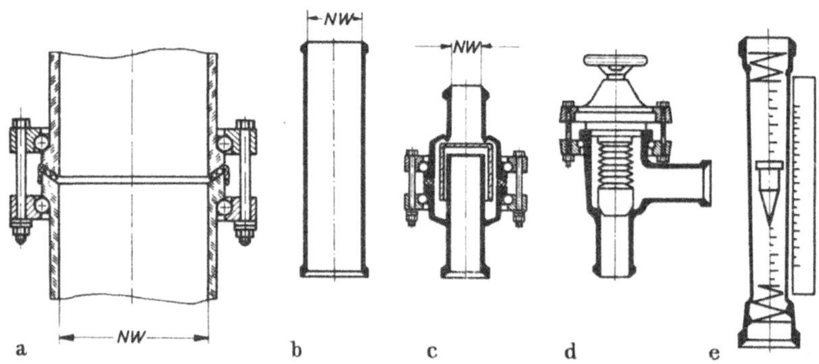

13 Schott-Kugelflansch-System (KF-System)

ist. Neben den geraden Rohren Abb. 13b gibt es Krümmer, T-Stücke, Kreuzstücke usw. und eine große Zahl von Geräten und Bauelementen aus Glas, z. B. Kreiselpumpen, Dosierpumpen, Gefäße, Ventile, Wärmetauscher, Meß- und Regelgeräte. Abb. 13c zeigt ein Rückschlagventil mit PTFE-Kappe, d) ein Eckventil mit Kunststoffaltenbalg, e) einen Schwebekörperdurchflußmesser.

4. Berstscheiben und Sicherheitsventile

schützen ein System gegen Überschreitung des maximal zulässigen Druckes. *Berstscheiben* Abb. 14 (B 134) sind gewölbte Bleche, die beim Abblasedruck bersten. Dabei wird der gesamte Ausströmquerschnitt frei und das Gas strömt aus bis zum Druckausgleich. Nach dem Einbau jeder Berstscheibe muß ihre Kennzeichnung für Typ und Berstdruck sichtbar bleiben.

Bei *Sicherheitsventilen* (Abb. 15) (B 162) läßt sich der Abblasedruck genauer einstellen als bei einer Berstscheibe. Sie bestehen aus einem Absperrventil, dessen Ventilkolben durch eine Feder oder ein Gewicht auf den Ventilsitz gepreßt wird. Die Pressung zwischen Ventilkolben

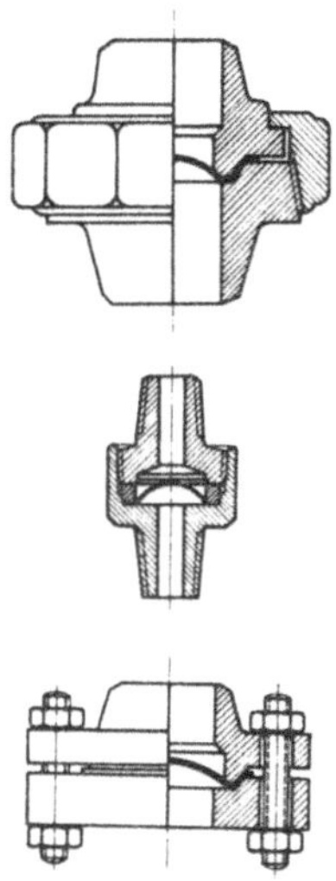

14 Berstscheiben

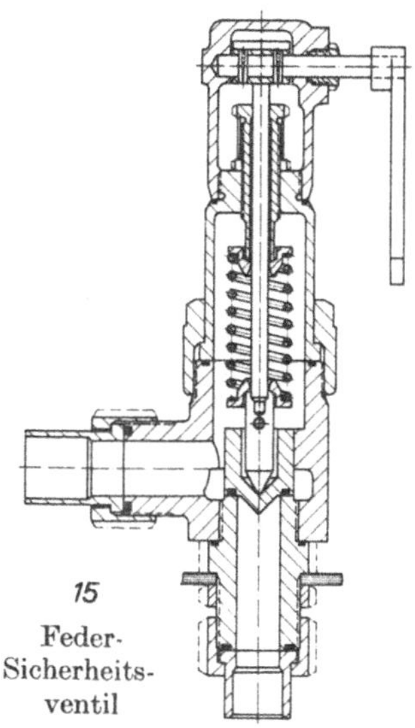

15 Feder-Sicherheits-ventil

und Sitz ist die Differenz zwischen Federkraft und Druckkraft des Gases. Bei Annäherung des Gasdrucks an den Abblasedruck wird sie immer kleiner. Dabei läßt die Dichtheit nach, insbesondere bei pulsierendem Druck. Nach dem Abblasen des Überdrucks schließt das Ventil wieder dicht. Druckbehälter oder Druckerzeuger sind ohne Zwischenschaltung eines Absperrorgans mit einem Sicherheitsventil auszurüsten.

5. Ventile und selbstdichtende Kupplungen:

Für die automatische Steuerung oder für Fernbedienung werden vorzugsweise Elektromagnetventile eingesetzt. Sie können stopfbuchsenlos ausgebildet werden, so daß gegen außen keine Leckage auftritt.

a) Absperrventile: Für kleine Rohrquerschnitte und geringe Drucke sind die Magnetventile direktgesteuert, d. h. der Ventilkolben wird bei der Erregung des Magneten gegen eine Feder angehoben. Bei Abschaltung wird der Ventilkolben nur von der Feder auf den Ventilsitz gedrückt. Bei diesen Ventilen muß darauf geachtet werden, daß etwaige Druckdifferenzen nicht zu einer Abhebung des Ventilkolbens führen. Als Betriebsdruck wird der Druck bezeichnet, gegen den der Magnet abhebt.

Abb. 16 zeigt ein Magnetventil (B 156) aus Sonderstahl von 40 mm ∅, das in stromlosem Zustand geöffnet ist. Es kann für Gleich- oder Wechselstrom ausgebildet sein. Der Betriebsdruck kann bis zu 20 atü betragen. Die in den Ventilkolben eingesetzte Dichtung aus Viton arbeitet bis zu Temperaturen von 200 °C. Ventile dieser Art können auch bei tiefen Temperaturen eingesetzt werden. Als Dichtmaterial verwendet man dann Teflon.

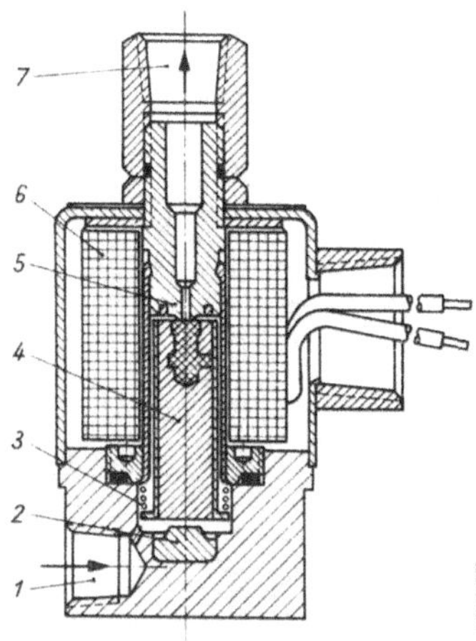

Magnet-Ventil (stromlos offen)
1 **Gaseintritt** ***2*** **Anschlag** ***3*** **Abhebfeder** ***4*** **Ventilkolben** ***5*** **Ventilsitz** ***6*** **Magnetwicklung** ***7*** **Gasaustritt NPT-Gewinde 1/4″**

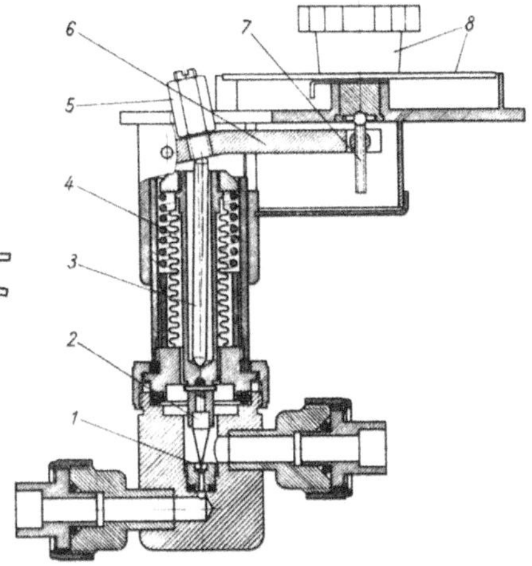

Ventil mit Feineinstellung
1 **Ventilsitz** ***2*** **Ventilnadel** ***3*** **Schubstange** ***4*** **Faltenbalg** ***5*** **Justierschraube** ***6*** **Ventilhebel** ***7*** **Einstellschraube** ***8*** **Einstellknopf u. Einstellskala**

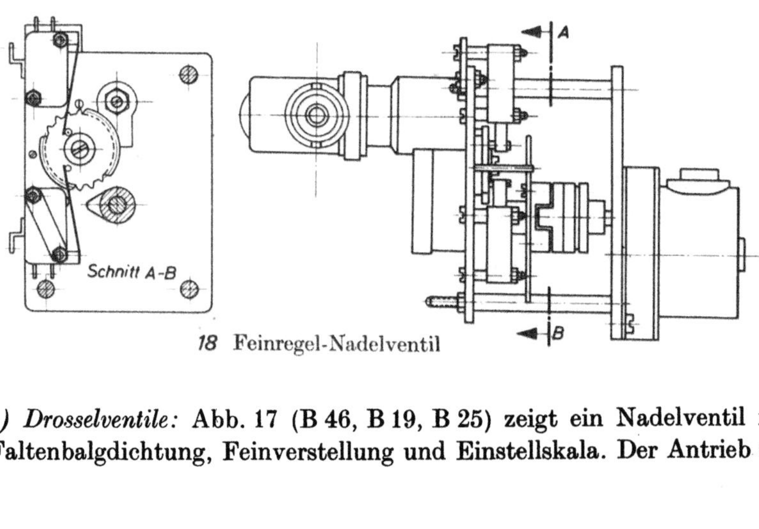

18 Feinregel-Nadelventil

b) Drosselventile: Abb. 17 (B 46, B 19, B 25) zeigt ein Nadelventil mit Faltenbalgdichtung, Feinverstellung und Einstellskala. Der Antrieb der

Drosselventile erfolgt sehr häufig durch pneumatisch betätigte Membranen. Es ist jedoch auch Antrieb durch Motoren möglich. Abb. 18 zeigt die Anwendung des Nadelventils (Abb. 17) für eine Mischgasregelung. Ein Synchronmotor treibt über eine Kreuzschieberkupplung die Ventileinstellschraube an. In den Endstellungen des Ventils wird der Motor über Mikro-Springschalter abgeschaltet. Der Synchron-Getriebemotor kann auf Rechts- oder Linkslauf geschaltet werden.

c) Selbstdichtende Kupplungen: Müssen Leitungssysteme während des Betriebs aufgetrennt werden, so verhindern selbstdichtende Kupplungen das Austreten von Medium an den Trennstellen. Die selbstdichtenden Kupplungen bestehen aus zwei federbelasteten Ventilen, die im entkuppelten Zustand geschlossen sind. Werden zwei Kupplungshälften

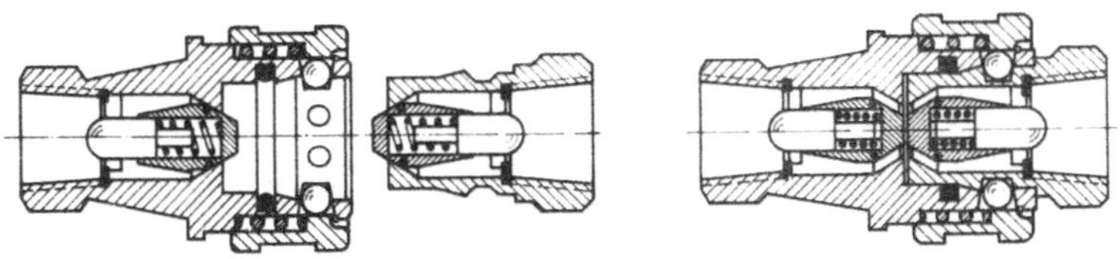

19 Selbstdichtende Kupplung

zusammengefügt, so werden zunächst die zu verbindenden Strömungsquerschnitte miteinander verbunden und dabei über einen O-Ring gegen die Umgebung abgedichtet. Beim weiteren Zusammenschieben drücken sich die federbelasteten Ventile gegenseitig mechanisch auf. In dieser Stellung werden die beiden Kupplungshälften gegeneinander durch Schraub-, Bajonett- oder Kugelverschlüsse Abb. 19 (B 65, B 6, B 181) festgehalten.

6. Filter und Gasfallen

a) Filter: Mechanische Filter sind poröse Körper, die feste Partikeln aus einem durchströmenden Medium abscheiden. Sie bestehen je nach Medium aus Zellulose, Kunststoffasern, Metallfasern, Metallgeweben (B 42), Sinterkörpern (B 131) oder Schüttungen aus metallischen oder keramischen Stoffen. Absolutfilter können bei richtiger Auslegung und richtigem Betrieb feste Partikeln bis zu 10^{-6} mm abscheiden.

Bei der Auslegung von Filtern ist der hohe Strömungswiderstand der Filter zu berücksichtigen. Er nimmt zu mit steigendem Durchsatz oder kleinerem Filterquerschnitt, steigendem Abscheidegrad, steigender Einsatzdauer und Verkleinerung der Poren durch Kondensations- oder Quelleffekte.

b) Bei *Gasfallen* werden Adsorption, Absorption, Chemiesorption, Oxydation und Kondensation zur Abscheidung von unerwünschten Bestandteilen des Fluids ausgenutzt. Man absorbiert Wasserdampf mit Silikagel oder Zeolithen (Molekularsiebe), Jod durch Packungen aus Metall- oder Metalloxidfasern und oxydiert Wasserstoff durch Kupferoxid. Eine Reihe von Gasen läßt sich mit Aktivkohlefallen adsorbieren. Bei tiefen Temperaturen können O_2, N_2, CO, CO_2, C_nH_n und H_2O aus den

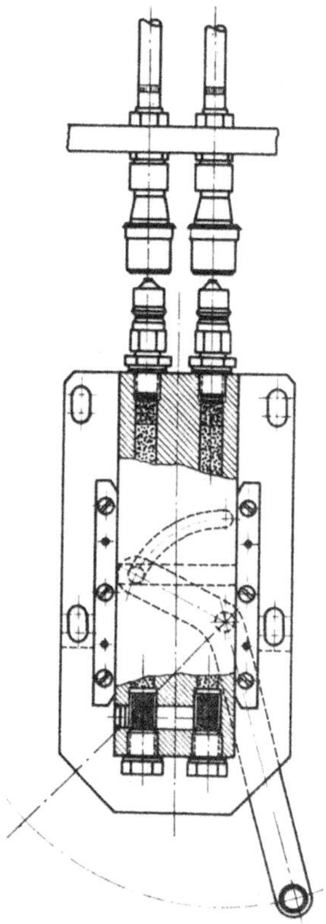

20 Auswechselbare Aktivkohlefalle

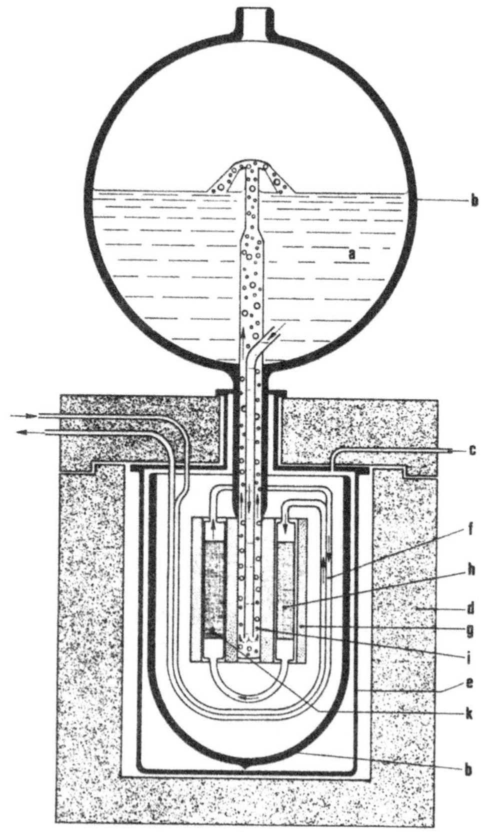

21 N_2-gekühlte Kohlefalle

a flüssiger Stickstoff, *b* Vakuumisolation, *c* Abluftsystem, *d* Abschirmung, *e* zweite Einschließung, *f* Wärmetauscher, *g* thermische Kopplung, *h* Ausfrierbehälter *i* Kühlbehälter, *k* Aktivkohlefalle

Inertgasen He und Ne zum Zwecke der Reinigung abgeschieden werden. Eine mit flüssigem Stickstoff gekühlte Gasfalle zur Gasreinigung in einem Spülkreislauf für Kernbrennstoffuntersuchungen [16] zeigt Abb. 21. Der Kühlbehälter sitzt in einem Dewargefäß und wird nach dem

Thermosiphonprinzip aus dem Vorratsbehälter laufend mit flüssigem Stickstoff versorgt. Das einströmende Gas wird durch das aus der Falle ausströmende gereinigte Gas regenerativ vorgekühlt, so daß der Stickstoffverbrauch sehr gering bleibt.

Fallen lassen sich auch zur *Gasprobenentnahme* ausnutzen. Abb. 20 zeigt eine Probenentnahmevorrichtung, bei der zwei zu einem U-Rohr ergänzte Aktivkohlefallen durch Hebeldruck über selbstdichtende Kupplungen nach Abb. 19 angeschlossen und abgenommen werden können.

7. Meßgeräte

In Kreisläufen werden meist Druck, Durchfluß und Temperatur (s. Abschn. 9.4) gemessen. Häufig kommt dazu die Bestimmung der Feuchte und der Gaszusammensetzung.

a) Druckmesser: Üblich sind Manometer, die auf der elastischen Deformation von Röhren oder Membranen beruhen. Die *Rohrfedern* (BOURDON-Manometer Abb. 22a) werden für 0,06 bis 400 bar, *Plattenfedern* (Abb. 22b) für niedere Drücke, *Kapselfedern* (Abb. 22c) für sehr kleine Drücke eingesetzt. Sie können neben der direkten Anzeige durch Zeiger mit elektrischen Grenzwertschaltern (Abb. 10.9) oder Ferngebern ausgerüstet werden. Gegen Zerstörung bei Überdruck hilft eine mechanische Sicherung.

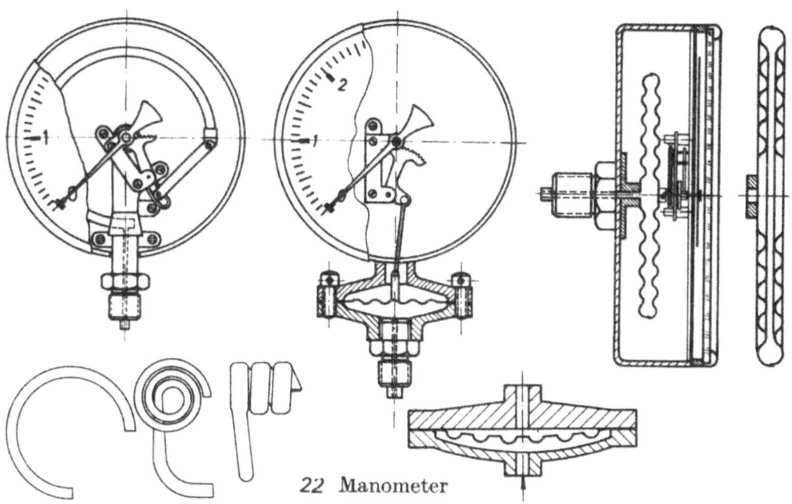

22 Manometer

a) mit Rohrfeder b) mit Plattenfeder c) mit Kapselfeder

b) Durchflußmesser: Direkt anzeigend sind die *Schwebekörperdurchflußmesser*, bei denen z. B. eine Kugel in einem schwach konisch nach oben erweiterten Glasrohr sich auf eine Höhe einstellt, die zum Durchfluß proportional ist (Abb. 23) (B 103). Die Geräte können mit elektrischen bzw. optischen Grenzwertmeldern ausgerüstet werden. Für pulsierende Strömung sind sie ungeeignet.

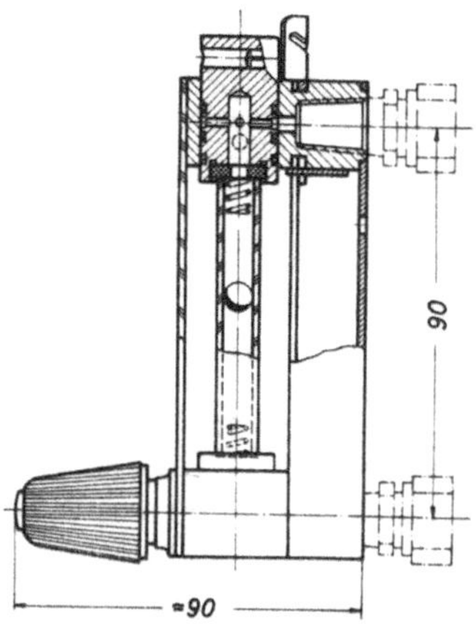

23 Schwebekörper-Durchflußmesser (B 103)

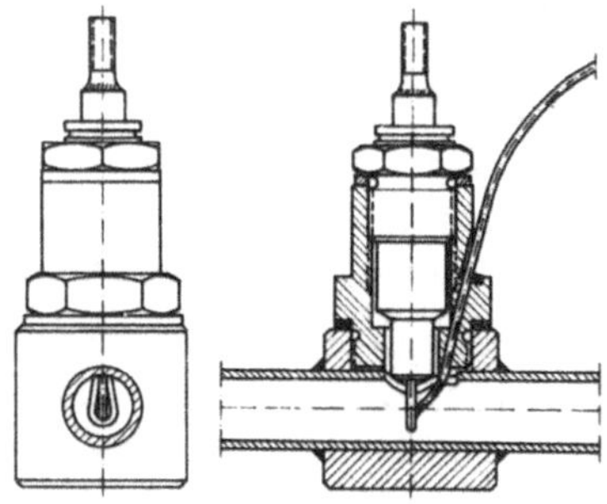

24 Hitzdraht-Anemometer

Hitzdrahtdurchflußmesser liefern direkt ein elektrisches Signal. Das Anemometer Abb. 24 enthält eine Diesel-Glühkerze, deren Glühschlinge im Fluidstrom sitzt und mit ca. 15 W beheizt wird. An ihrem Scheitel ist ein Thermoelement angelötet. Die bei einer bestimmten Fluidtemperatur gemessene Temperatur der Schlinge ist ein Maß für den Massendurchsatz. Bei anderen Hitzdrahtgeräten nutzt man die Veränderung des Temperaturprofils im Gasstrom aus. Solche Geräte (B 83) messen z. B. He-Durchflüsse von 0,03 bis 600 l/h innerhalb von 15 s auf 2% genau.

c) Gasfeuchtemessung: In Kreisläufen muß der Wassergehalt des umgewälzten Gases im Bereich von 1 bis 100 ppm überwacht werden (ppm = part per million = 10^{-4}%).

Bei einem Gas mit Atmosphärendruck ergeben sich folgende Drücke und Taupunkte:

Wassergehalt in ppm	1	10	100	1000	10000
Dampfdruck in Torr	—	0,007	0,074	0,77	8
Taupunkt in °C	−76	−60	−42	−20	+8

Abb. 25 zeigt dafür geeignete Hygrometer.

Beim *Taupunkt-Hygrometer* (a) (B 5) [9] wird ein Metallspiegel im Gasraum mit Hilfe eines Kälteaggregats allmählich auf den Taupunkt abgekühlt, so daß er beschlägt. Der Tau streut das Licht eines Lämpchens in eine Photozelle. Sie löst über einen Verstärker und ein Relais den Fallbügel eines Schreibers aus, der die mit einem Widerstandsthermometer gemessene Temperatur des Taupunktspiegels registriert und schaltet eine Heizung ein, welche die Temperatur wieder ansteigen läßt. Wegen der langen Einstellzeit ist das Verfahren auf Kalibrierzwecke beschränkt. Fremddämpfe stören.

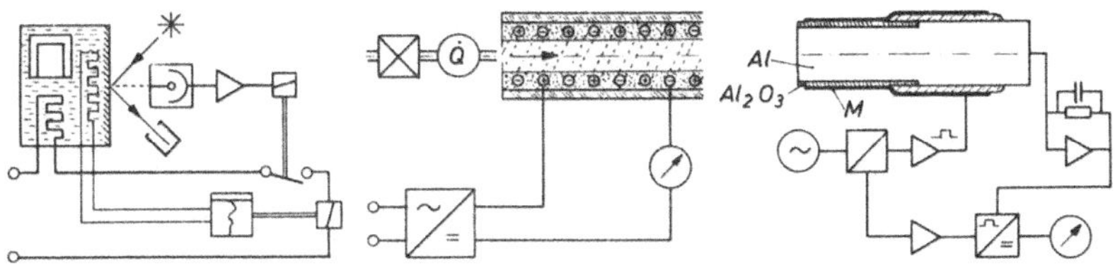

a) Taupunkt-Hygrometer b) Elektrolyse-Hygrometer c) Leitfähigkeits-Hygrometer

25 Hygrometer

Beim *Elektrolyse-Hygrometer* (b) [8] (B 16, B 24) wird der zu untersuchende Gasstrom, auf konstanten Durchfluß $\dot{Q}$ geregelt, durch eine Elektrolysezelle geleitet. Diese Zelle besteht aus einer etwa 1 m langen Kapillare aus Teflon oder Glas, in der zwei schraubenlinig verlaufende Platindrähte als Elektroden angeordnet sind. Die Zwischenräume sind mit Phosphorpentoxid ausgefüllt. Das von dieser Schicht absorbierte Wasser wird elektrolytisch zersetzt. Bei Gleichgewicht ist die Elektrolysestromstärke ein Maß für den Wassergehalt des durchströmenden Gases. Einstellzeit etwa 30 s.

Das *Leitfähigkeits-Hygrometer* (c) (B 124) [8] benutzt als Meßfühler eine Al-Stange, deren Oberfläche zu einem Teil oxydiert ist (Al_2O_3) und mit einer porösen Metallschicht (M) bedeckt ist. Unter dem Einfluß der Feuchtigkeit nimmt die Leitfähigkeit dieser Schicht zu. Die Impedanz ist also ein Maß für den Wassergehalt. Man mißt sie mit einer Wechselspannung mit Rechteckimpulsform, die nach Verstärkung und phasenempfindlicher Demodulation einen Gleichstrom für das Anzeigeinstrument liefert, an dem man den Taupunkt bzw. den H_2O-ppm-Gehalt ablesen kann. Einstellzeit etwa 7 s.

d) Der Gaschromatograph läßt sich zur quantitativen Analyse eines Gases einsetzen, wenn eine Eichung für die verschiedenen Anteile vorliegt. Er beruht auf der verschieden schnellen Diffusion verschiedener Gase durch eine Trennsäule, die mit Kieselgel, Aktivkohle oder Tonerde in feiner Körnung angefüllt ist. Er arbeitet nach dem in Abb. 26 dargestellten Prinzip. Aus der Gasflasche (1) wird über einen Druckminderer, das Manometer P und den Durchflußmesser Q ein konstanter

Strom eines Trägergases, z. B. He, entnommen. Von dem zu untersuchenden Gas wird mit der Gaspipette (2) eine Probe entnommen. Das Trägergas strömt über die Vergleichskammer (4) durch die Trenn-

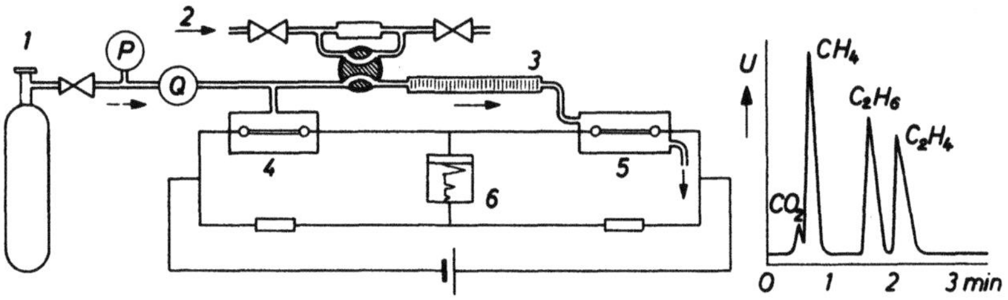

26 Gaschromatograph

1 Trägergasflasche mit Druckminderer *P* Manometer $\dot{Q}$ Durchflußmesser *2* Gaspipette mit Gasprobe und Umschaltventil *3* Trennsäule *4* Vergleichskammer *5* Meßkammer *6* Kompensationsschreiber

säule (3) und die Meßkammer. Vergleichskammer und Meßkammer enthalten Meßdrähte, die Zweige einer WHEATSTONEschen Brücke bilden und deren Temperatur bzw. Widerstand von der Wärmeleitfähigkeit der hindurchgeleiteten Gase abhängt. Als Nullinstrument dient ein Kompensationsschreiber. Bei reinem Trägergas in beiden Kammern wird auf seine Nullinie abgeglichen.

Dreht man nun den Drehschieber der Gaspipette um 90°, so wird die Gasprobe vom Trägergas mitgeführt. Die einzelnen Gasanteile diffundieren verschieden schnell durch die Trennsäule. Jede Fraktion ändert die Wärmeleitfähigkeit in der Meßkammer (5), so daß im Kompensationsschreiber Spannungsspitzen aufgezeichnet werden. Das Diagramm in Abb. 26 rechts stellt das Chromatogramm einer Gasmischung dar, welche die Gase CO_2, CH_4, C_2H_6 und C_2H_4 zu gleichen Anteilen enthält. Aufgetragen ist die im Kompensographen aufgezeichnete Spannung U [einige mV] als Funktion der Zeit [min] [9, 5] (B 152, B 32).

9.3 Wärmetechnische Bauelemente

(F. STELZER)

Wärmetechnische Bauelemente dienen zur Erwärmung oder Abkühlung von Körpern und Stoffströmen. Zur Erwärmung von Stoffströmen werden Heizkörper nach Abb. 27 u. 28 benutzt. Universell einsetzbar sind Heizleiter (L 9.5), d. h. ummantelte Widerstandsdrähte (B 127). Sie können als Spiralen unmittelbar den Stoffstrom erwärmen oder auf Rohre gewickelt werden, wobei für guten Wärmekontakt zu sorgen ist. Für einen sicheren Anschluß der Adern braucht man be-

Heizleiter, Einbau und Anschlußstücke L 9.5

Thermocoax-Heizleiter (Philips)

Typ (Inconel)	1 Nc I 05	1 Nc I 10	1 Nc I 15	1 Nc I 20	2 NcNc I 20
Außend. D (mm)	0,5	1	1,5	2	2
Adernd. d (mm)	0,18	0,35	0,5	0,7	0,4
Mantelst. s (mm)	0,1	0,2	0,3	0,4	0,4
Widerst. (Ω/m)	52,5	12,5	5,3	3	20,4
max. Stromst. (A)	2,3	6,3	11,4	17	6,2
max. Leist./m (W)	300	520	720	920	800
Rollenlänge (m)	150	90	40	25	20

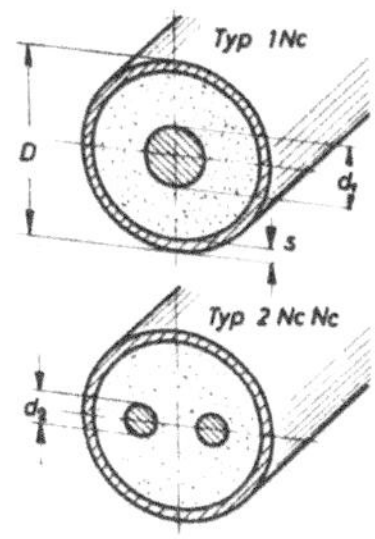

Material:
Ader: Nickel-Chrom 80/20
Mantel: Inconel I oder rostfreier Stahl AC
Isolation: Magnesiumoxid $R > 100$ MΩ/m
Toleranz · $f \cdot D$: $\pm 0{,}01$ mm

zuläss. Manteltemp. 1000 °C

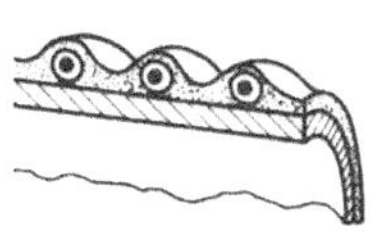

Aufwickeln eines Heizleiters

Wärmekontakt

1. durch Wärmeleit-Zement
   z. B. Thermon Fa. Prematechnik Frankf./M.
2. durch Flammaufspritzen einer Metallschicht

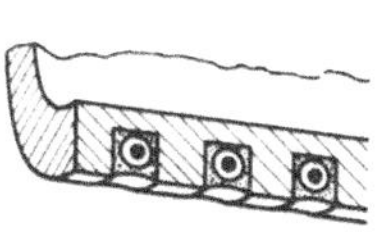

Einbetten eines Heizleiters

Wärmekontakt durch Ausfüllen der Nut mit Hartlot

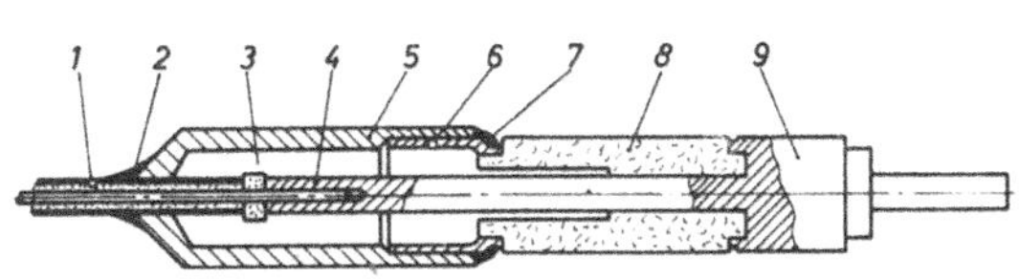

Heizleiter-Anschluß
Typ CV,
max 450 °C, 20 A:

Der Mantel des Heizleiters *(1)* ist durch die Keramikscheibe *(3)* gegen den Anschlußstift *(4)* isoliert. Die Ader ist in seine Bohrung eingeführt und durch Quetschung verbunden. Der Anschlußstift trägt an seinem zylindrischen Ansatz *(9)* die Aluminiumoxidhülse *(8)* und diese den Rohrstutzen *(6)*. Die Kappe *(5)* ist bei *(2)* mit dem Heizleitermantel und bei *(7)* mit dem Stutzen verlötet. Sie schützt die Verbindungsstelle und übernimmt die Zugentlastung.

sondere Heizleiteranschlüsse. Für eine vorgegebene Länge werden Heizleiter mit kalten Enden angefertigt, die sich wie gewöhnliche Drähte

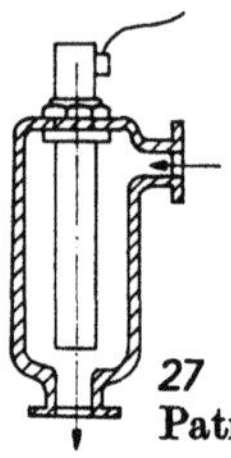

27 Patronen-Heizkörper

28 Rohrheizkörper

anschließen lassen. Abb. 29 zeigt einen Heizmantel für eine Bestrahlungseinrichtung. Der Heizleiter ist nach dem Metallspritzverfahren in Leichtmetall eingebettet.

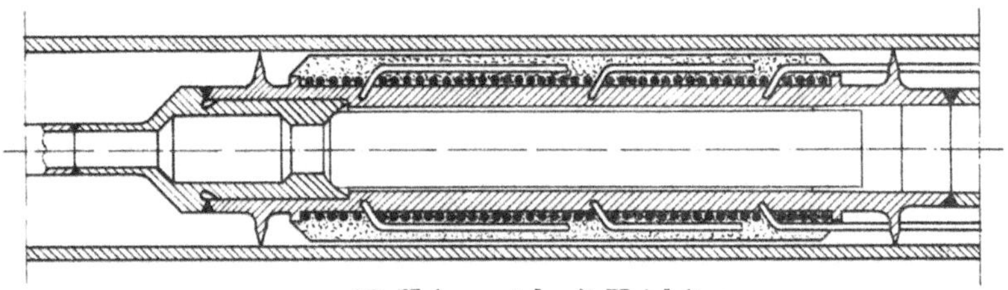

29 Heizmantel mit Heizleiter

Die Kühlung von Stoffströmen erfolgt in Wärmeaustauschern mit Luft oder Wasser (Abb. 30, 31 und 32). Mit Kreuz- und Gegenstromwärmeaustauschern kann man das zu kühlende Fluid unter die Austrittstemperatur des Kühlfluids abkühlen. Bestehen große Unterschiede in der

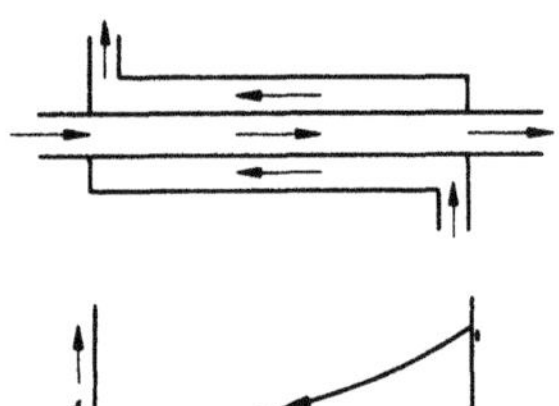

30 Gegenstromwärmeaustauscher

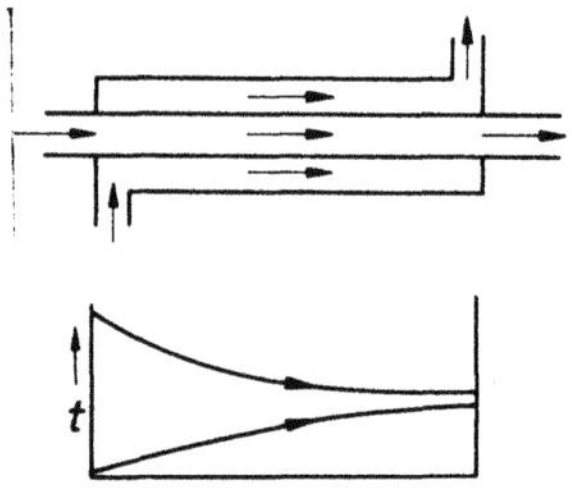

31 Gleichstromwärmeaustauscher

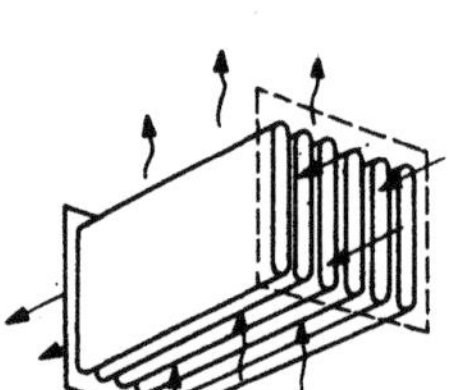

32 Kreuzstromwärmeaustauscher

Wärmeaustauscher

Wärmeleitfähigkeit der wärmeaustauschenden Fluide, so kann man den Wärmeübergang beim schlecht wärmeleitenden Fluid durch Erhöhung der Strömungsgeschwindigkeit verbessern, indem man den Strömungsquerschnitt verkleinert. Abb. 33 zeigt als Beispiel einen Gas–Wasser-Austauscher, bei dem das Gas durch die Ringspalte strömt. Mit der Strömungsgeschwindigkeit wächst allerdings der Druckverlust, was bei der Optimierung zu beachten ist.

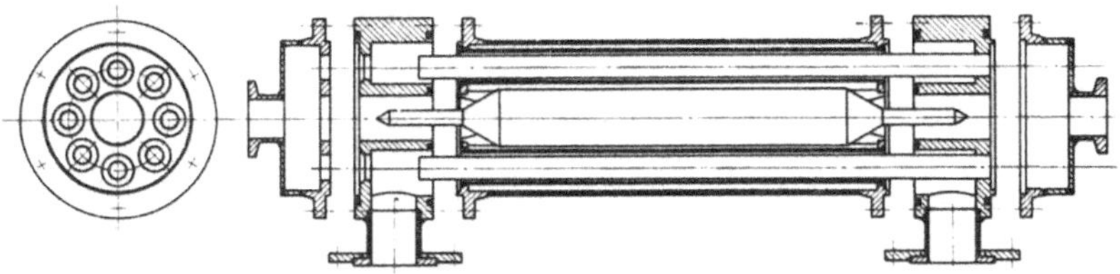

33 Ringspalt-Wärmeaustauscher

Zur Wärmeabfuhr bei hohen Temperaturen wird in speziellen Fällen das Wärmerohr eingesetzt (Abb. 34) [18]. Es enthält einen mit Flüssigkeit abgesättigten Docht (z. B. in Form von längs in das Rohr gefrästen feinen Nuten). Das Rohr ist dicht geschlossen. Wird nun ein

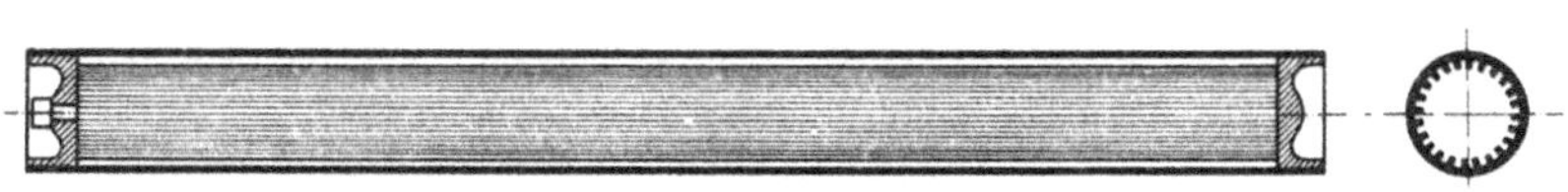

34 Wärmerohr (Heat Pipe)

Ende des Rohrs mit einer Wärmequelle, das andere mit einer Wärmesenke in Verbindung gebracht, so verdampft auf der Wärmezufuhrseite die Flüssigkeit aus dem Docht. Auf der Wärmeabfuhrseite kondensiert dieser Dampf wieder unter Abgabe seiner latenten Wärmeenergie. Das Kondensat wird von der im Docht wirksamen Kapillarkraft zur Verdampferseite zurückgesaugt. Auf diese Art stellt sich ein Kreislauf ein, der eine hohe Wärmestromdichte überträgt.

9.4 Temperatur-Meßtechnik

(H.-J. Leyers)

Zur Temperaturmessung lassen sich mehrere von der Temperatur abhängige Größen ausnutzen: Die Schallgeschwindigkeit im akustischen Thermometer [11], das Widerstandsrauschen im Rauschthermometer [11], die Strahlenemission im Pyrometer [11], die Ausdehnung von Gasen [11], der Widerstand bestimmter Metalle, z. B. Pt [11]. In Kreisläufen arbeitet man vorzugsweise mit Thermoelementen [11]. Sie lassen sich bis zu Temperaturen von 2500 °C einsetzen. Sie bestehen aus zwei Drähten aus verschiedenem Material (Abb. 36), die an der Meßstelle miteinander verbunden sind. Besteht zwischen der Meßstelle und den beiden freien Enden eine Temperaturdifferenz, so tritt an den Enden eine Thermospannung auf, die ein Maß für diese Temperaturdifferenz darstellt. Abb. 35 zeigt die Thermospannung verschiedener Thermopaare in Ab-

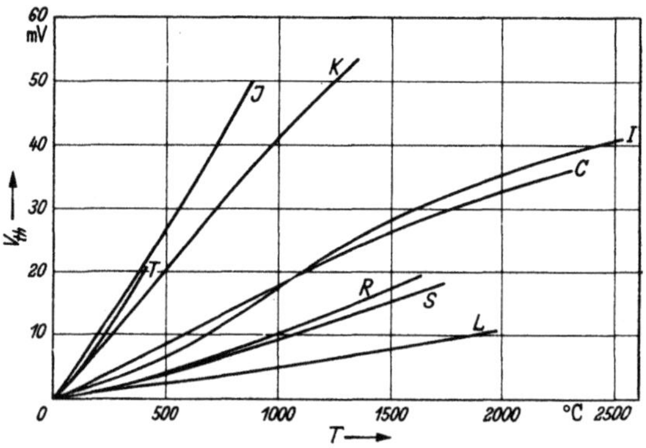

T Kupfer-Konstantan
J Eisen-Konstantan
K Chromel-Alumel
I Wolfram 3% Rh-Wolfram 25% Rh
C Wolfram 5% Rhenium – W 26% Rhenium
R Platin – Platin 13% Rhodium
S Platin – Platin 10% Rhodium
L Iridium – Iridium 60% Rhodium 40%

Die Kurven sind ausgezogen bis zu der Temperatur, die als maximale Betriebstemperatur des jeweiligen Thermoelementes angesehen wird

35 Thermospannung V_{th} gegen Temperatur T

hängigkeit von der Temperatur. Für Temperaturen bis zu 1200 °C verwendet man häufig Chromel-Alumel (B 127), für höhere Temperaturen die W–Re/W–Re-Elemente (B 29).

Für den Einbau bevorzugt man Mantelthermoelemente L 9.6. Bei Chromel–Alumel-Elementen sind die Adern im Magnesiumoxid eingebettet und von einem Edelstahlmantel umgeben. Hochtemperatur-Thermoelemente sind mit Berylliumoxid isoliert und haben einen Mantel aus Ta. Des hohen Preises wegen werden diese Materialien nur für den Teil der Thermoelementschenkel eingesetzt, der einer hohen Temperatur ausgesetzt ist. Für den Rest benutzt man Drähte (und Mäntel) aus billigem Material aber gleicher Thermokraft, sog. Ausgleichsleitungen, so daß sich die Kupplungsstelle auf beliebiger Temperatur befinden kann (Abb. 36). Die freien Enden werden entweder mit einem Thermostat auf konstanter Bezugstemperatur gehalten oder es wird der Einfluß einer Temperaturänderung an dieser Stelle elektrisch durch eine Kompensationsdose kompensiert. Für die Anzeige oder eine Grenzwertschaltung erfolgt eine Verstärkung (s. Abb. 10.13).

Beim Einsatz von Mantelthermoelementen in Systemen mit hohen Temperaturen und hohen Drücken, z. B. in Bestrahlungsrigs für Re-

Thermoelemente-Meßstellen, Durchführungen und Kupplungen L 9.6

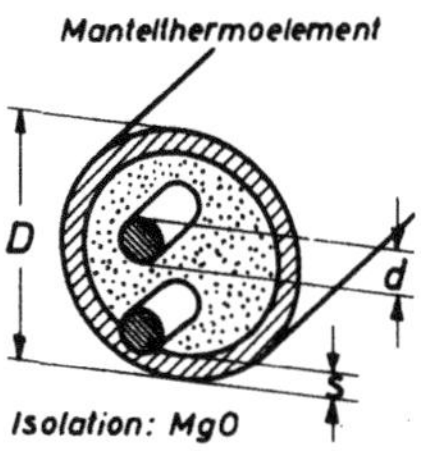

Mantel: Material rostfreier Stahl						(B 127)
⌀ D in mm	0,25	0,34	0,5	1	1,5	2
Stärke *s* in mm	0,03	0,04	0,06	0,12	0,18	0,24
Adern: Chromel und Alumel						
⌀ *d* in mm	0,05	0,07	0,1	0,2	0,3	0,4
Widerstand der Adern in Ω/m						
bei 20 °C	600	348	150	37,5	14,4	9
bei 700 °C	870	505	218	54,5	20,9	13,1

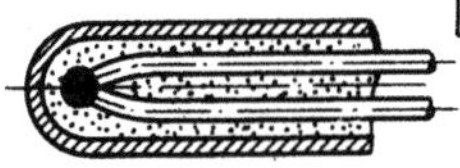
Isolierte Meßstelle

Geerdete Meßstelle
Adern mit Mantel verschweißt

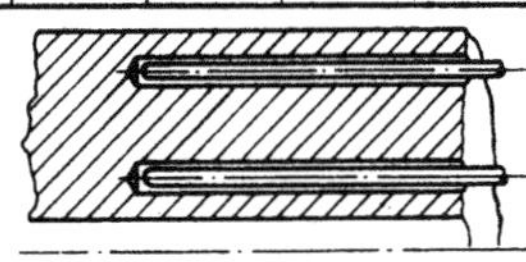
Messung von Temperaturen im Innern eines Körpers

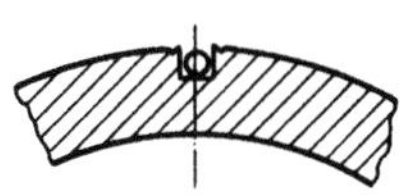
Messung der Temperatur an der Oberfläche von dicken Wänden

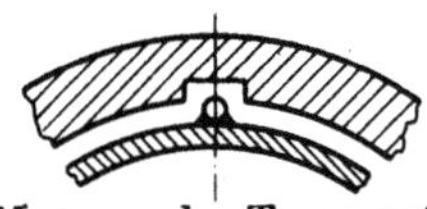
Messung der Temperatur von dünnen Wänden

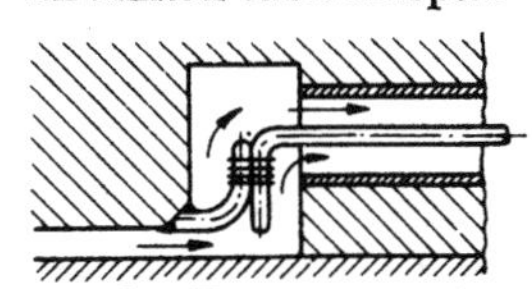
Messung der Temperatur eines Gas- oder Flüssigkeitsstroms

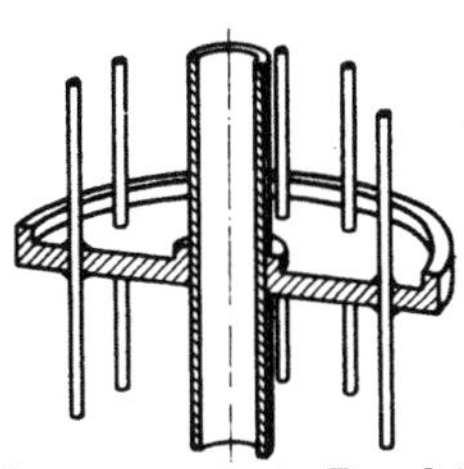
Temperaturfeste Durchführung von Thermoelementen durch Deckel. Im Vakuum-Induktionsofen hart gelötet.

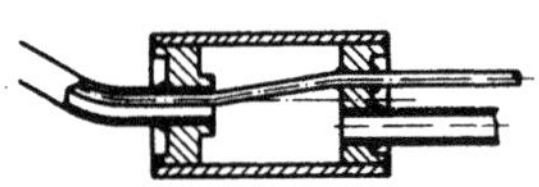
Trennstelle Thermoelement — Gas

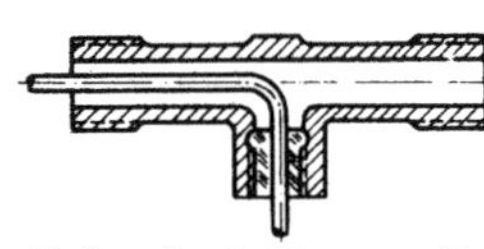
T-Stück als Trennstelle Gewinde mit Kunstharz ausgegossen

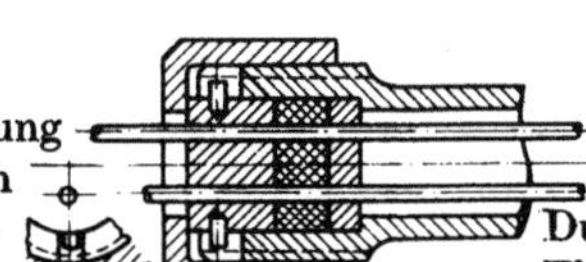
Durchführung für Thermoelemente mit Gummidichtung

Bruchsichere Kupplung eines Hochtemperatur Thermoelements mit Ausgleichsleitung

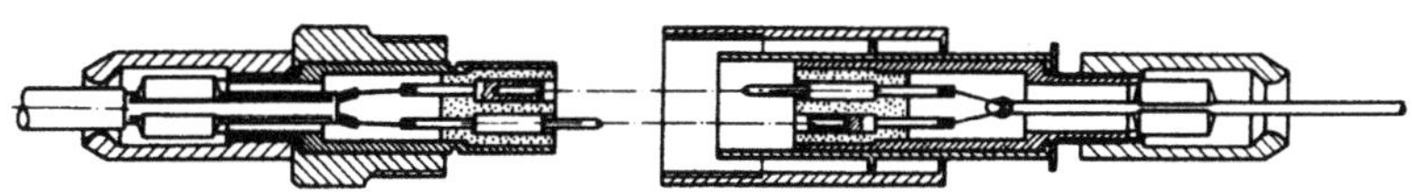
Thermoelement-Steckverbindung

aktoren, ist eine Reihe von technologischen Problemen zu lösen (Abb. 36): Die Ausbildung der Meßstelle, die temperaturfesten Durchführungen,

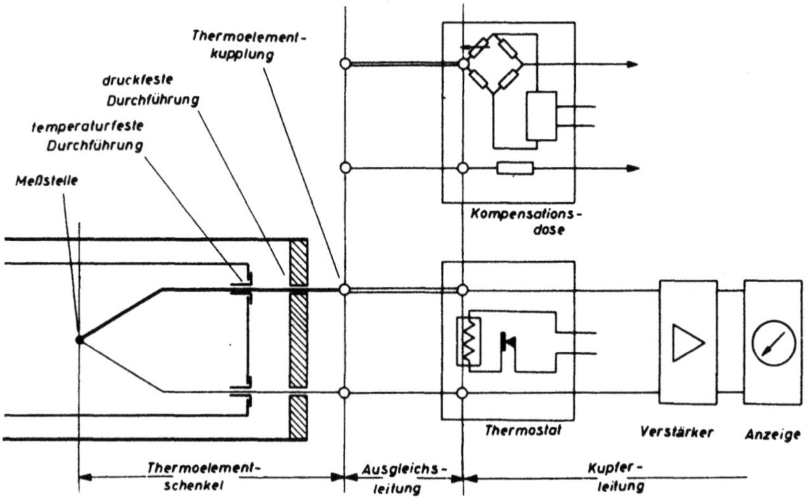

36 Thermoelement-Anordnung

die druckfesten Durchführungen, die Kupplungen und die Anschlüsse.

Die Ausbildung der ***Meßstellen*** ist in L 9.6 zusammengestellt. Man unterscheidet die isolierte Meßstelle und die geerdete Meßstelle, bei der die Adern mit dem Mantel verschweißt sind. Die Verbindung der Adern kann durch einfaches Verschweißen erfolgen. Zur Sicherung gegen ein Lösen werden empfohlen: Eine vorhergehende Verdickung, das Umwickeln mit einem Bindedraht, das Aufquetschen einer winzigen Hülse. Die Kappe selbst läßt sich durch Plasmaschweißen aus dem Mantel herausbilden (B 106) oder durch Drücken kaltverschweißen. In jedem Fall muß sie durch Lecktest geprüft werden. Thermoelemente werden auch fertig mit Kappen geliefert (B 106). Auch Sonderanfertigungen mit verjüngten oder flach gequetschten Enden sind möglich. Zur Messung der Temperatur im Innern eines Körpers werden die Mantelthermoelemente in enge Bohrungen eingeführt (s. Abb. 2.4), bei Wänden in Nuten eingelegt und verbördelt oder aufgelötet, in Gasströmen frei gehaltert. Bei allen Meßstellen-Anordnungen ist mit systematischen Fehlern zu rechnen: durch Isolationsfehler, durch chemische oder strahleninduzierte Veränderung der Adern, durch Ausbildung eines Temperaturgefälles zwischen Meßpunkt und Meßstelle, durch Trägheitserscheinungen infolge ungenügenden Wärmekontakts. Bei Hochtemperaturthermoelementen ist ferner stets mit Ausfällen zu rechnen, so daß keine Garantie für eine bestimmte Lebensdauer gegeben werden kann.

Temperaturfeste Durchführungen erzielt man, indem man die Mäntel der Thermoelemente mit Deckeln aus Sonderstahl im Induktionsofen hart verlötet. Die Durchführungen werden dabei auf ein und demselben Radius gleichmäßig verteilt, so daß die Verlötung gleichzeitig erfolgt. Nicrobraze-Lot Nr. 30 Smp. 1190 °C ergibt Verbindungen, die bis 1100 °C aushalten.

Bei der Verlegung der Mantelthermoelemente benutzt man bei komplizierten Systemen, z. B. Bestrahlungsrigs (Abb. 12.64), mit Vorliebe Gasleitungen, um sie gegen Beschädigung zu schützen. In diesem Falle muß man Trennstellen Thermoelement-Gasleitung L 9.6 zur Entkopplung einsetzen. Sie können für eine Verlötung oder für eine Kunstharzvergießung ausgebildet sein. *Druckfeste Durchführungen* lassen sich mit Gummidichtung ausführen.

Die *Kupplungen* zwischen Thermoelementen und Ausgleichsleitungen müssen so ausgebildet sein, daß weder Versprödungen noch Schwächungen auftreten, die zu Bruch oder Leck führen können. In L 9.6 ist eine Kupplung gezeigt, die von einer amerikanischen Firma (B 29) empfohlen und hergestellt wird. Es werden auch stufenlose Verbindungen zwischen „heißem Ende“ und Stahlmantel der Ausgleichsleitung angeboten (B 29).

Für die *Anschlüsse* werden zweckmäßig Thermoelement-Anschlußstecker (B 127) benutzt, die vergoldete Kontakte haben und bei denen

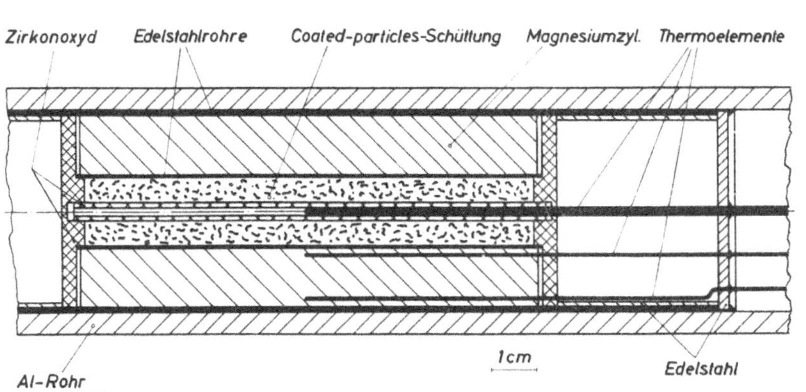

37 Kapsel zur Messung der Wärmeleitung einer Coated-particles-Schüttung unter Reaktorbestrahlung

der Anschluß gegen Vertauschung der Pole gesichert ist. Eine Anwendung verschiedener Thermoelemente zeigt Abb. 37. Es handelt sich um eine Kapsel mit der die Wärmeleitung einer Schüttung von beschichteten

Kernbrennstoffteilchen (coated particles) im Reaktor untersucht wird. Der Einsatz besteht aus einem Magnesiumzylinder, der in gutem Wärmekontakt mit einem aufgeschrumpften Sonderstahlrohr und dem anschließenden Aluminiummantel steht. Dieser Aluminiummantel liegt im Kühlwasser. Im Magnesiumzylinder sitzt der Probenbehälter aus einem Sonderstahlrohr, das auf beiden Seiten mit Zirkonoxidscheiben abgeschlossen ist. Sie sind mit dem Magnesiumzylinder verschraubt. In der Achse des Probenbehälters verläuft ein Zirkonoxidrohr, das ein W Re 5%/W Re 26%-Thermoelement mit einem Ta-Mantel von 1,5 mm ⌀ enthält und die Maximal-Temperatur mißt. Im Magnesiumzylinder sind auf einem Radius von 1 cm und 2 cm 7 Chromel–Alumel-Thermoelemente mit 0,5 mm und 1 mm ⌀ angeordnet. Aus den gemessenen Temperaturen kann das Wärmeleitungsintegral der Schüttung $\int_{T_0}^{T} \lambda \, dT$ bei 1800 °C max und einer Wärmestromdichte von 120 W/cm² auf ±5% genau bestimmt werden.

9.5 Tieftemperaturtechnik [13, 10, 7]

(W. Koeppe)

1. Erzeugung tiefer Temperaturen

In der Tieftemperaturtechnik arbeitet man mit Temperaturen unter 100 K (−173,15 °C). Die in der Kältetechnik eingesetzten Kompressionskältemaschinen lassen sich hier nicht mehr anwenden. Zur Bereitstellung kleiner Kälteleistungen benutzt man i. allg. verflüssigte Gase, bei größeren Leistungen Verflüssiger und Kryokältemaschinen.

a) Verflüssigte Gase entnehmen die Kälteleistung ihrer Verdampfungswärme (Tab. 9.2). Man speichert sie in Transportgefäßen Abb. 39 oder

Tabelle 9.2. *Verflüssigte Gase (Kältemittel)*

Gas	Siedetemperatur bei 1 atm T_s(K)	Flüssigkeitsdichte (g/cm³)	Verdampfungswärme je Gramm r(J/g)	je cm³ r(J/cm³)	Normdichte für $t = 0$ °C $p = 1$ atm ϱ_0(kg/Nm³)
He	4,215	0,125	20,6	2,57	0,180
H_2	20,39	0,071	445,0	31,6	0,090
Ne	27,09	1,205	85,7	103,4	0,900
N_2	77,35	0,810	199,0	161	1,250
(Luft)	(78,8)	(0,874)	(206,0)	(180)	(1,293)

Speichertanks. Bei Wasserstoff sind der Explosionsgefahr wegen die Sicherheitsvorschriften (UVV, VDE 0165, 0170, 0171) zu beachten. Flüssige Luft reichert Sauerstoff an. He, Ne und N_2 gelten als Sicherheitskältemittel.

b) Gasverflüssiger und Kryokältemaschinen (Refrigeratoren). Bei Gasverflüssigern nutzt man im allgemeinen den Joule-Thomson-Effekt aus. Seine Inversionstemperatur ist bei $N_2 > 300$ K, bei $H_2 \approx 207$ K und bei He $\approx 50\,°$K. Beim Linde-Verfahren benutzt man zur Verflüssigung von N_2 und Luft eine Vorkühlung mit Ammoniak oder

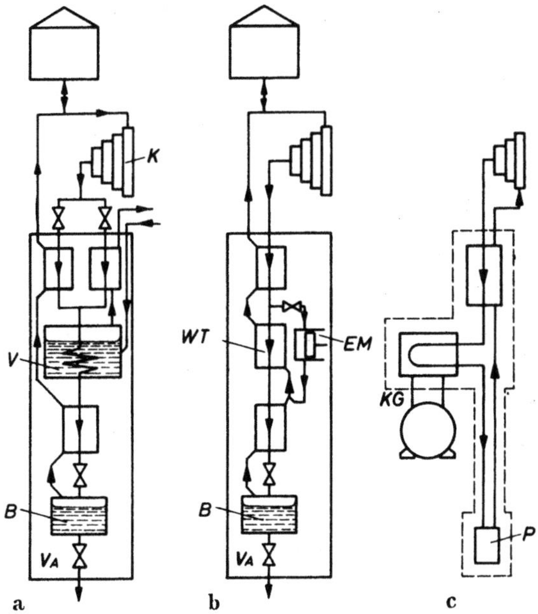

38 Kälteanlagen

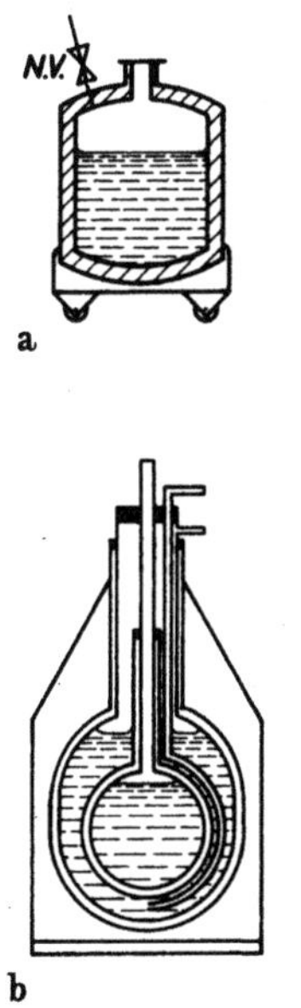

39 Transportgefäße für verflüssigte Gase

K Kompressor, *V* Vorkühlbad, *B* Flüssiggasbehälter, V_A Abzapf-Ventil, *WT* Wärmeaustauscher, *EM* Expansionsmaschine, *KG* Cryogenerator, *P* Probe *N.V.* Nachevakuierventil

Freonen (Abb. 38a), bei H_2 mit flüssigem N_2 und bei He mit flüssigem H_2. Das Vorkühlbad *V* wird beim Claude-Verfahren durch einen Wärmetauscher WT und eine Expansionsmaschine EM ersetzt (Abb. 38b). Zur kontinuierlichen Kälteversorgung bringt man die Probe *P* in das Sammelgefäß eines Verflüssigers oder in einen an diesen angeschlossenen Kryostaten und wälzt das Gas im geschlossenen Kreislauf um (Kryokältemaschine oder Refrigerator), oder man verwendet einen nach dem Stirling-Prozeß arbeitenden Cryogenerator (B 127) (Abb. 38c).

c) Ein Kryokreislauf für Tieftemperaturuntersuchungen enthält im allgemeinen die Kühlmittelversorgung, die Kühlmittelrückgewinnung, die Vakuumversorgung, den Kryostaten und den Meß- und Regelteil. Abb. 40 zeigt eine Anlage zur Eichung von Tieftemperatur-Meßfühlern nach dem Klippingschen Verdampferprinzip. Sie wird mit dem Pumpstand DP evakuiert. Zur Kühlmittelversorgung dient eine Kanne mit flüssigem He (HK), die mittels eines vakuumisolierten Hebers (HH) an den Kryostaten angeschlossen ist. Eine heliumdichte einstufige Vorpumpe (HP) saugt das im Kryostaten verdampfte Helium ab und liefert

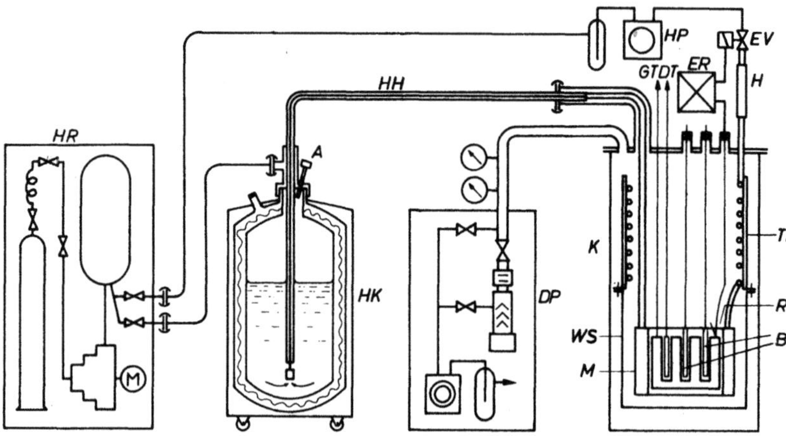

40 Apparatur für Messungen bei tiefen Temperaturen (z. B. Eichung von Tieftemperaturfühlern)

HR = He-Rückgewinnungsschrank; *HK* = Transportkanne für fl. He; *HH* = Heber für fl. He; *A* = Anschluß an HK mit Durchführung für HH, Durchführung für Füllstandskontrolle und Abdampfanschluß; *DP* = Diffusionspumpstand; *K* = Kryostat mit Meßblock *M*, Temperkörper *TK* (von He-Abgas gekühlt) und Wärmestrahlungsschild *WS*; *B* = Bohrungen für Widerstandsthermometer und Thermoelemente; *RF* = Fühler für Temperaturregelung; *ER* = elektron. Temperatur-Regelgerät; *EV* = elektromagnet. Regelventil; *HP* = He-Pumpe; *H* = Heizung für kalten He-Abdampf; *GT*, *DT* = Anschlüsse für Gas- und Dampfdruckthermometer

es an den He-Rückgewinnungsschrank (HR). Der Regelteil, der für die Konstanthaltung der Temperatur des Meßblocks (M) sorgt, besteht aus dem Regelfühler (RF), der sich auf der Temperatur des Meßblocks befindet, dem elektronischen Temperaturregelgerät (ER) und dem elektromagnetischen Bypaßventil (EV). Durch das Zusammenspiel von RF, ER und EV wird dafür gesorgt, daß gerade soviel flüssiges Helium in der Kühlspirale des Meßblocks verdampft, wie zur Kompensation der Wärmeverluste bei der gewünschten Temperatur notwendig ist.

Am unteren Teil des von He-Abgas gekühlten Temperkörpers (TK), der zur Verringerung der Wärmezuleitung durch elektrische Zuleitungen dient, sitzt der Wärmestrahlungsschild (WS). Im Meßblock befinden sich Bohrungen für die zu eichenden Tieftemperaturfühler sowie die Meßvolumina eines He-Gasthermometers (GT) und einiger Dampfdruckthermometer (DT).

2. Baumaterialien der Tieftemperaturtechnik

Apparaturen für tiefe Temperaturen baut man so, daß die Kälteverluste möglichst klein werden. Neben konstruktiven Maßnahmen erreicht man dies durch die Wahl von Baustoffen mit besonderen Eigenschaften.

a) Wärmeleitung: Für die Verluste $\dot{Q}$ durch Wärmeleitung gilt bei einer stabförmigen Verbindung zwischen der Umgebungstemperatur T_0 und der tiefen Temperatur T:

$$\dot{Q} = \Lambda \frac{A}{L} \qquad \Lambda = \int_{T_0}^{T} \lambda(T)\, \mathrm{d}T\,. \tag{1}$$

Dabei ist L die Länge des Stabes, A sein Querschnitt, $\lambda(T)$ die von der Temperatur abhängige Wärmeleitfähigkeit des Materials und Λ das Wärmeleitfähigkeitsintegral. Tab. 9.3 zeigt die Werte von Λ für einige Stoffe und Temperaturen.

Tabelle 9.3. *Wärmeleitfähigkeitsintegral Λ in* W/cm *für eine Umgebungstemperatur* $T_0 = 300$ K *(für Teflon Λ in* mW/cm*)*

T in K	Cu (rein) (Al 99,995%)¹)	Al (99%)	Ni (99%) (Messing)¹)	Neusilber (Monel)¹)	Edelstahl (Inconel)¹)	Teflon in mW/cm
250	200	110	38	11,70	7,20	130
200	410	220	78	22,60	14,00	260
140	660	352	125,6	34,00	21,21	415
100	840	444	157,4	40,90	25,32	515
80	950	496	172,8	44,27	27,11	563
60	1081	558	187,4	47,52	28,62	608,4
40	1295	631,8	200,3	50,45	29,78	651,2
20	1710	700,4	209,8	52,59	30,44	685,6
10	1928,3	721,9	212,45	53,10	30,57	697,6
4	2000	728	213,20	53,20	30,60	702,0

¹) in Klammern sind Metalle mit ähnlichem Verlauf von Λ genannt.

Man verwendet vorzugsweise Aluminium (gute Wärmeleitung) und Edelstahl (niedere Kälteverluste).

b) Elektrische Zuleitungen für eine vorgegebene Stromstärke I werden durch Wahl von Querschnitt A und Länge L so optimiert, daß die Wärmemenge $\dot{Q}$ ein Minimum wird (Mc FEE-Verbindung [17]). So beträgt z. B. bei $T_0 = 300$ K, $T = 4$ K und einer Zuleitung aus reinem Kupfer $\dot{Q}/I = 40$ mW/A ($I \cdot L/A \approx 50000$ A/cm). Der Kälteverlust läßt sich auch klein halten, wenn man die Zuleitung mit dem Abdampf des Kältemittels kühlt.

c) Als *Kälteisolation* dient meistens ein Vakuummantel, bei dem die mittlere freie Weglänge λ der Restgasmoleküle größer ist als die

Wandabstände d (für $d = 1$ cm ist $p < 10^{-3}$ Torr). Zur Abstützung der kalten Teile gegen den Außenmantel benutzt man Abstützungen (Spacer) aus schlecht wärmeleitendem Material nach Abb. 41 (L 9.7). Durch die Kryopumpwirkung der kalten Oberflächen werden z. B. bei flüssiger He-Temperatur alle Gasreste bis auf H_2 und He ausgefroren und damit das Vakuum verbessert. Zur Isolierung von Flüssigstickstoffleitungen genügt eine Isolation aus Armaflex (B 8), einem porigen, leichten Werkstoff in Form von Platten und Rohren.

d) Die *Kälteverluste durch Wärmestrahlung* $\dot{Q}_s$ lassen sich mit folgender Formel abschätzen:

$$\dot{Q}_s = A_1 \frac{c_s}{\dfrac{1}{\varepsilon_1} + \dfrac{A_1}{A_2}\left(\dfrac{1}{\varepsilon_2} - 1\right)} \cdot \left\{\left(\frac{T_2}{100}\right)^4 - \left(\frac{T_1}{100}\right)^4\right\}. \tag{2}$$

A_1 (in cm²) ist die kalte Oberfläche mit der Temperatur T_1 und der Emissionszahl ε_1, umgeben von der warmen Oberfläche A_2 mit der Temperatur T_2 und der Emissionszahl ε_2, $c_s = 5{,}77 \cdot 10^{-4}\,\mathrm{W/cm^{-2}\,K^{-4}} = 10^8$. STEFAN-BOLTZMANNsche Strahlungskonstante. Die Emissionszahlen ε sind für spiegelnde Oberflächen besonders klein. Da $\dot{Q}_s$ proportional zu T^4 geht, kann man die Strahlungsverluste erheblich reduzieren, wenn man den Temperatursprung $T_2 - T_1$ in mehrere Stufen unterteilt. Man macht das mit Wärmestrahlungsschilden, die man auf einer Zwischentemperatur hält, wie z. B. in Abb. 40. Eine noch stärkere Unterteilung erfolgt in der Superisolation (Mylar, Linde NRC-2 (B 168), Dimplar (B 105)), d. h. einer viellagigen Umhüllung mit geknitterten Kunststoffolien, die mit Al spiegelnd bedampft sind.

e) Die *thermische Kontraktion* eines Metallrohres beträgt bei einer Abkühlung um 260 K zwischen 2 und 4%. Man berücksichtigt sie durch konstruktive Maßnahmen, entweder Einschaltung von Faltenbalgen oder Abwinkelung, wie z. B. beim Winkelheber Abb. 47. Sehr niedrige Wärmeausdehnung haben Eisen–Nickel-Legierungen mit etwa 36% Ni (Invar, Indilatans, Frigidal u. ä.).

f) Verbindungen, Dichtungen und Durchführungen: Metallteile werden durch Löten und Schweißen verbunden. Bei komplizierten Apparaturen muß man stufenweise löten, beginnend mit Hartlot und endend bei Weichlot (z. B. In mit 3% Sn), verbunden mit Lecktests während der Montage. Bewährt haben sich auch Klebeverbindungen mit Epoxidharzen. Für lösbare Dichtungen benutzt man Metall-O-Ringe aus Indium, Gold, Al und Edelstahl. Für elektrische Durchführungen eignen sich ummantelte Leiter ähnlich den Heizleitern. Man kann Drähte auch einkitten. Drehdurchführungen und Fenster hält man mit Zwischenisolationen auf Raumtemperatur. Kälteverluste reduziert man durch Zwischenkühlungen.

Kalte Leitungen und Kupplungen L 9.7

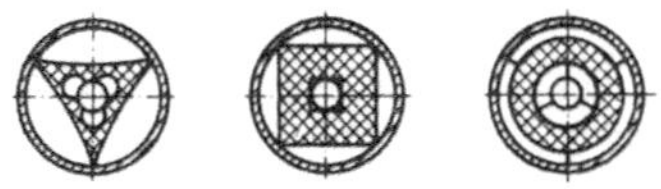

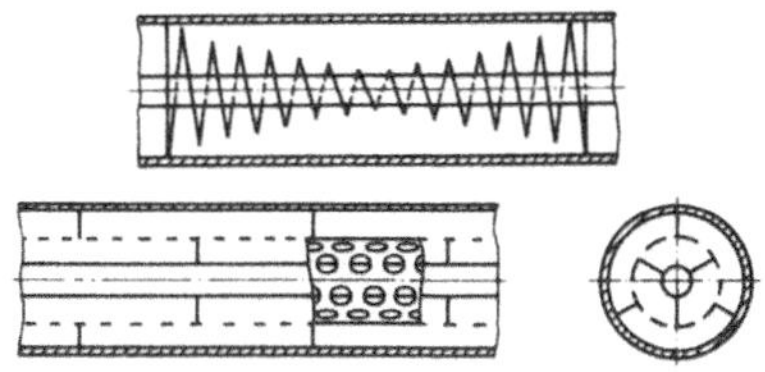

41 Abstützung für kalte Teile (Spacer)

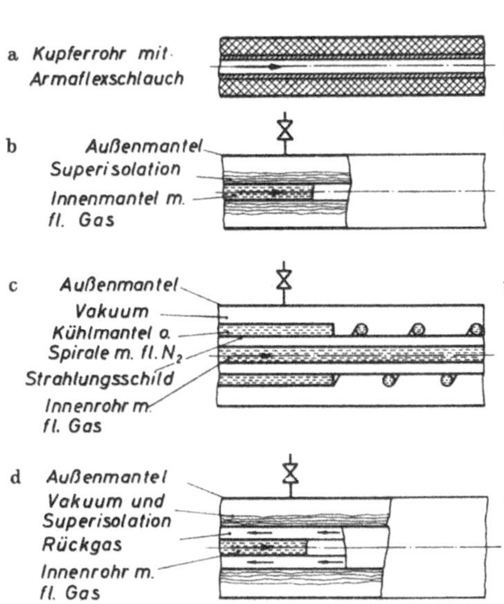

42 Kalte Leitungen (Pipe Lines)

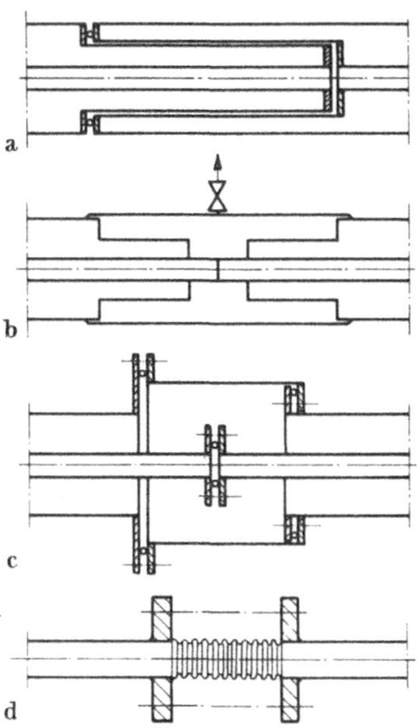

43 Kupplungen

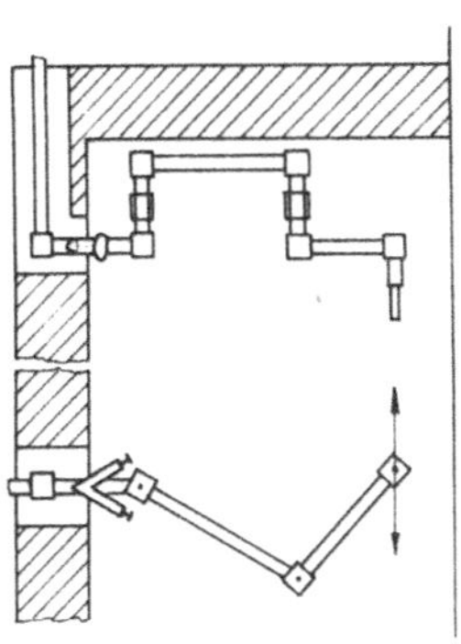

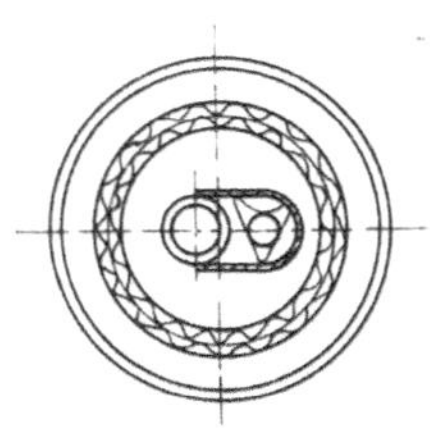

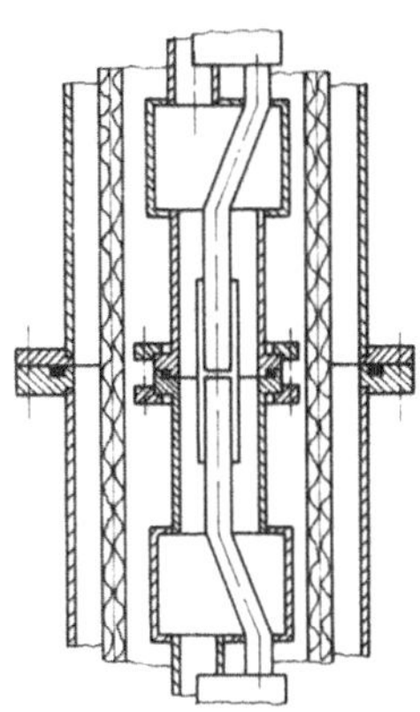

44 Stufenweise schwenkbare kalte Leitung

Unter Betrieb verstellbare kalte Leitungen L 9.8

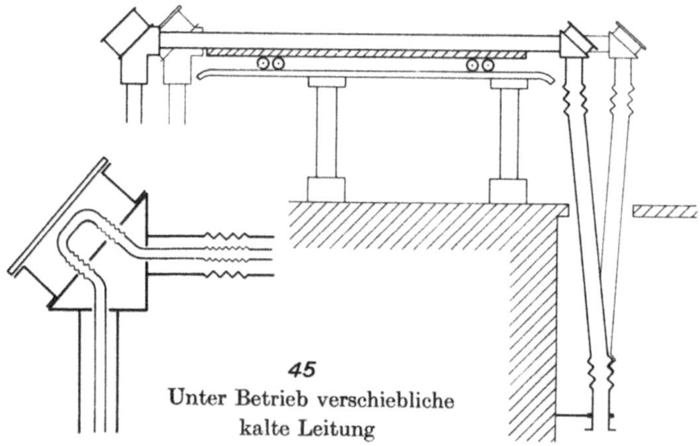

45
Unter Betrieb verschiebliche kalte Leitung

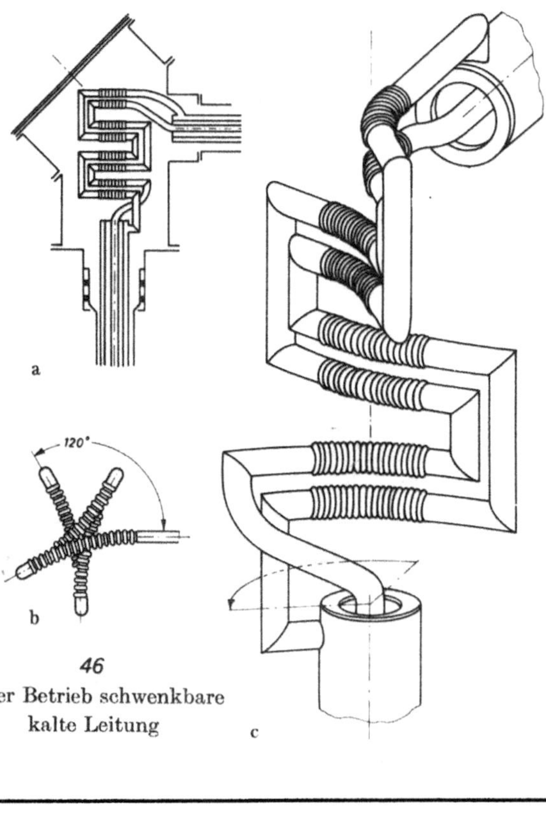

46
Unter Betrieb schwenkbare kalte Leitung

3. Kälteleitungen und Ventile

a) Als *Kälteleiter* benutzt man Stäbe aus Cu oder Ag und flexible Cu-Litze, beides dimensioniert nach Gl. 1 S. 231.

b) Wärmeaustauscher baut man als Kreuzströmer mit Rippenrohren. Eine große innere Oberfläche haben Sinterkörper aus Silber (Siperm Ag).

c) Kalte Leitungen (L 9.7) [12]: Die Kälteversorgung aus Kryokältemaschinen erfolgt über Kühlmittelleitungen (Pipe-Lines). Abb. 42 zeigt ein Cu-Rohr mit Armaflex-Isolation für flüssiges N_2 (a), eine Pipeline mit Vakuum und Superisolation (b), mit separat gekühltem Strahlungsschild (c) und mit Superisolation und Rückgaskühlmantel (d). Als Kupplung eignet sich die leicht lösbare JOHNSTON-Kupplung Abb. 43a. Die Länge der ineinandergreifenden dünnwandigen Teile wird für die zulässigen Verluste nach Gl. 1 dimensioniert. Der Spalt zwischen ihnen ist etwa 0,1 mm. Die Dichtung mit O-Ring liegt auf Umgebungstemperatur. Die Verbindung erfolgt mit Flansch, Überwurfmutter oder Einrenkung und läßt sich auch drehbar ausbilden. Lange Leitungen werden mit vorgefertigten Teilen nach (b) verschweißt oder nach (c) verschraubt. Faltenbalgkompensatoren (d) werden gegen unzulässige Streckung durch Bolzen gesichert. Die rückdampfgekühlte kalte Leitung Abb. 44 [4] läßt sich außer Betrieb in den Gelenken stufenweise umsetzen. L 9.8 zeigt unter Betrieb verstellbare kalte Leitungen für Reaktorexperimente in Grenoble [1]. Der linke Schenkel in Abb. 45 ist verschieblich. In Abb. 46 läßt sich der obere Schenkel einschließlich Rückgasleitungen um 120° schwenken.

d) Heber (L 9.9): Für die Kältemittelversorgung aus Transportkannen setzt man Heber ein, mit denen das Kühlmittel durch den Abdampfüberdruck der Transportkanne in das Versuchsgefäß gefördert wird. Bei den L-Hebern Abb. 47 vermag das Winkelrohr die Kontraktion auszugleichen. Die Heber lassen sich außerdem mit einem abgasgekühlten Strahlungsschild nach Abb. 48 und einem Absperrventil Abb. 49 ausbilden. Kaltventile Abb. 50 (B 162) haben eine gegenüber anderen Ventilen stark verlängerte Spindel.

e) Nachfüllvorrichtungen (L 9.10): Abb. 51 zeigt eine automatische Nachfüllvorrichtung für Flüssig-N_2-Kryostaten. Ihre Steuerung erfolgt mit Maximum- und Minimumniveaufühlern im Kryostaten und einem Minimumfühler in der Vorratskanne, der das Auswechseln der Kanne veranlaßt.

4. Kryostaten (L 9.10)

Für Versuche in engen Temperaturbereichen verwendet man Badkryostaten nach Abb. 52 in einem Dewar-Gefäß mit Deckel und Durch-

Heber und Kaltventile L 9.9

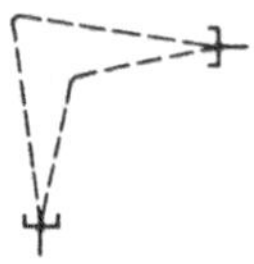
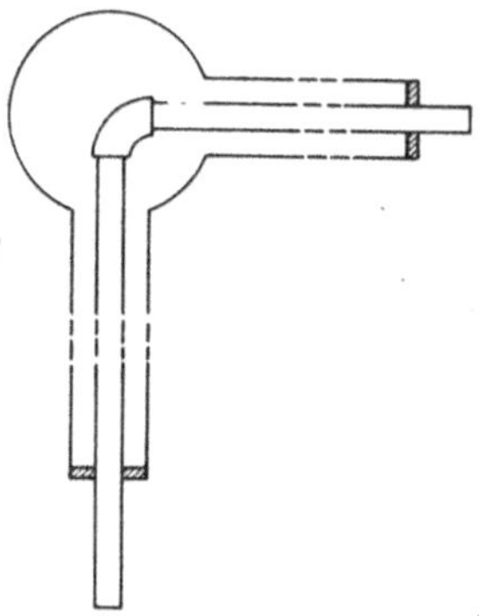

47 Winkelheber (L-Heber)

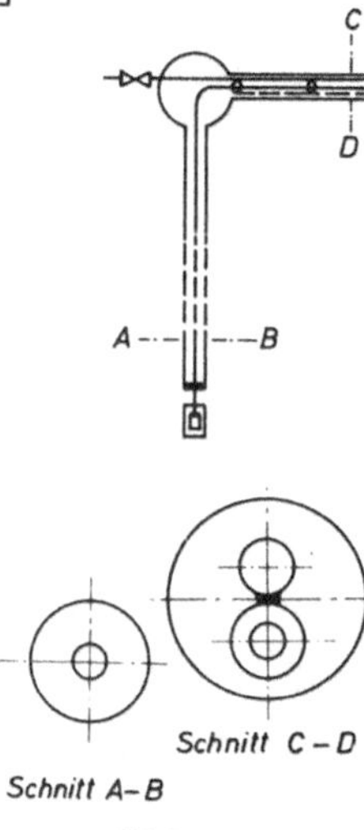
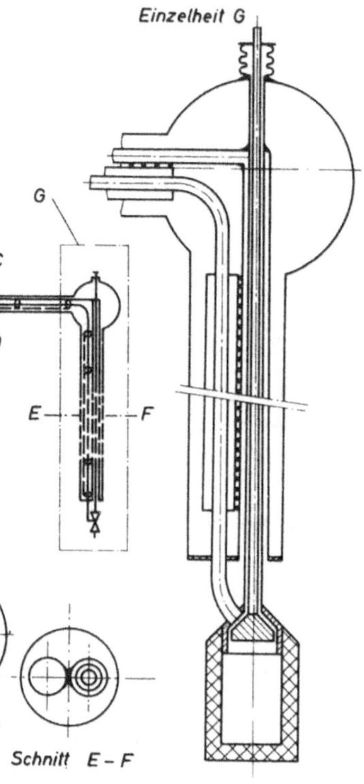

48 Heber mit abgasgekühltem Strahlungsschild

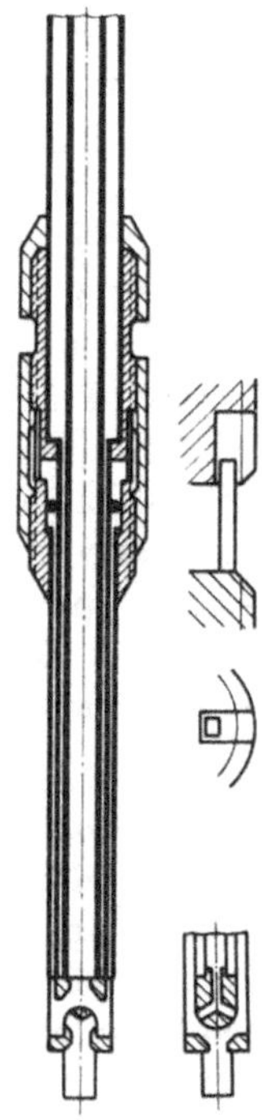

49 Unteres Heberende mit Absperrventil

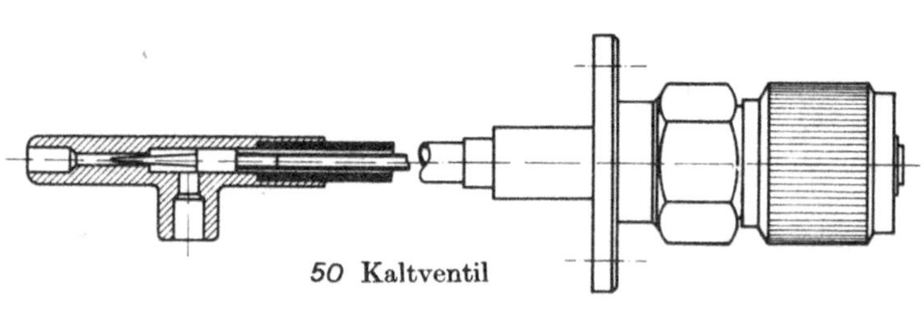

50 Kaltventil

Kryostaten und Nachfüllvorrichtung L 9.10

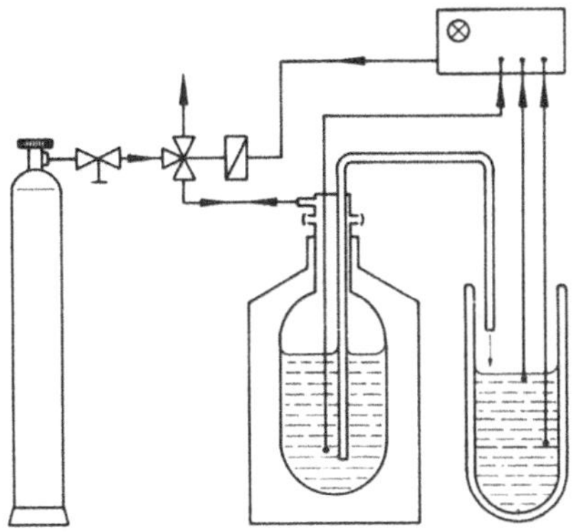

51

Automatische Nachfüllvorrichtung für fl. N_2-Kryostaten

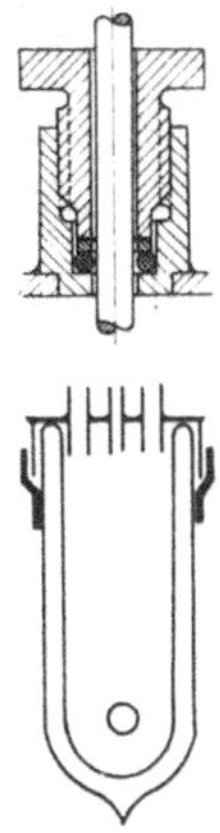

52

Badkryostat

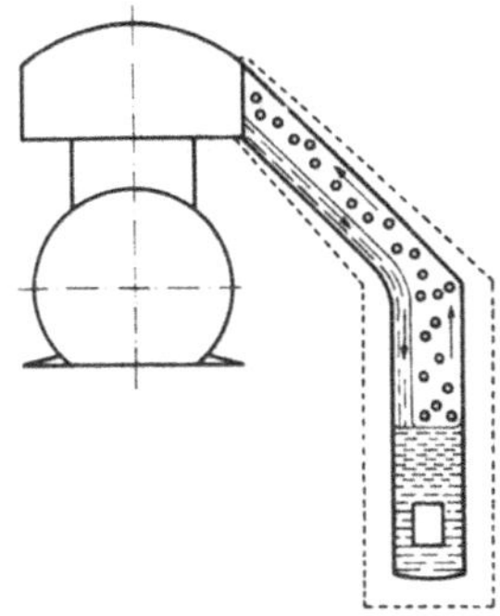

53

Thermosiphon-Kryostat am Cryogenerator

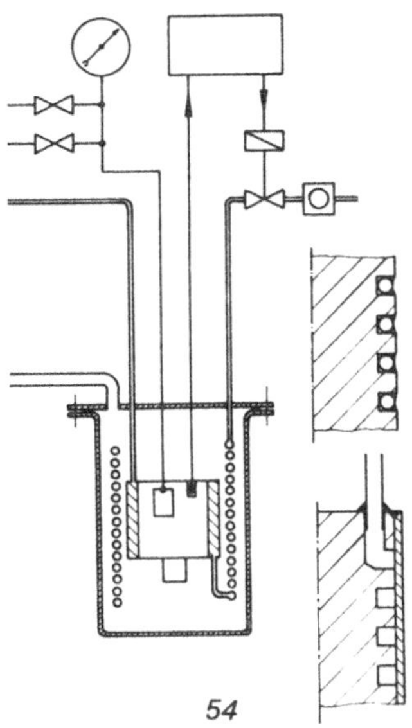

54

Verdampferkryostat für einen Temperaturbereich von 4 bis 300 K

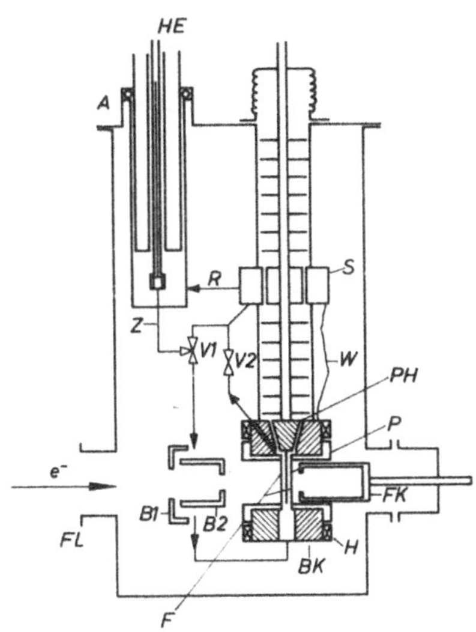

55

Durchflußkryostat für Bestrahlungs-Einrichtung

führungen, z. B. mit Schraubquetsch-Verschluß. Durch Abpumpen des Gases läßt sich die Temperatur vom Siedepunkt bis herab zum Tripelpunkt erniedrigen (Tab. 9.4), wobei sich die Temperatur aus dem Dampf-

Tabelle 9.4. *Temperaturbereiche verflüssigter Gase*

Gas	Tripelpunkt T(K)	Tripelpunkt p(Torr)	Siedepunkt bei 1 atm T_s(K)	Siedepunkt bei 2 atm
He^4	(1,00)	(0,12)	4,215	5,036
n-H_2	13,96	54,0	20,39	23,01
n-D_2	18,73	128,6	23,67	26,30
Ne	24,54	324,8	27,09	29,60
N_2	63,15	94,6	77,35	83,84
O_2	54,36	1,14	90,19	97,38

druck errechnen läßt. Bei großem Kältebedarf, z. B. für Bestrahlungsexperimente, setzt man Thermosiphonkryostaten Abb. 53 ein, wobei z. B. eine Philips-Gaskältemaschine mit Rekondensationskühlkopf zur Kühlung benutzt wird [3].

Beim Verdampferkryostaten Abb. 54 läßt sich elektronisch gesteuert ein Temperaturbereich zwischen 4 und 300 K realisieren, wenn flüssiges He als Kühlmittel verwendet wird. Je höher die Temperatur, desto niedriger ist der Kühlmittelbedarf.

Zur Erzeugung von Gitterdefekten in der Festkörperphysik mit Elektronenbestrahlung bei 4,5 K braucht man Kälteleistungen bis zu 200 W. Der Kryostat Abb. 55 [6] ist mit einer kalten Leitung nach Abb. 44 an einen Refrigerator angeschlossen. Nach Beendigung der Bestrahlung kann man im Kryostaten die Ausheilung der erzeugten Gitterdefekte untersuchen.

Weitere Kryostaten für spezielle Zwecke sind: der Filterkryostat mit Aktivkohle Abb. 21, die Kryostaten für Halbleiterdetektoren (Abb. 12.92 und Abb. 12.93) und der Kryostat für die Eulerwiege (Abb. 12.59). Eine Kryopumpe siehe Abb. 12.6.

5. Tieftemperatur-Meßfühler

Als Standardinstrument dient das He-Gasthermometer, in dem zwischen Tripelpunkt und Siedepunkt liegenden Temperaturbereich von flüssigem He, H_2, Ne, N_2, O_2 usw. Dampfdruckthermometer. Für kontinuierliche Messungen nimmt man Thermoelemente und Widerstandsthermometer. Die Thermospannungen geeigneter Thermopaare zeigt Abb. 56 [14], die Widerstandswerte geeigneter Meßwiderstände Abb. 57. Zwischen 15 K und 0,3 K empfiehlt sich das Paar Chromel–Gold, Eisen. Präzisions-Platinwiderstände lassen sich bis herab zu 12 K einsetzen und realisieren bis herab zu 14 K die internationale praktische Temperaturskala. Darunter sind sie wenig empfindlich.

Unter 100 K benutzt man auch Halbleiterwiderstandsthermometer, deren Widerstand mit steigender Temperatur abnimmt. Besonders gut reproduzierbar sind Ge-Widerstandsthermometer. Sie müssen jedoch

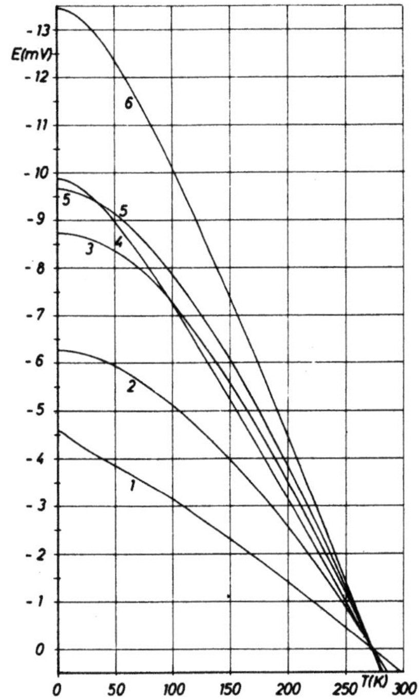

56

Thermospannungen von Thermopaaren
1 Chromel—Gold, Eisen (0,03 At.%)
2 Kupfer-Konstantan
3 Eisen-Konstantan
4 Kupfer—Gold, Kobalt (2,1 At.%)
5 Chromel-Konstantan
6 Chromel—Gold, Kobalt (2,1 At.%)

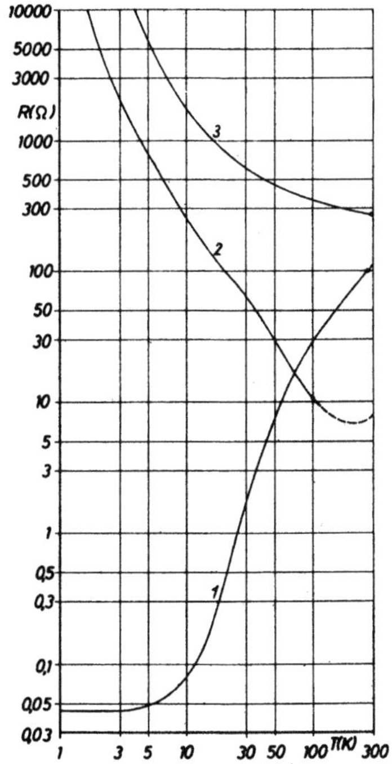

57

Widerstandswerte von Meßwiderständen
1 Pt-Widerstandsthermometer (100 Ω bei 0 °C)
2 Ge-Widerstandsthermometer
3 A & B-Kohlewiderstand (270 Ω bei 0 °C; 0,1 W)

in engen Temperaturintervallen geeicht werden [2]. Kohle-Widerstände (Allen & Bradley) sind weniger gut reproduzierbar, dafür aber einfacher zu eichen.

Literaturverzeichnis zu Kap. 9

Bücher, Berichte u. Dissertation:

1. Bochirol, L.; et al.: Les installations cryogéniques pour irradiations des réacteurs Mélusine et Siloé, Rapp. CEA-R-2514, Juli 1967.
2. Cataland, G.; Plumb, H. H.: Calibration of GermaniumThermometers from 2°—20 °K.
   pp. 153—163 in: Pure and Applied Cryogenics, Vol. 6, Oxford, London: Pergamon Press 1966.

3. CONTE, R. R.: Dispositif d'irradiation en pile à 20 °K. pp. 395—401 in: Pure and Applied Cryogenics, Vol. 6. Oxford, London: Pergamon Press 1966.
4. DOOSE, C.: Tieftemperaturanlagen der Kernforschungsanlage Jülich. S. 131—148 in: Dechema-Monographien, Bd. 58, Weinheim: Verlag Chemie 1968.
5. GRAVE, H. F.: Elektrische Messung nichtelektrischer Größen, 2. Aufl., Frankfurt: Akademische Verlagsgesellschaft 1965, S. 461.
6. HEMMERICH, J.: Aufbau einer Anlage zur Bestrahlung mit Elektronen bei tiefen Temperaturen, Diss. TH Aachen, 1969.
7. KOEPPE, W.: Tieftemperaturtechnik, München: Thiemig-Taschenbuch (in Vorbereitung).
8. LION, K. S.: Instrumentation in scientific research, New York: McGraw Hill 1959.
9. Messen und Regeln in der chemischen Technik, hrsg. von J. HENGSTENBERG, B. STURM, O. WINKLER. 2. Aufl., Berlin, Göttingen, Heidelberg: Springer 1964.
10. SCOTT, R. B.: Cryogenic Engineering, New York: Van Nostrand 1959.
11. Temperature, its measurement and control in science and industry. Vol. I, Vol. II, Vol. III Part 1: Basic Concepts, standards and methods. Part 2: Applied methods and instruments. New York: Rheinhold publish. corp. 1941, 1955, 1962.
12. WALKER, A. J.; LESSELS, J.: Maßnahmen zur Erzielung kleinster Wärmeverluste in Flüssiggasleitungen für Forschungszwecke. In: Dechema-Monographien, Bd. 58, Weinheim: Verlag Chemie 1968 S. 149—163.
13. WHITE, G. K.: Experimental Techniques in Low Temperature Physics, 2nd Ed. Oxford: Clarendon Press 1968.
13a. STELZER, F.: Wärmeübertragung und Strömung, München 1971 Thiemig Taschenbuch. Bd. 18.

Zeitschriften:

14. Kältetechnik **22**, 14 (1970).
15. Kerntechnik **10**, 315 (1968) [16] 325.
17. Rev. Sci. Instrum. **30**, 98 (1959).
18. Atompraxis **12**, 1 (1966).

10. Elektrotechnik und Elektronik

10.1 Die Instrumentierung von Versuchsanordnungen

(A. PREUSSNER)

1. Die Funktionen der Instrumentierung:

Eine Versuchsanordnung besteht im vollständigsten Fall aus einem Strahlsystem, einem Kreislaufsystem und der Instrumentierung. Bei der Reaktorbestrahlungsanordnung Abb. 1 besteht das Strahlsystem aus drei Rigs Abb. 12.64, das Kreislaufsystem aus Kühl-, Regel-, Spül- und

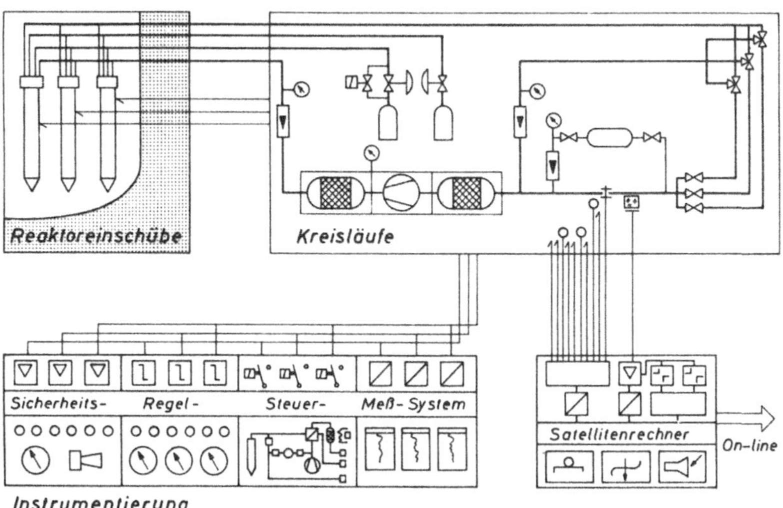

1 Versuchsanordnung

Vakuumkreisläufen, die Instrumentierung aus Sicherheits-, Regel-, Steuer- und Meßsystem. Von rechts nach links fortschreitend übernehmen Rechner nach und nach immer mehr Funktionen der Instrumentierung, beim Prozeßrechner nahezu alle.

Die Funktionen der Instrumentierung zeigt Abb. 2. Im physikalischen Raum (s. Kap. 1) erzeugen Meßfühler Signale mit elektrischem Ausgang. Sie liefern über den Signalraum Nachrichten in den Informationsraum. Vom Informationsraum werden mit Handstellern (Taster oder Schalter) Befehle in den physikalischen Raum übermittelt, die durch Stellglieder, z. B. Stellmotoren, ausgeführt werden.

Das *Meßsystem* liefert Informationen, deren Anzeige $x_a(t)$ stets proportional der Meßgröße $x_e(t)$ sein soll, d. h. ohne Fehler, ohne Verzögerung und ohne Verzerrung.

Mit dem *Steuersystem* [6] lassen sich Versuchs- oder Betriebsparameter im physikalischen Raum ändern. Dabei soll die Änderung des Parameters Δx eine eindeutige Funktion der Verstellung ΔS sein, abzulesen auf einer Einstellskala, häufig noch quittiert durch ein Leuchtsignal oder eine Messung. Komplizierte Schaltvorgänge führt man mit einer Programmsteuerung (z. B. Schaltwalze) durch.

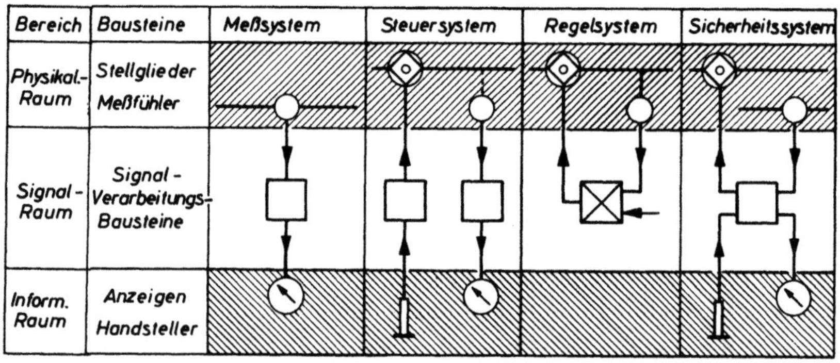

2 Schema einer Instrumentierung

Das *Regelsystem* soll bestimmte Versuchs- oder Betriebsparameter konstant halten. Man bezeichnet den zu regelnden Parameter als Regelgröße, den Wert, auf den sie eingeregelt werden soll, als Sollwert, den Wert, den sie zu einem bestimmten Zeitpunkt hat, als Istwert. Der Istwert kann mit Hilfe eines Meßgrößenaufnehmers, z. B. als elektrische Spannung dargestellt werden, der Sollwert als konstante Spannung vorgegeben sein. Die Regeleinrichtung ändert nun über ein Stellglied durch eine Stellgröße y die Regelgröße so, daß die Regelabweichung x_w zwischen Istwert und Sollwert verschwindet. Die Regelgröße wird auf diese Weise konstant auf dem Sollwert gehalten, unabhängig von Art und Wert der Störgrößen, solange sie innerhalb des Regelbereichs bleiben.

Erwünscht ist ein Zeitverhalten, bei dem die Regelung möglichst unverzögert erfolgt und die Regelgröße möglichst wenig um den Sollwert pendelt. Man erreicht dies, indem man die Stellgröße y als eine bestimmte Mischung aus 3 Anteilen einstellt: dem Proportionalanteil $y_P \sim x_w$, dem Integralanteil $y_I \sim \int x_w \, \mathrm{d}t$ und dem Differentialanteil $y_D \sim \frac{\mathrm{d}x_w}{\mathrm{d}t}$

(PID-Regler). Der Regelkreis liegt (mit Ausnahme zusätzlicher Anzeiginstrumente) in sich geschlossen im Signalraum. Neben der Festwertregelung setzt man z. B. für die Optimierung mit einem Prozeßrechner die Folgeregelung ein.

Das *Sicherheitssystem* soll bei Gefahr ein System in einen sicheren Zustand überführen. Die Gefahr wird durch die Grenzwertüberschreitung der Sicherheitsparameter z. B. Druck, Temperatur, Durchfluß, Leckage und Aktivität angezeigt. Die Anzeige löst entweder Warnsignale aus oder bewirkt automatisch Eingriffe in das System. Die dafür erforderliche Auslegung des Sicherheitssystems erreicht man durch eine Störfallanalyse, d. h. eine systematische Untersuchung von Störfällen und Gegenmaßnahmen.

Große Anlagen unterwirft man einer *Zuverlässigkeitsanalyse* (J. Oehmen). Unter der Zuverlässigkeit eines Systems [6] versteht man die Wahrscheinlichkeit, die vorgesehene Aufgabe unter bestimmten Betriebsbedingungen während einer bestimmten Zeitspanne zu erfüllen. Die Analyse wird besonders anschaulich durch die Aufstellung eines Fehlerbaums, der eine graphische Übersicht über die Ausfallkombinationen der Bauteile gibt, die zu einem unerwünschten Ereignis, z. B. einem Unfall oder einem Ausfall führen [15].

Voraussetzung für die Aufstellung des Fehlerbaums sind: eine detaillierte Systembeschreibung mit Angabe der vorgesehenen Betriebszeit sowie der Wartungs- und Testintervalle, Festlegung des Betriebszustandes, für den die Analyse durchgeführt werden soll, Definition des unerwünschten Ereignisses und der dazugehörigen Ausfallkriterien und Untersuchung der Folgen des Ausfalls der Bauteile auf die Systemfunktion. Für jedes Bauteil werden die möglichen Ausfallarten, deren Ursache sowie die entsprechende Wirkung auf das System angegeben. Weiter werden die Ausfallraten und Reparaturzeiten eingetragen. Mit diesen Angaben wird der Fehlerbaum erstellt und mit Hilfe eines geeigneten Rechenprogramms wird nun die Eintrittswahrscheinlichkeit des unerwünschten Ereignisses bestimmt.

Abb. 3a zeigt einen Ausschnitt aus einem Fehlerbaum für eine Kompressor-Reserveschaltung zum Spülkreislauf eines Reaktorexperiments. Alle Eingänge in den Fehlerbaum werden zu einem Ausgangszustand, hier dem Versagen des Kreislaufs, verknüpft. Die Symbole für Eingänge und Verknüpfungsarten zeigt Abb. 3b.

Bei Ausfall des Betriebskompressors (durch einen Schaden des Kompressors, durch Ausfall der Energieversorgung oder durch eine falsche Ansteuerung) soll auf den Reservekompressor umgeschaltet werden. Diese Umschaltung funktioniert nicht, wenn entweder die Instrumentierung den Fehler nicht anzeigt (gleichzeitiges Versagen der Druck-, Durchfluß- und Stromüberwachung) oder der Operateur die

Anzeigen nicht wahrnimmt bzw. falsch abliest oder die Umschaltung des Kompressors durch den Operateur unterbleibt. Funktioniert die Umschaltung, so hat der Reservekompressor wiederum die gleichen Ausfallmöglichkeiten wie der Betriebskompressor.

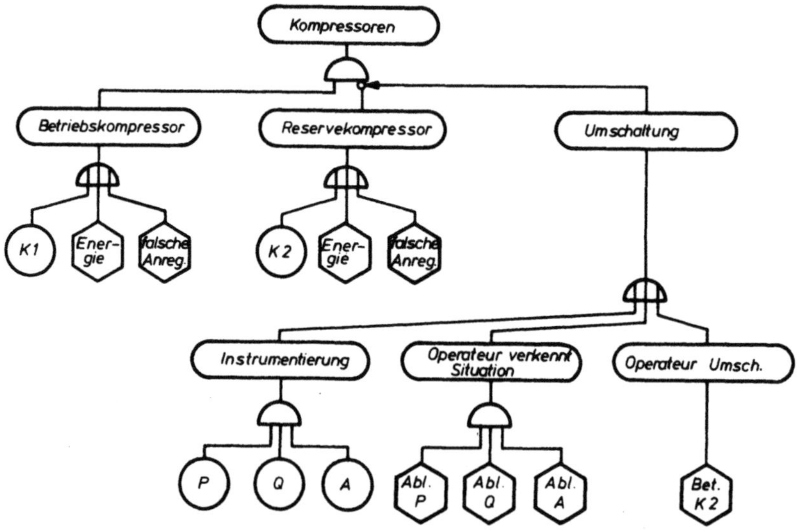

3a Ausschnitt aus einem **Fehlerbaumdiagramm** (Reserveschaltung)

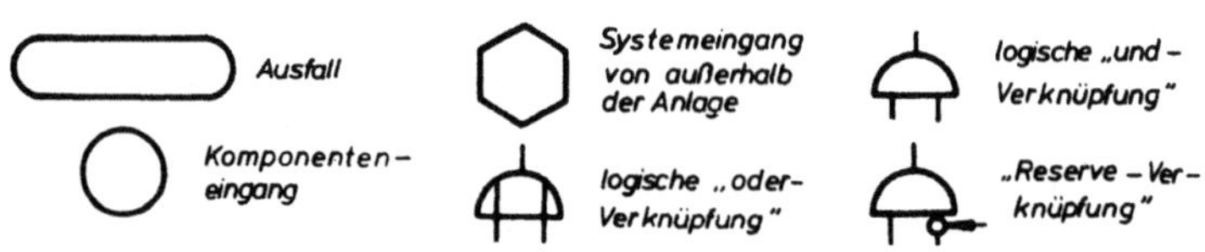

3b Fehlerbaum-Symbole

2. Bausteine der Instrumentierung (L 10.1):

Die Bausteine der Instrumentierung teilen wir dem Wirkungsablauf entsprechend ein in Meßfühler, Umformer, Verknüpfungen, Anzeigegeräte, Handsteller und Stellglieder. Als letztes betrachten wir Gestelle, Gehäuse und Geräteschränke.

a) Meßfühler: Mechanische Vorgänge, z. B. Verschiebungen, Berührungen, Anschläge usw. lassen sich mit *Mikroschaltern* überwachen. Abb. 4 zeigt einen zweipoligen Umschalter (B 89), bei dem ein langer, dünner Schalthebel nach Erreichung des Schaltpunktes eine Umschaltung vornimmt, Abb. 6 einen einfachen Federkontakt. Zeitlich sehr exakte Stromunterbrechungen gibt der *Stoßschalter* 5. Eine Blattfeder drückt

Bausteine der Instrumentierung L 10.1

	Meßfühler allgemein		Anzeigegerät analog
	Druckfühler	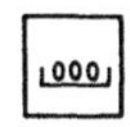	Anzeigegerät digital
	Temperaturfühler	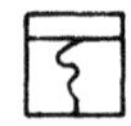	Schreiber
	Durchflußfühler		Drucker, Fernschreiber
	Leckfühler		Locher (Stanzer und Leser)
	Aktivitätsfühler		Sichtgerät
	Referenz-Spannung		Warnlampe
	Uhr, Zeitgeber Programmschalter		Blinklampe
	Umsetzer, Netzgerät Gleichrichter (— ∼)		Summer
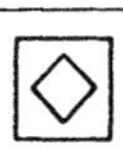	Brückenschaltung		Handsteller
	Verstärker	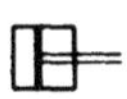	Druckluftantrieb
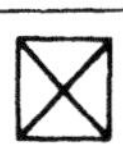	Regler		Membran-Steller (pneumatisch)
	Größtwertmelder	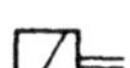	Magnet-Steller
	Kleinstwertmelder	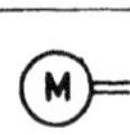	Motor-Steller
	Größt- und Kleinstwert-melder	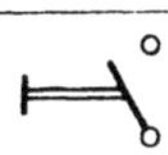	Handschalter
	Verknüpfungsbaustein	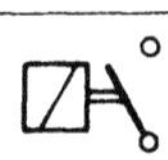	Relais

seinen Schalthebel gegen einen festen Kontakt. Wenn er durch einen bewegten Körper weggeschlagen wird, klappt er um 90° um. Beim Zurückgehen wird er wieder in die Ausgangslage zurückgeführt.

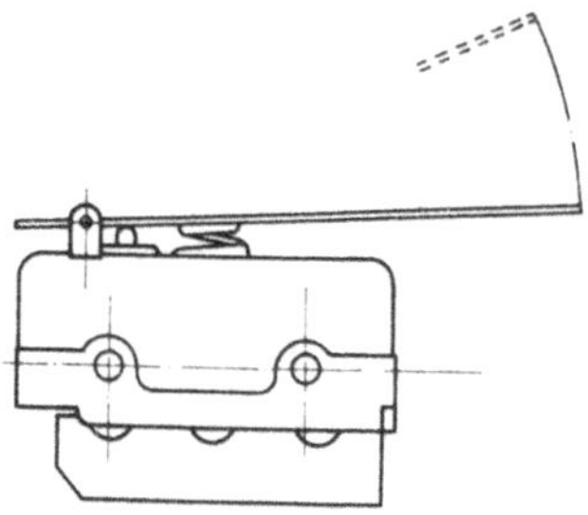

4 Zweipoliger Umschalter

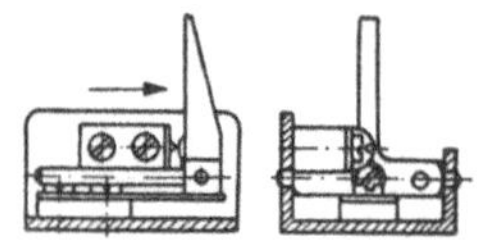

5 Stoßschalter

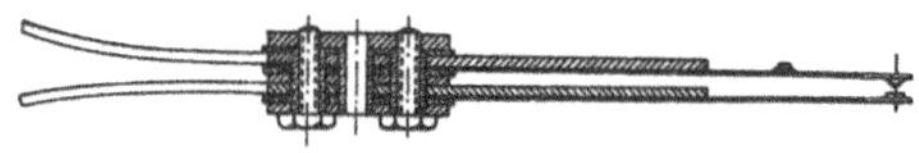

6 Federkontakt

Die *kontinuierliche Füllstandsmessung* nach Abb. 7 (B 49) arbeitet nach folgendem Prinzip: Eine stabförmige Elektrode bildet mit dem Gefäß, in dem der Füllstand gemessen werden soll, einen Kondensator K 2, der Teil einer Wechselstrombrücke ist. Seine Kapazität ändert sich

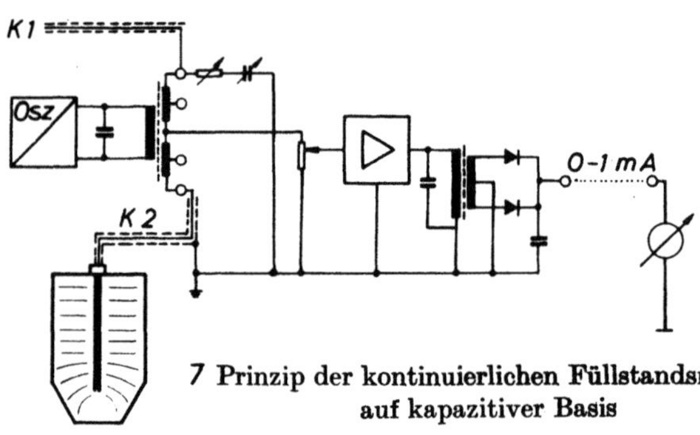

7 Prinzip der kontinuierlichen Füllstandsmessung auf kapazitiver Basis

mit der Füllhöhe des Füllgutes. Änderungen der Füllhöhe führen also zu einer Verstimmung der Brücke. Die in der Brückendiagonale auftretende Spannung wird über Verstärkung und Gleichrichtung in ein zur Füllhöhe proportionales Gleichstromsignal umgewandelt.

Bei Drücken werden Grenzwertüberschreitungen von einem *Druckschalter* (Abb. 8) (B 60, B 13) angezeigt. Der Grenzwert läßt sich durch Vorspannung einer Membran mit einer Feder auf etwa 5% genau einstellen. Auf etwa 2% genau arbeitet das *Kontaktmanometer* Abb. 9 (B 7). Für die Messung von Druckdifferenzen stellt die *Bartonzelle* (10) (B 82) ein überdrucksicheres Meßwerk dar. Sie enthält zwei mit Flüssigkeit gefüllte Membrankörper, die durch eine Ventilstange verbunden sind. Die durch den Differenzdruck erzeugte Verschiebung dieser

Membrankörper wird durch die Stange über einen Fühlhebel auf ein Torsionsrohr übertragen und erscheint als Drehwinkel der Meßwerkwelle. Bei starkem Überdruck wird durch die auf der Ventilstange sitzenden Scheiben die Verbindung zwischen den Membrankörpern unterbrochen, so daß sie vor Zerstörung geschützt sind.

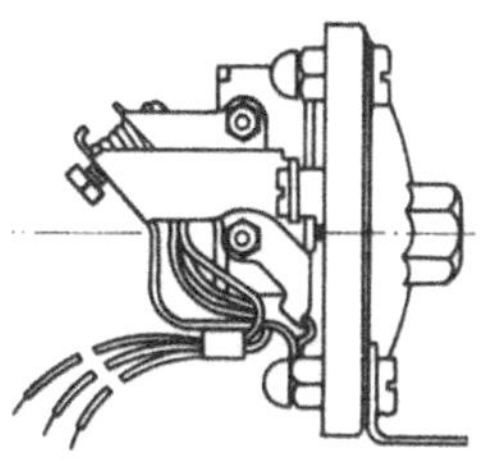

8 Druckschalter

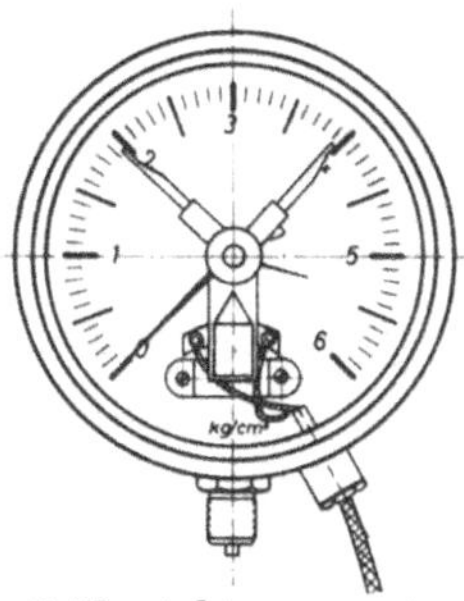

9 Kontaktmanometer

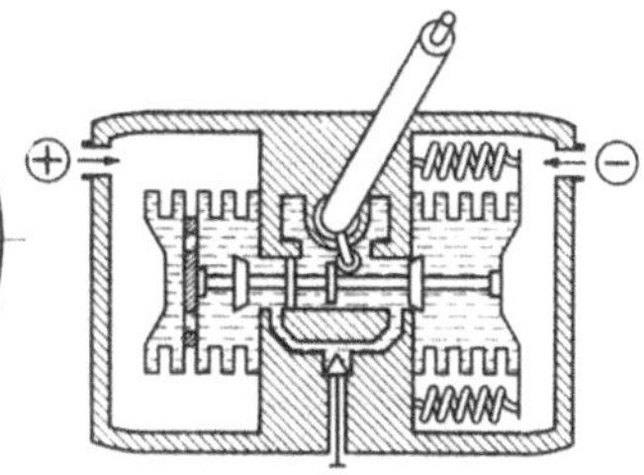

10 Bartonzelle

b) Bausteine zur Meßwertverarbeitung: Als Stromquelle für Brückenschaltungen, Potentiometer usw. dient die *Konstantstromquelle* 11 (B 97). Die Ausgleichseinrichtung (Kompensationsdose) 12 (B 97)

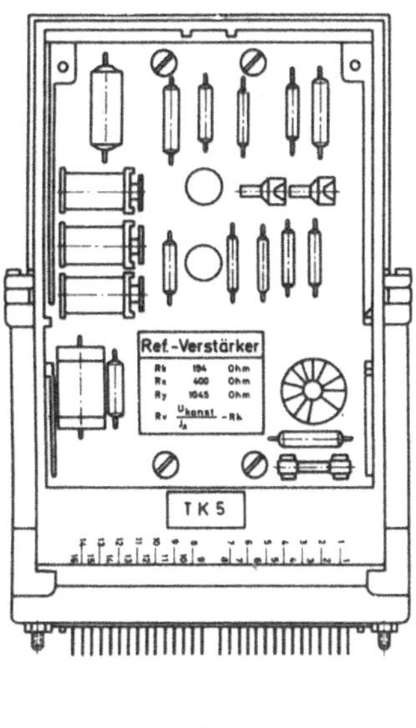

11 Konstant-Stromquelle, Eingang: 220 V ~, Ausgang: 1 mA ± 0,2% (oder 10 mA)

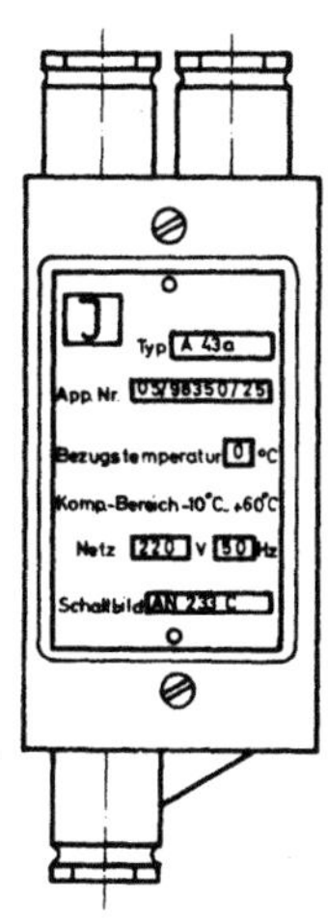

12 Ausgleichseinrichtung zur Kompensation von äußeren Temperaturschwankungen zwischen 0 °C und 50 °C auf ± 1 °C

kompensiert Temperaturänderungen in einer Thermoelementanordnung nach Abb. 9.36. Zur Verstärkung von Thermospannungen wird der *Gleichstrom-Meßverstärker Knick* 13 (B 100) eingesetzt. Die Über- bzw. Unterscheitung von Grenzwerten zeigt der *Grenzwertmelder* 14 (B 82) an.

Dies geschieht, wenn die am Meßgerätezeiger sitzende Metallfahne zwischen zwei Spulen hindurchtritt. Sie verstimmt dann die Rückkopplung eines Oszillatorkreises, so daß ein über einen Transistor angesteuertes Relais stromlos wird.

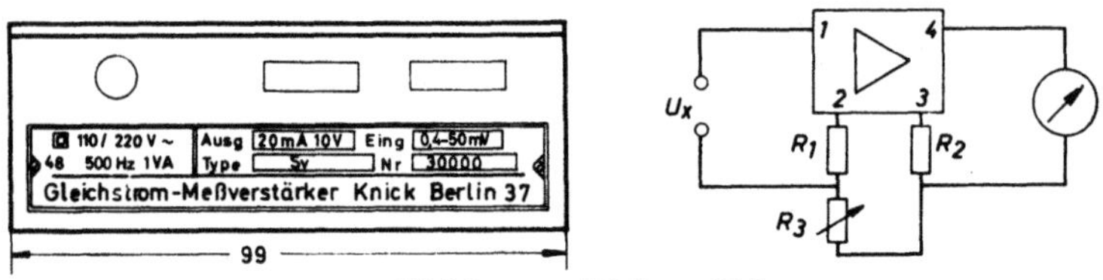

13 Gleichstrom-Meßverstärker,

Ausgang 0 bis 20 mA beim Eingang 0,4 bis 50 mV

Einstellbare Rückkopplung des Verstärkers

Zur Regelung eines Stellantriebs über einen elektropneumatischen Signalumformer (s. Abb. 26) verwendet man den *Tric-Regler* Abb. 15 (B 82). Eine dem Istwert proportionale Spannung wird am Eingangswiderstand dieses Reglers durch den Meßstrom (z. B. aus dem Verstärker (13)) gebildet. Die Sollwertspannung wird am Potentiometer

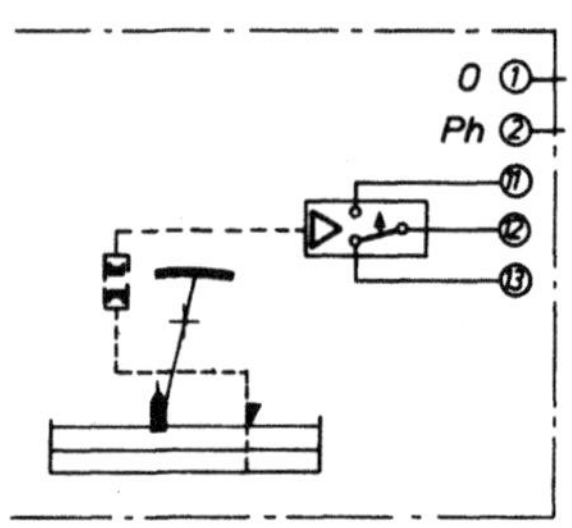

14 Grenzwertmelder

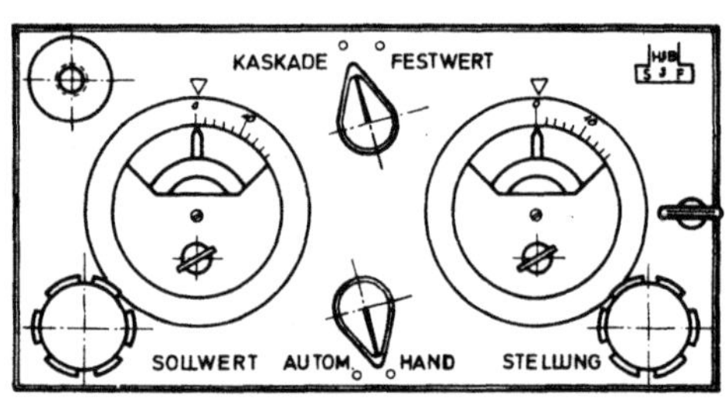

15 PID-Regler

in % des Regelbereichs eingestellt. Die Differenz der beiden Spannungen wird als Regelabweichung einem Verstärker zur Bildung der Stellgröße zugeführt. Mit Hilfe einer Kondensator-Widerstandsschaltung in der Rückkopplung des Reglerverstärkers wird entsprechend dem zeitlichen Verhalten der Regelabweichung das PID-Verhalten eingestellt. Auf den Skalen können Regelabweichung und Stellung des Stellglieds abgelesen werden. Mit den Einstellknöpfen lassen sich der Sollwert und das Stellglied verstellen. Mit dem Umschalter kann man auf Handregelung umstellen.

c) Verknüpfung: Zur Verarbeitung der Grenzwertsignale in einem Sicherheitssystem werden „Signalbausteine“ [14] eingesetzt. Der

Signalbaustein Abb. 16 nimmt das Grenzwertsignal an, hält es fest bis zu einer Rückstellung durch den Experimentator und leitet es zugleich weiter zur Folgeschaltung und zum Signallampenfeld. Für jeden Signalgeber ist ein eigener Baustein erforderlich.

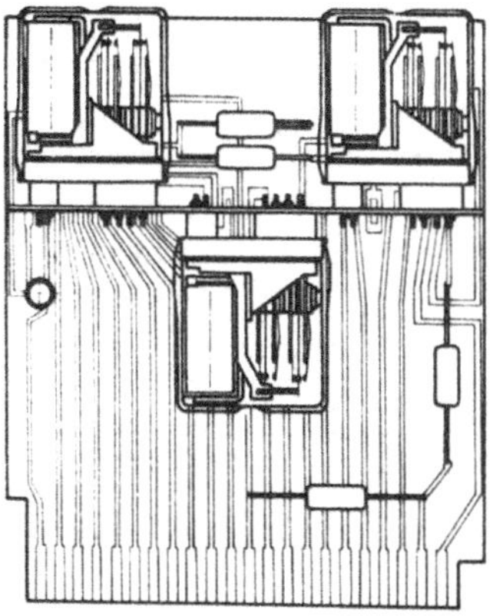

16 Signalbaustein

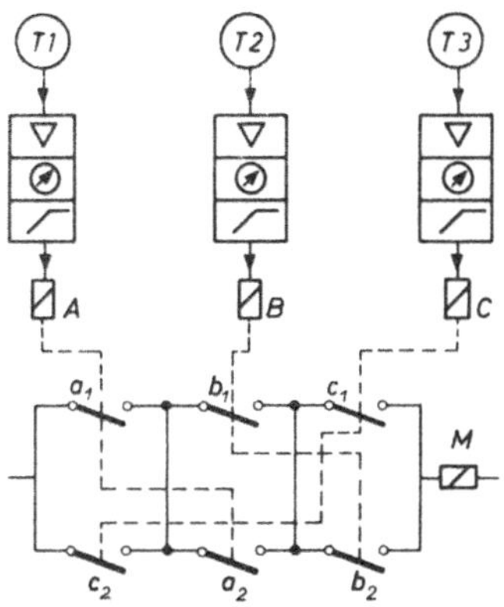

17 2-von-3-Schaltung

Die Folgeschaltungen für Überwachungskanäle sind nach dem Ruhestromprinzip ausgelegt. Alles was zu schwerwiegenden Eingriffen führt, ist „fail safe" und in 2-von-3-Schaltung ausgeführt. Eine solche Schaltung zeigt Abb. 17. Sie ist als Folgeschaltung für drei Meßfühler, z. B. die Thermoelemente T 1, T 2 und T 3 ausgebildet. Solange in keinem der Meßfühler eine Grenzwertüberschreitung auftritt, sind nach dem Ruhestromprinzip sämtliche Kontakte a_1, a_2, b_1, b_2, c_1, c_2 der Relais A, B und C geschlossen und der Magnet M des Stellglieds von Strom durchflossen. Treten nun in mindestens zwei der Meßfühler Grenzwertüberschreitungen auf, so öffnen die 2 an sie angeschlossenen Relais ihre 4 Kontakte, es kommt zu einer Unterbrechung des Stroms und damit zu einer Betätigung des Stellglieds.

d) Anzeigegeräte: Neben den konventionellen Zeigerinstrumenten (Drehspulinstrumenten) werden zur Registrierung *Kompensationsschreiber* eingesetzt. Ihr Prinzip zeigt Abb. 18 am Beispiel eines Temperaturschreibers. Die Thermospannung w wird mit einer am Schleifdrahtpotentiometer abgegriffenen Spannung x verglichen. Die Spannungsdifferenz $w - x$ wird über einen Zerhacker und einen Verstärker zu einem Wechselstrom verstärkt, dessen Phasenanlage vom Vorzeichen der Differenz abhängt und der den Stellmotor solange in einer bestimmten Richtung dreht und dabei über einen Seilzug das Potentiometer verstellt bis diese Differenz praktisch verschwindet. Der Zeiger zeigt dann auf der Skala den Wert $x = w$ an. Abb. 19 zeigt einen *Kompensations-Punktschreiber* (B 152). Er kann in 24 s bis zu 12 Meßstellen abtasten

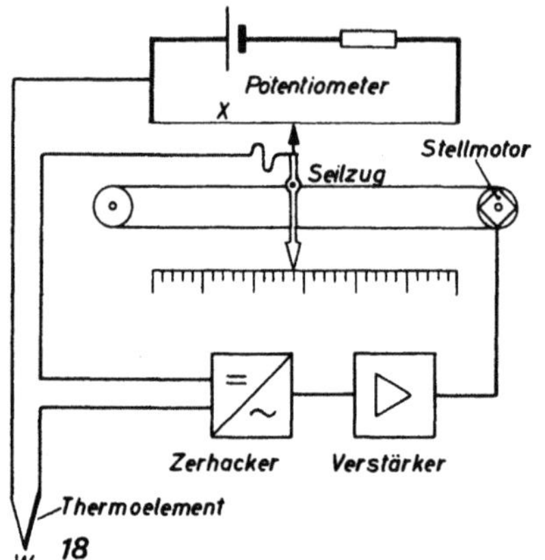

18 Prinzip des Kompensationsschreibers

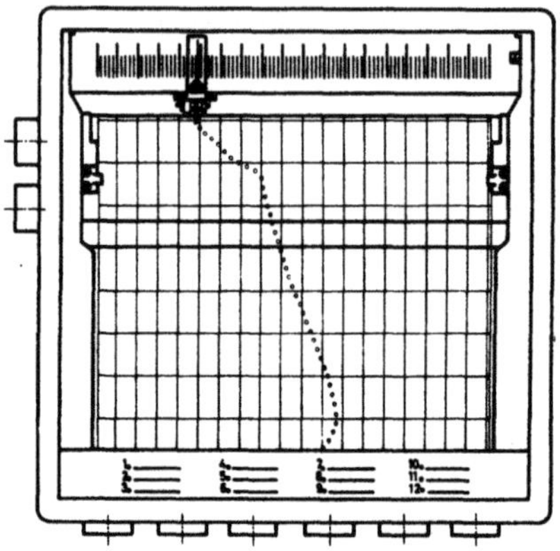

19 Kompensations-Punktschreiber

und die Werte auf einem Papierband registrieren. Dessen Geschwindigkeit läßt sich zwischen 10 mm/h und 240 mm/h einstellen.

Zur Registrierung der Betriebsdauer werden *Betriebsstundenzähler* nach Abb. 21 (B 73) eingesetzt. Warnungen erfolgen mit einem Summer oder mit Signalleuchten (20a) (B 56), die auch als Blinklampen geschaltet werden können.

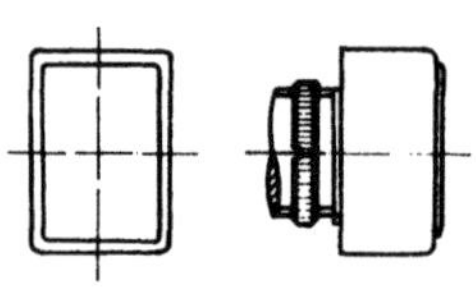

20a Signalleuchte

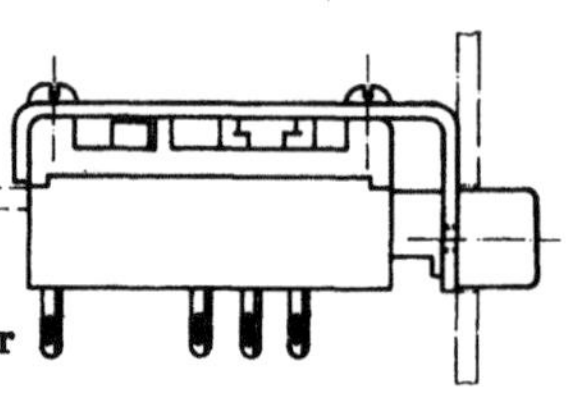

20b Leuchtschalter

e) Handsteller und Programmschalter: Handsteller werden der Übersichtlichkeit halber häufig in einem Fließschaltbild nach Abb. 32 untergebracht. Man verwendet die üblichen Kippschalter. Wo unbefugtes Einschalten verhindert werden muß, setzt man Schlüsselschalter (B 99) ähnlich den Zündschaltern bei Kraftwagen ein. Kreislaufkomponenten werden mit *Leuchtschaltern* nach Abb. 20b geschaltet, die den Schaltvorgang durch Aufleuchten quittieren. Auf der Frontfläche der Leuchttaste wird ein Schaltzeichen der zu schaltenden Komponente aufgemalt. Schaltvorgänge, bei denen genau einzuhaltende Zeitabstände vorgeschrieben sind, werden über ein *Zeitrelais* (22) (B 141) gesteuert, bei dem Zeiten zwischen 1/10 s und 60 h einstellbar sind. Eine Folge von 12 zeitlich beliebig abgestuften Schaltvorgängen läßt sich mit der

Schaltwalze (23) durchführen. Sie trägt auf einem Zylinder 24 Schaltkämme, von denen jeder einen Winkel von 180° erfaßt. Je zwei Kämme

21
Betriebsstundenzähler

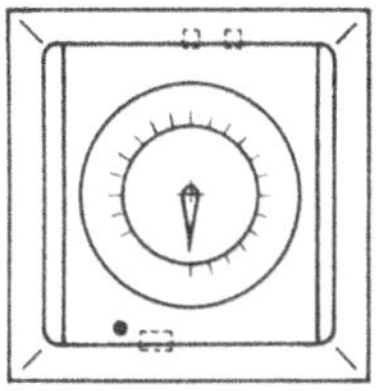

22
Zeitrelais

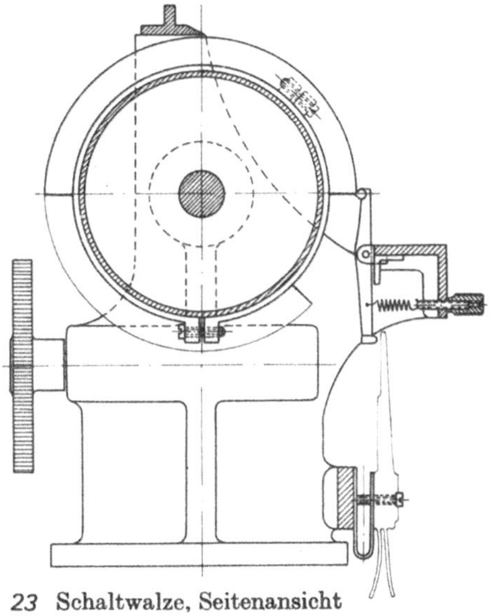

23 Schaltwalze, Seitenansicht

liegen dicht zusammen. Sie lassen sich gegeneinander verdrehen, so daß sich eine Schaltlücke zwischen 0° und 180° einstellen läßt, in der über einen Zwischenhebel ein Federkontakt geschlossen wird.

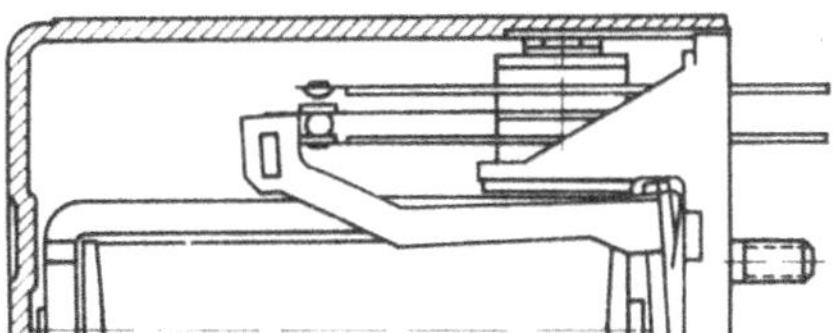

24 Kammrelais

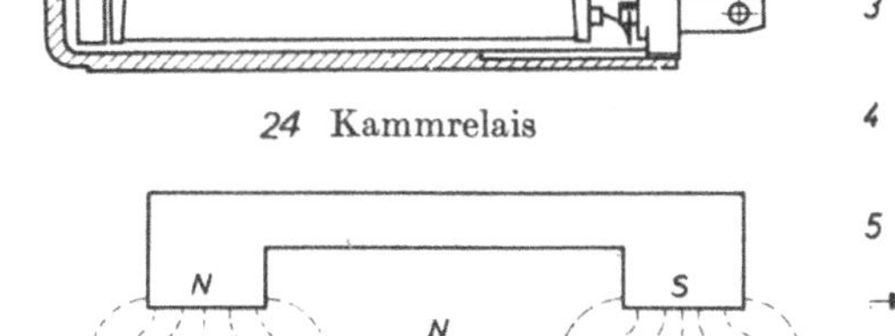

25 Reed-Relais (Schutzgas-Magnetschalter)

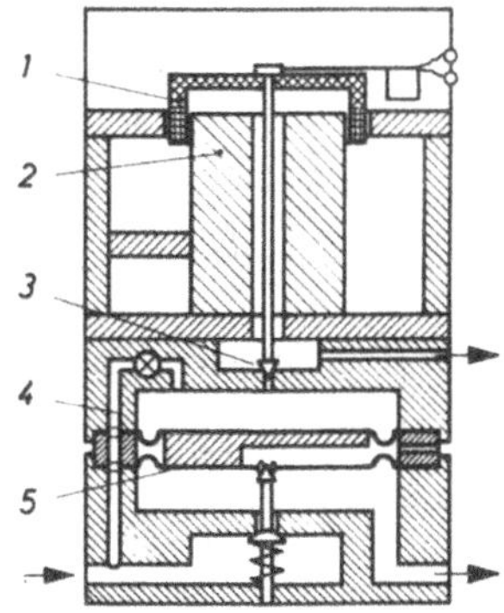

26
Elektropneumatischer
Signalumformer

f) Stellglieder: Stellglieder werden meist über Relais und Schütze geschaltet. Abb. 24 zeigt ein häufig verwendetes *Kammrelais* (B 153).

Eine erhöhte Sicherheit gegen Kontaktfehler zeigen die *Schutzgasmagnetschalter* (Reed-Relais) (25) (B 75) mit Kontakten aus ferromagnetischem Material, die sich im Magnetfeld eines Elektromagnetes schließen oder öffnen.

Zum Betrieb von pneumatisch gesteuerten Ventilen braucht man oft *elektropneumatische Signalumformer* (26) (B 120). Als Eingangsgröße wird der von einem Regler gelieferte Signalstrom (0—20 mA) auf die im Spalt eines Permanentmagneten 2 sitzende Tauchspule 1 gegeben. Sie verstellt mit dem Kegel 3 den Ausgang des Abzweigkanals 4 der Zuluftleitung derart, daß die Membran 5 auf Grund des resultierenden Druckes den Durchgang für die Zuluft mit Hilfe des unteren Ventils so einregelt, daß bei einer Zuluft von $1{,}4 \pm 0{,}1$ bar Druck der pneumatische Ausgang zwischen 0,2 und 1 bar liegt und proportional der Eingangsgröße ist.

Für alle Bausteine der Instrumentierung müssen Angaben über die Zuverlässigkeit bzw. Ausfallrate bekannt sein, ebenso wie die häufigsten Ausfallursachen und die Wirksamkeit der Beanspruchungsprüfung (s. [6] S. 116 und 117).

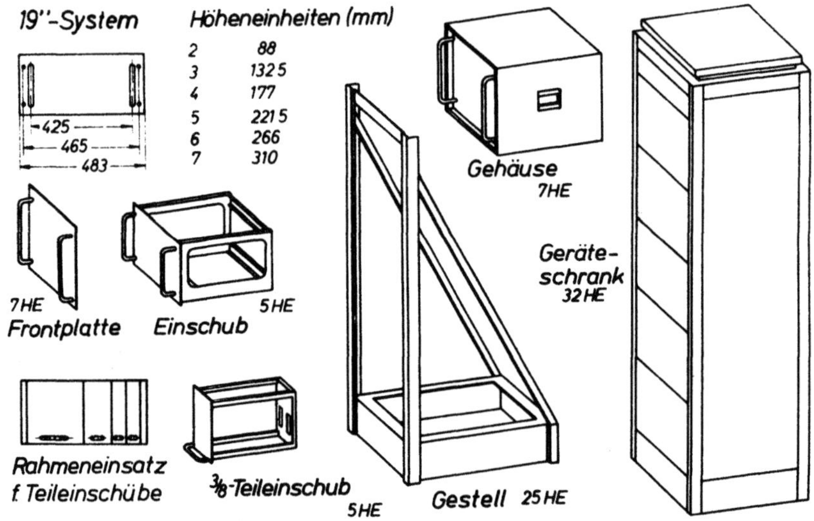

27 19''-System

g) Gestelle, Gehäuse und Geräteschränke: Im 19''-System Abb. 27 sind Frontplatten, Einschübe, Teileinschübe, Gestelle, Gehäuse und Geräteschränke genormt. Die Frontplatten haben eine Breite von 19'' = 483 mm. Die Höhe ist in Höheneinheiten (ca. 44 mm) festgelegt (B 82).

Entwurf einer Instrumentierung I. L 10.2

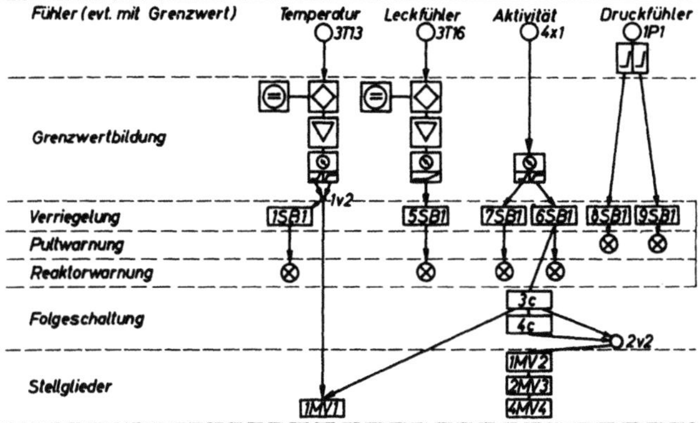

28 Übersichtsschaltplan

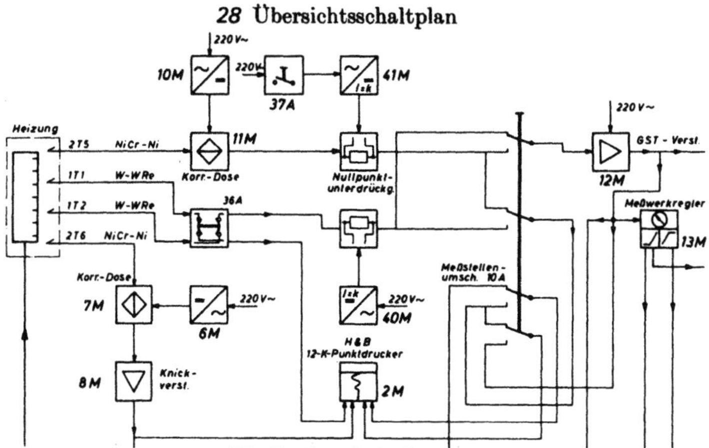

29 Geräteschaltplan

Kurz-zeichen	Zeichn.-Nr.: 3LV	Meßstelle	Hersteller	Bezeichnung	Typ	Signal		Versorgung	Fehler
						Eingang	Ausgang		
1M	805		Siemens & Halske	12-Kan.-Pkt.-Druck.	Kompensograph			220V ~	± 0,25 %
2M	807		Hartm. & Braun	12-Kan.-Pkt.-Druck.	Polycomp			220V ~	± 0,25 %
3M	811	1X1	Siemens & Halske	Strahlen-Monitor	M 3			220V ~	
4M	812	2X2	Siemens & Halske	Strahlen-Monitor	M 3			220V ~	
6M	807	2T6	Hartm. & Braun	Netzgleichr.	AZG		6V=	220V ~	
7M	807	2T6	Hartm. & Braun	Korrekt.-Dose	TTYR				
8M	807	2T6	Knick	Meßverstärker	Uv	5-500 mV	20 mA		
9M	807	2T6	Hartm. & Braun	Meßwerkregler	Indin 192	20 mA			± 1%
10M	807	2T5	Hartm. & Braun	Netzgleichr.	AZG				
11M	807	2T5	Hartm. & Braun	Korrekt.-Dose	TTYR				
12M	807	1T1/1T2/2T5	GST	Meßverstärker	METT	0-25 mV	0-50 mA		± 0,5%
13M	807	1T1/1T2/2T5	Hartm. & Braun	Meßwerkregler	Indin 192				± 1%
14M	807	1T1/1T2/2T5	Siemens & Halske	elektr. PI-Regler	Teleperm KE	0-50 mA	0-50 mA		
15M	807	1T1/1T2/2T5	Hartm. & Braun	Meßwerkregler	Indin 144	10 mV			± 1%
16M	810		Giesenhagen	Thyrist.-Steuers.	Gisivar TWS 8				

30 Geräteliste

3. Entwurf einer Instrumentierung (L 10.2, L 10.3):

Für die Entwicklung jedes Systems wird ein Übersichtsschaltplan entworfen. Zur Darstellung der Bausteine benutzt man die in L 10.1 dargestellten Zeichen.

Abb. 28 zeigt den *Übersichtsschaltplan* eines Sicherheitssystems. Es zerfällt in einzelne Kanäle, von denen jeder mit einem Meßfühler für einen Sicherheitsparameter beginnt. Aus den Signalen werden in der zweiten Stufe Grenzwerte ausgesiebt, die in der dritten Stufe Warnungen oder Verriegelungen auslösen und in einer Folgeschaltung entweder allein oder mit den Signalen anderer Kanäle zu Stellsignalen für bestimmte Stellglieder der Anlage verarbeitet werden.

Aus dem Übersichtsschaltplan läßt sich der *Geräteschaltplan* Abb. 29 eines Systems ableiten. Hier wird die funktionelle Verknüpfung der handelsüblichen Geräte dargestellt, aus denen das System aufgebaut werden soll. Mitunter müssen Sonderanfertigungen oder Eigenentwicklungen eingesetzt werden.

Anhand des Geräteschaltplans wird die *Geräteliste* Abb. 30 aufgestellt. Sie enthält für jedes Gerät Bezeichnung, Hersteller und Spezifikationen, d. h. alle Angaben, die zur Bestellung erforderlich sind.

Wenn die Geräte bzw. verbindliche Angaben über die vorgesehenen Geräte vorliegen, kann der *Stromlaufplan* Abb. 31 gezeichnet werden. Er zeigt ohne Rücksicht auf Klemmen, Sammelschinen usw. alle elektrischen Verbindungen so, wie sie der Funktionsablauf in Geräten und im System erfordert.

Nach diesen Arbeiten kann man mit der konstruktiven Ausbildung der Baugruppen beginnen. Als erstes wählt man geeignete Schaltschränke, Gehäuse oder Einschübe aus. Für kleinere Anlagen legt man die Normen des 19″-Systems Abb. 27 zugrunde.

Anhand der Abmessungen von Geräten und Schränken und des Stromlaufplans wird nun die zweckmäßige räumliche Anordnung der Bausteine, d. h. der Schrankbelegungsplan und der Pultplan festgelegt. Es ist darauf zu achten, daß alle Geräte für Anschluß und Reparatur zugänglich bzw. auswechselbar sind. Alle der Beobachtung und Steuerung dienenden Geräte sollen dabei an der Frontplatte sitzen.

Um die Steuerung einer Anlage zu erleichtern, ordnet man alle dazu notwendigen Handsteller und Anzeiger in Form eines Fließschaltbilds Abb. 32 an. Dazu zeichnet man auf die Frontplatte des Geräteschranks ein Kreislaufschema der zu steuernden Anlage. Alle Komponenten der Anlage, z. B. Kompressoren und Ventile, die gesteuert werden müssen, werden in diesem Schema durch Leuchtschalter vertreten, auf deren Stirnfläche ihr Schaltzeichen aufgezeichnet ist. Beim Schalten der Komponente wird der Schaltvorgang durch Aufleuchten quittiert.

Entwurf einer Instrumentierung II. L 10.3

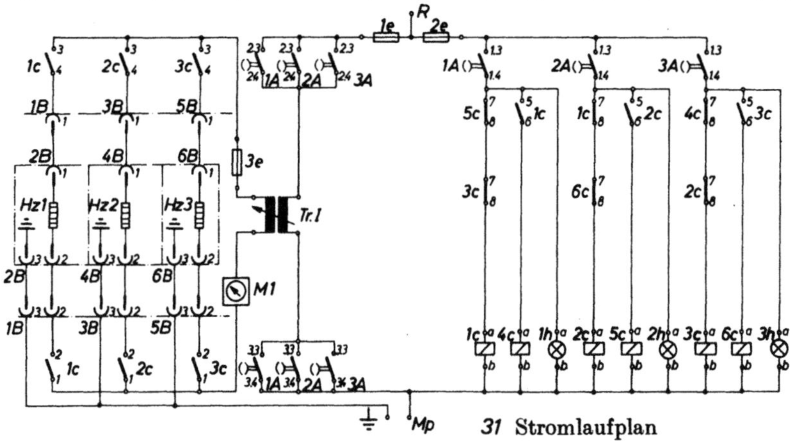

31 Stromlaufplan

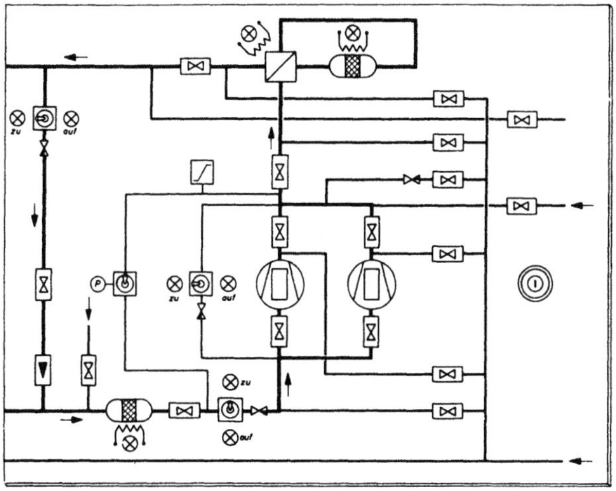

32 Fließschaltbild

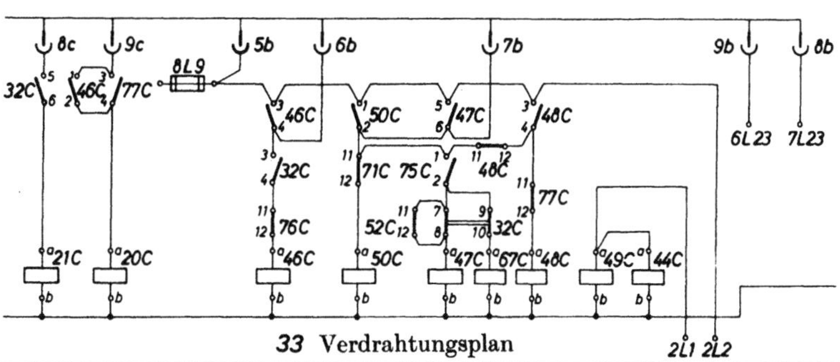

33 Verdrahtungsplan

Nach dem Pultplan und Einbauplan wird schließlich der Verdrahtungsplan (33) und der Kabelplan gezeichnet, der die Verbindungen von Klemme zu Klemme angibt. Mit diesen Plänen kann die Instrumentierung fertiggestellt werden. Nach einer Reihe von Prüfungen wird sie an die Versuchsanordnung angeschlossen.

10.2 Stromversorgung

a) Sicherheitsschaltungen:

Gegen unzulässig hohe Strombelastungen sind die Leitungen durch Sicherungen geschützt. Bei den üblichen Spannungen (220 V ~, 380 V Drehstrom) kann eine Berührung stromführender Metallteile durch Personen tödliche Folgen haben. Die Gefahr ist besonders groß bei der Montage und Reparatur elektrischer Anlagen und beim Experimentieren. Aus diesem Grund empfiehlt es sich, Sicherheitsschaltungen zu verwenden, wie sie in den VDE-Vorschriften VDE 0100 § 7N bis § 14 N zusammengestellt sind. In vielen Fällen kann man mit den ungefährlichen *Schutzkleinspannungen* bis 42 V (§ 8N) arbeiten. Bei der *Schutztrennung* nach

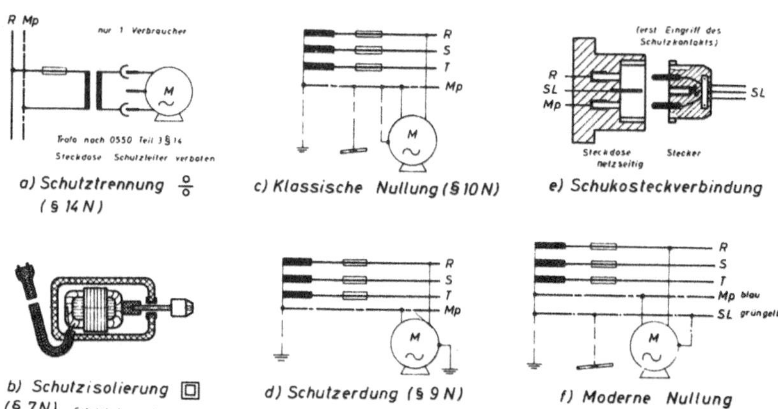

34 Sicherheitsschaltungen

Abb. 34a bleibt das Potential des Verbraucherkreises unbestimmt, so daß eine einfache Berührung harmlos ist. Bei der *Schutzisolierung* (34b) ist die Isolierung der stromzuführenden Teile von einer zweiten Isolierschicht umgeben, die mit Spannungen bis zu 4000 V geprüft wird.

Eine zweite Gruppe von Sicherheitsschaltungen beruht auf der Erdung der Gehäuse für den Fall, daß diese aus Metall sind. Man kann dazu eine *Schutzerdung* mit einer gesonderten Erdleitung nehmen (34d).

Meistens stattet man das Stromzuführungskabel mit einer geerdeten Leitung aus, entweder durch *Nullung*, d. h. Erdung des Mittelpunktleiters Mp (34c) oder mit dem Schutzleiter SL eines *Schutzleitungssystems* (34f). Bei Verwendung einer *Schukosteckverbindung* (34e) wird das Gehäuse automatisch geerdet, wenn die vom Stecker ausgehende geerdete Leitung an Masse liegt.

Einen dritten Weg zur Sicherung bietet die Fehlerschutzschaltung. Bei der *Fehlerspannung-Schutzschaltung* (35) wird das Gehäuse eines Verbrauchers mit einem speziellen Schutzleiter über die Spule eines Relais geerdet. Gelangt nun etwa über einen Isolationsfehler das Gehäuse auf ein Potential gegen Erde, so wird über das Relais ein Schütz ausgelöst, das das Netz abschaltet.

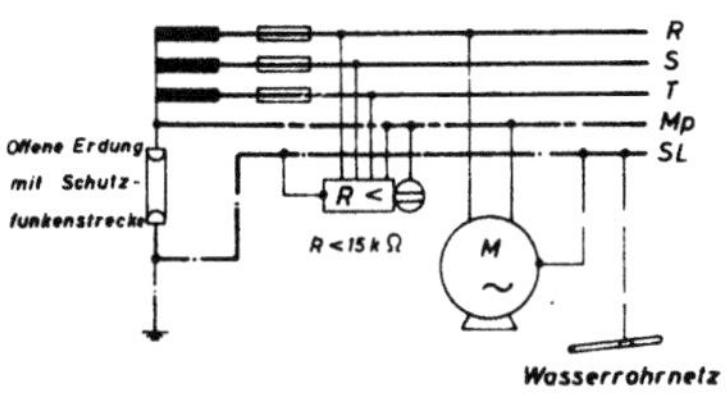

35 Fehlerspannung-Schutzschaltung

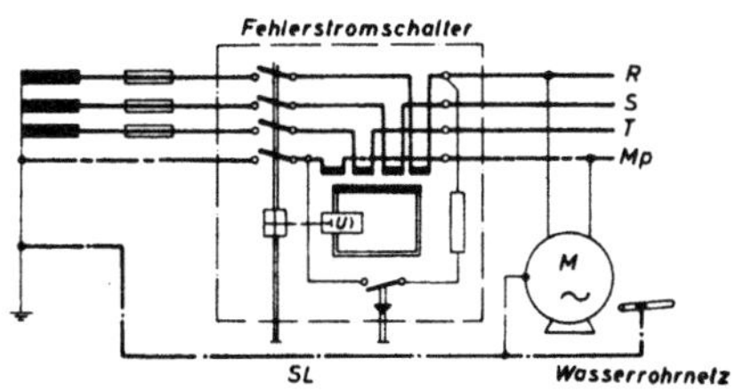

36 Fehlerstrom-Schutzschaltung

Die *Fehlerstromschutzschaltung* (36) beruht auf der Tatsache, daß bei intaktem geschlossenem Stromkreis im Verbraucher die Summe der Ströme im Zuleitungskabel Null ist. Fließt nun vom Verbraucher ein Defektstrom zur Erde ab, so muß ein resultierender Strom gleicher Stärke in der Zuleitung auftreten. In der Sekundärwicklung eines Transformators, dessen Kern die Zuleitung umschließt, wird infolgedessen eine Spannung induziert, die eine mechanische Abschaltung des Netzes auslöst. Dies geschieht z. B. bei einem Fehlerstrom von größer als 30 mA.

Beide Schutzschalter sind mit einem Taster ausgestattet, der eine Testspannung bzw. einen Teststrom auslöst, so daß die Funktionstüchtigkeit der Anlage jederzeit überprüft werden kann.

b) Störschutz:

Meßleitungen müssen gegen Störungen geschützt werden. Dazu muß man einerseits dafür sorgen, daß die Versorgungsleitungen keine Störungen erzeugen, andererseits schirmt man die Meßleitungen gegen Störungen ab. *Störungen durch Versorgungsleitungen* werden reduziert, indem man Kabelschleifen vermeidet, Hin- und Rückleitungen eng verdrillt, bei Verbrauchern z. B. Schütze, Magnetventilen, Motoren die Induktivitäten entstört, nach Möglichkeit magnetische Anschnittsteuerungen oder elektrische mit Thyristoren vermeidet und Spannungsspitzen z. B. mit Zenerdioden abfängt. Heizkörper schließt man nur über Trenntrafos an. *Meßleitungen* schützt man gegen die Einstreuungen von elektrischen Feldern durch geerdete Metallummantelung (FARADAY-Käfig). Der Störung durch magnetische Wechselfelder begegnet man, wenn man Schleifen, besonders Erdschleifen, vermeidet. Einzelne Geräte, z. B. die Multiplier von Szintillationszählern (s. Abb. 12.91) schirmt man durch Mäntel aus einer hochnickelhaltigen Eisenlegierung mit extrem hoher Anfangspermeabilität, wie z. B. Mümetall, Supermalloy usw., ab.

c) Leitungen und Kabel:

Von elektrischen Leitungen fordert man niedrigen Widerstand, hohe Belastbarkeit, gute Isolation und Abschirmung gegen Störungen. Die Belastbarkeit, d. h. die maximal zulässige Stromstärke, hängt von der zulässigen Betriebstemperatur und der Umgebungstemperatur ab. Man rechnet für in Rohr verlegte, isolierte Leitungen bei 1 mm² Kupferquerschnitt mit 12 A, bei 2,5 mm² mit 21 A und bei 10 mm² mit 48 A, bei frei in Luft verlegten Leitungen etwa 50% mehr. Neben der Isolation wird bei Hochspannungskabeln noch eine bestimmte Durchschlagfestigkeit gefordert. Die Abschirmung erfolgt durch Umhüllung der Innenisolation mit einem Kupfergeflecht. Je nach Verwendung zeigen die Leitungen einen verschiedenen Aufbau (B 48, B 116) (Abb. 37).

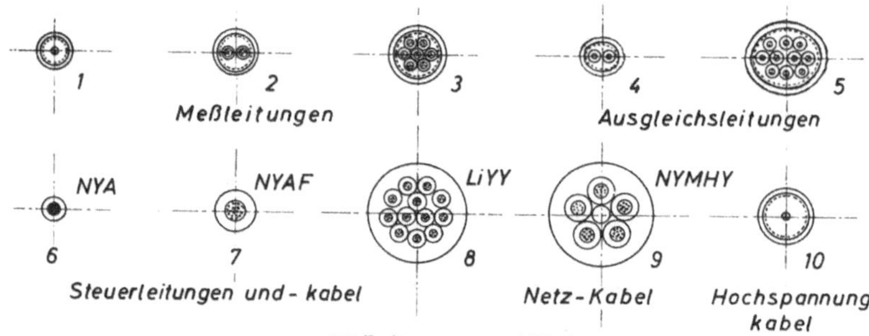

37 Leitungen und Kabel

Meßleitungen sind z. B. 1adrig, 2adrig oder 7adrig ausgebildet, enthalten Litzen mit 0,5 oder 0,75 mm² Querschnitt und eine 95% Kupferabschirmung. Die Querschnitte 1 bis 3 gelten für Niederfrequenz (NF) Kabel der Typen NF 1001, NF 1002 und NF 1007.

Ausgleichsleitungen zum Anschluß von Thermoelementen (Abb. 9.36) müssen auf die Thermoelemente abgestimmt sein. Sie haben ebenfalls eine 95% Kupferabschirmung. Die Bilder 4 und 5 zeigen eine einpaarige bzw. 5paarige Ausführung mit Litzen.

Feste Verdrahtungen von Steuer- oder Versorgungsleitungen werden mit 1adrigen, kunststoffisolierten Drähten vom Typ NYA (Bild 6) durchgeführt, mit Querschnitten von 1, 1,5, 2,5, 4, 6, 10 und 16 mm². Für Steuerleitungen (Querschnitte z. B. 0,5, 0,8 mm²) verwendet man den flexiblen Typ YU.

Für *flexible Steuerleitungen und Versorgungsleitungen* benutzt man 1adrige Leitungen mit Litzen Typ NYAF (Bild 7) mit Querschnitten von 0,75, 1,0, 1,5, 2,5, 4, 6, 10 und 16 mm², für Relaisverdrahtungen den ähnlichen Typ LiYU mit 0,5 und 0,8 mm².

Steuerkabel vom Typ LiYY (Bild 8) haben 12, 24 oder 30 Adern mit 0,75 mm² Querschnitt.

Netzkabel zur Leistungsübertragung vom Typ NYMHY (Bild 9) werden mit 2, 3 und 4 Adern, zusätzlich einem Schutzleiter (grüngelb) und mit den Querschnitten 0,75, 1,5 und 2,5 mm² geliefert.

Hochspannungskabel vom Typ RG 53 (Bild 10) sind bis 4 kV verwendbar. Sie haben eine 95% Kupferabschirmung.

d) Verbindungen und Anschlüsse (L 10.4):

Bei elektrischen Verbindungen verlangt man geringen Übergangswiderstand und Sicherung gegen Wackelkontakte. Mechanisch beanspruchte Verbindungen sollen zugentlastet werden. Thermisch hochbelastete Verbindungen brauchen eine besondere Kühlung. Bei ausheizbaren Geräten müssen keramische Isolatoren verwendet werden.

Lötverbindungen werden zweckmäßig unter Verwendung von Lötösen (38) hergestellt. Besonders zweckmäßig sind Lötösenleisten (s. Abb. 130). Für Buchsen nach Abb. 50 benutzt man die Ösen Abb. 40. Elektrodenteile verbindet man hitzefest durch Verquetschen (41). Bei der Verdrahtung von Rechnern wickelt man mit Spezialwerkzeugen die feinen Drähte um die Anschlußstifte (wire-wrap) (42) (B 34).

Für *Klemmverbindungen* benutzt man Klemmleisten (43), die man nach Bedarf aufteilen kann. Für Geräteschränke sind Klemmleisten mit Montageschienen erhältlich (B 183, B 128).

Für *Steckverbindungen* verwendet man Leitungsschnüre mit 4-mm-Steckern nach 45. Sie lassen sich an Apparateklemmen 44 und Buchsen 50 anschließen und mit Krokodilklemmen 46, Gabelbuchsen 47 und 48, Stiftbuchsen 49, Klemmbuchsen 51, Schlitzbuchsen 52, Feindrahtbuchsen 53 für beliebige Anschlüsse ausrüsten. Zum Kuppeln dienen Steckröhrchen 54 und Steckstifte 55. Für Hochspannung benutzt man keramisch isolierte Steckverbindungen (56).

Bei *Federklemmen* erreicht man einen hohen Kontaktdruck durch Ausbildung scharfer Kanten, welche zugleich die Berührungsfläche

Elektrische Verbindungen L 10.4

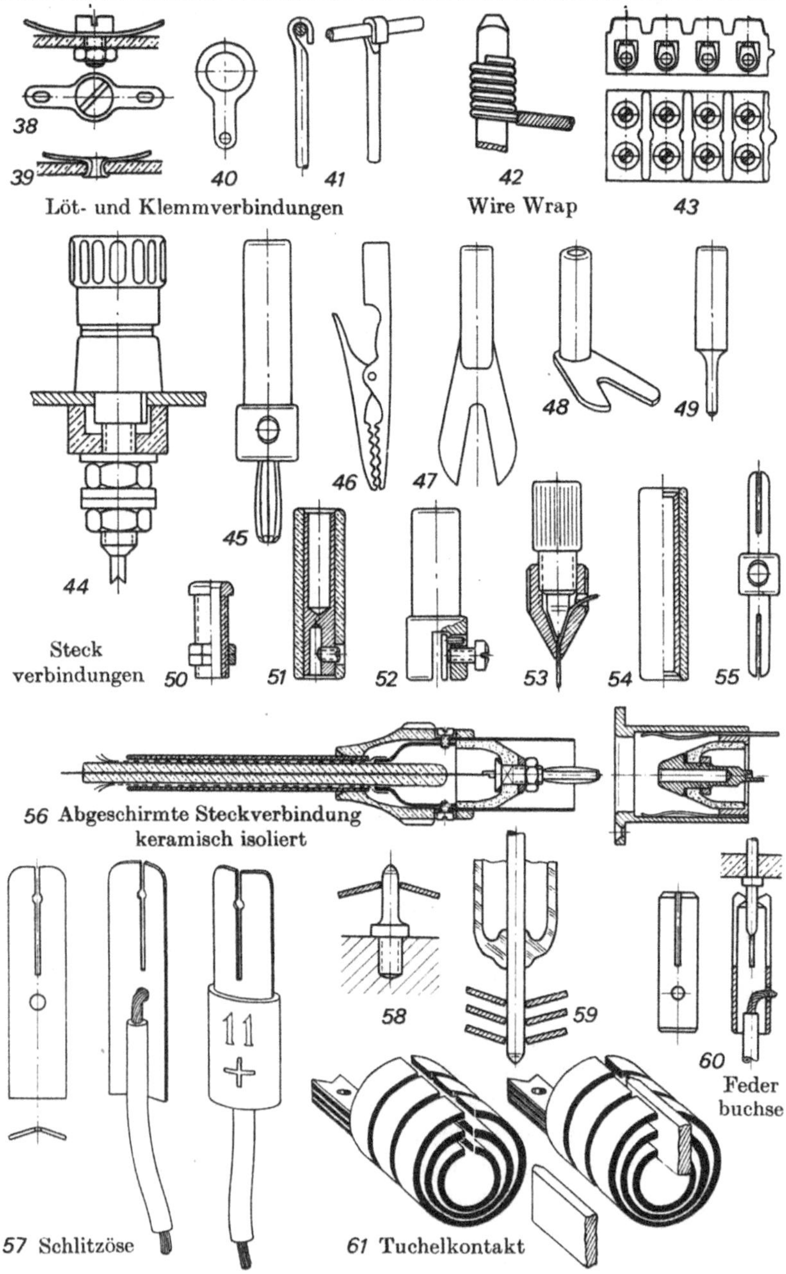

blank schaben. Beispiele sind die Schlitzösen 57, 58, 59 aus Bronze, die Federbuchse 60 aus Neusilber und der Tuchelkontakt 61 (B 167), der vor allem in Mehrfachsteckern und Kontaktleisten angewendet wird.

e) Stromdurchführungen

Als Stromdurchführungen (B 37) für starke Ströme gibt es die gekittete Ausführung mit Wasserkühlung Abb. 62, solche mit Gummi-

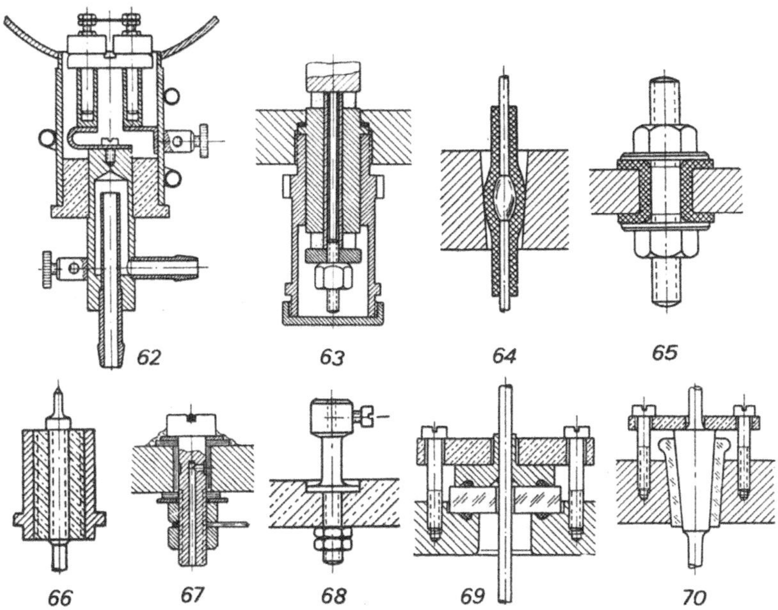

Stromdurchführungen für starke Ströme

dichtung 63, 64, 65 und 69, mit Gießharz vergossen 66, mit Glimmer gekittet 67, mit Isolierplatten verkittet 68 oder als konischer Schliff in Glas ausgebildet 70.

10.3 Magnete

1. Elektromagnete (B 14, B 154, B 1, B 20) [11]

finden Anwendung zur Strahlführung, Strahlablenkung, Fokussierung und Strahlanalyse in Beschleunigern und für Experimente in vielen Bereichen der Physik. Die Joche werden aus massivem, kohlenstoffarmem, magnetisch weichem Stahl mit geringen Verunreinigungen (B 33, B 104) gebaut. Kleine Feldmagnete haben die in Abb. 71 bis 73 dargestellten Formen. Der Magnet (71) hat 80 mm Polschuhdurchmesser.

Man erhält mit Leistungen von einigen Hundert Watt Feldstärken bis zu $8 \cdot 10^5$ A/m ($\triangleq$ 1 T) bei 4 mm Luftspalt. Abb. 72 zeigt den Magneten eines Massenspektrographen, der bei 15 mm Luftspalt $4{,}4 \cdot 10^5$ A/m (0,55 T) hat. Der große Magnet Abb. 73 (B 171) hat bei 4 kW, 30 cm Polschuhdurchmesser und $1^3/_4''$ Luftspalt $1{,}08 \cdot 10^6$ A/m (1,35 T).

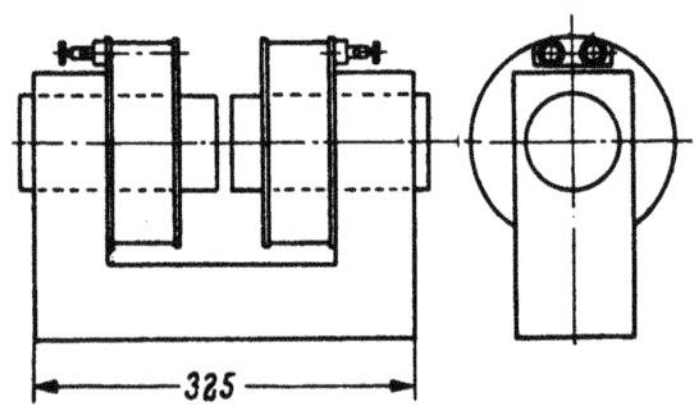

71

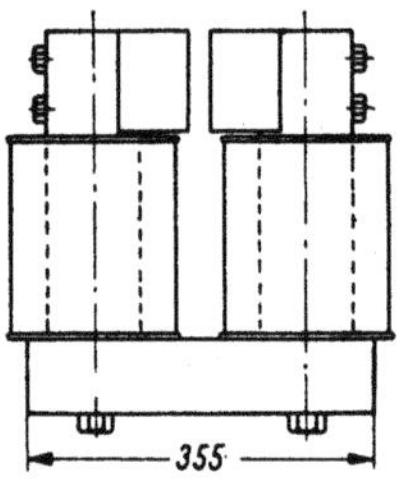

72

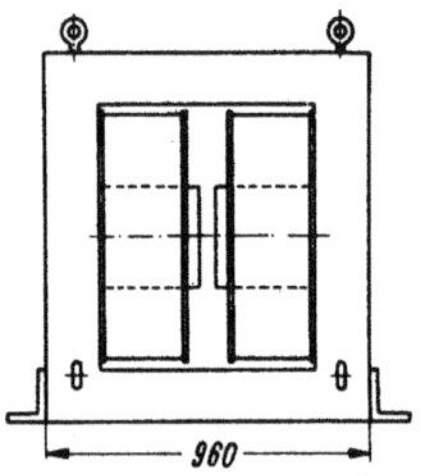

73

Feldmagnete

Große Magnete erfordern eine sehr aufwendige Kühlung. Man baut die Spulen aus dickwandigen Hohlleitern mit Wasser-Innenkühlung (s. Abb. 12.104). Sie erhalten meist eine Glas-Glimmerisolierung und werden im Hochvakuum mit Kunstharz imprägniert [11].

Magnetblocks für Synchrotone werden aus gestanzten und verklebten Blechen aufgebaut. Dabei sind Toleranzen von $\pm 0{,}01$ mm einzuhalten. Die Wicklungen bestehen aus Scheibenspulen, die zur Vermeidung von Wirbelstromverlusten aus Kupferpreßseilen mit lackisolierten Einzeldrähten aufgebaut sind.

Zur Stromversorgung großer Magnete werden Maschinenumformer und Halbleiter-Stromrichtergeräte mit Silicium-Thyristoren eingesetzt [13]. Die Regelung muß auf 0,01% genau erfolgen.

2. Dauermagnete und magnetische Werkstoffe: (H. Mussmann)

Dauermagnete werden eingesetzt zur Kraftwirkung auf stromdurchflossene Leiter in Meßinstrumenten und Motoren oder auf geladene Teilchen in Magnetron-Röhren, Magnetlinsen, Ionenquellen, Ionenpumpen oder Vakuummetern. Man nutzt sie aus zur Induzierung von Spannungen in Generatoren, Tachometern und Wirbelstromdämpfungen und als Haftmagnete, in magnetischen Kupplungen [2] und Drehdurchführungen ins Vakuum.

Die *Dauermagnetwerkstoffe* sind gekennzeichnet durch ihre Sättigungshystereseschleife (74a), in der die Induktion B [Vs/m² oder G (Gauß), 1 G $= 10^{-4}$ Vs/m²] als Funktion der Feldstärke H [A/m oder Oe (Oerstedt), 1 Oe $= 79{,}6$ A/m] aufgetragen ist. Zur Beurteilung ihrer Güte ist ein Teil dieser Schleife, die Entmagnetisierungskurve, maßgebend. In einem geschlossenen magnetischen Kreis ohne Luftspalte verbleibt nach der Magnetisierung die Remanenz B_r (bis zu 10000 G). Bei der praktischen Anwendung benötigt man stets einen offenen Kreis mit Magnetpolen, bei dem ein entmagnetisierendes Feld H auftritt. Als optimaler Arbeitspunkt ergibt sich der Punkt auf der Entmagnetisierungskurve, bei dem das Produkt $B \cdot H$ ein Maximum wird.

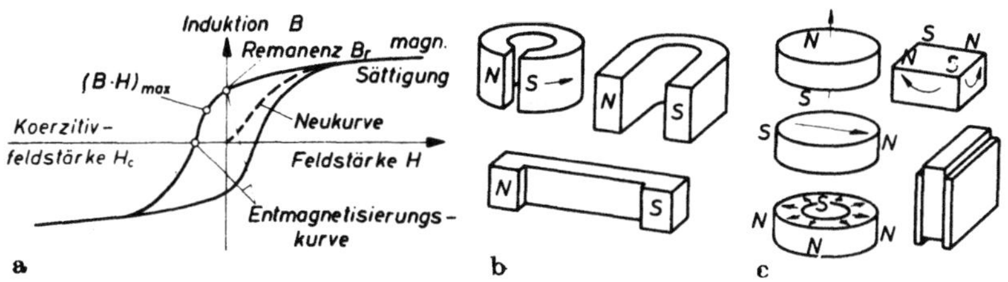

74 Dauermagnete

Die beiden wichtigsten Werkstoffgruppen sind die metallischen Werkstoffe und die oxidischen Werkstoffe.

Als *metallische Werkstoffe* bezeichnet man die Alni- und Alnico-Legierungen, die unter den Handelsnamen Koerzit (B 104) und Oerstid (B 33) laufen. Die Formkörper werden gesintert oder gegossen und können nur durch Schleifen bearbeitet werden. Bei anisotropen Stoffen gibt es magnetische Vorzugsrichtungen.

Vicalloy-Legierungen (Koerflex (B 104)) sind als dünnes, federndes, biegsames und stanzbares Blech lieferbar. Alle metallischen Werkstoffe zeichnen sich durch hohe Remanenz (bis 10000 G) aus, haben aber eine relativ geringe Koerzitivfeldstärke, sind also gegenüber entmagnetisierenden Feldern empfindlich. Aus diesem Grund müssen die metallischen Magnetsysteme ein relativ geringes entmagnetisierendes Feld aufweisen, d. h. einen kleinen Luftspalt besitzen oder schlank gebaut sein (74b) [10].

Oxidische Werkstoffe sind die Bariumferrite Koerox und der Magnetgummi VS 31 (B 104). Vom Magnetgummi abgesehen, bei dem die Biegsamkeit mit einer geringeren magnetischen Güte erkauft ist, sind diese Werkstoffe sehr spröde. Die Induktion ist auf etwa 3000 G beschränkt. Dagegen ist die Koerzitivfeldstärke außerordentlich hoch, so daß sich kompakte Formstücke auf verschiedenste Pol-Konfigurationen magnetisieren lassen (74c). Da die *Haftkraft* eines Dauermagneten proportional zu B^2 ist, und die Induktion B bei oxidischen Magneten auf etwa 3000 G beschränkt ist, während weichmagnetisches Eisen über 15000 G zuläßt, läßt sich die Haftkraft dieser Magnete durch geeignete dimensionierte Eisenpolschuhe bis um den Faktor 10 steigern. Auch bei der Erzeugung von Magnetfeldern erzielt man mit Polschuhen höhere Feldstärken.

Ein Nachteil der oxidischen Werkstoffe ist der hohe *Temperaturkoeffizient* der Magnetisierung ($\approx -2 \cdot 10^{-3}$/K). Man kann ihn bei Magnetsystemen durch einen Nebenschluß mit einer Fe–Ni-Legierung (Thermoperm (B 104)) kompensieren, die einen sehr hohen Temperaturkoeffizienten hat.

Weichmagnetische Werkstoffe lassen sich in verhältnismäßig schwachen Feldern magnetisieren. Sie haben große Permeabilitäts-, aber kleine Koerzitivfeldstärkewerte und damit auch geringe Ummagnetisierungsverluste. Außerdem wird in manchen Fällen hohe Remanenz verlangt oder hohe Sättigung oder möglichst konstante Permeabilität. Entsprechend diesen Forderungen muß man den Werkstoff wählen.

Metallische Werkstoffe [16] sind: Hyperm (B 104), Trafoperm (B 169), Mumetall (B 169).

Zur Abschirmung von Streufeldern verwendet man Gehäuse aus weichmagnetischem Blech, das um so besser wirkt, je höher seine Permeabilität und je kleiner seine Koerzitivfeldstärke ist. Für schwache Felder benutzt man Fe–Ni-Legierungen mit 70 bis 80% Ni und für starke Felder entweder Reineisen oder Fe–Ni-Legierungen mit 36 oder 50% Ni. Durch eine Kombination eines hochpermeablen Werkstoffes mit einem Werkstoff hoher Sättigung erreicht man eine praktisch vollkommene Abschirmung. Bei Hochfrequenzfeldern benutzt man eine Kupferzwischenlage.

Die magnetostatische Abschirmwirkung eines Zylinders (Durchmesser D) kann man mit der Näherungsformel

$$H_a/H_i = \mu_r \frac{4 \cdot d}{3 \cdot D}$$

(H_a = äußeres Magnetfeld, H_i = inneres Restfeld, d = Dicke des Abschirmbleches) abschätzen.

Oxidische Werkstoffe sind Mn–Zn- oder Ni-Ferrite, die auf pulvermetallurgischem Wege hergestellt werden. Sie werden vorwiegend in der Hochfrequenztechnik im Kilo- und Megahertz-Gebiet verwendet, da infolge ihres sehr großen Widerstandes keine Wirbelstromverluste auftreten [17].

3. Supraleitermagnete:

Der Betrieb großer Elektromagnete ist sehr unwirtschaftlich. Sie benötigen große elektrische Leistungen und umfangreiche Kühlsysteme, um diese abzuführen. Bei Supraleitermagneten wird praktisch keine elektrische Leistung verbraucht. Abb. 75 zeigt einen solchen Magneten für den MHD-Kanal (Abb. 12.40) (B 64). Er liefert für einen Querschnitt von 140 × 8,8 cm eine Flußdichte von 3 T (30000 G). Die

Supraleiterspulen bestehen aus 1000 Windungen eines Kupferbandes von 1 × 3,5 mm Querschnitt, in das feine Fasern aus hart supraleitendem Material eingebettet sind. Thermische Stabilisierung erreicht man durch

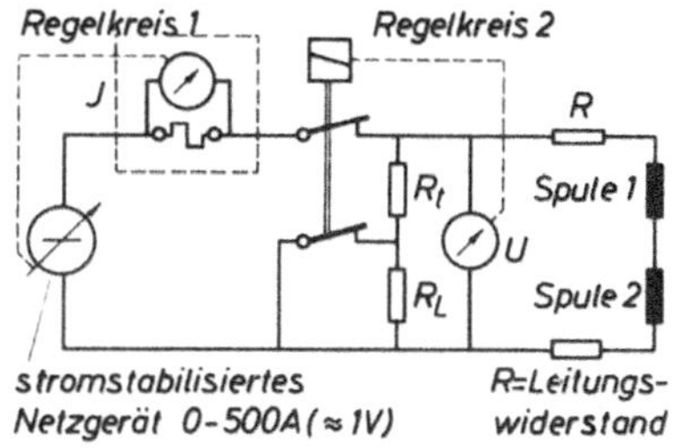

76 Stromversorgung des Supraleiter-Magneten

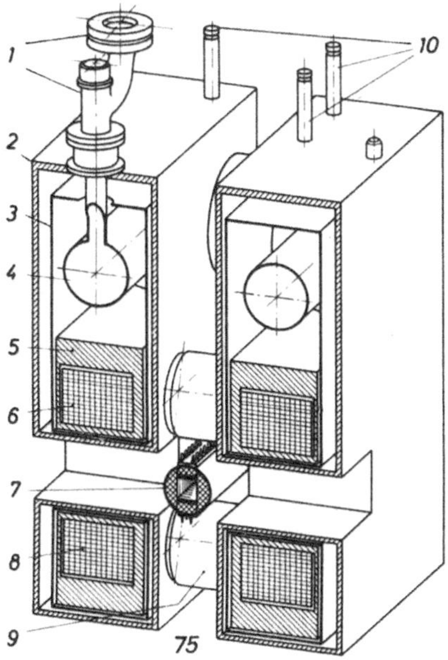

75
Supraleiter-Magnet (Querschnitt in der Mittelebene)

1 Sicherheitsventil mit Berstscheibe
2 Vakuumbehälter
3 N_2-gekühltes Strahlungsschild aus Kupfer
4 Helium-Reservoir
5 Helium-Behälter
6 Supraleiterspule oberer Teil
7 MHD-Kanal
8 Supraleiterspule unterer Teil
9 Stütze
10 Helium-Anschlußstutzen

Kühlsystem des Supraleitermagneten

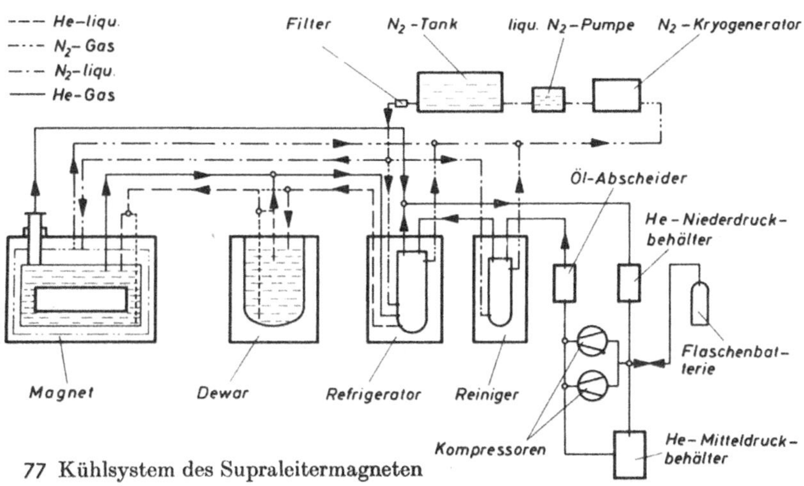

77 Kühlsystem des Supraleitermagneten

eine schwache Verdrillung der Fasern. Als Abstandshalter dienen dünne Streifen von Mylar. Die Spulen liegen in flüssigem Helium. Der He-Kryostat ist von einem mit flüsigem N_2 gekühlten Strahlungsschild aus Kupfer umgeben. Das ganze sitzt in zwei Vakuumkammern mit rechteckigen Aussparungen, durch die der MHD-Kanal beobachtet werden kann. Da die beiden Spulen nach ihrer Erregung mit einer Kraft von 300 Megapond angezogen werden, sind sie durch 4 Rohre gegeneinander abgestützt. Diese dienen gleichzeitig zur Verbindung der He-Kryostaten. Der obere Teil des Vakuumbehälters enthält außerdem 2 He-Vorratsbehälter.

Der Supraleitermagnet ist an das Kühlsystem (77) angeschlossen. Der Heliumspiegel im Magnet wird durch einen Dewarbehälter eingehalten. Die Nachlieferung erfolgt durch den Heliumverflüssiger, bestehend aus dem Refrigerator, den beiden Kompressoren und den Druckbehältern. Das Strahlungsschild ist an einen getrennten Stickstoffkreislauf angeschlossen. Insgesamt verbraucht der Magnet unter Strom eine Heliumkälteleistung von 19 W.

Zur Erregung des Magneten dient die Anordnung (76). Sie läßt zum Laden bei einer konstanten Spannung von etwa 1 V den Strom durch die Spulen im Verlauf einiger Stunden bis zu etwa 1000 A ansteigen. Dann wird die Spule durch einen supraleitenden Schalter kurzgeschlossen und erhält das Magnetfeld ohne weitere Energiezufuhr aufrecht.

Für den Fall, daß die Spule durch einen Defekt zerstört wird, wird die Spule mit einem äußeren Lastwiderstand verbunden, der ihre Energie allmählich aufzehrt. Falls im Kryostaten sich durch Verdampfung des He ein hoher Druck aufbaut, öffnet sich das System über Berstscheiben, so daß das Helium abbläst.

10.4 Hochspannungs- und Hochfrequenztechnik

10.4.1 Hochspannungstechnik

a) Anwendung und Erzeugung hoher Spannungen:

Hohe Spannungen finden vor allem in der Technik geladener Teilchen Anwendung. Bis zu einigen 100 kV erzeugt man sie durch Gleichrichten von Wechselspannungen aus Transformatoren. Höhere Spannungen erzeugt man durch Spannungsvervielfachung, mit Kaskadengeneratoren und mit elektrostatischen Generatoren [1]. Rotormaschinen nach Felici [3] (B 35) können bis 600 kV und eine Stromstärke von 4 mA erreichen. Van-de-Graaff-Bandgeneratoren sind bis 5,5 MV handelsüblich (B 87).

b) Hochspannungsleitungen und Hochspannungskörper:

Im Bereich von etwa 100 kV können Hochspannungskabel mit geerdeter Abschirmung eingesetzt werden (s. Abb. 120). Überspannungsschäden lassen sich durch Kathodenfallableiter vermeiden. Funkenüberschläge verursachen Wanderwellen, die in Geräten, die mit Netzspannung betrieben werden, Lichtbogen zünden können. Vor allem Motoren sind dabei gefährdet.

In elektrisch abgeschlossenen Räumen (FARADAY-Käfigen), die bei Betrieb gegen das Betreten von Personen gesichert sind, können blanke Leitungen Verwendung finden.

Die maximale Spannung, die von einer Hochspannungsleitung gehalten wird, hängt von der Durchschlagsfestigkeit der Isolatoren oder des umgebenden Gases und von der Feldverteilung ab. Die maximal erreichbare Feldstärke beträgt in trockener, reiner Luft 30 kV/cm. Praktisch kommt man nicht über 10 kV/cm hinaus. Für höhere und niedrigere Drucke gilt in erster Näherung das Gesetz von PASCHEN, nach dem die Durchbruchsfeldstärke E_D eines Gases dem Druck p proportional ist. $E_D = k \cdot p$ [4].

Bei tiefen Drucken sinkt die Durchbruchsfeldstärke zunächst weniger stark als proportional. Bei etwa 0,5 Torr wird eine minimale Durchbruchspannung von 340 V erreicht. E_D steigt dann zu niedrigerem Druck stark an. Bei Hochvakuum ($p < 10^{-5}$ Torr) lassen sich Feldstärken von über 100 kV/cm halten. Bei einigen 100 kV/cm treten jedoch Mikroüberschläge und autoelektrische Entladungen an den Elektroden auf.

Bei hohen Drucken — praktisch geht man in einem Drucktank nicht über 30 atm — steigt die Durchbruchsfeldstärke langsamer als proportional zu p an. Eine weitere Verbesserung erreicht man durch die zweckmäßige Wahl des Füllgases. Rotormaschinen arbeiten mit reinem Wasserstoff. Bandgeneratoren enthalten ein Gemisch von N_2 und CO_2 im Verhältnis 4:1. Zusätze von Frigen und Tetrachlorkohlenstoff bilden bei Entladungen korrosive und giftige Zersetzungsprodukte, sind also zu vermeiden.

Die in einem Hochspannungssystem auftretenden Feldstärken hängen außer von der Spannung von der Form und Lage der Leiter und der Dielektrika ab. Die in verschiedenen Konfigurationen auftretenden maximalen Feldstärken lassen sich nach Tab. L 10.5 ermitteln. Nach L 10.5 kann man auch berechnen, welche Form ein Hochspannungskörper haben muß, um bei den in einem Laboratorium gegebenen räumlichen Verhältnissen die höchst mögliche Spannung zu halten. Man kommt dabei zu großen leitenden Körpern in der Form einer Kugel, eines Zeppelins oder eines Wulstes.

Sind mehrere solche Körper mit gleichen bzw. verschiedenen Potentialen einander benachbart, so ergeben sich statt der kreisförmigen

Maximale elektrische Feldstärke L 10.5

Nr.	Beschreibung	Skizze	Maximale Feldstärke $\lvert \boldsymbol{E} \rvert$ einer Spannung U
1	Zwei Ebenen	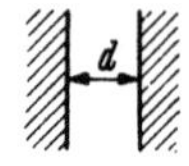	$\frac{U}{d}$
2	Zwei konzentrische Kugeln	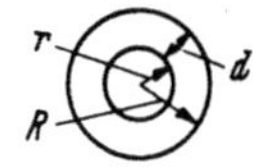	$\frac{U}{d} \frac{R}{r}$
3	Kugel gegenüber Ebene	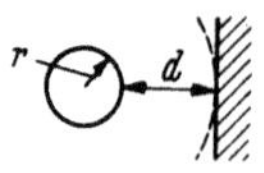	$\frac{U}{d} \frac{r+d}{r}$
4	Zwei Kugeln	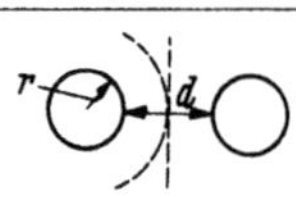	$\frac{U}{d} \frac{r+d/2}{r}$
5	Zwei konzentrische Zylinder	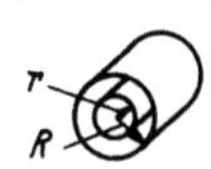	$\frac{U}{r \cdot \ln \frac{R}{r}}$
6	Zylinder gegenüber Ebene		$\frac{U}{r \cdot \ln \frac{2(r+d)}{r}}$ für $d \gg r$
7	Zwei parallele Zylinder	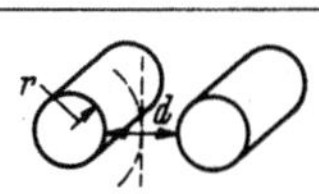	$\frac{U}{2 \cdot r \cdot \ln \frac{r+d/2}{r}}$ für $d \gg r$
8	Zwei gekreuzte Zylinder		$\frac{U}{2 \cdot r \cdot \ln \frac{r+d/2}{r}}$
9	Halbkugel auf einer Ebene	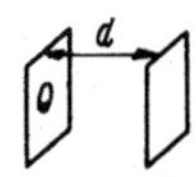	$\frac{3 \cdot U}{d}$ für $r_{(\text{Kugel})} \ll d$
10	Halbzylinder auf einer Ebene	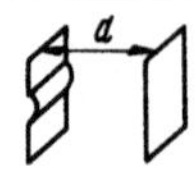	$\frac{2 \cdot U}{d}$ für $r_{(\text{Zylinder})} \ll d$
11	Zwei Dielektrika	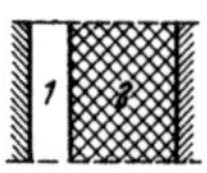	$\lvert \boldsymbol{E}_1 \rvert = \lvert \boldsymbol{E} \rvert \frac{\varepsilon_2}{\varepsilon_1}$ für $d_1 \ll d_2$
12	Zwei Dielektrika	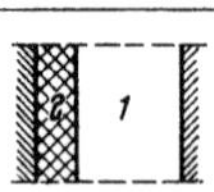	$\lvert \boldsymbol{E}_2 \rvert = \lvert \boldsymbol{E} \rvert \frac{\varepsilon_1}{\varepsilon_2}$ für $d_2 \ll d_1$

Querschnitte elliptisch deformierte Querschnitte. Isolatoren beeinflussen das Feld ebenfalls sehr stark. Wie Nr. 11 in L 10.5 zeigt, wird z. B. das homogene Feld zweier Platten durch Einschaltung eines Dielektrikums in einem engen Luftspalt sehr stark erhöht. Das erklärt, warum Lufteinschlüsse in einem Isolator gefährlich sind. Hochspannungswicklungen werden deshalb unter Vakuum mit Isolierlack getränkt. Aus dem gleichen Grunde ist es sinnlos, Sprühentladungen zwischen Leitern durch Zwischenschaltung einer isolierenden Platte vermeiden zu wollen. Besonders gefährdet sind die Übergänge zwischen den Isolatoren und Hochspannungskörpern. Abb. 90 (L 10.6) zeigt verschiedene Formen. Die erste Form scheidet wegen der Metallkante, die zweite wegen des zu engen Luftraums zwischen Metall und Isolator aus, während die dritte Form brauchbar ist.

Sprühschutzkappen werden aus Blech gedrückt oder aus engem Drahtgeflecht geformt. Kleine Hochspannungskörper gießt man aus Silumin. Große Körper stellt man nach der Segelflugzeugbautechnik her. Ihre Oberfläche wird mit kolloidalem Graphit leitend gemacht oder mit Metall bespritzt.

c) Isolatoren

dienen zur Halterung oder Durchführung spannungsführender Teile. Man fordert von ihnen in der Elektrostatik extrem hohen Isolationswiderstand, in der Hochfrequenztechnik geringe dielektrische Verluste, in der Hochspannungstechnik hohe Durchschlagsfestigkeit. Tab. 10.1 zeigt die entsprechenden Werte für die wichtigsten Isolierstoffe.

Tabelle 10.1 *Isolierstoffe*

Werkstoff	Spezifischer Widerstand $\Omega \cdot$ cm	Durchschlags-festigkeit kV/cm	Verlustwinkel $\operatorname{tg} \vartheta_0 \cdot 10^3$	bei Hz	rel. Dielektrizitätskonstante
Fiber (B 44)	10^8—10^{10}	10—30			
Pertinax (B 38)	10^{12}—10^{14}	200—350	20—100	800	3,5—5,5
Hartgummi (B 119)	10^{15}—10^{18}	150—400	6,5	10^6	2,5—3,5
Vinidur	10^{15}—10^{17}	400—500	15	800	2,8—3,5
Plexiglas (B 136)	10^{15}	400—450	20—70	800	3,0—3,6
Polystyrol (B 44)	10^{16}—10^{18}	500	0,2	800	2,2—2,5
Bernstein	$> 10^{18}$	—	5	10^6	2,8—2,9
Teflon (B 40)	10^{16}		0,2	60—10^8	2,0
Glimmer	10^{13}—10^{17}	2000	0,1—0,2	10^6	4—8
Glas	10^{13}—10^{14}	500	10—25	800	5—16
Quarz	$5 \cdot 10^{18}$	—	—	—	4,1
Porzellan	$3 \cdot 10^{14}$	340—380	7—12	10^6	4,4—6,8
Ceresinwachs	$5 \cdot 10^{18}$	—	—	—	2,1—2,3
Transformatoröl	10^{14}	—	—	—	—

Isolierträger und Durchführungen L 10.6

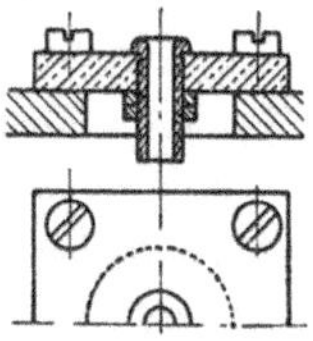
78

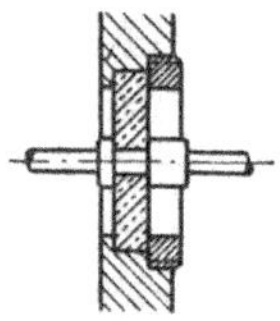
79

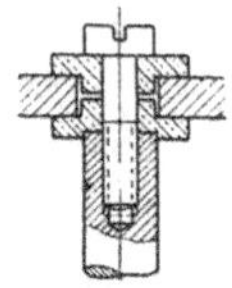
80

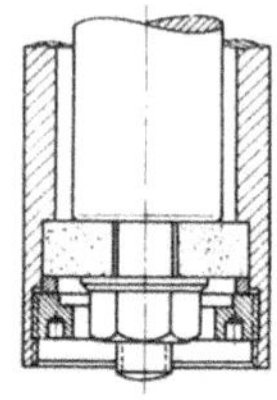
81

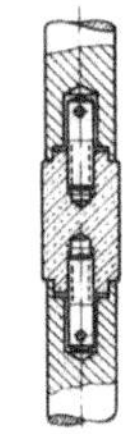
82

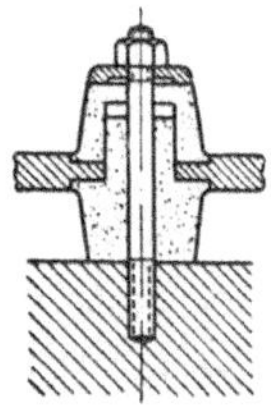
83

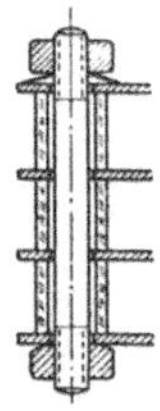
84

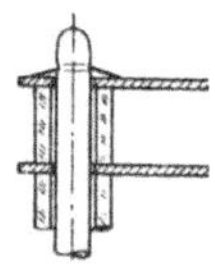
85

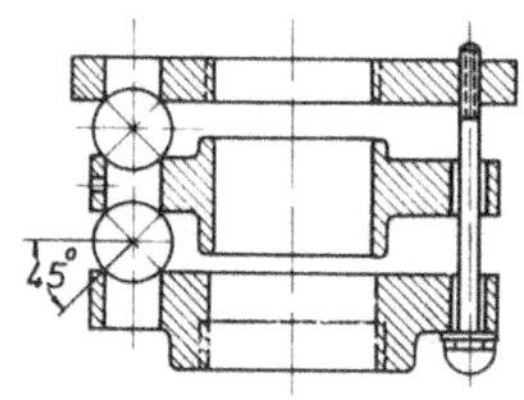

86

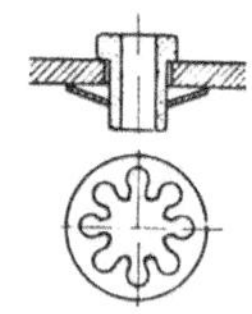
87

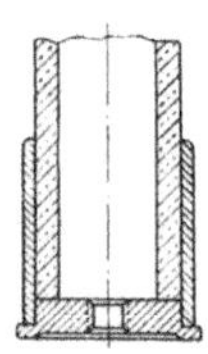
88

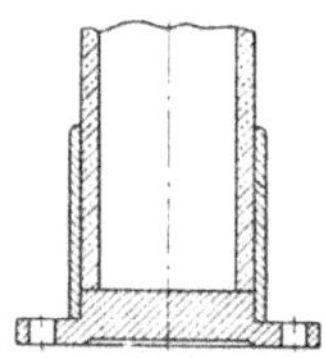
89

Flansche für Pertinaxrohre

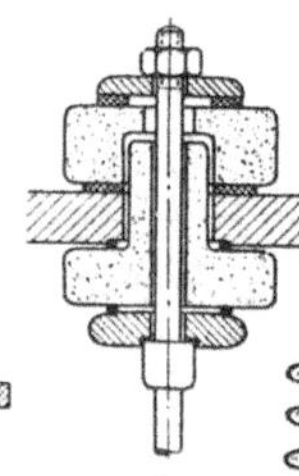
91

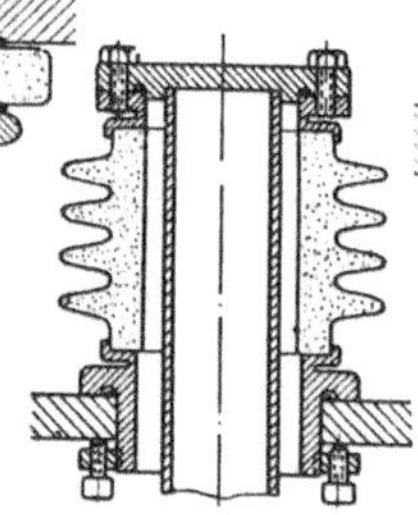
92

Hochspannungseinführungen

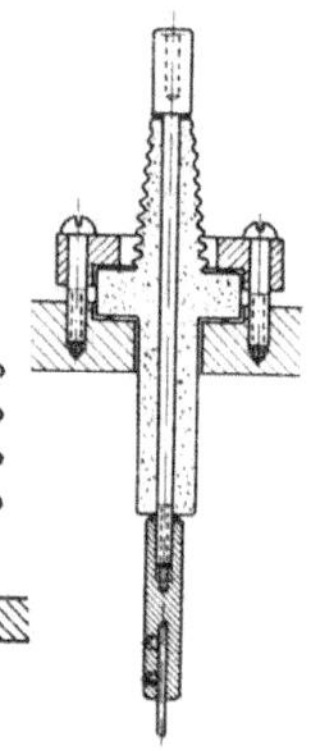
93

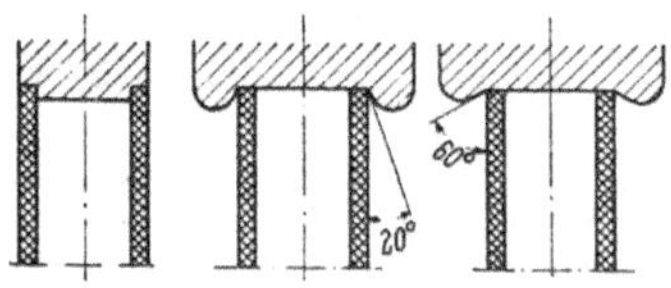

90

Übergänge zwischen Isolatoren und Hochspannungskörpern

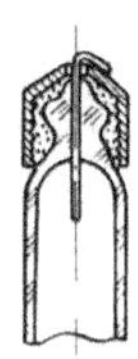
94

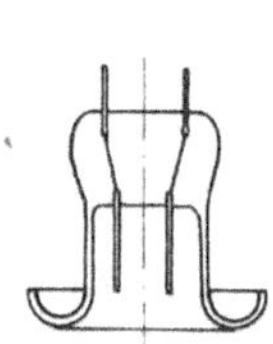
95

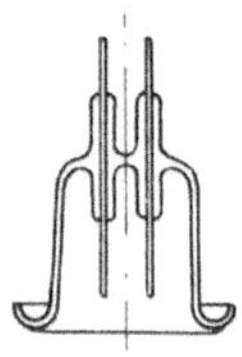
96

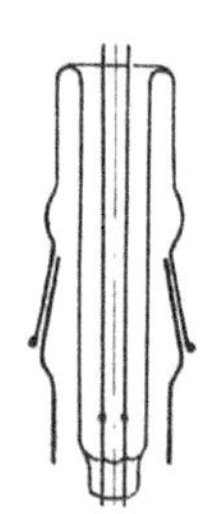
97

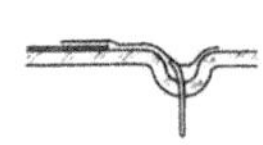
98

99

Elektrische Einführungen in Glasröhren

Hochisolierende Durchführungen (L 10.6), z. B. für Elektrometer, haben zweckmäßig Scheibenform (78, 79). Platten, Zylinder und Stäbe haltert man nach 80, 83, 81 und 82. Ausheizbare Systeme isoliert man mit Keramik: Parallele Scheiben werden mit Abstandsbuchsen auf einen Glasstab mit Gewinden aufgereiht und mit Muttern (84) oder Spreizfedern 85, 87 fixiert. Beschleunigungselektroden werden mit Glas-, Quarz- oder Saphirkugeln gegeneinander isoliert abgestützt (86). Für hohe Spannungen benutzt man als Träger Pertinaxrohre mit eisernen Flanschen (88, 89).

d) Einführungen (B 37):

Hochspannungseinführungen aus Porzellan (B 138) werden mit Blei abgedichtet und mit Bolzen (91) oder Flansch (93) verspannt. Man kann auch mit Schwefelkitt oder Araldit Flansche ankitten (92). Bis zu einigen kV eignen sich die in der Röhrentechnik üblichen Drahteinschmelzungen (94, 95, 96, 97). Leitende Innenbeläge kann man mit angelöteten Drähten anschließen (98) oder über ein eingeschmolzenes Metallscheibchen durch einen Belag aus kolloidalem Graphit (99).

Für Zählrohre und Ionisationskammern benutzt man gekittete Stopfen nach 100, 101, 102 (L 10.7) oder mit Erdungsringen nach 103 und 104. Auswechselbare Ausführungen können durch Abschrauben gelöst werden. Bei feinen Drähten z. B. von Thermoelementen lötet man Metallkügelchen auf, die beim Einpressen in kegelförmige Vertiefungen dichten (105). Zündkerzen (106) sind als Einführung bei hohem Druck und hoher Temperatur geeignet. Eine Teflonscheibe (107) dichtet und isoliert zugleich. Die Einführung mit Schutzring (109) hat Gummidichtung. Häufig verbindet man den Leiter mit dem Isolator zu einer Patrone und setzt diese mit einer Dichtung ein. Mit O-Ring 108, mit Stopfbuchse 110, mit Simmerring 111, mit Flachgummi 112. Glas-Kovar-Verbindungen werden mit der Metallwand direkt verlötet (113), an Flansche (114) und Stutzen (115) angesetzt oder mit einem Steckanschluß ausgerüstet (116). Einschübe in eine Vakuumkammer können mit den Federkontakten 117, 118, 119 angeschlossen werden.

Die Hochspannungsdurchführung Abb. 120 für Spannungen bis zu 35 kV sitzt auf einem Vakuumflansch (5). Der Al_2O_3-Isolator (8) hat einen metallkeramisch angesetzten Stutzen (6) und eine Kappe (10). Der Stutzen ist mit dem Flansch verschweißt. Die Kappe trägt innen einen Anschlußstift, auf der Vakuumseite einen Stutzen zum Anschluß der Vakuumhochspannungsleitung. Der gesamte festeingebaute Teil ist ausheizbar. Das Hochspannungskabel ist für 50 kV ausgelegt und hat einen Außendurchmesser von 6 mm. Es ist über seine Abschirmung mit einem zweiten abnehmbaren Flansch (4) verbunden. Die Kabelseele, ein Cu-

Hochisolierte Einführungen L 10.7

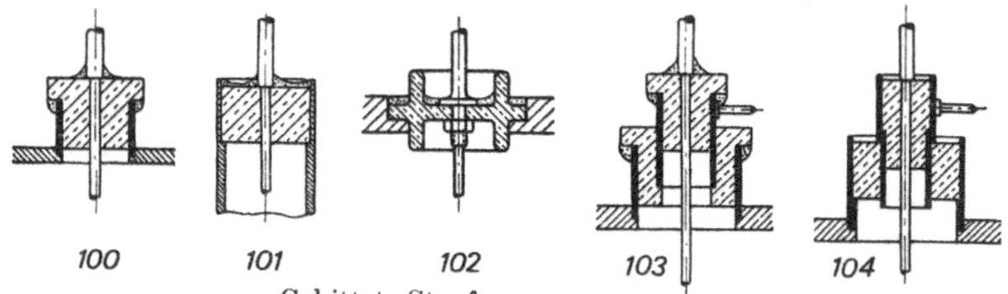

100 101 102 103 104

Gekittete Stopfen

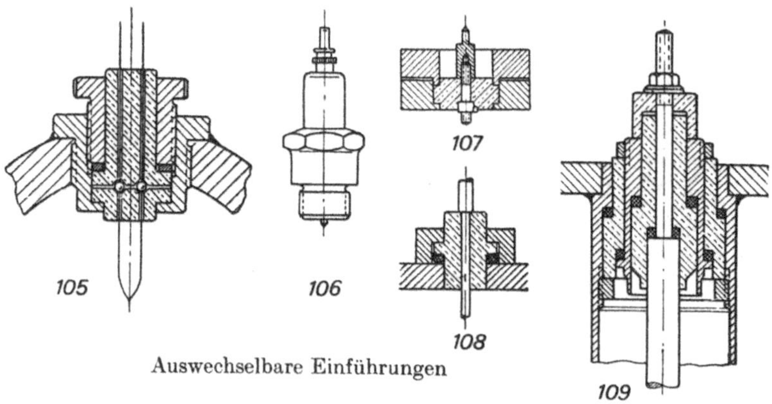

105 106 107 108 109

Auswechselbare Einführungen

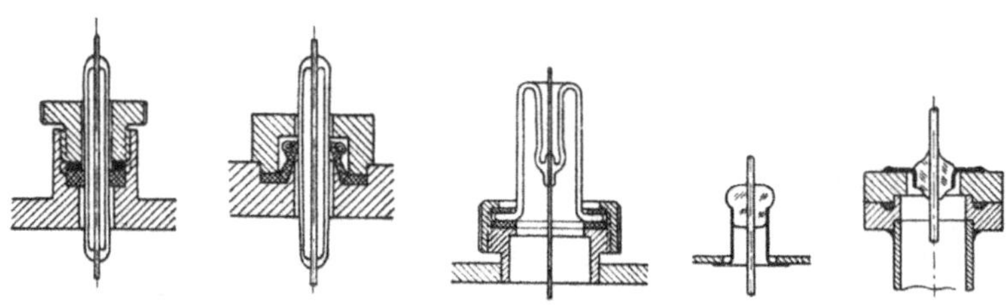

110 111 112 113 114

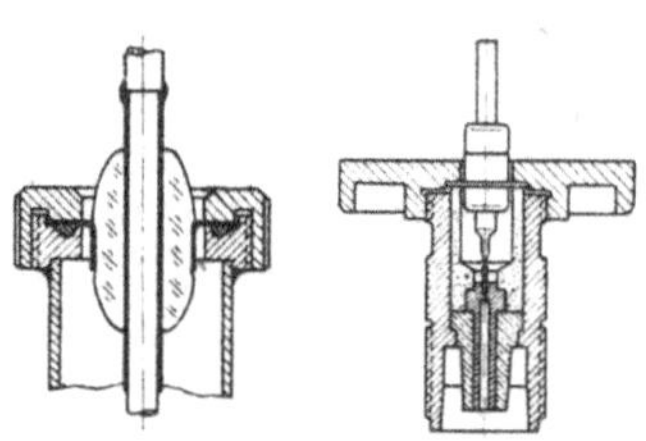

115 116

Glaseinführungen

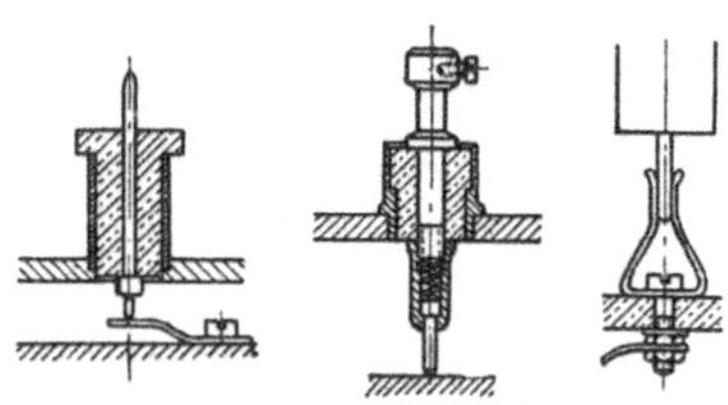

117 118 119

Federkontakte

Draht von 1,5 mm ∅, ragt mit der Hochspannungsisolation in den Al_2O_3-Isolator hinein. Sie trägt eine Federbuchse (9) nach Abb. 60,

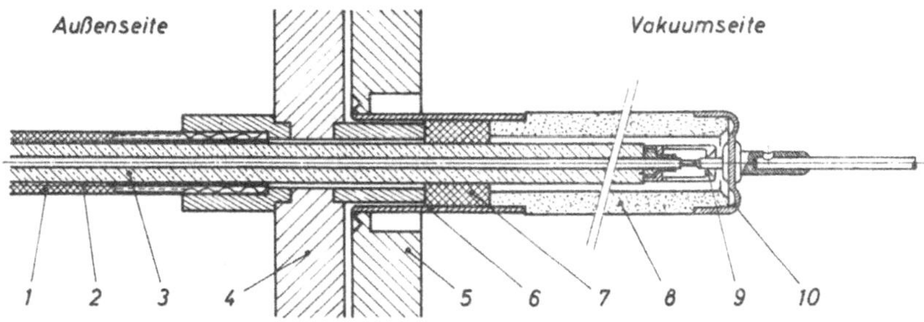

120 Hochspannungsdurchführung

1 Kabelmantel, *2* Kabelabschirmung, *3* Kabelisolation, *4* abnehmbarer Flansch, *5* fester Flansch, *6* Kovarstutzen, *7* Silikon-Gummi, *8* Al_2O_3-Isolator, *9* Federbuchse und Stift, *10* Kovarkappe

welche eine lösbare Verbindung mit dem Anschlußstift herstellt. Durch eine Stopfbuchse aus Silikongummi (7) wird der Innenraum des Isolators luftdicht abgeschlossen.

10.4.2 Hochfrequenztechnik

Die Hochfrequenztechnik findet Anwendung bei Beschleunigern und in der Mikrowellentechnik, insbesondere zur Mikrowellenspektroskopie. Für diese Anwendungen werden meist industriell gefertigte Anlagen und Geräte benutzt (B 2, B 127). Beispiele sind:

a) Hochfrequenzgenerator für Zyklotron [12] (B 2):

Zur Erzeugung der Beschleunigungsspannung für ein Isochronzyklotron dient ein einstufiger, selbsterregter Hochfrequenzgenerator mit 30 MHz. Er enthält eine wassergekühlte 120 kW Sendetriode Typ RS 526 von Telefunken. Frequenzbestimmend ist der Anodenschwingkreis mit je einem koaxialen ($\lambda/4$)-Resonator in den drei Sektoren des Beschleunigungssystems. Zur Versorgung liegen 10 kV negative Gleichspannung an der Kathode.

b) In *Elektronen-Linearbeschleunigern* werden elektromagnetische Wellen mit einer Wellenlänge von $\lambda = 10$ cm entsprechend einer Frequenz von 3000 MHz benutzt. Sie werden mit fremdgesteuerten Hochleistungsklystrons erzeugt [1].

c) In der *Mikrowellen-Spektroskopie* [8] werden Wellenlängen zwischen 25 cm und 0,3 mm Wellenlänge benutzt, entsprechend Frequenzen zwischen 1000 MHz und 10^6 MHz. Die Strahlung wird meist mit einem

Reflexklystron erzeugt, durch Hohlleiter gebündelt und mit einem Kristalldetektor gemessen. Durch Vielfachreflexion in einem Hohlraumresonator läßt sich die Energiedichte um den Faktor 5000 vergrößern. Bei Elektronen-Spin-Resonanz-Untersuchungen (ESR) werden die Proben gleichzeitig dem elektrischen Hochfrequenzfeld und einem statischen Magnetfeld ausgesetzt. Man variiert die magnetische Feldstärke und erhält so scharfe ESR-Spektren, die man auf 0,0001% genau ausmessen kann. Das Verfahren findet Anwendung zum analytischen Nachweis bestimmter Metalle und zur Untersuchung von Störungen im Molekül- und Kristallaufbau durch Strahlenschäden, chemische Reaktionen und hohe Temperaturen.

10.5 Elektronik [9, 5]

(E. Vogelsang)

Die Elektronik ermöglicht die Verarbeitung von Signalen in Form von elektrischen Spannungen und Strömen. Diese Signale können als Träger von Informationen dienen, z. B. zur Nachrichtenübertragung, zum Messen oder Regeln. Die Elektronik kann damit Aufgaben der Instrumentierung übernehmen. Sie übertrifft dabei die konventionellen Verfahren durch Vielseitigkeit, Schnelligkeit und Genauigkeit.

10.5.1 Die elektronischen Verfahren

Die elektronischen Verfahren lassen sich ähnlich wie in der Instrumentierung dem Signalfluß entsprechend ordnen, der bei der Signalerzeugung beginnt und bei der Anzeige oder Verstellung eines Stellglieds endigt.

a) Die Signalerzeugung

erfolgt durch den Meßgrößenaufnemer, Wandler oder Geber. Er bildet die aufzunehmende Meßgröße als elektrische Größe, d. h. als Signal ab. Die Form des Signals wird zweckmäßig der Meßgröße angepaßt und ist im übrigen durch den Geber bestimmt.

1. Bei zeitlich konstanten oder sich relativ langsam ändernden Größen erhält man eine *variierte Gleichspannung*. Die Information ist gegeben durch $U = f(t)$.

2. Mechanische, akustische oder elektromagnetische Schwingungen liefern eine *periodische Wechselspannung:* Die Information ist gegeben durch Amplitude, Frequenz und Phase.

3. Zeitgeber und Strahlungsdetektoren liefern *diskrete Impulse*. Die Information ist gegeben durch Impulszeitpunkt, Amplitude und Impulsbreite.

Elektronik Schaltzeichen L 10.8

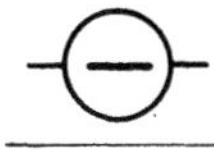	Gleichspannungsquelle		Triode
	Wechselspannungsquelle		Pentode
	Ohmscher Widerstand	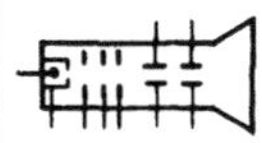	Kathodenstrahlröhre
	Widerstand abhängig von einer physikalischen Größe	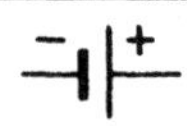	Batterie
	Spannungsteiler stetig verstellbar	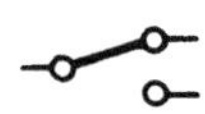	Schalter einpolig um
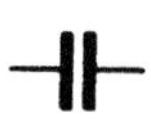	Kondensator	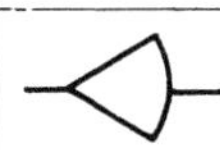	Verstärker
	Spule	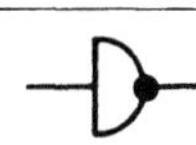	NICHT-Glied
	Transformator Übertrager	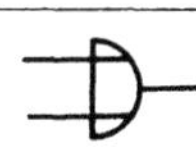	ODER-Glied (mit 2 Eingängen)
	Halbleiterdiode	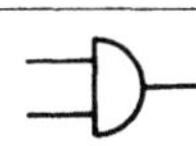	UND-Glied (mit 2 Eingängen)
	Begrenzerdiode Z-Diode	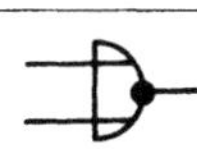	NOR-Glied (NICHT-ODER)
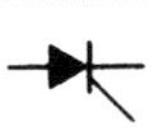	Thyristor	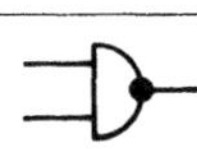	NAND-Glied (NICHT-UND)
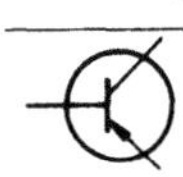	Transistor pnp-Typ	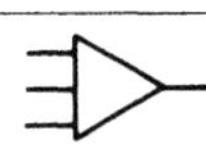	Summierer (mit 3 Eingängen)
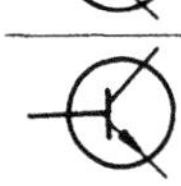	Transistor npn-Typ	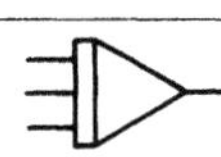	Integrierer (mit 3 Eingängen)
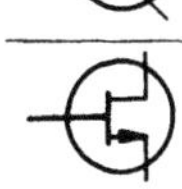	Sperrschicht-Feldeffekt-Transistor n-Kanal	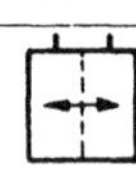	Astabile Kippschaltung
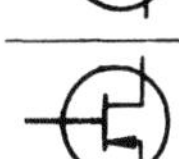	Sperrschicht-Feldeffekt-Transistor p-Kanal	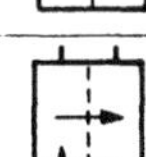	Monostabile Kippschaltung
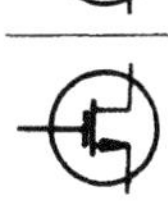	Metall-Oxid-Silicium-Feldeffekt-Transistor n-Kanal, Verarmungstyp	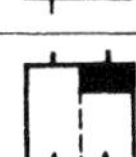	Bistabile Kippschaltung mit vorbereitendem Eingang und Kennzeichnung einer Grundstellung

b) Signalumformung:

Zur bequemeren Verarbeitung ist es häufig zweckmäßig, die Signale umzuformen. *Gleichspannungssignale* können unter Erhaltung der Information in periodische Wechselspannungen umgewandelt werden, die sich driftfrei verstärken lassen. Dazu dienen die Amplitudenmodulation und die Frequenzmodulation. Mit SCHMITT-Triggern läßt sich die Information durch das Tastverhältnis von Rechteckimpulsen wiedergeben, etwa zum Zweck der Digitalisierung. Umgekehrt lassen sich *periodische Wechselspannungen* durch Demodulation in Gleichspannungssignale umwandeln. *Impulse* können gestreckt, gerafft oder verzögert werden, z. B. zum Zweck der besseren Verknüpfung. Sie können zum Zwecke der besseren Zählung in genormte Rechteckimpulse umgewandelt werden.

Die Fälschung der Signale durch Meßfehler oder Störungen läßt sich durch *Filterung* reduzieren, bei Gleichstromsignalen durch *Korrekturglieder* (z. B. Abb. 12), bei Wechselspannungen durch Bandpässe, bei Impulsen durch *Diskriminierung* oder *Antikoinzidenzen.*

Viele Signale erfordern eine *Verstärkung*. Der Signalform entsprechend unterscheidet man Gleichstromverstärker, Wechselstromverstärker und Impulsverstärker.

Zur Weiterverarbeitung muß oft eine *Umsetzung* vorgenommen werden, analog-digital, meist im Binärcode, oder digital-analog.

c) Signalübertragung:

Vor oder nach einer teilweisen Umformung erfolgt eine *Übertragung* der Signale aus dem physikalischen Raum in den Informationsraum (s. Abb. 2).

d) Signalverknüpfung und Auswertung:

Häufig verwertet man nicht ein Einzelsignal, sondern eine *Verknüpfung* mehrerer Signale. Es sind dies die *logischen* Verknüpfungen „nicht", „oder", „und", „nor" und „nand", *zeitliche* Verknüpfungen, z. B. Koinzidenzen, Triggerungen oder *Rechenoperationen,* wie die Bildung von Summen, Differenzen, Produkten, Quotienten, Differentialen und Integralen. Kontinuierliche Signale lassen sich einer *Fourieranalyse* unterwerfen. Impulsfolgen können durch eine *Vielkanalanalyse* zu einem Impulsspektrum verarbeitet werden.

e) Signalausgabe:

Die bei der Auswertung entstehenden Signale können entweder als Meßergebnisse ausgegeben oder zur Steuerung und Regelung verwertet werden.

Die *Registrierung* kann analog mit einem Kompensationsschreiber oder einem Magnetband erfolgen, digital mit Lochstreifen oder Kernspeicher. Zur *Ablesung* werden analog anzeigende Zeigerinstrumente und Sichtgeräte verwendet oder Ziffernanzeigen.

10.5.2 Die elektronischen Bauelemente

Die elektronischen Bauelemente (s. L 10.9) teilt man ein in passive Elemente, wie Widerstände, Kondensatoren, Induktivitäten, Transformatoren, und aktive Elemente, wie Röhren, Halbleiterdioden, Transistoren. Dazu kommen fertige Bausteine, integrierte Schaltungen, Schalter und Anzeigegeräte.

a) Widerstände:

Bei kleinen Leistungen benutzt man den *Schichtwiderstand* (B 133). Er besteht aus einer Kohleschicht auf einem keramischen Träger (121a). Die Widerstandswerte liegen zwischen 10 Ω und 10 MΩ. Sie sind nach Normreihen abgestuft. Die gebräuchliche Reihe E 12 hat in jeder Dekade die Werte 1,0, 1,2, 1,5, 1,8, 2,2, 2,7, 3,3, 3,9, 4,7, 5,6, 6,8, 8,2 und eine Toleranz von $\pm 10\%$. Die Reihe E 6 hat 6 Werte pro Dekade und $\pm 20\%$ Toleranz, E 24 hat 24 Werte und $\pm 5\%$ Toleranz.

Die Nennlast der Widerstände liegt zwischen 25 mW und 2 W. Am billigsten sind Widerstände mit 0,25 W und 0,5 W. Widerstandswert und Toleranz werden durch Farbringe angegeben. Es bedeuten: schwarz = 0, braun = 1, rot = 2, orange = 3, gelb = 4, grün = 5, blau = 6, violett = 7, grau = 8, weiß = 9. Die ersten beiden Ringe geben zusammen mit dem dritten Ring, der die Zahl der Nullen angibt, den Widerstandswert in Ohm. Der vierte Ring gibt die Toleranz an: gold $\pm 5\%$, silber $\pm 10\%$, ohne Kennzeichnung $\pm 20\%$.

An speziellen Bauformen gibt es aufrechtstehende quaderförmige Widerstände für kompakten Aufbau, langgestreckte Widerstände für hohe Spannungen (einige 100 V bis einige kV), Meßwiderstände mit Toleranzen bis zu $\pm 0{,}1\%$ und induktivitäts- und kapazitätsarme Widerstände für Frequenzen bis zu einigen 100 MHz und Höchstwiderstände bis $10^{10}\,\Omega$ (B 117). Bei Leistungen über 2 W benutzt man *Drahtwiderstände* (B 138). Sie bestehen aus einer Wicklung von Widerstandsdraht auf einem keramischen Träger und können mit einer verstellbaren Abgreifschelle versehen sein. Die Widerstandswerte liegen zwischen 1 Ω und 10 kΩ, die Toleranzen wie bei Schichtwiderständen. Wegen ihrer Induktivität sind sie nur für Frequenzen bis zu einigen 100 kHz zu verwenden. Es gibt auch Drahtwiderstände, die in 4 Einzelwiderstände unterteilt sind, so daß man durch Parallel- oder Hintereinanderschalten verschiedene Werte erzielen kann.

Elektronische Bauelemente L 10.9

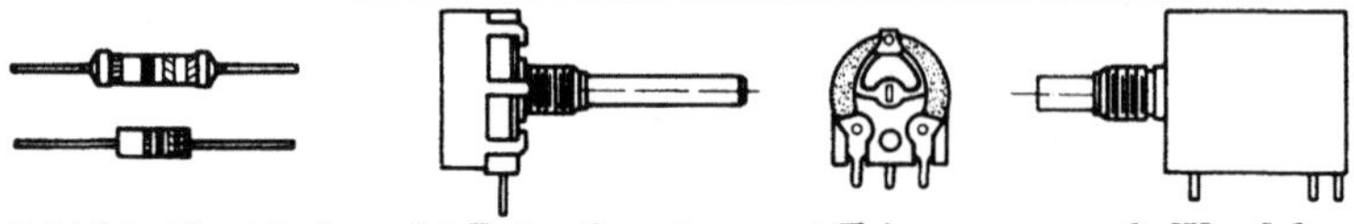

a) Schichtwiderstände mit Farbcode   b) Potentiometer   c) Trimmpotentiometer   d) Wendelpotentiometer

121 Widerstände und Potentiometer

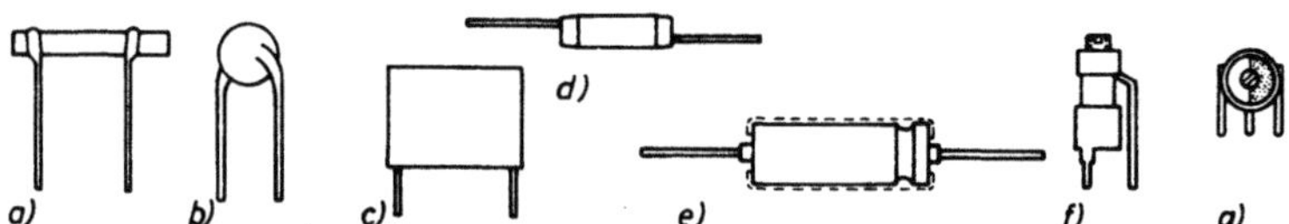

Keramische Kondensatoren
a) Rohrkondensator
b) Scheibenkondensator

c) und d) Folienkondensatoren   e) Elektrolytkondensator   f) Rohr- g) Scheiben-Trimmerkondensator

122 Kondensatoren

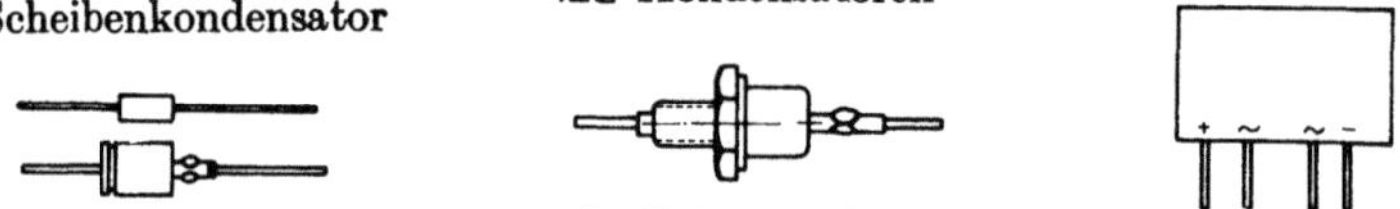

a) Dioden kleiner Leistung   b) Leistungsdiode   c) Gleichrichter in Brückenschaltung

123 Dioden

(a bis d)   e) Lamellen-Kühlring   f) Kühlelement

124 Transistoren

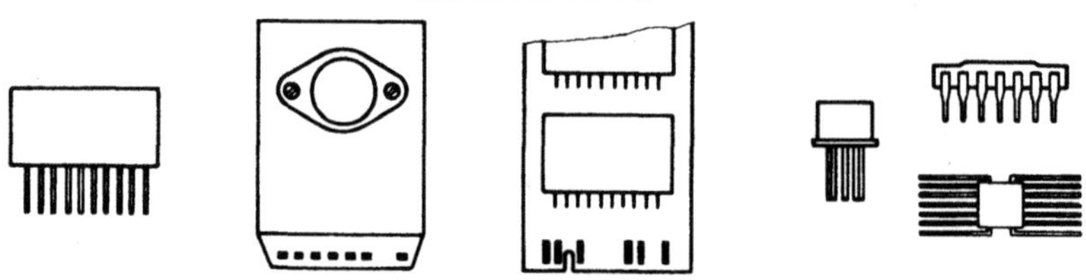

a) Baustein   b) Leistungs-Baustein   c) Steckkarte bestückt   d) integrierte Schaltungen

125 Bausteine und integrierte Schaltungen

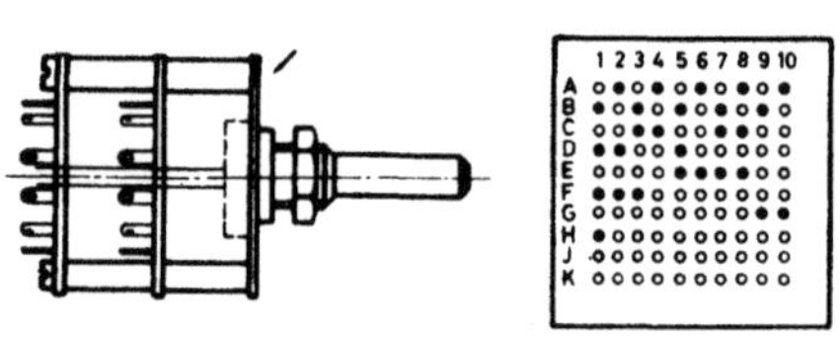

a) Stufenschalter   b) Kreuzschienenverteiler

126 Schalter und Verteiler

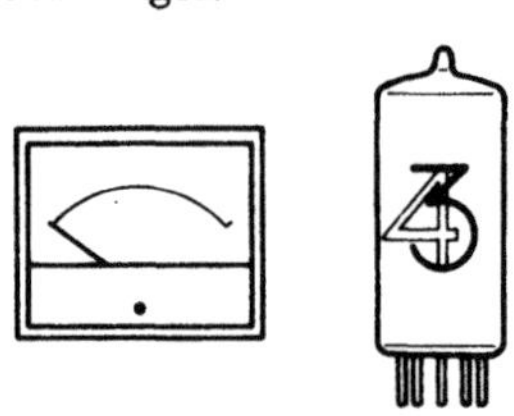

a) Einbauinstrument   b) Ziffernanzeigeröhre

127 Anzeigegeräte

b) Potentiometer:

Für kontinuierliche Einstellung und zur Spannungsteilung verwendet man Drehwiderstände, die man Potentiometer nennt (121 b). Bei den *Schichtpotentiometern* ist eine Kohleschicht über einen Winkel von 270° auf einem ringförmigen Isolierträger aufgebracht. Mit einem Schleifkontakt lassen sich Werte zwischen 0 und dem vollen Widerstand abgreifen. Meist verwendet man die gekapselte Ausführung mit zentraler Schraubenbefestigung und einer Drehachse zur Befestigung des Drehknopfes (B 112). Die Belastbarkeit liegt zwischen 0,1 und 0,25 W, die Toleranz beträgt bei 100 Ω bis 10 MΩ etwa ±20%. Der Widerstandsverlauf kann linear oder logarithmisch sein. Es gibt Potentiometer mit angebautem Schalter, Doppel- und Tandemausführungen.

Zum einmaligen Abgleich verwendet man *Trimmpotentiometer* (121 c), die mit dem Schraubenzieher eingestellt werden (B 129, B 16). Sie lassen sich direkt in eine gedruckte Schaltung einlöten. Bei Leistungen über 0,5 W und niedrigen Frequenzen nimmt man Drahtpotentiometer (B 129, B 138). Für Präzisionseinstellungen (genauer als 0,1 %) gibt es *Wendelpotentiometer* (121 d) mit einem schraubenförmigen Isolierkörper, der mit Widerstandsdraht bewickelt ist.

c) Kondensatoren (122):

Man unterscheidet keramische Kondensatoren, Folienkondensatoren und Elektrolytkondensatoren (B 58, B 133, B 153, B 184).

Der *keramische Kondensator* besteht aus einem rohr- oder scheibenförmigen Keramikkörper mit aufgebrannten Silberbelägen. Da es Keramikstoffe mit den verschiedensten Dielektrizitätskonstanten gibt, lassen sich bei gleicher Größe Kapazitätswerte zwischen 1 pF und 100 nF erreichen. Bei Kapazitäten bis zu einigen 100 pF sind sie mit bestimmten Temperaturkoeffizienten lieferbar, z. B. +100-, ±0-, −150-, $-750 \cdot 10^{-6}$/K. Diese Kondensatoren können z. B. zur Konstanthaltung der Frequenz die Temperatureffekte anderer Schaltelemente kompensieren. Sie lassen sich bis in den GHz-Bereich verwenden. Oberhalb einiger 100 pF ist der Temperaturkoeffizient keramischer Kondensatoren sehr groß, inkonstant und ihre Kapazität ist spannungsabhängig. Man verwendet sie deshalb nur zur Koppelung. *Durchführungskondensatoren* benutzt man zur Entkoppelung von Leitungen, die durch Abschirmwände geführt werden sollen. Es sind Rohrkondensatoren, deren innerer Belag mit der Leitung und deren Außenbelag mit der Abschirmung verbunden ist.

Folienkondensatoren bestehen aus einer Wicklung von mehreren Lagen Isolier- und Metallfolie. Statt einer Metallfolie wird auch eine auf die Isolierfolie aufgedampfte Metallschicht verwendet. Die Kapazitäten liegen zwischen 10 pF und 10 μF.

Elektrolytkondensatoren haben Kapazitäten zwischen 1 μF und 10 mF. Ihres großen Verlustfaktors wegen sind sie nur bis zu einigen kHz geeignet. Es ist auf die richtige Polung zu achten, wenn nicht eine ungepolte Ausführung verwendet wird. Besonders hochwertig sind Tantalkondensatoren (B 54).

Die Toleranz beträgt bei Kondensatoren ±10% oder ±20%, in Folienausführung bis zu 0,1%. Bei hohen Kapazitäten und Elektrolytkondensatoren kann sie bis zu 100% betragen. Die maximalen Betriebsspannungen liegen je nach Baugröße zwischen 30 V und 1000 V. Bei Elektrolytkondensatoren ist die kleinste Nennspannung 1 V.

Zur kontinuierlichen Einstellung der Kapazität benutzt man *Drehkondensatoren* mit Luft als Dielektrikum (B 90), von denen mehrere auf einer gemeinsamen Achse sitzen können. Für einmaligen Abgleich wählt man einlötbare *Trimmerkondensatoren* (Abb. 122f u. g) (B 161), die als Rohr- oder Scheibentrimmer ausgebildet sind und deren Kapazität sich bei 10 bis 100 pF Endwert zwischen 1:3 und 1:10 variieren läßt.

d) **Halbleiterdioden** (123):

Zur Demodulation in der Hochfrequenztechnik benutzt man *Germanium-Spitzendioden* oder auch *Silicium-Planardioden*. Als Gleichrichter für hohe Frequenzen und Schalter für kurze Zeiten empfiehlt sich eine *Silicium-Diode* mit einer Sperrspannung von 50 V und einem maximalen Strom von 100 mA. Als Schalter für sehr kleine Leistungen läßt sich die *Tunneldiode* verwenden. Zur direkten Gleichrichtung der Netzspannung 220 V gibt es *Silicium-Leistungsdioden* mit Sperrspannung 1000 V bei Strömen von einigen 100 mA. Für Transistor-Stromversorgungsgeräte hat man Brückengleichrichter mit Dioden für 40 V oder 80 V Eingangsspannung und Strömen bis zu einigen A.

Zur Stabilisierung oder Begrenzung von Spannungen nimmt man *Z-Dioden*. Ihre Durchbruchspannungen liegen zwischen einigen V und 100 V. Bei 6 V zeigt sie eine besonders kleine Temperaturabhängigkeit. Zur Frequenznachstimmung benutzt man *Kapazitätsdioden*. Bei Lichtschranken, Winkelschrittgebern (Abb. 6.53) usw. setzt man *Photodioden* ein.

e) **Transistoren** (124):

Transistoren haben, von speziellen Anwendungen abgesehen, die Röhren verdrängt. Man benutzt meist *Silicium-Transistoren* mit etwa 300 mW Leistung und 40 bis 50 V Spannungsfestigkeit, je nach Bedarf den *Niederfrequenztyp* oder den *Hochfrequenztyp*. Sie lassen sich auch bei digitalen Schaltungen einsetzen. Hier spielen die neueren Typen, der *Unijunction-Transistor* und der *Feldeffekt-Transistor* eine große Rolle.

Leistungs-Transistoren müssen auf Kühlelementen montiert oder mit Kühlschellen (B 11) versehen werden. Eine gemischte Bestückung mit npn- und pnp-Typen bringt oft Vorteile, z. B. beim Aufbau von Leistungsverstärkern ohne Transformatoren.

Neben Dioden und Transistoren gibt es noch weitere Halbleiterbauelemente. In der Starkstromtechnik haben der *Thyristor* und der *Triac* als phasengesteuerte Schaltelemente bei Steuerung und Regelung große Bedeutung erlangt. Sie können die aufwendigen Magnetverstärker ersetzen.

Das Auswählen von Halbleiterbauelementen erfolgt zweckmäßig anhand der Datenbücher der Lieferfirmen (B 2, B 93, B 153, B 170).

f) Bausteine:

Einheiten zur Spannungsversorgung, Verstärkung oder für digitale Schaltungen werden in zunehmendem Maße als komplette Bausteine angeboten (B 63, B 170). Es sind gedruckte Schaltungen, die meist als Steckkarten ausgeführt sind (125).

Die Bausteine zur *Spannungsversorgung* übernehmen Gleichrichtung und Regelung. Sie liefern konstante Gleichspannungen zum Betrieb anderer Bausteine. Die *Verstärker* sind meist als *Gleichspannungs-Differenzverstärker* mit hoher Verstärkung ausgebildet. Mit ein paar Widerständen, Kondensatoren oder Dioden zusammengeschaltet, lassen sich damit kontinuierlich veränderliche Spannungen verarbeiten. Ihre Betriebsspannung ist ± 12 V und mehr, der Ausgangsspannungsbereich mindestens ± 10 V bei einer Stromstärke von einigen mA

Als *Bausteine zur Digitaltechnik* gibt es die logischen Schaltungen „nicht", „und", „oder", „nand" und „nor", Kippschaltungen (Impulsformer, Flipflop, Mono-Flipflop und Leistungsstufen), ferner Zehner-Zähler, Schieberegister, Dekodierschaltungen usw., Betriebsspannung ± 6 V und ± 12 V, maximale Frequenz 100 kHz, 1 MHz oder mehr.

Als Miniaturbausteine benutzt man *integrierte Schaltungen* (B 93, B 153, B 170). Sie sind nach speziellen Verfahren als kompaktes Stück hergestellt. Es werden digitale Schaltungen, Gleichspannungs-, Niederfrequenz- und Hochfrequenzverstärker mit Betriebsspannungen zwischen 1,3 V und 7 V geliefert. Operationsverstärker mit ± 10 V Ausgang haben eine entsprechend höhere Betriebsspannung.

g) Schaltelemente:

Als *Netzschalter* verwendet man meist *Kippschalter*, in Normal- oder Miniaturausführung. Sie sind auch für andere Schaltungen in verschiedenen Kontaktkombinationen erhältlich, z. B. als *Polwender* oder *Umschalter*.

Zur Steuerung verwendet man daneben *Druckschalter*, für kurzzeitige Schließung oder Öffnung *Drucktasten* (B 56). Für das Um- oder Ein-Aus-Schalten von mehreren Stromkreisen eignen sich *Dreh-*, *Stufen-oder Schiebeschalter* (Abb. 126a) (B 45, B 149). Sie sind mit verschiedenen mechanischen Kombinationen zur Rastung, Sperrung und Auslösung erhältlich. Für beliebig variierbare Verknüpfungen benutzt man *Kreuzschienenverteiler* (B 45, B 88) (126b). Hier läßt sich jeder Eingang durch einen Stecker mit jedem Ausgang verbinden. Zur Sperrung von Rückströmen kann man in diese Stecker Dioden einbauen.

Zur indirekten Schaltung setzt man neben den prellfrei arbeitenden Halbleiterbauelementen verschiedene Relais ein (B 56, B 79).

h) Anzeigeelemente:

Zur Anzeige von Spannungen oder Strömen dienen Signalleuchten (s. Abb. 20a) (B 56) oder Glimmlampen. Zur Messung benutzt man Zeigerinstrumente in Einbauform (B 71, B 117), meist Drehspulinstrumente (127a). Die digitale Anzeige erfolgt mit Ziffernanzeigeröhren (127b) (B 2, B 170) oder den sehr aufwendigen, aber deutlicher lesbaren Projektionsziffernsätzen.

10.5.3 Die Entwicklung elektronischer Geräte

Bei der Entwicklung elektronischer Geräte geht man ähnlich vor wie beim Entwurf einer Instrumentierung. Man entwirft einen *Übersichtsschaltplan* (128), bei dem die Bausteine als Blöcke gezeichnet und der Signalfluß durch Verbindungslinien dargestellt werden. Für den Bau der

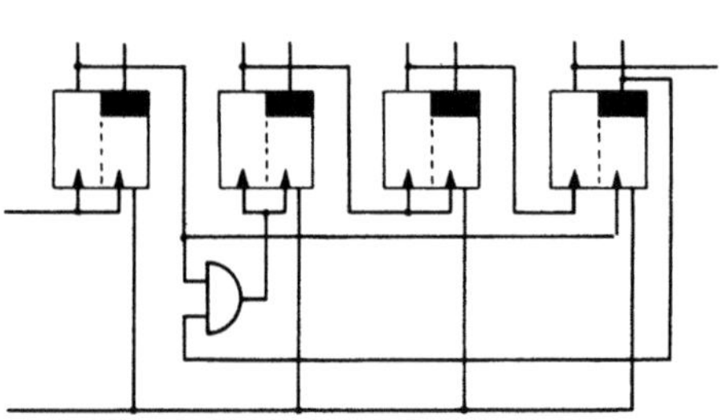

128 Übersichtsschaltplan (Zähldekade)

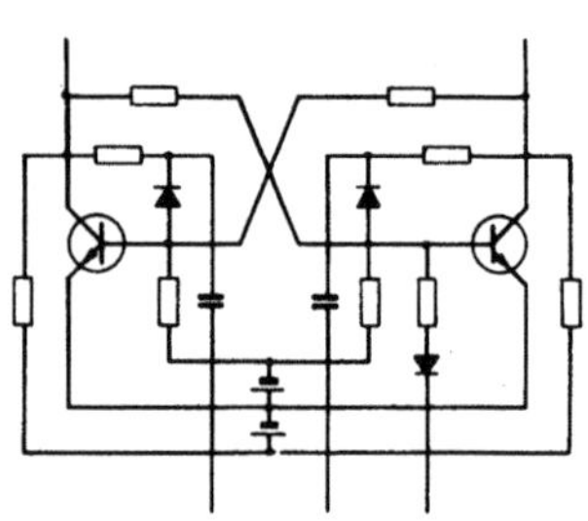

129 Stromlaufplan (Bistabile Kippschaltung)

einzelnen Bausteine muß ein *Stromlaufplan* (129) gezeichnet werden, wobei man die in Abb. L 10.8 gezeigten Schaltzeichen benutzt. Auf

Grund von meist einfachen Berechnungen [9] erfolgt dann die Dimensionierung der einzelnen Bauelemente, z. B. der Widerstände, Kondensatoren usw.

Bei einer Neuentwicklung wird die Schaltung erst in einem Versuchsaufbau erprobt. Mit den im Handel erhältlichen Experimentierbaukästen wird ein solcher Aufbau meist zu ausgedehnt. Da außerdem die kapazitive und induktive Kopplung der Bauelemente wesentlich von der räumlichen Anordnung abhängt, ist es zweckmäßig, sie schon beim Versuchsaufbau soweit wie möglich der endgültigen Form anzunähern. Die Entwicklung umfaßt dann bis zu drei Stufen: Die Lötleistenschaltung, die Lochrasterschaltung und die gedruckte Schaltung.

a) Die Lötleistenschaltung:

Für diesen Versuchsaufbau benutzt man zweckmäßig ein Montagebänkchen nach Abb. 130. Auf seine Holme sind dicht nebeneinander

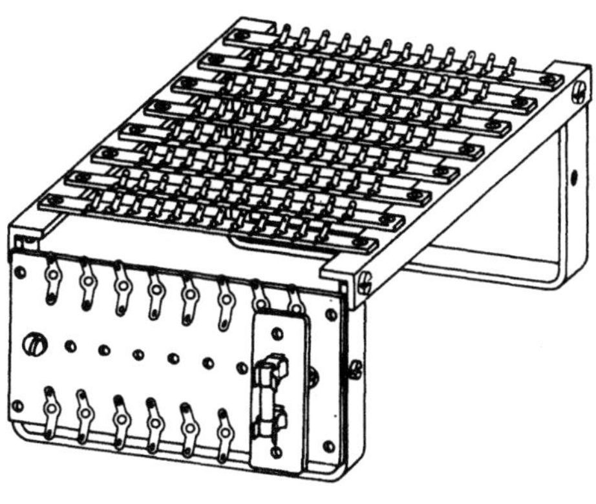

130 Montagebänkchen für Versuchsaufbauten (nach H.-B. Jung)

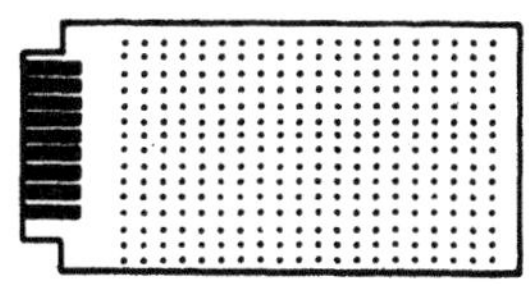

131 Steckbare Lochrasterplatte

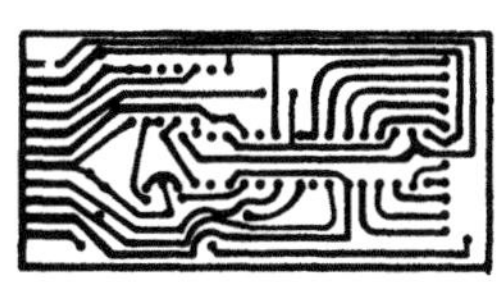

132 Gedruckte Schaltung

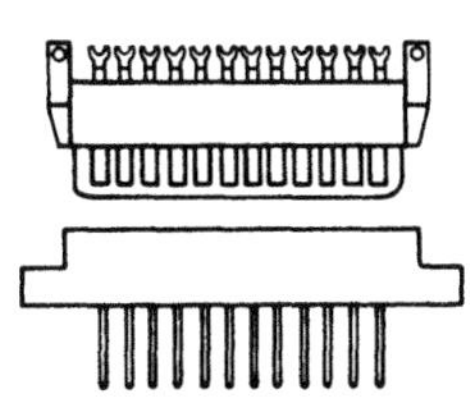

133 Steckverbindung für gedruckte Schaltungen

Lötleisten aufgeschraubt, die mit Lötösen in 6 mm Abstand bestückt sind. An diese Lötösen lassen sich die meisten elektronischen Bauelemente anlöten, wobei man die Anordnung soweit wie möglich der endgültigen Ausführung anpaßt. Schwere oder mechanisch beanspruchte Elemente wie Schalter, Potentiometer usw. können an Front- und Seitenplatten montiert werden. Gegen unfreiwillige Berührungen von Metallteilen, die sich auf Netzspannung befinden, ist eine Schutzisolierung vorzusehen.

b) Die Lochrasterschaltung:

Für diese Schaltung benutzt man Lochrasterplatten (131). Das sind etwa 1 mm dicke Pertinaxplatten, die rasterartig von Bohrungen durchsetzt sind. Bei einem Achsenabstand von 2,5 mm beträgt deren Durchmesser etwa 1 mm. Bei manchen Ausführungen sind die Löcher durch parallele Kupferbahnen verbunden (B 176) oder mit Kupferplättchen bestückt. Manche Ausführungen tragen außerdem eine Steckleiste, mit der die Lochrasterplatte an eine Buchsenleiste angeschlossen werden kann. Zur Montage werden die Anschlußdrähte der Bauelemente durch die Löcher der Lochrasterplatte hindurchgeführt und auf der Rückseite mit Leitungsdrähten verlötet. Die Anordnung wählt man zweckmäßig so, daß sie für eine gedruckte Schaltung beibehalten werden kann. Bei Einzelanfertigung wird man sich meistens mit der Lochrasterausführung begnügen.

c) Die gedruckte Schaltung:

Zur Herstellung von gedruckten Schaltungen werden Isolierstoffplatten geliefert (B 43, B 94), die einseitig oder beidseitig mit einer präparierten Kupferschicht versehen sind. Anhand des Stromlaufplanes oder der Versuchsschaltung zeichnet man nun die Leitungsbahnen zwischen den Anschlußdrähten der Bauelemente in vergrößertem Maßstab so auf, daß sich elektrisch zu trennende Leitungen nicht kreuzen. Die Verbindungslinien werden dann zu Bändern verbreitet, mit Tusche ausgezogen (132) oder mit selbstklebenden Bändern belegt. Dieses Bild wird nun photographisch auf die beschichtete Isolierstoffplatte übertragen. Es lassen sich dann die Zwischenräume zwischen den Leitungsbahnen frei ätzen. Bei einseitig belegten Platten werden die Anschlußdrähte oder Anschlußstifte der Bauelemente so auf die nichtbeschichtete Seite aufgesteckt, daß ihre Anschlüsse auf der Kupferseite verlötet werden können. Bei sehr komplizierten Schaltungen verwendet man doppelseitig belegte Platten. Hier müssen die Leitungsbahnen beider Seiten genau aufeinander ausgerichtet sein, und es muß auf beiden Seiten gelötet werden. Zum Schluß wird eine Stiftleiste an die Platte angeschraubt (s. Abb. 133), und es werden die Anschlüsse verlötet. Statt dessen kann man auch Platten verwenden, die mit Federleisten zum direkten Stecken versehen sind. Der Abstand der Kontakte beträgt dem Rastermaß entsprechend 2,5 mm oder 5 mm. Die fertigen Platten werden in eine Buchsenleiste

(B 81) gesteckt, die mit dem übrigen System elektrisch fest verbunden ist. Die Steckkarten sind so jederzeit rasch auszuwechseln. Um Verwechslungen beim Austausch zu verhindern, versieht man Stiftleisten und Buchsenleisten mit kodierten Sperren, so daß jede Platte nur in die zugehörige Buchsenleiste gesteckt werden kann.

Für gedruckte Schaltungen gibt es spezielle Ausführungen von Bauelementen, z. B. Potentiometer, Trimmerkondensatoren, Relais, Schalter usw. Sie haben statt Lötösen Anschlußstifte oder Drähte.

Das Ätzen der beschichteten Platten läßt sich mit einfachen Mitteln durchführen. Man kann es auch bei einschlägigen Firmen in Auftrag geben. Gedruckte Schaltungen sind schon bei kleinster Stückzahl lohnend. Auch bei Einzelanfertigung können sie vorteilhaft sein.

d) Elektronische Geräte und Anlagen

enthalten neben Lochrasterplatten oder gedruckten Schaltungen Bedienungs- und Anzeigeelemente, ferner schwerere Bauelemente, z. B. Transformatoren, Lüfter, Anschlußelemente usw. Alle diese Einheiten werden zweckmäßig in einem Gehäuse (B 107, B 187) zusammengefaßt oder in ein 19″-Chassis (27) eingebaut. Zur Aufnahme der Platten gibt es Montagerahmen, die mit den zu den Platten passenden Buchsenleisten versehen sind. Da die Verdrahtung nur über diese Leisten erfolgt, bleibt der Aufbau übersichtlich, und es lassen sich alle Einheiten leicht auswechseln.

Die Bedienungs- und Anzeigeelemente werden auf der Frontplatte so angeordnet, daß Einstellung und Ablesung möglichst von links nach rechts erfolgen. Bei komplizierten Schaltungen zeichnet man wie in Abb. 32 den Signalfluß auf die Frontplatte und ordnet Bedienungs- und Anzeigeelemente in das Schema ein.

10.54 Fluidik [7] (F. Stelzer):

Mit Fluidik wird der Einsatz der Energie strömender Fluide für Meß-. Logik- und Steuerfunktionen bezeichnet. Fluidkreise können weitgehend wie elektrische Kreise behandelt werden.

Die Elemente der Fluidik sind mit elektronischen Elementen (Röhren und Transistoren) vergleichbar. Sie sind in der Lage, alle Funktionen und Aufgaben von elektronischen Bausteinen zu realisieren. Zwar ist die Ansprechzeit größer und die Übertragungsgeschwindigkeit kleiner als in der Elektronik, dafür bietet die Fluidik aber Sicherheit gegen Temperaturschwankungen, Explosionsgefahr, Stoß- und Rütteleinflüsse, elektrische und magnetische Störfelder und nukleare Strahlung.

Die rein fluidischen Elemente haben keine beweglichen Teile. Ihre Funktion beruht auf dem Coanda-Effekt, nach welchem sich ein Fluidstrahl an eine angrenzende Wand anlegt. Wir unterscheiden drei Grundelemente[1], aus denen Fluidikschaltungen aufgebaut werden (s. Abb. 134): 1. Or-Nor-Gatter, 2. Und-Gatter, 3. Flip-flops (bistabile Verstärker).

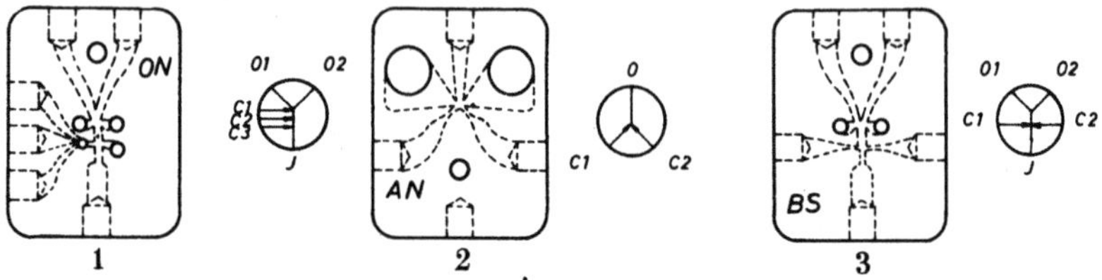

134 **Bauelemente der Fluidik**

Das Or-Nor-Gatter (oder-nicht-oder-Gatter) hat, wie auch der Flip-flop, als Fluidversorgung eine Bohrung J (im Bild unten). Elemente mit Netzversorgung wirken als Verstärker, man nennt sie aktive Elemente. Das Und-Gatter hingegen ist ein passives Element.

1. Or-Nor-Gatter: Für den Fall, daß bei den Öffnungen C kein Signal in Form eines Fluidstromes anliegt, tritt der bei J eintretende Fluidstrom bei 01 aus. Wenn bei C ein oder mehrere Signale anliegen, wird der Austrittsstrom nach 02 abgelenkt.

2. Und-Gatter: Wird nur einer der Eingänge C angeströmt, tritt kein Ausgangssignal 0 auf. Wenn beide Signale, $C\,1$ und $C\,2$, anliegen, resultiert ein Ausgangssignal 0.

3. Flip-flop: Die bei J eingespeiste Strömung entweicht entweder bei 01 oder 02. Falls sie bei 01 entweicht, so kann sie durch ein bei $C\,1$ angelegtes Signal auf 02 umgeschaltet werden. Das Ausgangssignal bleibt dann auf 02 stehen, auch wenn das Signal $C\,1$ verschwindet. Ein kurzer Strömungsimpuls bei $C\,2$ schaltet den Ausgang wieder auf 01.

Anwendungen der Fluidik siehe Kerntechnik **13** S. 339 (1971).

Literaturverzeichnis zu Kap. 10

Bücher:

1. Clausnitzer, G.; u. a.: Partikel-Beschleuniger, München: Thiemig-Taschenbuch Bd. 28, 1966.
2. Fahlenbrach, H.; Baran, W.: Dauermagnete und ihre Anwendung in Betrieben, München: Carl Hanser 1965.
3. Felici, N. J.: Elektrostatische Hochspannungsgeneratoren, Karlsruhe: Braun 1957.
4. Gänger, B.: Der elektrische Durchschlag von Gasen, Berlin/Göttingen/Heidelberg: Springer 1953.

[1] Der Beschreibung liegen Elemente der Plessey Ltd, Ilford, Essex U.K. zugrunde.

5. GRUHLE, W.: Elektronische Hilfsmittel des Physikers, Berlin, Heidelberg, New York: Springer 1960.
6. HOFMANN, W.: Zuverlässigkeit von Meß-, Steuer-, Regel- und Sicherheitssystemen, München: Thiemig-Taschenbuch Bd. 32, 1968.
7. MULTRUS, V.: Fluidik. Pneumatische Logikelemente und Steuerungssysteme. Mainz: Krausskopf, Buchr. Ölhydraulik u. Pneumatik Bd. 14, 1970 (Ausflch. Lit.-Vz.).
8. SCHNEIDER, F.: AEG-Information 1966.
9. VOGELSANG, E.: Einführung in die Elektronik, München: Thiemig-Taschenbuch Bd. 26, 2. Aufl. 1970.

Zeitschriften:

10. Elektrotechn. Z. Ausg. B 19 (1967) 529.
11. Kerntechnik **9**, 10 (1967) [12] 17, 21 [13] 27 [14] **10**, 484 (1968) [15] **12**, 377 (1970).
16. Metall **20**, 435 (1966).
17. Techn. Mitt. Krupp, Forsch.-Ber. **27**, 53 (1967).

11. Optik

11.1 Lichtquellen und Filter

a) Lichtquellen

Als Lichtquellen werden Glühlampen, Gasentladungslampen und Leuchtstofflampen eingesetzt. Für die Anwendung entscheiden Lichtstrom, Leuchtdichte, Größe der Leuchtfläche und spektrale Zusammensetzung des emittierten Lichts (Tab. 11.1 und Abb. 1). Für die Projektion

Tabelle 11.1. *Lichtstrom, Leuchtdichte und Leuchtfläche verschiedener Lichtquellen* (H.-B. GREISS)

Lichtquellen	Typ	Lichtstrom max. in lm	Leuchtdichte max. in lm/mm^2	Leuchtfläche minimal
Glühlampen	Normalausführung	43000	—	—
	Projektionslampen	600000	300	2 mm × 0,6 mm
	Halogenlampen	260000	350	1,6 mm × 3,3 mm
Gasentladungslampen	Spektrallampen	1200 meist nur (40)	21 (0,01)	— —
	Höchstdrucklampen	325000	1200	0,25 mm × 0,5 mm
	Blitzlampen (B 123)	$6 \cdot 10^6$ über 40 μs		
	Funkenlichtquellen (B 92)	$3 \cdot 10^8$ über 8 ns		
Leuchtstofflampen		6000	0,15	—

fordert man z. B. hohe Leuchtdichte und kleine Leuchtfläche. Man findet sie bei den Projektionslampen, Halogenlampen (B 123) und Höchstdrucklampen (B 123). Für einen Monochromator im kurzwelligen Gebiet braucht man ein ausgedehntes Spektrum, wie es die Deuteriumlampe (B 132) zeigt. Bei einem Interferometer bevorzugt man eine möglichst scharfe Spektrallinie, wie sie z. B. die Tl-Spektrallampe (B 123) liefert.

b) Filter (H.-B. Greiss):

Mit Filtern oder Filterkombinationen kann man aus einer Lichtstrahlung bestimmte Spektralbereiche aussondern. Die Bereiche erstrecken sich vom Infrarot bis ins Ultraviolett. Ein Filter ist gekennzeichnet durch seine Durchlässigkeitskurve, in der der Reintransmissionsgrad ϑ, der zwischen 10^{-5} und 0,99 liegen kann, als Funktion der Wellenlänge aufgetragen ist. Wenn sich die Durchlässigkeit auf einen sehr

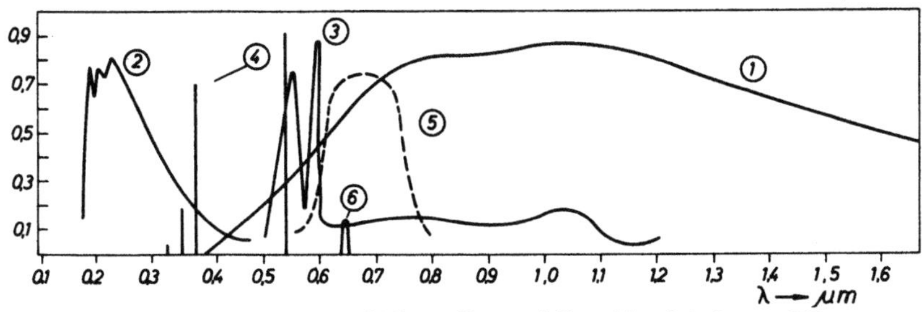

1 Emissionsspektren von Lichtquellen und Durchlässigkeit von Filtern
1 Wolfram-Glühlampe, *2* D_2-Lampe, *3* Hg-Hochdrucklampe, *4* Tl-Spektrallampe, *5* Glasfilter, *6* Interferenzfilter (H.-B. Greiss)

engen Spektralbereich erstreckt (bis herab zu 100 Å), spricht man von Engbandfiltern. Filter werden meist in der Größe 50 mm × 50 mm geliefert und haben Dicken von 2 bis 4 mm (B 96). Glasfilter, deren Färbung von Metallsalzen herrührt, zeigen ein relativ breites Durchlässigkeitsspektrum (5). Interferenzfilter trennen sehr scharf (6). Eine besonders große Rolle spielen die Wärmeabsorptionsfilter, mit denen man in optischen Anordnungen die lästige Wärmestrahlung der Lichtquellen unterdrücken kann. Bei Projektoren benutzt man zu diesem Zweck auch Kaltlichtspiegel (B 12, B 84). Umgekehrt gibt es Interferenz-Wärmereflexionsfilter, die bevorzugt Wärmestrahlung reflektieren und Licht hindurchlassen (B 12, B 84).

c) Lampengehäuse

müssen das seitlich ausgestrahlte Licht abfangen. Sie müssen andererseits eine Kühlung der Lampen zulassen. Bei 100 °C Übertemperatur werden von einem geschlossenen Gehäuse 0,082 W je cm², bei 250 °C 0,26 W/cm² abgegeben. Bei Durchströmung mit Luft durch Konvektion oder Ventilator ist die Kühlung wesentlich besser. Um zu verhindern, daß Licht durch die Kühlungsöffnungen austritt, wendet man Doppelmäntel mit versetzten Öffnungen (Abb. 2, 3 u. 4) oder einen lichtdichten Rost aus abgewinkelten Blechen an und schwärzt alle Wände. Zur Raumzentrierung des Leuchtkörpers wendet man in Abb. 2 u. 4 die Pseudojustierung nach Abb. 7.50 an. Außerdem ist die Grundplatte drehbar ausgebildet. In Abb. 3 sitzt die Lampe an Blattfedern, die an einer Asbestschieferplatte befestigt sind. Mit der isolierten Schraube im Deckel läßt sie sich heben und senken. Mit den beiden oberen, an der Platte angreifenden Schrauben (nur eine ist sichtbar) läßt sie sich nach dem Prinzip Abb. 7.53 seitlich verstellen und mit allen drei Schrauben in Richtung der optischen Achse. Höchstdrucklampen verlangen pro Watt je 4 cm² Gehäuseoberfläche. Es besteht die Gefahr der Blendung und der Explosion.

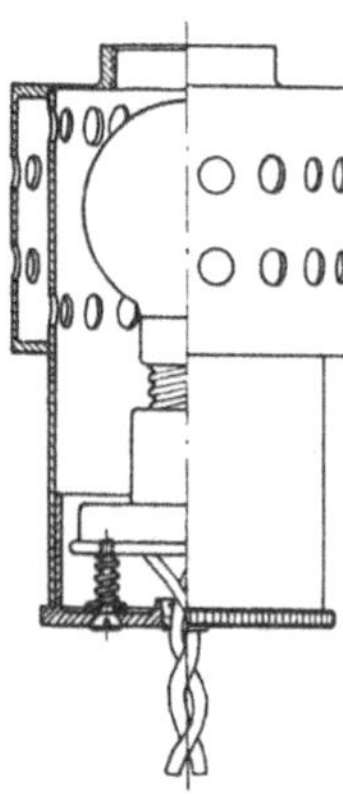

2 Kleinleuchte

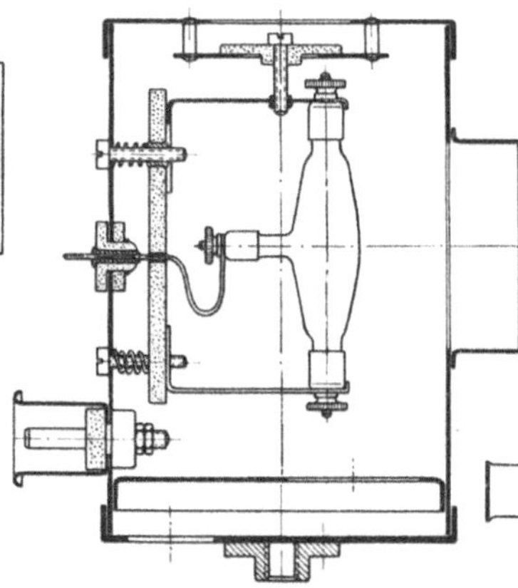

3 Gehäuse mit justierbarer Höchstdrucklampe

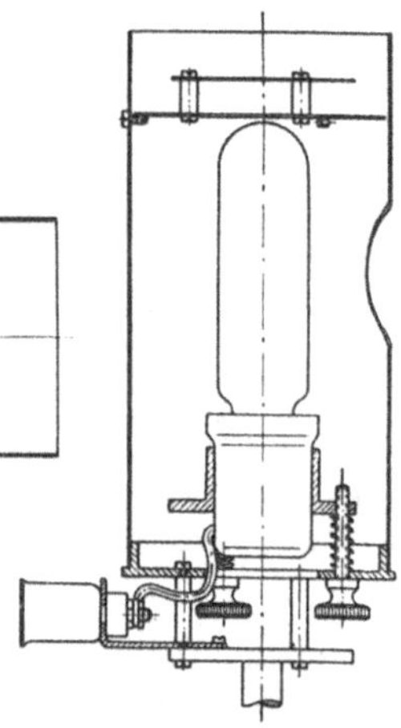

4 Lampengehäuse für Projektionslampe

Bei *Projektionssystemen* setzt man Kondensoren nach Abb. 16 in das Lampengehäuse ein und setzt hinter die Lampe einen Hohlspiegel, der so justiert wird, daß in der Leuchtfeldblende die gespiegelten Bilder der Glühwendeln zwischen den direkt abgebildeten Wendeln liegen. Zweckmäßig nimmt man dazu Interferenz-Kaltlichtspiegel (B 12), die die Wärmestrahlung nach hinten durchlassen und nur das sichtbare Licht reflektieren.

d) Laser:

Wo man hohe Monochromasie und Kohärenz der Strahlung braucht und es auf gute Richtungsbündelung und hohe Leistungsdichte ankommt, setzt man Laser ein.

Laser [5] (Light amplification by stimulated emission of radiation) werden aus einem aktiven Material hergestellt, in dem Übergänge zwischen Energieniveaus von der in Abb. 5a dargestellten Art möglich sind. Durch Einstrahlung von Lichtquanten einer bestimmten Energie,

Optische Geräte und Bauelemente L 11.1

	Lichtquelle punktförmig		verstellbare Blende
	Lichtquelle ausgedehnt		Verschluß
	planparallele Platte, Fenster		Bildverstärker
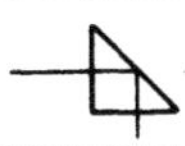	total reflektierendes Prisma		Photozelle
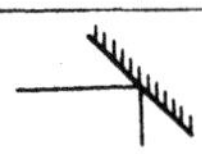	Spiegel		Photodiode
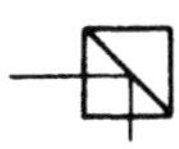	Strahlenteilungs-Würfel		Multiplier
	Lichtleiter		Auge
	Linse	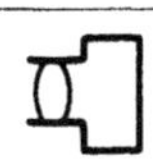	Kamera
	Achromat	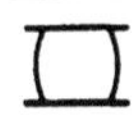	Objektiv
	Kondensor		Fernrohr
	Filter		Mikroskop
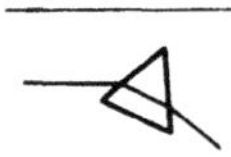	dispergierendes Prisma		Mikroskop-Kondensor
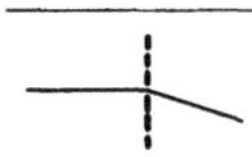	Beugungsgitter		Mikroskop-Objektiv
	Polarisator	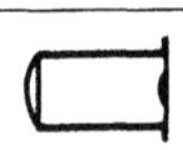	Mikroskop-Okular
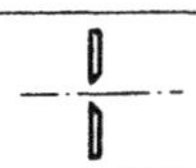	Leuchtfeldblende		Fadenkreuz
	Gesichtsfeldblende		Skala

der Pumpenergie, werden Atome aus dem Grundzustand mit der Energie E_1 in den angeregten Zustand mit der Energie E_3 gebracht. Von diesem Niveau erfolgt ein strahlungsloser Übergang in den Zustand E_2. Die freiwerdende Energie wird auf das Gitter übertragen. Durch diesen Pumpvorgang findet eine starke Anfüllung der Niveaus E_2 statt. Läßt man nun eine Welle der Frequenz einfallen, die dem Übergang $E_2 \rightarrow E_1$ entspricht, so wird eine stimulierte Emission hervorgerufen, die sich kaskadenförmig zu hoher Leistung aufschaukeln kann.

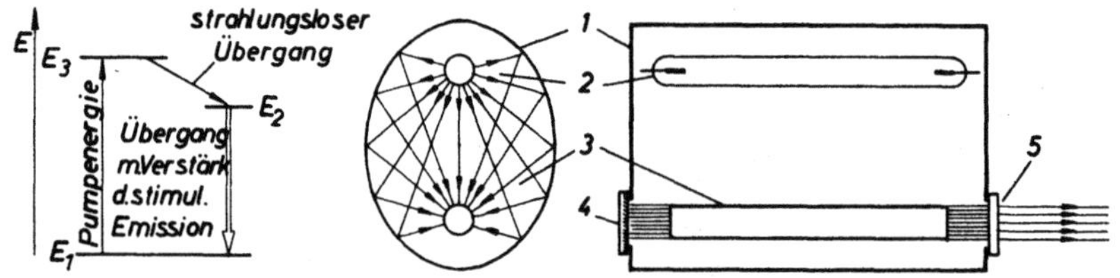

a Drei-Niveau-System b Rubinlaser in einem elliptischen Reflektor

5 Laser

a) Drei Niveau-System, b) Rubinlaser in einem elliptischen Reflektor
1 Glasgehäuse mit elliptischem, selektiv reflektierendem Spiegel, *2* Blitzlampe, *3* Rubin, *4* Spiegel, *5* halbdurchlässiger Spiegel

Beim Festkörperlaser (Abb. 5) benutzt man als aktives Material einen Rubinkristall, in dem Chromionen eingelagert sind. Die Lieferung der Pumpenergie erfolgt durch eine Blitzlampe. Blitzlampe und Rubin sind in den Brennlinien eines elliptischen Reflektors angeordnet, der Licht der Pumpfrequenz selektiv reflektiert. Nach einer bestimmten Pumpzeit kommt es zur spontanen Emission eines Photons, dessen Frequenz dem Übergang $E_2 \rightarrow E_1$ entspricht. Es regt weitere Atome zur stimulierten Emission an. Die achsenparallel bewegten Photonen werden an den Spiegeln 4 und 5 reflektiert und verstärken den Vorgang lawinenartig. Durch den halbdurchlässigen Spiegel 5 (Reflexion etwa 75%) tritt ein monochromatischer Strahl aus. Da alle in einer Ebene senkrecht zur Achse liegenden Atome über die Spiegelung gleichzeitig stimuliert werden, erfolgt ihre Emission in Phase. Die emittierten Wellen verstärken sich also durch Interferenz zu einem engen Bündel. Es lassen sich Öffnungswinkel von etwa 1 Winkelminute und in 10 ns langen Impulsen Leistungen bis zu mehreren tausend MW erreichen.

Festkörperlaser und Gaslaser finden bereits ausgedehnte Anwendung in der Raman-Spektroskopie, Interferometrie, in Plasmaphysik, im Meßwesen und in der Kurzzeitphotographie. Sie ermöglichen ferner die Holographie, d. h. die dreidimensionale Photographie ohne Linsen, bei der man die Interferenzerscheinung zweier kohärenter Bündel, von denen eines am Objekt reflektiert wird, photographisch fixiert. Durch

Reproduktion läßt sich damit ein dreidimensionales Bild erstellen. Mit Lasern lassen sich ferner Löcher bis herab zu etwa 1 μm Durchmesser bohren.

11.2 Linsen- und Lichtleitsysteme

a) Abbildung durch Linsen [2, 1]:

Der Abbildungsfehler wegen werden einzelne Linsen nur selten eingesetzt. Im Leitblatt L 11.2 wird gezeigt, wie für eine Zusammensetzung zweier Linsen Brennpunkte und Hauptpunkte bestimmt werden können. Da jedes Linsensystem als Einzellinse aufgefaßt werden kann, gilt das Verfahren auch für die Zusammensetzung von Linsensystemen.

Bei komplizierten Systemen ist jedoch das Verfahren sehr mühsam. Man kann statt dessen mit Analogrechnern arbeiten (s. Abschnitt 12.1) oder experimentell vorgehen.

b) Fassungen für Linsen und Spiegel:

Optische Elemente, Linsen, Spiegel, Fenster, Prismen (B 159) usw. dürfen nicht verspannt werden. Damit bei einer Temperaturänderung die verschieden große Wärmeausdehnung von Metall und Glas keine Verspannung verursacht, läßt man bei Fassungen ein radiales Spiel, für Mikrooptik ≈ 0,01 mm, bei Objektiven etwa 0,1 mm, bei Beleuchtungslinsen bis zu 2 mm. Beleuchtungslinsen werden im Betrieb sehr heiß. Sie sollen gleichmäßig bis zum Rande bestrahlt werden, damit sich keine Randspannungen bilden. Außerdem ist es zweckmäßig, die Linse gegenüber der Fassung mit Asbest zu isolieren, damit die rasche Abkühlung der Metallteile nicht zu einer ungleichmäßigen Abkühlung des Linsenkörpers führt.

Die Linsen werden nach zwei Verfahren gefaßt (L 11.3).

1. Verbördelung: Sie ist bis zu etwa 30 mm Durchmesser möglich. Ein dünner überstehender Grat wird mit dem Polierstahl umgelegt (Abb. 6). Bei überstehendem Rand erzeugt man diesen Grat durch einen engen Einstich (Abb. 7). Teure Linsen schützt ein Zwischenring vor Beschädigung (Abb. 8). Damit er keine Reflexe gibt, wird er mit Rillen versehen und geschwärzt.

2. Verschraubung: Die Linse wird mit einem Gewindering gegen die Auflage gedrückt (Abb. 9). Um Verspannung zu vermeiden, wird der Ring angedreht und geschlitzt, so daß federnde Lappen entstehen. Man kann auch den Gewindering mit Anschlag versehen (Abb. 10 u. 11). Damit die Linse kein Spiel hat, legt man dünne, federnd gewellte Blechringe unter. Große Halteringe befestigt man mit kleinen Schräubchen (Abb. 12 u. 13). Für Beleuchtungslinsen genügt ein Springring (Abb. 14), für kleine Linsen ein geschlitzter Spannring (Abb. 15). Kondensorlinsen

Abbildung durch Linsenzusammensetzungen **L 11.2**

Die Abbildung wird bestimmt durch Brennpunkte F, F' und Hauptpunkte H, H'.

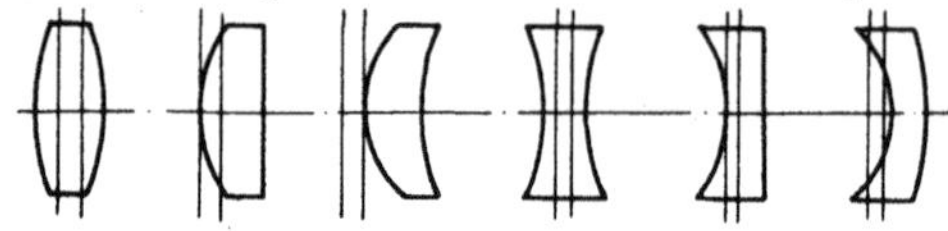

1 Lage der Hauptebenen

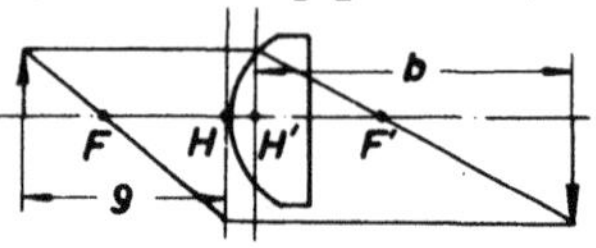

2 Bildkonstruktion

Bei der Bildkonstruktion werden die Hauptebenen übersprungen. Für die Abbildung gilt

$$1/g + 1/b = 1/f \qquad (1)$$

g = Gegenstandsweite, b = Bildweite, f = Brennweite = FH = $H'F'$

Für die Zusammensetzung zweier Linsen mit den Brennweiten f_1 und f_2 und dem Abstand e ist

$$1/f = 1/f_1 + 1/f_2 - e/f_1 f_2 \qquad (2)$$

Der Abstand der einander zugekehrten Brennpunkte heißt optische Tubuslänge t

$$t = e - f_1 - f_2 \qquad (3)$$

Dann wird Gl. 2 zu

$$f = -f_1 f_2/t \qquad (4)$$

Für die Berechnung des Abstands des Hauptpunkts H' vom Scheitelpunkt S in Abb. 3 gilt

$$SH' = -f_2 - f_2(f_1 + f_2)/t \qquad (5)$$

Die zeichnerische Ermittlung erfolgt nach Abb. 3.

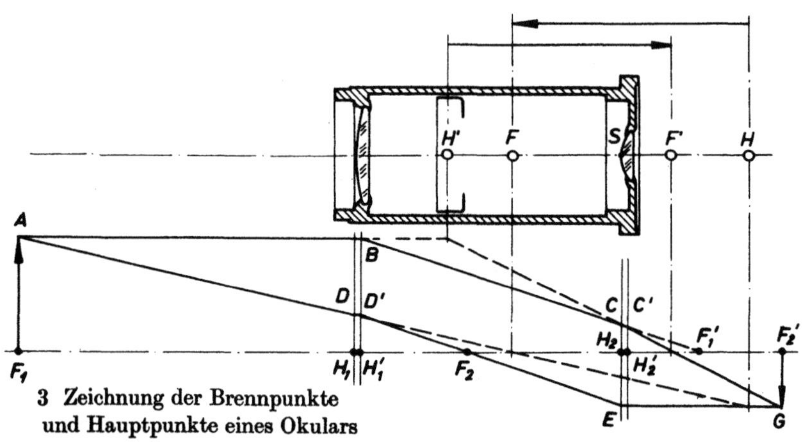

3 Zeichnung der Brennpunkte und Hauptpunkte eines Okulars

Ziehe Strahl AB parallel zur Achse. Er wird durch F_1' gebrochen und schneidet die Hauptebene H_2 bei C. Parallelstrahl zu BF_1' durch F_2 liefert D' und E. Er geht nach der Brechung parallel zur Achse und liefert G als Schnitt mit der Brennebene F_2'. Die Gerade durch G und C' liefert durch Schnitt mit der Achse F' und durch Schnitt mit AB die Hauptebene H'. Die Gerade durch A und D liefert durch Schnitt mit der Achse F und durch Schnitt mit EG die Hauptebene H.

Fassungen für Linsen und Platten L 11.3

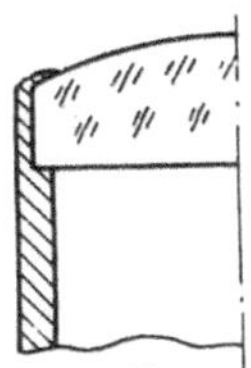
6

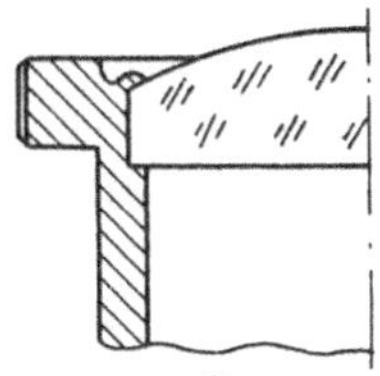
7
Verbördelung

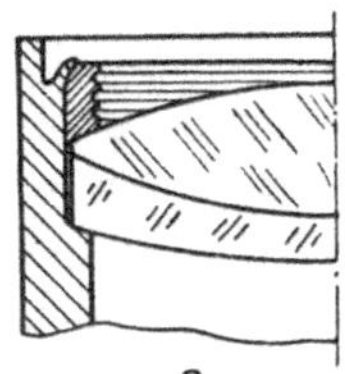
8

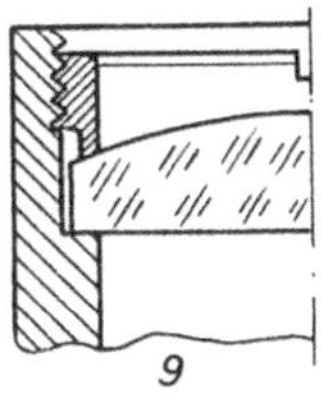
9

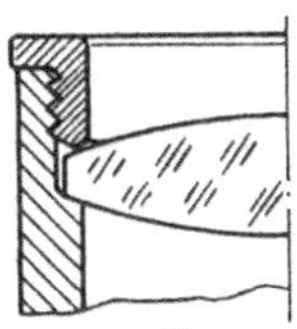
10
Verschraubung

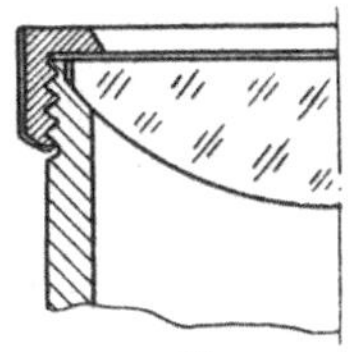
11

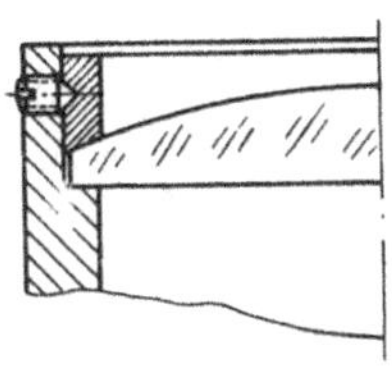
12
Fassungen für große Linsen

13

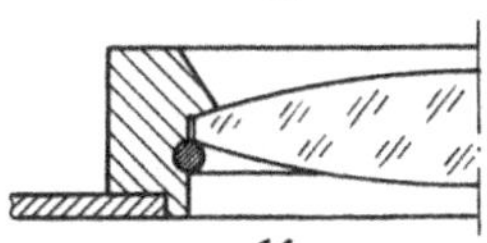
14
Befestigung mit Springring

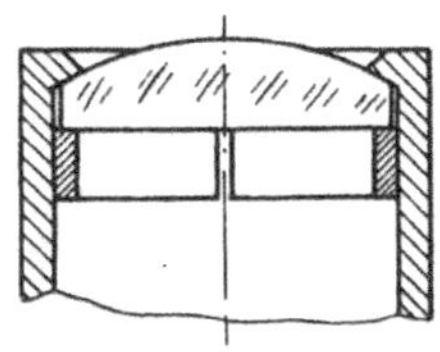
15
Befestigung mit Klemmring

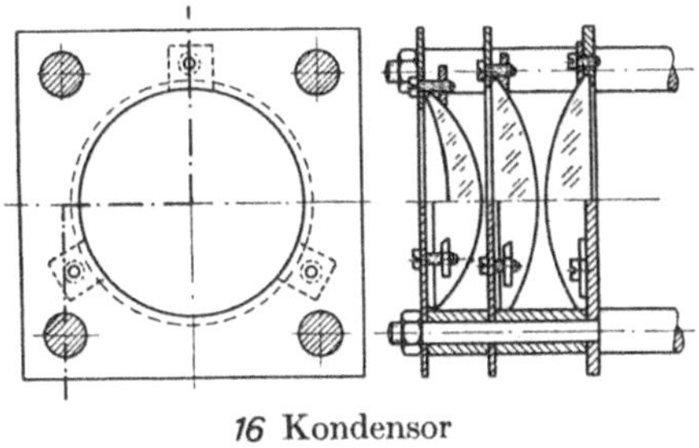
16 Kondensor

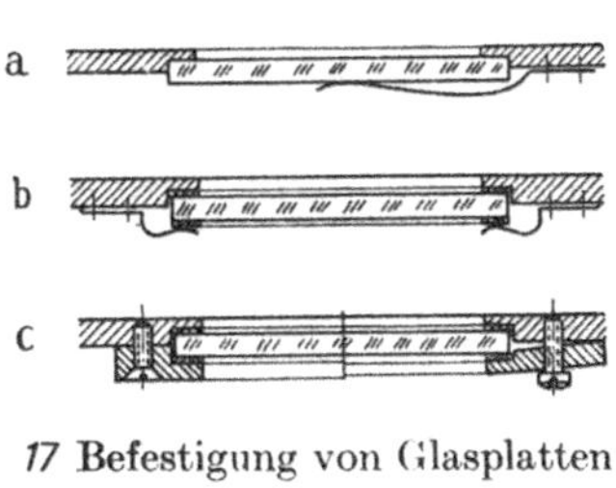

17 Befestigung von Glasplatten

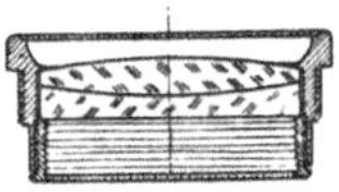
18

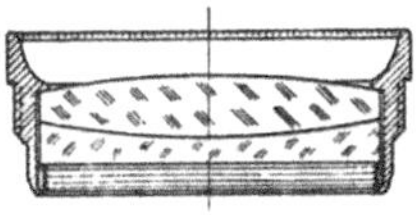
19
Fassungen für Fernrohrobjektive

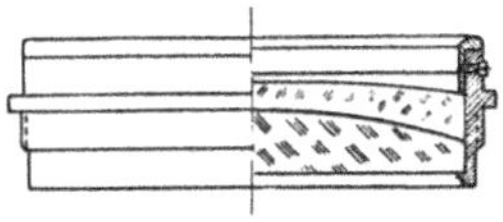
20

schraubt man mit drei Lappen auf Platten (Abb. 16). Diese Platten reiht man mit Abstandsröhrchen zusammen auf 4 Stangen auf. Bei dieser Anordnung werden die Linsen gleichmäßig luftgekühlt. Fassungen für Fernrohrobjektive zeigen die Abb. 18, 19 u. 20.

Bei der *Befestigung von Glasplatten* vermeidet man Biegungsbeanspruchung, wie z. B. bei der Feder nach Abb. 17a, durch Anwendung mehrerer kleiner Federn (Abb. 17b). Bei Verschraubung schützt man die Platte durch weiche Zwischenlagen und arbeitet den Rahmen auf Anzug (Abb. 17c links), so daß die Platte nicht (Abb. 17c rechts) geklemmt wird. Über halbdurchlässige Spiegel [8].

c) Abbildungs- und Beleuchtungssysteme

werden in großer Auswahl angeboten (B 159, B 186): Objektive für Kameras, Projektoren, Fernrohre und Mikroskope, Okulare und Beleuchtungssysteme. Wenn man große Ansprüche an die Abbildung stellt, müssen sie in dem von der Firma angegebenen Bereich eingesetzt werden. Bei starker Abweichung muß man die optische Anordnung auf die Abbildungsfehler [3] untersuchen: Farbabweichung, Öffnungsfehler und Verstoß gegen die Sinusbedingung, Bildfeldkrümmung, Astigmatismus schiefer Bündel und Verzeichnung in Verbindung mit Beleuchtungslinsen und Blenden. Als Kondensor- und Feldlinsen setzt man bei großen Durchmessern vorteilhaft Stufenlinsen ein [4]. Sie sind sehr flach und frei von Öffnungsfehlern.

Bei Mikroskopobjektiven ist das Auflösungsvermögen d gegeben durch $d = \lambda/n \sin \alpha$, wo λ die Wellenlänge des Lichtes, n der Brechungsindex des Mediums, in dem das Objekt sitzt, und α der größte Winkel ist, unter dem Strahlen in das Objektiv eintreten können. Der Ausdruck $n \sin \alpha$ heißt „numerische Apertur". Die Abb. 21, 22 u. 23 L. 11.4 zeigen die handelsüblichen Ausführungen von Mikroskopokularen, Objektiven und Kondensoren. Mit einem einfachen Tubus (Abb. 24) läßt sich aus diesen Elementen ein Mikroskop zusammensetzen. Die mechanische Tubuslänge t_m, für welche die Objektive korrigiert sind, beträgt 160 mm (Zeiß) bzw. 170 mm (Leitz). Für viele Zwecke kann man davon abweichen. Das Objektivgewinde G hat 20,27 mm Durchmesser und 36 Gang/Zoll (Ganghöhe 0,706 mm, DIN 8888). Der Durchmesser des normalen Okulars ist 23,3 mm. Der Tubus hat auf dieser Seite einen T-Schlitz, so daß das Okular federnd gehalten wird. Der ausziehbare Tubus mit Zahntrieb Abb. 25 ist vor allem für Ablesemikroskope geeignet.

d) Ablenksysteme:

In optischen Anordnungen muß aus verschiedenen Gründen häufig der Strahlengang geknickt werden, vorzugsweise um Winkel von 90°. Sehr oft muß auch das Bild verdreht oder gespiegelt werden, und es

Mikroskop-Teile L 11.4

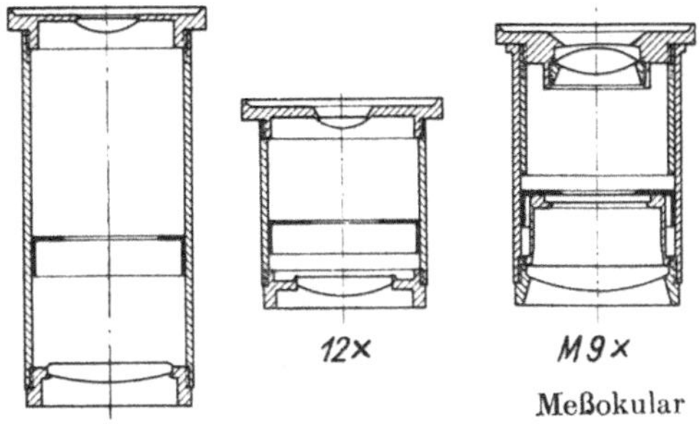

21 Okulare

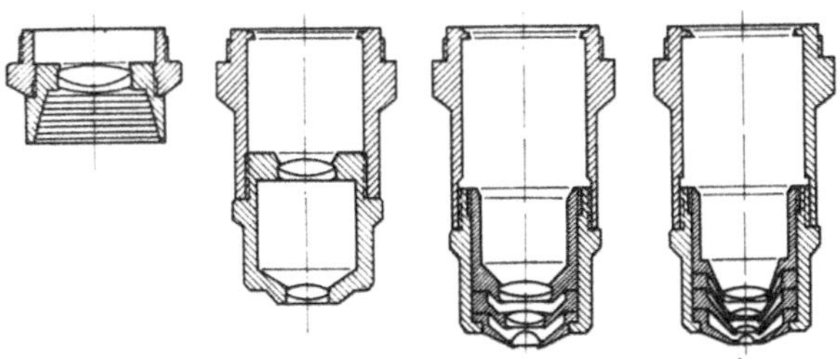

22 Objektive: Vergrößerung/Apertur

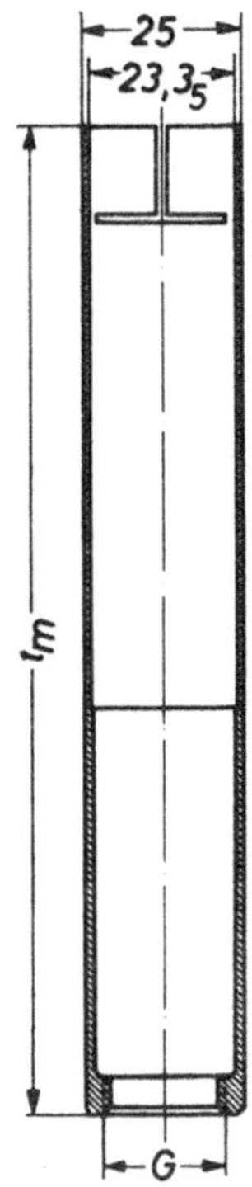

24 Tubus

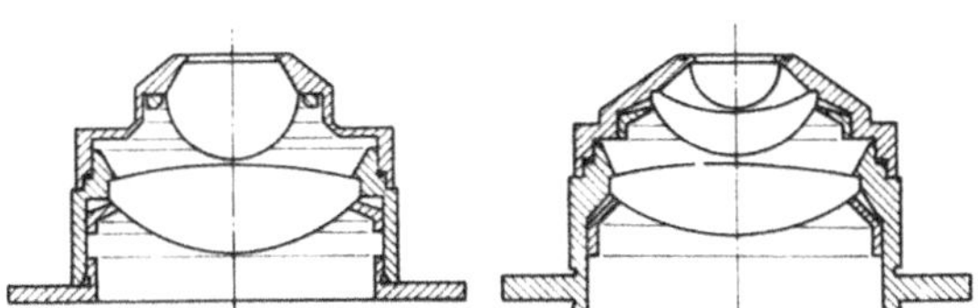

23 Kondensoren

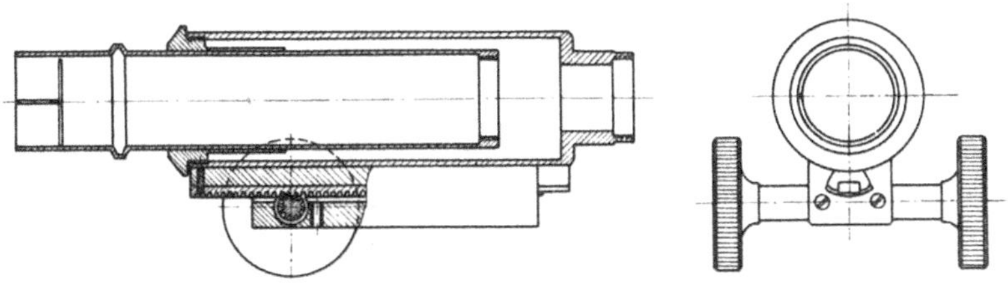

25 Ausziehbarer Mikroskoptubus mit Zahntrieb

Strahlablenkung durch Reflexionsprismen L 11.5

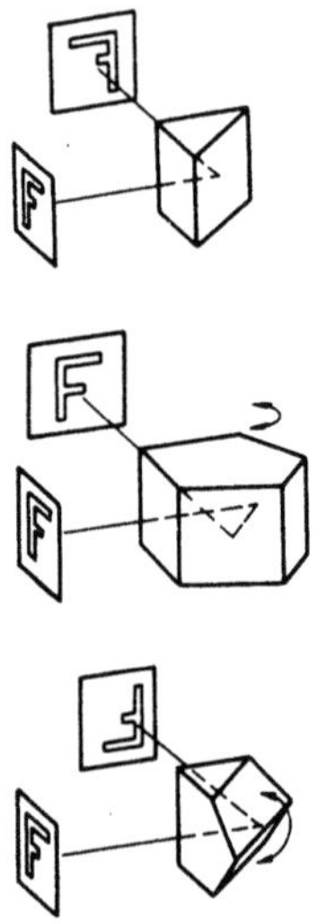

26
Ablenkung 90°

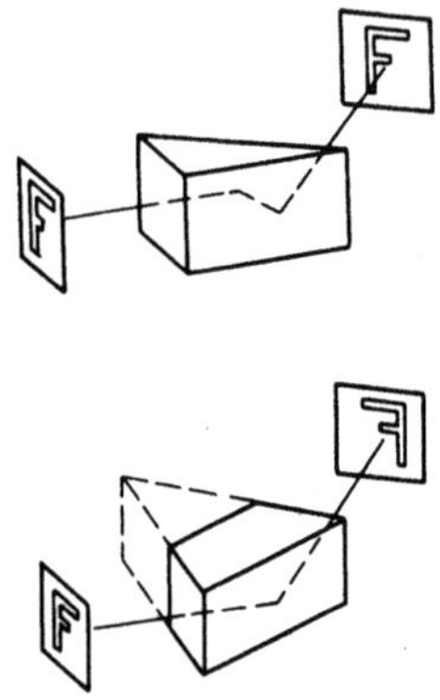

27
Ablenkung 60°

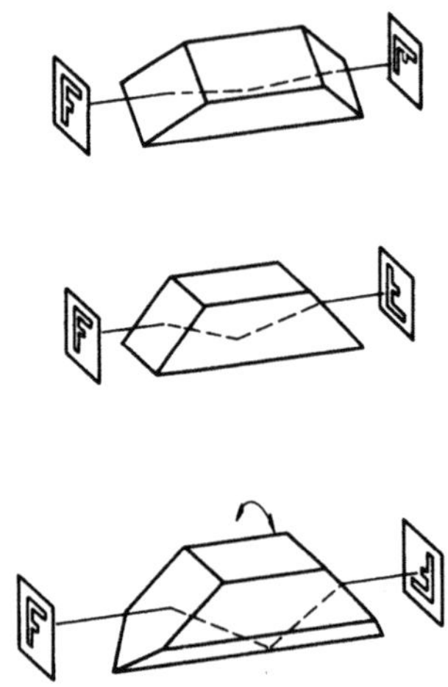

28
Drehung um Strahlachse
(Umkehrprismen)

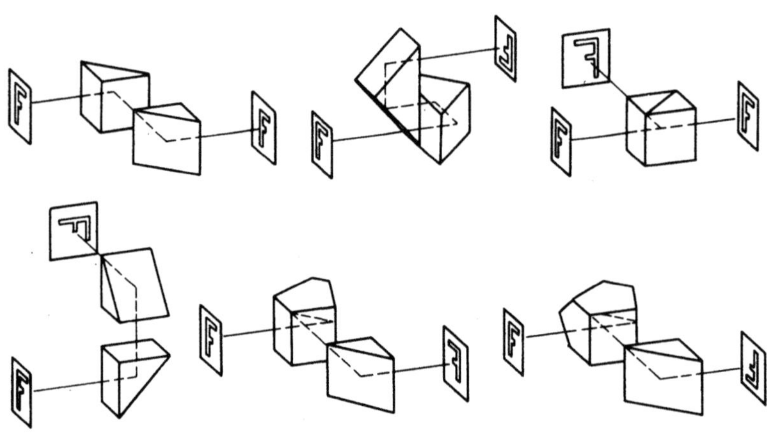

29
Strahlversetzung und Strahlenteilung

müssen, z. B. zum Zweck der synchronen photographischen Registrierung, verschiedene Anzeigen, z. B. Manometermenisken, Zeigerausschläge, Indikatordiagramme, nebeneinander auf einem Film abgebildet werden. Diese Aufgaben lassen sich mit Spiegeln lösen. Zweckmäßiger sind meist Ablenkprismen. In den Abb. 26 bis 29 L 11.5 sind die Möglichkeiten dargestellt, die man mit solchen Systemen hat (B 159). Als Objekt ist der Buchstabe F gewählt. Das abbildende System, z. B. ein Linsensystem, ist nicht eingezeichnet. Auf dem Bild erkennt man, wie der Buchstabe F verdreht oder spiegelbildlich gewendet wird. Neben der Ablenkung braucht man häufig auch die Strahlenteilung. Sie erfolgt mit halbdurchlässigen Spiegeln oder Strahlenteilungswürfeln (B 159).

e) Lichtleiter:

Da die Photomultiplier im Magnetfeld nicht arbeiten, müssen sie bei Szintillationszählern häufig durch lange Lichtleiter mit dem Szintillator verbunden sein [6]. Man stellt sie aus Plexiglasstäben her, die außen sorgfältig poliert werden und gegen Fremdeinstrahlung durch Al-Folien geschützt werden. Der optische Anschluß an Szintillator und Photokathode erfolgt mit besonderen Kontaktfetten.

Mit flexiblen Lichtleitern (B 96) nach dem Prinzip der Glasfaseroptik lassen sich Abbildungen über gekrümmte Kanäle oder flexible Kabel übertragen. Man macht davon vor allem Gebrauch bei Endoskopen, mit denen man durch enge Öffnungen hindurch das Innere von Behältern inspizieren kann. Sie sind mit einem Beleuchtungssystem gekoppelt. Flexible Lichtleitbündel aus Quarzglas (B 96) sind auch im UV-Bereich verwendbar.

11.3 Blenden, Spalte und Fenster

a) Blenden und Spalte (L 11.6):

Der Rand einer Blende wird angeschärft und geschwärzt. Will man den Blendendurchmesser stufenweise ändern, so verwendet man Steckblenden, Schiebeblenden (Abb. 30) oder eine Revolverblende (Abb. 31). Für stufenlose Einstellung eignen sich die handelsüblichen Irisblenden (Abb. 32), bei denen sichelförmige Lamellen einerseits drehbar in einem festen Ring gelagert sind, andererseits mit einem Stift in radiale Schlitze eines drehbaren Ringes eingreifen. Für automatische Blendeneinstellung eignet sich die reibungsarme Katzenaugenblende (Abb. 33).

Feste Spalte kann man aus Rasierklingensplittern zwischen Lochblenden (Abb. 34) herstellen, oder indem man eine versilberte Glasplatte anritzt. So stellt man z. B. Doppelspalte her. Einseitig verstellbare

Blenden und Spalte L 11.6

30 Schiebeblende

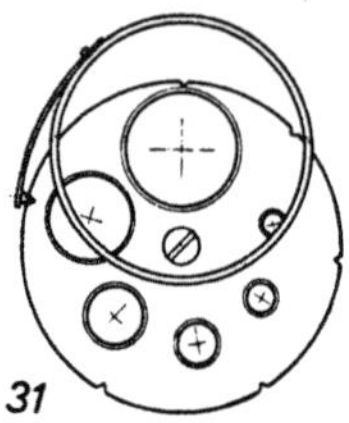

31 Revolverblende

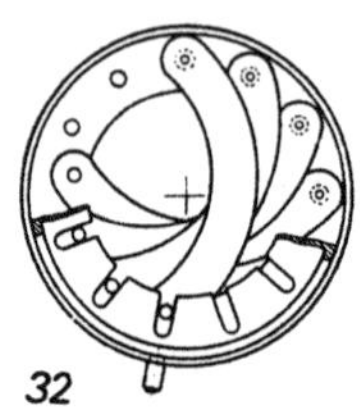

32 Irisblende

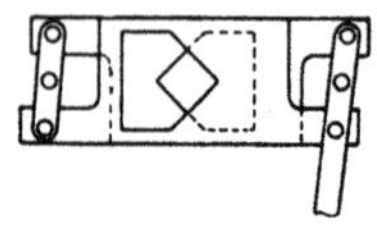

33 Katzenaugenblende

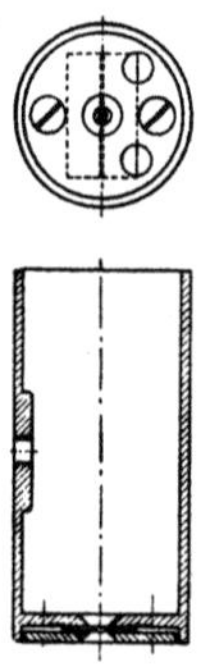

34

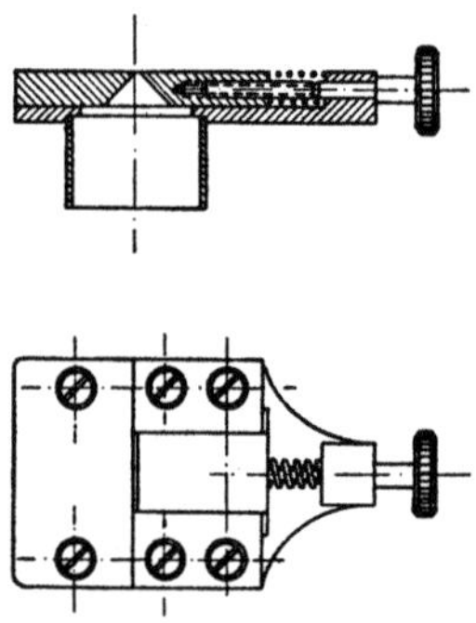

35

Einfache Spalte

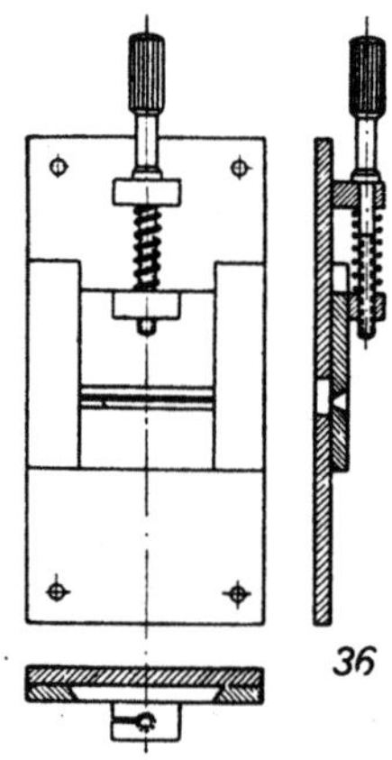

36

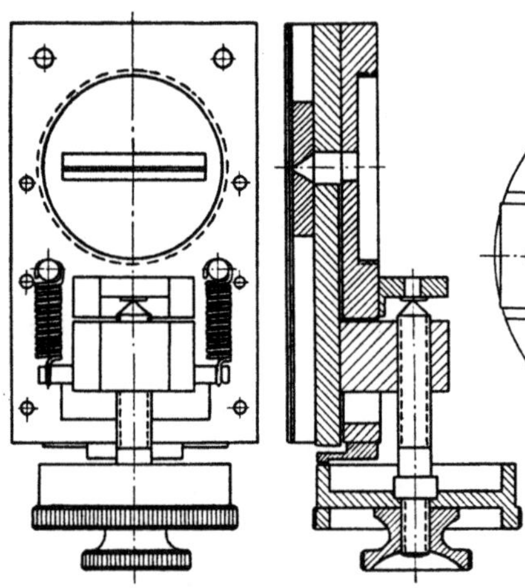

37

Einseitig verstellbarer Präzisionsspalt

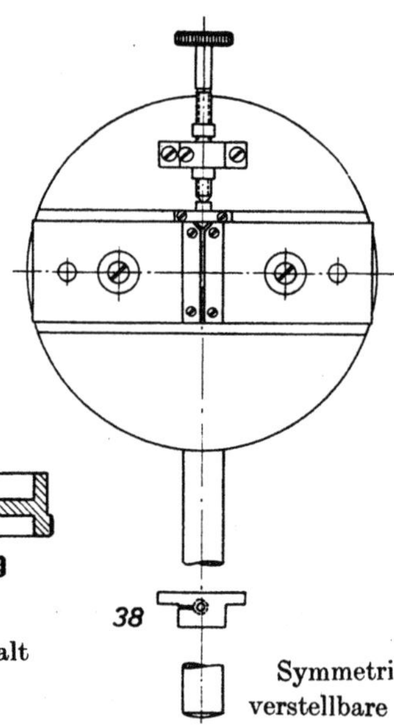

38

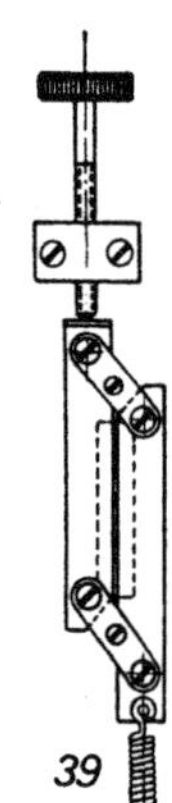

39

Symmetrisch verstellbare Spalte

Spalte baut man mit Schwalbenschwanzführung und Spindelantrieb, wobei der Vorschub durch eine Druckfeder erfolgt (Abb. 35 u. 36). Man vermeidet so die Beschädigung der Spaltbacken durch Schraubendruck. Symmetrisch verstellbare Spalte erhält man mit Keilgetriebe (Abb. 38 (B 159)) oder Parallelogrammverstellung (Abb. 39). Einen Präzisionsspalt mit Spindeltrieb und Zugfedern zeigt Abb. 37.

b) Fenster und Küvetten:

Vakuumdichte Fenster. Die Dicke einer Glasplatte, die dem Atmosphärendruck standhalten soll, muß etwa 1/14 des lichten Fensterdurchmessers sein. Bei der Ausführung Abb. 40 wird mit Fett oder Kitt gedichtet. Das Fenster in Abb. 41 ist abnehmbar. Die Glasplatte wird in einen Messingring eingekittet und dieser mit einem O-Ring auf den Stutzen aufgesetzt [10]. Kleine Fenster werden mit Überwurfmutter (Abb. 42) oder Schraubring (Abb. 44) gegen einen Flachgummi- oder O-Ring gepreßt. Auf die Glasplatte wird ein Ring aus Preßspan und darauf ein Blechring gelegt. Große Fenster werden mit einem Flansch fest-

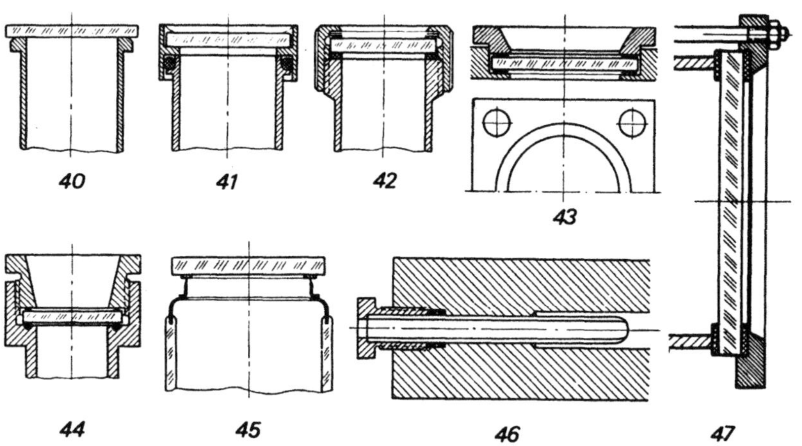

Vakuumdichte Fenster — Küvette

gepreßt (Abb. 43). Fenster, die mit Silberchlorid aufgekittet werden, halten Entgasungstemperaturen (420 °C) aus [13]. Abb. 45 zeigt einen Glasstutzen mit Steinsalzfenster [14]. Es wird so gekittet: Eine dünne Silbermanschette wird auf das Einschmelzmetall aufgelötet. Die Lötstelle wird mit kolloidalem Graphit vor dem Silberchlorid geschützt. Auf die Steinsalzplatte wird ein etwa 1/2 mm dicker Ring aus AgCl gelegt, beides auf die Silbermanschette aufgesetzt und dann im Ofen langsam (20 K/min) auf etwa 500 °C erhitzt und noch langsamer (5 K/min) abgekühlt. — Dünne Fenster, die kugelig gewölbt sind, halten hohe

Drucke aus. Einbau nach Abb. 46 [7]. — Das Beschlagen der Fenster läßt sich mit wasserabweisenden Schutzschichten (Bedampfen mit Silanolchlorid) vermeiden. Schaugläser sind mit heizbarem, durchsichtigem Belag erhältlich (Aurell (B 12)). Damit läßt sich ein Beschlagen bei tiefen Temperaturen verhindern.

Küvette mit Gummidichtung (Abb. 47). Infrarot-Absorptions-Zellen [9, 15, 11]. Eine Zelle für tiefe Temperaturen [12].

11.4 Aufbau optischer Systeme

a) Der Einbau in einen Tubus

führt zu handlichen Geräten, in denen die optischen Elemente gegen Verschmutzung und Beschädigung geschützt sind.

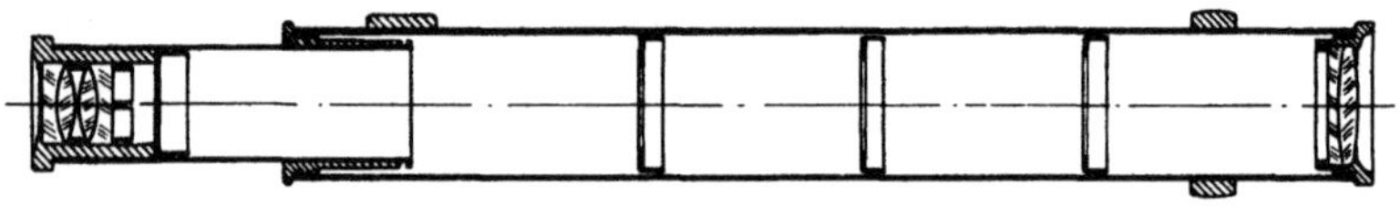

48 Fernrohr

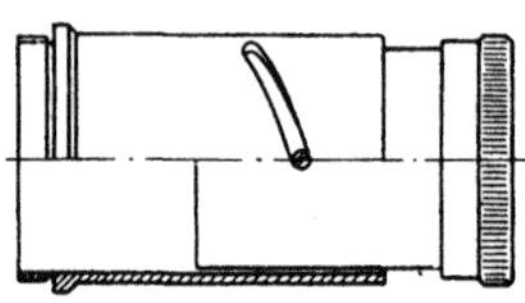

49 Projektionsobjektiv

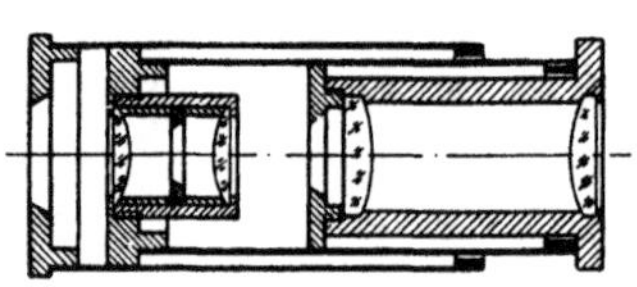

50 Teleskopauszug

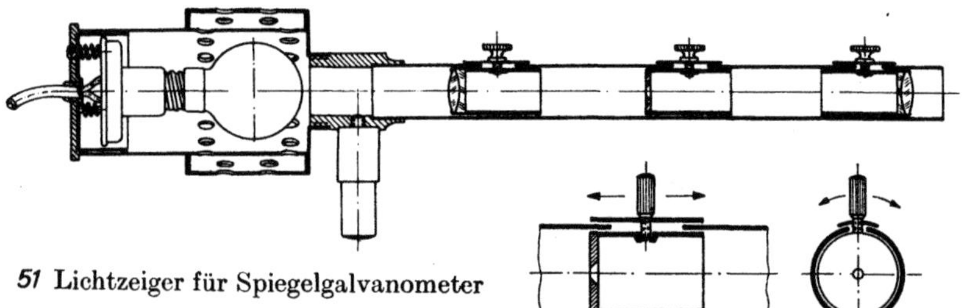

51 Lichtzeiger für Spiegelgalvanometer

52 Einstellung eines Spalts in einem Tubus

Einstellbare Tubussysteme

Abb. 48 zeigt den Aufbau eines *Fernrohres*. Das Okular ist zur Scharfeinstellung verschiebbar gemacht. Die Okularlinsen, zwei Achromate, sind durch einen Abstandsring voneinander getrennt und werden durch einen Spannring gehalten. In den Tubus sind mehrere dünnwandige Blenden, sog. Kulissenblenden, eingesetzt. Alle Innenflächen sind mattschwarz lackiert. So lassen sich störende Reflexe vermeiden.

Zur *Einstellung* optischer Systeme in einem Tubus setzt man diese in passende Rohrstutzen ein. Abb. 49 zeigt ein Projektionsobjektiv, das mit einem Stift in einen Schrägschlitz des Tubus ragt, so daß es sich bei einer Drehung der Rändel verschiebt. Beim Teleskopauszug Abb. 50 lassen sich zwei ineinander geführte Linsensysteme gegen den Tubus und gegeneinander verstellen. Im Lichtzeiger Abb. 51 werden Linsen und Blenden in Rohrstutzen nach Abb. 52 verschiebbar gemacht. Die Leuchte ist nach Abb. 2 gebaut. Feinverstellungen für Rohre sind in L 7.3 zusammengestellt.

b) Optische Bänke (L 11.7):

Auf einer optischen Bank kann man die Abstände zwischen optischen Elementen wie Linsen, Blenden, Lichtquellen bis herab zu einem konstruktiv bedingten Mindestwert beliebig einstellen. Sie eignen sich deshalb besonders für den Versuchsaufbau.

Eine optische Bank besteht im wesentlichen aus einer Führungsschiene, den Schlitten oder Reitern und den optischen Elementen. Die optischen Elemente werden meist auf eine runde oder quadratische Blechscheibe gesetzt, die an einen Stiel angeschraubt ist. Die Linsen werden mit der Blechscheibe direkt verbunden (Abb. 53) oder auswechselbar in eine Steckfassung eingesetzt (Abb. 54). Die Scheibe hat in diesem Fall einen Rohrstutzen mit T-Schlitz. Die Scheibenfassung Abb. 55 hat den Vorteil, daß man mehrere Linsen mit Abstandsringen zusammen in einen Linsenhalter einsetzen kann. Für kleine Linsen, Mikroskopobjektive usw. versieht man die Scheiben mit dem Objektivgewinde (Abb. 56).

Als Führungssystem dient im einfachsten Fall ein Rundstab mit Kreuzmuffen als Reiter (Abb. 57) oder ein Vierkantstab mit Plattenmuffen (Abb. 58). Bei beiden Anordnungen sind die Linsen zentrierbar. Bei dem Rundstab mit seitlicher Nute (Abb. 59) ist der Reiter exakt geführt. Präziser ist die etwa 50 mm breite Dreikantschiene Abb. 60 (B 159). Normale Reiter haben eine Bohrung von 13,75 mm ⌀, sind etwa 60 mm breit und ragen 80 mm über die Oberkante der Schiene hinaus. Die optische Achse liegt etwa 180 mm über dieser Kante. Abb. 61 zeigt als Beispiel eine Mikroprojektionsanordnung mit Bogenlampe, Kondensor, Küvette und Mikroskop.

Voraussetzung für eine gute Führung ist eine ausreichende Führungslänge. Aus diesem Grunde vermeidet man, wenn möglich, schmale Reiter. Optische Präzisionsbänke (B 9) bevorzugen ein niedriges Profil, haben eine Schwalbenschwanzführung ähnlich Abb. 4.34 oder zwei parallele Schwalbenschwanzführungen mit einer kinematischen Führung

Optische Bänke L 11.7

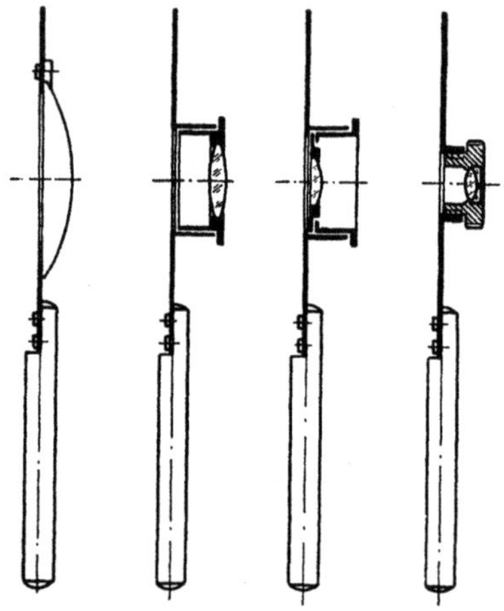

53 54 55 56
Linsenhalter mit Stiel

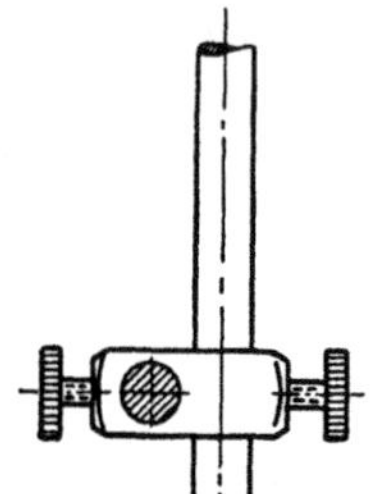

57

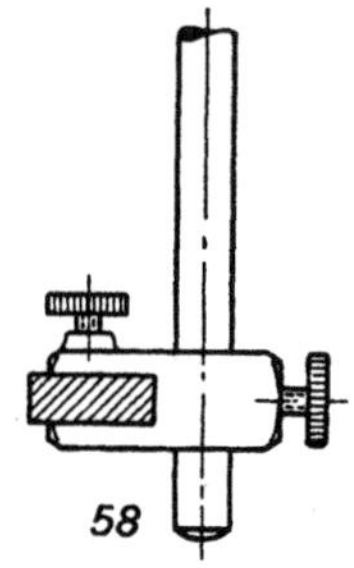

58

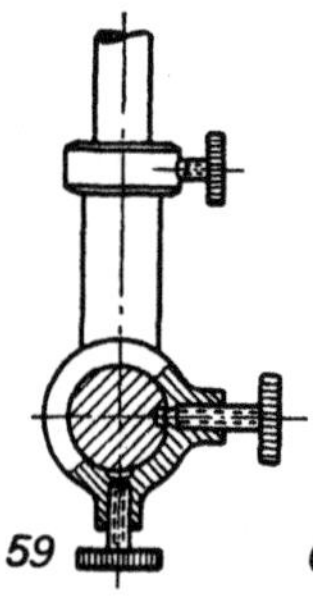

59

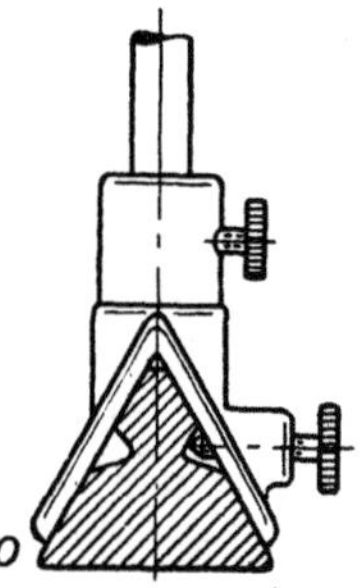

60

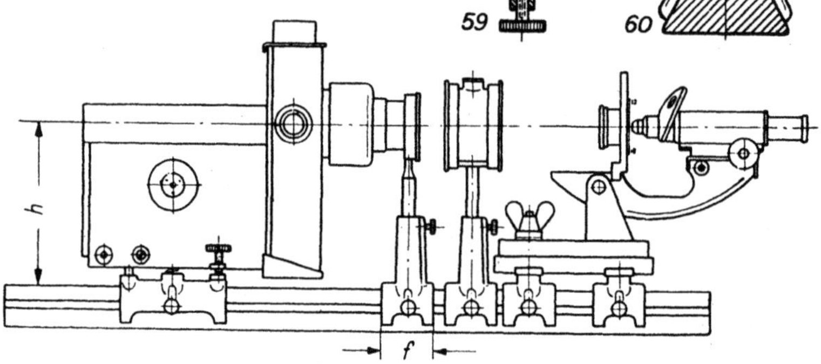

61 Mikroprojektionsanordnung

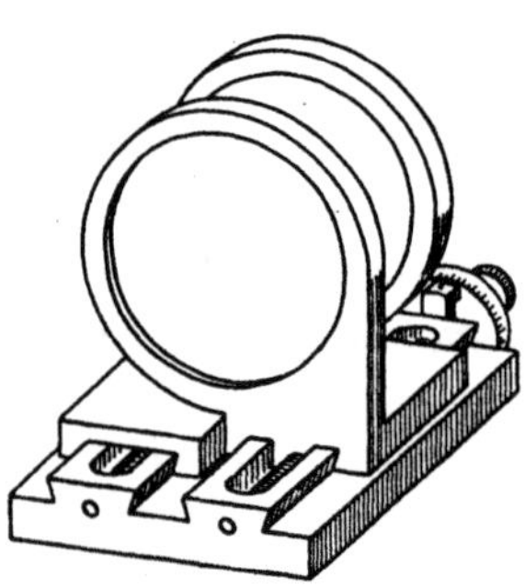

62 Doppelschlittenführung

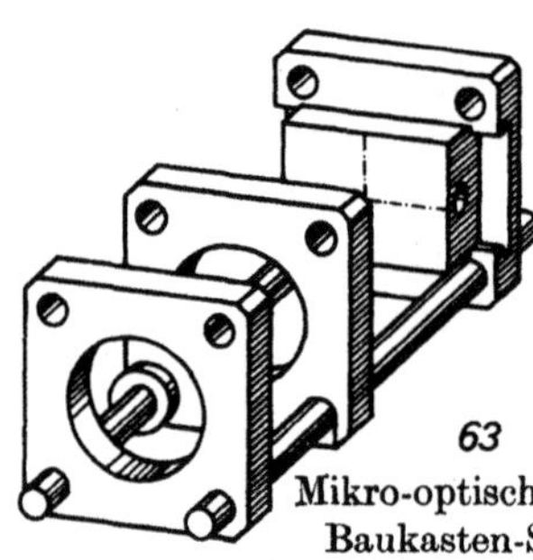

63
Mikro-optische Bank,
Baukasten-System
nach Aurin

der Schlitten (PI-System (B 185)). Diese Schienen ermöglichen eine Doppelschlittenführung nach Abb. 62, mit der man z. B. zwei Linsenfassungen direkt zur Berührung bringen kann, ohne Rücksicht auf die Länge der Führung.

Im Bereich der Mikrooptik sind die üblichen optischen Bänke nicht verwendbar. Hier läßt sich ein von AURIN entwickeltes Baukastensystem einsetzen, das unter der Bezeichnung mikrooptische Bank (B 159) vertrieben wird. Das Grundprinzip zeigt Abb. 63. Mit Aufnahmeplatten, die fest, schwenk- oder einklinkbar sind oder eine Schlittenführung aufweisen und Stangen, lassen sich Halterungen aufbauen, in die Bauteile wie Linsen, Spiegel, Filter, Prismen usw. fest oder justierbar eingebaut werden können. Dabei sind sehr kleine Abstände entsprechend kleinen Brennweiten möglich. Mit Umlenkplatten lassen sich Umlenkungen um 120° vornehmen. Der Baukasten ermöglicht die experimentelle Erprobung neu konzipierter optischer Anordnungen.

c) Aufbau in der Ebene:

Anordnungen mit Prismen und Spiegeln lassen sich nicht ohne weiteres mit einer optischen Bank aufbauen. Hier bevorzugt man den Aufbau in einer Ebene, d. h. man baut die einzelnen Elemente auf eine exakt eben geschliffene Grundplatte. Solche Grundplatten lassen sich mit den Schäfer-Bausteinen (B 185) zusammensetzen, wobei die Nivellierung durch Nutensteine garantiert wird. Optische Elemente auf Grundplatten sind in zwei Richtungen verschiebbar und um eine Achse senkrecht zur Ebene drehbar. Sie werden beim Versuchsaufbau mit Pratzen und Schrauben festgeklemmt, bei fertig entwickelten Geräten verstiftet. Abb. 64 zeigt einen Ultrarot-Monochromator nach LEISS [16]. Er ist völlig symmetrisch. Das Licht tritt auf der linken Seite zuerst durch den Spalt, wird von einem Hohlspiegel und einem Planspiegel reflektiert und tritt durch ein Quarzprisma auf die rechte Seite über. Dort durchsetzt es dieselben Elemente in umgekehrter Reihenfolge und fällt durch den Austrittsspalt auf ein Vakuumthermoelement. Je ein Prisma und ein Planspiegel sind auf einem Tischchen montiert, das in einem Konus nach Abb. 4.117 gelagert ist. Beide Tischchen werden mit einer Mikrometerschraube und einer kinematisch geführten Stahlscheibe über zwei Schneiden gleichzeitig um exakt denselben Winkel, aber gegensinnig gedreht. Dabei treten nacheinander die einzelnen Linien des Spektrums durch den Austrittsspalt hindurch.

d) Stativaufbau:

Mikroskope und optische Meßgeräte zeigen meist einen dreidimensionalen Aufbau. Hier arbeitet man mit Stativen, die man am einfachsten aus Gußteilen zusammensetzt. Abb. 65 zeigt als Beispiel ein Interferenzmikroskop zur Oberflächenuntersuchung nach dem TOLANSKI-Verfahren. Die Oberfläche des Objektes und die Gegenfläche werden zur Erzeugung

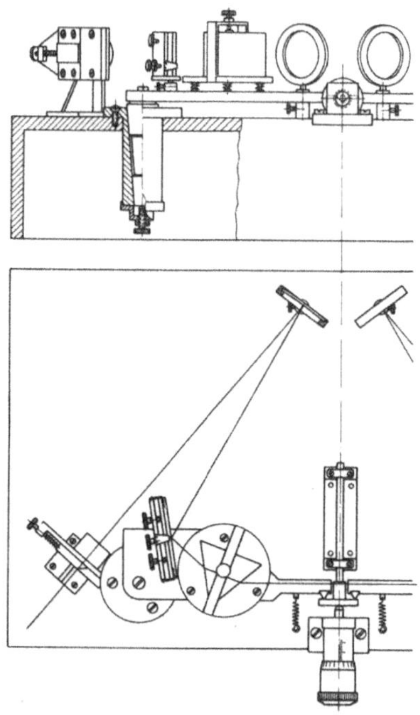

64 Ultrarot-Monochromator

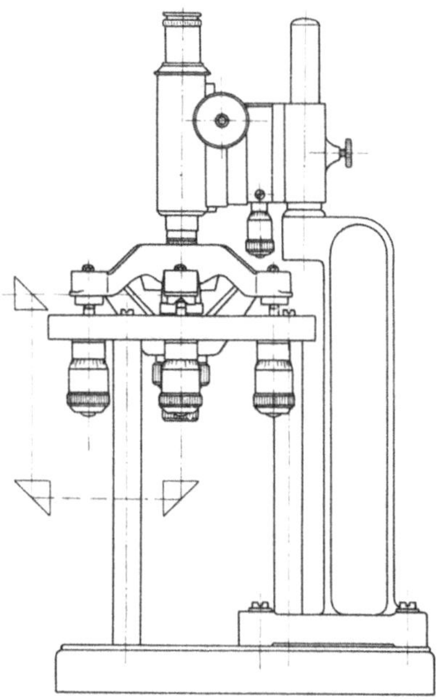

65 Interferenzmikroskop

der Vielfachinterferenzen mit Hilfe von 6 Mikrometerschrauben eingestellt, auf denen die beiden Dreifüße kinematisch gelagert sind (s. Abb. 7.89).

11.5 Optische Meßgeräte

(H.-B. GREISS)

Die optische Abbildung ermöglicht die Erfassung geometrischer Strukturen und ihrer zeitlichen Veränderungen, die Wechselwirkung des Lichtes mit Materie eine Analyse von Substanzen und Oberflächen. Wir unterscheiden dementsprechend optische Geräte zur Längen-, Winkel- und Geschwindigkeitsmessung und die optisch-analytischen Geräte wie Refraktometer, Polarimeter, Spektrometer und Photometer.

a) Geräte zur Längen-, Winkel- und Geschwindigkeitsmessung:
(H.-B. Greiss):

1. für direkte Beobachtung: Ablesemikroskop, Meßmikroskop, Kathetometer, Komparator, Meßfernrohr, Fluchtfernrohr, Meßlaser, Theodolit, Spiegelablesung, Interferometer, Photoelemente, -dioden, -zellen, -multiplier, Fernsehkamera mit Bildschirm. (Glasteilungen (B 140)).

2. für indirekte Beobachtung: Photographische Kamera, Polaroidkamera, Stereokamera, Filmkamera, Schmierbildkamera, Holographiesystem, optisches Registriergerät,

3. zur Auswertung: Reprojektionseinrichtungen.

Als Beispiel zu 1. betrachten wir das *Perot-Fabry-Interferometer* (Abb. 66). Man mißt damit die Parallelverschiebung eines Systems, z. B. eines Mikroskoppräparates, indem man es mechanisch mit einer

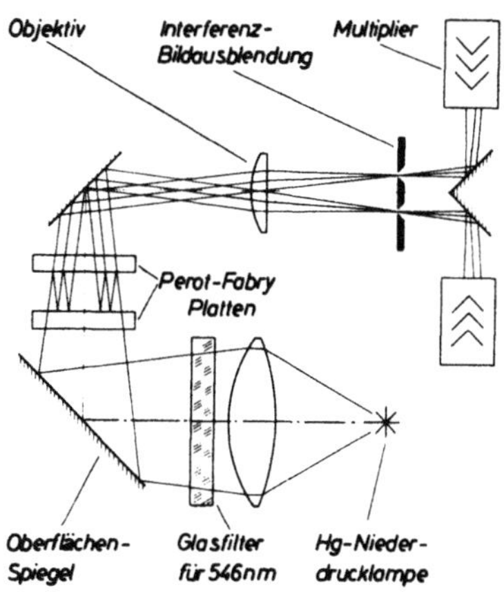

66 Perot-Fabry-Interferometer

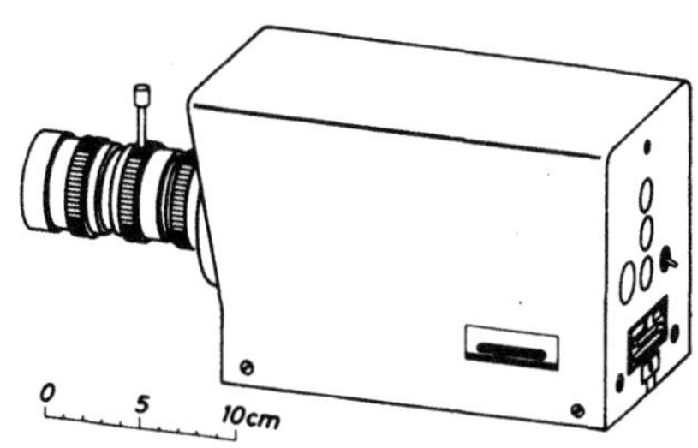

67 Fernsehkamera

der beiden Perot-Fabry-Platten koppelt, während die andere fest ist. Das Interferometer arbeitet folgendermaßen: Aus dem Licht einer Hg-Niederdrucklampe wird mit einem Satz Glasfilter monochromatisches Licht der Wellenlänge 546 nm ausgefiltert und mit einem Kondensor über einen Spiegel auf die Perot-Fabry-Platten geworfen, deren einander zugewandte Flächen halbdurchlässig verspiegelt sind. Zwischen diesen Platten tritt Mehrfachreflexion auf. Jeder einfallende Strahl tritt deshalb als ein Bündel von parallelen kohärenten Strahlen mit abgestuften Gangunterschieden aus, die vom Einfallswinkel und vom Plattenabstand abhängen. Die Strahlen werden (nach einer weiteren Spiegelung) in der Brennebene eines Objektivs zur Interferenz gebracht. Aus dem Interferenzbild blendet man zwei Zonen aus und registriert ihre Helligkeit mit je einem Multiplier. Das Interferenzbild besteht aus einem System von konzentrischen Ringen. Bei einer Änderung des Plattenabstands um $\lambda/2$ wandern sie um einen Ringabstand nach außen, so daß jeder vom Multiplier registrierte Impuls einer Verschiebung der Platte um $\lambda/2 = 273$ nm $= 0{,}000273$ mm entspricht. Durch Verknüpfung der Signale der beiden Multiplier läßt sich die Meßgenauigkeit noch steigern. Voraussetzung für die Messung ist eine Parallelität der Interferometerplatten mit weniger als 0,1 μm Abweichung über den vollen Durchmesser des Lichtbündels.

Die *Fernsehkamera* (Abb. 67) (B 74) kann in Verbindung mit einem Fernsehempfänger zur Fernbeobachtung eingesetzt werden. Durch eine spezielle Auslegung des Fernsehverstärkers läßt sich der Kontrast eines Bildes wesentlich verstärken.

Bei der *indirekten* Beobachtung erhält man meist photographische Aufnahmen, z. B. von Nebelspuren, Blasenspuren oder Kernspuren in Emulsionen. Für qualitative Untersuchungen müssen solche Aufnahmen in großer Zahl ausgewertet werden. Man verwendet dazu besondere Einrichtungen, z. B. Kernspurmeßanlagen (s. Abb. 12.106). Wir betrachten im folgenden den optischen Teil einer solchen Anlage (Abb. 68).

b) Kernspurmeßanlage:

Der Strahlengang ist nach dem KÖHLERschen Beleuchtungsprinzip für Mikroskope ausgelegt, d. h., Beleuchtungsstrahlengang und Abbildungsstrahlengang sind verflochten.

Der *Beleuchtungsstrahlengang* geht aus von einer Niedervolt-Glühlampe. Der Kollektor bildet sie auf die verstellbare Aperturblende im Kondensor des Mikroskops ab. Sie bestimmt das Leuchtfeld. Mit einem Grünfilter wird das für die Beobachtung mit dem Auge günstigste Licht ausgefiltert und störende Wärmestrahlung zurückgehalten. Ein Bild der Aperturblende entsteht hinter dem Mikroskopobjektiv, hinter dem Zwischenobjektiv, in der Augenpupille und vor der Fernsehkamera.

Der *Abbildungsstrahlengang* beginnt bei der verstellbaren Gesichtsfeldblende hinter dem Filter. Sie bestimmt das Gesichtsfeld. Sie wird vom Kondensor in das Objekt abgebildet. Das Mikroskopobjektiv, ein Immersionssystem mit 100facher Vergrößerung und der numerischen Apertur 1,32, liefert ein vergrößertes Bild des Objektes, d. h. der Kernspuren und der Gesichtsfeldblende in der Zwischenbildebene, in den beiden Okularen, auf der Bildspeicherplatte der Fernsehkamera und auf der Netzhaut des Auges.

Zur *Ausmessung* der x- und y-Koordinaten ist in der Zwischenbildebene ein mit Meßspindeln verschiebbares Fadenkreuz angebracht. Zur

Unterteilung des Gesichtsfeldes werden in den Bildebenen der Okulare Gitternetze eingesetzt. Über einen halbdurchlässigen Spiegel wird mit einem Objektiv eine beleuchtete Zeichenfläche in das Gitternetz des

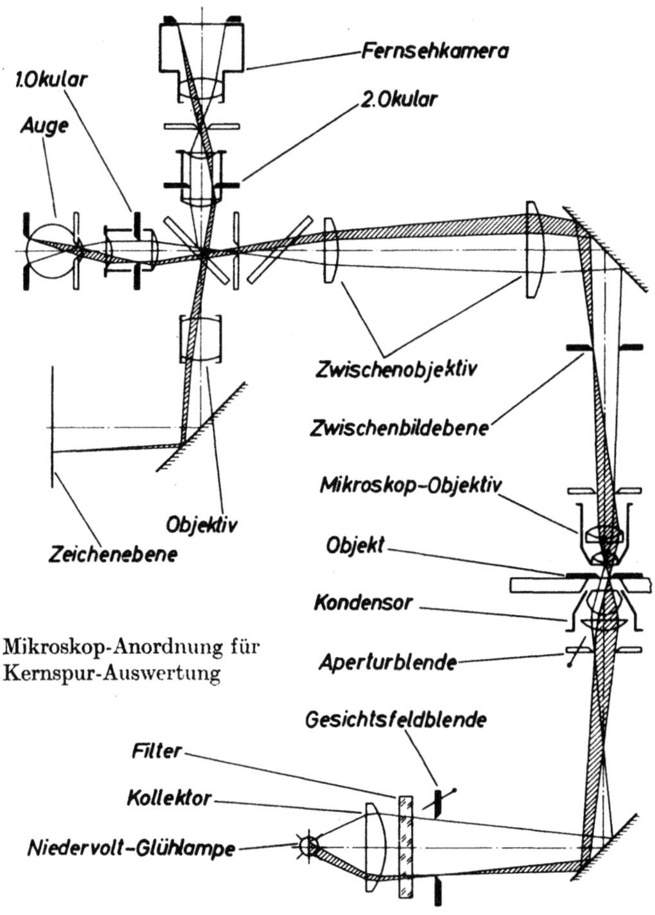

68 Mikroskop-Anordnung für Kernspur-Auswertung

1. Okulars abgebildet, so daß Bleistiftvermerke auf dieser Fläche zusammen mit dem Bild der Kernspuren dem Beobachter sichtbar werden. Die seitliche Versetzung des Strahlengangs durch Brechung in der Spiegelplatte wird durch eine symmetrisch dazu angeordnete Glasplatte kompensiert.

Zur Bestimmung der z-Koordinate der Anfangs- und Endpunkte der Kernspuren nutzt man die sehr kleine Schärfentiefe des Mikroskopobjektivs von 0,6 μm aus, die eine Einstellung auf 0,1 μm genau ermöglicht. Man verstellt das Objekt vertikal so, daß zuerst der Anfangspunkt und dann der Endpunkt der Kernspur scharf erscheint. Der Vertikalabstand beider Punkte ist dann gleich der Verschiebung, die man mechanisch bzw. interferometrisch ausmessen kann (s. Abb. 12.106).

Literaturverzeichnis zu Kap. 11

Bücher

1. Flügge, J.: Leitfaden der geometrischen Optik und des Optikrechnens, Göttingen: Vandenhoeck und Rupprecht 1956.
2. Flügge, J.: Praxis der geometrischen Optik, Göttingen: Vandenhoeck und Rupprecht 1962.
3. Gerthsen/Pollermann: Einführung in das Physikalische Praktikum, 6. Aufl. Berlin/Heidelberg/New York: Springer 1971.
4. Naumann, H.: Optik für Konstrukteure, 3. Aufl. Düsseldorf: Knapp 1970.
5. Tradowsky, K.: Laser, Würzburg: Vogel 1968.

Zeitschriften

Kerntechnik [6] **3**, 151 (1961).
Rev. Sci. Instrum. [7] **19**, 123 (1948) [8] **20**, 620 (1949) [9] **21**, 629 (1950) [10] 852 [11] **22**, 853 (1951) [12] **23**, 421 (1952) [13] 442 [14] **25**, 514 (1954) [15] **25**, 835 (1954).
Z. Phys. [16] **47**, 137 (1928).

12. Strahlentechnik

12.1 Geladene Teilchen (Beschleunigertechnik)

(B. POLLERMANN)

12.1.1 Beschleunigeranordnungen [7]

Eine *typische Beschleunigeranordnung* mittlerer Größe für kernphysikalische Experimente zeigt Abb. 1.

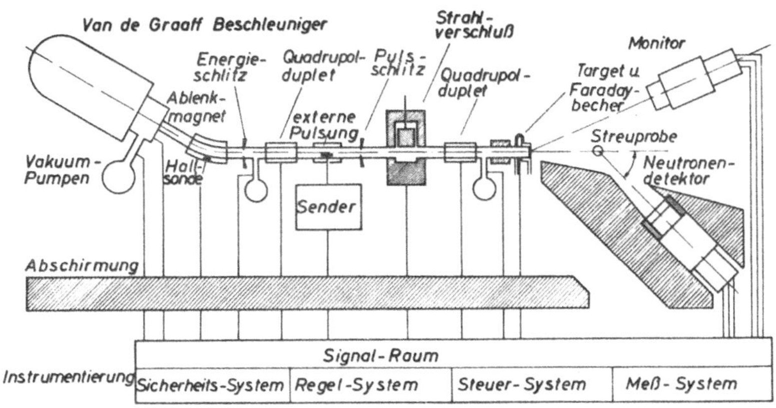

1 Beschleuniger-Anordnung

Der VAN-DE-GRAAFF-Beschleuniger liefert Protonen zwischen 1,5 und 3,0 MeV. Sie werden durch einen Ablenkmagneten an einem Energieschlitz monochromatisiert, mit einem hochfrequenten elektrischen Feld an einem Pulsschlitz gepulst und mit zwei Quadrupolduplets auf ein Target fokussiert. Bei Probenwechsel oder anderen Eingriffen läßt sich der Strahl mit einem Strahlverschluß abfangen. Alle Abschnitte des Strahlführungssystems werden durch Vakuumpumpen evakuiert. Zur Untersuchung der Neutronenstreuung an bestimmten Kernen ist ein Tritiumtarget eingesetzt. Es erzeugt nach der $T(p, n)$-Reaktion schnelle Neutronen, deren Energie für jede Emissionsrichtung berechnet werden kann. Die Neutronen mit der gewünschten Energie werden an der

Probe gestreut. Die primäre Neutronenflußdichte wird mit einem Monitor aufgenommen, die gestreute Strahlung mit einem Neutronendetektor gemessen. Der Strahlenuntergrund wird durch geeignet geformte Abschirmungen reduziert.

Die für ein Experiment wesentlichen *Eigenschaften des Strahls* sind folgende [16]:

1. Die *Teilchenart*, z. B. Elektronen, Protonen, Deuteronen, ^{3}He-Teilchen, α-Teilchen.

2. Die *maximale Energie* der Teilchen (z. B. 3 MeV). Sie ergibt sich aus der Beschleunigungsspannung und der Ladung der beschleunigten Teilchen.

3. Der *Energiebereich*, in dem die Teilchenenergie variiert werden kann (z. B. 1 bis 3 MeV). Zur Untersuchung von Resonanzen muß die Energie präzis variiert werden können.

4. Die *Energieschärfe*, d. h. die Halbwertsbreite der Energieverteilung (z. B. 15 Promille). Eine hohe Energieschärfe ist Voraussetzung für die Untersuchung eng beieinanderliegender Energieniveaus.

5. Die *Strahlqualität:* Sie ist um so besser, je enger der Strahl gebündelt und je mehr die Teilchen im Strahl parallel fliegen. Sie ist also umgekehrt proportional dem Produkt aus Winkeldivergenz und Bündeldurchmesser des aus dem Beschleuniger austretenden Strahls und wird in (Millimeter $\times$ Milliradiant)$^{-1}$ gemessen. Sie läßt sich durch ionenoptische Mittel im Strahlführungssystem nicht ohne Einbuße an Strahlstromstärke verbessern und bestimmt in diesem Sinne die erzielbare Winkelauflösung beim Experiment.

6. Die *Strahlstromstärke* (z. B. 400 μA) eines Beschleunigers. Sie bezieht sich auf die primär vorliegende Energieschärfe (z. B. 3 MeV $\pm$ 40 keV) und Strahlqualität (z. B. (30 mm $\times$ mrad)$^{-1}$). Sie nimmt sehr stark ab, wenn man die Strahlqualität durch Ausblendung und die Energieschärfe durch Monochromatisierung verbessert.

Für jedes Experiment sind die *maximale Energie* und der *Energiebereich* durch den zur Verfügung stehenden Beschleuniger festgelegt. Die *Teilchenart* läßt sich durch Einbau von entsprechenden Ionen- oder Elektronenquellen wählen. Die *Reinigung von Fremdionen*, *Energieschärfe* und *Strahlqualität* lassen sich auf Kosten der *Strahlstromstärke* an die Forderungen des Experiments anpassen. Dies geschieht im Strahlführungssystem mit *Teilchenseparatoren*, *Monochromatoren* und *Blenden*.

Da vom Beschleuniger und von den anschließenden Komponenten des Strahlführungssystems eine die Messung störende Untergrundstrahlung (Röntgenstrahlung, Neutronen) ausgeht, muß das Experiment im allgemeinen in größerer Entfernung vom Beschleuniger durchgeführt werden, und es müssen Kollimatoren und Abschirmungen zwischengeschaltet werden. Aus diesem Grunde muß das Strahlführungssystem so ausgelegt werden, daß außer den unvermeidlichen, durch Verbesserung der Energieschärfe und der Strahlqualität bedingten Verlusten keine weiteren Verluste auf Grund der Entfernung oder durch Streuung und Absorption in Gasen und an den Wänden auftreten und keine neue Untergrundstrahlung entsteht. Dies erreicht man durch ausreichende Bemessung des Rohrquerschnitts, gute *Fluchtung* und *Evakuierung* der Strahlführungsrohre und durch *Fokussierung* des Strahls.

Die *geometrische Auslegung* des Strahlführungssystems und der Meßanordnung ist wesentlich durch die Aufstellung des Beschleunigers und den Experimentierraum bestimmt. Abb. 2 zeigt die typsiche Aufstellung eines 3-MeV-VAN-DE-GRAAFF-Beschleunigers (B 87). Die Herstellerfirma empfiehlt für den Raum als Mindestmaße eine Höhe von

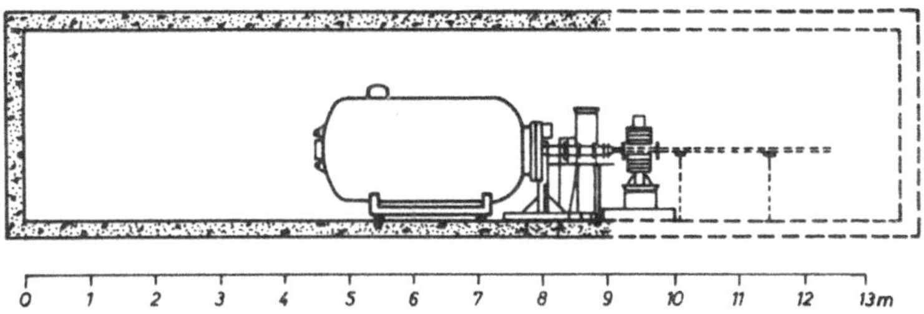

2 Aufstellung eines Van-de-Graaff-Beschleunigers

2,75 m und eine Breite von 5,5 m. Die Länge des Raums richtet sich nach den Experimenten, soll aber wenigstens 12,5 m betragen. Die Rückseite des Beschleunigers muß von der Wand 4,75 m entfernt sein. Dieser Abstand ist nötig, um den Drucktank auszufahren, so daß das Hochspannungssystem, die Ionenquelle und das Beschleunigungssystem gewartet werden können. Vor dem Beschleuniger sitzen die Vakuumanlage und der Ablenkmagnet. Die Achse des austretenden Strahls liegt etwa 1 m über dem Boden. Für Wände, Decke und Boden ist eine 30 cm starke Betonabschirmung vorgesehen. Außerhalb der Abschirmung befindet sich die Schaltwarte mit der Steuerung und Regelung für Generator-Spannung, Strahlstromstärke und Ionenquelle, mit der Stromversorgung für die Vakuumanlagen und den elektrischen Sicherheitseinrichtungen.

Mit diesen Angaben sind die strahlungstechnischen und räumlichen Voraussetzungen umrissen, die beim Entwurf des Strahlführungssystems und der Versuchsanordnung zugrunde gelegt werden müssen.

12.1.2 Elektronenquellen, Ionenquellen, Targets und Röntgenröhren

Beschleuniger enthalten stets Quellen der zu beschleunigenden Teilchen und häufig Targets oder Strahlenkonverter, mit denen sie Röntgen- oder Neutronenstrahlung erzeugen.

a) Elektronenquellen

für Röntgenröhren enthalten Wendeln oder Spiralen aus Wolframdraht, die mit Klemmschrauben festgeklemmt oder in Nickeldrähte eingequetscht werden (Abb. 10.41). Es ist sehr zweckmäßig, die Kathode nach Abb. 3, 4 und 5 als leicht auswechselbare Patrone auszubilden. In Abb. 3 sind die beiden Haltestifte in einer Keramikscheibe befestigt,

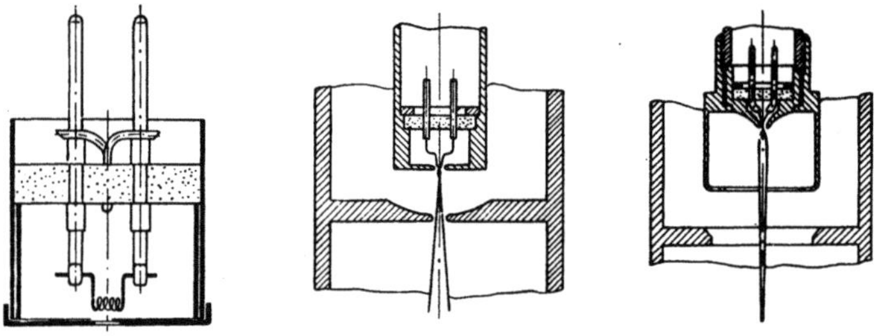

3 4 5

Elektronenquellen

indem sie oberhalb und unterhalb der Bohrung breitgequetscht wurden. Zwei kleine, aufgeschweißte Drahtwinkel sichern die Stifte gegen Verdrehen und Wackeln. Abb. 4 zeigt eine in der Elektronenoptik gebräuchliche Haarnadelkathode, Abb. 5 eine Steigerwald-Fernfokuskathode. (Eine vielseitig verwendbare Elektronenkanone [140]. Eine Elektronen-Quelle für einen Van-de-Graaff-Beschleuniger [28].)

b) Ionenquellen [61]:

Die Ionenquellen sollen für ionenoptische Geräte und Beschleuniger eng gebündelte Ionenstrahlen liefern. Alle Ionen sollen möglichst die gleiche Energie haben und ihre Stromstärke soll konstant sein. Die Ergiebigkeit, d. h. das Verhältnis von Stromstärke zum Verbrauch an Substanz, soll möglichst hoch sein, so daß die Pumpleistung für das Beschleunigersystem niedrig gehalten werden kann.

Für analytische Geräte, z. B. Massenspektrometer, liegen die Stromstärken unter 1 μA. Beschleuniger und Massenseparatoren können bis zu 100 mA erfordern. Bei Beschleunigern sind Ionen eines bestimmten Isotops erwünscht. Für Tandembeschleuniger braucht man negative

Geräte und Bauelemente der Strahlentechnik L 12.1

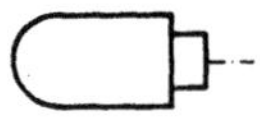	Van-de-Graaff- Beschleuniger	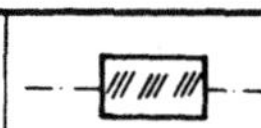	Strahlenfilter
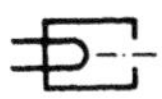	Elektronenquelle		mechanischer Selektor
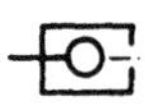	Ionenquelle		Chopper
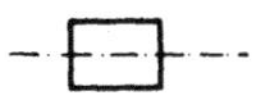	Ionen-, Elektronen- Quadrupollinse		Beugungskristall
	Blende, Schlitz, Spalt		Strahlenquelle
	Ablenkmagnet magnetisches Sektorfeld		Probenkapsel
	Elektrisches Sektorfeld		Behälter
	Verschluß	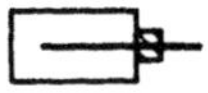	Ionisationskammer
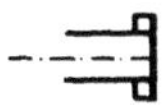	Target	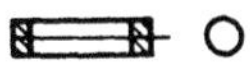	Zählrohr
	Faradaybecher		Szintillationszähler
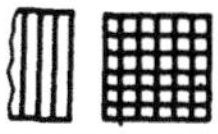	Reaktorkern	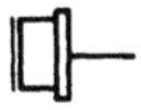	Halbleiterzähler
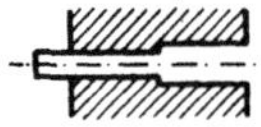	Reaktorkanal	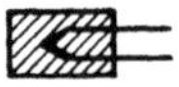	Kalorimeter
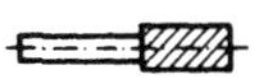	Reaktoreinschub	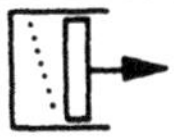	Nebelkammer
	Kollimator	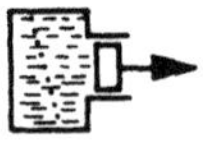	Blasenkammer
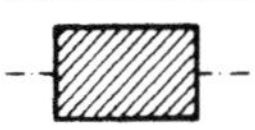	Absorber Abschirmung	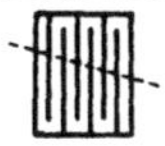	Funkenkammer
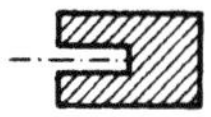	Strahlenfänger		Kernspurplatte

Ionen [64]. *Elektronenstoß-Ionenquellen* [60] werden vor allem bei Massenspektrometern angewandt, die *Hochfrequenzionenquellen* [161] am VAN-DE-GRAAFF-Beschleuniger. Beide Typen werden häufig in Glas-Kovartechnik ausgeführt. Hohe Stromstärken (bis zu 100 mA) liefern die *Duoplasmatron-Ionenquellen* [162] in Metall-Keramik-Technik (Abb. 6).

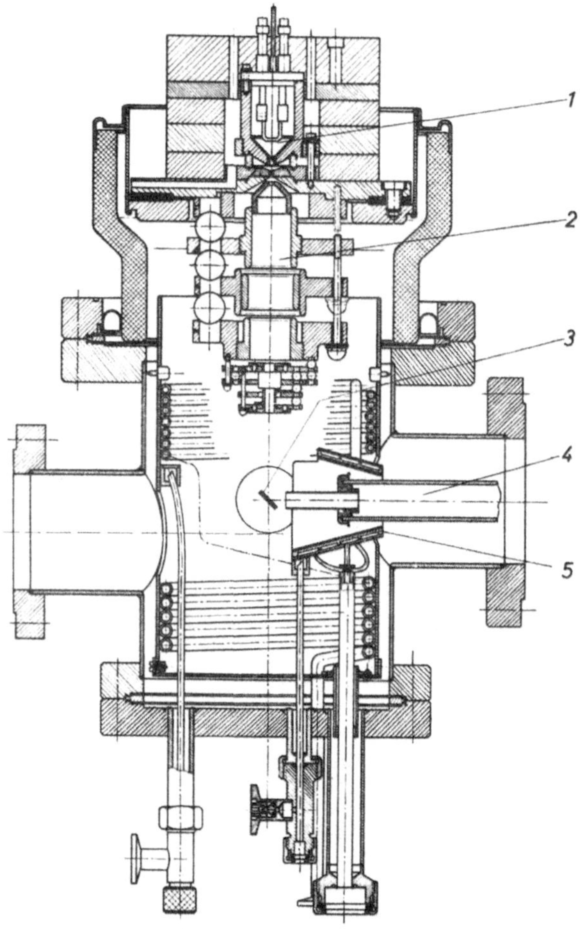

6 Ionenbeschuß-Ionenquelle

1 Duoplasmatron-Ionenquelle, *2* Beschleunigungs- und Ablenksystem, *3* Target, *4* Ionenoptik für Sekundärionen, *5* Kryokondensator

Die *Ionenbeschuß-Ionenquelle* Abb. 6 [27] dient als Festkörperionenquelle für die analytische Massenspektrometrie [168]. Als primäre Ionenquelle dient eine Duoplasmatron-Ionenquelle (1) (B 66). Sie liefert

Argon-Ionen. Diese werden im System (2) mit einigen 10 kV beschleunigt und auf das Target (3), die Festkörperprobe, fokussiert. Durch den Ionenbeschuß wird die Probe zerstäubt und so die Oberfläche schichtweise abgetragen. Gleichzeitig werden Sekundärionen gebildet, die mit der Ionenoptik (4) zur Analyse in das Massenspektrometer gesaugt werden. Dieses Prinzip erlaubt die Bestimmung von Konzentrationsänderungen mit der Schichttiefe und ermöglicht einen kontinuierlichen Probenionenstrom. Es erfordert Ultrahochvakuum mit einem Partialdruck der Restgase von $< 10^{-9}$ Torr. Diese starke Evakuierung erfolgt mit dem Kryokondensator (5). Sein Hohlkonus wird durch Verdampfung von flüssigem Helium auf 2,6 K abgekühlt. Das abdampfende Helium kühlt das als Rohrschlange ausgebildete Strahlungsschild. Insgesamt hat die Kryopumpe eine Saugleistung von 10000 l/s. Die Vakuumkammer ist bis 300 °C ausheizbar. Alle Metallkeramikverbindungen sind mit Silber gelötet, die Flansche metallgedichtet. Das ionenoptische System besteht aus Tantal. Das Beschleunigungssystem besteht aus drei Elektroden, die mit Isolierkugeln aus Quarz voneinander getrennt sind [60].

c) Targets:

Zur Erzeugung von Neutronen schießt man den vom Beschleuniger erzeugten Deuteronen- oder Protonenstrahl auf ein Target. Die Wahl der Kernreaktion und damit des Targets richtet sich danach, ob Neutronen genau definierter Energie gebraucht werden oder ob eine breite Energieverteilung in Kauf genommen werden kann. Monoenergetische Neutronen erhält man mit den Reaktionen T(p, n)^{3}He, D(d, n)^{3}He und T(d, n)^{4}He. Man kann bei Beschleunigerspannungen zwischen 1,2 und 3 MeV Neutronenenergien zwischen etwa 3 keV und 20 MeV erzeugen [91].

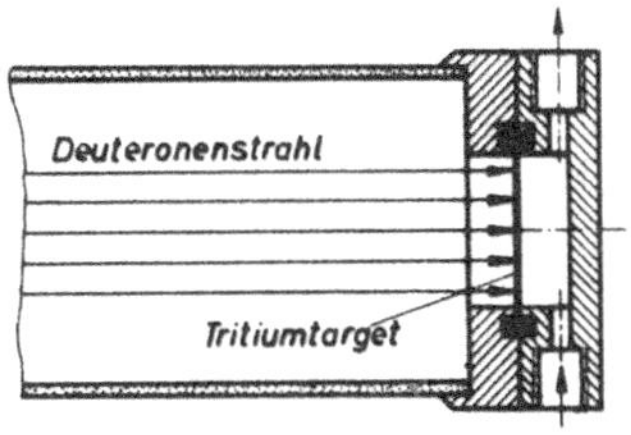

7 Target

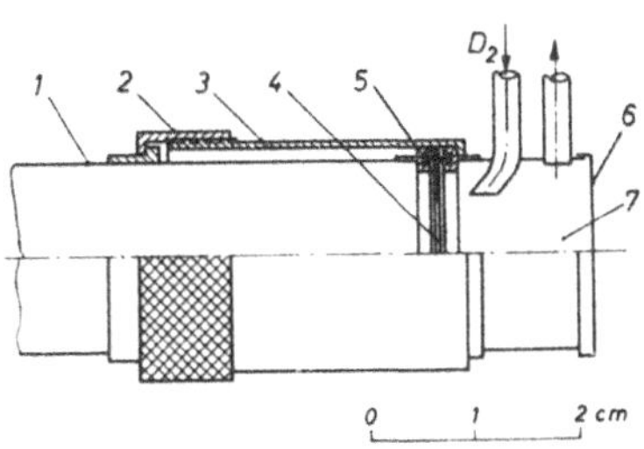

8 Gastarget

1 Strahlführungsrohr, *2* Überwurfmutter, *3* Spannstutzen, *4* Nickelfolie, *5* O-Ring, *6* Nickelkappe, *7* Gasvolumen

Die technische Ausbildung des Targets richtet sich danach, ob man hohe Ausbeute oder gute Monochromasie erstrebt. Letztere ist um so besser, je dünner das Target ist. Für Neutronengeneratoren werden Metalltargets geliefert (B 121), die man meist mit Wasser kühlt (Abb. 7) [90]. Sie bestehen aus einem Träger (backing) aus Kupfer von 12 bis 30 mm ∅, auf den eine Titanschicht von einigen μm Dicke aufgedampft ist. Diese Schicht wird mit Deuterium oder Tritium imprägniert. Deuteriumtargets werden bei Beschuß mit Deuteronen ständig gesättigt.

Wenn große Energieschärfe gefordert wird, muß man sehr dünne Targets oder Gastargets (Abb. 8) [42] verwenden. Beim Gastarget wird das Gasvolumen durch eine Nickelfolie abgeschlossen. Sie bewirkt eine Energieverschiebung, aber keine Energieverschmierung. Die Folie muß allerdings häufig ausgewechselt werden. Sehr dünne, fensterlose Gastargets kann man mit Hilfe eines He-Kryo-Systems erzeugen [159]. Gastargets der verschiedensten Ausführungen spielen eine besonders große Rolle bei Streuversuchen in Kern- und Hochenergiephysik.

d) Röntgenröhren:

Man unterscheidet abgeschmolzene (statische) Röhren und zerlegbare Röhren, die an der Pumpe betrieben werden.

(Eine Röhre mit Berylliumfester [113]. Zerlegbare Röhre [115]. Röntgenblitzröhren [145, 164, 165].)

12.1.3 Strahlführungssysteme (SFS)

Ein Strahlführungssystem besteht im wesentlichen aus einer Kombination dreier Elemente: Linsen, Ablenksystem und Driftstrecken [30]. Die Teilchenbahnen werden zweckmäßigerweise in einem rechtwinkligen Koordinatensystem x, z beschrieben, das längs der Bezugsbahn s mitgeführt wird (Abb. 17). Zur Berechnung der Bahn braucht man erstens die Geschwindigkeit v der Teilchen, die Koordinaten x_0, z_0 und die Geschwindigkeitskomponenten x_0', z_0' beim Austritt aus dem Beschleuniger; zweitens die Beschleunigungen x_1'', z_1'', x_2'', z_2'', …, die sie in den Elementen s_1, s_2 …, des SFS erfahren.

a) Feldfreie Driftstrecken:

In den feldfreien Driftstrecken Abb. 17, s_1, s_3, s_5 …, wirken keine Kräfte auf geladene Teilchen. Sie fliegen deshalb unter Beibehaltung von Richtung und Geschwindigkeit geradlinig weiter ($x'' = 0$, $z'' = 0$).

b) Linsen:

Als Linsen bezeichnen wir alle fokussierenden und defokussierenden Systeme. Sie bestehen aus bestimmten Konfigurationen von elektrischen oder magnetischen Feldern. In der Elektronenoptik werden kurze rotationssymmetrische, elektrostatische oder elektromagnetische Linsen eingesetzt. Auch das elektrische Feld eines langgestreckten Zylinderkondensators läßt sich zur Fokussierung parallel zur Achse fliegender geladener Teilchen ausnutzen. Bei Beschleunigern arbeitet man vorzugsweise mit Quadrupollinsen (Abb. 9). Sie enthalten 4 hyperbolisch oder (aus Herstellungsgründen) zylindrisch geformte Polschuhe, von denen

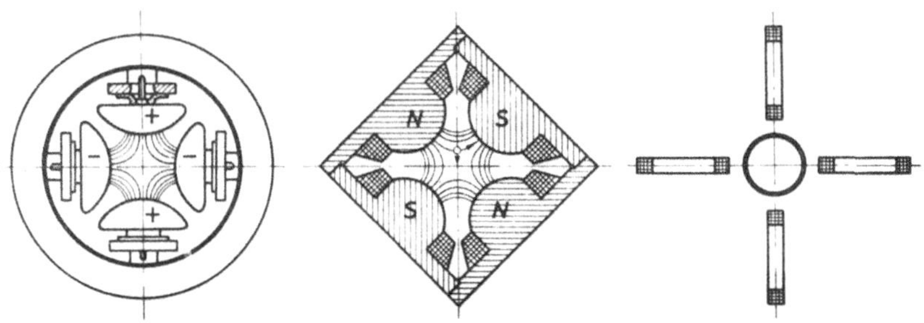

a) Elektrostatische Quadrupol-Linse

b) Magnetische Quadrupol-Linse

c) Magnetische Quadrupol-Linse aus Luftspulen

9 Quadrupol-Linsen

je zwei gleichnamige Pole einander gegenüberstehen. Dadurch entstehen in x- und z-Richtung Felder, bei denen die Feldstärke und damit die ablenkenden Kräfte in erster Näherung proportional zum Abstand von der Achse zunehmen und die in der einen Richtung fokussierend, in der anderen defokussierend wirken. Die Teilchen erfahren deshalb im Bereich einer Linse die Beschleunigungen:

$$x'' = \pm kx \tag{1}$$

$$z'' = \mp kz. \tag{2}$$

Da die Ablenkkräfte wie bei einer optischen Linse proportional zum Achsenabstand sind, gelten dieselben Abbildungsgesetze wie in der Optik und man kann die Linsen durch Brennpunkte und Hauptebenen kennzeichnen. Mit Hilfe der Analogrechentechnik lassen sich jedoch die Teilchenbahnen direkt berechnen (Abb. 10). Zur Berechnung von z als Funktion von s werden z_0 und z_0' und die Linsenstärke k_1 in der Analogschaltung (Abb. 10b) eingestellt. Startet man dann die Simulationsrechnung, so kann man auf einem Oszillographen z als Funktion von $t = s/v$ ablesen. Ähnlich erhält man den Verlauf von x als $f(t)$. Hier tritt dann Defokussierung auf.

Durch Hintereinanderschaltung zweier zueinander gekreuzter Quadrupollinsen erhält man eine Fokussierung in beiden Koordinaten. Durch die Defokussierung in der ersten Linse vergrößert sich nämlich

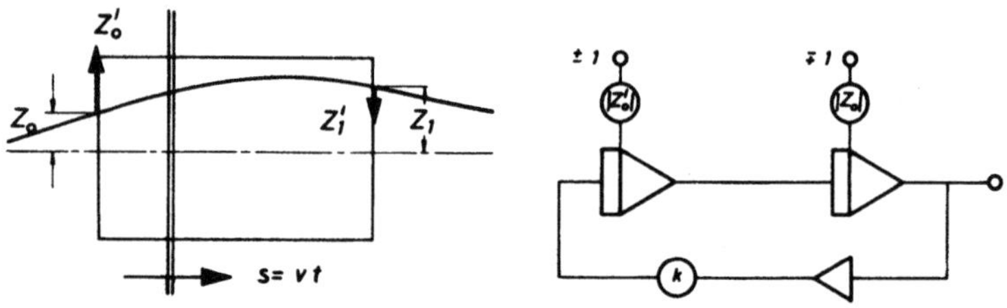

a) z-Koordinate der Teilchenbahn in einer Quadrupollinse als Funktion von s b) Analogschaltung für eine Linse mit fokussierender Wirkung

10 Berechnung der Teilchenbahn durch eine Linse mit Analogschaltung

der Achsenabstand, so daß das Teilchen in der zweiten Linse in den Bereich stärkerer Ablenkung gerät; bei der Fokussierung in der ersten Linse verkleinert sich der Achsenabstand, so daß die defokussierende Wirkung in der zweiten Linse entsprechend kleiner wird.

Die Abbildungseigenschaften lassen sich noch verbessern, wenn man drei Linsen einsetzt, bei denen die erste und dritte zusammenwirken.

Meist werden magnetische Linsen eingesetzt (B 1, B 14, B 127, B 155). Bei elektrostatischen Linsen hat man die Probleme der elektrischen Durchführungen und Isolation und es ist schwierig, die Linsenspannungen gegenüber Störungen und Aufladung durch die Teilchen konstant zu halten. Achromatische Linsen lassen sich durch eine Überlagerung von elektrischen und magnetischen Feldern herstellen [101]. Bei Elektronenbündeln stört die Remanenz der Magnetkerne. Hier werden die Linsen aus Luftspulen zusammengesetzt (Abb. 9c) [28].

c) Ablenksysteme:

In der Radialebene eines Zylinderkondensators mit der Feldstärke E und senkrecht zu den Kraftlinien eines homogenen Magnetfeldes mit der Induktion B beschreibt ein Teilchen der Ladung e und der kinetischen Energie $mv^2/2$ eine Bahn mit dem Radius ϱ, so daß die Feldkraft eE bzw. evB gleich der Fliehkraft mv^2/ϱ ist, also $\varrho = mv^2/eE = mv/eB$. In Sektorfeldern (Abb. 11) läßt sich neben der Ablenkung zugleich Fokussierung und Dispersion erzielen. Sie lassen sich am besten im Streckbild darstellen (Abb. 11 unten). Die *Fokussierung* kann man wie bei einer Linse durch Brennpunkte und Hauptebenen beschreiben. Man kann aber auch die Bahn als Funktion des Ablenkwinkels darstellen, z. B. im magnetischen Feld durch $x = x_0 \cos\varphi = x_0 \cos s/\varrho$. Die zweite Ableitung dieser Funktion nach s ergibt $x'' = -x/\varrho^2$, d. h. eine Beschleunigung in Richtung auf die Achse.

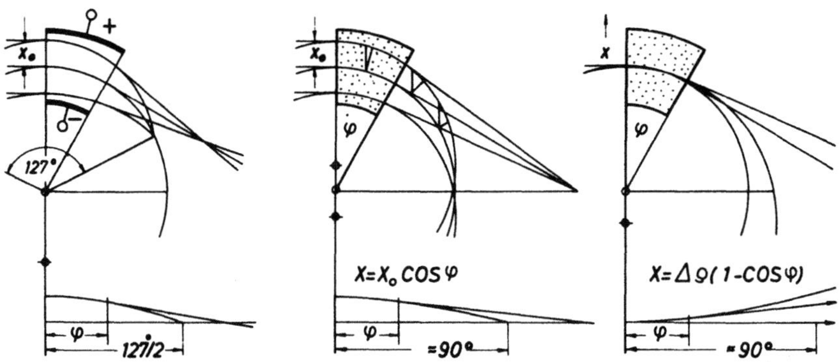

a) Fokussierung im elektrischen Feld
b) Fokussierung im magnetischen Feld
c) Dispersion im magnetischen Feld

11 Fokussierung und Dispersion in Sektorfeldern und ihre Darstellung im Streckbild

Die *Dispersion* besteht darin, daß Teilchen, die eine relative Impulsabweichung $\alpha = \mathrm{d}(mv)/mv$ haben, im magnetischen Feld eine relative Abweichung $\Delta\varrho/\varrho$ vom Bahnradius ϱ erhalten. Ihre Bahn läßt sich im Streckbild durch $x = \Delta\varrho(1 - \cos\varphi)$ annähern. Die TAYLORsche Reihenentwicklung ergibt für $\cos\varphi \approx 1 - \varphi^2/2$, also in 1. Näherung $x = \Delta\varrho\varphi^2/2$. Die zweite Ableitung dieser Funktion nach s ergibt $x'' = \Delta\varrho/\varrho^2 = \alpha/\varrho$ für die Wirkung der Dispersion auf den Strahl.

Die technische Ausführung einiger Ablenksysteme zeigen die Abb. 12 bis 16. Abb. 12 zeigt die Konstruktion für den elektrischen Ablenkkondensator eines Massenspektrographen nach MATTAUCH [147]. Elektroden und Seitenwände sind der magnetischen Abschirmung wegen aus Permalloy hergestellt. Die Elektroden werden von geschliffenen Steatit-Isolatoren getragen. Zur Herstellung von Magnetkammern werden Klötze aus Magnetstahl durch nichtmagnetisches Material so verbunden, daß ein planparalleler Spalt entsteht. In Abb. 13 ist ein Messingring mit zwei Eisenscheiben (Durchmesser 80 mm) weich verlötet. Durch radiale Bohrungen kann die Strahlung hindurchtreten. Eine hartverlötete Kammer für einen Massenspektrographen zeigt Abb. 14 [147]. Mit einer Gummiabdichtung nach Abb. 15 [9] kann das schwierige Verlöten der Eisenklötze vermieden werden. Sie besteht aus zwei Messingrähmchen, auf die ein O-Ring aufgespannt ist. Der O-Ring wird zwischen Kammerwand und Eisenklotz bis zum Anschlag am Rähmchen zusammengepreßt. Die Abdichtung eignet sich für beliebig geformte Kammern. NIER [116] umgeht die Abdichtung der Magnetkammern, indem er den Strahl in einem gebogenen und gequetschten Kupferrohr $32 \times 1{,}5$ führt (Abb. 16). Besonders geformte Polschuhe

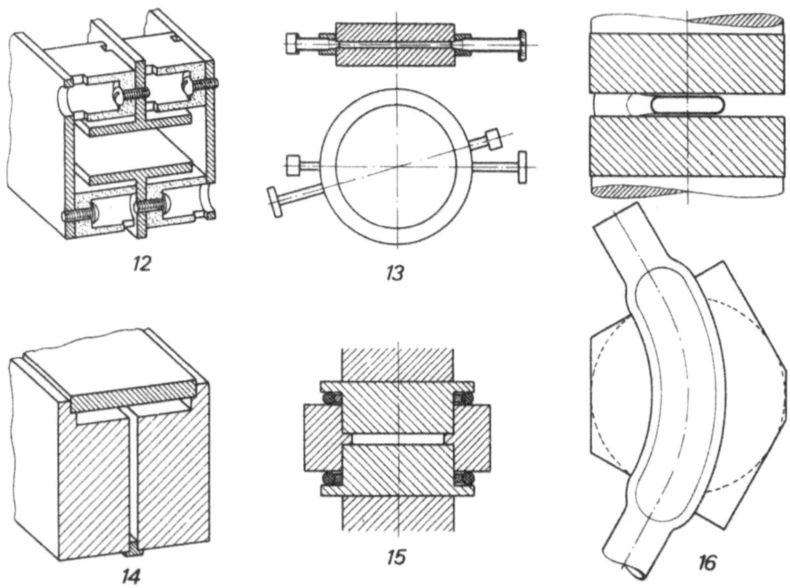

Kammern für elektrische und magnetische Felder

am Magneten (Abb. 10.72) geben dem Feld die richtige Begrenzung ((B 1, B 14, B 127) [26]).

d) Die Auslegung des Strahlführungssystems

bedeutet eine optimale Anordnung und Auslegung seiner Elemente [30]. Dazu muß man die Laufstrecke der Teilchen probeweise in die Abschnitte $s_1, s_2, \ldots$ unterteilen und für jeden Abschnitt bestimmte Werte für x'' und z'' einsetzen. Abb. 17 zeigt ein SFS bestehend aus einem

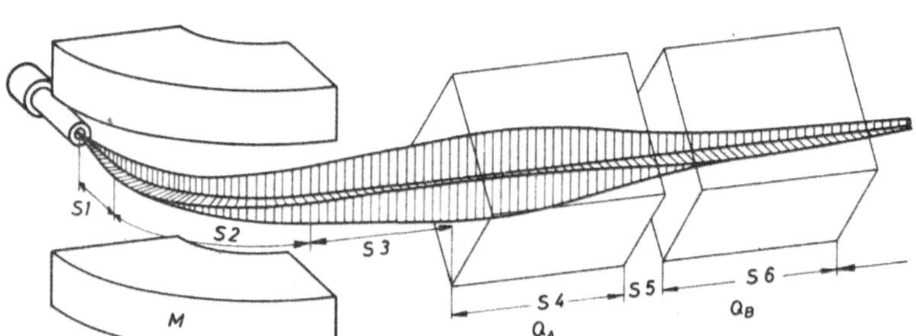

17 x- und z-Komponenten der Teilchenbahnen in einem Strahlführungssystem

Ablenkmagneten, zwei Quadrupollinsen und Driftstrecken. Der Strahl tritt divergent aus dem Beschleuniger aus. Der Ablenkmagnet fokussiert in x. Die erste Linse fokussiert in z und defokussiert in x, die zweite fokussiert in x und defokussiert in z. Die Teilchenbahn läßt sich wie in Abb. 10 durch eine Analogschaltung (Abb. 18) simulieren, wobei über eine digitale Steuerung die Streckenabschnitte $s_1, s_2, \ldots$ nacheinander mit Zeiten, die ihrer Länge entsprechen, eingeschaltet werden. Die

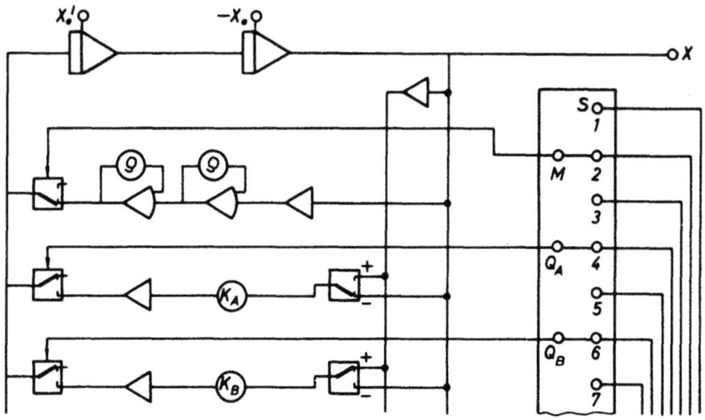

18
Analogschaltung zur Berechnung der x-Komponenten der Teilchenbahnen in einem Strahlführungssystem (vereinfacht)

Eingangswerte x_0 und x_0' werden auf die Integrierer gegeben. Für Ablenkfeld und Linsen werden Werte für ϱ und k an den Koeffizientenpotentiometern eingestellt. Mit Umkehrverstärkern und Umschaltern lassen sich die Vorzeichen festlegen. Auslegungen dieser Art lassen sich am zweckmäßigsten mit einem hybriden Analogrechner durchführen (Telefunken (B 3)).

12.1.4 Schlitze, Beobachtungs- und Wechselvorrichtungen

a) Schlitze, Blenden und Leuchtschirme:

Einen festen Spalt für Röntgenstrahlen erhält man durch Verschrauben zweier Stahlklötze nach Abb. 19 mit dazwischengelegten Blättchen. Der Walzenspalt Abb. 20 für Massenspektrometer läßt sich verstellen, indem man die Walzen um die Spaltmitte schwenkt. Verunreinigte Spaltbacken werden durch frische Flächen ersetzt, wenn man die Walzen um ihre eigene Achse dreht. Mit einem drehbaren Rähmchen nach Abb. 21 läßt sich [132] ein Protonenstrahl ausblenden.

Lochblenden werden oft durch Kulissenblenden ergänzt. Will man die Fokussierung der Strahlung auf die Blende beobachten, so umgibt man sie mit einem Leuchtschirm oder schwenkt ein Schirmchen davor und beobachtet den Leuchtfleck durch ein seitliches Fenster. Man kann auch einen um seine Querachse drehbaren Zylinder (Abb. 22) [132] benutzen, der in der gezeichneten Stellung als Lochblende wirkt, nach einer Drehung um 90° aber als Leuchtschirm. Verstellbare Lochblenden oder Ringblenden lassen sich nach dem Prinzip der Irisblenden bauen.

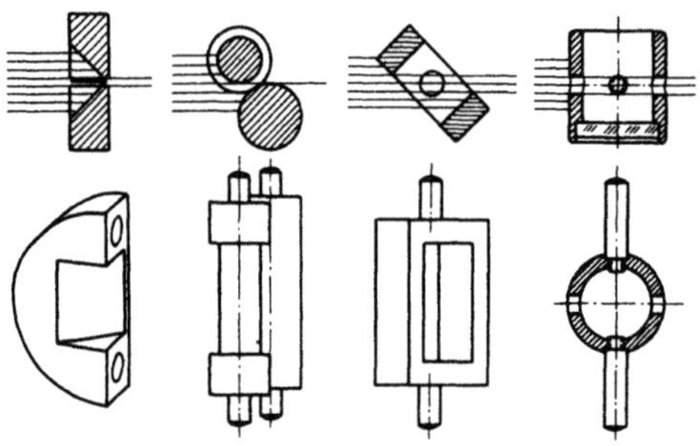

19 20 21 22
Spalte, Blenden und Leuchtschirme

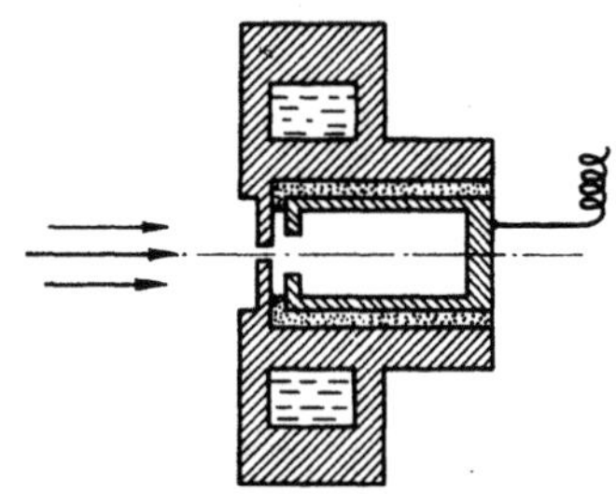

23
Faraday-Becher

b) Faradaybecher:

Zur Messung der Strahlstromstärke und zur Ausmessung der Strahlstromdichteverteilung setzt man Faradaybecher ein. Sie beruhen darauf, daß die Teilchen des Strahls im Innern des Bechers total absorbiert werden und ihre Ladung abgeben, die man aus dem vom Becher zur Erde abgeleiteten Strom messen kann. Die Form des Bechers verhindert, daß diese Stromstärke durch weggestreute Sekundärelektronen verfälscht wird. Abb. 23 [28] zeigt eine Ausführung zur Ausmessung des Strahlprofils an einem Elektronenbeschleuniger. Hinter einer kleinen Lochblende ist isoliert der FARADAY-Becher angebracht. Die Vorrichtung kann über eine Schiebevorrichtung mit pneumatischem Antrieb in den Strahlengang eingefahren werden. Kühlwasserzu- und -abfluß liegen in der Schubstange. Lochblende und Becher sind aus Kupfer und mit einer gießbaren keramischen Masse gegeneinander isoliert. Einrichtungen dieser Art können mit Irisblenden und mit Koordinatenverstellung ausgerüstet werden [45]. Häufig werden FARADAY-Becher mit dem Target verbunden, z. B. um die vom Target emittierte Strahlung regeln zu können.

c) Wechselvorrichtungen und Streukammern:

Wechselvorrichtungen braucht man, um verschiedene Blenden, Absorber oder andere Objekte nacheinander in den Strahlengang einzuschalten. Die Objekte werden in kleinen Patronen gefaßt. Der Zylindersektor in Abb. 24 enthält 6 radiale Bohrungen für die Patronen. Durch einen Schliff mit Raste und Skala kann von außen nacheinander jedes

Objekt eingestellt werden. Wo der Raum in axialer Richtung begrenzt ist, nimmt man eine Revolverscheibe (Abb. 25). Sie nimmt 12 Patronen auf. Durch einen Deckel oberhalb des Drehknopfes kann die Scheibe

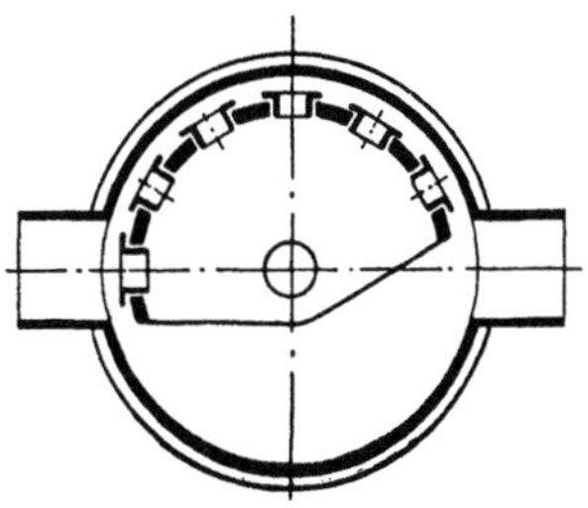

24

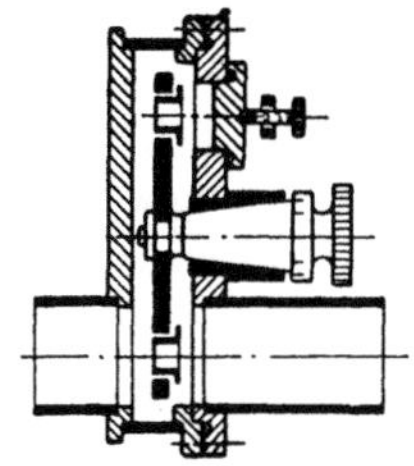

25

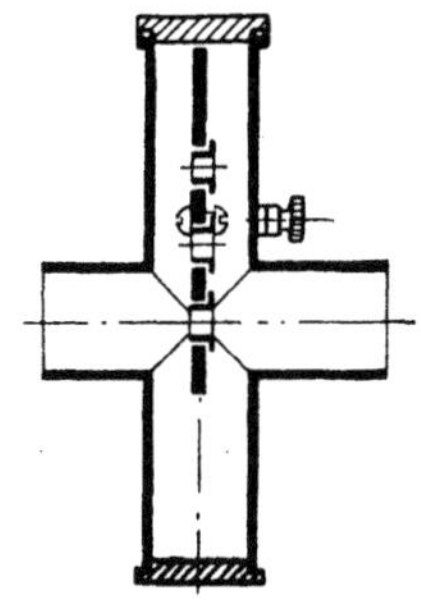

26

Wechselvorrichtungen

mit den Patronen geladen werden. Man kann die Patronen auch in einen Schieber (Abb. 26) einsetzen, der mit Zahnstangengetriebe verschoben wird. (Streukammer [40].)

12.1.5 Analysatoren und Spektrometer

a) Analysatoren für Beschleuniger:

Ein Ablenkmagnet läßt sich für mehrere Funktionen ausbilden. Als *Schaltmagnet* kann er den Strahl nacheinander in Kanäle für verschiedene Versuche lenken. Als *Teilchenseparator* trennt er Teilchen verschiedener Masse und Geschwindigkeit ab. Als *Monochromator* kann man mit ihm Teilchen eines bestimmten Impulses aussieben. Als *Analysiermagnet* [133] mißt er den Impuls der Teilchen oder die Beschleunigungsspannung [114]. Durch kontinuierliche Veränderung der Magnetstromstärke läßt sich das ganze Teilchenspektrum am Austrittsspalt (Energieschlitz) vorbeiziehen und punktweise ausmessen. Man bezeichnet ein solches Gerät als *Spektrometer* [108]. Das Ablenksystem läßt sich auch so ausbilden, daß sich ein großer Teil des Spektrums gleichzeitig mit einer langen photographischen Platte aufnehmen läßt. Diese Anordnung heißt *Magnetspektrograph.* Zur Messung der Energie geladener Teilchen werden auch *elektrostatische Analysatoren* eingesetzt (zylindrisch [124], sphärisch [138]).

Analysatoren kennzeichnet man durch ihr Energieauflösungsvermögen und durch ihre Lichtstärke. Das *Energieauflösungsvermögen A* ist definiert durch $A = E/\Delta E$, wo E die Energie und ΔE die kleinste noch nachweisbare Energiedifferenz bedeutet. Als *Lichtstärke* oder

Transmission bezeichnet man den Bruchteil der Strahlung, der die Austrittsblende verläßt. Sie nimmt mit zunehmendem Auflösungsvermögen ab. Das Produkt aus Auflösungsvermögen und Lichtstärke nennt man *Güte* eines Gerätes.

b) Beta-Spektrometer [58]

werden zur Ausmessung des β-Spektrums von radioaktiven Isotopen eingesetzt. Man verwendet magnetische Spektrometer mit Halbkreis-, Sektorfeld- und Doppelfokussierung oder magnetische Linsen, kurz, doppelt oder lang. Das Auflösungsvermögen wird wesentlich durch die Größe des Präparates beeinträchtigt. Gammastrahlen hoher Energie werden mit *Paarspektrometern* [130] analysiert. Spektrometer für *α-Teilchen* s. [137].

c) Massenspektrometer [5, 9]:

Mit der massenspektrometrischen Methode können winzige Substanzmengen quantitativ analysiert und die Massen einzelner Teilchenarten

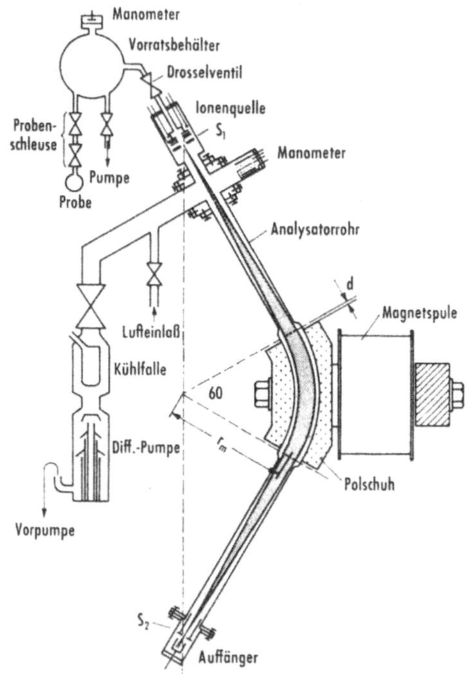

27 Schema eines 60°-Sektorfeld-Massenspektrometers für die Untersuchung von Gasen. Wegen des magnetischen Streufeldes fällt die effektive Grenze des magnetischen Feldes nicht mit der Polschuhbegrenzung zusammen; der Abstand *d* beträgt etwa das 1,05fache des Polschuhabstandes.

sehr genau bestimmt werden. Ihre Anwendung reicht von der Lecksuche über die chemische Analyse und Isotopenhäufigkeitsbestimmung bis zur kernphysikalischen Präzisionsmessung. Ihre vielseitigen Möglichkeiten haben zu einer industriellen Entwicklung geführt [35] (B 172, B 10, B 28).

Abb. 27 [5] zeigt ein kommerzielles *Massenspektrometer* für analytische Untersuchungen. Seine wesentlichen Komponenten sind Probenschleuse, Ionenquelle mit Beschleunigungssystem (ca. 2 kV), Sektorfeld, Auffänger und Vakuumanlage. Seine Leistung ist gekennzeichnet durch den Massenbereich, den es erfassen kann, das Auflösungsvermögen $M/\Delta M$, mit dem Massen getrennt werden, die Empfindlichkeit, mit der die einzelnen Komponenten nachgewiesen werden und die Genauigkeit, mit der ihr Anteil bestimmt wird. Für Analysen reicht ein Auflösungsvermögen von etwa 400 aus. Mit Spektrometern dieses Typs kann jedoch ein wesentlich höheres Auflösungsvermögen erzielt werden.

Mit einem magnetischen Sektorfeld nach Abb. 27 kann man nur bezüglich der Richtung fokussieren. Das Auflösungsvermögen wird deshalb durch Streuungen in der Geschwindigkeit begrenzt. Durch eine Kombination elektrischer und magnetischer Sektorfelder erreicht man gleichzeitig Richtungs- und Geschwindigkeitsfokussierung. Im *Massenspektrographen* nach MATTAUCH und HERZOG (Abb. 28) [5] liegen außer-

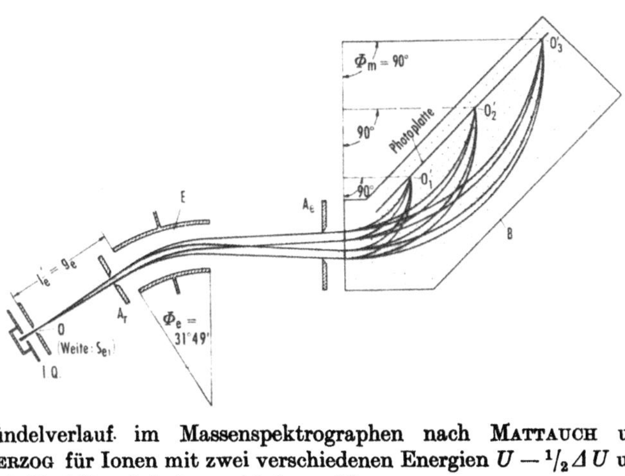

28 Bündelverlauf im Massenspektrographen nach MATTAUCH und HERZOG für Ionen mit zwei verschiedenen Energien $U - {}^1/_2 \Delta U$ und $U + {}^1/_2 \Delta U$ und drei verschiedenen Massen.

dem die Fokussierungslinien für alle Massen in einer Ebene, so daß man sie bequem mit einer Photoplatte registrieren kann. Diese Fokussierung erfolgt, indem ein elektrisches 127°/4-Sektorfeld Strahlen gleicher Geschwindigkeit parallel macht und nach Geschwindigkeiten aufspaltet, so daß in einem bestimmten Abstand ein magnetisches 90°-

Sektorfeld alle Ionen gleicher Masse nach einer Viertelkreisbahn fokussiert. Bei einem Bahnradius im elektrischen Feld von 30 cm und einem Eintrittsspalt von 0,003 mm Breite läßt sich ein Auflösungsvermögen von 50000 erzielen.

Beim *Massenspektrometer nach Paul und Steinwedel* [167] (B 12) wird in einem elektrostatischen Quadrupolsystem ähnlich Abb. 9a einer Gleichspannung eine hochfrequente Wechselspannung überlagert, so daß nur Ionen einer ganz bestimmten Masse in den Auffänger gelangen.

12.1.6 Elektronenoptische Geräte

a) Linsen:

In der Elektronenoptik setzt man kurze, rotationssymmetrische Linsen ein. Bei der *elektrostatischen Linse* (Abb. 29) erhält man Fokussierung, indem man einer auf hohem Potential (ca. 50 kV) befindlichen Lochblende zwei Lochblenden auf Erdpotential gegenüberstellt. Man erhält so Brennweiten von einigen Millimetern. Astigmatische Fehler bei der Abbildung lassen sich durch einen Stigmator kompensieren

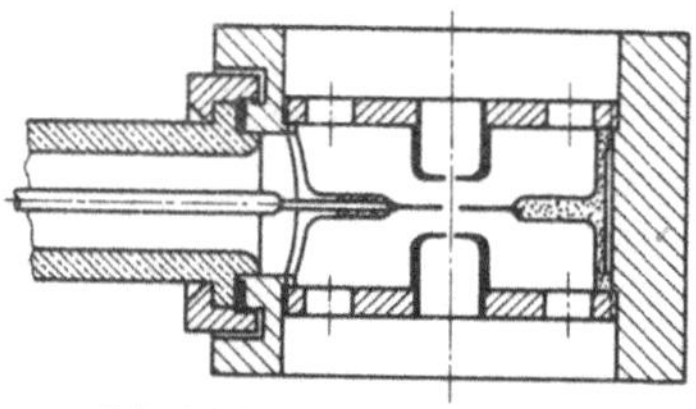

29 Elektrostatische Linse

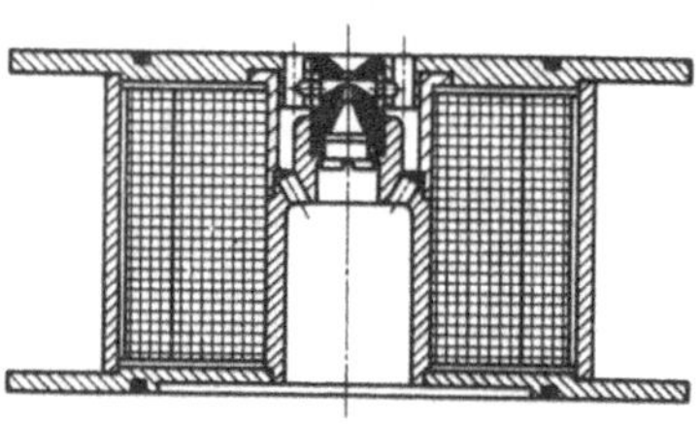

30 Elektromagnetische Polschuhlinse

[105]. Eine *elektromagnetische Linse* besteht im Prinzip aus einer ringförmigen Spule. Durch eine Eisenkapselung läßt sich das Feld auf einen sehr kleinen Raum konzentrieren (Abb. 30), und man erhält so wesentlich kleinere Brennweiten als mit den elektrostatischen Linsen. Die ablenkende Kraft im Magnetfeld ist wieder proportional zum Achsenabstand. Sie hat jedoch eine radiale und eine tangentiale Komponente. Der Strahlenverlauf ist deshalb schraubenförmig und das Bild ist gegenüber dem Gegenstand verdreht. Da der Verdrehungswinkel jedoch unabhängig vom Achsenabstand eines Strahls ist, tritt bei dieser Verdrehung keine Verzerrung auf.

Alle Linsen sind von Kanälen durchzogen, durch die jeder Hohlraum evakuiert werden kann.

b) Das Elektronenmikroskop

zeigt einen ähnlichen Strahlengang wie das Lichtmikroskop (s. Abb. 11.68). Das Auflösungsvermögen ist ebenfalls gegeben durch

$d = \lambda/A$, wobei d der kleinste auflösbare Punktabstand, λ die Wellenlänge und A die Apertur bedeuten. Bei 100 kV Betriebsspannung ist beim Elektronenmikroskop die De-Broglie-Wellenlänge $\lambda = h/mv \approx 3{,}7$ pm ($3{,}7 \cdot 10^{-2}$ Å) einzusetzen (h Plancksche Konstante; mv Impuls eines Elektrons). Die Apertur, die beim Lichtmikroskop maximal 1,5 betragen kann, läßt sich wegen des großen Öffnungsfehlers kaum über 10^{-2} steigern, so daß das Auflösungsvermögen bei etwa 0,5 nm = 5 Å liegt. Die Dicke des Objektes darf 50 bis 100 nm nicht überschreiten. Meist wird das Objekt auf ein Kollodium-(Zapon)-Häutchen von etwa 0,2 µm Dicke aufgebracht. Der Bildkontrast entsteht vor allem durch die je nach Dichte verschieden starke Streuung der Elektronen.

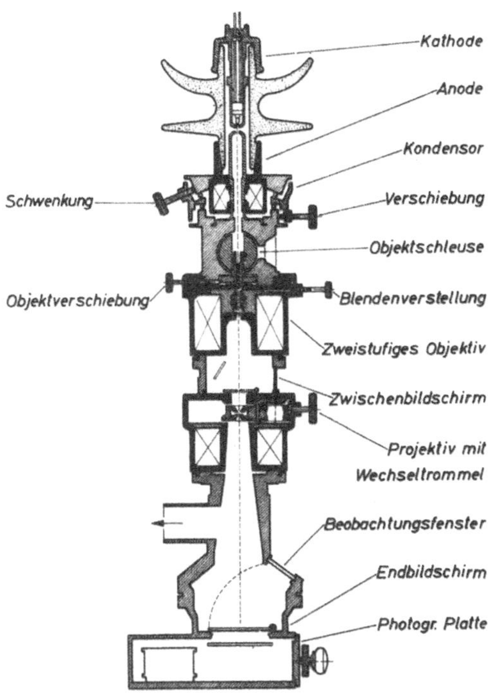

31 Siemens-Elektronenmikroskop (vereinfacht)

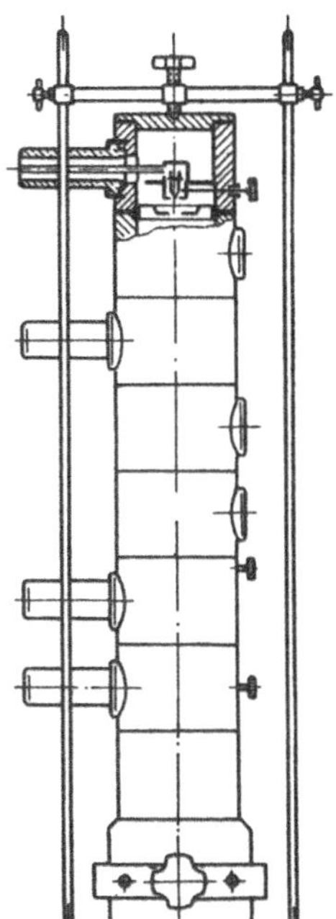

32 Elektronenoptische Bank nach Boersch

Abb. 31 zeigt den Aufbau eines Durchstrahlungs-Elektronenmikroskops mit magnetischen Linsen. Die von der Kathode ausgehenden Elektronen werden auf das über die Objektschleuse eingesetzte Objekt fokussiert. Dieses wird mit einem zweistufigen Objektiv auf den Zwischenbildschirm abgebildet. Mit dem Projektiv erfolgt dann die Abbildung auf dem Endbildschirm, wo das Bild durch das Beobachtungsfenster mit einem Mikroskop betrachtet oder mit einer photographischen Platte aufgenommen werden kann.

c) Elektronenoptische Bänke:

Bei Boersch [169] (Abb. 32) sind die einzelnen Einheiten: Kathode, elektrische Linse, Zwischenbildschirm usw. in Leichtmetallzylinder eingebaut. Diese werden mit Flachgummiringen und Zentrierungen auf der Plattenschleuse und dem Pumpstand zu einer Säule zusammengebaut und mit einer Spannvorrichtung zusammengepreßt. Sämtliche Einheiten sind leicht auswechselbar. Bei E. Ruska [170] dienen zwei parallel gehalterte Rohre als Bank (Abb. 33). Die Einheiten haben an beiden Stirnseiten Flansche von genau gleichem Durchmesser (etwa 20 cm)

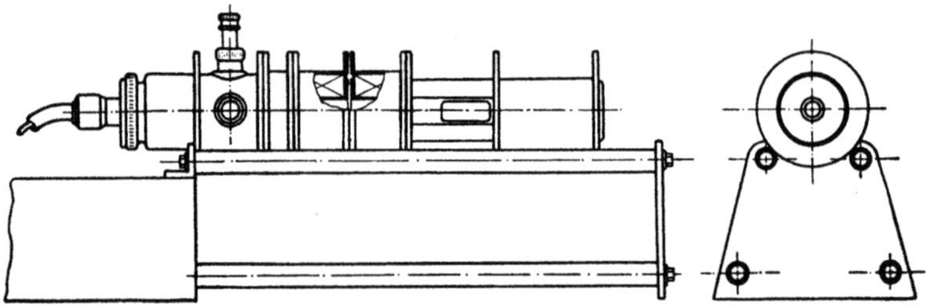

33 Elektronenoptische Bank nach Ruska

mit O-Ringen. Auf die Bank aufgelegt, sind sie automatisch zentriert und ausgerichtet. Die erste Einheit links, das Strahlrohr, das Kathode und Anode enthält, ist fest mit der Bank verbunden und an das Pumpaggregat angeschlossen. Die darauffolgenden Einheiten, der Objektverschiebetisch, die magnetischen Linsen (Objektiv und Projektiv) und der Aufnahmeteil mit Leuchtschirm und Normalfilmkassette werden lose aufgelegt und bis zum Anschlag an das Strahlrohr geschoben. Das übrige besorgt der Luftdruck beim Auspumpen. Wenn eine Bank dieser Art statt aus Stahlrohren aus Porzellanrohren aufgebaut wird, lassen sich damit auch Nachbeschleunigungssysteme aufbauen.

Andere elektronische Bänke haben einen evakuierbaren Trog [166], in dem die einzelnen elektronenoptischen Bauelemente auf Führungsschienen aufgebaut sind und von außen verstellt und beobachtet werden können. (Elektronenoptische Scheibe [135].)

d) Raster-Elektronenmikroskop:

Bei diesem Elektronenmikroskop (Abb. 34) (B 22) [34] führt ein von einem Sägezahngenerator gespeistes Ablenksystem den Elektronenstrahl im Mikroskop zickzack über das Objekt und synchron damit die Elektronenstrahlen zweier BRAUNscher Röhren über die Bildschirme. Die am Objekt ausgelösten Sekundärelektronen werden von einem Auffänger gesammelt und über Elektronenvervielfacher und Verstärker zur Helldunkelsteuerung der Bildröhren ausgenutzt. Da die Emission der Sekundärelektronen vom Auftreffwinkel des Elektronenstrahls am Objekt abhängt, entsteht auf den Bildschirmen ein plastisches Bild des Objektes, das gleichzeitig beobachtet und photographiert werden kann. Die Vergrößerung läßt sich mit dem Potentiometer von 20× bis 100000× einstellen. Die kleine Apertur des abtastenden Strahls ergibt eine gegenüber dem Lichtmikroskop 500mal größere Schärfentiefe.

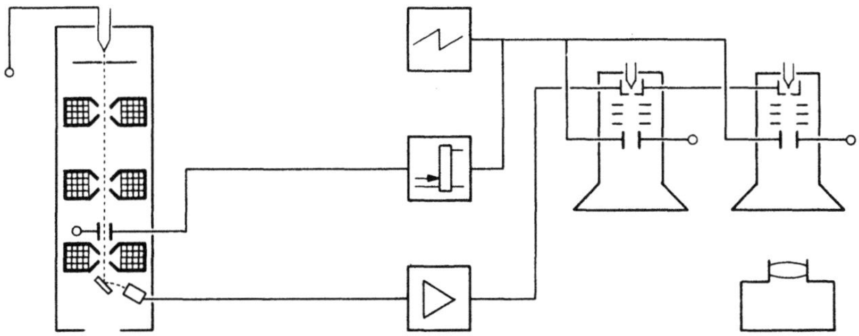

34 Raster-Elektronenmikroskop

Mit ähnlichen Verfahren kann man die von den Objektpunkten gestreuten oder reflektierten Elektronen, die Elektronenabsorption, die Elektronendurchlässigkeit oder das Oberflächenpotential zur Bilderzeugung ausnutzen. Man kann auch die emittierte charakteristische Röntgenstrahlung mit Röntgenspektrographen analysieren und damit die Verteilung der Elemente auf der Oberfläche untersuchen (Mikrosonde).

e) Die Elektronenbeugung [21]

läßt sich wie die Röntgen- und Neutronenbeugung zu Strukturuntersuchungen ausnutzen. Man arbeitet mit etwa 60 kV Elektronen. Die DE-BROGLIE-Wellenlänge beträgt dann nur etwa 0,5 Å. Das bedeutet Beugung in Vorwärtsrichtung. Da ferner die Elektronen sehr stark mit der Materie wechselwirken, kann man mit sehr kleinen Proben und kurzen Belichtungszeiten arbeiten und außerdem Leuchtschirme benutzen. Mit einem kinematischen Verfahren [107] lassen sich auch zeitliche Änderungen der Feinstruktur untersuchen. Abb. 35 zeigt eine Apparatur für Demonstrationszwecke. Sie enthält eine zentrierbare

Elektronenkanone, ein Beschleunigungssystem, eine Probenschleuse mit Zentrierung und einen Leuchtschirm, auf den eine Fernsehkamera

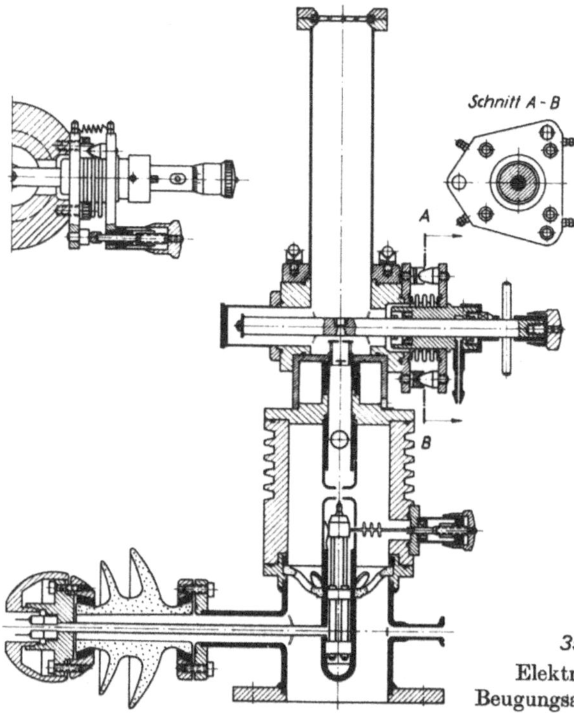

35
Elektronen-
Beugungsapparatur

zur Großdemonstration mit einem Fernsehempfänger aufgesetzt werden kann. (Elektronenbeugungsgeräte: (B 146, B 165)).

12.1.7 Plasmaphysik

Hauptziel der Plasmaphysik ist es, die Grundlagen für die Energiegewinnung durch kontrollierte Kernverschmelzung zu schaffen [69]. Bei der Reaktion $D + T \rightarrow {}^4He + n + 17{,}6\,MeV$ muß dazu das aus geladenen Teilchen der Dichte N bestehende Plasma auf eine Temperatur von ungefähr 10^8 K aufgeheizt und für eine Zeit τ eingeschlossen werden, so daß die Ungleichung $N \cdot \tau > 10^{14}\,cm^{-3}\,s$ erfüllt ist. Da es keine materiellen Wände für diese Temperatur gibt, muß das Plasma durch ein Magnetfeld bestimmter Konfiguration eingeschlossen werden. Durch eine Kombination von elektrischen und magnetischen Feldern versucht man, den obigen Forderungen in bezug auf Erzeugung, Aufheizung und Einschließung eines Plasmas nahezukommen.

Einer der dazu geeigneten Effekte ist der PINCH-Effekt. Er besteht darin, daß eine von einem starken Strom durchflossene Plasmasäule unter dem Einfluß des mit diesem Strom verbundenen Magnetfeldes komprimiert wird. Zur Stabilisierung der Säule muß man zusätzliche Felder einsetzen. Je nach Konfiguration dieser Felder bilden sich besondere Formen des Plasmavolumens aus. Abb. 36 zeigt die Spulenanordnung für ein Helical-Hard-Core Thetapinch Experiment (TESI)

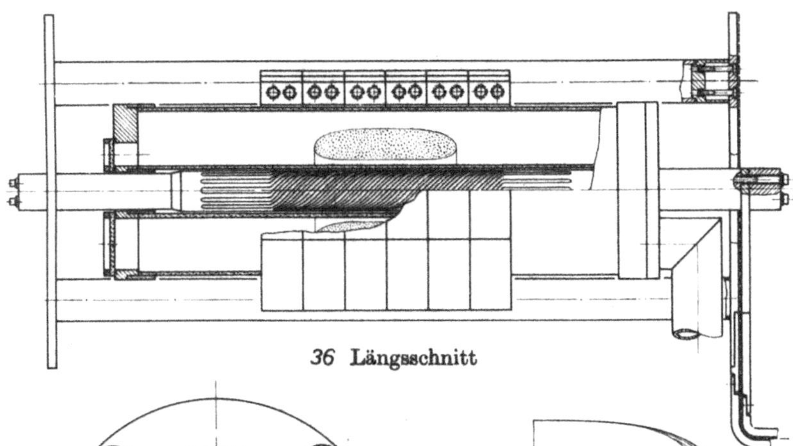

36 Längsschnitt

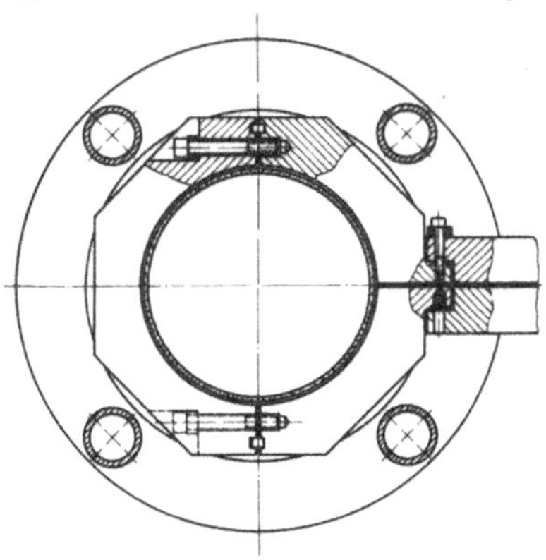

37 Querschnitt

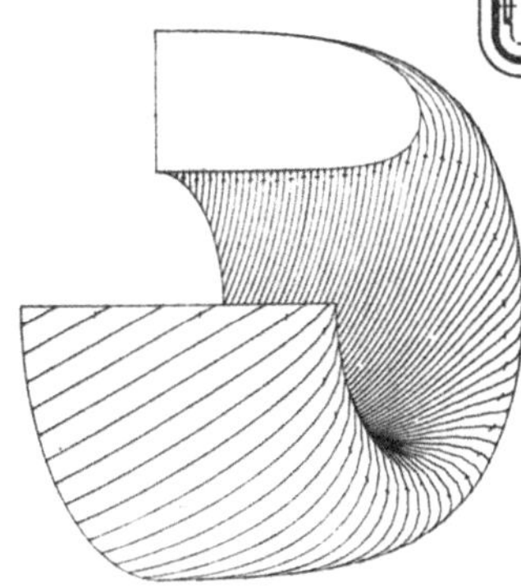

38 Plasmatorus

Spulenanordnung für das Helical-Hard-Core-Thetapinch-Experiment TESI und der sich ausbildende Plasmatorus

[25], dessen Ziel Stabilitätsuntersuchungen sind. Die Thetapinch-Spule besteht aus 6 massiven, einseitig geschlitzten Metallringen (Abb. 37), die von einer 40 kV, 15 kJ Kondensatorbank gespeist werden. Innerhalb dieser Spule liegt die Entladungsröhre, bestehend aus zwei konzentrischen Quarzrohren. Im inneren Rohr sitzt der „hard core“. Er besteht aus einem in 12 Leiter aufgeschlitzten Kupferrohr, die im mittleren Teil

schraubenförmig verlaufen, mit epoxydharzgetränkten Kordeln getrennt sind und von einem glasfaserverstärkten Kern getragen werden. Die Stromzufuhr aus einer 60 kV, 21 kJ Kondensatorbank erfolgt durch die äußere Platte rechts. Die Ableitung erfolgt über den linken Flansch und 4 Aluminiumrohre durch die innere Platte rechts.

Die Ströme erreichen ihren Maximalwert nach 2,5 μs und fallen dann nach Kurzschließen der Spulen mit einer Zeitkonstanten von 1,5 ms ab. Drehspiegelaufnahmen und Magnetfeldmessungen ergeben, daß das Plasma etwa 30 μs eingeschlossen wird und eine Elektronentemperatur von 10 bis 20 eV erreicht.

Abb. 38 zeigt die mit einem Computer errechnete und mit dem Plotter gezeichnete Form des entstehenden Plasmatorus.

12.1.8 Energie-Direktumwandlung mit geladenen Teilchen [8]

Unter Energie-Direktumwandlung versteht man Verfahren, mit denen man ohne Umweg über rotierende Generatoren Wärmeenergie oder chemische Energie in elektrische Energie umwandelt. Die wichtigsten Wandler sind Brennstoffzellen, mit denen aus chemischer Energie Strom erzeugt wird, thermoelektrische Stromerzeuger, Thermionik-Konverter und die magnetohydrodynamischen (MHD) Generatoren. Die beiden letzteren arbeiten mit geladenen Teilchen.

a) Der MHD-Generator

beruht auf der Induktion einer Spannung in einem im Magnetfeld bewegten Leiter (Abb. 39). Als Leiter dient ein fluides Medium, z. B. ein hochionisiertes Gas. Bewegt sich ein solches Gas mit der Geschwindigkeit $\boldsymbol{v}$ durch ein Feld mit der magnetischen Induktion $\boldsymbol{B}$, so wird eine Feldstärke $\boldsymbol{E}_{\text{ind}} = \boldsymbol{v} \times \boldsymbol{B}$ induziert. Sie führt zu einer Trennung der Ladungsträger und zu einem Strom durch den Verbraucher. Die Stromdichte $\boldsymbol{j}$ ergibt sich zu:

$$\boldsymbol{j} = \sigma(\boldsymbol{v} \times \boldsymbol{B} - \boldsymbol{E}_\varrho), \tag{1}$$

wo σ die Leitfähigkeit des Mediums und $\boldsymbol{E}_\varrho$ die dem induzierten Feld entgegengerichtete Feldstärke bedeutet.

Die Kraftdichte $\boldsymbol{f}$, die das Fluid bremst, ergibt sich nach dem Grundgesetz der Elektrodynamik zu $\boldsymbol{f} = (\boldsymbol{j} \times \boldsymbol{B})$. Die dem Fluid entzogene Leistungsdichte ist also

$$N_{\text{fl.}} = -\boldsymbol{f} \cdot \boldsymbol{v} = (\boldsymbol{j} \times \boldsymbol{B})\, \boldsymbol{v}. \tag{2}$$

Die Ohmschen Verluste pro Volumenelement sind $\boldsymbol{j}^2/\sigma$ (d. h. $\sim I^2R$). Damit ist die im Verbraucher genutzte elektrische Leistung

$$N_{\text{el}} = -\boldsymbol{f} \cdot \boldsymbol{v} - \boldsymbol{j}^2/\sigma = \boldsymbol{j} \cdot \{(\boldsymbol{v} \times \boldsymbol{B}) - \boldsymbol{j}/\sigma\}. \tag{3}$$

Der Wirkungsgrad wird also

$$= \frac{N_{\mathrm{el}}}{N_{\mathrm{fl.}}} = \frac{\boldsymbol{j} \cdot \{(\boldsymbol{v} \times \boldsymbol{B}) - \boldsymbol{j}/\sigma\}}{\boldsymbol{v}(\boldsymbol{j} \times \boldsymbol{B})}. \tag{4}$$

Bei einem geschlossenen MHD-Kreislauf ist das Arbeitsmedium ein Edelgas, z. B. Ar. Es wird von der Wärmequelle auf etwa 2000 K erhitzt. Um eine für den MHD-Prozeß ausreichende thermische Ionisierung

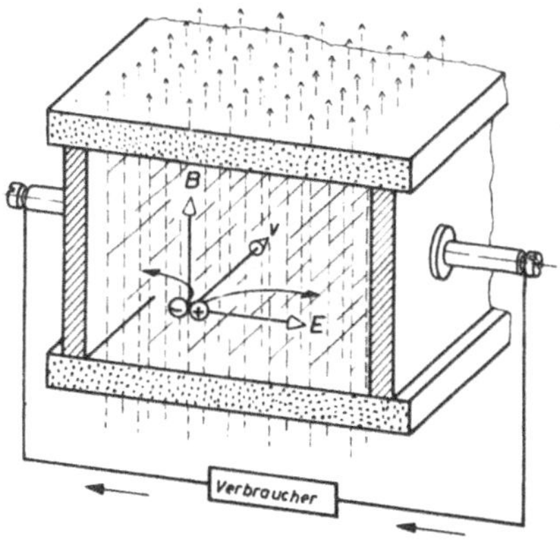

39 Prinzip des MHD-Generators

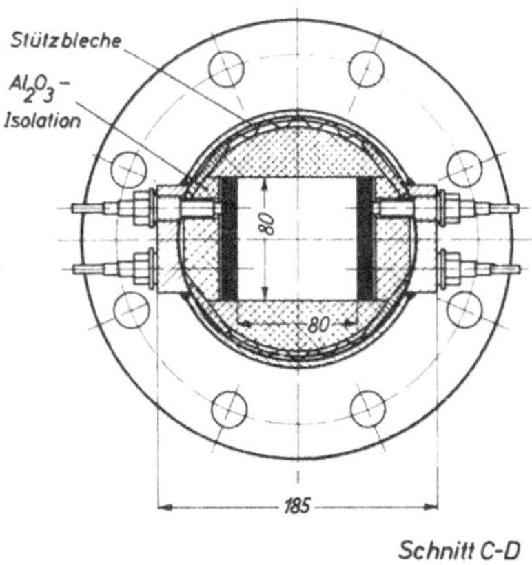

40 MHD-Kanal (Querschnitt)

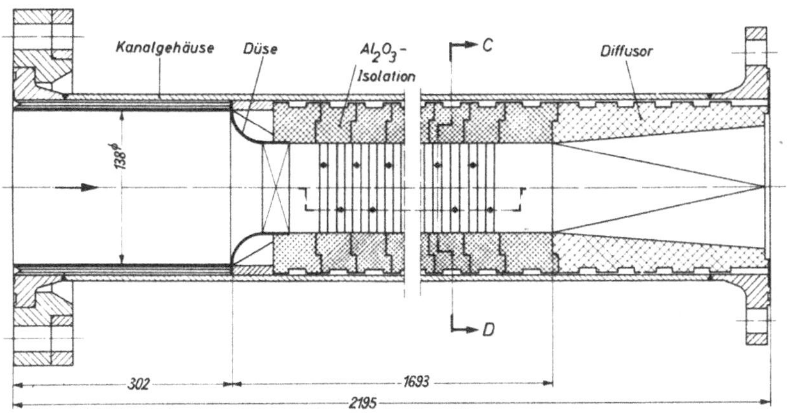

41 MHD-Kanal (Längsschnitt)

zu erhalten, setzt man ein Saatmaterial mit sehr niedriger Ionisierungsspannung, z. B. Cäsium zu. Das ionisierte Gas wird dann in einer Düse entspannt und erhält so die für den Prozeß notwendige hohe Geschwindigkeit.

Abb. 40 zeigt einen Querschnitt durch den MHD-Kanal der Jülicher Versuchsanlage Argas [24]. Er ist aus Al_2O_3-Isoliersteinen aufgebaut, die mit einer weichen Faserschicht aus Al_2O_3 (Fiberfrax) in den gekühlten Kanalmantel aus warmfestem Chrom-Nickelstahl eingebettet sind. Im Kanal sind einander gegenüber 196 stabförmige Elektroden aus Molybdän angebracht. Die Stromdurchführungen benachbarter Elektroden sind aus räumlichen Gründen gegeneinander versetzt.

Abb. 41 zeigt einen Längsschnitt durch den Kanal mit der Düse und dem Diffusor, der die kinetische Restenergie wieder in potentielle Energie zurückverwandelt. Der Kanal ist im Feld eines Supraleitermagneten (Abb. 10.75) angeordnet. Im übrigen umfaßt die Anlage den Erhitzer, einen Regenerativ-Wärmetauscher, einen Nachkühler, Abscheider für das Cäsium, Kompressoren, Gasreinigung und die Versorgungs-, Steuer- und Meßeinrichtungen.

b) Der Thermionische Konverter [8]

basiert auf der Glühemission von Elektronen aus heißen Metalloberflächen. Er ist eine Diode, deren Kathode (Emitter) auf 1400 bis 2000 °C aufgeheizt wird. Es treten dann Elektronen aus, die die Anode (Kollektor) aufladen und infolge ihrer kinetischen Energie gegen das so entstandene Feld hohe Stromdichten erzeugen können. Zur Abführung der Verlustwärme wird der Kollektor gekühlt. Zur Steigerung des Wirkungsgrades füllt man den Elektrodenzwischenraum mit Cäsiumdampf [73]. Durch Kontaktionisation am heißen Emitter und durch Stoßionisation von Elektronen wird der Cs-Dampf ionisiert und liefert dabei positive Ionen zur Kompensation der von den emittierten Elektronen erzeugten Raumladung. Außerdem gestattet der Cs-Dampf neben der kinetischen Energie der Elektronen auch die Differenz der Austrittspotentiale von Anode und Kathode auszunutzen. Mit solchen Cäsiumdioden wurden bei einer Emittertemperatur von 2000 K Leistungsdichten von 20 W/cm^2 mit einem Wirkungsgrad von 11% erreicht.

In Verbindung mit Reaktoren erscheinen Thermionik-Konverter besonders geeignet zur Energieversorgung von Raumfahrzeugen. Sie können entweder über Wärmerohre (heat pipes) (Abb. 9.34) vom Reaktorkern aufgeheizt oder als Incore-Thermionik-Brennelemente ausgebildet werden. Abb. 42 [1] zeigt einen Ausschnitt aus einer Bestrahlungskapsel zur Erprobung nuklear geheizter Thermionik-Konverter im Reaktor. Der Kernbrennstoff Urandioxid wird in einen zylindrischen Keramikkörper eingebettet, der innerhalb des Emitters aus Molybdän angeordnet ist. Er ist von einem Kollektor aus Niob umgeben. Der Zwischenraum zwischen den beiden Elektroden wird von unten her aus einem elektrisch geheizten Cs-Reservoir mit Cäsiumdampf versorgt. Durch denselben Kanal kann sich auch der entstehende Spaltgasdruck ausgleichen.

Mit Versuchskonvertern dieser Art untersucht man neben Leistungsdichte, Wirkungsgrad und Lebensdauer die Spaltgasfreisetzung im

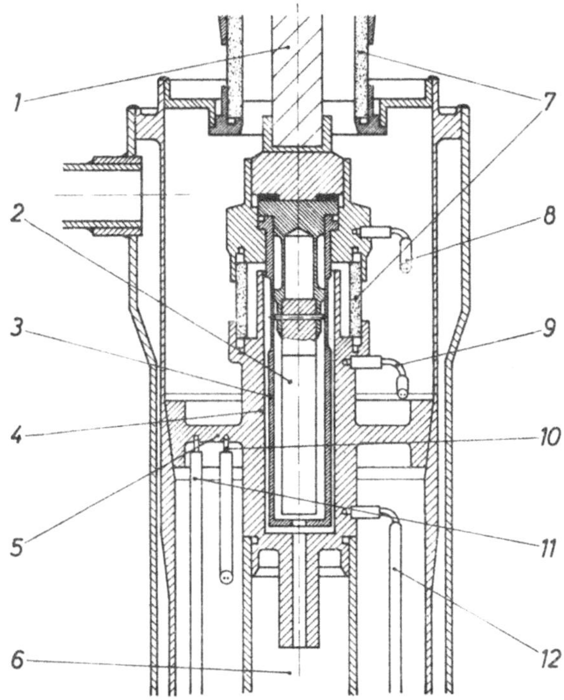

42 Thermionik-Kapsel (Ispra)

1. Emitter-Zuleitung (Cu), *2*. Kernbrennstoff, *3*. Emitter (Molybdän), *4*. Kollektor (Niob), *5*. Kollektor-Wärmebrücke, *6*. Ausdehnungsgefäß für Spaltgase und Cäsiumdampfzufuhr, *7*. Metall-Keramik, *8*–*12*. Thermoelemente

Emitter, die Diffusion von Spaltprodukten, Dimensionsänderungen infolge von Abdampf- oder Schwellprozessen und das chemische und thermodynamische Verhalten des Systems UO_2–Mo [87].

12.2 Neutrale Teilchen (Strahlrohrtechnik)

(W. Scharenberg)

Neutrale Teilchen: Neutronen, Gammastrahlen und Röntgenstrahlen lassen sich nicht mit elektrischen oder magnetischen Feldern fokussieren. Die für Experimente benötigten Strahlenbündel muß man deshalb durch enge Kanäle (Kollimatoren) ausblenden. Die einschlägige Technik ist vor allem für Strahlrohrexperimente an Forschungsreaktoren entwickelt worden. Wir bezeichnen sie deshalb als Strahlrohrtechnik.

12.2.1 Forschungsreaktoren und Strahlrohranordnungen

Bei den Forschungsreaktoren [68, 10] liegen im wesentlichen zwei Typen vor: Schwimmbadreaktoren und Tankreaktoren. Die meisten Strahlrohrexperimente erfordern thermische oder kalte Neutronen möglichst hoher Flußdichte mit einem möglichst niedrigen Untergrund

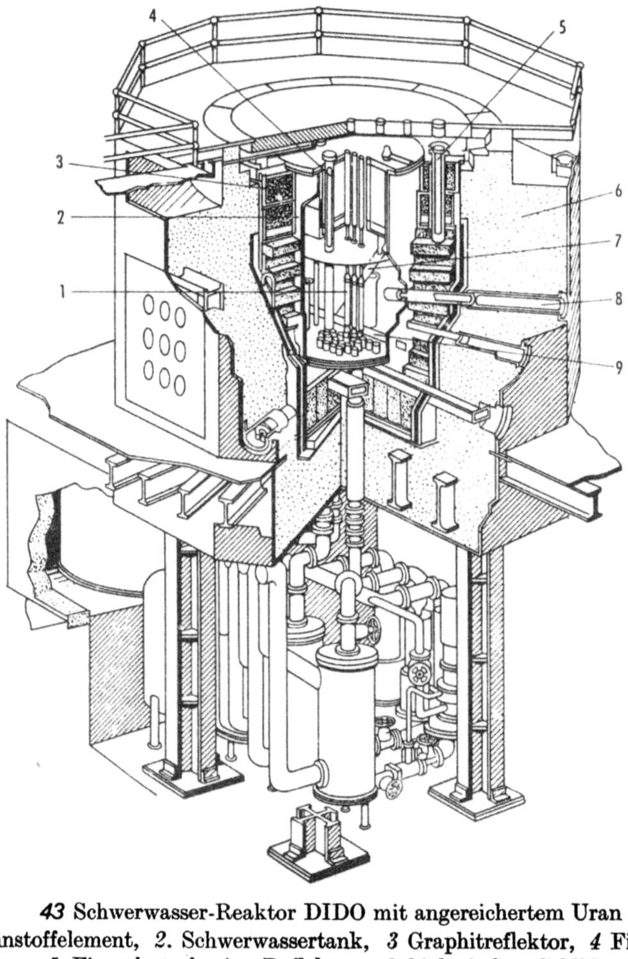

43 Schwerwasser-Reaktor DIDO mit angereichertem Uran
1 Brennstoffelement, *2*. Schwerwassertank, *3* Graphitreflektor, *4* Fingerhutrohr im Kern, *5* Fingerhutrohr im Reflektor, *6* biologischer Schild, *7* Regelarm, *8* Strahlrohr, *9* durchgehender Kanal [68]

an schnellen Neutronen und Gammastrahlen. Man erreicht dies, indem man die Strahlrohre tangential zum Kern anordnet. Besonders gute Werte erhält man, wenn man die Strahlrohre von einem D_2O-Reflektor ausgehen läßt, der einen „untermoderierten" Kern umgibt. Abb. 43 zeigt die Anordnung der Strahlrohre an einem Schwerwasser-Reaktor vom Typ „Dido". Ihr äußerer Teil verläuft im biologischen Schild aus Schwerbeton. Abb. 44 [78] zeigt einen Schnitt durch ein Strahlrohr und einen Strahlrohreinsatz. Dieser besteht aus dem schlanken „Finger", der in eine Einstülpung des Reaktortanks hineinragt und dem „Stopfen", der die Abschirmung übernimmt. Im Strahlrohreinsatz verläuft der Kollimatorkanal.

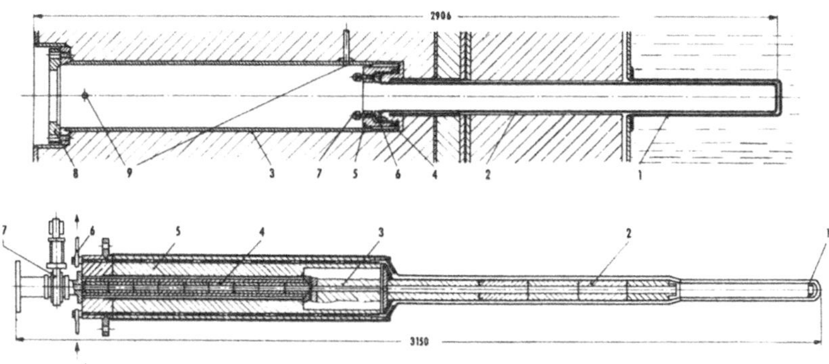

44 Horizontaler Experimentierkanal und Experimentiereinsatz

a) Unausgenutzter horizontaler Experimentierkanal (Strahlrohr)
1 Einstülpung in den Reaktortank, *2* Fingerhutrohr, *3* Stahlfutterrohr, *4* Bajonettkern, *5* Bajonetthülse, *6* Zentrierring, *7* Klemm- und Stellschrauben, *8* Haltering, *9* Spülanschlüsse

b) Horizontaler Experimentiereinsatz (Strahlrohreinsatz eines Massenseparators)
1 Uranfolie, *2* Graphitkollimator, *3* Drehverschluß, *4* Stahlkollimator, *5* Abschirmmaterial (Eisenschrot-Araldit-Füllung), *6* Wasserkühlung für Strahlrohreinsätze, *7* Schiebeventil

Die Strahlrohrexperimente kann man in drei Gruppen aufteilen: Neutronenphysikalische Untersuchungen, Strukturuntersuchungen mit Neutronen, Untersuchung der von Neutronen ausgelösten Sekundärstrahlung.

Das Leitblatt L 12.2 zeigt die wichtigsten Grundanordnungen. Wirkungsquerschnitte lassen sich nach der Transmissionsmethode (1) bestimmen. Mit Kristallfiltern (2) oder Neutronenleitern (3) lassen sich Neutronen im thermischen bzw. subthermischen Bereich ausfiltern. Monochromatische Neutronen in diesem Bereich erhält man durch Beugung eines Bündels nach der BRAGGschen Beziehung an einem Kristall (4) oder mit einem mechanischen Selektor (5), einer rotierenden,

Grundanordnungen für Strahlrohrexperimente L 12.2

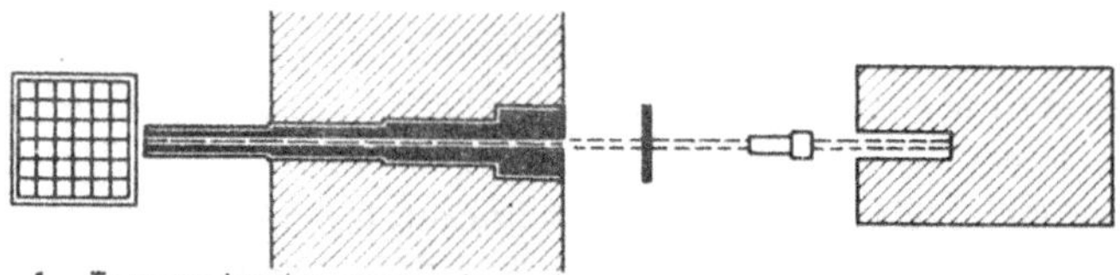

1. Transmissionsexperiment

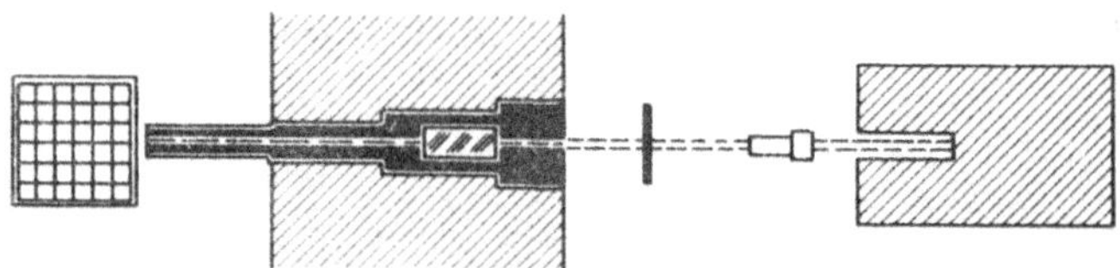

2. Kristallfilter

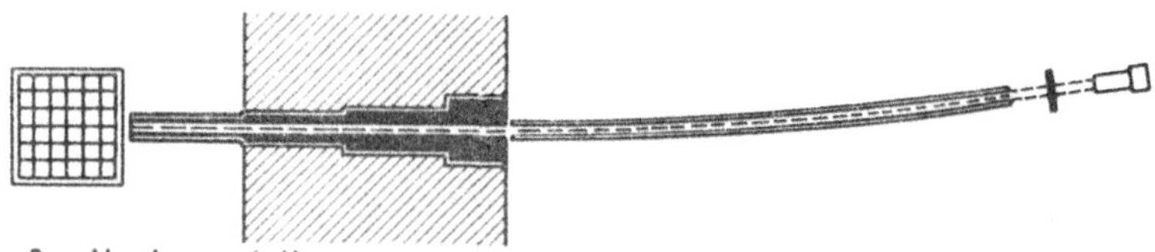

3. Neutronenleiter

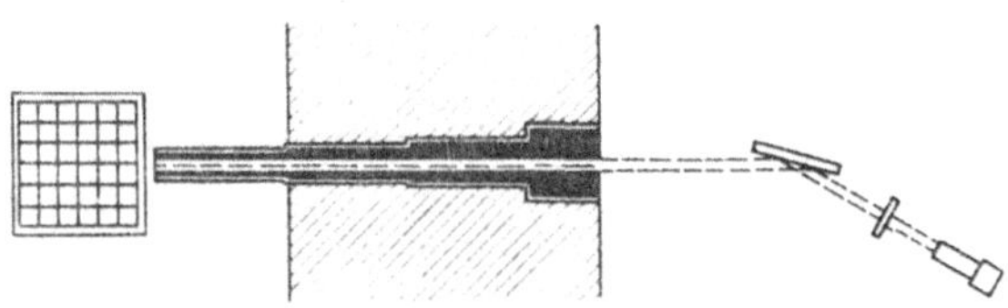

4. Kristallmonochromator

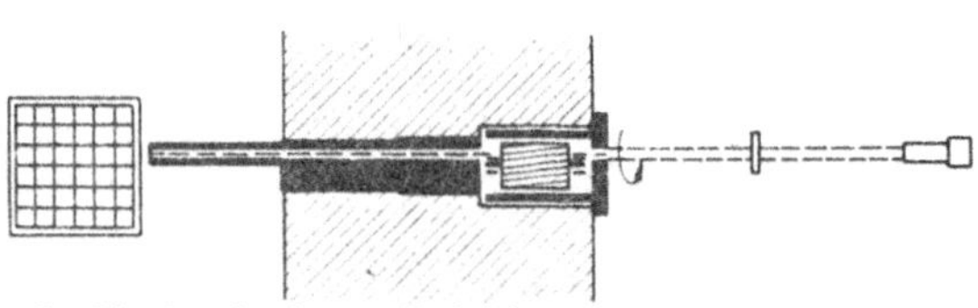

5. Mechanischer Selektor

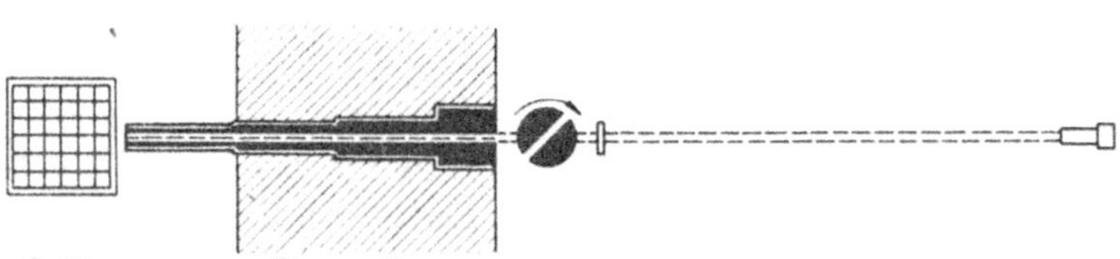

6. Chopper u. Flugzeitmessung

Strahlrohrexperimente L 12.3

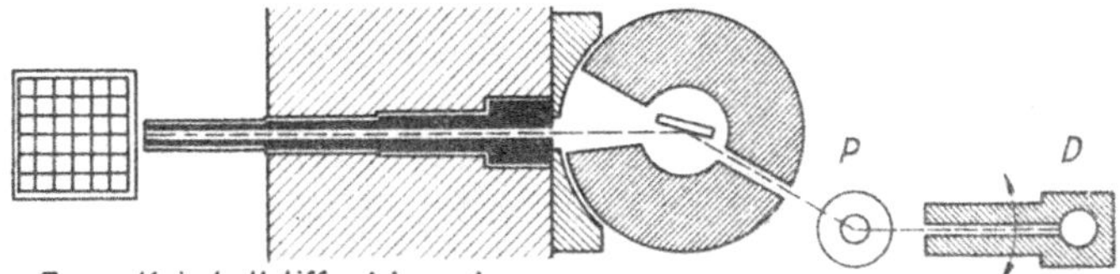

7. Kristalldiffraktometer

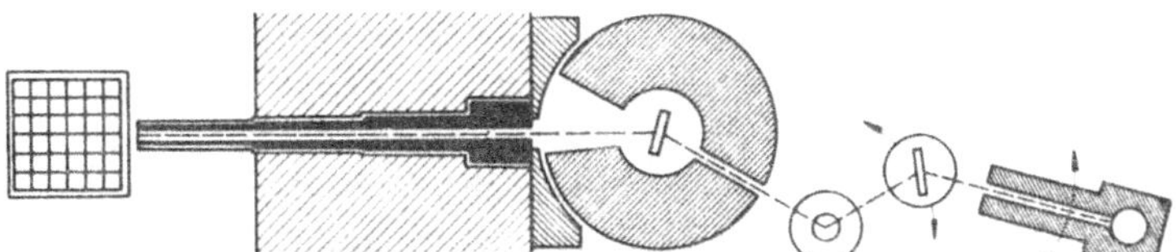

8. Dreiachsen - Kristallspektrometer

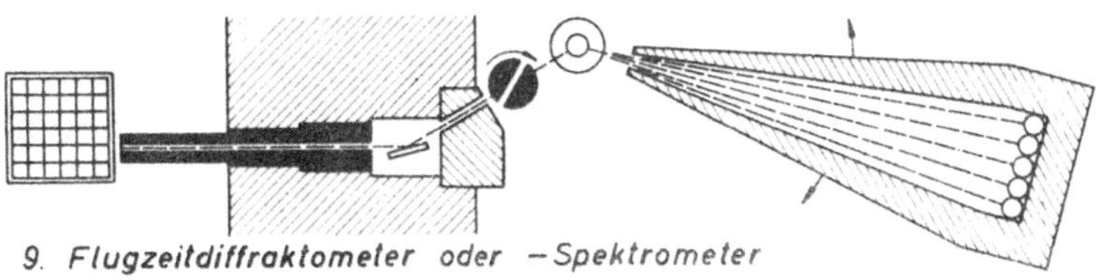

9. Flugzeitdiffraktometer oder –Spektrometer

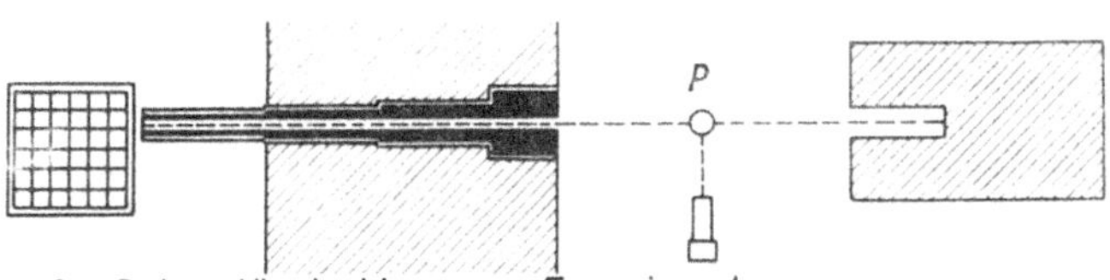

10. Sekundärstrahlungs - Experiment

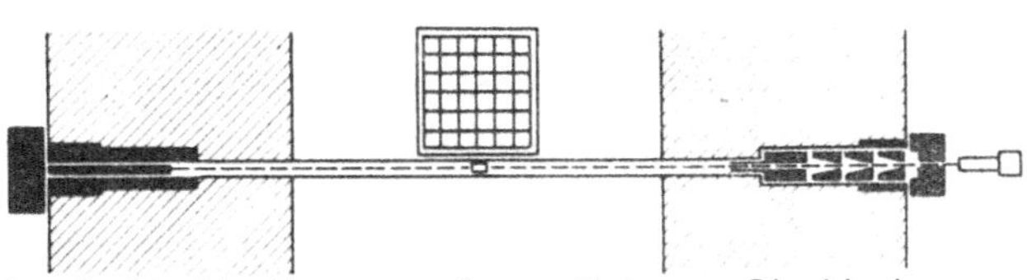

11. Sekund. Strahl. Exper. an tangentialem Strahlrohr

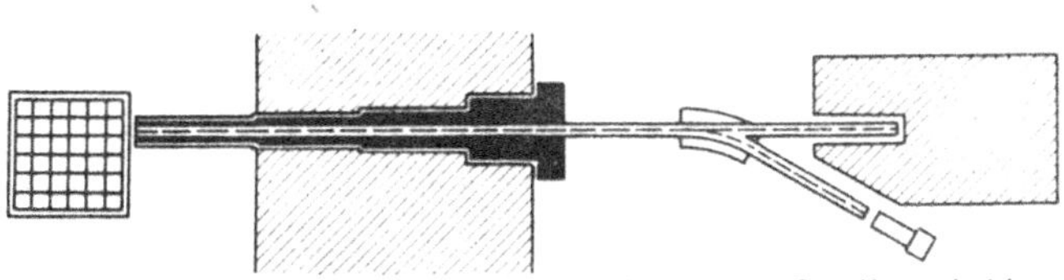

12. Magnetische Ablenkung geladener Spaltprodukte

mehrgängigen Schraube hoher Steigung, die nur Neutronen einer Geschwindigkeit hindurchläßt. Mit dem Chopper (6), einer rotierenden Blende, läßt sich ein Neutronenbündel in kurze Pulse zerhacken. Mit einem vom Chopper gesteuerten Detektor lassen sich elektronisch Neutronen einer bestimmten Flugzeit und damit einer bestimmten Energie aussondern.

Das Leitblatt L 12.3 zeigt Experimente, in denen die Grundanordnungen Anwendung finden. Strukturuntersuchungen lassen sich mit Neutronendiffraktometern (7) durchführen, bei denen ein Kristall wie in (4) als Monochromator dient und das an der Probe P erzeugte Beugungsspektrum mit einem Detektor D abgetastet wird. Beim Dreiachsen-Kristallspektrometer (8) wird mit Hilfe eines zweiten Beugungskristalls (Analysator) das von der Probe P erzeugte Beugungsspektrum auch in bezug auf die Energieverteilung der Neutronen ausgemessen. Dasselbe läßt sich mit einem Flugzeitdiffraktometer (9) machen, bei dem wie in (6) eine bestimmte Wellenlänge nach dem Flugzeitverfahren erfaßt wird, wobei die Entfernung von der Probe zum Detektor als Flugstrecke dient. Die Sekundärstrahlung, die von Neutronen an einer Probe P ausgelöst wird, läßt sich ungestört vom primären Bündel untersuchen, wenn man den Detektor nach (10) anordnet. Einen ähnlichen Effekt erzielt man durch Ausnutzung eines tangential zum Reaktorkern angeordneten Strahlrohrs nach (11). Geladene Teilchen, z. B. die aus einer Uranfolie am reaktorseitigen Ende des Strahlrohrs ausgelösten Spaltprodukte lassen sich durch ein Magnetfeld M aus dem primären Strahl herausziehen und zugleich nach Massen separieren (12).

Als Neutronendetektoren werden neben den meist mit Bor-10 angereicherten BF_3-Zählrohren in steigendem Maße He-3-Zählrohre (B 164) und Halbleiterdetektoren mit Konverterfolie verwendet. Letztere ermöglichen eine bessere Diskriminierung gegen schnelle Neutronen und γ-Strahlung. Als Sekundärstrahlungsdetektoren werden Szintillationszähler, Halbleiterdetektoren, Koinzidenzanordnungen, β-Spektrometer und Gammaspektrometer (S. 363) eingesetzt. Für alle Strahlrohranordnungen benutzt man nach Möglichkeit Werkstoffe, die unter Neutronenbeschuß keine langlebige Radioaktivität erhalten. Das sind in erster Linie Reinstaluminium, Al Mg 3 Legierung und Graphit.

12.2.2 Kollimatoren (L 12.4)

Kollimatoren sollen aus einem isotropen Neutronenfluß oder einem diffusen Strahlenbündel einen möglichst wenig geschwächten, gut ausgerichteten und scharf begrenzten Strahl ausblenden. Ihre Auslegung ist also bestimmt durch:

Kollimatoren L 12.4

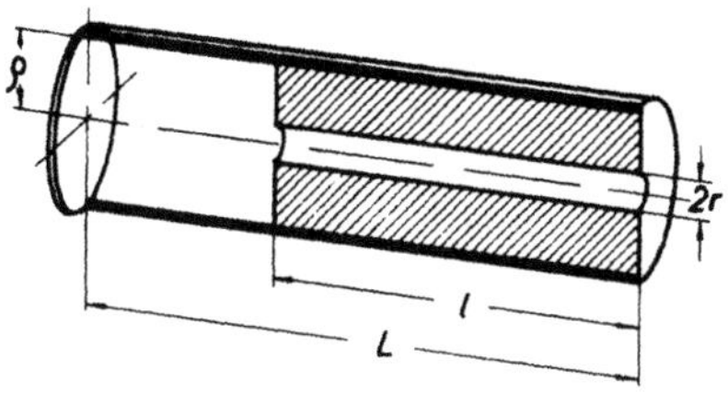

a) Zylindrischer Kollimator

Transmission $\frac{\varphi}{\varphi_0} = \frac{R^2}{2L^2}$

wobei

$R = r\frac{L}{l}$, wenn $r\frac{L}{l} < \varrho$

$R = \varrho$, wenn $r\frac{L}{l} > \varrho$

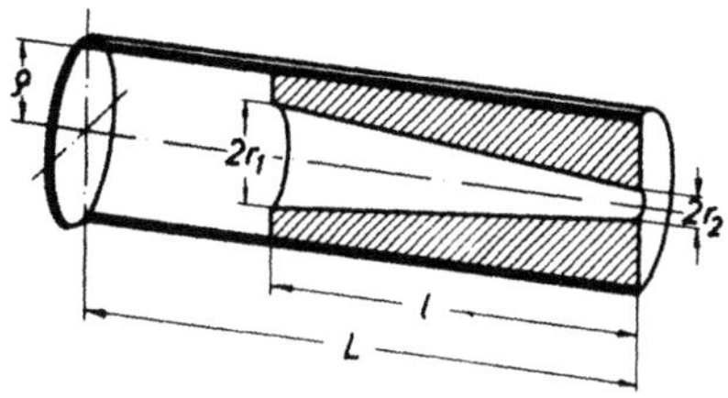

b) Konischer Kollimator

Transmission $\frac{\varphi}{\varphi_0} = \frac{R^2}{2L^2}$

wobei

$R = r_1\frac{L}{l}$, wenn $r_1\frac{L}{l} < \varrho$

$R = \varrho$, wenn $r_1\frac{L}{l} > \varrho$.

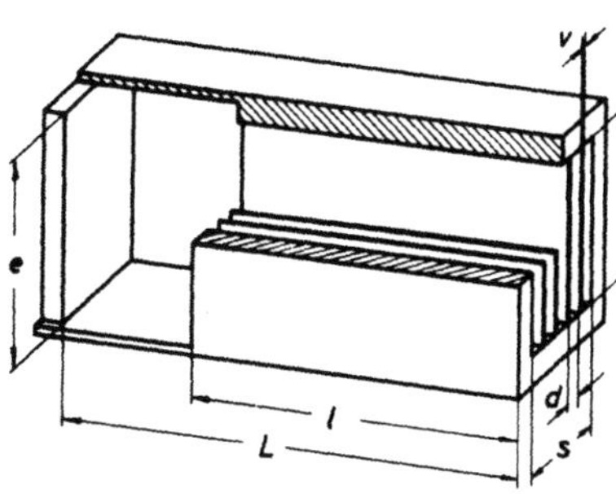

c) Plattenkollimator

gegeben:

$\alpha = d/l$

$W = \alpha L + v$

$X = e - h$

$Y = e + h$

$Z = s + v$

$a = vW(WY^2 - \alpha LX^2)$

$b = \alpha Z/W$

$c = Z^2(\alpha LX^2 - vY^2)$

optimale Schlitzzahl $n_{\text{opt.}}$

$$n_{\text{opt.}} = \frac{b + \sqrt{b^2 + ac}}{a}$$

d und l mit $n_{\text{opt.}}$ und α berechnen.

optimale Transmission $T_{\text{opt.}}$

$$T_{\text{opt.}} = \frac{\alpha}{4 \cdot h}\left(\frac{Y^2}{L} - \frac{X^2}{L-l}\right)$$

1. Die Transmission $T = \overline{\varphi}/\overline{\varphi}_0$, d. h. das Verhältnis der über den Querschnitt gemittelten Partikelflußdichte $\overline{\varphi}$ am Ausgang zu der über den Querschnitt gemittelten Flußdichte $\overline{\varphi}_0$ am Eingang.

2. Die Divergenz $\tan \alpha = d/l$. Sie ist das Verhältnis der Kollimatorweite (Horizontaldivergenz) oder Kollimatorhöhe (Vertikaldivergenz) d zur Länge l.

3. Das Strahlprofil, d. h. der Verlauf der Partikelflußdichte quer zur Strahlachse. Es ist bei schmalen Strahlenbündeln praktisch eben.

a) Kollimatoren mit kreisförmiger Öffnung:

Für viele Strahlrohrexperimente werden Kollimatoren mit zylindrischem Kanal nach L 12.4a eingesetzt. Bei gleicher Austrittsöffnung läßt sich die Partikelflußdichte steigern, wenn man den Kanal nach L 12.4b konisch erweitert. Die Wände des Kollimators und das ihn umgebende Material, z. B. im Stopfen, sollen die Reaktorstrahlung möglichst gut absorbieren. Als Abschirmmaterial kommen in Frage: Wasser, Graphit, Schwerbeton, Stahl, Eisenschrotbeton, Eisenschrot-Gießharz. Der Kollimatorkanal wird nach außen durch ein gasdichtes Fenster, z. B. aus Aluminium, verschlossen, um den Austritt radioaktiver Verunreinigungen zu verhindern. Außerdem wird der Kollimatorkanal meist mit einem nur wenig aktivierbaren Gas, z. B. CO_2, gespült. In den Kanal können weitere Bauelemente, z. B. Filter, mechanische Selektoren oder Strahlverschlüsse eingeschaltet werden.

b) Plattenkollimatoren:

Bei Neutronenbeugungsanordnungen wird in der Beugungsebene (meist die Horizontalebene) ein besonders hohes Auflösungsvermögen, also eine kleine Strahldivergenz gefordert. Dies führt zu einem schlitzförmigen Kollimator. Da ein einzelner, schmaler Schlitz jedoch eine zu kleine Transmission aufweist, ordnet man mehrere Schlitze parallel zueinander an und kommt so zu einem Plattenkollimator (Sollerkollimator) (L 12.4c).

Die für Neutronenbeugungsexperimente eingesetzten Soller-Kollimatoren sollen im allgemeinen eine Strahldivergenz $\tan \alpha = d/l$ von etwa 20′ liefern. Sie bestehen meist aus einem starkwandigen Stahlrahmen, dessen rechteckiger Kanal durch cadmierte Stahlbleche in vertikale Schlitze unterteilt ist. Dicke Bleche können selbsttragend in Nuten gehaltert werden. Für hohe Transmission braucht man dünne Bleche. Sie müssen, um eine ebene Fläche zu bilden, ausgespannt werden. Abb. 45 [53] zeigt eine dazu geeignete Konstruktion. Die Stahllamellen (a) werden oben und unten durch Abstandsstreifen (b) voneinander getrennt und mit durchgehenden Schrauben zu einem Paket zusammengeschraubt. Mit den Spannschrauben *c* wird der obere Teil des Rahmens vom Unterteil abgedrückt und so die Kollimatorbleche gespannt. Eine ähnliche Konstruktion zeigt [26a]. Das Spannen der Bleche kann auch erreicht werden, wenn man den Rahmen aus einem Material mit hohem Wärmeausdehnungskoeffizient baut, das Ganze bei tiefer Temperatur zusammenbaut und sich auf Zimmertemperatur erwärmen läßt. (Auswechselbare Kollimatoren [26a]).

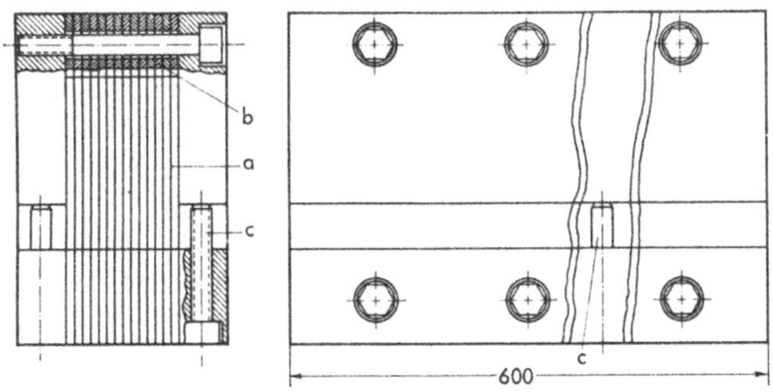

45 Kollimator für 20′ Strahldivergenz
a) Stahllamelle, b) Abstandsstreifen, c) Spannschraube

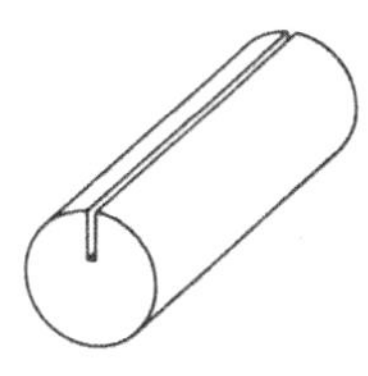

46 Einfacher Schlitz-Kollimator

c) Kollimatoren für Gammastrahlung:

Für Meßzwecke muß die Partikelflußdichte eines hochaktiven Strahlers am Detektor oft um Größenordnungen herabgesetzt werden. Dazu eignen sich Schlitzkollimatoren sehr geringer Transmission nach Abb. 46. Der Kollimatorschlitz wird mit einem Scheibenfräser in einen massiven Rundstab eingeschnitten.

12.2.3 Abschirmungen und Strahlenfänger

(M. Sekkal †)

Abschirmungen sollen einerseits die Dosisleistung für Personen unter den zulässigen Wert reduzieren, andererseits den Störpegel für ein Experiment herabsetzen. Die abzuschirmende Strahlung enthält bei Radionuklid-Quellen β-Strahlen und γ-Strahlung, bei Reaktoren kommen dazu Neutronen, bei Beschleunigern außerdem Protonen, Positronen, Pionen und Myonen. Die Auslegung einer Abschirmung bedeutet Auswahl des Abschirmungsmaterials, Festlegung von Schichtdicke und Form der Abschirmungsanordnung.

Die Abschirmungswirkung eines Materials beruht auf der Wechselwirkung der Strahlung mit den Nukliden, aus denen das Material zusammengesetzt ist. Sie ist bestimmt durch die Wirkungsquerschnitte dieser Nuklide, die von der Art und Energie der Strahlenpartikel und der Art der Wechselwirkung abhängen. Bei vielen Wechselwirkungsprozessen entsteht außerdem eine neue Strahlung, die wiederum abgeschirmt werden muß. Aus diesen Gründen sind Abschirmungsberechnungen sehr kompliziert und müssen bei einem Entwurf häufig durch grobe Näherungen ersetzt werden. Dazu teilt man zunächst die gemischte Strahlung nach einzelnen Strahlenarten auf.

Die *Betastrahlung* erzeugt Röntgen-Bremsstrahlung. Ihre Ausbeute nimmt sehr stark mit der Ordnungszahl der Nuklide ab. Deshalb schirmt man mit leichtem Material, z. B. Plexiglas, ab. Der Zahlenwert der Abschirmdicke in mm soll dabei etwa gleich dem doppelten Zahlenwert der Betaenergie in MeV sein.

Gammastrahlung wird im wesentlichen über Photo-, Compton- und Paarbildungseffekt absorbiert. Bei weicher Strahlung (Röntgenstrahlung) und hohen Ordnungszahlen überwiegt der Photoeffekt, bei sehr harter Strahlung (einige MeV) der Paarbildungseffekt. Dazwischen erstreckt sich für niedrige Ordnungszahlen ein weiter Bereich, in dem die COMPTON-Streuung überwiegt. Im Bereich von 1 MeV hängt die Schwächung praktisch nur von der Massenbelegung, d. h. von der Dichte des Materials ab.

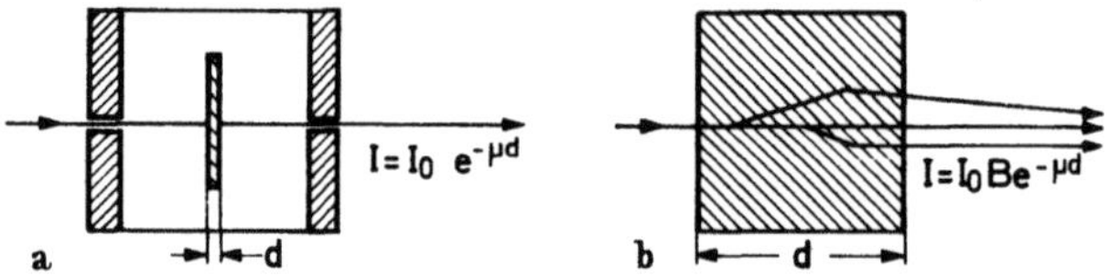

47 a) Gute Geometrie b) Schlechte Geometrie

Bei „*guter Geometrie*" (Abb. 47a) läßt sich die Schwächung I/I_0 der Energieflußdichte mit dem linearen Schwächungskoeffizienten μ aus $I/I_0 = \exp(-\mu d)$ berechnen. Für überschlägige Rechnungen benutzt man Werte für Halbwertsdicken d_H, d.h. Schichtdicken, welche die Energieflußdichte auf die Hälfte herabsetzen. Es gilt dann $I/I_0 = 2^{-d/d_H}$. Die Schichtdicke 10 d_H bewirkt dann eine Reduzierung um den Faktor $2^{-10} \approx 10^{-3}$. Praktisch wichtige Werte von Halbwertsdicken zeigt Tab. 12.1.

Bei „*schlechter Geometrie*" (Abb. 47b) wird die gestreute Strahlung nicht ausgeschaltet, so daß sich die Intensität hinter der Abschirmung um einen Aufbaufaktor B erhöht, also $I/I_0 = B \cdot \exp(-\mu d)$.

Tabelle 12.1. *Halbwertsdicken d_H in cm von Abschirmmaterialien für verschiedene γ-Energien.*

γ-Energie in MeV Abschirmmaterial	0,5	0,8	1,3	1,7	2,2	3,0	6,0
H_2O	28	27	28	29	31	34	39
Normalbeton	13	13	13	14	15	16	17
Schwerbeton (Barytbeton)	6	7	8	9	9	9	9
Fe	2,6	3,2	3,6	3,9	4,0	4,4	4,1
Pb	0,5	1,0	1,5	1,8	2,0	2,1	1,6

Zur Abschirmung der *Neutronen* [94, 95] werden Einfangreaktionen ausgenutzt. Der Absorptionsquerschnitt nimmt mit abnehmender Energie der Neutronen zu und erreicht bei Energien unterhalb 0,2 eV große Werte. Deshalb werden Neutronen zunächst abgebremst.

Bei der Gruppe der *schnellen Neutronen* ($E_n > 600$ keV) haben wir vorzugsweise bei schweren Nukliden die unelastische Streuung, bei der die Neutronen neben dem Stoßverlust noch Energie für die Anregung der Kerne abgeben. Bei leichteren Kernen verlieren sie Energie durch elastische Stöße. Bei ^1H und ^2H genügt praktisch ein Stoß, um sie aus der Gruppe der schnellen Neutronen zu beseitigen. Für praktische Abschirmungsberechnungen läßt sich empirisch ein Beseitigungsquerschnitt Σ_r (removal crossection) ermitteln, mit den die Abnahme der Flußdichte der schnellen Neutronen in einem Abschirmmaterial unter bestimmten Voraussetzungen wieder nach einem einfachen Exponentialgesetz $\exp(-\Sigma_r x)$ berechnet werden kann.

Aus der Gruppe der *epithermischen* (mittelschnellen) Neutronen (600 keV $> E_n >$ 0,5 eV) scheiden die Neutronen aus, indem sie durch mehrere aufeinanderfolgende Stöße entsprechend ihrer mittleren freien Weglänge nach und nach auf thermische Energie abgebremst werden. Ihre Schwächung läßt sich nach der Diffusionstheorie berechnen.

Die *thermischen* Neutronen ($E_n <$ 0,5 eV) treten aus dem Abschirmmaterial durch Diffusion aus. Dies läßt sich verhindern, wenn man dem Abschirmmaterial Nuklide mit hohem Absorptionswirkungsquerschnitt (z.B. Bor, $\sigma_a = 759$ barn) beimischt.

Für eine optimale Auslegung der Neutronenabschirmung muß die spektrale Verteilung der Neutronen bekannt sein. In der zweiten und dritten Gruppe kommen zur primären Strahlung außerdem als Quellterm die aus der vorhergehenden Gruppe ausscheidenden Neutronen. Die Berechnung erfordert großen Aufwand.

Abschirmklötze für Gammastrahlung sind zum Teil genormt. Abb. 48 zeigt Bleibausteine nach Euratom-Norm (B 174). Handelsüblich sind ferner Ziegel aus Schwerbeton und Normalbeton (B 31). Zur Abschirmung von Neutronen sind Preßholz (B 18), Polyäthylen, Gießharz, ferner Materialien mit Borzusatz (*B* 47), z.B. Boralblech erhältlich. Häufig genügen einfache Wassertanks. Zur Abschirmung der Reaktorstrahlung und als Füllung für Abschirmstopfen werden Eisenschrotbeton und Gießharz-Eisenschrot-Mischungen verwendet (B 27, B 189). Bei Abschirmwänden, die aus einzelnen Bausteinen zusammengesetzt werden, und bei Stopfen (s. Abb. 44), die Wanddurchbrüche verschließen, ist durch Versetzung oder Absätze dafür zu sorgen, daß keine direkte Strahlung durch Spalte hindurchgelangen kann.

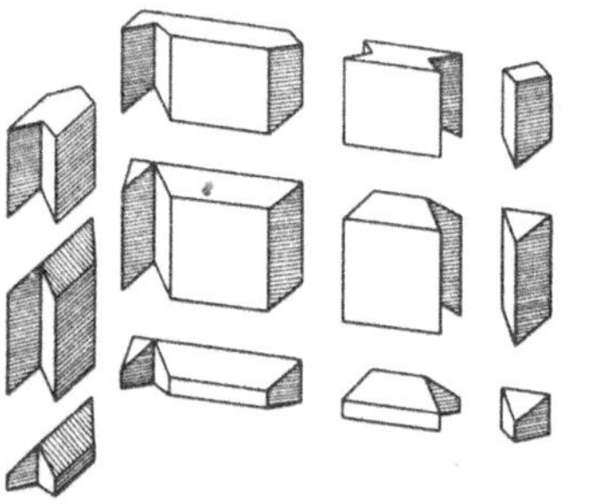

48 Bleibausteine für 50 mm starke Schutzwände nach Euratom-Norm

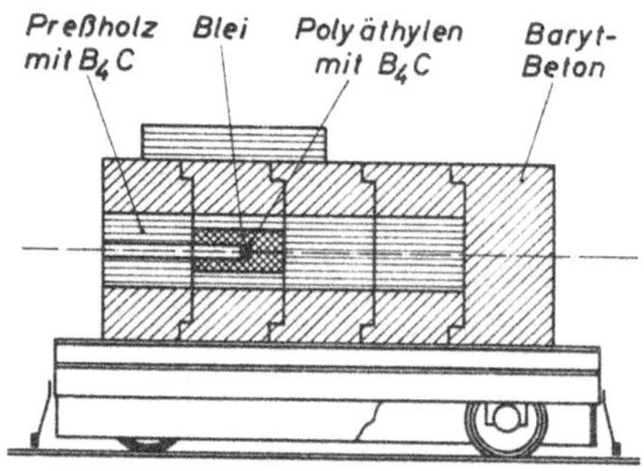

49 Strahlenfänger

Durchführungen durch Abschirmungen und ihre Durchlässigkeit sind in L 12.5 zusammengestellt. Für Nutzstrahlung werden gerade Kanäle (1) gebraucht. Bei Gestängen und Schiebern treten ebene Schlitze (2) oder zylindrische Spalte (3) auf. Ihre Durchlässigkeit läßt sich durch Versetzungen nach (4) herabsetzen. Für Rohrleitungen und Kabel verwendet man geknickte (5) oder schraubenförmig gewundene Kanäle (6). Die Formeln für die Durchlässigkeit gelten nur, wenn die Länge der Durchführung groß gegenüber ihrem Durchmesser ist und benachbarte Durchbrüche entsprechend weit entfernt sind. Bei geknickten und schraubenförmig gewundenen Kanälen ist außerdem die Verminderung der wirksamen Abschirmungsdicke im Bereich der Durchführung zu berücksichtigen.

Strahlenfänger: Bei vielen Strahlrohrexperimenten muß der Strahl nach dem Durchsetzen einer Probe oder eines Monochromators abgefangen werden. Dazu wird ein Strahlenfänger nach Abb. 49 aufgestellt. Er ist so ausgelegt, daß der Primärstrahl sich totläuft und weder vorwärts noch rückwärts und seitwärts gestreute Strahlung austritt. Der Primärstrahl trifft zunächst auf eine relativ leichte borhaltige Substanz auf, in der die schnellen Neutronen nach vorwärts gestreut und die thermischen Neu-

Durchlässigkeit φ/φ_0 von Durchführungen in Abschirmungen

L 12.5

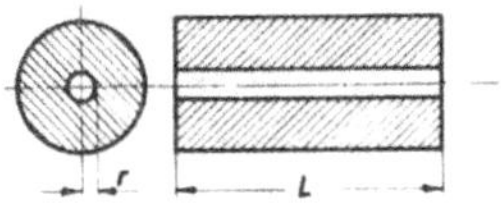

1. $$\frac{\varphi}{\varphi_0} = \frac{1}{2}\,\frac{r^2}{L^2} \qquad L \gg r$$

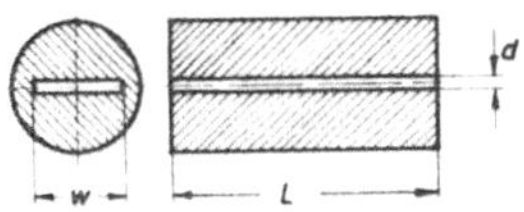

2. $$\frac{\varphi}{\varphi_0} = \frac{d}{\pi L}\arctan\frac{w}{2L} \qquad L \gg d \quad w \gg d$$

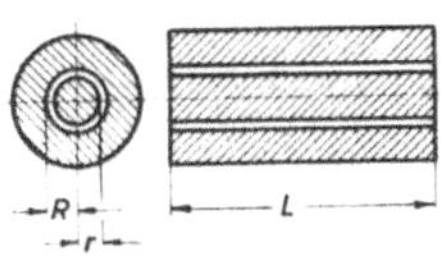

3. $$\frac{\varphi}{\varphi_0} = \frac{\alpha}{L^2}\left[(2R^2 - r^2)\arccos\frac{r}{R} - r\sqrt{R^2 - r^2}\right]; \quad (R^2 - r^2) \ll L^2$$

$$\alpha = \begin{cases} 10 & \text{für Neutronen} \\ \dfrac{1}{2\pi} & \text{für Gammastrahlung} \end{cases}$$

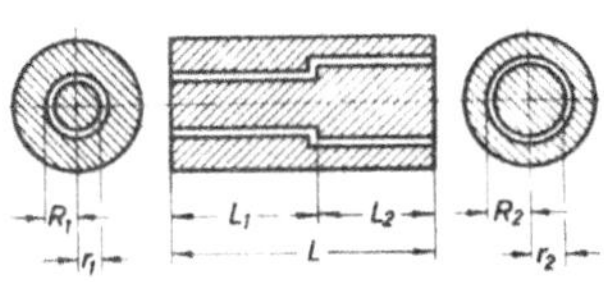

4. $$\frac{\varphi}{\varphi_0} = \alpha \cdot \frac{\varphi_1}{\varphi_0} \cdot \frac{\varphi_2}{\varphi_0}$$

$$\frac{\varphi_i}{\varphi_0} = \frac{1}{L_i^2}\left[(2R_i^2 - r_i^2)\arccos\frac{r_i}{R_i} - r_i\sqrt{R_i^2 - r_i^2}\right]$$

$i = 1, 2, \ldots,\; R_i^2 - r_i^2 \ll L^2$; α wie bei 3.

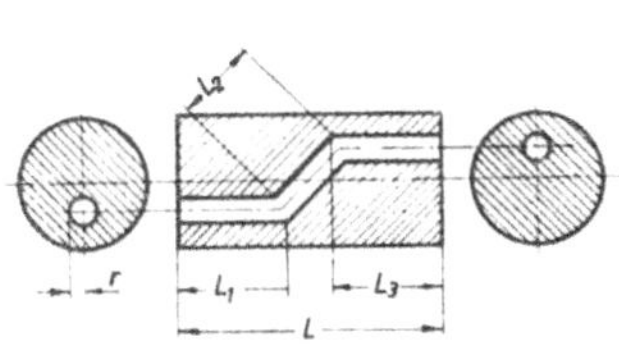

5. $$\frac{\varphi}{\varphi_0} = \alpha \cdot \frac{\varphi_1}{\varphi_0} \cdot \frac{\varphi_2}{\varphi_0} \cdot \frac{\varphi_3}{\varphi_0}$$

$$\frac{\varphi_i}{\varphi_0} = \frac{1}{2}\left(\frac{r}{L_i}\right)^2$$

$r \ll L_i$; **keine direkte Durchsicht**

$i = 1, 2, 3;$

$$\alpha = \begin{cases} 10 \text{ für Neutronen} \\ 1/2\pi \text{ für Gammastrahlung} \end{cases}$$

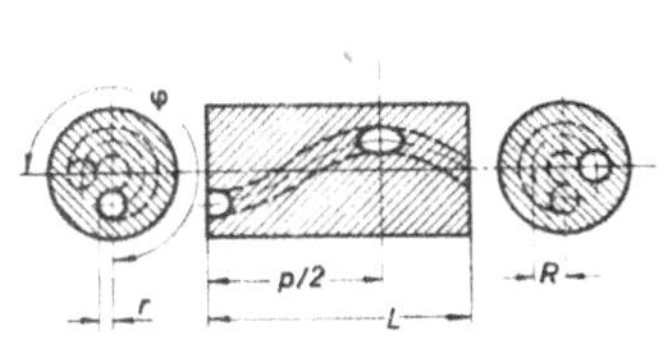

6. $$\frac{\varphi}{\varphi_0} = \frac{K^{n-1}}{2^{4n-1}}\left[\frac{r/R}{1 + p^2/(4\pi^2 R^2)}\right]^{\frac{n+1}{2}}$$

$n = \pi\,\dfrac{L}{p}\sqrt{\dfrac{R}{r}}$; n ganzzahlig runden

$$2 < \frac{p}{2\pi R} < 6; \qquad 2 < \frac{R}{r} < 5$$

$K = {}^1/_3$ für thermische Neutronen

$K = {}^1/_{10}$ für schnelle Neutronen und γ-Strahlung

tronen absorbiert werden. Ein weiterer becherförmiger Absorber aus schwerem Material fängt die Gammastrahlung ab. Die schnellen Neutronen werden in der nächsten Schicht aus Preßholz abgebremst und die resultierenden thermischen Neutronen bzw. Gammastrahlung werden in borhaltigem Material und Beton absorbiert. Um den Strahlenfänger bei Bedarf wegschieben zu können, ist er mit einem Fahrgestell versehen und auf Schienen gesetzt. (Über die Abschirmung von Beschleunigern und hochenergetischen Teilchen s. [96, 97].)

12.2.4 Moderatoren, Filter und Konverter

Ein Reaktor liefert ein weit auseinandergezogenes Spektrum von Neutronen (Abb. 50) (1). Für Bestrahlungen mit einem vorzugsweise thermischen Fluß stattet man ihn mit einem ausgedehnten Graphitmoderator, der sogenannten „*Thermischen Säule*", aus. Für Strahlrohr-

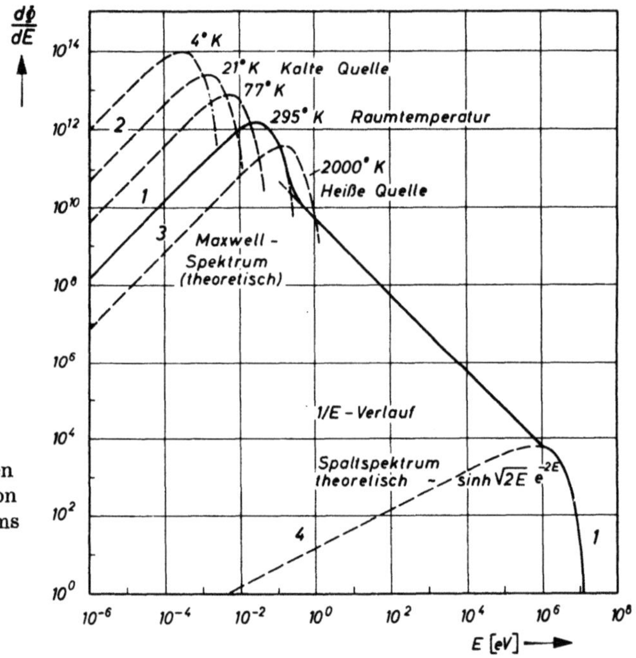

50
Neutronenspektren aus der Moderation des Spaltspektrums

versuche braucht man thermische und subthermische (kalte) Neutronen möglichst hoher Flußdichte. Durch einen kalten Moderator, z. B. flüssigen Wasserstoff, kann man das Spektrum nach niedrigeren Energien verschieben (2). Man nennt eine solche Anordnung *kalte Quelle*. Mit einem hocherhitzten Moderator gelingt eine Verschiebung zu höheren

Energien (3) (heiße Quelle). Die störenden schnellen Neutronen und die störende Gammastrahlung kann man durch *Filter* erheblich reduzieren. Umgekehrt möchte man für reaktorphysikalische Untersuchungen ein reines Spaltspektrum (4) haben. Man erhält es mit einem *Urankonverter*.

a) Kalte Neutronenquelle [174]:

Die kalte Neutronenquelle Abb. 51 besteht im wesentlichen aus dem mit flüssigem Wasserstoff gekühlten Moderatortopf (1). Zur Herabsetzung der Explosionsgefahr erfolgt die Verflüssigung des Wasserstoffs innerhalb des Strahlrohreinschubs mit Helium von 15 K in einem Thermosyphonsystem, das aus Moderatortopf (1), Kondensator (2)

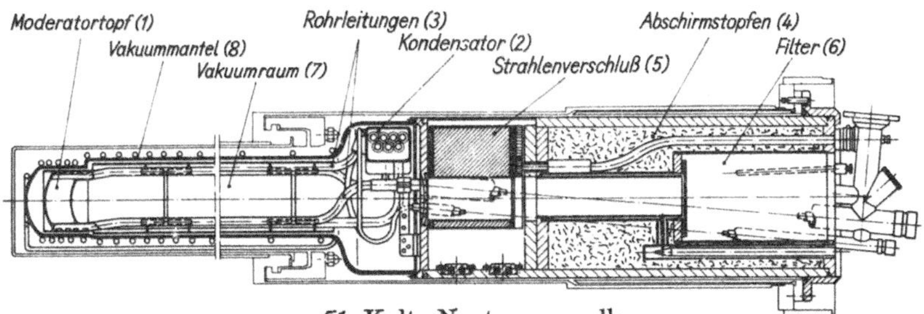

51 Kalte Neutronenquelle

und Rohrleitungen (3) besteht. Durch räumliche Trennung der Kondensator- und Moderatorkammer wird die abzuführende nukleare Aufheizung des Werkstoffes gering gehalten. Die im Moderatortopf abgebremsten, subthermischen Neutronen durchsetzen die Öffnung des im Abschirmstopfen (4) installierten Strahlenverschlusses (5) und ein Filter (6). Der den Wasserstoffkreislauf und die übrigen tiefkalten Bauteile des Strahlrohreinschubes umgebende Vakuumraum (7) ist hermetisch von einer Heliumbarriere umschlossen, die das Eindringen von Luft verhindert. Der Vakuummantel (8) wird mit schwerem Wasser gekühlt.

b) Heiße Neutronenquelle [13]:

Die heiße Neutronenquelle besteht im wesentlichen aus einem Zylinder von einigen Litern Inhalt aus Graphit, Beryllium, Berylliumoxid oder Zirkoniumhydrid, der thermisch isoliert in einem Strahlrohr sitzt und deshalb nuklear aufgeheizt wird. Ein Graphitblock, der auf diese Weise eine Temperatur von 1700 K erreicht, erhöht die Flußdichte der 0,3 eV Neutronen etwa um den Faktor 7.

c) Filter:

Filter beruhen auf der selektiven Streuung oder Absorption von Neutronen oder auf der Totalreflexion von Neutronen. Abb. 52 zeigt die

Rückhaltekurven für verschiedene Typen. Sie zeigen, daß unterhalb einer bestimmten Energie für jedes Filter ein Durchlaßbereich existiert, mit dem man Neutronen niedriger Energie aussieben kann.

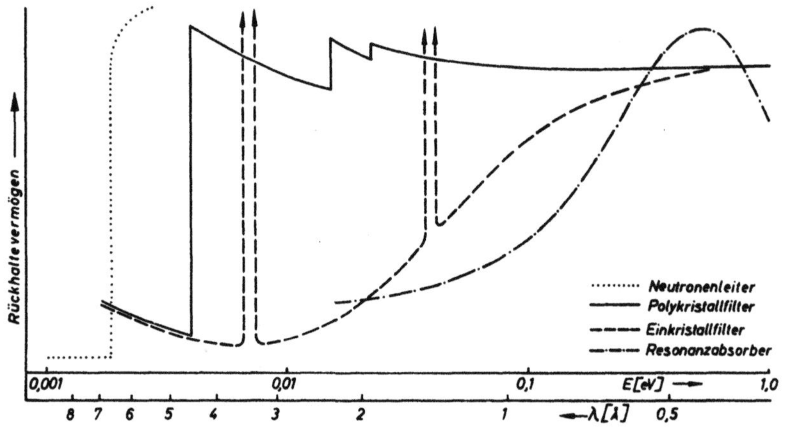

52 Filter-Rückhaltekurven

Die *polykristallinen Filter* [160] beruhen auf der Beugung der Neutronen an Mikrokristallen. Infolge dieser Beugung werden aus einem Parallelstrahlenbündel alle Wellenlängen unterhalb des doppelten größten Netzebenenabstandes bis in den epithermischen Bereich hinein herausgestreut, während die längeren Wellenlängen, d. h. die langsameren Neutronen, ungeschwächt hindurchgehen. Durch Abkühlung der Filter auf die Temperatur des flüssigen Stickstoffs wird wegen der Herabsetzung der thermisch-diffusen Streuung die Durchlässigkeit im Nutzenergiebereich noch weiter erhöht. Tab. 12.2 bringt eine Zusammenstellung geeigneter Materialen.

Tabelle 12.2. *Materialien für Kristall-Filter*

Substanz	cut-off-Energie meV	cut-off-Wellenlänge nm
Quarz (SiO_2)	1,14	0,847
Graphit (C)	1,83	0,669
Wismut (Bi)	1,88	0,66
Blei (Pb)	2,5	0,57
Berylliumoxid (BeO)	4,2	0,44
Beryllium (Be)	5,2	0,395

Abb. 54 [160] zeigt den Aufbau eines Kristallfilters. Der Kristall ist mit möglichst gutem Kältekontakt in einen Kühlmantel eingesetzt, dessen Kühlschlange von flüssigem Stickstoff durchströmt wird. Der Kältekontakt läßt sich verbessern, wenn man zwischen Kühlmantel und Kristall eine Indiumfolie einschaltet und den Kühlmantel aufschrumpft. Das ganze System ist mit einem Vakuummantel gegen Wärmezufuhr isoliert.

Das *Einkristallfilter* beruht auf der thermischen diffusen Streuung. Die Durchlässigkeit ist, wie Abb. 52 zeigt, gegenüber dem Polykristallfilter in den thermischen Bereich hinein erweitert [160]. Der Einbau entspricht dem des Polykristallfilters. Es können auch dieselben Filtermaterialien verwendet werden, soweit Einkristalle hiervon erhältlich sind.

(Bezugsquellen für Wismut-Kristalle (B 115, B 150), für Quarz-Einkristalle (natürliches Rohmaterial), für Beryllium (B 125)).

Resonanzabsorber werden bei Neutronendiffraktometern benutzt, um die Reflexion zweiter Ordnung am Monochromator zu unterdrücken. Es sind Folien aus Pu, Gd, Eu, Sm, Er, Cd und In vorgeschlagen. Da die Resonanzniveaus eine sehr geringe Auflösung zeigen, ist ihre Anwendung auf spezielle Bereiche beschränkt.

d) Neutronenleiter:

Neutronenleiter [103] beruhen auf der Totalreflexion langsamer Neutronen an bestimmten Spiegelmaterialien. Bei diesen Festkörpern ist der Brechungsindex n_F für Neutronen kleiner als der Brechungsindex $n = 1$ des Vakuums. Er ergibt sich aus der Wellenlänge $\lambda = h/\sqrt{2mE}$ der Neutronen, der Zahl N der Atome je Volumeneinheit und der kohärenten Streulänge b des Materials zu

$$n_F = 1 - \lambda^2 \cdot N \cdot b/(2\pi). \tag{1}$$

Die kohärente Streulänge b ergibt sich aus dem kohärenten Streuquerschnitt σ nach $\sigma = 4\pi b^2$. Sie ist besonders hoch bei Ni 58 mit $b_n = 1{,}44 \cdot 10^{-12}$ cm. (Im Gegensatz dazu hat Vanadium die sehr kleine kohärente Streulänge $b_v = 0{,}051 \cdot 10^{-12}$ cm. Es eignet sich deshalb gut für Streuprobenbehälter.)

Die Totalreflexion erfolgt stets am optisch dünneren Medium, bei Licht z. B. am Vakuum, bei Neutronen am Spiegelmaterial. Der Grenzwinkel der Totalreflexion ergibt sich nach Abb. 53a bei einem Brechungsindex $n_b = n_G > 1$ des Glases für Licht aus $\sin\beta = 1/n_G$, bei Neutronen und einem Brechungsindex n_F des Spiegelmaterials nach Abb. 53b aus $\sin\beta = n_F$. Da β hier nahezu 90° ist, rechnet man besser mit dem Glanzwinkel $\vartheta_g = 90° - \beta$, also $n_F = \cos\vartheta_g \approx 1 - \vartheta_g^2/2$. Aus Gl. (1) folgt dann $\vartheta_g = \lambda\sqrt{N \cdot b/\pi}$. Für Nickel 58 ergibt sich $\sqrt{N \cdot b/\pi} = 7{,}07$ Winkelminuten pro Å. Da man Glanzwinkel $> 10'$ technisch ausnützen kann, lassen sich Nickelspiegel bis herab zu Wellenlängen von ca. 2 Å einsetzen.

Der normale Kollimator blendet aus einem Neutronenbündel nach Abb. 53c den Raumwinkel $\Omega_0 = \pi r^2/L^2$ aus. Verspiegelt man ihn innen mit Nickel, so erfaßt er nach Abb. 53d Neutronen unter dem Glanzwinkel $\vartheta_g = r/L_g$, d. h. dem Raumwinkel $\Omega_g = \pi \vartheta_g^2$, und man erzielt einen Intensitätsgewinn $\Omega_g/\Omega_0 = L^2\vartheta_g^2/r^2$. Für ein Rohr von $L = 10$ m, $r = 1{,}8$ cm beträgt er bei $\lambda = 5$ Å etwa 20.

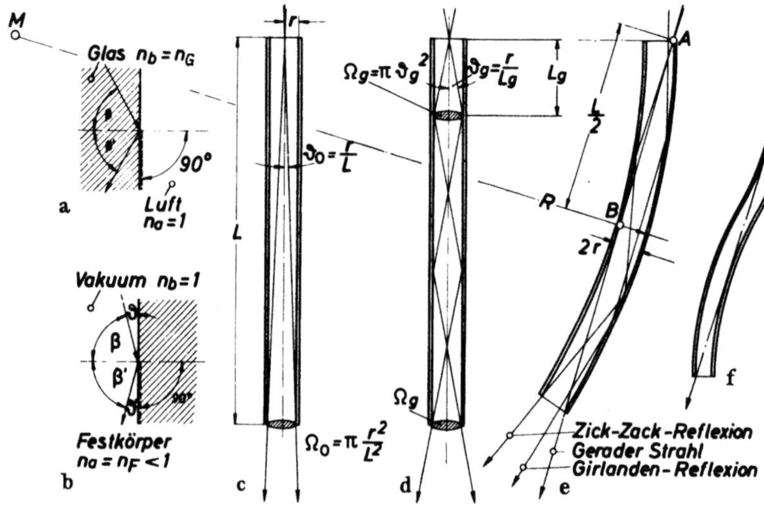

53 Neutronenleiter-Prinzip

Die direkt durch das Rohr hindurchtretende Neutronen- und Gammastrahlung läßt sich unterdrücken, indem man das Rohr nach Abb. 53e krümmt und seine Länge L bei einem Krümmungsradius R größer als $L = 4\sqrt{rR}$ macht. Es treten dann neben den Zickzackstrahlen, die mit einem Glanzwinkel $< \vartheta_g$ reflektiert werden, noch girlandenförmig an der Außenfläche reflektierte Strahlen hinzu. Dem kleineren Glanzwinkel entsprechend lassen sie einen Untergrund von kleineren Wellenlängen, also größeren Neutronenenergien hindurch. Durch eine S-förmige Krümmung des Neutronenleiters (Abb. 53f) läßt sich auch die Girlandenreflexion unterdrücken. Ein solches Rohr wirkt wie ein Filter, bei dem unterhalb einer bestimmten Wellenlänge der Durchgang gesperrt ist.

Mit Neutronenleitern kann man die langwellige Nutzstrahlung eines Reaktors ohne Intensitätsverlust aus dem störenden Strahlenfeld herausführen. Praktisch baut man sie aus Elementen nach Abb. 55, die auf einer Art von neutronenoptischer Bank ausgerichtet werden. Jedes Element besteht aus 4 Borglasplatten in einem Stahlrahmen, die ein

Rohr mit rechteckigem Querschnitt bilden und auf der Innenseite mit Nickel verspiegelt sind. Es sitzt in einem Basisrahmen, der fest mit der Bank verbunden ist. Dieser hat 5 Stellschrauben, mit denen sich das Neutronenleiterelement räumlich ausrichten und zentrieren läßt. Neutronenleiter werden bei allen Experimenten erfolgreich eingesetzt, bei denen Neutronenwellenlängen größer als 0,3 nm (3 Å) benutzt werden, z. B. in der Neutroneninterferometrie, für die inelastische

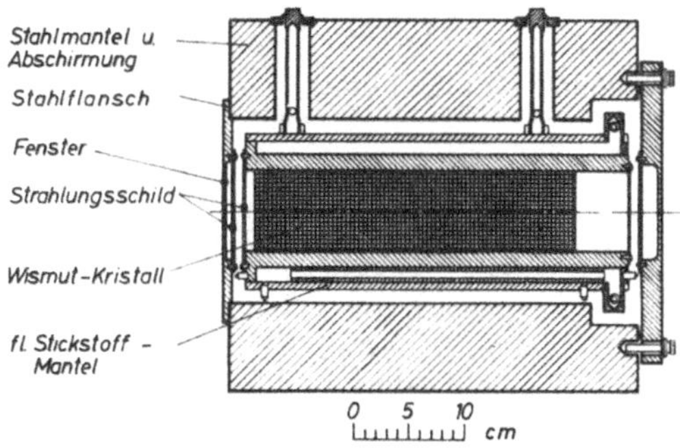

54 Kristallfilter

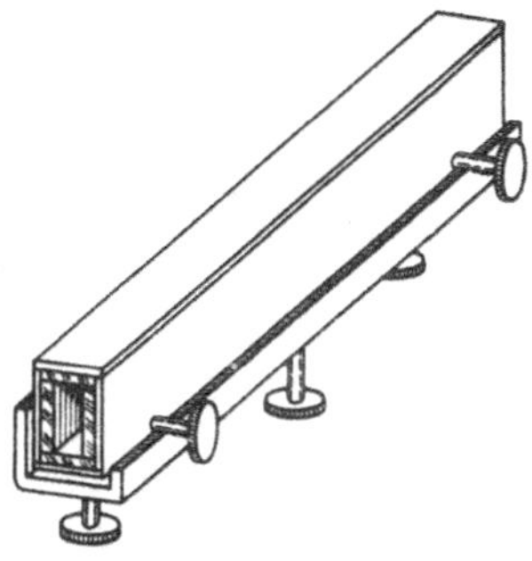

55 Neutronenleiterelement

Streuung, für kernphysikalische Sekundärstrahlungsexperimente und für die Kleinwinkelstreuung, mit der sich Dichtefluktuationen in Festkörpern und Flüssigkeiten in Bereichen zwischen 2 nm und 0,2 μm untersuchen lassen.

e) Konverter:

Urankonverter liefern bei Bestrahlung mit thermischen Neutronen ein Spaltspektrum [172].

In der *Neutronenradiographie* braucht man Konverter zur Umwandlung der Neutronenstrahlung in eine Strahlung, welche die photographische Platte schwärzt.

Beim *direkten Verfahren* werden Konverter und Film gleichzeitig in das Neutronenfeld gebracht. Für thermische Neutronen eignen sich dazu als Konverter: Rh 103, Ag 107, 109, Cd 113, Gd 158 und Szintillationsfolien mit B 10 oder Li 6. Polaroid-Kameras mit LiF–ZnS(Ag)-Plast-Konvertern erreichen bei einem Neutronenfluß von 10^6 cm^{-2} s^{-1} Belichtungszeiten unter 1 s.

Bei hohem Gammauntergrund wendet man das *indirekte Verfahren* an. Man stellt zunächst ein latentes Neutronenbild her, indem man die Konverterfolie ohne Film bestrahlt und anschließend den Film mit der aktivierten Folie belichtet. Geeignete Konverter für thermische Neutronen sind: Au 198, Dy 165, In 116, Rh 104, Ag 108; für epithermische Neutronen In 115 (1,46 eV), Au 194 (4,9 eV), Wo 186 (18,8 eV), La 139

(73,5 eV), Mn 55 (337 eV); für schnelle Neutronen: wasserstoffhaltige Szintillatoren, fluoreszierende Röntgenschirme.

12.2.5 Monochromatoren und Polarisatoren

Monochromatoren: Für neutronenphysikalische Untersuchungen und für Neutronen- und Röntgenbeugungsanlagen braucht man monochromatische Strahlung. Sie läßt sich durch Beugung an Einkristallen, bei Neutronen außerdem durch mechanisch bewegte Blenden (Selektoren und Chopper) aus einem Strahlengemisch aussondern.

a) Kristallmonochromatoren:

Abb. 56a zeigt die Beugung an einem Einkristall bei einem Gitterebenenabstand d in der Reflexionsstellung. Er reflektiert Strahlung der Wellenlänge λ unter einem Winkel $2\,\vartheta$ gemäß

$$n\lambda = 2d \sin\vartheta \quad (n = 1, 2, 3, \ldots) \text{ BRAGGsche Beziehung} \tag{1}$$

Für Neutronen gilt: $\lambda = h/mv = h/\sqrt{2mE}$, daraus folgt für die Energie E der Neutronen in eV, wenn d in cm eingesetzt wird:

$$E = \frac{1{,}045 \cdot 10^{-18} \cdot n^2}{d^2 \sin^2\vartheta}. \tag{2}$$

Das Auflösungsvermögen hängt von der Kollimation des Primärstrahls und der Mosaikstruktur des Kristalls ab. Die Ausbeute des Systems nimmt mit zunehmendem Auflösungsvermögen ab.

Die selektierte Wellenlänge läßt sich durch Verstellung des Reflexionswinkels ändern. Für Wellenlängen $\lambda > 2d$ ist das Verfahren nicht mehr anwendbar, wie Gl. (1) zeigt. Da die Kristalle für Neutronen meist sehr durchlässig sind, kann man die Kristalle auch in Transmissionsstellung verwenden (Abb. 56b).

Als Material für Monochromatoreinkristalle nahm man früher LiF, NaCl und CaF_2. Heute bevorzugt man Pb, Cu, Ni und Al. Zur Spektrometrie bei höheren Energien (bis 50 eV) nimmt man Beryllium, bei kalten Neutronen Muskovit, Mica oder Thermica. Besonders wenig Störstrahlung zweiter Ordnung liefern Germanium, Silicium und Fe_3O_4 oder α-Fe_2O_3. Neuerdings werden auch Monochromator-Kristalle aus heiß gepreßtem Graphit verwendet, deren Mosaizität sich beim Herstellungsprozeß in weiten Grenzen variieren läßt (B 168).

Bei Röntgenstrahlen und γ-Strahlen kann man durch speziellen Schliff und Formung der Kristalle Bündelung und Fokussierung erzielen. Dieses Verfahren ist für Neutronen wegen ihrer größeren Eindringtiefe nur beschränkt verwendbar. Der *Fankuchen-Monochromator*

(Abb. 56c) schnürt ein breit einfallendes Bündel zu einem eng gebündelten monochromatischen Strahl zusammen. Der *Johansson-Monochromator* (Abb. 56d) (Konkavkristall) wird aus einer Quarz-Einkristallplatte hergestellt. Diese Platte wird mit einem Radius $2R$ zylindrisch so angeschliffen, daß die Zylinderachse parallel zu den Gitterebenen verläuft. Danach wird der Kristall elastisch gebogen, bis die zylindrische Höhlung den Radius R erhält. Für $a = 2R \sin\vartheta$ erfolgt Fokussierung, wenn die BRAGGsche Beziehung $n\lambda = 2d \sin\vartheta$ erfüllt ist.

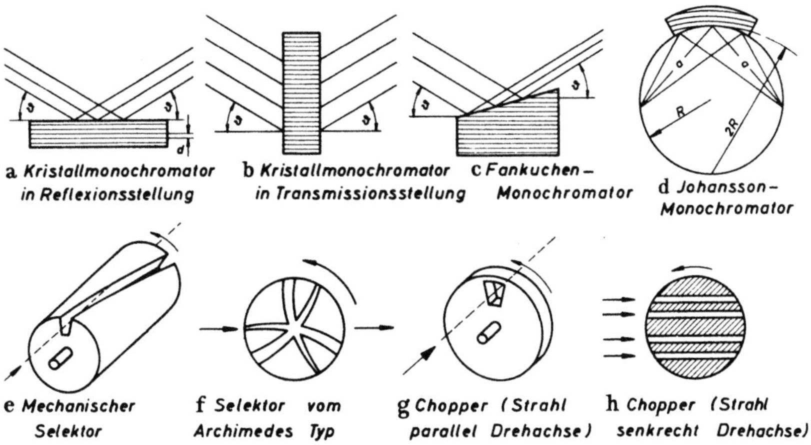

56 Monochromatoren und Chopper

b) Mechanische Monochromatoren (Selektoren):

Selektoren sind zylindrische Rotoren, mit denen man aus einem Bündel Neutronen eines bestimmten Geschwindigkeitsbereichs aussondern kann. Man benutzt sie oft, um in einem von einem Kristallmonochromator ausgehenden Bündel die Beugungsanteile höherer Ordnung auszusondern.

Beim Selektor Abb. 56e (helical type) liegt die Drehachse parallel zum Strahl. Der Rotor ist auf dem ganzen Umfang von dicht nebeneinanderliegenden schraubenförmigen Nuten durchzogen. (Abb. 56e zeigt nur einen Kanal.) Bei einer bestimmten Umdrehungsgeschwindigkeit können nur Neutronen hindurchtreten, deren Geschwindigkeit der entsprechenden „Steiggeschwindigkeit" der rotierenden Schraube entspricht. Ihre Wellenlänge ist

$$\lambda = \frac{\vartheta}{L\omega_0} \cdot \frac{h}{m}, \tag{1}$$

wo ϑ der Verdrehungswinkel der Nute für die Länge L, ω_0 die Winkelgeschwindigkeit, h das PLANCKsche Wirkungsquantum und m die

Masse des Neutrons bedeutet. Die auszusiebende Wellenlänge läßt sich also mit Hilfe der Winkelgeschwindigkeit verändern. Für die technische Ausführung setzt man den Rotor aus Plexiglas und Cd-Scheiben zusammen oder bringt Rippen aus cadmiertem Stahlblech an einem Zylinder an.

Beim Selektor Abb. 56f (Archimedes Typ) liegt die Drehachse senkrecht zum Strahl. Die Nuten haben Kreisbogenform. Auch hier wird der Winkelgeschwindigkeit entsprechend ein bestimmter Geschwindigkeitsbereich ausgesondert. Außerdem wird der Strahl in einzelne

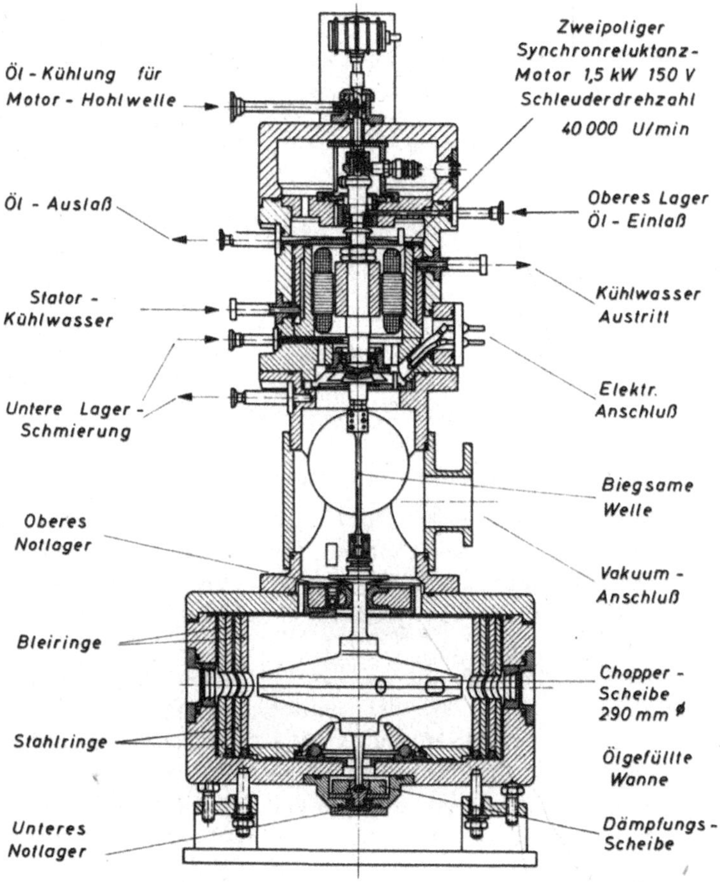

57 Chopper Ispra

Pulse zerhackt. In diesem Sinne wird die Vorrichtung auch als „Chopper" bezeichnet. Abb. 57 [13] zeigt die technische Ausführung eines solchen Choppers. Die Chopper-Scheibe (Abb. 56f) hat einen Durchmesser von

290 mm. Sie besteht aus geschmiedetem und gehärtetem Monel-K. Sie ist durch eine 3 mm dicke biegsame Welle aus UNI 30 NCD 12 (CrNiMoMn-legierter Stahl) mit der Welle des Motors verbunden, so daß sie wie ein freies Kreispendel um ihre Schwereachse umlaufen kann und keine Unwuchtkräfte auftreten. Das ganze rotierende System einschließlich Rotor des Motors läuft im Vakuum. Die maximal zulässige Drehzahl beträgt 22000 U/min. Gegen Unfälle beim Zerspringen der Scheibe schützt ein starker Betonpanzer. Innerhalb des Choppergehäuses sitzen 4 Stahlringe, die in Strahlrichtung durchbohrt sind. Beim Bruch der Scheibe werden sie durch die tangential wegfliegenden Bruchstücke so verdreht, daß der Strahlkanal automatisch geschlossen wird.

c) Chopper:

Chopper sind Rotoren mit geraden Schlitzen, mit denen Neutronenbündel in kurze Pulse zerhackt werden. Auch hier gibt es eine Strahlführung parallel zur Drehachse (disk-chopper) (Abb. 56g) und senkrecht zur Drehachse (fermi chopper) (Abb. 56h). Die Neutronenpulse enthalten Neutronen eines großen Geschwindigkeitsbereichs. Mit Hilfe einer elektronischen Laufzeitmessung (time of flight System) kann man, z. B. für die Messung von Wirkungsquerschnitten, bestimmte Geschwindigkeiten aussondern. Man kann so z. B. das Absorptionsspektrum von Nukliden für Neutronen bis zu 10 keV ausmessen, wobei Rotordrehzahlen bis zu 60000 U/min Anwendung finden. Die Pulslänge ergibt sich aus dem Verhältnis Schlitzbreite/Umfangsgeschwindigkeit.

d) Polarisatoren [4]:

Polarisatoren dienen zur Ausrichtung der Spinachsen von Neutronen. Man erreicht dies durch Beugung, Brechung oder Reflexion von Neutronenbündeln an oder in hochmagnetisiertem Eisen oder Kobalt. Zum Beispiel werden bei der streifenden Reflexion von Neutronen an einem Kobaltspiegel (ca. 10 cm × 25 cm), der zwischen den Polen eines starken Elektromagneten sitzt, Neutronen des einen Spinzustandes fast gar nicht, die des anderen Spinzustandes total reflektiert.

12.2.6 Strahlenverschlüsse und verstellbare Blenden (L 12.6)

Bei Notabschaltungen, Umbauten, Probenwechsel oder im Rahmen des Versuchsprogramms muß häufig der Strahl unterbrochen werden, damit der Experimentator gegen die Strahlung des Reaktors (oder eines Beschleunigers) geschützt ist. Dazu braucht man gut abschirmende Strahlenverschlüsse. Ihre Auslegung ist bestimmt durch die Anforderungen in bezug auf Abschirmdicke, Strahlquerschnitt und den zur

Strahlrohrverschlüsse (Übersicht) L 12.6

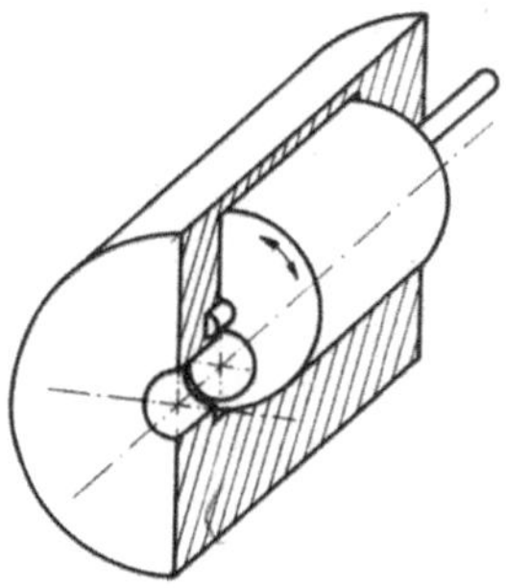

a) Trommelverschluß: Rotor mit einer exzentrischen Bohrung vom Querschnitt des Kanals. Schließung erfolgt durch eine Drehung um 180°. Vorteil: einfache Kinematik. Nachteile: beansprucht viel Raum, großes Drehmoment infolge der exzentrischen Bohrung und hohe Fertigungskosten für die Bohrung.

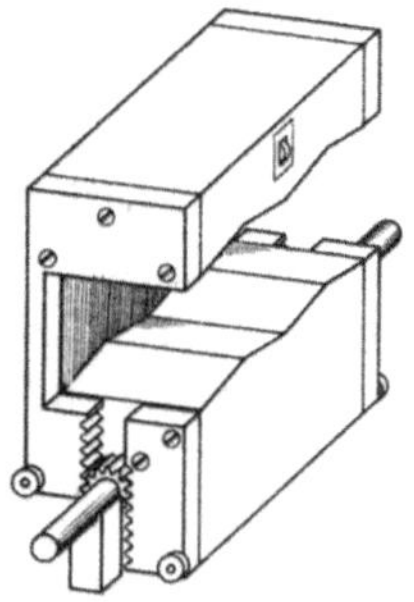

b) Zweibackenverschluß: Zwei übereinander liegende Backen stützen sich auf Vorder- und Rückseite mit Zahnstangen auf ein Ritzel ab. Bei einer Drehung der Welle bewegen sie sich gegeneinander. Vorteile: beansprucht wenig Raum und bei ausbalancierten Backen fast kein Drehmoment.

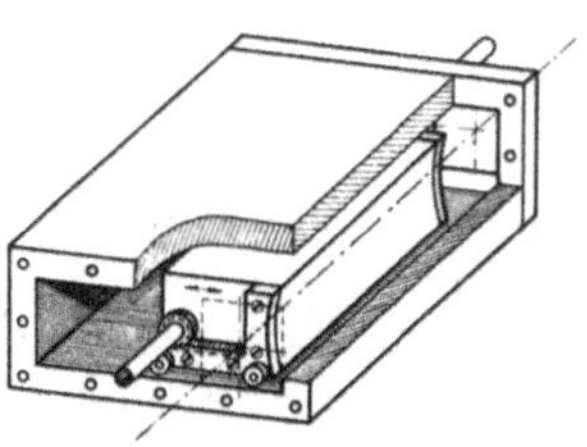

c) Riegelverschluß: Ein einzelner Verschlußbacken wird mit Zahnstange nach der Seite oder nach oben weggeführt. Nachteile: beansprucht viel Raum auf einer Seite, bei vertikaler Bewegung großes Drehmoment, bei horizontaler Bewegung aufwendige Führung.

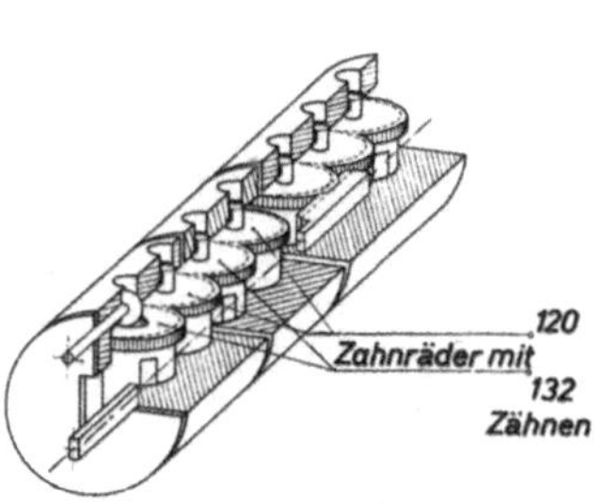

d) Blitzverschluß: Erzeugt Neutronenimpulse von wenigen Millisekunden Dauer. Er enthält vier geschlitzte Walzen nach Art eines Choppers, die über Zahnräder so angetrieben werden, daß die Schlitze nur bei jeder zehnten Drehung fluchten. Drei weitere Walzen werden über Zahnstangen hydraulisch verstellt. Der Verschluß wird so gesteuert, daß diese drei Walzen auf geöffnet gestellt und während ihrer Öffnungszeit die 4 rotierenden Walzen kurzzeitig den Stahl freigeben.

Verfügung stehenden Raum. Bei der Bewegung der schweren Massen ist mit starken Reibungskräften und hohen Antriebsmomenten zu rechnen. Dies bringt die Gefahr des Verklemmens oder Verkantens mit sich. Als Abschirmmaterial wird Stahl oder Blei verwendet. Für die Bewertung eines Entwurfs für einen Verschluß ist häufig das Verhältnis von Nutzquerschnitt zu Bruttoquerschnitt entscheidend. Als Nutzquerschnitt gilt dabei der freie Querschnitt im geöffneten Zustand, der den Strahlquerschnitt begrenzt. Bruttoquerschnitt ist der maximale Querschnitt des gesamten Verschlußsystems, der senkrecht zur Strahlrichtung auftritt. Ein günstiges Verhältnis bedeutet gute Strahlennutzung (Strahlquerschnitt) bei einem Minimum von bewegten Massen und Antriebsmomenten.

Der Zweibackenverschluß nach L 12.6b läßt sich als verstellbare Meßblende ausbilden, indem man die Backen nach Art eines Zweibackenbohrfutters miteinander verzahnt. Es ergibt sich eine exakt quadratische Öffnung, die sich vom Querschnitt Null ausgehend kontinuierlich verstellen läßt, unter Beibehaltung der Achse.

12.2.7 Diffraktometer und Spektrometer

a) Neutronen-Diffraktometer (B 111)

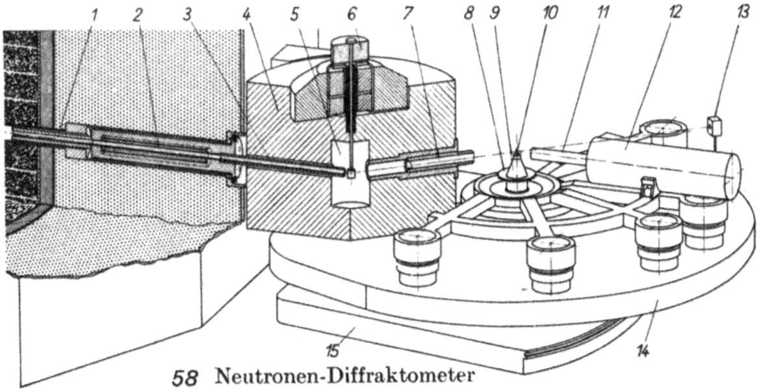

58 Neutronen-Diffraktometer

1 Graphit-Kollimator
2 Strahlenverschluß (Shutter)
3 Primär-Plattenkollimator
4 Monochromator-Abschirmung
5 Kristall-Monochromator
6 Monochromator-Feineinstellung
7 Sekundär-Plattenkollimator
8 Probentisch
9 Probenhalter
10 Probe
11 Tertiär-Plattenkollimator
12 Zählrohr in Abschirmung
13 Strahlenfänger
14 Zwischentisch
15 Grundgestell

verwendet man in erster Linie zur Kristallstrukturbestimmung. Sie ermöglichen im Gegensatz zu Röntgen- und Elektronendiffraktometern die Bestimmung der Position leichter Elemente in Gegenwart schwerer Elemente, die Unterscheidung der im periodischen System benachbarten Elemente und die Bestimmung magnetischer Strukturen.

Abb. 58 zeigt ein Diffraktometer vom Typ L 12.3-7. Es sitzt an einem Strahlrohr des Schwerwasserreaktors Abb. 43. Die Strahlung durchsetzt von links nach rechts einen Graphitkollimator (1), einen Verschluß nach L 12.6a (2) und einen Plattenkollimator Typ L 12.4c (3). Der kollimierte Strahl trifft auf den Monochromatorkristall (5), der im Zentrum eines Abschirmungszylinders (4) aus Blei, Stahl und Paraffin sitzt. Der kollimierte Strahl geht durch einen zweiten Plattenkollimator auf die Probe (10), die auf dem Probentisch (8) gehaltert ist. Die in der Probe abgebeugte Strahlung wird in einem mit einem dritten Plattenkollimator bestückten, um die Probe horizontal schwenkbaren Zählrohr (12) nachgewiesen. Zur Veränderung der Neutronenwellenlänge wird der Monochromator mit einer Verstell- und Justiervorrichtung (6), die auch fernsteuerbar eingerichtet sein kann, um den Winkel φ und der Zwischentisch sowie die Monochromator-Abschirmung mit dem Sekundärkollimator um den Winkel 2φ geschwenkt.

Bei Einkristall-Untersuchungen werden Probe und Zählrohr meist im Winkelverhältnis 1:2 bewegt. Hierfür werden Storchschnabelgetriebe [52], Zugmittelgetriebe nach Abb. 5.55 oder Antriebe mit digital gesteuerten Schrittschaltmotoren (Abb. 59) verwendet. (Literatur über Neutronenbeugung: [11, 4, 52].

Zweiachsen-Kristall-Diffraktometer Typ (L 12.3—7) [26a].

Flugzeit-Diffraktometer Typ (L 12.3—9) [173].

b) Röntgenbeugungsgeräte [18, 6]:

Aufnahme-Verfahren: Pulververfahren: Debye-Scherrer-Diagramme, Diffraktometer. *Einkristallproben:* Laue-Diagramme, Drehkristall- und Schwenkkristall-Diagramme. *Einkristall-Verfahren:* Weissenberg-Böhm-Aufnahmen. Retigraph-Aufnahmen nach de-Jong-Bouman und Buerger. *Geräte:* Debye-Scherrer-Kamera (B 148, B 146), Drehkristallkamera, Kamera für hohe Temperaturen [148], für tiefe Temperaturen [159, 146], für hohen Druck [125].

c) Neutronenspektrometer

sind nach dem Prinzip L 12.3—8 oder L 12.3—9 aufgebaut. Von der an der Probe gebeugten monochromatischen Strahlung wird außer der Richtungsverteilung auch die Energieverteilung in jeder Richtung bestimmt. Dazu dient ein zweiter Monochromatorkristall, der hier als Analysator dient. Anstelle von Kristallanalysatoren kann auch ein Flugzeitanalysator eingesetzt werden.

Mit Neutronenspektrometern können für die Kern- und Neutronenphysik Neutronenspektren und Wirkungsquerschnitte gemessen werden. Für die Festkörperphysik können inelastische Streuphänomene untersucht werden. (Literatur über inelastische Streuung [13, 14].)

d) Röntgen- und Gammaspektrometer [22]:

Zweikristallspektrograph [110], Vakuumspektrograph [111], Gamma-Spektrograph mit gebogenem Kristall [70, 81].

e) Probenträger:

Proben für Beugungsuntersuchungen teilt man ein in Pulverproben und Einkristallproben. Die Probenträger der Beugungsanordnungen müssen je nach der Art der Untersuchung mehrere Funktionen übernehmen: 1. Reproduzierbare Halterung der Probe; 2. Einstellung von Lage und Orientierung im Raum; 3. Einstellung bestimmter Temperaturen ($\sim$ 1,5 K bis 1500 K); 4. Aufprägung magnetischer Felder. Häufig müssen mehrere oder alle Funktionen gleichzeitig ausgeübt werden. Außerdem muß in jedem Falle die auf die Probe auftreffende und die gebeugte Strahlung möglichst unbehindert vom Probenträger passieren können. Aus diesen Gründen zählen Probenträger zu den schwierigsten und aufwendigsten Konstruktionen der physikalischen Technik.

Die Halterung der Probe kann häufig nur von einer Seite erfolgen. In Kryostaten und Öfen muß ein guter Wärmekontakt gewährleistet sein. Die Einstellung der Probe soll nach allen 6 Freiheitsgraden möglich sein. Dazu kann im Prinzip eine Universaleinstellung nach Abb. 7.109 benutzt werden. Meist verteilt man jedoch die Translations- und Rotationsverstellungen auf verschiedene Teile der Anlage. Zum Beispiel wird die Drehung um die Vertikalachse schon vom Probentisch des Diffraktometers übernommen. Oft ist ein Vierkreisgoniometer zweckmäßig, bei dem drei Drehachsen einjustiert werden können, und bei der Messung ausschließlich eine Drehung um die vierte Achse erfolgt. Eine ähnliche Anordnung bildet die Euler-Wiege Abb. 59.

f) Probenöfen:

Probenöfen enthalten für gewöhnlich Heizkörper, die mit der Probe in gutem Wärmekontakt stehen, Thermoelemente zur Messung und Überwachung der Temperatur, einen Vakuummantel mit Strahlungsschirmen zur Wärmeisolation und ein Strahlenfenster, das einerseits dem Luftdruck standhält, andererseits die Messung möglichst wenig stört (Beispiele: [158, 85]).

g) Kryostaten:

Bei Neutronenbeugungsuntersuchungen werden Kryostaten von einigen Grad Kelvin bis zu wenigen K unter 0 °C eingesetzt. Als Kältemittel dienen hauptsächlich flüssiges Helium und flüssiger Stickstoff. Kryostate mit flüssigem Helium erfordern Mäntel mit flüssigem Stickstoff und stickstoffgekühlte Strahlungsschirme. Besonders große Probleme treten bei Durchführungen und Strahlenfenstern auf. Vor allem muß das Bereifen dieser Teile vermieden werden (B 109, B 162) [4].

Abb. 59 zeigt eine Euler-Wiege im Kryostat. Hier wird die Probe von einem Heliumbad mit Hilfe einer Kupferlitze als Kälteleiter auf tiefer Temperatur gehalten. Sie kann mittels zwei konzentrischer

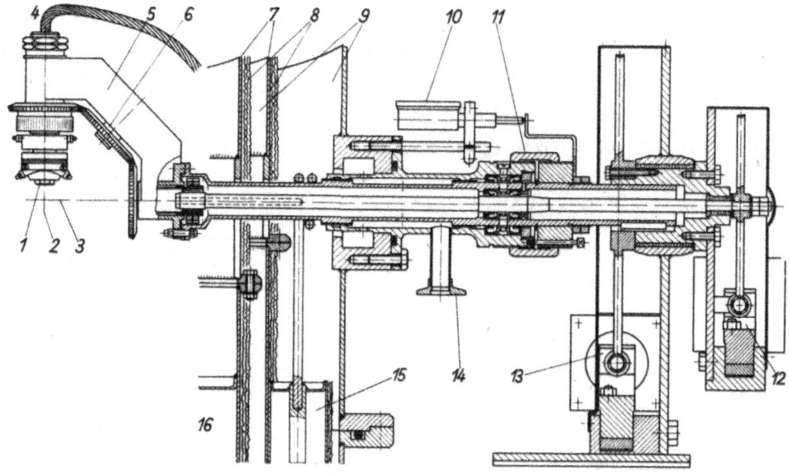

59 Eulerwiege

1 Goniometerkopf
2 φ-Kreisachse
3 χ-Kreisachse
4 Kälteleiter zum He-Bad
5 Eulerwiege
6 φ-Kreis-Antrieb
7 Strahlungsschilde
8 Superisolation
9 Vakuumisolation
10 Meßuhr für Translation
11 Feineinstellung für Translation
12 Schrittmotor und Drehwinkelgeber für φ-Kreis
13 Schrittmotor und Drehwinkelgeber für χ-Kreis
14 Anschlußstutzen für Vakuumpumpe
15 N_2-Behälter
16 Helium-Behälter

Durchführungen um zwei zueinander senkrechte Achsen gedreht werden. Die Drehung um eine dritte Achse und die Verstellung nach Translationsgraden erfolgt als Drehung bzw. Verstellung der Grundplatte des Kryostaten. Alle Antriebe erfolgen über Schrittschaltmotoren, die digital gesteuert werden.

h) Magnete:

Die hohen magnetischen Feldstärken, die bei Neutronenbeugungsuntersuchungen an magnetischen Materialien erforderlich sind, erfordern schwere Elektromagnete mit kegelförmig zugespitzten Polschuhen. Die Kryostaten ragen von oben her mit der Probenkapsel zwischen diese Polschuhe hinein [4].

12.3 Bestrahlungstechnik

Die Bestrahlungstechnik zerfällt in drei Anwendungsbereiche.

In der *Strahlennutzung* nutzt man die Strahlung aus zur Erzeugung neuer Nuklide, insbesondere der Radionuklide, zur Erzeugung neuer, chemischer Verbindungen oder zur Vernetzung von Strukturen (z. B. zum Zwecke der Strahlenvergütung); ferner zur Sterilisierung und in der Therapie.

In der *Materialbestrahlung* werden Material oder Geräte im Strahlenfeld getestet. Besondere Bedeutung hat hier die Untersuchung von Reaktorwerkstoffen und Brennstoffen im Strahlenfeld eines Reaktors.

In der *Probenbestrahlung* dient die Bestrahlung meßtechnischen, analytischen oder diagnostischen Zwecken.

In allen drei Bereichen treten folgende technische Probleme auf: das Auswechseln von Einsätzen im Strahlungsfeld, die Entwicklung von Behältern für Transport und Aufbewahrung aktiver Körper und die Einrichtung von Zellen zu ihrer Manipulierung. Neben der Strahlung ist dabei die Gefahr einer Kontamination durch radioaktive Stoffe zu beachten [19].

12.3.1 Strahlenquellen [20]

Als Strahlenquellen dienen in der Bestrahlungstechnik Forschungsreaktoren, Radioisotopenquellen und Beschleuniger.

a) Forschungsreaktoren [67]:

Zur Aktivierung bevorzugt man eine hohe thermische Flußdichte. Man erhält sie bei Reaktoren hoher spezifischer Leistung (Leistung/Uranmasse) also vor allem bei Schwerwasserreaktoren. Die Sättigungsaktivierung A_s eines Nuklids ergibt sich zu $A_s = \varphi \Sigma^*$, wo φ die Flußdichte und Σ^* den gesamten Aktivierungsquerschnitt der Probe bedeutet. Zur Materialprüfung, insbesondere in bezug auf Strahlenschäden, braucht man eine hohe schnelle Flußdichte. Sie wird von Leichtwasserreaktoren mit hoher Leistungsdichte (Leistung/Corevolumen) geliefert (Materialprüfreaktoren). Schwerwasserreaktoren, die auch für Strahlrohrexperimente sehr geeignet sind, sind stets als Tankreaktoren ausgebildet. Materialprüfreaktoren sind entweder offene Schwimmbadreaktoren oder eine Kombination von Tank- und Schwimmbeckenreaktor. Bei allen Schwimmbeckenreaktoren bildet das Wasser eine bequeme Abschirmung für Reaktorkern, Bestrahlungs- und Transporteinrichtungen, so daß das Auswechseln sehr erleichtert wird. Bei Tankreaktoren sind stets aufwendige Abschirmungen und Auswechselvorrichtungen notwendig. Alle Forschungsreaktoren liefern ein Gemisch von Neutronen- und Gammastrahlung. Schwerwasserreaktoren geben bei einer Leistung von 20 MW thermische Neutronenflußdichten bis zu etwa $2 \cdot 10^{14}\,\mathrm{cm^{-2}\,s^{-1}}$. Der schnelle Fluß ($E > 1$ MeV) liegt bei etwa $4 \cdot 10^{13}\,\mathrm{cm^{-2}\,s^{-1}}$. Materialprüfreaktoren haben bei 50 MW thermisch etwa $5 \cdot 10^{14}\,\mathrm{cm^{-2}\,s^{-1}}$, während der schnelle Fluß bis zu $5 \cdot 10^{14}\,\mathrm{cm^{-2}\,s^{-1}}$ reicht. Die Gammaionendosisleistungen liegen zwischen einigen 10^8 und 10^9 R/h ($\approx$ 10 bis 100 A/kg).

b) Radioisotopenquellen:

Als *Alpha-Strahlenquellen* benutzt man häufig das natürliche Radioisotop Po 210, das bei einer Halbwertszeit von 138,4 d Alphateilchen von 5,3 MeV emittiert, oder das in der Thorium-Zerfallsreihe gebildete ThC′, das mit dem Poloniumisotop Po 212 identisch ist und 8,7 MeV α-Teilchen emittiert.

Ein starkes, nahezu punktförmiges Präparat erhält man, wenn man in einem Metallbehälter eine isolierte Metallspitze einem Hahnschen Thoron-Präparat gegenüberstellt und eine Spannung von $-1{,}5$ kV anlegt. Es bildet sich dann im Laufe eines Tages ein aktiver Niederschlag mit den α-Strahlern ThC und ThC′. Mit zwei Lochblenden läßt sich ein enges Bündel von α-Teilchen ausblenden (α-Strahlenkanone).

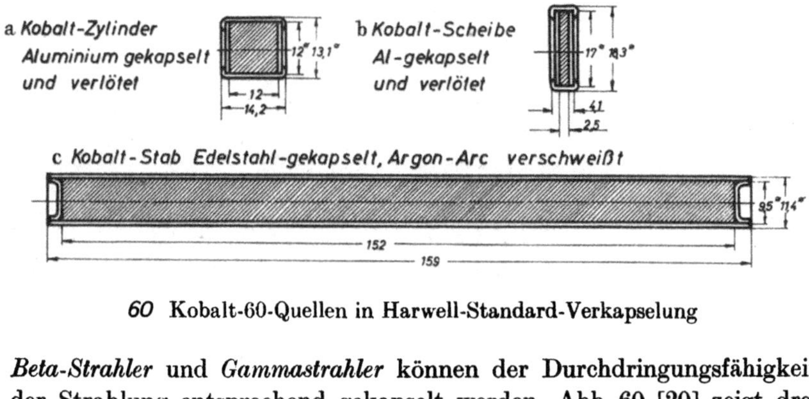

60 Kobalt-60-Quellen in Harwell-Standard-Verkapselung

Beta-Strahler und *Gammastrahler* können der Durchdringungsfähigkeit der Strahlung entsprechend gekapselt werden. Abb. 60 [20] zeigt drei

Standard-Verkapselungen für zylindrische, scheibenförmige und stabförmige Kobaltpräparate aus Harwell. Ein punktförmiges Präparat mit einer Aktivität von A Curie ($A \cdot 3{,}7 \cdot 10^{10}\ s^{-1}$) liefert in einem Abstand d eine Ionendosisleistung $\dot{J} = \Gamma A/d^2$, wo Γ die spezifische Gammastrahlenkonstante bedeutet. Sie läßt sich für die Gammalinien jedes Nuklids Tabellen [17] entnehmen.

Zur sicheren Durchführung der Bestrahlung braucht man Bestrahlungsanlagen mit starken Abschirmungen, in welche die zu bestrahlenden Objekte gefahrlos eingeschleust werden können. Für manche Zwecke müssen die Bestrahlungen bei tiefen oder hohen Temperaturen, bei hohen Drucken oder im Hochvakuum vorgenommen werden. Abb. 61 [33] zeigt eine Bestrahlungsanlage für eine 2000 Ci Co 60-Quelle in der Bestrahlungsstellung. Die Quelle sitzt in der rechten Kammer, das Objekt in der linken. Zum Auswechseln des Objektes wird die sektorförmige Bleiabschirmung vor die Quelle geschwenkt, und es werden die Flügeltüren der Objektkammer nach außen geöffnet.

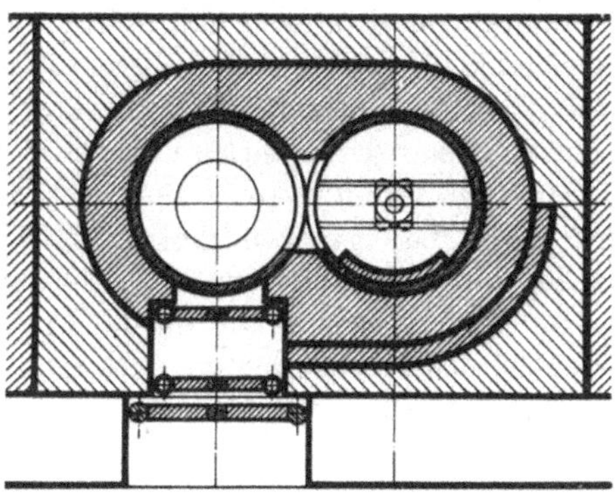

61 Co-60-Bestrahlungsanlage

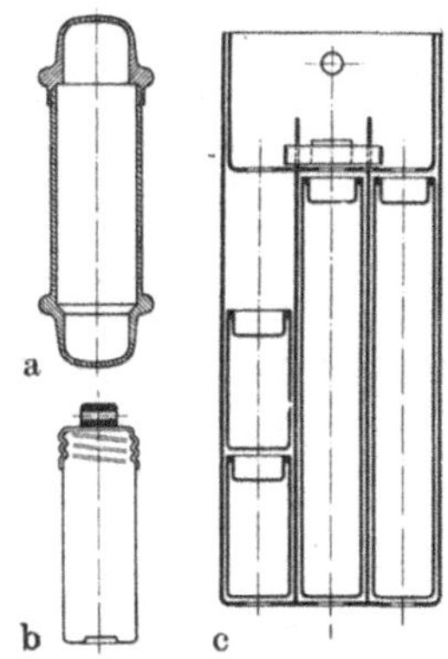

62 Rohrpostbüchse (a), Harwell-Kapsel (b) Bestrahlungsbüchse (c)

12.3.2 Probenbestrahlung

Die Neutronenbestrahlung von Proben [15] findet ihre Hauptanwendung in der Aktivierungsanalyse für chemische, biologische und medizinische Untersuchungen und in der Technik (Verschleißmessungen). Für diese Zwecke müssen an Forschungsreaktoren jährlich tausende von kleinen Proben bestrahlt werden.

Trockene Proben werden dazu in kleine Aluminiumkapseln eingeschweißt oder in Schraubkapseln (Harwell-Kapseln Abb. 62b) gelegt. Flüssigkeiten werden zuvor in Quarzampullen eingeschmolzen.

Die Probenkapseln werden entweder manuell in den Reaktor eingesetzt (Einsatzverfahren) oder mechanisch, pneumatisch, hydraulisch ein- und ausgeschleust (Rohrpostverfahren).

Für das *Einsatzverfahren* werden mehrere Kapseln in einer Büchse (Abb. 62c) zusammengefaßt, und diese Büchsen werden mit Greifern (Abb. 6.39) in einen Bestrahlungskanal eingesetzt, z. B. in ein „Leerelement", das Form und Abmessungen des Brennelements für einen Schwimmbadreaktor hat. Es kann in den Reaktorkern eingesetzt werden und 6 Bestrahlungsbüchsen aufnehmen. Leerelement und Büchsen werden zur Kühlung der Probenkapseln vom Reaktorkühlwasser durchflutet. Der Deckel der Bestrahlungsbüchse Abb. 62c wird mit Hilfe eines hochkant gestellten Blechstreifens verriegelt. Dieser wird zur Entladung durch die rechteckigen Öffnungen auf Vorder- und Rückseite der Büchse ausgestoßen.

Rohrpostanlagen [59] werden meist pneumatisch betrieben, um die für kurziebige Isotope notwendigen kleinen Ausschußzeiten zu bekommen. Da die Aktivität des Al Abklingzeiten von etwa einer halben Stunde erfordert, werden die Rohrpostbüchsen (Abb. 62a) aus Kunststoff hergestellt. Mit schnellen Rohrpostanlagen lassen sich Ausschußzeiten bis herab zu 0,7 s erreichen, bei einer Länge der Rohrleitung von 25 m. Die Proben können während der Bestrahlung durch einen Gasstrom gekühlt werden. Diese Kühlung reicht bei manchen Proben, z. B. bei Flüssigkeiten nicht aus. Hier muß man eine hydraulische Rohrpost einsetzen. Eine solche Anlage ist sehr aufwendig, da das Kühl- und Antriebsmedium (entsalztes Wasser) laufend umgewälzt, gekühlt, gereinigt und entaktiviert werden muß, bei der Ein- und Ausschleusung der Proben der Austritt von Wasser mit Sicherheit verhindert und Proben und Büchse vor dem Ausschleusen rasch getrocknet werden müssen, damit sie in die Meßapparatur eingesetzt werden können.

Abb. 63 [99] zeigt die Entladestation einer hydraulischen Rohrpostanlage, mit der Proben für medizinische Untersuchungen in einem thermischen Fluß von etwa 10^{14} cm^{-2} s^{-1} mit Wasser von 5 °C gekühlt und innerhalb 10 s ausgeschossen werden können. Die Rohrpostbüchse (a) wird von rechts oben eingesetzt und gleitet dann in das Kugelküken (b). Durch Drehung des Kükens wird sie in Richtung des Fahrrohres *d* gebracht, mit einem Wasserstrom in den Reaktor eingeschleust und laufend gekühlt. Nach der Bestrahlung wird die Stromrichtung geändert, die Büchse fährt in das Küken zurück. Eine Drehung des Kükens trennt sie vom Fahrrohr ab. Das Wasser wird durch einen von den Magnetventilen (i) gesteuerten Luftstrom ausgeblasen und die Büchse über das Entladerohr (g) ausgeschleust. Das Hauptproblem liegt in der sicheren Abdichtung des Kugelkükens. Sie erfolgt mit Dichtelementen (c) aus

Teflon, die in einem Metallgehäuse sitzen, das mit Federn gegen das Kugelküken gepreßt wird.

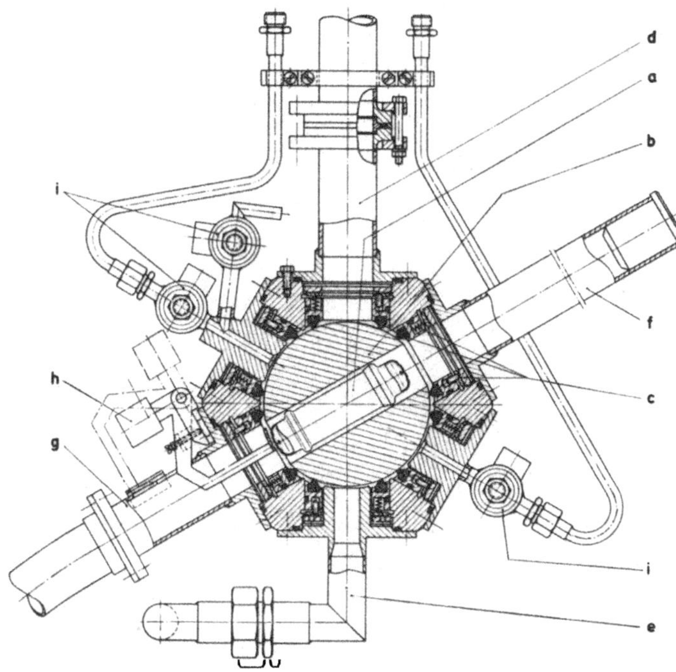

63 Be- und Entladeventil einer hydraulischen Rohrpostanlage

a) Rohrpostbüchse
b) Kugelküken
c) Dichtelement
d) Fahrrohr
e) Rücklaufrohr
f) Beladerohr
g) Entladerohr
h) Entladesperre
i) Magnetventil zur Be- und Entwässerung des Ventilraumes

12.3.3 Materialbestrahlung

Für die Entwicklung von Leistungsreaktoren müssen Brennstoffe, Brennstoffelemente, Struktur- und Moderatormaterialien getestet werden. Besondere Bedeutung als Strukturmaterial haben Stahl, Edelstähle, Zircaloy und Graphit. Das Interesse gilt den Strahlenschäden, den strahlenchemischen Prozessen, die von den Reaktorstrahlen in diesen Stoffen erzeugt werden, und den Auswirkungen auf die Festigkeit, die Formbeständigkeit, das Kriechverhalten unter Belastung, das Verhalten bei Temperatur- und Belastungswechsel, die Materialermüdung, die Korrosionsbeständigkeit, die Bildung von Gas-

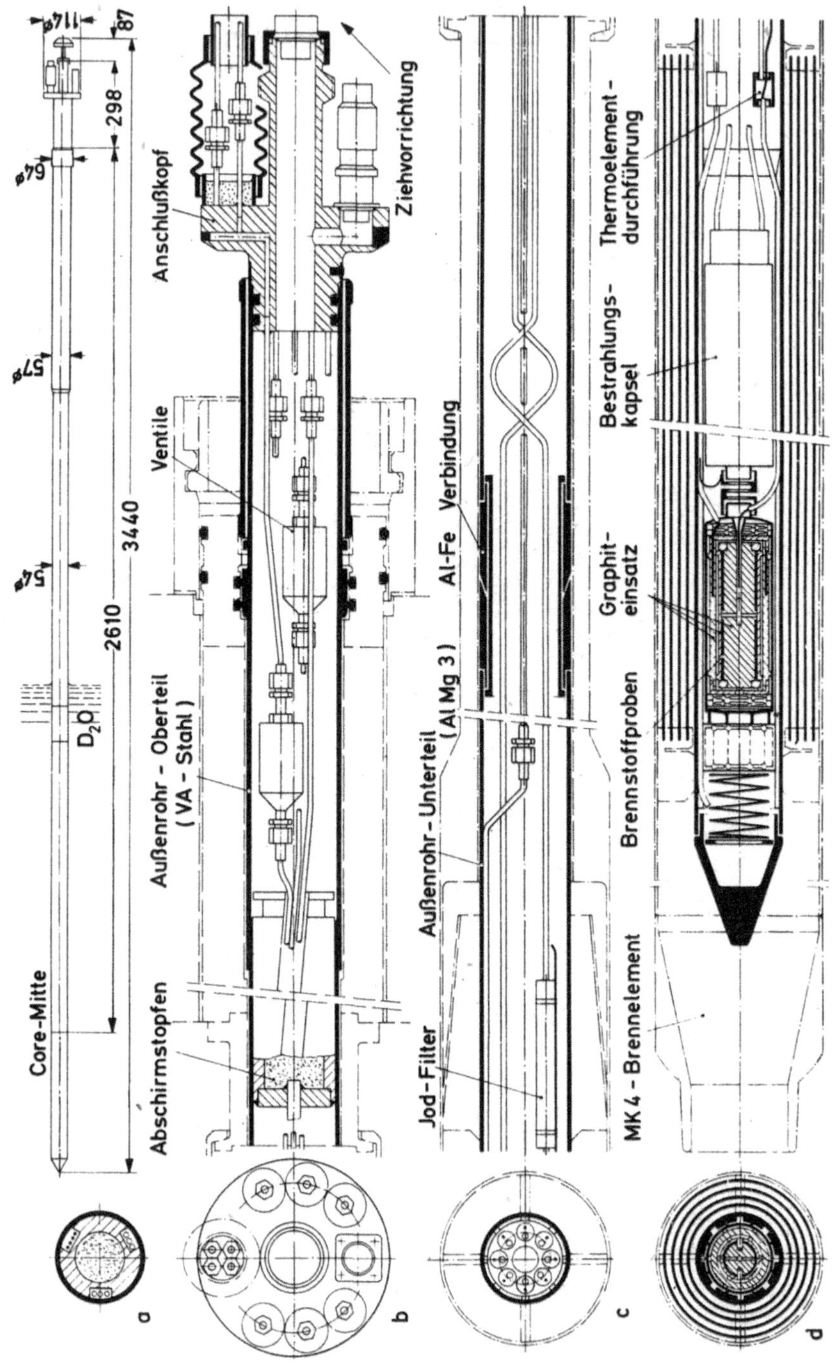

64 Kernbrennstoff-Rig (F. Schmidt)

einschlüssen usw. Für diese Untersuchungen ist ein hoher schneller Fluß erwünscht.

Für das Testen der Brennstoffe und ihrer Hüllen gelten ähnliche Ziele. Dazu kommen noch die Auswirkungen des Abbrands, der Bildung und Anhäufung der Spaltprodukte, der Spaltgasdruck, die Emission von Spaltprodukten. Besonders wichtig ist das Verhalten der Umhüllung, ihr Rückhaltevermögen für Spaltprodukte, ihre Lebensdauer bei verschiedenen Temperaturen und hohem Abbrand. Für die Erzeugung eines hohen Abbrands ist ein hoher thermischer Fluß erwünscht.

Zur Untersuchung des Verhaltens der Kühlmittel und ihrer Wechselwirkung mit Strukturmaterialien und Umhüllungen müssen Kreisläufe aufgebaut werden, in denen die Kühlmittel umgewälzt werden zwischen einer Bestrahlungskapsel innerhalb des Reaktors und einem System von Wärmetauschern, Filtern, Pumpen und Meßfühlern außerhalb des Reaktors. Abb. 9.1 zeigt einen solchen Kreislauf. Anordnungen dieser Art bezeichnet man als „*Loops*".

Zur Untersuchung von Strukturmaterialien und Brennstoffen werden meist Reaktoreinschübe eingesetzt, bei denen die durch nukleare Aufheizung oder Kernspaltung erzeugte Wärme über den Außenmantel an das Reaktorkühlwasser abgeführt wird. Man bezeichnet einen solchen Einschub als „instrumentierte Kapsel" oder als „Rig" (B 177). Der äußere Kreislauf dient hier nicht mehr der Kühlung. Man benutzt ihn z. B. zur Regelung der Temperatur, zur Untersuchung der Spaltgasemission oder zur Reinigung des Gases.

Abb. 64 zeigt ein Rig zur Bestrahlung von beschichteten Brennstoffteilchen in einem Spezialbrennelement eines Schwerwasserreaktors. Das komplette Rig (a) hat eine Länge von 3440 mm und einen Durchmesser von 54 mm. Die Righülle besteht aus dem Anschlußkopf (b), dem Außenrohr-Oberteil aus Edelstahl (b u. c) und dem Außenrohr-Unterteil aus Al Mg 3, das nach unten durch einen Kegel abgeschlossen ist (d). Beide Außenrohrteile sind über eine Al-Edelstahl-Verbindung (Abb. 3.8c) miteinander verschweißt. Das Unterteil sitzt in den 4 konzentrischen Brennstoffrohren des Brennelements (d). Es enthält 4 Bestrahlungskapseln mit einem Graphiteinsatz, der in einem ringförmigen Spalt die Brennstoffproben enthält: etwa 1/2 mm große Uranpartikeln mit einer Kohlenstoffbeschichtung. Die durch Kernspaltung im Uran entstehende Wärme wird über einen engen Gasspalt an das vom Reaktorwasser gekühlte Außenrohr abgeführt. Die Wärmeleitfähigkeit des Gases, eines Helium-Stickstoffgemisches, wird durch die Einstellung des Mischungsverhältnisses so geregelt, daß sich die geforderte Bestrahlungstemperatur (z. B. 1600 °C) einstellt und bei zunehmendem Abbrand, d. h. abnehmender Wärmeleistung konstant bleibt. Das Temperaturprofil wird mit Mantelthermoelementen (L 9.6) bestimmt. Die von den Teilchen abgegebenen Spaltgase werden mit Helium über je einen Spülkreislauf abgezogen. Die Thermoelemente werden innerhalb der Spaltleitungen verlegt und oberhalb der Kapseln von ihnen getrennt (d). Das Spülgas durchläuft anschließend ein Jod-Filter. Spülleitungen und Thermoelemente führen dann durch schraubenförmige Nuten im Abschirmstopfen zum Anschlußkopf. Alle Gasleitungen enthalten Magnetventile (b), die automatisch schließen, wenn Gase mit hoher Aktivität austreten. Wenn das Rig ausgewechselt werden soll, schraubt man einen Ziehpilz auf den zentralen Rohrstutzen des Anschlußkopfes.

12.3.4 Auswechselvorrichtungen

Beim Betrieb von Forschungsreaktoren oder Beschleunigern müssen Objekte aus Positionen im Strahlungsfeld herausgezogen oder in sie eingesetzt werden. Solche Objekte sind Brennelemente, Experimentiereinsätze, Bestrahlungsbüchsen, Targets, Konverter, Filter, Monochromatoren, Kollimatoren, Blenden, Aktivierungssonden usw. Die bei diesen Auswechselvorgängen auftretenden Probleme und ihre Lösungen sind folgende:

a) Das Strahlenfeld des Reaktors und die Radioaktivität der Objekte können zu unzulässig hohen Strahlendosen bei der Bedienungsmannschaft führen. Man begegnet dieser Gefahr, indem man starke Abschirmungen einsetzt oder mit Fernbedienung arbeitet.

b) Radioaktive Objekte können die Umgebung oder Personen kontaminieren. Man vermeidet dies durch Hüllen, Stulpen, doppelte Einschlüsse und Schleusen aus Plastikfolien.

c) Hochaktive Objekte heizen sich nuklear auf. Man kühlt über Rippen, mit Ventilatoren oder mit Wasser.

d) Die Objekte haben in Verbindung mit Abschirmungen meist ein erhebliches Gewicht, das zu hohen Reibungskräften führt. Man setzt für Bewegung und Transport deshalb hydraulische, pneumatische und elektrische Antriebe und Rollen- oder Kugelführungen ein.

e) Die Objekte sind meist *sperrig* und sind mit *engen Toleranzen* eingebaut. Die Auswechselvorrichtungen erhalten deshalb Feineinstellungen, elektrische und optische Positionsanzeiger und Beobachtungsfenster.

f) Ein unbeabsichtigtes Lösen des Objektes in der Auswechselvorrichtung kann schwerwiegende Folgen haben. Man stattet sie deshalb mit fehlsicheren Greifern, Kupplungen und Verriegelungen aus (Abb. 6.39) und macht die Bedienung „fail safe“.

Die Entwicklung der Auswechselvorrichtungen stellt besonders hohe Anforderungen an den Konstrukteur, besonders dann, wenn diese mechanischen Vorrichtungen an schwer zugänglichen Stellen, hinter dicken Abschirmungen, bei wechselnden Temperaturen oder in entsalztem Wasser betrieben werden müssen. Das Versagen kann kostspielige Betriebsunterbrechungen oder gefährliche Zwischenfälle hervorrufen.

Zur Auswechslung und zum Transport von Einschüben bei Forschungsreaktoren benutzt man Bleiflaschen. Für Brennelemente gibt es vertikal am Kran hängende Wechselflaschen und Transportflaschen [75]. Für Rigs werden Vertikal-Experimentierflaschen (Abb. 65a) [79] benutzt. Zum Beobachten oder Entladen der bestrahlten Rigs gibt es besondere Sichtzellen (c) [79], die auf einen Absetzblock gesetzt werden.

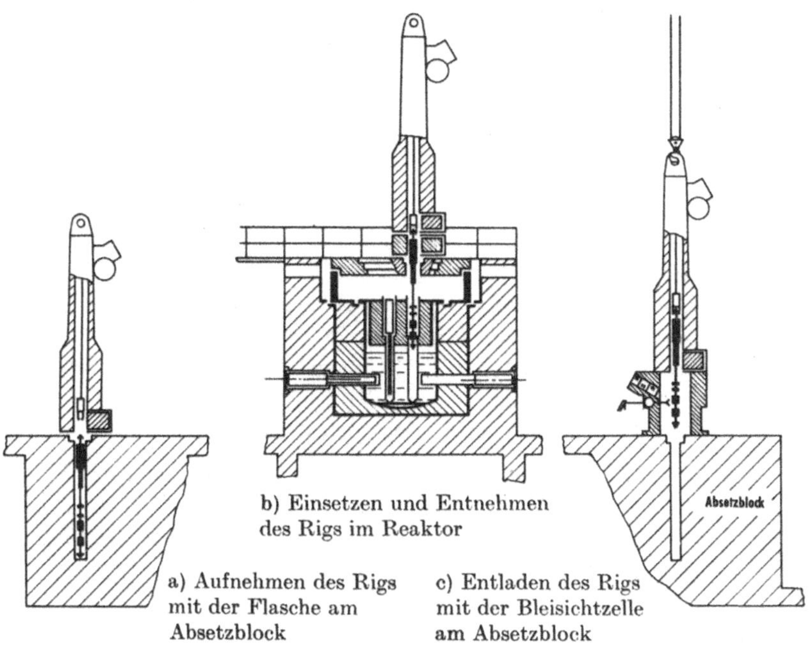

b) Einsetzen und Entnehmen des Rigs im Reaktor

a) Aufnehmen des Rigs mit der Flasche am Absetzblock

c) Entladen des Rigs mit der Bleisichtzelle am Absetzblock

65 Rig-Auswechselverfahren mit Vertikalflasche

Läßt man das Rig aus der Flasche in den Absetzblock ab, so kann man jede Stelle des Rigs durch das Fenster beobachten oder mit Werkzeugen oder Greifern erreichen.

Zum Auswechseln der horizontalen Strahlrohreinsätze (Abb. 44) braucht man Horizontalflaschen [76, 77, 80] (Abb. 66), in die man die Einschübe mit einem Greifer über Rollenblöcke hineinziehen kann. Sie muß auf einer Lafette so gelagert und justiert werden, daß Strahlrohrachse und Flaschenachse fluchten. Dies erfordert sehr aufwendige Feineinstellungen (Abb. 7.110).

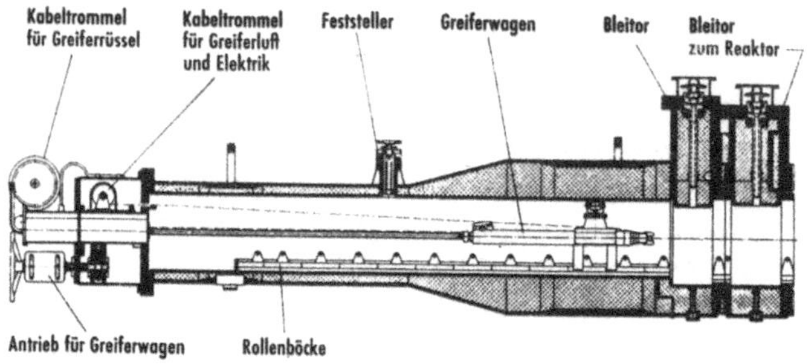

66 Horizontalflasche

12.3.5 Behälter und Tresore

Zum Transport und zur Aufbewahrung radioaktiver Proben braucht man Behälter und Tresore. Sie müssen eine ausreichende Abschirmung haben, eine möglichst bequeme Be- und Entladung gestatten, gegen alle möglichen Beschädigungen gesichert sein und eine solche Kennzeichnung aufweisen, daß die Proben nicht verwechselt werden können. Die Behälter (B 180, B 182, B 72) sind für gewöhnlich als doppelwandige Gefäße aus rostfreiem Stahl geschweißt und mit Blei ausgegossen. In dieser Ausführung lassen sie sich leicht dekontaminieren.

Abb. 67 [15] zeigt einen Spezialtransportbehälter mit 5 cm Wanddicke. Er kann unter Wasser beladen werden. Nach dem Herausheben fließt der Wasserinhalt durch einen Kanal im Boden ab. Der Deckel läßt sich gegen unbefugtes Öffnen mit dem Tragbügel verriegeln und durch Vorhängeschloß sichern.

Abb. 68 zeigt einen handlichen Tresor für Bestrahlungsproben, insbesondere Aktivierungssonden. Er besteht aus einer Bodenplatte 1, einem Hohlzylinder 2 und einem auf Kugeln gelagertem drehbaren Deckel 4. Im Hohlzylinder 2 sind eine große Zahl von dünnwandigen Rohren in Kreisringen angeordnet. Der Deckel hat für jeden Kreisring ein Beschickungsloch, das durch einen Stopfen (7) verschlossen werden kann. Auf dem Deckel sind ferner numerierte Markierungen (8) so angeordnet, daß bei ihrer Einstellung auf dem Index (9) eine ganz bestimmte Position unter dem zugehörigen Beschickungsloch liegt. Auf diese Weise läßt sich jede Kapselposition rasch ansteuern. Die Proben werden mit einem Spezialgreifer entnommen.

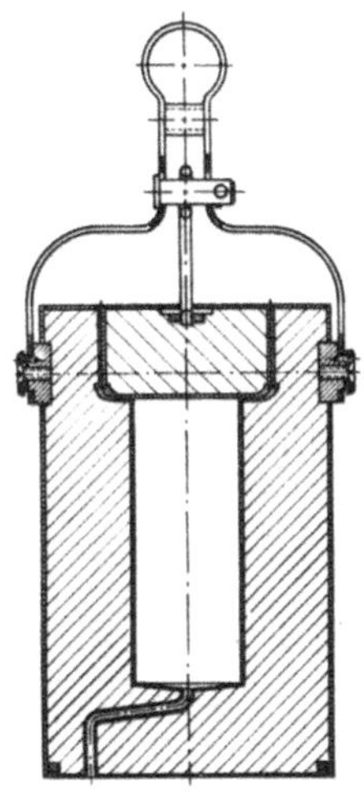

67 Transportbehälter

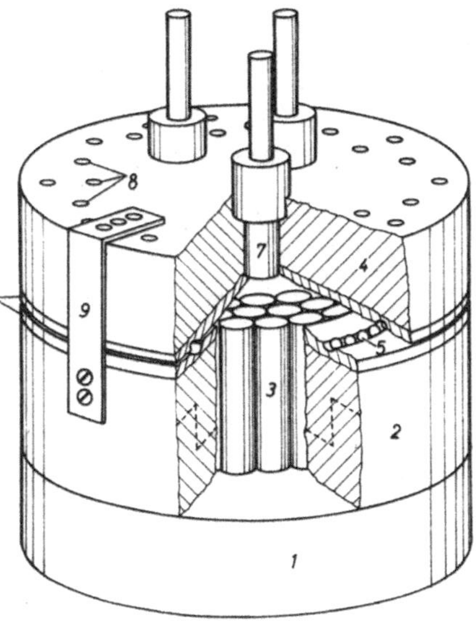

68 Tresor (A. RUHRIG)

12.3.6 Zellen

Das Entladen von Bestrahlungsbehältern, Rigs, Rohrpostbüchsen, die Verarbeitung, das Umpacken und das Verpacken von Bestrahlungsproben geschieht in abgeschirmten Zellen. Für Aktivitäten bis zu etwa 30 mCi genügen Bleiwände von 5 cm Dicke, die aus Normbausteinen (Abb. 48) aufgebaut sind. Bei 10 cm Bleidicke darf die Aktivität bis zu 1 Ci betragen, beidemal bezogen auf Gammaenergien von 1 MeV.

Abb. 69 zeigt eine Bleizelle für Präzisionswiderstandsmessungen an aktivierten Drahtsonden [32] mit 10 cm Wanddicke. Sie ist aus Winkeleisen zusammengeschweißt, in die Normbleisteine eingelegt werden. Dabei ist je Meter Baulänge ein Spiel von etwa 5 mm vorzusehen. Die Zelle sitzt auf einem Grundgestell aus dickwandigen Rohren.

Für die Ausstattung einer Zelle sind genormte Einsätze mit Fenstern und Greifern (B 180, B 182, B 21) erhältlich. Andere Einrichtungen z. B. die Meßeinrichtung mit fernbedienbarer Einspannungsvorrichtung, ferner die Halterungen und Einschleusvorrichtungen für die bestrahlten Proben müssen für jeden Fall speziell entwickelt werden.

Für höhere Aktivitäten und Untersuchungen von bestrahlten Werkstoffen und Brennstoffen werden sogenannte „heiße Zellen" aus

Blei oder Beton eingesetzt, bei denen Aktivitäten bis zu 10^6 Ci verarbeitet werden können [83]. Sie werden je nach Bedarf mit großen Fenstern (B 96), optischen Einrichtungen (B 108), Master-Slave-Manipulatoren (B 180), Schleusen, Transporteinrichtungen und Lüftun-

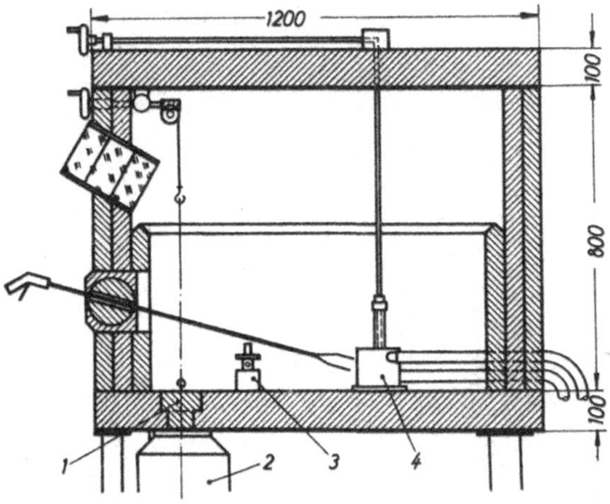

69 Bleizelle

1 Bleistopfen,
2 Container,
3 Kapselhalter,
4 Meßeinrichtung

gen ausgestattet. Die hohen Strahlendosen, die in diesen Zellen auftreten, erfordern besondere Spezifikationen für die eingebauten Geräte [98] in bezug auf Reinigungsmöglichkeit, Material, Schmiermittel, räumliche Ausdehnung, Fernbedienung usw.

12.4 Strahlenmeßtechnik

Der Nachweis der Strahlung, die Messung ihrer Partikel- oder Energieflußdichte und ihrer spektralen Verteilung ist Aufgabe der Strahlenmeßtechnik. Die Strahlungsmeßfühler oder Detektoren kann man demnach einteilen in Zähler, z. B. Auslösezähler, in denen einzelne Partikeln Impulse auslösen, in Meßgeräte, die ein zur absorbierten Energie proportionales Signal liefern und in Proportionalzähler, deren Signalhöhen proportional zur absorbierten Energie einzelner Partikeln sind. Alle diese Detektoren liefern eine direkte Anzeige des Meßwerts. Daneben gibt es Sonden, die im Strahlenfeld reproduzierbare Änderungen bestimmter physikalischer Eigenschaften erleiden und damit zur Messung von Flußdichten herangezogen werden können.

Viele Detektoren erfordern gasdichten oder lichtdichten Einschluß. Für weiche, d. h. wenig durchdringende Strahlung müssen dazu dünne Folien oder Fenster genommen werden. Andererseits müssen entsprechende Präparate für Aktivitätsmessungen auf dünnen Folien, sog. Trägerfolien, ausgebreitet werden, um Selbstabsorption zu vermeiden.

Aus diesen Gründen ist die Technik der Folien und Fenster eine wesentliche Voraussetzung der Strahlenmeßtechnik.

12.4.1 Folien und Fenster

Folien für Strahlenfenster und Träger sollen die Strahlung möglichst wenig absorbieren. Dazu muß ihre Massenbelegung sehr gering sein. Sie müssen häufig den Druckunterschied zwischen verschiedenen Medien aushalten und zuverlässig dichten. In manchen Fällen müssen sie außerdem thermisch belastbar sein. Je nach diesen Anforderungen wählt man Folien aus organischem Material, Metallfolien, Glas- oder keramische Folien. Isolierende Folien macht man leitfähig, indem man sie mit Gold bedampft.

a) Folien aus organischem Material:
Zaponlackfolien, bis herab zu 1/100 µm Dicke, stellt man her, indem man Zaponlack auf Wasser tropft und die entstehende Haut mit einem Rähmchen abhebt. Sie sind feuchtedurchlässig. Bei einer Druckdifferenz von 1 bar muß der Zahlenwert ihrer Dicke in µm etwa 1/5 vom Zahlenwert des Fensterdurchmessers in mm betragen. *Kollodiumfolien* erhält man, wenn man eine 4%ige Kollodiumlösung (B 113) auf eine Glasplatte tropft, eine zweite Platte dagegendrückt und dann abhebt. Beide Platten tragen dann eine dünne, elastische Folie, die man in heißem Wasser ablösen kann. Ähnlich erhält man *Formvarfolien*. VYNS-3-Folien (B 168) erhält man durch Auftropfen der Lösung auf Wasser. Im Handel erhältlich sind *Mylarfolien*, *Polyesterfolien* und *Polyäthylenfolien*.

b) Metallfolien:
Aluminiumfolien sind von 1 µm Dicke an aufwärts erhältlich. 1 cm Luftäquivalent entspricht 1,62 mg/cm^2 und einer Dicke von 6 µm. *Nickelfolien* bis herab zu etwa 130 µg/cm^2 werden auf einer Unterlage von Kupfer geliefert (B 26). Sie werden bei großen Durchmessern auf ein Stützgitter aus lackbeschichtetem Manganindraht gelegt. Das Kupfer wird dann mit einer Lösung von 250 g Trichloressigsäure in 1500 ml Ammoniaklösung und 1500 ml H_2O abgeätzt (Th. Künster). Sehr dünne Metallfolien lassen sich durch Aufdampfen von Metallen im Hochvakuum erzeugen. Als Unterlagen benutzt man Steinsalzplatten oder mit NaCl bedampfte Glasplatten, so daß man die Folien in Wasser ablösen kann.

c) Mineralische Folien:
Glasfolien und *Quarzglasfolien* lassen sich durch Blasen bis auf 1 µm Dicke herab herstellen. *Aluminiumoxidfolien* erhält man, indem man Al elektrolytisch oxydiert und die Oxidhaut mit Quecksilberchloridlösung ablöst [37]. Sie halten 600 °C aus. *Siliciumoxidfolien* stellt man durch

Bedampfen einer Zaponlackhaut mit SiO_2 her. Die Unterlage wird durch Ionenbeschuß beseitigt. Auf ähnliche Weise erhält man auch Folien aus reinem Kohlenstoff. *Glimmerfolien* erhält man durch Spalten von Glimmerblättchen. 1 cm Luftäquivalent entspricht 1,43 mg/cm² und einer Dicke von 5 µm. Bei einer Druckdifferenz von 1 bar muß der Zahlenwert der Dicke in µm etwa gleich dem Zahlenwert des Durchmessers in mm sein.

d) Fenster:

Folienträger für enge Blenden baut man nach Abb. 70, für weite Öffnungen nach 71. Die Folie ist stets auf der Seite höheren Drucks aufzukitten, bei Überdruck im Rohr also nach Abb. 72. Glasfolien bis

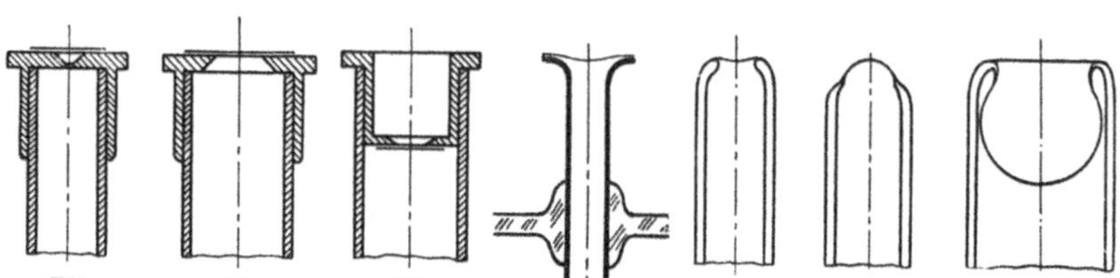

70 71 72 Folienträger 73 74 75 76 Glasfenster

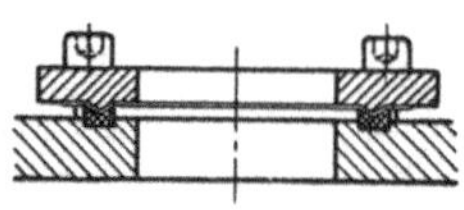

77 Zelluloidfolie mit Gummi gedichtet

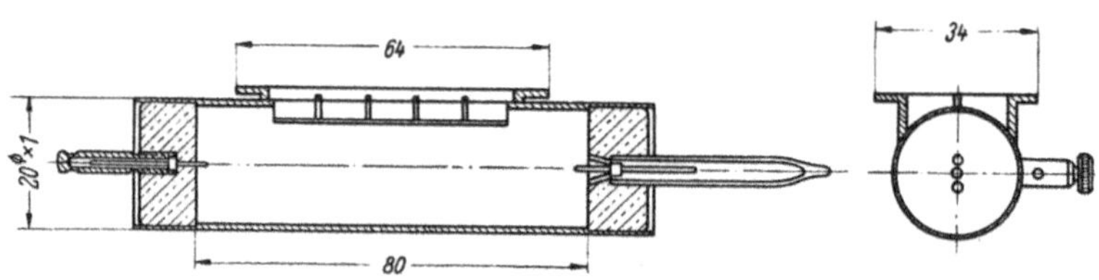

78 β-Strahlen-Fenster mit Stützgitter

zu einigen µm herab können auf Platinröhrchen (Abb. 73) oder Glasröhren (Abb. 74) aufgeschmolzen oder direkt angeblasen werden (Abb. 75). Eingezogene Blasen von über 1 cm Halbmesser nach Abb. 76 halten bei wenigen µm Dicke noch Atmosphärendruck aus. Kräftige Zelluloidfolien können zwischen Gummiringe und Metallflansche gespannt werden [165] (Abb. 77). Ein kleiner Wulst am Flansch verhindert ein Abgleiten der Folie. Für Fenster mit sehr dünnen Folien sind Montage- und Spannvorrichtungen entwickelt worden [47]. Bei zylindrischen Fenstern können Formvarfolien mit O-Ringen in Rillen eingespannt und mit Glyptallack (B 68) abgedichtet werden [175]. Große

Fenster z. B. für Zählrohre erhalten ein Stützgitter aus Metallstegen Abb. 78 oder eine Drahtgitterunterlage. Bei sehr engen Blenden kann man durch Anwendung mehrerer Druckstufen in einem Behälter ein hohes Vakuum ohne die Einschaltung von Folien aufrechterhalten [106]. (Nylonfolien [121], Berylliumfolien [119]. Aufkitten von Nylonfolien [126], Aufschmelzen von Glimmerfolien auf Glas oder Metall [112]. Optische Dickenbestimmung von Folien [122], Dickenmessung von Nylonfolien [123], Messung des Bremsvermögens [134]. Faustformel für die Berechnung der Belastbarkeit von Fenstern [131].)

12.4.2 Ionisationskammern [2]

Ionisationskammern werden in erster Linie eingesetzt zur Messung der Energie- oder Partikelflußdichte von Röntgen-, Gamma- und Neutronenstrahlen, seltener für geladene Teilchen. Man mißt damit Aktivitäten, Schwächungskoeffizienten, Dichten oder Dicken von Materialien, die Dosis bei Bestrahlungen und im Strahlenschutz und benutzt sie zur Steuerung und Regelung von kerntechnischen Anlagen. Ihr Meßprinzip [89, 82] besteht darin, daß unter bestimmten Versuchsbedingungen ein reproduzierbarer Zusammenhang besteht zwischen der Energie- oder Partikelflußdichte der Strahlung, der Ionendosisleistung und damit der Ionisierungsdichte in der Kammer und dem Ionisationsstrom. Das bedeutet, daß sich jede Strahlengröße, die am Ort der Ionisationskammer eine Energieflußdichte erzeugt, als elektrische Stromstärke abbilden läßt. Die Stromstärke wird gemessen durch Aufladung oder Entladung eines Elektrometers oder als Spannungsabfall an einem Widerstand. Ionisationskammern zeigen prinzipiell folgenden Aufbau: Das gasdichte Gehäuse enthält eine Hochspannungselektrode, den Isolator und die Sammelelektrode. Der Isolator ist meist durch einen geerdeten Schutzring aufgeteilt, so daß Kriechströme von der Hochspannungselektrode abgeleitet werden. Bei hoher Beanspruchung besteht er aus Sinterkeramik (Al_2O_3 oder Mg_2O_3). Als Füllgas sind Edelgase am besten geeignet.

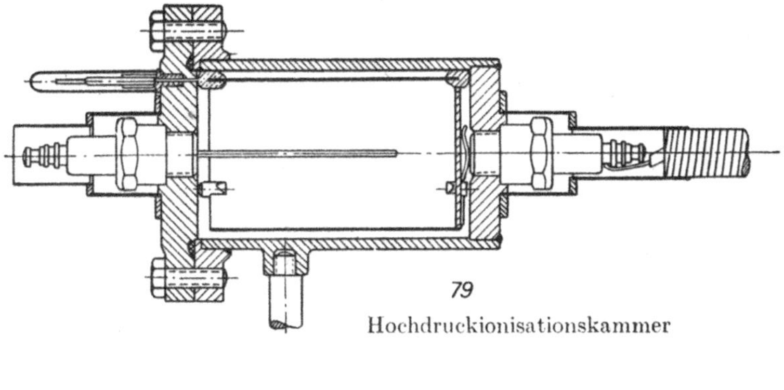

79

Hochdruckionisationskammer

a) Kammern für Röntgen- und Gammastrahlen:

Die Hochdruckionisationskammer Abb. 79 hat ein geschweißtes Stahlgehäuse mit O-Ring-Dichtung. Das Gehäuse ist geerdet. Die Hochspannungselektrode besteht aus einem dünnen Messingbecher, der mit Trolitulreiterchen isoliert gehaltert wird. Als Spannungszuführung dient eine Zündkerze und ein Federkontakt nach Abb. 10.117. Eine zweite Zündkerze trägt die Sammelelektrode.

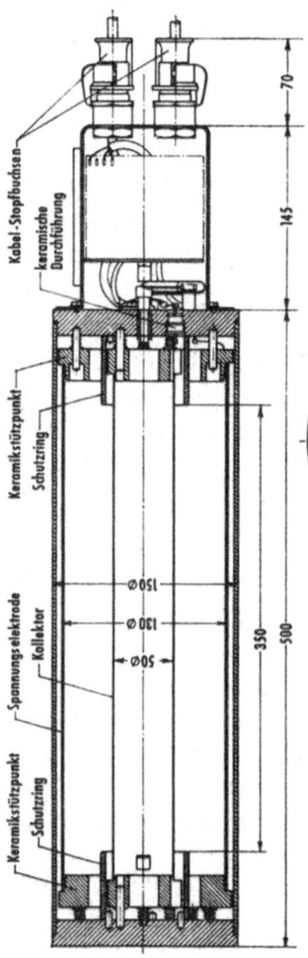

80 Gamma-Ionisationskammer

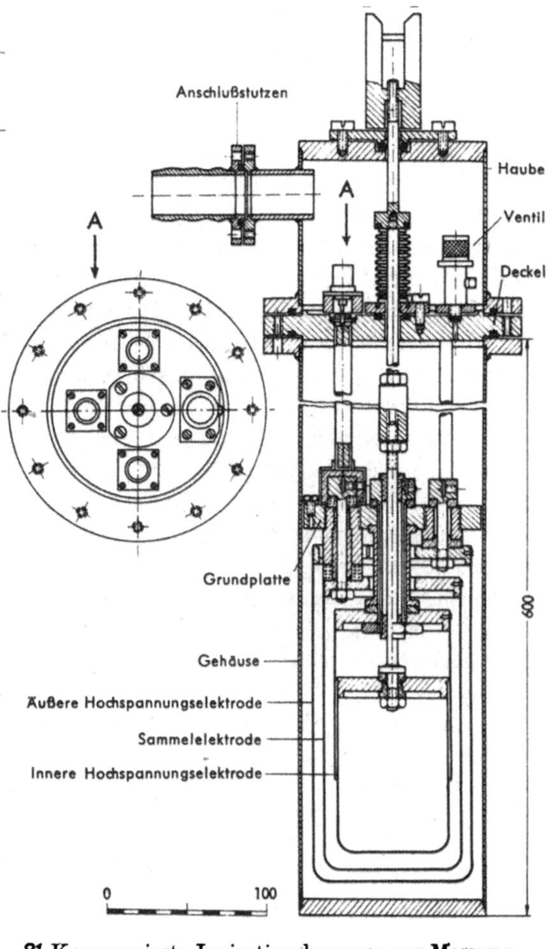

81 Kompensierte Ionisationskammer zur Messung des Neutronenflusses

Eine industriell (B 1) hergestellte Gamma-Ionisationskammer zeigt Abb. 80 [82]. Bei einer Füllung mit 50 atm Argon liefert sie bei einer Ionendosisleistung von 10^{-10} A/kg einen Strom von 10^{-11} A. Für die Messung von Gammastrahlung in Reaktoren sind Kammern von 7 mm

Durchmesser (B 1) erhältlich, die bis hinauf zu 10^9 R/h (100 A/kg) messen können. Im Strahlenschutz braucht man Kammern mit einem gewebeäquivalenten Wandmaterial [49].

b) Neutronenkammern [82] (B 1).

Neutronenkammern werden zur Steuerung und Überwachung von Reaktoren eingesetzt. Sie tragen auf den einander zugewandten Elektrodenflächen eine Borschicht von etwa 8 μm Dicke, in der die Neutronen über die (n, α)-Reaktion α-Teilchen und Li-Kerne auslösen und damit das Kammergas ionisieren. Im Reaktor wird außerdem eine Ionisierung durch Gammastrahlung hervorgerufen. Infolge dieses Untergrunds eignet sich eine solche Kammer nur für Überwachungszwecke. Für die Messung im ganzen Leistungsbereich setzt man kompensierte Neutronenkammern [82] ein. Abb. 81 zeigt einen Prototyp [51]. Er besteht aus zwei ineinander geschachtelten Ionisationskammern, die eine gemeinsame Sammelelektrode aufweisen. Die äußere Hochspannungselektrode und die Sammelelektrode bilden die Neutronenkammer mit Borbeschichtung. Sie mißt die Summe von Neutronen- und Gammaflußdichte. Die innere Hochspannungs-Elektrode bildet mit der Sammelelektrode die Gammakammer. Sie mißt die Gammaflußdichte. Beide Kammern sind gegeneinander gepolt, so daß die resultierende Stromstärke proportional zur Neutronenflußdichte ist. Voraussetzung dafür ist, daß die Volumina der beiden Kammern gegeneinander abgeglichen sind. Aus diesem Grunde ist die innerste Elektrode über einen Spindelantrieb und eine vakuumdichte Durchführung verstellbar. Eine Kammer mit elektromotorischem Abgleich beschreibt [82]. Auch Neutronenkammern werden mit so kleinem Durchmesser (ca. 5 mm) gebaut, daß sie im Innern eines Reaktors zur Direktanzeige der Neutronenflußdichte eingesetzt werden können (B 1). Eine Spezialkammer zur Messung von Neutronen-Absorptionsquerschnitten siehe [56].

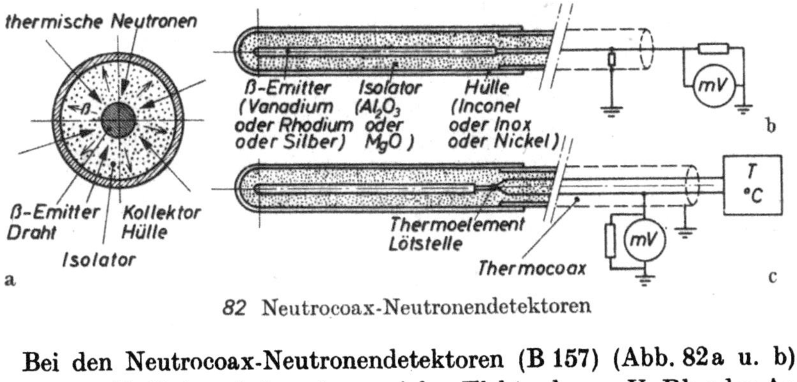

82 Neutrocoax-Neutronendetektoren

Bei den Neutrocoax-Neutronendetektoren (B 157) (Abb. 82a u. b) nutzt man die Betaemission einer axialen Elektrode aus V, Rh oder Ag zur Stromerzeugung aus. Die Betastrahlen durchdringen die Isolierschicht zum Mantel. Der über den Spannungsabfall an einem Widerstand gemessene Strom ist bei der Gleichgewichtsaktivierung ein Maß für die thermische Neutronenflußdichte. Der Durchmesser des Detektors kann bis herab zu 1 mm betragen. Der Fühler kann zugleich als Thermoelement ausgebildet werden (Abb. 82c).

12.4.3 Impulskammern und Zählrohre [2, 117]

Mit *Impulskammern* und *Proportionalzählrohren* läßt sich die Ionenausbeute eines ionisierenden Ereignisses, z. B. einer Kernreaktion als Spannungsimpuls abbilden. Das bedeutet, daß man die Energie der dabei auftretenden geladenen Teilchen messen kann. Auf diese Weise kann man z. B. die spektrale Verteilung von Neutronen aus der Energie der von ihnen ausgelösten Rückstoßprotonen ermitteln. Mit diesen Geräten lassen sich außerdem Ionenverteilungen bestimmen und die Laufzeit von Ionensäulen messen. Beschränkt man sich auf das Zählen der Ereignisse, so kann man auch *Auslösezählrohre* verwenden, die einen sehr geringen Verstärkungsaufwand erfordern.

a) Impulskammern:

Abb. 83 zeigt eine universelle Ausführung. In einem geerdeten Gehäuse steht der Hochspannungselektrode links die T-förmige Sammelelektrode rechts gegenüber. Sie ist von einer Schutzplatte umgeben und mit einem Influenzierungsschutzgitter abgedeckt. Alle spannungsführenden Teile sind von dünnen Trolitul-Stäbchen gehaltert, die von der Ionensäule aus unsichtbar sind.

Für die Füllung mit extrem reinen Gasen braucht man ein ausheizbares System dieser Art (Abb. 84). Es besteht aus einer Glasröhre, in die ein Rohr mit einem Glasfenster und einem Schliff für eine α-Kanone eingesetzt ist. Seitlich sitzt die Einführung für die Sammelelektrode mit einem Schutzring aus aufgedampftem Metall. Unten sind die Zuführungen für Schutzelektrode und Hochspannungselektrode. Beide Elektroden bestehen aus 0,5 mm starken Nickelblechen, die mit einem Halter aus Glasstäben exakt parallel verlappt sind (Abb. 85). Eine aus einem Quarzstäbchen gebogene Feder drückt das Ganze gegen die Glaswand, so daß die Lage zur Rohrachse genau definiert ist. Das Influenzierungsgitter wird folgendermaßen hergestellt (Abb. 86): Eine Nickelplatte erhält einen Schlitz mit leicht aufgebogenen Rändern. In die Außenkanten wird ein Gewinde mit etwa 1 mm Steigung eingeschnitten. Nickeldraht 0,06 mm wird zwischen den so entstandenen Zacken hin- und hergeführt, so daß über dem aufgebogenen Rand ein Gitter entsteht. Die Platte wird in die Schutzelektrode eingesetzt und verlappt. Diese hat einen etwas breiteren Schlitz mit abgeschrägten Rändern. Es entsteht so ein

Gitter, dessen Ebene exakt in der Vorderfläche der Schutzelektrode liegt und dessen Drähte gleichmäßig gespannt sind.

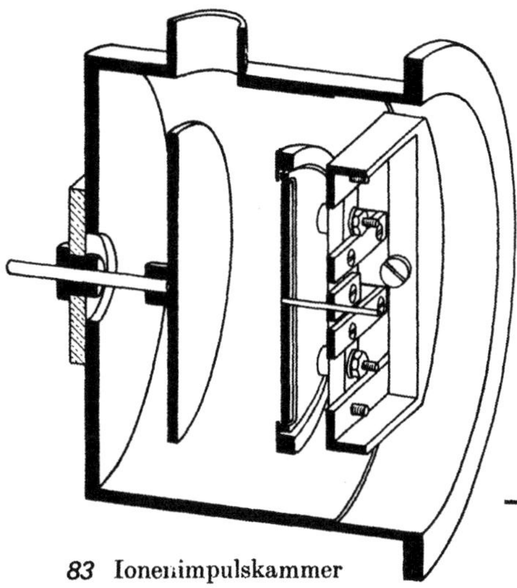

83 Ionenimpulskammer

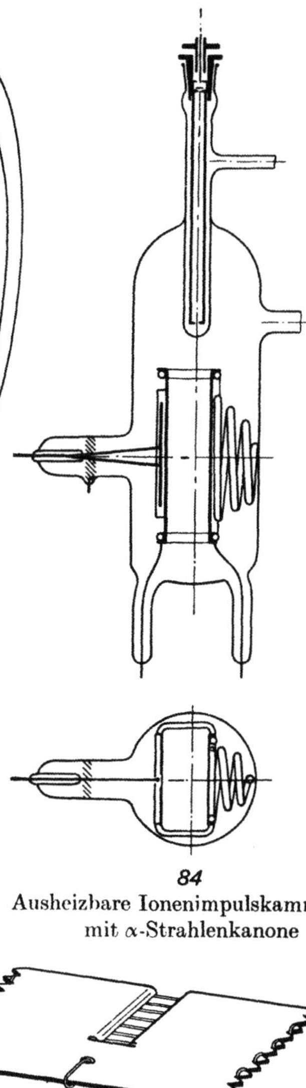

84
Ausheizbare Ionenimpulskammer mit α-Strahlenkanone

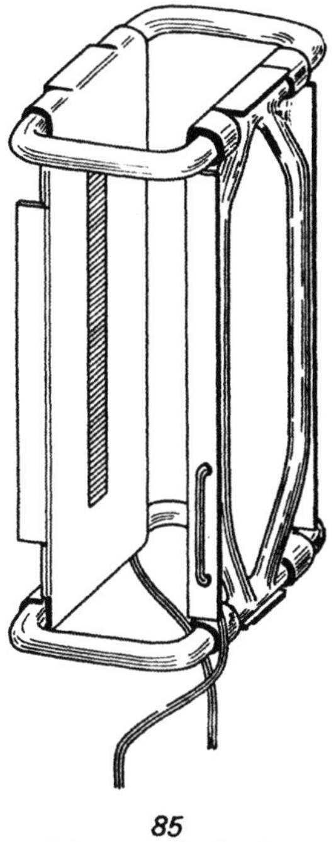

85
Halterung der beiden Plattenelektroden

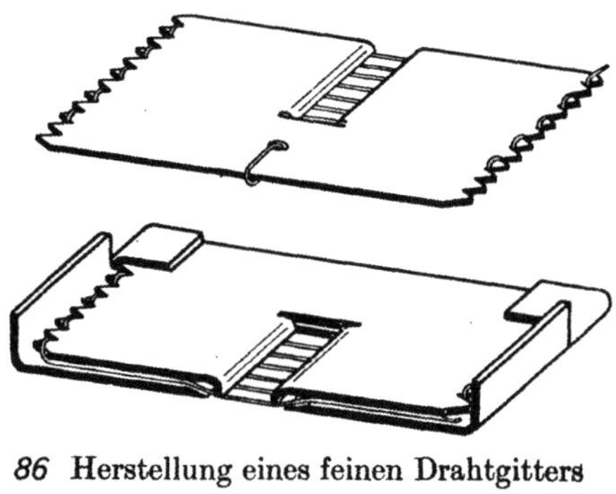

86 Herstellung eines feinen Drahtgitters

Bei vielen Anwendungen bevorzugt man eine zylindrische Anordnung der Elektroden, bei der die Sammelelektrode stift- oder drahtförmig ist. Mit He 3-Kammern [102, 44] mißt man mit Hilfe der (p, n)-Reaktion Neutronenspektren aus. Impulskammern benutzt man häufig um stark ionisierende Teilchen bei einem starken Untergrund von schwach ionisierenden Teilchen zu zählen, z. B. um Alpha-Aktivitäten neben Beta-Aktivitäten zu messen [66] oder Spaltprodukte neben Alpha-Teilchen nachzuweisen [46]. Spaltkammern (B 1) werden zur Überwachung der Reaktorleistung im Anfahrbereich eingesetzt. Ihre Elektroden tragen Uranoxidschichten mit ca. 1—2 mg/cm^2 U 235. Sie sind mit einem N_2–Ar-Gemisch gefüllt.

b) Zählrohre (B 62):

Bei *Proportionalzählrohren* wird der Ionisierungsimpuls durch Gasmultiplikation proportional verstärkt, Die dazu notwendige hohe elektrische Feldstärke erhält man, indem man die Anode als dünnen Draht ausbildet. Bei Erhöhung der Betriebsspannung breitet sich die von jedem Impuls erzeugte Entladung über den ganzen Zähldraht aus, so daß man sehr hohe Spannungsimpulse erhält. Sie sind unabhängig von der primären Ionisation. Das Zählrohr arbeitet dann als *Auslösezählrohr*.

Für Versuchszwecke baut man gekittete Zählrohre aus Messingrohr und Isolierstopfen aus Hartgummi oder Plexiglas. Der Zähldraht aus 0,1 bis 0,2 mm starkem Stahldraht wird mit Metallkapillaren ver-

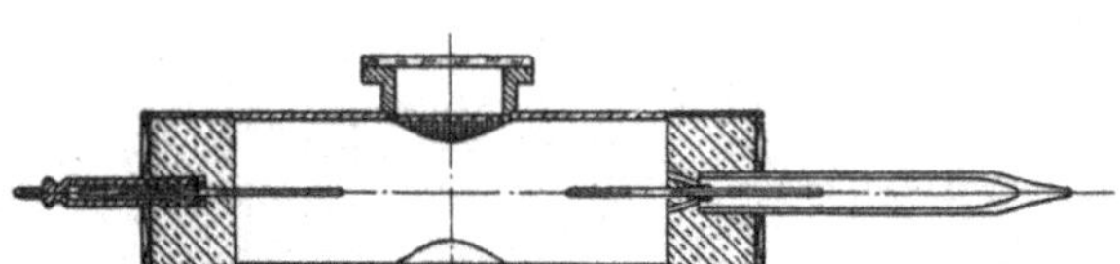

87 Lichtquantenzählrohr

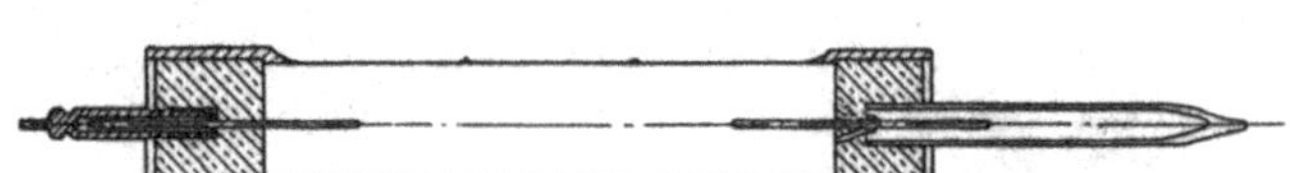

88 β-Strahlenzählrohr

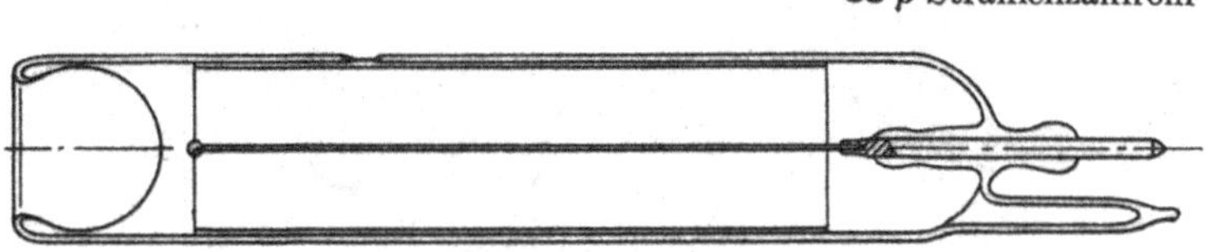

89 **Glaszählrohr für α-Teilchen**

quetscht. Verkittet wird nach Abb. 3.23. Das Zählrohr wird mit der Anordnung Abb. 8.152 evakuiert und mit Argon-Alkoholgemisch gefüllt (ca. 100 Torr Ar, 10 Torr C_2H_5OH). Für α-Teilchen setzt man ein Fenster nach Abb. 3.24 an. Lichtquantenzähler erhalten ein Quarzfenster und gegenüber eine Zinkplatte (Abb. 87). Betazählrohre baut man mit einem großen seitlichen Fenster nach Abb. 78 oder dreht sie aus einem massiven Leichtmetallstab heraus. Mit einigen Verstärkungsrippen nach Abb. 88 kommt man auf Wanddicken von 0,1 mm.

Für den Dauerbetrieb bevorzugt man Glaszählrohre. Abb. 89 zeigt ein solches mit großem stirnseitigem Glasfenster. Der Zähldraht sitzt freitragend in einem Stück Einschmelzdraht. Am freien Ende des Zähldrahtes wird unter Wasserstoff ein kleines Kügelchen angeschweißt, indem man bei 300 V und 800 Ω Vorwiderstand einen kleinen Lichtbogen bildet. Die Kathode besteht aus einem Überzug von kolloidalem Graphit, der durch Eintauchen des einseitig offenen Rohres in Hydrokollag erzeugt wird. In der Nähe des offenen Endes wird der Belag wieder weggewischt. Der Anschluß der Kathode erfolgt nach Abb. 10.99.

Zur Ausmessung von Betastrahlern, insbesondere bei Beta-Gamma-Koinzidenzanlagen, muß man die Präparate ins Innere des Zählrohrs bringen. Solche Zählrohre bildet man deshalb als Durchflußzählrohre aus, in die das Präparat bequem eingeschleust werden kann. Abb. 90 zeigt einen Methandurchflußzähler mit Probenwechsler [23], der mit 100% Methan bei Atmosphärendruck betrieben wird. Er besteht aus den beiden ringförmigen Zählkammern Z_1 und Z_2 aus Al mit 7,5 cm ⌀. Die 30 bis 50 μm dicken Zähldrähte 6 aus W oder Mo sind zwischen der Klemme 8 und der Feder 5 ausgespannt und durch Teflonstopfen isoliert. Der linke Stopfen enthält zugleich die Gaszufuhr 4. Die Hochspannungs-

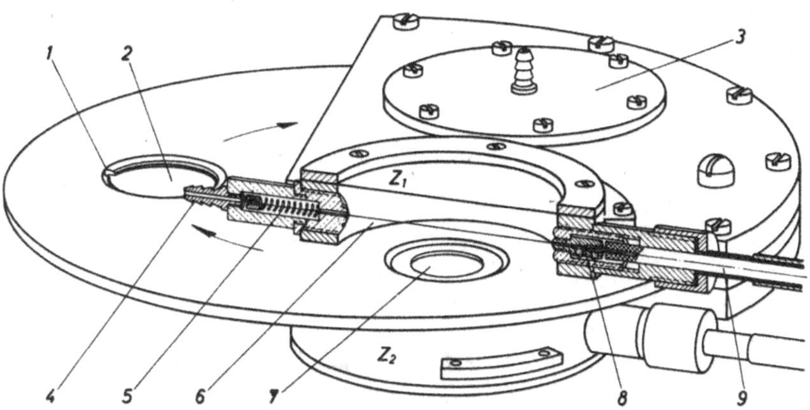

90 4π-Zählrohr

zuführung erfolgt direkt durch ein abgeschirmtes Koaxialkabel 9. Die Zählkammern sind nach außen durch eine aluminiumbedampfte Mylarfolie (0,5 mg/cm²) abgedeckt. An diese Fenster werden die Szintillationszähler für die Koinzidenzen angesetzt. Als Präparatträger 7 werden dünne, in einem Stahlring gefaßte Al, Mylar- oder VYNS-Folien benutzt. Sie werden in eine der drei Bohrungen 2 der Drehscheibe des Probenwechslers eingelegt, in der Vorspülkammer 3 mit Methan geflutet und dann in die Meßstellung 7 gebracht. Durch eine kleine Kerbe 1 kann das Methan aus der Zählkammer Z_1 in die Kammer Z_2 strömen. (Zählrohrkonstruktion. Amerik. Standardtyp [12], Proportionalzählrohre [120], kleine Zählrohre [127], kreisförmig gebogene Zählrohre [136], mehrdrähtige Zählrohre [149], halogengefüllte Zählrohre [118]. Neutronenzählrohre [139], Steckverbindung für Zählrohre [74]).

12.4.4 Szintillationszähler und Čerenkov-Zähler

a) Szintillationszähler [2]

beruhen auf der Auslösung von Lichtquanten aus Kristallen, Flüssigkeiten oder Gasen durch geladene Teilchen, z. B. die von Gammaquanten ausgelösten Photo-, Compton- oder Paarbildungselektronen. Diese Lichtquanten lösen aus der Photokathode eines Photomultipliers Elektronen aus. Der Elektronenstrom wird durch Sekundärelektronenemission so stark vervielfacht, daß ein Stromimpuls entsteht. Unter bestimmten Bedingungen ist die Höhe dieses Impulses der kinetischen Energie des auslösenden geladenen Teilchens proportional, und wenn es sich dabei um ein Photoelektron handelt, der Energie des Gammaquants.

Dieser Wirkungsweise entsprechend ergibt sich der Aufbau Abb. 91: Der Szintillationskristall, z. B. mit Thallium aktiviertes Natriumjodid, ist von einem Reflektor umgeben. Das vom Kristall emittierte Licht

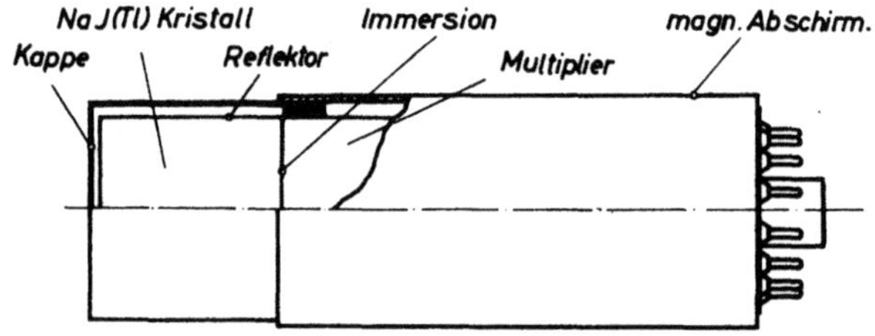

91 Szintillationszähler

tritt direkt oder über Reflexion durch das Fenster des Multipliers auf die Photokathode. Der optische Kontakt zwischen Kristall und Fenster wird durch eine Immersion von Silikonfett hergestellt. Der Kristall wird durch eine lichtdichte Kappe gegen Fremdlicht, der Multiplier durch eine magnetische Abschirmung aus Mu-metall gegen störende Magnetfelder geschützt. Ein solches Feld verzerrt die Elektronenbahnen zwischen den Elektroden des Sekundärelektronenvervielfachers.

Szintillationszähler können als integriertes System bezogen werden (B 80), bei dem der Szintillationskristall mit einem Spezialverbindungsmittel von hohem optischen Berechnungsindex direkt auf die Photokathode des Photomultipliers aufgekittet ist. Kristalle und Photomultiplier mit genormten Durchmessern und Fenstern aus Glas, Vycor oder Quarz lassen sich auch einzeln beziehen und zu Kombinationen zusammensetzen. Dabei wird der Photomultiplier durch Silikonfett optisch mit dem der Kathodenfläche entsprechenden Fenster des Kristalls verbunden und mechanisch mittels der Mu-metallabschirmung auf der Kristallfassung befestigt.

Bei manchen Experimenten muß der Photomultiplier in größerer Entfernung vom Kristall angeordnet werden. In diesem Fall wird das Kristallfenster mit dem Kathodenfenster durch einen Lichtleiter verbunden. Als Lichtleiter dienen z. B. zylindrische, verspiegelte Stäbe aus Plexiglas, deren Endflächen wiederum mit Silikonfett mit den Endflächen von Kristall und Multiplier verbunden werden. Die Lichtleiter können den Erfordernissen der Apparatur entsprechend bis zu einem gewissen Grad gekrümmt werden. (Hochdruckeinführung für Szintillations-Kristalle [128]. Doppel-Kristall-Szintillationszähler [143]. Einbau von NaJ-Kristallen [141]. Einbau von Kristall und Multiplier [142].)

b) Čerenkov-Zähler:

Čerenkov-Strahlung [57] entsteht, wenn ein geladenes Teilchen, z. B. ein Elektron, sich durch ein Medium mit einer Geschwindigkeit bewegt, die größer ist als die Phasengeschwindigkeit des Lichtes in diesem Medium. Dieser Effekt wird beim ČERENKOV-Zähler ausgenutzt, indem man den entstehenden Lichtblitz über einen Photomultiplier in einen Stromimpuls umwandelt. Das Medium, in dem die ČERENKOV-Strahlung ausgelöst wird, soll kleine Dichte, niedrige Ordnungszahl, großen Brechungsindex, geringe Lichtabsorption und geringe Fluoreszenz aufweisen. Es werden feste, flüssige und gasförmige Substanzen eingesetzt. Am gebräuchlisten sind Glas, Kunstharz und Wasser.

Ihre Hauptanwendung finden die ČERENKOV-Zähler in der Hochenergiephysik. Wo die Einfallsrichtung der geladenen Teilchen festliegt, bevorzugt man den fokussierenden Zähler, bei dem die im ČERENKOV-Kegel emittierte Strahlung mittels spiegelnder Flächen auf die Kathode des Photomultipliers fokussiert wird. Auch nichtfokussierende Zähler werden eingesetzt, z. B. zum Nachweis von Spaltprodukten im Kühlwasser von defekten Brennelementen [88]. (ČERENKOV-Zähler für

Hochenergiephysik [100]; Čerenkov-Zähler mit Bleiglas [155]; Gas-Čerenkov-Zähler [154, 38].)

12.4.5 Halbleiter-Detektoren

Als Halbleiterdetektoren werden bevorzugt lithiumgedriftete Germaniumdetektoren angewendet [92]. Sie arbeiten ähnlich wie die Ionenimpulskammern, wobei an Stelle der Gasfüllung die Raumladungszone des Germaniumkristalls tritt. Tritt ein Gammaquant in diese Zone ein, so kann es ein Elektron auslösen, das beim Photoeffekt die gesamte

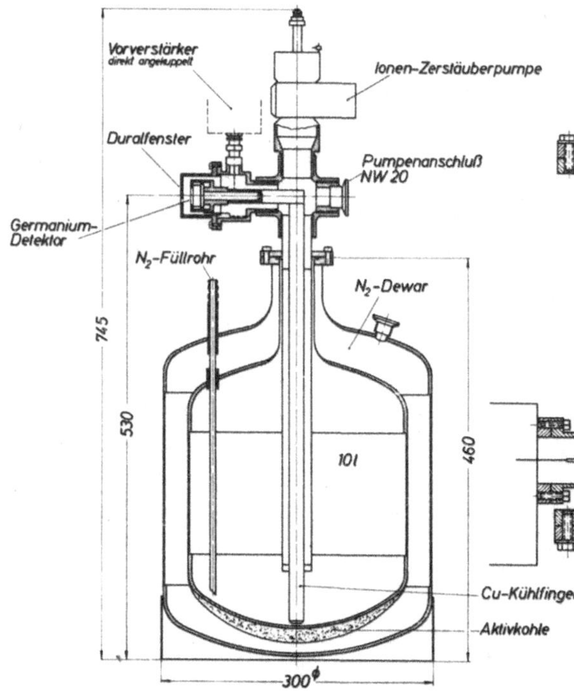

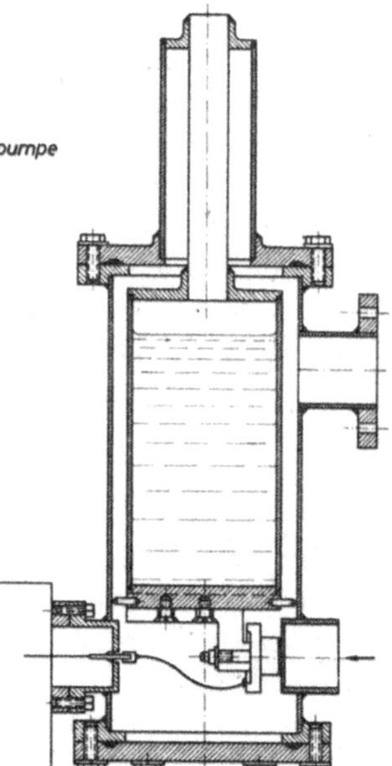

93 Halbleiter-Detektor-Kryostat für Kristall unten

92 Kryostat für Halbleiter-Detektor und Kühlfinger

Energie des Quants erhält. Wenn dieses innerhalb der Zone gestoppt wird, erzeugt es Paare von Elektronen und Defektelektronen, die in dem von außen angelegten elektrischen Feld zur Anode bzw. Kathode wandern und dabei einen Stromimpuls erzeugen. Da zur Bildung eines

Elektron-Defektelektronpaares im Mittel nur etwa 2,8 eV an Energie gebraucht wird, während ein Ionenpaar im Gas 34 eV verbraucht, erhält man wesentlich höhere Impulse als in der Ionenimpulskammer. Außerdem sind die statistischen Schwankungen geringer. Aus diesen Gründen haben Halbleiterdetektoren ein wesentlich besseres Energieauflösungsvermögen als Impulskammern. Dasselbe gilt auch im Vergleich zu Szintillationszählern. Zur Herabsetzung des thermischen Rauschens muß man allerdings diese Detektoren bei der Temperatur des flüssigen Stickstoffs −196 °C betreiben. Er muß außerdem bei tiefer Temperatur aufbewahrt werden, um die Raumladungszone aufrechtzuerhalten.

Zur Kühlung des Li/Ge-Detektors sind zwei verschiedene Anordnungen möglich. Bei der einen (B 155, B 23) sitzt der Detektor auf einem Kühlfinger aus Kupfer, der in ein Dewar-Gefäß mit flüssigem Stickstoff eintaucht. Der Detektor Abb. 92 (B 155) befindet sich in einem evakuierten Gehäuse mit einem Duralfenster für die Strahlung. An das Gehäuse sind angeschlossen der Vorverstärker und eine Ionen Zerstäuberpumpe, die das Vakuum aufrechterhält.

Abb. 93 [43] zeigt die zweite Anordnung. Der Detektor ist mit seinem Halter an den Boden des Stickstoffbehälters angeschraubt. Die Vakuumisolation des Stickstoffbehälters und des Detektors sind miteinander verbunden. Die Kühlung ist hier besonders wirksam. Ähnliche Anordnungen siehe (B 23), [92] und [93]. Die wichtigste Anwendung finden die Halbleiterdetektoren in der Aktivierungsanalyse [93], wo ihr hohes Auflösungsvermögen wesentliche Fortschritte gebracht hat.

12.4.6 Kalorimeter

In gemischten Strahlenfeldern, z. B. Reaktoren, ist die Kalorimetrie das einzige Verfahren, die Energiedosisleistung in Körpern zu messen und damit einen Bezugspunkt für die Beiträge der einzelnen Strahlenarten zu schaffen. Dabei bestehen drei Möglichkeiten: 1. Man kann die Probe wärmeisoliert dem Strahlenfeld aussetzen und den Temperaturanstieg messen (adiabatisches Kalorimeter). 2. Man kann die Gleichgewichtstemperatur der Probe im Strahlenfeld bestimmen und die dabei absorbierte Strahlenleistung durch Eichung mit Hilfe einer elektrischen Aufheizung ermitteln (isothermes Kalorimeter). 3. Man kann den von der Probe abfließenden Wärmestrom messen, indem man die Temperaturdifferenz an den Enden eines eingeschalteten, bekannten Wärmewiderstandes mißt (differentielles Kalorimeter).

Abb. 94 zeigt ein adiabatisches Kalorimeter [104] mit dem die Neutronen- und Gammaaufheizung in den Experimentierkanälen eines

Reaktors gemessen wird. Die von der Strahlung erzeugte Wärmeleistung $\dot{Q}$ ergibt sich zu

$$\dot{Q} = c \cdot m \cdot \dot{T},$$

wo c die spezifische Wärme, m die Masse und T die Temperatur der Probe bedeuten. Als Proben dienen 20 mm lange Zylinder aus Magnesium, Graphit und Polyäthylen von 10 mm ∅. Sie werden mit 50 und 100 μm dicken Drähten aus Konstantan im Kalorimetergehäuse aus Magnesium aufgehängt. Das Kalorimetergehäuse wird mit 6 Stahlfedern in einer Aluminiumkapsel gehalten, die mit Hilfe einer Zahnstange innerhalb des Experimentierkanals verschoben werden kann. Der Kalorimetermantel

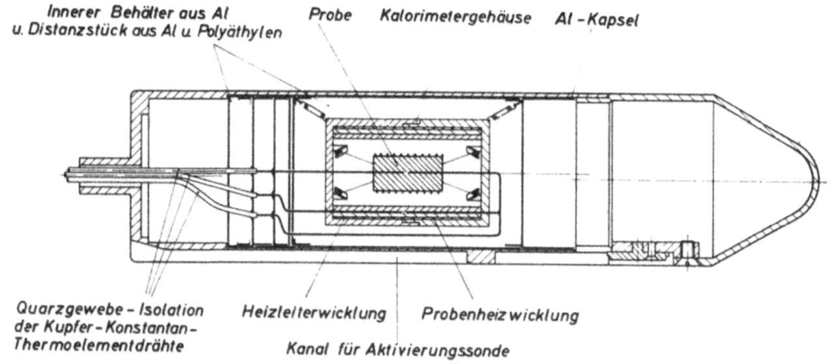

94 **Adiabatisches Kalorimeter zur Messung der nuklearen Aufheizung in den Experimentierkanälen eines Reaktors**

enthält eine Heizwicklung aus Thermocoax (L 9.5) mit 0,5 mm Durchmesser. Sie dient zur Aufrechterhaltung der Adiabasie. Die Probe hat eine Heizwicklung aus 50 μm starkem Konstantandraht. Sie dient zur elektrischen Eichung des Kalorimeters. Die Temperaturen des Mantels und der Probe werden mit zwei Kupfer-Konstantan-Thermoelementen mit 0,1 mm Durchmesser gemessen. Die Drähte sind im Mantel und in der Probe mit Degussit-(Al_2O_3)-Röhrchen von 0,5 mm ∅ isoliert.

Kalorimeter zur Strahlungsmessung sind für viele Anwendungen entwickelt worden: Strahlenleistung von Röntgenröhren [72], Bestimmung des Gammaflusses in Reaktoren [62], Messung des Neutronenflusses mit Hilfe starker Neutronenabsorber [29], Messung der nuklearen Aufheizung mit einem differentiellen Kalorimeter [31], isothermes Gammastrahlenkalorimeter [151], dasselbe mit Thermistoren zur Temperaturmessung [156].

Abb. 95 zeigt ein isothermes Kalorimeter zur Gammaflußmessung [171]. Es besteht aus einem Graphitzylinder, der in einem mit Wasser gekühlten Gehäuse aus rostfreiem Stahl mit Hilfe von Mantelthermoelementen gehaltert wird. Ein drittes Thermoelement ist mit dem Mantel verlötet. Die mit den Thermoelementen gemessene Temperatur-

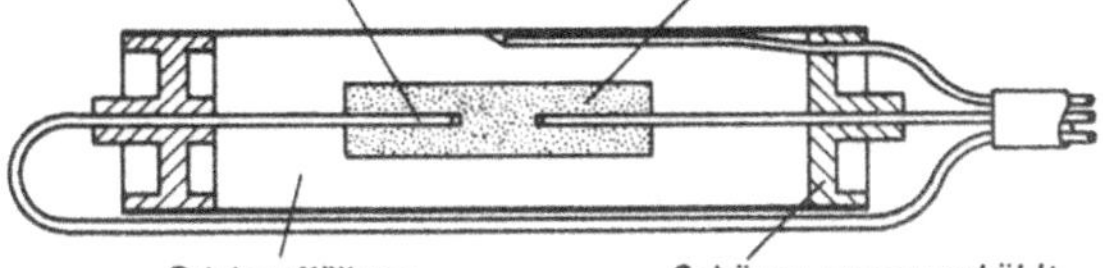

95 Isothermes Kalorimeter für Gammaflußmessung

differenz zwischen Mantel und Graphitkern ist ein Maß für die Gammaflußdichte.

12.4.7 Sonden

Strahlengrößen, wie z. B. die Gammadosis, die Neutronenfluenz und davon abgeleitet die Neutronenflußdichte werden, mit Sonden gemessen. Das sind kleine Körper, die man an den Meßort bringt und die bei Bestrahlung bestimmte physikalische Eigenschaften in reproduzierbarer Weise ändern. Zum Beispiel werden Goldfolien radioaktiv, Wolframdraht ändert seinen elektrischen Widerstand, bestimmte Gläser verfärben sich. Nach der Bestrahlung kann durch Ausmessung der Proben der Wert der Strahlengröße bestimmt werden.

Zur Messung der thermischen Flußdichte von Neutronen [48] benutzt man Sonden aus Au, In, Cu, Dy und Mn. Sie werden als kreisförmige Scheibchen mit etwa 1 cm ⌀ aus Metallfolien ausgestanzt oder durch Sedimentation von pulverförmigen Verbindungen auf Scheibchen von Aluminiumfolien gewonnen. Mit geeigneten Halterungen, häufig als Stringer bezeichnet, bringt man die Sonden an den Bestrahlungsort. Sie erhalten dann die Aktivität

$$A = \sigma N_0 \varphi (1 - e^{-\lambda t}),$$

wo σ der mikroskopische Wirkungsquerschnitt, N_0 die Zahl der Atomkerne, φ die Neutronenflußdichte, λ die Zerfallskonstante und t die Bestrahlungsdauer bedeuten. Nach der Bestrahlung klingt die Aktivität A ab nach

$$A = A_0 e^{-\lambda t},$$

wobei t die Abklingzeit bedeutet und A_0 die Aktivität am Ende der Bestrahlung. Zur Ausmessung werden die Sonden in scheibenförmige Sondenhalter aus Gießharz (Abb. 2.11) eingesetzt. Je 50 Sonden werden mit ihren Haltern in das stabförmige Magazin 1 der Sondenmeßanlage Abb. 96 eingesetzt. Sie durchlaufen dann, infolge ihrer Schwere, automatisch gesteuert, die drei Meßpositionen bei 2, an denen ihre Aktivität mit Szintillationszählern vermessen wird. Anschließend rollen sie in

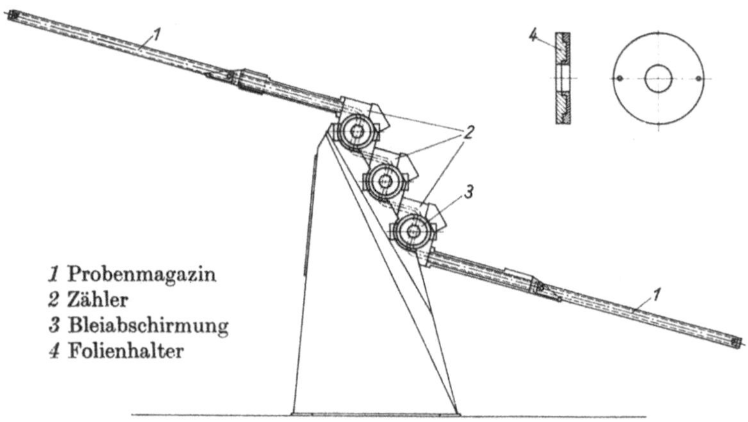

96 Probenwechsler

ein zweites Stabmagazin ein. Die Messung kann wiederholt werden, indem man die beiden Magazine vertauscht.

12.4.8 Meßverfahren

Für Meßverfahren der Strahlentechnik müssen häufig Kombinationen verschiedener Detektoren eingesetzt werden. Beispiele dafür sind: die Eichung von Strahlenquellen, die Messung schwacher Präparate, die Aufnahme von spektralen Verteilungen, die Bestimmung von Winkelkorrelationen zwischen emittierten Teilchen, die Absolutmessung von Präparaten [23], Dicken- und Dichtemessungen [65, 55], die Bestimmung von Korrosion und Ablagerungen [54].

Zur Absolutmessung der Aktivität von Präparaten, deren Zerfallsschema vom Typ Abb. 97 ist, kann man die Beta-Gamma-Koinzidenzmethode einsetzen. Abb. 98 zeigt das Schema der Koinzidenzanordnung. Das Präparat (Co 60) liegt in einem $4\pi\,\beta$-Zähler nach Abb. 90. Oberhalb und unterhalb der Zählkammer sitzt ein Szintillationszähler, der Gammaquanten nachweist. Ist nun ε_β die β-Nachweiswahrscheinlichkeit und ε_γ die γ-Nachweiswahrscheinlichkeit, so ergibt sich als Wahrscheinlichkeit für das Auftreten von β–γ-Koinzidenzen das Produkt $\varepsilon_\beta \cdot \varepsilon_\gamma$. Bei einer absoluten Aktivität A der Probe ergibt sich also für die β-Zählrate: $Z_\beta = \varepsilon_\beta A$, für die γ-Zählrate: $Z_\gamma = \varepsilon_\gamma A$ und für die Koinzidenzrate: $Z_{\beta\gamma} = \varepsilon_\beta \cdot \varepsilon_\gamma A$. Daraus folgt

$$A = \frac{Z_\beta \cdot Z_\gamma}{Z_{\beta\gamma}}.$$

Abb. 99 zeigt den $4\pi\beta\gamma$-Koinzidenzzähler, bestehend aus dem $4\pi\beta$-Zähler Abb. 90, den beiden Szintillationszählern und einer Bleiabschirmung, die zugleich Halterung für die Szintillationszähler und Führung für den Zählrohreinschub darstellt.

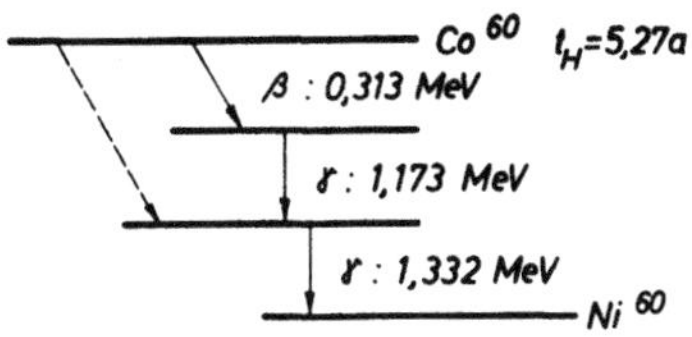

97 Zerfallsschema von Co 60

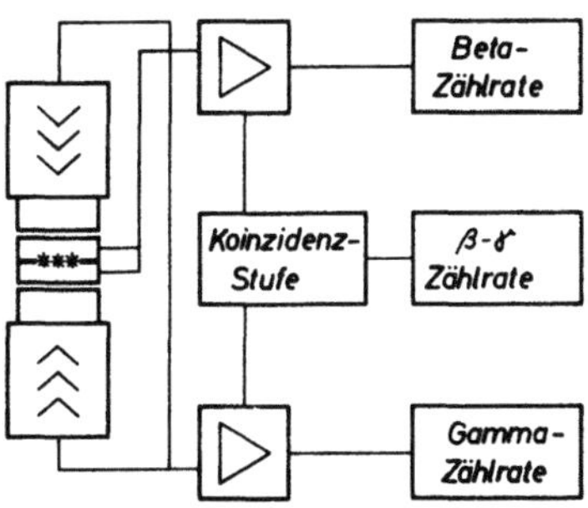

98 **Absolutmessung der Aktivität**

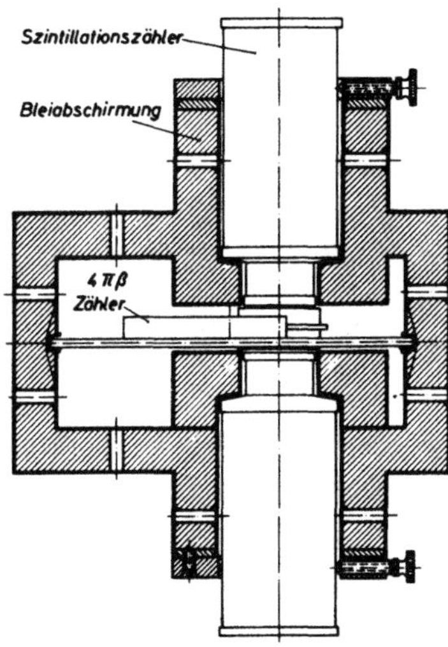

99 $4\pi\beta\gamma$-Konzidenzzähler

12.5 Strahlenspurtechnik

Geladene Teilchen erzeugen beim Durchqueren von Materie Ionensäulen, die ihre Spur sichtbar machen lassen. In übersättigten Dämpfen erzeugen sie Nebelspuren (Nebelkammer), in überhitzten Flüssigkeiten Blasenspuren (Blasenkammern), bei kritischen elektrischen Feldstärken Funkenentladungen (Funkenkammern), in photographischen Emulsionen entwicklungsfähige Keime (Kernspurplatten).

Gegenüber den Impulskammer-, Proportional- und Zählverfahren ist der Aufwand bei diesen Verfahren sehr groß. Dafür liefern sie neben Zahl der Teilchen und der absorbierten Energie weitere Parameter, z. B. Richtung der Teilchen, Krümmung im Magnetfeld, Verlauf der spezifischen Ionisierung längs der Bahn usw. Vor allem lassen sie Sekundäreffekte jeder Art erkennen und interpretieren. Viele Effekte sind damit entdeckt worden.

Bei den meisten Verfahren werden die entstehenden Spuren stereophotographisch aufgenommen und die Stereoaufnahmen nachträglich ausgewertet. Diese Auswertung erfordert sehr aufwendige halbautomatische Einrichtungen.

12.5.1 Nebelkammern

Bei der adiabatischen Expansion eines mit gesättigtem Wasserdampf gemischten Gases bilden die Ionen Kondensationskeime, die innerhalb einiger Zehntelsekunden zu sichtbaren Tröpfchen heranwachsen. Die Expansion bewirkt man, indem man einen die Kammer abschließenden Kolben oder eine entsprechende Membran rasch zurückzieht. Dazu kann man den Druck hinter dem Kolben schlagartig aufheben oder den Kolben mit einem Antriebssystem zurückreißen. Die Übersättigung, und damit die Keimbildung, läßt sich auch erzielen, indem man gesättigten Dampf in ein Gebiet niedrigerer Temperatur eindiffundieren läßt (Diffusions-Nebelkammer). Nebelkammern sind für normale, hohe und niedrige Drucke, für periodische und zählergesteuerte Auslösung gebaut worden.

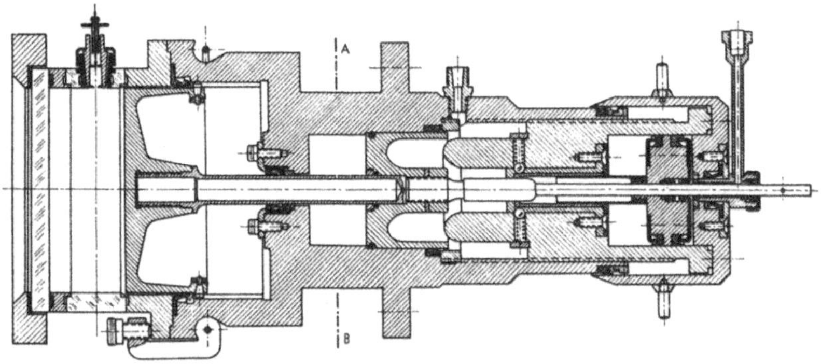

100 Niederdruck-Nebelkammer mit Explosionsantrieb

Abb. 100 zeigt eine Niederdruck-Nebelkammer [50], die bis herab zum Dampfdruck des Wassers bei Zimmertemperatur, d. h. mit reinem Wasserdampf, betrieben werden kann. Um eine ausreichende Empfindlichkeitsdauer zu erhalten, muß bei diesem niedrigen Druck die Expansion in weniger als 10 ms erfolgt sein. Dies leistet ein Antrieb durch Knallgasexplosion. Dazu ist der mit einer Simrit-Hutmanschette gedichtete Leichtmetallkolben der Nebelkammer durch eine hohle Kolbenstange mit dem Kolben eines Explosionszylinders verbunden. Das Knallgas wird mit einer Zündkerze gezündet. Bei der Explosion schlägt der Kolben gegen einen mikrometrisch verstellbaren Anschlag. Der Aufschlag wird durch ein Gaspolster gedämpft. Nach dem Aufschlag wird die Kolbenstange durch sechs unter dem Druck von Schraubenfedern radial angreifende Klinken verriegelt. Ein dritter pneumatisch angetriebener Kolben hebt die Verriegelung auf, indem er mit einer Hülse die Klinken von der Kolbenstange abhebt. Bei niedrigen Drucken müssen die Wände einer Nebelkammer vor der Expansion trocken sein, da sonst die bei der

Expansion verdampfende Wandfeuchte zu einer Verwirbelung der Spuren führt. Aus diesem Grund muß die Kammer nach jeder Expansion gespült, getrocknet und mit knapp gesättigtem Dampf gefüllt werden. Spülung und Füllung von Kammer, Explosionszylinder und Entriegelungssystem erfolgen über programmgesteuerte Ventile nach Abb. 8.146 mit Gasballastpumpe und Gasvorratsflaschen. Die Kammer kann entweder periodisch ausgelöst werden oder trägheitslos durch Zählimpulse, die über ein Thyratron zünden.

Die Kammer wurde zur Bestimmung des Neutronenspektrums an einem Reaktor eingesetzt [26]. Dazu wurden Stereoaufnahmen der Spuren von Rückstoßprotonen gemacht, die von einem mit dem Verschluß (L 12.6d) gesteuerten Neutronenblitz in einem Wasserstoff-Wasserdampfgemisch ausgelöst wurden.

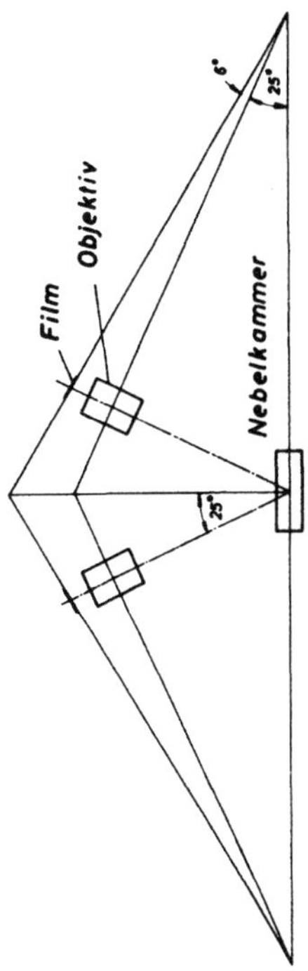

101 Nebelkammer-Aufnahme-Geometrie

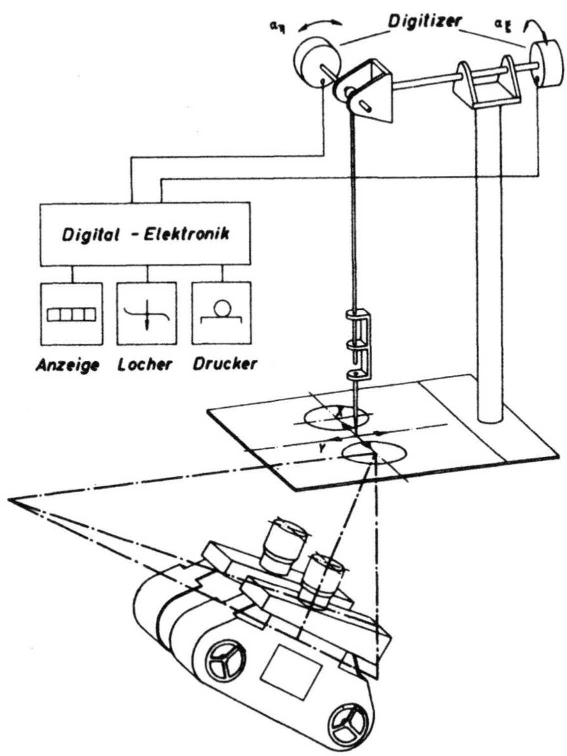

102 Reprojektions- und Auswertegerät

Für die Stereoaufnahmen müssen zur Erzielung der optimalen Tiefenschärfe Objektachse und Film den durch die BRAGGsche Bedingung [144] gegebenen Winkel miteinander bilden (Abb. 101). Dieser Bedingung entsprechend wird das Kamerasystem aus handelsüblichen

Filmmagazinen (B 15) und Objektiven zu einem starren System zusammengebaut.

Zur Auswertung werden die Stereoaufnahmen mit einer optisch identischen Anordnung auf eine Mattscheibe reprojeziert (Abb. 102), so daß die beiden Bilder nebeneinander liegen. Die Koordinaten der beiden Endpunkte jeder Nebelspur werden auf beiden Bildern abgetastet und auf Lochstreifen aufgenommen. Es liegt nahe, dazu eine Kreuzschienenführung anzuwenden, an der man direkt die Kartesischen Koordinaten abnehmen kann. Es zeigt sich jedoch, daß man mit einem kardanisch gelagerten Fahrstift die Spuren sehr viel schneller und bequemer abtasten kann. Die Koordinaten erscheinen zwar jetzt als Winkel in zwei Digitizern. Bei der Berechnung von Winkeln und Längen der Nebelspuren im Computer spielt dies keine Rolle.

Die konstruktive Ausbildung des Kardangelenks und der Winkelmeßeinrichtung zeigt Abb. 103. Die Drehachse I ist gegeben durch die Lager *A* und *B*. Ihre Drehung wird gemessen durch den Winkeldigitizer *C* (B 76). Die Drehachse II ist gegeben durch die Lager *D* und

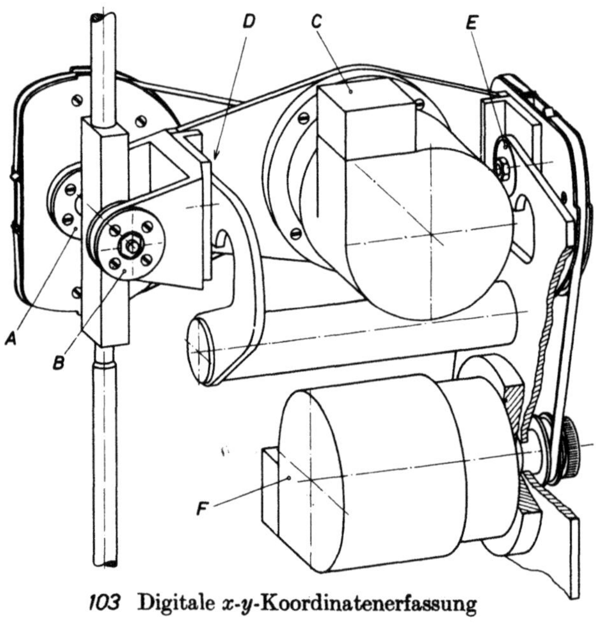

103 Digitale x-y-Koordinatenerfassung

E. Ihre Drehung wird gemessen durch den Winkeldigitizer *F*. Die Übertragung der Winkel auf die Digitizer erfolgt über ein Metallband, das mit Hilfe von Blattfedern auf der Antriebsrolle gespannt wird.

Zusammenfassender Bericht über die WILSONsche Nebelkammer und ihre Anwendungen [109], Diffusionskammern [150].

12.5.2 Blasenkammern [71]

In einer überhitzten Flüssigkeit bilden sich an Ionenanhäufungen Keime, die zu sichtbaren Dampfbläschen anwachsen. Auf diese Weise lassen sich die Spuren geladener Teilchen ähnlich wie in der Nebelkammer sichtbar machen. Die Überhitzung läßt sich erzielen, indem man den Druck einer auf den Siedepunkt erwärmten Flüssigkeit schlagartig reduziert.

Von der Nebelkammer unterscheidet sich die Blasenkammer vor allem durch die hohe Dichte des Mediums, in dem die Spuren aufgenommen werden können. Sie hat deshalb in der Hochenergiephysik besondere Bedeutung erlangt, insbesondere mit einer Füllung von flüssigem Wasserstoff, d. h. als reines Protonentarget. Das große Volumen, das ausgedehnte homogene Magnetfeld und die tiefe Temperatur dieser Kammern erfordern höchsten technischen Aufwand. Daneben sind Kammern mit anderen Füllungen und verschiedenen Ausstattungen entwickelt worden [100].

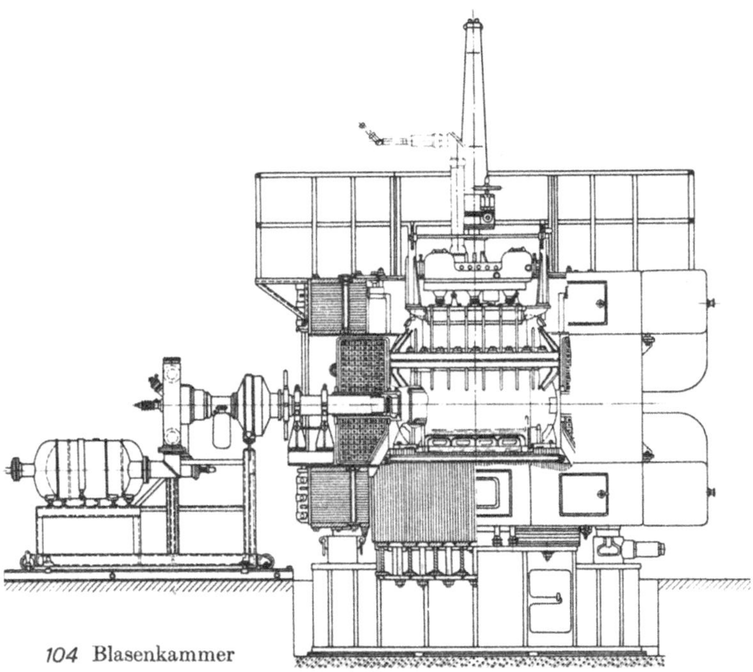

104 Blasenkammer

Abb. 104 zeigt eine Ein-Meter-Blasenkammer mit Magnetfeld [39]. Sie hat ein empfindliches Volumen von $1\,m \times 0{,}5\,m \times 0{,}38\,m$, eine magnetische Feldstärke von $1{,}36 \cdot 10^6$ A/m, wird mit Propan gefüllt und kann Teilchen bis zu 10 GeV aufnehmen.

Die Blasenkammer trägt auf der Oberseite die Fenster für die 6 Aufnahmeobjektive und unten Fenster für die Blitzlampen. Sie sitzt in einem mit destilliertem Wasser gefüllten Schutzgehäuse, auf das der mit Rippen verstärkte Deckel aufgeflanscht ist. Das Gehäuse hält Drucke bis zu 40 bar aus. Es ist auf dem unteren Polschuh des Elektromagneten befestigt.

Das Expansionssystem (Abb. 104 links) erzeugt die für die Expansion und Kompression erforderlichen Druckänderungen. Es ist mit dem Schutzgehäuse durch das Reduktionsrohr verbunden. Die Wasserfüllung reicht bis zu dem diskusförmigen Expander, der aus einer Membran zwischen perforierten Platten besteht. Diese Membran wird vom Expansionssystem mit Luftdruck gesteuert, wobei durch mehrere dämpfende Systeme dafür gesorgt wird, daß keine störenden Schwingungen auftreten und ein hydraulischer Schock vermieden wird. Die Beleuchtungsfenster im Boden der Blasenkammer sind mit einer „schwimmenden Glasabdichtung" versehen, die eine vertikale Verschiebung bis zu 40 mm zulassen.

Bei der optischen Ausstattung der Blasenkammern treten Probleme vor allem bei der Beleuchtung und den Fenstern auf. Die Fenster müssen unabhängig von den Druckänderungen dicht bleiben und dürfen keine Bewegungen machen, welche die Abbildung beeinflussen. (Verschiedene Dichtungen [39, 152, 41]. Bewegliche Fenster [39, 36]. Ein Beleuchtungssystem [157].)

12.5.3 Funkenkammern

Die Funkenkammer [100, 84, 86, 3] besteht aus einem System paralleler, leitender Platten zwischen denen sich ein Edelgas, meist Neon mit Atmosphärendruck befindet. Vor und hinter der Kammer befinden sich Detektoren. Ein ionisierendes Teilchen, das beide Detektoren durchsetzt, erzeugt eine Koinzidenz, die über ein Thyratron oder einen Schaltfunken einen Hochspannungsimpuls auslöst. Dieser Impuls wird auf jede zweite Platte gegeben, während die übrigen Platten geerdet sind. Längs der Bahn des ionisierenden Teilchens treten dann zwischen den einzelnen Platten Funken auf, die die Spur des Teilchens sichtbar machen. Mit Hilfe eines dauernd angelegten Reinigungsfeldes werden die Ionen nach der Entladung an die Wände abgezogen.

Funkenkammern werden wie Blasenkammern vor allem in der Hochenergiephysik eingesetzt. Gegenüber der Blasenkammer hat sie den Vorteil triggerbar zu sein, d. h., sie kann auf die Aufnahme bestimmter Ereignisse eingestellt werden. Ihr zeitliches Auflösungsvermögen mit 10^{-6} s übertrifft das aller Spurbildgeräte. In der Bildqualität steht sie hinter der Blasenkammer zurück.

Bei der Entwicklung der Funkenkammer ergeben sich vor allem drei Aufgaben: Die Konstruktion der Kammer, die Triggerung des Hochspannungsimpulses und die Aufnahme der Funkenspur.

Funkenkammern [153] werden meist aus Rahmen von Plexiglas zusammengesetzt, die auf Metallplatten gekittet oder auf denen Metallfolien ausgespannt werden. Schwierigkeiten bereiten vor allem die verschiedenen Wärmeausdehnungskoeffizienten der Materialien. Diese werden andererseits ausgenutzt, um die Folien zu spannen, indem man bei Temperaturen um etwa 10 °C kittet. Die Plattenabstände liegen zwischen einigen Millimetern und einigen Zentimetern. Die Plattengröße kann einen Quadratmeter überschreiten. Abb. 105 zeigt eine 30 cm × 30 cm große Kammer.

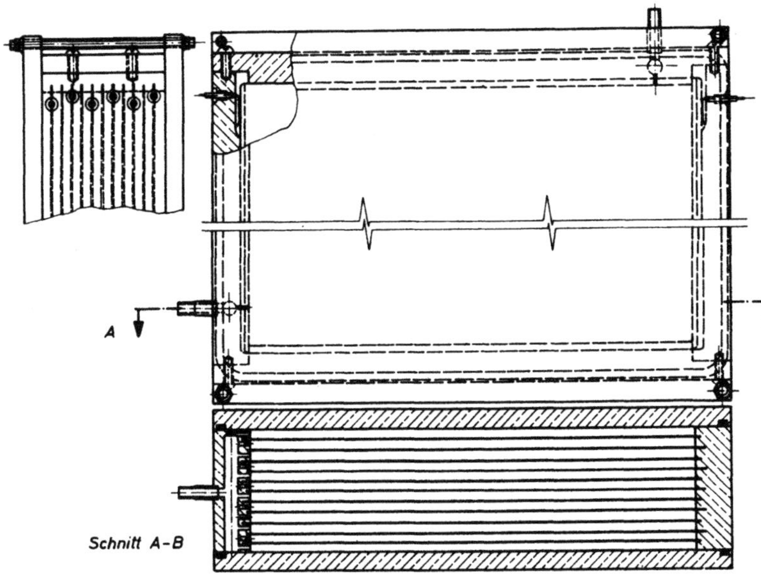

105 Funkenkammer

Der Hochspannungsimpuls muß sehr rasch ansteigen, damit die Entladung einsetzt, bevor die primär gebildeten Elektronen abgesaugt werden. Neben Wasserstoffthyratrons werden als Schalter getriggerte Funkenstrecken eingesetzt.

Die Aufnahme der Spur erfolgt meist photographisch. Die Auswertung der Aufnahmen erfordert sehr viel Zeit. Beim VIDICON-Verfahren benutzt man eine Fernsehkamera, bei der man das Bild mit einem Elektronenstrahl abtastet und zugleich die Koordinaten aus der Laufzeit des Strahls bestimmt. Bei den akustischen Funkenkammern nutzt man das Funkengeräusch aus, indem man die Koordinaten aus der

Laufzeit der Schallwellen zu Mikrophonen am Rand der Kammern bestimmt. Beide Verfahren liefern digitale Signale, die gespeichert und durch einen Rechner ausgewertet werden können.

12.5.4 Kernspurplatten

(H.-B. GREISS)

Das Kernspurverfahren beruht darauf, daß ionisierende Teilchen beim Durchgang durch eine photographische Emulsion längs ihres Weges in den Silberhalogenidkörnern Keime bilden, die beim Entwickeln zu mikroskopisch sichtbaren Silberkörnern anwachsen. Unter dem Mikroskop lassen sich Richtung und Länge der Spur und die Dichte der Silberkörner ausmessen. Wenn die Art des ionisierenden Teilchens bekannt ist, ergibt sich daraus seine Energie.

Kernspurplatten werden zur Untersuchung der kosmischen Strahlung, der Kernreaktionen und in der Autoradiographie eingesetzt.

Da die Emulsion im wesentlichen aus der stark wasserstoffhaltigen Gelatine besteht, lösen schnelle Neutronen Rückstoßprotonen aus, deren Spur ausgemessen werden kann. Man erhält damit ihre Energie. Aus der Energieverteilung der Rückstoßprotonen läßt sich auf die Energieverteilung der Neutronen schließen. Man kann also das Neutronenspektrum bestimmen. Der erfaßbare Energiebereich liegt zwischen 0,2 MeV und 14 MeV.

Das Neutronenspektrum im Kern von frisch angefahrenen Reaktoren kann mit Emulsionen der Fa. Ilford bestimmt werden. Die Platten werden in Stücke von 25 mm $\times$ 8 mm zerschnitten. Diese Plättchen werden mit Al-Folien umhüllt, in eine Cd-Kapsel gelegt und in die Meßkanäle des Reaktors eingesetzt. Da die Schichtdicken dieser Platten 200 μm dick sind, braucht das Eindringen der Substanzen für Entwickeln, Fixieren und Wässern eine Zeit von etwa einer Stunde. Um eine gleichmäßige Entwicklung zu erhalten, läßt man den Entwickler bei niedriger Temperatur eindiffundieren, bringt das Ganze dann für 10 bis 20 min auf Entwicklungstemperatur und kühlt dann wieder ab. Dabei soll die Entwicklungstemperatur auf 0,1 K, die Temperaturänderungsgeschwindigkeit auf etwa 5% konstant gehalten werden, damit die Entwicklung gleichmäßig und die Emulsion nicht verzerrt wird.

Die Auswertung der Kernspuren erfolgt mikroskopisch. Abb. 106 zeigt eine halbautomatische Kernspur-Auswertungsanlage. Der optische Teil dieser Anlage ist in Abb. 11.68 dargestellt. Zur Steigerung des Kontrastes wird das Bild über ein Fernsehsystem auf einen Bildschirm übertragen. Die X- und Y-Koordinaten werden im Fadenkreuz eines Meßokulars auf $\pm 0{,}1$ μm genau ausgemessen. Ihre Werte werden über Schraubenmikrometer und Winkelschrittgeber (Abb. 6.53) digital erfaßt. Zur Ausmessung der Z-Koordinaten nutzt man die geringe Schärfentiefe des Mikroskops aus. Dazu wird der mit Blattfedern (Abb. 4.68) geführte Objekttisch über ein Differentialzuggetriebe 1:100

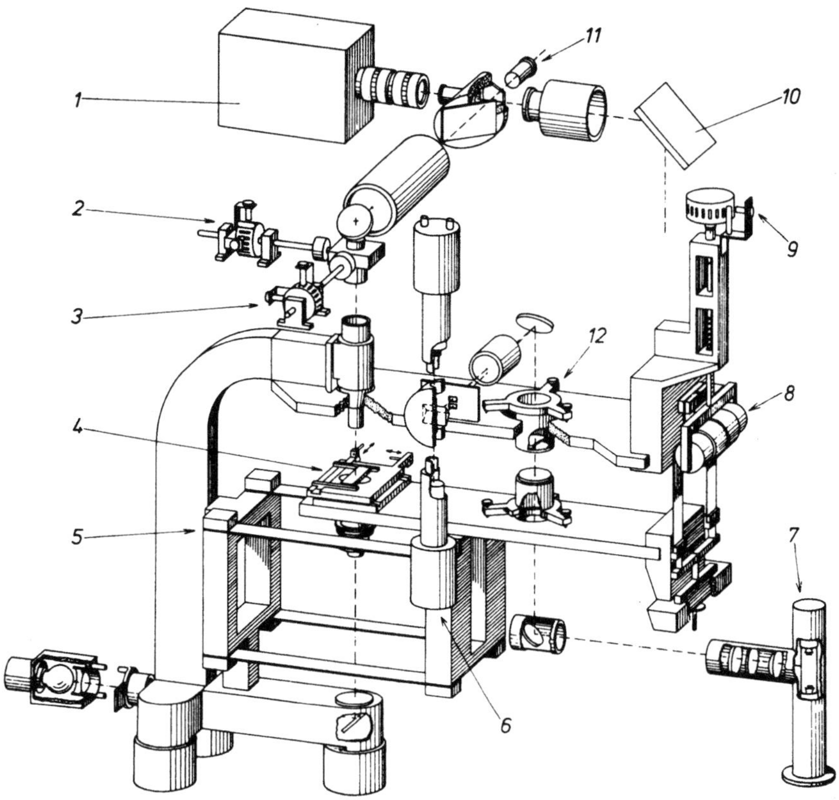

106 Kernspur-Auswertungsanlage

1 Fernsehkamera, *2* Winkelschrittgeber für X-Koordinate, *3* Winkelschrittgeber für Y-Koordinate, *4* Kernspurplatte, *5* Blattfederführung für Parallel-Bewegung, *6* Multiplier zur Zählung der Streifendurchgänge im Interferometer, *7* Hg-Niederdrucklampe, *8* Differentialzuggetriebe Übersetzung 1 : 100, *9* Winkelschrittgeber für Z-Koordinate, *10* Spiegel zur Einblendung der Zeichenfläche, *11* Okular, *12* Perot-Fabry-Interferometer

(Abb. 5.58) mit einer Mikrometerschraube vertikal verschoben. Die Verschiebung wird wieder mit einem Winkelschrittgeber erfaßt. Die Eichung dieses Systems erfolgt mit einem Perot-Fabry-Interferometer (Abb. 11.66). Die Meßwerte werden auf Lochstreifen gespeichert. Die Auswertung übernimmt ein Rechner.

Literaturverzeichnis zu Kap. 12

Bücher

1. Advanced Energy Conversion Vol. 4, pp. 121–126. Oxford, London: Pergamon Press 1964.
2. Allkofer, O. C.: Teilchendetektoren, München: Thiemig-Taschenbuch Bd. 41, 1971
3. Allkofer, O. C.: Spark Chambers, München: Thiemig 1969.
4. Bacon, G. E.: Neutron diffraction, 2. Aufl., Oxford: University Press 1962.
5. Brunée, C.; Voshage, H.: Massenspektrometrie, München: Thiemig 1964.
6. Buerger, M. J.: X-ray cristallography, 5th print. London: Wiley 1962.
7. Clausnitzer, G.; Dupp, G.; Hanle, W.; u. a.: Partikel-Beschleuniger, München: Thiemig-Taschenbuch Bd. 28, 1966.
8. Euler, K. J.: Energiedirektumwandlung, München: Thiemig-Taschenbuch Bd. 10, 1967.
9. Ewald, H.; Hintenberger, H.: Methoden und Anwendung der Massenspektroskopie, Weinheim: Chemie 1952.
10. Fassbender, J.: Einführung in die Reaktorphysik, München: Thiemig-Taschenbuch Bd. 12, 1967.
11. Flügge: Handbuch der Physik, Bd. XXXII, Berlin, Göttingen, Heidelberg: Springer 1957, S. 580–596.
12. Graves, A. C.; Froman, D. K.: Miscellaneous techniques, New York: McGraw-Hill 1952.
13. Symp.: Neutron inelastic scattering, Vol. II. Vienna: IAEA 1968.
14. Symp.: Inelastic scattering of neutrons in solids and liquids, Vienna: IAEA 1961.
15. Marth, W.: Bestrahlungstechnik an Forschungsreaktoren, München: Thiemig-Taschenbuch Bd. 13, 1969.
16. Mayer Kuckuk, Th.: Kernstrukturuntersuchungen mit modernen Beschleunigern, Köln: Westdeutscher Verlag 1967.
17. Nachtigall, D.: Tabelle spezifischer Gammastrahlenkonstanten, München: Thiemig-Taschenbuch Bd. 34, 1969.
18. Neff, H.: Grundlagen und Anwendung der Röntgen-Feinstruktur-Analyse. 2. Aufl., München: R. Oldenbourg 1962.
19. Oberhofer, M.: Strahlenschutzpraxis III, Umgang mit Strahlern, München: Thiemig-Taschenbuch Bd. 14, 1968.
20. Radiation Sources. Ed. A. Charles, Oxford, London: Pergamon Press 1964.
21. Regler, F.: Einführung in die Physik der Röntgen- und Gammastrahlen, München: Thiemig 1966.
22. Siegbahn, M.: Spektroskopie der Röntgenstrahlen, Berlin: Springer 1931.

Berichte

23. Jül-355-RX, Jan. 1966.
24. Jül-510-TP, Dez. 1967.
25. Jül-538-PP, Juni 1968.
26. Jül-599-RX, Juli 1969.

26a. Jül-500-RX, Aug. 1967.

27. Beske, H.; Holzbrecher, H.: ZCA, Zentrallabor für chemische Analyse, KFA Jülich. Erscheint in: Int. J. Mass. Spectrom. Ion. Phys. **6** (1971).

Dissertation

28. Hemmerich, J.: Aufbau einer Anlage zur Bestrahlung mit Elektronen bei tiefen Temperaturen, Diss. TH Aachen, 1969.

Patent

29. Bundespatent Nr. 1266887.

Prospekt

30. AEG-Telefunken: Simulation eines Strahlführungssystems auf einem hybriden Analogrechner, ADB 0091068.

Zeitschriften

Atomkernenergie [31] **12**, 120 (1967) [32] **13**, 289 (1968)
Atompraxis [33] **4**, 355 (1958).
Contemporary Physics [34] **10** (1969) Nr. 1, 71.
Instrum. exper. Techn. [35] 319 (1958) [36] 1073 (1961) [37] 1185 [38] 269 (1962) [39] 60 (1964) [40] 326 [41] 495 [42] 973 (1965) [43] 1358 [44] 87 (1966) [45] 190 [46] 327.
J. Sci. Instrum. [47] **39**, 241 (1962).
Kerntechnik [48] **1**, 105 (1959) [49] 150 [50] **2**, 185 (1960) [51] 319 [52] 391 [53] 396 [54] **3**, 73 (1961) [55] 77 [56] 81 [57] 115 [58] 145 [59] 252 [60] 376 [61] **4**, 1 (1962) [62] 14 [63] 94 [64] 246 [65] 283 [66] 321 [67] 541 [68] 548 [69] 562 [70] **5**, 17, 19 (1963) [71] 241 [72] 321 [73] 365 [74] **6**, 26 (1964) [75] 495 [76] 500 [77] 503 [78] 504 [79] 515 [80] 536 [81] **7**, 101 (1965) [82] 445 [83] 533 [84] **8**, 184 (1966) [85] 206 [86] 230 [87] 263 [88] **9**, 194 (1967) [89] 210 [90] 291 [91] 459 [92] **10**, 687 (1968) [93] **11**, 33 (1969) [94] 193 [95] 197 [96] 204 [97] 212 [98] **12**, 57 (1970) [99] 449.
Nucl. Instrum. and Methods [100] **20** (1963) [101] **26**. 13 (1964).
Nucl. Phys. [102] **38**, 89 (1962).
Nukleonik [103] **4**, 23 (1962) [104] **7**, 300 (1965).
Optik [105] **5**, 518 (1949) [106] **10**, 116 (1953) [107] **11**, 22 [1954].
Phys. Rev. [108] **95**, 993 (1954).
Review of Modern Physics [109] **18**, Nr. 2 (1946).
Rev. sci. Instrum. [110] **8**, 122 (1937) [111] 147 [112] **13**, 267 (1942) [113] **14**, 59 (1943) [114] **15**, 57 (1944) [115] **17**, 41 (1946) [116] **18**, 398 (1947) [117] **19**), 207 (1948) [118] 303 [119] 662 [120] 733 [121] 818 [122] 820 [123] **20**, 457 (1949) [124] 735 [125] 763 [126] 966 [127] **21**, 82 (1950) [128] 261 [129] 339 [130] 442 [131] 491 [132] [133] 852 [134] 898 [135] 1027 [136] **22**, 700 (1951) [137] 749 [138] 952 [139] **23**, 204 (1952) [140] 499 [141] 502 [142] 503 [143] 671 [144] **24**, 501 (1953) [145] 944 [146] 1087 [147] **25**, 644 (1954) [148] 683 [149] 691 [150] 996 [151] **29**, 758 (1958) [152] **30**, 941 (1959) [153] **32** (1961) [154] 113 [155] 950 [156] 1013 [157] **33**, 1327 (1962) [158] **34**, 113 (1963) [159] **35**, 549 (1964) [160] **36**, 48 (1965) [161] **37**, 860 (1966) [162] **38**, 467 (1967) [163] **39**, 1464 (1968).
Z. angew. Phys. [164] [165] **5**, 217 (1953) [166] **6**, 404 (1954).
Z. Naturforsch. [167] **8a**, 448 (1953) [168] **22a**, 459 (1967).
Z. Physik [169] **130**, 517 (1951).
Z. Wiss. Mikroskop. mikroskop. Techn. [170] **60**, 317 (1952).
[171] Calorimétre isotherme. Breveté No. PV 910-201 C.E.A., Centre d'études nucléaires de Grenoble.
[172] Perlini, G.: Energia Nucleare **15**, 693 (1968).
[173] Nukleonika **8**, 75 (1963).
[174] Kerntechnik **13** H. 12, S. 525 bis 556 (1971).
[175] Rev. sci. Instrum. **32** 1395.

Anhang

Einführung neuer Einheiten

Das Gesetz über Einheiten im Meßwesen vom 2. Juli 1969 schreibt die Basiseinheiten des Internationalen Einheitensystems (SI) und daraus abgeleitete Einheiten vor. Die in diesem Buch noch vereinzelt verwendeten alten Einheiten dürfen noch bis zum 31. Dezember 1977 verwendet werden. Da die gebräuchlichen Tabellenwerke viele Werte noch in alten Einheiten angeben, müssen diese noch für einige Zeit bei praktischen Berechnungen benutzt werden. Zur Einführung der neuen Einheiten empfiehlt es sich jedoch, die Ergebnisse der Berechnungen stets auf neue Einheiten umzurechnen. Diesem Zweck dient die folgende Umrechnungstabelle. Eine völlige Umstellung auf neue Einheiten wird erst möglich sein, wenn für die Praxis geeignete, abgeleitete Einheiten mit Namen und Kurzzeichen offiziell festgelegt worden sind.

Umrechnung auf gesetzliche Einheiten (Bundesgesetz vom 2. Juli 1969)
Alte Einheiten zulässig bis 31. Dezember 1977 (Ausnahmen G und Oe)

Größe	Symbol	Alte Einheit	Einheitenzeichen und Umrechnung	Neue Einheit
Länge		Ångström	1 Å = 0,1 nm	Nanometer
Winkel	α	Grad	$1^\circ = \frac{1}{57{,}3}$ rad	Radiant
Kraft	F	Kilopond	1 kp = 9,81 N	Newton
Spannung (mech.)	σ		$1\ \mathrm{kp/mm^2} = 9{,}81\ \mathrm{N/mm^2}$ $\approx 10\ \mathrm{N/mm^2}$	Newton durch Quadratmillimeter
Druck	p		$1\ \mathrm{N/m^2} = 1$ Pa 10^5 Pa = 1 bar 10^2 Pa = 1 mbar	Pascal Bar Millibar
		Technische Atmosphäre	1 at = $1\ \mathrm{kp/cm^2}$ $1\ \mathrm{kp/cm^2} = 0{,}981 \cdot 10^5$ Pa = 0,981 bar	
		Atmosphäre	1 atm = 1,013 bar	
		$\frac{1}{760}$ atm	1 Torr = 1,33 mbar	
Wärmemenge	Q	Kalorie	1 cal = 4,18 J	Joule
Magnetische Flußdichte	B	Gauß	1 G = 10^{-4} T	Tesla
Magnetische Feldstärke	H	Oerstedt	1 Oe = 79,57 A/m	Ampere durch Meter
Aktivität	A	Curie	1 Ci = $37 \cdot \mathrm{ns^{-1}}$	reziproke Nanosekunden
Energiedosis	D	Rad	1 rd = 10^{-2} J/kg	Zentijoule durch Kilogramm
Ionendosis	J	Röntgen	1 R = $258 \cdot \mu$C/kg	Mikrocoulumb durch Kilogramm
Ionendosisleistung	$\dot{J}$	Röntgen/Sek. Röntgen/Std.	1 R/s = $258 \cdot \mu$A/kg 1 R/h = $0{,}716 \times 10^{-7}$ A/kg	Mikroampere durch Kilogramm

Bezugsquellenverzeichnis

B 1. AEG, Allgem. Elektrizitäts-Ges. AG., 6 Frankfurt/M. 70, Mainzer Landstr. 23
B 2. AEG-Telefunken, 79 Ulm, Neue Str. 113—115
B 3. AEG-Telefunken, Fachbereich Anlagen, 775 Konstanz, Robert-Bosch-Str. 18
B 4. Aeroquip Corp. Marman Division, Los Angeles, Calif. 90064 (USA)
B 5. AQMEL, Montrouge, Rue Marceline-Berthelot 4 (Frankreich)
B 6. Neue Argus GmbH., 7505 Ettlingen, Goethestr. 15
B 7. Armatherm GmbH., Oskar Günthel, 492 Lemgo, Postfach 260
B 8. Armstrong Kork GmbH., 4 Düsseldorf, Kreustr. 20—22
B 9. Askania-Werke AG., 1 Berlin-Friedenau, Kaiserallee 86—88
B 10. Associated Electrical Industrie, Manchester (England)
B 11. Austerlitz Electronic GmbH., 85 Nürnberg, Ludwig-Feuerbach-Str. 38
B 12. Balzers & Pfeiffer GmbH., 6 Frankfurt/M. 90, Heinrich-Hertz-Str. 6
B 13. Barksdale International GmbH., 638 Bad Homburg, Postfach 58
B 14. BBC, Brown, Boveri & Cie., AG., 68 Mannheim 1, Postfach 415
B 15. Beatty-Coleman, Anaheim, California (USA)
B 16. Beckmann Instruments GmbH., 8 München 45, Frankfurter Ring 115
B 17. Gerhard Berger, 763 Lahr/Baden, Bergstr. 36
B 18. Blomberger Holzindustrie, B. Hausmann KG., 4933 Blomberg/Lippe
B 19. Brooks Instrument Division, Hatfield PA. 19440 (USA)
B 20. Brucker Physik AG., 7501 Karlsruhe-Forschheim, Silberstreifen
B 21. Buchler & Co., 33 Braunschweig, Postfach 226
B 22. Cambridge Instrum. C., 46 Dortmund, Königswall 24
B 23. Canberra Industries, Middletown, Connecticut 06457 (USA)
B 24. CEC, Consolidated Electrodynamics Analytical & Control Div., Monrovia, California 91016 (USA)
B 25. Chemat GmbH., 6 Frankfurt/M., Heinrichstr. 9
B 26. Chromium Corp. of America, Waterbürg, Connecticut (USA)
B 27. Ciba AG., 7867 Wehr/Baden
B 28. Consolidated Electrodynamics Corp., Pasadena (USA)
B 29. Control Products Corp., Chicago, Illinois 60651 (USA)
B 30. Degussa, 6451 Wolfgang/Hanau
B 31. Detinox GmbH., 43 Essen, Alfredstr. 154—156
B 32. Deutsche L'Aire Liquide Edelgas GmbH., 4 Düsseldorf, Mörsenbroicher Weg 200
B 33. Deutsche Edelstrahlwerke AG., 6 Frankfurt/M., Schließfach 9184
B 34. Deutsche Gardner Denver GmbH., 7081 Westhausen
B 35. Deutsche Sames GmbH., 61 Darmstadt, Postfach 1007
B 36. Deutsche Star Kugelhalter GmbH., 872 Schweinfurt, Postfach 36/37
B 37. Deutsche Steinzeug- u. Kunststoffwarenfabr., 68 Mannheim, Postfach 7
B 38. Dielektrika AG., 505 Porz/Rhein, Kaiserstr. 127
B 39. Dilo-Ges., Drexler & Co., 8943 Babenhausen, Frundsbergstr. 36—38
B 40. Dipa, Ges. f. Dichtungen u. Packungen mbH., 4 Düsseldorf-Oberkassel
B 41. Dräger-Werk Lübeck, 24 Lübeck, Moislinger Allee 53—55

B 42. Dürener Metalltuch, Schoeller-Hoesch, 516 Düren, Postfach 477
B 43. Dyco, Dufey & Co. GmbH., 8 München 25, Steinerstr. 11
B 44. Dynamit-Nobel AG., 521 Troisdorf/Köln
B 45. EBE, Elektro-Bau-Elemente GmbH., 7021 Stetten
B 46. Edwards Hochvakuum GmbH., 6 Frankfurt/M.-Niederrad, Hahnstr. 46
B 47. Elektroschmelzwerk Kempten GmbH., 8 München 22, Postfach 609
B 48. Elkose, 7141 Schwieberdingen
B 49. Endress & Hauser GmbH., 785 Lörrach, Postfach 226
B 50. E. u. F. Engel GmbH., 6200 Wiesbaden-Schierstein
B 51. Epple & Co., Chemische Fabrik, 7 Stuttgart, Seidenstr. 55—57
B 52. H. Erben GmbH., 4 Düsseldorf-Oberkassel, Teutonenstr. 4
B 53. Ermeto-Armaturen GmbH., 4814 Windelbleiche-Bielefeld, Postfach 47
B 54. ERO-Tantal Kondensatoren GmbH., 83 Landshut, Ludmillastr. 23—25
B 55. Feldmühle AG., 731 Plochingen, Postfach 70
B 56. R. Finsterhölzl, Elektrotechn. Spezialfabrik, 798 Ravensburg, Allmandstr. 20
B 57. Fischer & Kastner, 6 Frankfurt/M. 70. Offenbacher Landstr. 21—23
B 58. Frako Kondensatoren- u. Apparatebau GmbH., 7835 Teningen, Tscheulinstr. 21
B 59. Franke & Heydrich KG., 708 Aalen, Röntgenstr. 20
B 60. Frede-Automatic KG., 4 Düsseldorf, Zimmerstr. 19
B 61. Carl Freudenberg, 6940 Weinheim, Postfach 209
B 62. Frieseke & Hoepfner GmbH., 852 Erlangen-Bruck, Tenenloher Str. 41
B 63. Fuba, Hans Kolbe & Co., 3202 Bad Salzdetfurth, Postfach 49
B 64. Gardner Cryogenics Corp., Bethlehem, Penna. (USA)
B 65. Gather, 402 Mettmann 2, Postfach
B 66. GCA Technology Division, Bedford, Massachusetts (USA)
B 67. Gemo, 415 Krefeld-Uerdingen 3
B 68. General Electric Co., Apparatus Sales Div., New York (USA)
B 69. Ges. f. Teerverwertung mbH., 41 Duisburg-Meiderich
B 70. Glückauf, Günther Klerner, 465 Gelsenkirchen
B 71. P. Gossen & Co. GmbH., 852 Erlangen, Nägelsbachstr. 25
B 72. Gradel S. A., Euro-Office, Renkum (Holland), Groeneweg 84
B 73. W. Gruner & Co. GmbH., 7209 Wehingen/Württ., Postfach 16
B 74. Grundig Radiowerke GmbH., 851 Fürth, Kurgartenstr. 37
B 75. W. Günther KG., 85 Nürnberg 9, Humboldtstr. 37—39
B 76. Dr. J. Haidenhain, 8225 Traunreut, Postfach 103
B 77. Halberg Maschinenbau GmbH. & Co., 67 Ludwigshafen 2, Halbergstr.
B 78. E. Halder, 7959 Bronnen, Postfach 209
B 79. E. Haller & Co., 7209 Wehingen
B 80. Harshaw Chemical Company, 6 Frankfurt/M., Wiesenau 2
B 81. Wilh. Harting, 4002 Espelkamp-Mittwald, Postfach 104
B 82. Hartmann & Braun AG., 6 Frankfurt/M. 90, Gräfstr. 97
B 83. Hastings-Raydist Inc., Hampton, Virginia 21364 (USA)
B 84. Heraeus GmbH., 645 Hanau, Rohrstr. 8
B 85. Hewlett-Packard Vertriebs-GmbH., 4 Düsseldorf 1, Achenbacherstr. 1
B 86. Heynau, 8 München 13, Noosacher Str. 51
B 87. High Voltage Engineering Corp., Burlington, Mass. 01803 (USA)
B 88. R. Hirschmann, Radiotechn. Werk, 73 Eßlingen, Ottilienstr. 19
B 89. Honeywell GmbH., 605 Offenbach, Kaiserleistr. 55
B 90. K. Hopt GmbH., 7211 Schörzingen
B 91. Impervia S. A., 5 Köln, Overstolzenstr. 4
B 92. Impulsphysik GmbH., 2 Hamburg 56, Sülldorfer Landstr. 400

B 93. Intermetall GmbH., 78 Freiburg, Hans-Bunte-Str. 19
B 94. Isola-Werke AG., 516 Düren, Postfach 236
B 95. IWK, Industrie-Werke AG., 75 Karlsruhe
B 96. Jenaer Glaswerke Schott & Gen., 65 Mainz, Postfach 2480
B 97. W. H. Joens & Co. GmbH., 4 Düsseldorf 1, Postfach 4540
B 98. Kipp & Zonen, Delft (Holland)
B 99. Klöckner-Moeller, 53 Bonn, Postfach 268
B 100. Dipl.-Ing. U. Knick, 1 Berlin 37, Katharinenstr. 2—4
B 101. Kontron GmbH., 8 München 50, Lerchenstr. 8
B 102. G. Kremp Söhne, Spezialfabrik f. Verzahnungen, 633 Wetzlar
B 103. L. Krohne, 41 Duisburg, Postfach 493
B 104. Friedrich Krupp Widia-Fabrik, 43 Essen, Münchener Str. 125—127
B 105. Kryotechnik GmbH., 6079 Sprendlingen, Darmstädter Str. 62
B 106. Künzer & Co., 585 Hohenlimburg, Im Stift 6—10
B 107. P. Leistner GmbH., 2 Hamburg 50, Klausstr. 4—6
B 108. E. Leitz GmbH., 633 Wetzlar
B 109. Leybold-Heraeus GmbH., 5 Köln-Bayenthal, Bonner Str. 504
B 110. Magnet-Schultz GmbH., 8940 Memmingen, Postfach 121
B 111. M. A. N. Maschinenfabrik Augsburg-Nürnberg AG., 89 Augsburg 2
B 112. Mentor, Ing. Dr. P. Mozar, 4 Düsseldorf-Gerresheim 1
B 113. E. Merck, 61 Darmstadt 2, Postfach 4119
B 114. Messer Griesheim GmbH., 4 Düsseldorf 1, Hombergerstr. 12
B 115. Metals Research Ltd., 91 King Street, Cambridge (England)
B 116. Metrofunk, 1 Berlin 41, Postfach 9
B 117. J. Neuberger, Fabr. elektr. Meßinstrum., 8 München 25, Steinerstr.
B 118. K. Neuberger KG., Maschinenfabrik, 78 Freiburg, Postfach 1168
B 119. New-York-Hamburger Gummiwaren Co., 2 Hamburg 33, Hufnerstr. 30
B 120. Ninnelt KG., 7 Stuttgart-Zuffenhausen, Am Stadtpark 50
B 121. NUKEM, Nuklear-Chemie u. -Metallurgie GmbH., 6451 Wolfgang/Hanau
B 122. Omni Ray AG., 8 München 19, Postfach 25
B 123. Osram GmbH., 8 München 2, Dachauer Str. 112
B 124. Panametrics Inc., Waltham, Massachusetts 02154 (USA)
B 125. Pechiney, 23, rue Balzac, Paris 8^{e} (Frankreich)
B 126. A. Pfeiffer GmbH., 633 Wetzlar, Bergstr. 31
B 127. Philips Industrie Elektronik GmbH., 2 Hamburg 63, Postfach 630111
B 128. Phönix-Armaturenwerk Bregel KG., 6 Frankfurt/M.-Rödelheim, Kirschbaumweg 6
B 129. Preh, Elektrofeinmech. Werke, 874 Bad Neustadt, Schweinfurter Str.
B 130. PFC, Project Fabrication Corp., College Point 56, New York (USA)
B 131. Prometa GmbH., 4 Düsseldorf, Münsterstr. 450
B 132. Quarzlampen GmbH., 6450 Hanau
B 133. Resista, Fabr. elektr. Widerstände GmbH., 83 Landshut, Ludmillastr. 23—25
B 134. Rhein. Armaturen- u. Maschinenfabr., A. Sempell, 4050 Mönchengladbach, Postfach 227
B 135. Riedel-de-Haen AG., 3016 Seelze/Hannover, Wunstorfer Str. 40
B 136. Röhm & Haas AG., 61 Darmstadt
B 137. Rohde & Schwarz, 8 München 2, Dachauer Str. 109
B 138. Rosenthal-Isolatoren GmbH., 8672 Selb, Wilhelmstr. 14
B 139. Geb. Ruhstrat, 3401 Lenglern/Göttingen
B 140. A. Sass, 1 Berlin-Steglitz, Filandastr. 32
B 141. Schleicher GmbH. & Co. KG., 1 Berlin 21, Turmstr. 21
B 142. Schneeberger & Co., 754 Neuenbürg/Württ., Schleifmühle-Weg 11

B 143. Schnorr KG., 7034 Maichingen/Stuttgart
B 144. SEA, 6 Frankfurt/M., Gutleutstr. 11
B 145. Seeger-Orbis GmbH., 6241 Schneidhain/Taunus
B 146. Seemann-Laboratorium, 69 Heidelberg, Zeppelinstr. 33
B 147. Seibert-Stinnes, Dexion-Vertrieb, 433 Mülheim/Ruhr, Weseler Str.
B 148. Seifert & Co. Röntgenwerk, 207 Ahrensberg/Hamburg, Bogenstr. 41
B 149. SEL Kontakt-Bauelemente GmbH., 85 Nürnberg 2, Postfach 2907
B 150. Semi Elements Inc., Saxonburg Boulevard, Saxonburg, P. A. (USA)
B 151. Seybert & Rahier, 3524 Immenhausen/Kassel
B 152. Siemens & Halske AG., 75 Karlsruhe West, Rheinbrückenstr. 50
B 153. Siemens AG., Wernerwerk f. Bauelemente, 8 München 80, Balanstr.
B 154. Siemens-Reiniger-Werk AG., 852 Erlangen, Luitpoldstr. 45—47
B 155. Siemens-Schuckertwerke AG., 852 Erlangen, Werner-von-Siemensstr.
B 156. Skinner electr. valve div., 95 Edgewood Av., Connecticut 06050 (USA)
B 157. SODERN, Société Anonyme D'Etudes et Réalisations Nucléaires, Paris
B 158. Spembly Technical Products Ltd., Chatham, Kent (England)
B 159. Spindler & Hoyer, 34 Göttingen, Postfach 122
B 160. Steatit-Magnesia AG., 856 Lauf/Pregnitz, Weigmannstr. 8
B 161. Stettner & Co., 856 Lauf/Pregnitz, Herzbrucker Str. 22
B 162. F. X. Stöhr, 89 Augsburg, Provinostr. 22
B 163. Teleflex-GmbH., Heiligenhaus
B 164. Texas-Nuclear Corp., Austin, Texas (USA)
B 165. Trüb, Täuber & Co., AG., 8008 Zürich (Schweiz)
B 166. Truflo GmbH., 6 Frankfurt/M., Große Spillingsgasse 36
B 167. Tuchel-Kontakt GmbH., 71 Heilbronn, Postfach 920
B 168. Union Carbide Corp., New York 17, N. Y. (USA)
B 169. Vakuumschmelze GmbH., 645 Hanau, Postfach 109
B 170. Valvo GmbH., 2 Hamburg 1, Burchardstr. 19, Valvo-Haus
B 171. Varian GmbH., 7 Stuttgart-Vaihingen
B 172. Varian Mat GmbH., 28 Bremen 10, Postfach 4062
B 173. VAT AG. f. Vakuumapparatetechnik, 9499 Haag (Schweiz)
B 174. Vereinigte Bleiwerke GmbH., & Co., 519 Stolberg, Postfach 727
B 175. Vereinigte Kugellagerfabriken AG., 872 Schweinfurt
B 176. Vero Electronics GmbH., 28 Bremen, Sedanstr. 44
B 177. Vickers-Armstrong Ltd., Swindon, Wilts (England) P. O. Box 8
B 178. Vofa-Werk, 4 Düsseldorf-Oberkassel, Havier-Vorbrüggen
B 179. Wacker-Chemie GmbH., 8 München 22, Prinzregentenstr. 22
B 180. H. Wälischmiller, 7758 Meersburg, Am Fürstenhäusle 8
B 181. C. K. Walther GmbH., 56 Wuppertal-Vohwinkel, Postfach 277
B 182. K. D. Weber, 753 Pforzheim, Postfach 2020
B 183. C. A. Weidmüller KG., 4931 Berlebeck/Detmold
B 184. Wilh. Westermann, 68 Mannheim, Augusta-Anlage 56
B 185. Winopal Forschung, 3004 Isernhagen NB-Süd
B 186. C. Zeiss, 7082 Oberkochen/Württ., Postfach 35/36
B 187. Roland Zeissler, 5213 Spich/Troisdorf, Auf dem Schellerod
B 188. Zeiss-Winkel, 34 Göttingen, Königsallee 17—21
B 189. INRO-Handelsges., 43 Essen, Postfach 774

Sachverzeichnis

Verzeichnis der Leitblätter

Strahlentechnik

Sinnbilder für Geräte und Bauelemente

GPSR Compliance

The European Union's (EU) General Product Safety Regulation (GPSR) is a set of rules that requires consumer products to be safe and our obligations to ensure this.

If you have any concerns about our products, you can contact us on ProductSafety@springernature.com

In case Publisher is established outside the EU, the EU authorized representative is:

Springer Nature Customer Service Center GmbH
Europaplatz 3
69115 Heidelberg, Germany

Batch number: 10683525

Printed by Printforce, the Netherlands